"十四五"时期国家重点出版物出版专项规划项目

现代农业学术经典书系

白羽肉鸡育种与生产

◎文 杰 主编

中国农业科学技术出版社

图书在版编目（CIP）数据

白羽肉鸡育种与生产 / 文杰主编. -- 北京：中国农业科学技术出版社，2024.12. -- ISBN 978-7-5116-7062-5

Ⅰ．S831

中国国家版本馆CIP数据核字第202457RK55号

责任编辑　李冠桥
责任校对　王　彦
责任印制　姜义伟　王思文

出 版 者	中国农业科学技术出版社
	北京市中关村南大街12号　邮编：100081
电　　话	（010）82106632（编辑室）　（010）82106624（发行部）
	（010）82109709（读者服务部）
网　　址	https://castp.caas.cn
经 销 者	各地新华书店
印 刷 者	中煤（北京）印务有限公司
开　　本	185 mm×260 mm　1/16
印　　张	35.75
字　　数	761千字
版　　次	2024年12月第1版　2024年12月第1次印刷
定　　价	150.00元

―― 版权所有·侵权必究 ――

《白羽肉鸡育种与生产》
编委会

主　编：文　杰

副主编：赵桂苹　高玉龙　蒋瑞瑞　姜润深　王道营

　　　　辛翔飞　张炳坤　张　慧　郑麦青

顾　问：呙于明　李　辉　廖　明　王济民　王笑梅

　　　　徐幸莲　张宏福　徐为民　田亚东

序　言

　　白羽肉鸡是世界第一大肉类产品，第二次世界大战之后，其产量不断攀升，为解决全球动物蛋白供给发挥了不可替代的作用。白羽肉鸡自20世纪80年代进入我国以来，其产业发展速度较快。我国已成为世界三大肉鸡生产国之一，白羽肉鸡的产肉量已超过国内鸡肉总产量的60%，成为我国保障肉类供给的重要产品。白羽肉鸡因其美味、便捷、经济的特点，以及具有国际化的消费方式赢得了广大消费者，特别是年轻一代的青睐。

　　长期以来，我国肉鸡生产所需的白羽肉鸡种源主要依赖进口。国内种业企业从国外进口祖代鸡，在国内繁殖成父母代和商品代鸡后，用于商品生产。1986年，我国在引入白羽肉鸡品种不久，就开启了国产白羽肉鸡育种工作，育成的国产品种艾维茵市场占有率曾一度超过50%，但2004年后由于垂直传播疾病控制不力、全国禽流感暴发等因素而退出市场。2010年在国家肉鸡产业技术体系的倡导和推动下，我国开启了第二次白羽肉鸡育种工作，经过10年多的努力，2021年"圣泽901""广明2号"和"沃德188"三个自主培育白羽肉鸡新品种通过国家审定，扭转了我国白羽肉鸡种源完全依赖进口的局面，并初步实现出口，成为我国畜禽种业领域实施《种业振兴行动方案》的一大亮点。

　　鸡产业科学和技术的发展一直处于畜禽领域的前列。鸡是第一个用于验证孟德尔遗传定律的动物物种，也是第一个用于绘制出基因组草图的农业动物物种。基于高通量表型精准测定，结合选择指数、BLUP育种等常规遗传评估方法，基因组选择、基因组选配和基因编辑等高新技术的应用为新品种培育提供了高效支撑；与此同时，精准营养、立体养殖、禽流感防控、合成生物、人工智能等一大批先进养殖技术在生产中得到应用，有力地支撑了白羽肉鸡产业的高质量发展。

　　我国肉鸡主要包括白羽肉鸡、黄羽肉鸡和小型白羽肉鸡，三类鸡既有共同的属性，更有各自的特点。《黄羽肉鸡育种与生产》已于2023年出版，《白羽肉鸡育种与生产》是该书的姊妹篇，内容涵盖了白羽肉鸡和小型白羽肉鸡。希望本书的出版能够帮助读者深入系统地了解我国白羽肉鸡育种和全产业链生产与技术发展情况，并对我国整个肉鸡产业有一个较全面、完整的认识。

　　本书是由来自科研院校和企业的一批中青年科技人员、研究生共同参与完成的，在此对所有为本书编写作出贡献的人员表示衷心的感谢！感谢部分国内肉鸡育种和生产企业对本书出版的大力支持。感谢崔焕先研究员在全书编辑、出版过程中付出的辛勤劳动。由于编者水平有限，书中难免有疏忽和不当之处，恳请广大读者批评指正。

文　杰
2024年12月

目 录

1 白羽肉鸡产业发展现状与趋势 ·········· 1
  1.1 白羽肉鸡产业概况 ·········· 1
  1.2 我国白羽肉鸡发展趋势特征 ·········· 9
  主要参考文献 ·········· 21

2 白羽肉鸡育种与技术发展 ·········· 23
  2.1 家鸡的起源与驯化 ·········· 23
  2.2 肉鸡性状和配套系培育 ·········· 37
  2.3 世界白羽肉鸡育种 ·········· 46
  2.4 我国白羽肉鸡育种 ·········· 73
  2.5 育种新技术的发展与应用 ·········· 79
  主要参考文献 ·········· 103

3 白羽肉鸡动态营养需要量 ·········· 109
  3.1 动态营养需要量 ·········· 109
  3.2 饲料营养价值评价 ·········· 125
  3.3 饲料资源开发 ·········· 136
  3.4 多元化饲料配制技术 ·········· 149
  3.5 豆粕减量替代技术与应用 ·········· 154
  3.6 饲料转化效率提升技术 ·········· 170
  主要参考文献 ·········· 188

4 鸡营养与遗传基因组学 ········ 193
4.1 营养表观遗传学在育种中的作用 ········ 193
4.2 鸡参考基因组发展与精准营养体系建立 ········ 198
4.3 持续遗传选择引起鸡基因组变化 ········ 206
4.4 基因改变引起营养需求变化 ········ 215
4.5 营养素调控白羽肉鸡生长和健康的表观遗传机制 ········ 219
4.6 不同品种营养需求差异 ········ 228
主要参考文献 ········ 241

5 白羽肉鸡高效养殖技术 ········ 247
5.1 白羽肉鸡的饲养方式 ········ 247
5.2 白羽肉鸡饲养环境及控制 ········ 256
5.3 白羽肉鸡父母代种鸡饲养管理 ········ 271
5.4 商品代白羽肉鸡立体养殖技术 ········ 290
5.5 小型白羽肉鸡的饲养管理技术 ········ 310
5.6 人工智能在肉鸡养殖中的应用 ········ 313
5.7 肉鸡生产典型案例 ········ 323
主要参考文献 ········ 338

6 白羽肉鸡疫病高效防控 ········ 340
6.1 生物安全管理 ········ 340
6.2 呼吸道疫病防控 ········ 353
6.3 免疫抑制病防控 ········ 366
6.4 细菌病和寄生虫病防控 ········ 380
6.5 种源疫病防控 ········ 393
6.6 免疫防控新技术 ········ 409
主要参考文献 ········ 416

7 白羽肉鸡精深加工与预制菜发展 ········ 422
7.1 肌肉品质 ········ 422

7.2 屠宰、分割与贮运技术 …………………………………………………… 432

7.3 生鲜产品质量安全检测 …………………………………………………… 456

7.4 深加工技术与预制菜开发 ………………………………………………… 472

7.5 副产物高值化利用 ………………………………………………………… 489

主要参考文献 …………………………………………………………………… 516

8 白羽肉鸡产业经济

8.1 国际肉鸡产业经济概况 …………………………………………………… 524

8.2 我国白羽肉鸡产业发展阶段 ……………………………………………… 532

8.3 我国白羽肉鸡供需主要特征 ……………………………………………… 535

8.4 我国白羽肉鸡价格波动主要特征 ………………………………………… 545

8.5 我国白羽肉鸡产业发展面临的问题与挑战 ……………………………… 552

8.6 我国白羽肉鸡产业发展前景研判 ………………………………………… 554

8.7 我国白羽肉鸡产业发展政策建议 ………………………………………… 557

主要参考文献 …………………………………………………………………… 561

1 白羽肉鸡产业发展现状与趋势

1.1 白羽肉鸡产业概况

在我国鸡肉消费中，按照产品形式大体可分为分割鸡肉和整鸡两种类型。分割鸡肉是指肉鸡屠宰后进行分割，以鸡翅、鸡胸、鸡腿等形式进行销售和加工的产品；而整鸡，顾名思义则是以整只的白条鸡、半只鸡或带骨切块等形式的鸡肉产品。而在肉鸡品种中，又大体可分为白羽肉鸡、小型白羽肉鸡和黄羽肉鸡3种类型。白羽肉鸡的主要产品类型是分割鸡肉，小型白羽肉鸡和黄羽肉鸡则主要作为整鸡。

20世纪80年代前，我国的肉鸡生产主要依靠地方品种，其生长速度较慢，基本由农户家庭养殖进行生产，年出栏量很少。改革开放以后，我国从国外引进了生长速度快的专业化肉鸡品种，被称为快大型肉鸡。我国曾从多个国家引进了多个快大型肉鸡品种，如艾维茵（白羽）、海佩科（褐羽）、红宝（红羽）等。随着国内外肉鸡产业的发展，褐羽肉鸡和红羽肉鸡逐渐退出主流市场，艾维茵、爱拔益加、罗斯和科宝等白羽肉鸡成为国内快大型肉鸡的主要品种。

1980—1996年，国内的鸡肉消费形式以整鸡产品为主，传统的烧鸡、扒鸡等熟食产品也都是以整鸡进行加工生产。由于黄羽肉鸡的生长速度相对较慢，养殖成本较高；白羽肉鸡体型过大且肉质过嫩，都不能满足当时的熟食加工产业的发展需求。山东省农业科学院家禽研究所利用白羽肉鸡父母代公鸡与商品蛋鸡进行杂交制种，生产出一种生长速度优于黄羽肉鸡，成本较低、体型类似、肉质接近的肉鸡。由于其含有50%的白羽肉鸡血统，也是以白色羽毛为主，且体型较小，被称为小型白羽肉鸡，民间养殖户也将其称为肉杂鸡、817、小白鸡等。

1.1.1 白羽肉鸡生产与消费情况

如表1-1所示，在我国鸡肉消费中，白羽肉鸡主要以分割鸡肉产品形式消费。据农业农村部生产信息监测和国家肉鸡产业技术体系调研和分析，2011—2018年，白羽肉鸡年出栏量约45亿只，鸡肉年产量750万~900万t，约占肉类总生产量的9.5%，其出栏量约占肉鸡总出栏量的50%，肉产量约占鸡肉总产量的55%。2019年受非洲猪瘟疫情引起的猪肉减产的影响，以及人口结构和消费观念的改变，白羽肉鸡生产出现突飞猛进的增长。到2023年，白羽肉鸡年出栏量已经超过85亿只，肉产量达到1 755.4万t，占肉类总生产量的比重达到18.2%，年均增长率约14%，其出栏量占肉鸡总出栏量比重的60.3%。

表1-1 2011—2023年我国肉鸡生产情况

年份	白羽肉鸡出栏量（亿只）	白羽肉鸡肉产量（万t）	小型白羽肉鸡出栏量（亿只）	小型白羽肉鸡肉产量（万t）	白羽肉鸡占肉类的比重（%）	白羽肉鸡占肉鸡出栏比重（%）	小型白羽肉鸡占肉鸡出栏比重（%）	白羽肉鸡占鸡肉产量比重（%）	小型白羽肉鸡占鸡肉产量比重（%）
2011	44.0	738.8	5.5	57.8	9.2	47.4	5.9	49.7	3.9
2012	46.9	818.9	5.8	60.9	9.7	49.0	6.1	52.5	3.9
2013	45.1	784.3	6.6	68.9	9.1	50.0	7.3	52.1	4.6
2014	45.6	804.9	7.1	74.4	9.1	51.1	7.9	55.8	5.2
2015	42.9	745.0	6.7	70.6	8.5	49.3	7.7	53.1	5.0
2016	44.8	797.6	7.6	79.7	9.2	48.7	8.3	53.0	5.3
2017	41.0	761.0	10.1	106.0	8.8	46.6	11.5	51.9	7.2
2018	47.6	915.0	12.8	122.0	10.6	47.6	12.8	55.4	7.4
2019	54.2	1 019.4	15.4	177.0	13.1	47.2	13.4	54.2	9.4
2020	61.7	1 224.3	16.7	193.0	15.8	50.3	13.6	58.6	9.2
2021	82.1	1 619.7	19.1	199.0	18.0	58.0	13.5	66.3	8.1
2022	75.2	1 473.4	20.4	249.5	16.0	56.6	15.4	62.7	10.6
2023	88.3	1 755.4	22.3	255.7	18.2	60.3	15.2	66.6	9.7

2019—2023年，白羽肉鸡的迅猛发展受猪肉减产出现供给缺口的影响，但更主要的是鸡肉的消费结构发生了显著变化。之前，白羽肉鸡鸡肉主要用于团膳和餐饮消费，小部分为居民消费。而随着现代生活节奏的加快，人们健康意识的提高，居民消费不断增加，白羽肉鸡鸡肉消费量已占总消费量的1/4。此外，食品加工对白羽肉鸡鸡肉的使用量增长更为迅速，摆脱了过去仅作为替代肉添加到火腿肠等食品的尴尬局面，加工的产品类型包括速食类、休闲类、佐餐类等，以及宠物日粮和零食的原料；消费占比从不足5%发展到如今的15%。鸡肉消费结构的变化，反映出肉品消费趋势在向快捷、健康的方向转变，也预示着我国居民对白羽肉鸡鸡肉接受程度的快速提升。

长期看，突出的实惠性、营养性、便捷性等多方优势，将拉动白羽肉鸡鸡肉消费进一步扩大。展望未来，随着我国经济发展持续向好、城镇化率提高、人口结构改变，鸡肉的消费需求仍将保持较长时间的增长。消费端需求增长将成为拉动肉鸡生产增长的重要引擎，预计到2030年白羽肉鸡出栏量有望超过100亿只，鸡肉产量将达到2 000万t。

小型白羽肉鸡制种和生产具有中国特色，是为了满足我国传统消费习惯而产生的。在20世纪80年代中后期出现雏形，开始时是作为扒鸡加工的专用鸡种，在肉鸡生产中的占比很小，发展速度也较慢。进入21世纪后，伴随着餐饮行业的兴起，产量逐渐增加。到2010年之后，由于黄羽肉鸡生产受到"活禽管制""毛转光"等影响，产业出现震荡；同时，因小型白羽肉鸡的屠宰性能和胴体表现更优，在很多地区，尤其是在北方地区形成对快速型黄羽肉鸡的替代，其产业快速发展，已成为我国肉鸡生产中不可忽视的重要组成部分。

到2023年，小型白羽肉鸡生产约占肉鸡总出栏量的15%，约占鸡肉总产量的10%。其生产方式也由开始的利用白羽肉鸡父母代公鸡与高产商品蛋鸡简单杂交的制种模式，过渡到培育专门的配套系进行生产。生产区域也从当初的华北地区发展到覆盖大部分肉鸡主产区。

1.1.2　白羽肉鸡鸡肉进出口贸易情况

我国的鸡肉贸易历经多个发展阶段。在改革开放前几乎没有任何进口贸易，从1982年才开始有少量的进口贸易出现，到20世纪90年代中后期出现第一次快速增长，至2018年之前的近20年间基本维持在50万t左右，在2019年国内猪肉供给出现缺口后，鸡肉进口出现第二次快速增长，很短的时间内就超过了100万t。2020年，我国禽肉进口达到历史最高值153.5万t，主要由于非洲猪瘟疫情导致近2年国内整体肉类供应紧张，低价家禽产品替代作用明显。近3年来虽在逐渐减少，但也维持在130万t左右。

从肉类进口结构来看，鸡肉是我国第三大进口肉类，仅次于猪肉和牛肉。根据中国海关总署统计，2023年，我国肉类进口总量为605.2万t，其中猪肉进口155.1万t，占比25.6%；牛肉进口273.7万t，占比45.2%；鸡肉进口129.7万t，占比21.4%。

从进口来源地来看，我国进口鸡肉主要来自巴西、美国、俄罗斯和泰国等国家，其中巴西是第一大进口国。2023年，从巴西进口量达67.92万t（占比52.37%）、美国25.38万t（占比19.57%）、俄罗斯12.78万t（占比9.85%）、泰国12.09万t（占比9.32%），其余从白俄罗斯、阿根廷、土耳其、智利和吉尔吉斯斯坦等国进口。

从进口产品来看，主要是鸡爪、鸡翅、带骨鸡块和杂碎类，这些产品基本都来源于白羽肉鸡，结合国内产量分析，我国的鸡肉消费中约1/2的鸡爪和1/4的鸡翅来源于进口贸易。2023年鸡爪类进口量为52.94万t（占比40.82%）、鸡翅类为35.63万t（占比27.47%）、带骨鸡块类为30.98万t（占比23.89%）、杂碎类为9.07万t（占比6.99%）。我国消费者对鸡翅、鸡爪等产品有特殊偏好，市场需求量较大。社会上曾经谣传我国的鸡翅、鸡爪不是来自正常鸡，而是来自"多翅鸡""多爪鸡"。实际情况是我国消费的鸡翅、鸡爪产品除了本国产品以外，还大量从国外进口（图1-1）。

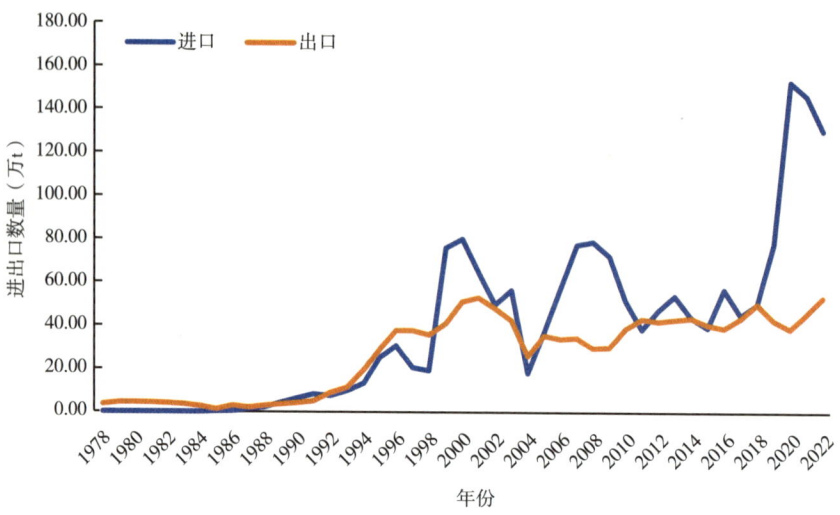

图1-1 中国历年鸡肉产品进出口贸易变化

联合国粮食及农业组织（FAO）和中国海关数据显示，我国鸡肉出口贸易在1992年以前的数量较少，年贸易量在5万t以下；且主要是与我国香港、澳门等地区之间的贸易输出，产品也是以冷鲜、冰冻和活的黄羽肉鸡为主。从1992年开始出现第一次的快速增长，1993年超过10万t，1996年超过30万t，2000年达到47万t；由于受到禽流感的影响，从2003年开始出口量出现明显萎缩，直到2010年出口量都没有超过40万t；至2011年贸易出口数量再次达到40万t以上，2022—2023年出现了第二次快速增长，这两年的出口量都达到了50万t以上（表1-2）。

表1-2 2011—2023年中国鸡肉进出口贸易情况　　　　　　　　　　　　　　　　单位：万t

年度	进口量	出口量	白羽肉鸡出口量
2011	38.65	43.30	
2012	47.40	42.25	
2013	54.80	43.06	
2014	44.28	43.68	
2015	39.48	40.62	34.4
2016	56.94	39.16	32.6
2017	45.05	43.70	37.1
2018	44.68	50.27	38.0
2019	78.14	42.80	35.7
2020	153.50	38.82	31.6

（续表）

年度	进口量	出口量	白羽肉鸡出口量
2021	147.00	45.76	38.0
2022	130.38	53.24	45.7
2023	130.20	54.44	47.3

从鸡肉出口目的地来看，日本和中国香港是主要出口市场；2023年向日本出口17.24万t（占比31.67%），向中国香港出口16.69万t（占比30.66%）。

从出口产品来看，主要是加工类和鲜冷整鸡；鲜冷整鸡主要是黄羽肉鸡，其他产品主要来源于白羽肉鸡。2023年加工类鸡肉产品出口量为29.96万t（占比55.03%）、冻鸡块为15.88万t（占比29.17%）、鲜冷整鸡为7.18万t（占比13.18%）。出口到日本的主要是加工类产品，占加工类产品总出口量的57.54%；出口到中国香港的主要是黄羽肉鸡的鲜冷整鸡，占出口至该地区总量的36.37%，占鲜冷整鸡产品出口量的88.44%。若扣除出口到中国香港和中国澳门地区的鲜冷整鸡，即白羽肉鸡鸡肉的出口量，2023年出口量为47.26万t，净进口量为82.44万t。

1.1.3 白羽肉鸡种源供应情况

我国白羽肉鸡祖代国内供种能力正处于逐步增长中。我国白羽肉鸡祖代种源在2014年美国发生禽流感前，全部来源于国外引进，其中97%的祖代种源来自美国。2015年由于禽流感暴发对美封关后，法国代替美国成为我国白羽肉鸡祖代种源的主要来源地。2016年，在对美国、法国封关的情况下，我国从西班牙、新西兰、波兰3国引进白羽肉鸡祖代。2017年，西班牙和波兰先后因禽流感疫情而封关，虽然波兰于2017年底就复关，但到2020年美国复关前，新西兰是我国的主要引种来源国。

因美国发生高致病性禽流感疫情，国内对美禽产品封关，2015年祖代种源的引进受到严重影响，呈断崖式下降。2015—2018年的4年中，白羽肉鸡的祖代年更新量没有超过75万套。祖代企业被迫通过不断增加强制换羽次数来延长祖代种鸡的生产周期。2016年和2018年山东益生2次购入哈伯德曾祖代，自2017年开始哈伯德实现国内供种。2019年科宝公司在我国建立曾祖代场，并开始繁育祖代种鸡。同期，国内多家育种公司自主培育白羽肉鸡配套系。到2021年国内自主培育了3个配套系通过国家畜禽遗传资源委员会审定，开始全面投入市场。至此，我国白羽肉鸡种源供应呈现国外贸易引进、国内曾祖代繁育和自主品种自繁的三元格局。到2023年，三种祖代种源基本呈"三分天下"的局面（表1-3）。

表1-3 白羽肉鸡祖代种鸡更新情况　　　　　　　　　　　　　　　单位：万套

年度	AA	罗斯308	科宝艾维茵	哈伯德	圣泽901	广明2号	沃德188	合计
2011	64.62	31.20	22.20	0.16				118.18
2012	77.45	36.35	21.40	3.00				138.20
2013	70.39	62.17	18.60	3.00				154.16
2014	51.76	47.42	16.20	2.70				118.08
2015	25.54	30.10	1.50	14.88				72.02
2016	19.33	23.48	13.15	8.90				64.86
2017	21.13	12.48	11.22	23.88				68.71
2018	22.92	14.16	15.03	22.43				74.54
2019	55.03	7.20	23.07	30.60	6.45			122.34
2020	37.44	9.24	32.54	9.64	11.40			100.26
2021	32.18	5.74	42.33	31.20	13.16			124.61
2022	14.44	5.43	36.40	8.80	19.40	6.27	5.59	96.33
2023	19.00	3.10	40.80	15.50	26.50	16.20	6.90	128.00

注：表中数据来源于《中国禽业发展报告2023》。

1.1.4 白羽肉鸡的生产效率

1.1.4.1 种鸡扩繁效率

白羽肉鸡种鸡体型大，繁殖能力较蛋鸡弱。但通过高效的繁殖体系，可以满足大规模肉鸡生产的需要。通常情况下，业内认为白羽肉鸡从曾祖代→祖代→父母代→商品代的扩繁比例为1∶50∶50∶130，也就是说，1套曾祖代最终可以获得约32.5万只的商品代肉鸡，1套祖代种鸡最终可以获得6 500只商品肉鸡，超过10 t的鸡肉，见图1-2。

实际生产中受市场形势和养殖状况影响，白羽肉鸡种鸡的生产效率往往会产生较大的差别。我国的白羽肉鸡祖代长期依靠国外进口，在引种成本和引进时间不确定等因素的影响下，祖代种鸡养殖企业经常会通过强制换羽来延长种鸡的使用时间。大多情况下，国内的祖代种鸡会经历1~2次的强制换羽，使用周期在90周左右。2012—2013年祖代引进数量激增，2013—2014年祖代种鸡的使用周期就锐减至75周左右。而2015—2018年祖代引进量大幅减少后，其使用周期又大幅延长至95周以上，尤其在2017年更是达到了103周。使用周期的延长大幅度地提高了父母代雏鸡的供应量，大多情况下，国内一套祖代种鸡能提供60~70套父母代雏鸡。

图1-2 白羽肉鸡繁殖与生产体系

父母代种鸡的生产则更多是根据市场形势的变化来调整种鸡的使用周期。当商品雏鸡价格过低时，生产厂家会通过提前强制换羽或提前淘汰种鸡来调整生产节奏。2019年以前，国内父母代种鸡的使用周期多数达不到64周的标准使用周期。这种情况从2019年开始得到很大改善，由于消费需求的快速上升，市场形势显著好转，父母代种鸡使用周期基本上都达到了标准使用周期，甚至需要延长使用周期。在2019年以前，平均一套父母代种鸡只能供应80多只商品代雏鸡，而2019年以后基本上都在120只以上（表1-4）。

表1-4 我国白羽肉鸡种鸡生产性能

年度	祖代			父母代		
	饲养周期（周）	单套月产能[套/(套·月)]	单套周期产能（套/套）	饲养周期（周）	单套月产能[只/(套·月)]	单套周期产能（只/套）
2011	90	4.3	61.9	61	11.7	89.9
2012	82	4.1	51.5	62	10.6	84.5
2013	76	4.6	51.1	58	10.1	69.8
2014	73	4.3	45.2	56	9.9	64.7
2015	81	4.1	50.2	57	12.1	82.7
2016	92	4.6	68.3	63	12.5	103.1
2017	103	4.6	81.1	59	11.1	80.3
2018	94	4.4	66.6	48	17.6	81.9
2019	95	4.9	76.3	65	15.0	129.8
2020	82	4.7	59.6	63	14.0	115.3
2021	86	4.7	63.7	66	13.6	120.6

（续表）

年度	祖代			父母代		
	饲养周期（周）	单套月产能[套/(套·月)]	单套周期产能（套/套）	饲养周期（周）	单套月产能[只/(套·月)]	单套周期产能（只/套）
2022	91	4.4	65.2	64	13.6	113.1
2023	94	4.8	74.6	71	14.0	139.8

1.1.4.2　商品肉鸡的生产效率

我国的白羽肉鸡生产大致可分为三种类型：第一种是以供应快餐需求为主，一般饲养周期为35～38 d，出栏体重在2.0 kg左右；第二种是以供应团膳和居民消费为主，一般饲养周期为41～45 d，出栏体重在2.6 kg左右；第三种是以供应农贸集市为主，一般饲养周期为49～53 d，出栏体重在2.8 kg左右。

在2015年之前，白羽肉鸡养殖方式多为地面平养或网上平养，商品肉鸡的生产性能虽然也在逐渐提高，但增大速度较为缓慢，从2011—2015年的5年间，欧洲效益指数从228.6增加到266.2，仅增长了37.6，增幅仅有16.4%。而自2015年立体笼养技术开始在白羽肉鸡养殖中推广，在产业化企业中快速得到应用，设施化程度不断提高，迅速改变了白羽肉鸡养殖工艺环境差、病死率高、兽药滥用、产品质量安全隐患大等问题。白羽肉鸡商品肉鸡的生产效率得到快速提升，品种的潜力得到充分发挥，欧洲效益指数从2016年的285.8增加到2023年的381.5，8年间增长了95.7，增幅达到33.5%（表1-5）。

表1-5　白羽肉鸡商品肉鸡生产参数（全国肉鸡生产信息监测数据）

年度	出栏日龄（d）	出栏体重（kg）	饲料转化率	成活率（%）	欧洲效益指数
2011	46.2	2.24	1.96	92.3	228.6
2012	45.0	2.33	2.00	93.6	242.3
2013	44.1	2.32	1.95	94.3	254.6
2014	43.9	2.35	1.88	95.1	271.4
2015	44.2	2.31	1.86	95.1	266.2
2016	44.0	2.37	1.79	95.1	285.8
2017	43.8	2.48	1.74	95.0	309.5
2018	43.6	2.56	1.73	95.9	325.8
2019	43.8	2.51	1.74	96.0	315.6
2020	44.2	2.64	1.70	95.8	336.8
2021	43.4	2.63	1.63	96.1	356.3
2022	42.5	2.61	1.62	96.2	364.4
2023	42.5	2.65	1.57	96.3	381.5

近几年白羽肉鸡商品肉鸡生产效率的快速提升,虽然养殖模式的改进是主要因素,但品种自身生产效率的提高也是非常重要的一个原因。从国内外白羽肉鸡育种进展来看,近10年来白羽肉鸡各项生产性能都得到了长足的进步(图1-3)。

图1-3　美国农业部公布的白羽肉鸡生产性能进展情况

1.2　我国白羽肉鸡发展趋势特征

1.2.1　育种发展趋势特征

规模化、产业化、多元化、智能化和绿色化是我国肉鸡业的发展方向。肉鸡育种正在向高效生产、品质改良、健康安全和智能选育的方向发展。未来,白羽肉鸡品种仍将紧密结合国内外产业的发展和消费者对高质量蛋白源的要求调整其育种目标和方向,以适应不断变化的市场需求,推动肉鸡产业的持续健康发展。

1.2.1.1　生产性能的持续选育

增重快、饲料转化效率高是白羽肉鸡的最大特点,也是白羽肉鸡育种持之以恒的选育目标。因此,未来白羽肉鸡的育种要对商品肉鸡的生长速度、饲料转化率以及种鸡的产蛋率和供雏量等进行持续选育。增重等产肉性状遗传力较高,20世纪50年代以来,动物育种在提高畜禽生产性能潜力方面已经取得了巨大成功,肉鸡的生产性能改善尤为显著。随着全球人口持续增长及应对气候变化的需求增强,资源节约型、环境友好型畜产品需求上升。在此背景下,白羽肉鸡因其比较优势,产量和占比将进一步上升;同时,肉鸡生产性能的提升仍面临较大压力,特别是在饲料转化效率方面。从美国过去100年的肉鸡生产性能改进情况看,肉鸡在饲料转化效率方面似乎并没有达到生理极限，仍有进一步改善的空间。

1.2.1.2 品质改良

白羽肉鸡产业与黄羽肉鸡产业在肉品质关注点上存在明显的不同，前者比较注重胴体性状和物理性状指标。由于生长速度快、胸肉率高等因素导致白羽肉鸡的异质肉发生率较高，这是产业长期关注的重要问题之一。产业对白羽肉鸡肉品质的要求可以概括为三个方面：一是对色泽、嫩度、系水力、pH值等物理性状的选择。二是对胴体组成的选择，如提高胸肌比例、降低腹脂比例等。考虑中国市场的消费偏好，未来我国白羽肉鸡育种也需要调整胴体组成等肉品质性状，如适当降低胸肌的比重，提高翅膀肉、腿肉的比重等。三是降低异质肉的发生率，改善加工性状，如20世纪80年代关注的胸大肌病变（Deep pectoral myopathy）、20世纪90年代关注的类PSE肉（PSE-like meat），以及2009年以来关注的木质肉（Woody breast，WB）、白条纹肉（White striping，WS）和意大利面肉（Spaghetti meat，SM）等。

1.2.1.3 健壮度和适应性选择

据OECD（国际经济合作与开发组织）/FAO（2023）预测，未来10年，世界肉类产量仍将持续小幅增长，但90%的肉类增长和70%的禽肉增长将来自发展中国家。因此，针对过去肉鸡生产主要集中在发达国家的情况，当前和未来商品家禽配套系要适应较广泛的地理环境和生产方式，对健壮性和环境适应性的选择至关重要。为此，一方面，可以通过遗传选择培育出一般抗病力和特殊抗病力强的品种，提高成活率和生产效率；另一方面，可以通过逆境条件下的压力测定试验，选育出适合不同商品生产条件的家禽品种。

1.2.1.4 平衡育种

20世纪70年代以来，家禽育种的目标从聚焦生产性能不断扩大，核心群家系选择的指标已超过40项，目前已在关注生产性能（活重和产蛋量等）的同时，涵盖了生产效率、环境影响、动物健康和福利、产品品质和安全以及遗传多样性。性状间存在不同的表型和遗传相关，当通过选择使某一性状发生变化时，其他一些性状可能发生相应反应，其变化量的大小取决于性状的遗传力和性状间的遗传相关。在育种实践中，必须考虑性状间的相关性，保持性状间的合理平衡。未来家禽育种目标将在适应性等方面加大选择强度，以应对全球市场变化趋势。例如，更加注重对种鸡和商品鸡性状的综合平衡选择。这将需要构建能够满足当前和未来市场的更大的基因库，在多品系的育种目标中平衡相关性状。此外，步态、腿部健康、健壮度、心肺健康性状等兼有动物福利性状的属性，对这些性状的选择，将对未来白羽肉鸡生产、贸易和消费产生较大影响（Anne-Marie et al.，2023）。

1.2.1.5 全产业链育种体系的建立

长期以来，鸡常规选育的理论和方法大多仅针对纯系核心群性能进行选育。鸡的商品化生产使用的主要是配套系，而不是纯种，鸡育种价值的实现在于终端杂交商品群的性能和生产效率。因此，采集纯系到商品代多层级信息，构建纯种群体和杂种群体的混合亲缘关系矩阵，开发整合杂种信息的精准遗传评估模型，将纯种评估选留扩展到纯种及杂种遗传评估，建立"育繁推"一体化模式下的全产业链育种体系，将显著缩短育种周期，提高育种工作的效率和准确性。

1.2.1.6 丰富品种结构

随着全球禽肉生产和消费的持续扩大，商品配套系的类型会进一步扩大，以满足不断扩大的市场和消费需求。随着对福利、环境影响和家禽生产成本的改善，禽肉将在全球瘦肉、健康食品生产中继续保持优势。此外，较丰富的品种结构可以应对环境可持续发展对育种的需求，并服务于新兴的小众市场（Niche market），如散养和有机产品市场。高收入群体的鸡肉消费需要更多元化的产品选择，比如提供有色羽鸡和慢速生长鸡。

1.2.1.7 新技术应用

研究动物行为学和生物学功能，开发新表型及高通量自动化表型精准测定技术。在常规选育的基础上，创新高通量基因型鉴定和数量遗传统计模型，引入机器学习算法优化基因组育种值精准评估和组配方法，升级基因组选择技术体系；基因组选配技术是指利用基因组信息确定最优亲本交配组合，保证后代最佳的生产性能，即杂交优势最大化（Allaire，1980）。基因组选配是相比基因组选择更复杂的育种策略，不仅对近交衰退进行规避，还考虑了显性、上位等非加性效应，最大程度地发挥亲本的遗传潜力，在实际生产环境中具有广泛的应用前景。研发鸡原始生殖干细胞体外培育和规模化生产技术，创建适用于鸡生理特性的高效基因编辑技术，通过基因组技术、生物技术、信息技术和人工智能等技术交叉融合，创建智能化的品种高效培育技术体系。

1.2.2 饲料营养发展趋势特征

1.2.2.1 深入推进饲料粮减量替代技术

以低蛋白、低豆粕、多元化、高转化率为目标，研发提高氨基酸利用效率的日粮氮碳源适配技术，大力推广和优化《肉鸡低蛋白低豆粕多元化日粮生产技术规范》；开发利用新型非常规饲料蛋白原料替代豆粕，减少饲料豆粕用量；统筹利用植物、动物、微生物等蛋白饲料资源，加强改进生物技术增值利用，通过固态发酵、酶制剂及菌酶协同发酵来钝化或消除抗营养因子，提高蛋白质消化利用率，并推动相关新产品、新技术创新与推广应用，引导饲料养殖行业减少对豆粕的依赖。通过饲料营养科技创新实施饲用豆粕减量目标。新蛋白资源"开源"措施方面可充分挖掘动物源性蛋白、微生物资源潜力，利用好现有菜籽粕、棉籽粕、葵花籽粕、牡丹籽粕等植物性蛋白质饲料原料，开发动物性蛋白质饲料原料（如黄粉虫、黑水虻等资源性昆虫以及微藻、微生物蛋白等饲料原料）供给新途径。利用合成生物技术制造蛋白质，通过生物固碳技术实现一碳气体合成细菌菌体蛋白开发新型饲料蛋白资源。

创新能量饲料资源以及非淀粉多糖的利用，加大高粱、椰子粕、木薯粉及发酵木薯渣、桑叶粉等谷物及其副产物资源在肉鸡饲粮中的应用；突破木质素、纤维素、半纤维素以及果胶等抗营养因子处理技术，创制替代饲用玉米的新原料、新技术。

1.2.2.2 提供白羽肉鸡精准营养需要与饲养方案

系统精准研究评估白羽肉鸡常用饲料原料的有效养分，解析白羽肉鸡主要饲料原料有效养分随原料产地和季节的变异规律，进而建立肉鸡饲料原料营养价值动态预测模型，完善我国白羽肉鸡饲料原料养分和营养价值基础数据库，建立可实时更新和精准应用的白羽肉鸡饲料营养大数据平台。

修订白羽肉鸡营养需要标准，构建动态营养需要模型、实现精准营养供给也是未来白羽肉鸡饲料营养迫切需要开展的工作。基于净能体系，探究白羽肉鸡精准动态营养需要；建立精准化饲喂和营养需要量供给模型，全面提高饲料的利用效率。

现今有很多肉鸡营养需要是以快大型白羽肉鸡为基础的，小型白羽肉鸡与快大型白羽肉鸡在生理和生长发育方面存在一定的差异，因此需要有小型白羽肉鸡专用的饲料营养需要量数据库和饲料营养配方技术，亟待加强小型白羽肉鸡营养需要量研究。

目前，通常采用代谢能体系评价白羽肉鸡饲粮的营养价值和制定营养需要量，而代谢能没有考虑热增耗，不能准确地评价饲粮能量在白羽肉鸡体内用于维持、生长的效率。大量研究证明，不同营养物质在家禽采食和消化吸收过程中产生的热增耗不同，能量水平一致时，蛋白质的热增耗最大，脂肪的热增耗最低，碳水化合物居中。在白羽肉鸡饲料中代谢能系统可能低估了脂肪的能量供给程度（约13%）、高估了蛋白质和纤维提供的能量（20%左右）；而不同原料特别是非常规饲料原料以及不同结构配方饲粮的代谢能转化成净能效率变化不一、相差较大（55%~80%），用代谢能体系进行饲料配方与精准营养理论相悖，因此有必要将净能系统作为替代的、更准确的能量评价方法和指标，完善我国白羽肉鸡饲料营养大数据平台和白羽肉鸡营养需要标准。净能体系也是白羽肉鸡低蛋白日粮配制技术的基础，能使蛋白原料回归真实有效能价值，避免低蛋白日粮配方技术下日粮能值水平过高引起腹脂率升高，保障产品质量稳定。与代谢能体系相比，使用净能体系配制日粮可降低耗料增重比，有效降低饲料成本，提高屠宰率和全净膛率（燕磊等，2024）。

1.2.2.3 加快新型饲料添加剂研发

白羽肉鸡产业需要高效的新型安全饲用抗生素替代品及其应用技术，饲料无抗营养技术方案需求越来越旺盛，需要不断创制适应现代饲料加工工艺条件的高效饲用酶制剂并开发高效应用技术；研发高效的抗生素替代物，包括具有抗菌活性的植物提取物、酸化剂、安全的抗菌肽及其复合添加剂；研究肠道结构与功能发育、健康的机制及其与营养的关系，开发促进发育和增强消化吸收功能的饲料营养技术；开发霉菌毒素消解产品，避免霉菌毒素对白羽肉鸡的危害；研究营养与免疫的关系，开发免疫调节营养技术，减少免疫应激消耗，提升疫苗抗体水平和家禽存活率（呙于明等，2014）。

全球植物性饲料添加物的市场规模预计将超过4万亿美元，目前年增长率保持较好状态。我国植物资源丰富，但饲用植物提取物产品在规模化畜禽养殖中的普及程度还非常低，目前面临天然植物及提取物产业整体创新能力弱，产品质量不稳定、成分不明，生产产品与市场需求严重脱节，功效性基础研究缺乏、作用机制和靶点不明等问题。加强植物活性成分与绿色健康养殖研究是行业的必然发展趋势。在进一步推进"饲料禁抗、养殖减抗"要求形势下，农业农村部制定印发《直接饲喂微生物和发酵制品生产菌株鉴定及其安全性评价指南》《植物提取物类饲料添加剂申报指南》，优化完善新饲料和新饲料添加剂评审制度，加快扩充高效安全饲料原料和饲料添加剂品种，为微生物及其发酵制品、植物提取物类新产品研发创制、上市应用提供制度保障。未来需要加大研发，利用合成生物学和现代提取纯化新工艺创制改善饲料品质、提高动物产品产量、提高营养物质利用率、促进动物生长、改善动物健康的高效植物提取物产品及应用技术。

饲料营养及其技术方案在调控鸡肉质量方面发挥重要作用。饲粮氨基酸平衡对于白羽肉鸡胸肌组织的发育有着重要作用，饲粮的氨基酸配比与白羽肉鸡理想蛋白质完全一致或无限接近可能是未来缓解异质肉的重要研究方向之一。日粮中赖氨酸与精氨酸的比值对肌肉生长和肉品质有重要影响，研究表明，提高日粮精氨酸和赖氨酸的比值至120%～130%，可减少木质肉和白条纹肉的发病率（Zampiga et al.，2019）。其机制可能是由于精氨酸生成一氧化氮（NO），增加血流量，缓解缺血缺氧导致的应激损伤，从而减少了木质肉和白条纹肉的发生率。将肉鸡12～18日龄饲粮的赖氨酸水平降低至0.88%可降低木质肉发生率（Meloche et al.，2018）。同时提高肉鸡日粮中精氨酸和维生素C水平，或降低日粮氨基酸水平，能减少白条纹肉和木质肉的发生，提高鸡肉品质。植物来源的饲料中胍基乙酸的含量较低（Bodle et al.，2018）。在肉鸡日粮中添加胍基乙酸，可促进肉鸡生长性能和提高胸肉产量，降低木质肉评分和发生率（Córdova-Noboa et al.，2018）。除了瞄准白羽肉鸡异质肉调控的饲料添加剂或营养技术方案外，也需针对鸡肉贮存稳定性、卫生、营养保健和风味品质，重点研究鸡肉组织过氧化防控营养调控技术、功能性脂肪酸和风味物质富集营养调控技术、肌内脂肪和腹脂沉积调控营养调控技术等。

1.2.3 养殖技术发展趋势特征

中国白羽肉鸡养殖追求的目标，是在保障鸡肉品质的前提下，不断提高养殖效率、降低成本，围绕这个目标，我国白羽肉鸡养殖呈现如下发展趋势。

1.2.3.1 白羽肉鸡的饲养方式向立体养殖发展

我国白羽肉鸡养殖经历地面垫料平养、网上平养，如今立体养殖基本成为主流，优化和改进立体养殖方式是未来的发展趋势。立体养殖具有节约用地、节省能耗、降低饲料消耗、减少用工、便于饲养管理等优点，能大幅度降低饲养成本，成为广大肉鸡养殖者的首选饲养方式。据调研，当前我国白羽肉鸡（含小型白羽肉鸡）立体养殖占比已达85%以上，预计未来立体养殖占比还会有所增加。当前立体养殖以三层或四层较为多见，随着环控、自动化等技术不断进步，立体养殖层数有增加的趋势。

1.2.3.2 白羽肉鸡养殖向自动化、智能化、智慧化方向发展

我国白羽肉鸡养殖规模化和集约化程度高，单栋鸡舍养殖规模达数万只甚至十几万只，单个养殖小区存栏规模数十万只甚至百万只以上，自动喂料、自动饮水、自动清粪等技术应用已经普及，随着人工智能技术的发展，人工智能在肉鸡养殖过程中的应用场景日渐丰富和清晰，智能化环境控制、自动抓鸡、智能巡检，以及智慧化健康预警、疾病诊断和防控等技术将越来越成熟，并逐渐普及应用。

1.2.3.3 小型白羽肉鸡多元化利用趋势明显

与快大型白羽肉鸡相比，我国小型白羽肉鸡的用途可能更为广泛，可以用作整鸡、分割鸡加工所需的原材料，而且对鸡的体重规格要求范围较宽，有的要求小到每只1 kg以下，也有的要求大到每只2 kg以上，相应的出栏日龄从30~50 d不等。养殖者应综合评价不同规格小型白羽肉鸡的市场需求、效益和订单，灵活机动地选择细分市场。当前小型白羽肉鸡的品种类型还不够丰富，传统的"817"肉鸡制种模式逐渐不能满足养殖者的需求，部分养殖者正在选用生长速度更快、饲料利用率更高的品种，多元化发展趋势明显。

1.2.3.4 白羽肉鸡的动物福利关注度日渐提高

全球范围内畜牧生产对动物福利的关注度都在不断提高，我国白羽肉鸡养殖对动物福利也越来越重视。良好的动物福利，不仅有助于提高生产性能，而且有利于消除外贸壁垒。在养殖过程中，需要关注与肉鸡生产性能密切相关的福利因素，在生产性能、产品质量和动物福利之间寻求平衡，做到在动物福利方面与国际接轨，便于鸡肉产品出

口。因此，在不断追求生产性能指标改进的前提下，关注肉鸡的生长环境、天性表达、心理健康等动物福利因素，提升立体养殖肉鸡的福利水平，是今后白羽肉鸡饲养管理理念的发展趋势。

1.2.3.5 养殖技术集成和应用，提高生产成绩，是永恒的追求

白羽肉鸡养殖周期短，顺利健康生长是取得良好生产成绩的关键。充分集成应用鸡舍设计、精准饲喂、精准环控、免疫减负、应激防控、健康保健、生物安全、食品安全等技术，完善养殖技术规程或标准，实行"日历化"饲养管理标准，持续提高养殖技术水平，不断提高生产成绩，是白羽肉鸡养殖的永恒追求。实践证明，我国白羽肉鸡养殖已经达到了相当高的水平，欧洲效益指数超过500已然常见，但是在养殖过程中还需要进一步重视肉鸡的质量，科学用药，提高出栏均匀度，减少残次品率。

1.2.3.6 白羽肉鸡产业规模化水平和集中度不断提高

根据《中国畜牧兽医统计》，2022年我国畜禽养殖规模化率达到71.5%，其中生猪65.1%、蛋鸡83.0%、肉鸡86.4%、奶牛73.9%、羊46.7%、肉牛34.8%，肉鸡的规模化生产水平居于首位。我国肉鸡的规模化生产水平发展见表1-6，未来仍有较大的提升空间。我国白羽肉鸡产业经历40多年的发展，产业集中度不断提高，涌现了福建圣农发展股份有限公司等一批大型企业，头部企业白羽肉鸡出栏总量占比不断提高，散户养殖总量占比不断降低。预计未来头部企业的出栏总量占比会更进一步提高，散户为了降低市场风险，自养自销的情况越来越少，而是通过绑定大型企业，成为其农户或养殖基地。

表1-6 我国肉鸡规模化生产水平   单位：%

年份	年出栏							
	1~1 999只	>2 000只	>1万只	>3万只	>5万只	>10万只	>50万只	>100万只
2008	19.9	80.1	55.0	—	22.0	12.8	6.8	4.9
2022	8.8	91.2	86.4	78.4	70.3	60.3	42.0	33.6

注：肉鸡规模化水平的标准是年出栏>1万只。

1.2.4 疫病防控趋势特征

由于白羽肉鸡养殖集约化程度高、密度大，疫病防控难度非常大。据不完全统计，我国每年因各类禽病导致的肉鸡死亡率高达15%~20%，经济损失达数百亿元。国家采取的禽流感等重要疫病的强制免疫，国家动物疫病预防控制中心启动的禽白血病、鸡白痢等种源疫病净化场的评估，均为我国白羽肉鸡疫病防控起到了重要推动作用。同时，随着生物技术的发展、疫苗佐剂的更新换代，高效疫苗也为传染病的防控起到重要作用。

1.2.4.1 肉鸡禽流感等重大疫病防控

高致病性禽流感病毒感染鸡和火鸡等家禽后死亡率高达100%。禽流感由于其暴发突然，传播迅速，对养禽业造成巨大的经济损失，同时新的流感病毒在自然界中仍不断出现，易引发新的疫情或公共卫生危机。例如H5N1高致病性禽流感病毒、H7N9流感病毒，对我国的养禽业及人民生命健康构成了严重威胁。我国高致病性禽流感采取强制免疫与扑杀相结合的综合防控措施，取得重要进展。其中做好肉鸡和种鸡疫苗免疫工作是防控禽流感的重中之重。由于禽流感病毒容易变异，对禽流感的防控除了做好生物安全管理外，更重要的是需要及时更新疫苗种毒，确保疫苗的有效性。另外，H9亚型低致病性禽流感也是当前困扰肉鸡养殖业的重要疫病，当感染鸡群同时存在细菌或其他病毒混合或继发感染时，可造成较严重损害甚至导致鸡只死亡。此外，由于不同毒株的H9亚型低致病性禽流感疫苗交叉保护效果弱，该病防控难度较大。需要根据肉鸡和种鸡的饲养期以及当地疾病的流行状况等，制定合理的免疫程序，尽量减少混合感染和继发感染，降低其危害。

1.2.4.2 肉鸡呼吸道病防控

呼吸道病是目前高密度肉鸡养殖面临的重要难题，轻则影响肉鸡采食、增加料重比，重则引起死淘率升高，特别是冬春季更为严重。除了禽流感外，新城疫、传染性支气管炎、传染性喉气管炎等是严重危害肉鸡养殖的重要呼吸道病。这些疫病的防控主要通过采取严格的生物安全措施，同时结合疫苗免疫，提高肉鸡群的免疫力来实现。总体来看，通过合理的疫苗免疫，新城疫的防控相对稳定；传染性喉气管炎多为散发，疫区加强疫苗免疫即可控制。由于传染性支气管炎病毒血清型众多、交叉保护弱、病毒容易传播等特点，防控最为复杂，也是各大肉鸡养殖场面临的巨大挑战。白羽肉鸡和种鸡群中主要流行呼吸型和肾型传染性支气管炎病毒，且常继发感染大肠杆菌、支原体，也可能与非典型新城疫、低致病性禽流感等疾病混合感染，目前流行毒株以QX型和GⅥ为主（李慧昕等，2023）。预防白羽肉鸡发生传染性喉气管炎主要从改善饲养管理和兽医卫生条件、减少对鸡群不利的应激因素，以及加强免疫接种等综合防控措施方面入手。因传染性支气管炎病毒变异较快，应使用与当地流行毒株抗原性一致的疫苗品系，才能达到有效的免疫预防目的。另外，引起肉鸡肿头综合征的禽偏肺病毒在国内多个地区流行（于蒙蒙等，2022），由于国内还没有针对该病商品化的疫苗，因此，该病的流行也给肉鸡养殖带来挑战，养殖场需通过加强饲养管理及使用抗生素减少细菌继发感染，进而降低肉鸡群的发病率和死亡率。

1.2.4.3 肉鸡免疫抑制病防控

禽免疫抑制病严重危害肉鸡养殖业的健康发展，该病原感染直接损害鸡体免疫系统，导致严重免疫抑制，不仅可致死家禽，且易诱发严重继发感染和混合感染。感染鸡群由于免疫系统损伤，易造成疫苗免疫失败，如接种禽流感疫苗，达不到疫苗应有的免疫效果，容易诱发烈性传染病，严重威胁公共卫生安全。传染性法氏囊病、马立克氏病等是危害肉鸡的重要病毒性免疫抑制病。传染性法氏囊病由于其引起肉鸡中枢免疫器官——法氏囊的严重损伤，导致出现严重免疫抑制情况，尤其是超强毒传染性法氏囊病病毒自20世纪80年代末传入我国以来，以高致死率为主要特征，危害更为严重。鸡马立克氏病主要以快速发生淋巴细胞肿瘤、免疫抑制和麻痹为特征，也是危害严重的免疫抑制病。这些疫病主要通过疫苗的免疫接种来防控。目前有针对传染性法氏囊病和鸡马立克氏病的多种疫苗可供选择，总体实现疫情可控，但也有零星散发，尤其是近年来，随着引起非典型传染性法氏囊病的新型变异株和特超强鸡马立克氏病病毒的流行，常导致疫苗免疫肉鸡群发病，给免疫抑制病的防控带来新的挑战（Fan et al., 2019）。针对这些新毒株的防控技术和产品的研发将是未来免疫抑制病防控技术研究的重点。

1.2.4.4　肉鸡种源病防控

肉种鸡场常见的种源病包括禽白血病、鸡白痢、禽支原体病等疾病。禽白血病在世界各地均有流行，特别是J亚群禽白血病病毒的感染，其可通过水平传播和垂直感染整个鸡群，传播能力更强。由于禽白血病病毒没有可用的疫苗和有效的治疗措施，国外主要依靠净化种鸡群的办法来控制该病。比如20世纪90年代末，英国通过系统研究建立严格的净化体系，已经成功地净化了该病。我国目前肉种鸡群中禽白血病病毒的流行率已很低，但由于禽白血病病毒感染会将其基因组整合到鸡的基因组中，加之其间歇性无规律的排毒特性，造成感染鸡群中很难将其彻底清除，因此即使净化效果非常好的家禽育种公司，仍需要持续地开展该病的净化。另外，随着国内各大家禽育种公司持续开展禽白血病净化，均取得良好效果，为保持低阳性率，需要更加敏感的禽白血病检测试剂来满足该病的净化需求。

沙门氏菌病严重危害我国种禽业的健康发展和公共卫生安全，沙门氏菌可引起鸡发生鸡白痢、禽伤寒、禽副伤寒等，种鸡感染沙门氏菌可经蛋垂直传播和水平传播，雏鸡沙门氏菌病的发病率为10%~100%，经济损失严重（Liu et al., 2021）。禽支原体病是由鸡毒支原体和鸡滑液囊支原体引起的对家禽健康和生产性能造成严重负面影响的种源病。该病不但引起鸡群生长迟缓，降低饲料转化率、产蛋率、孵化率降低，蛋壳顶端异常，也使肉鸡和肉种鸡群的胚胎死亡率和胴体淘汰率增加及预防治疗成本增加。目前主要通过种群净化结合生物安全措施来防控鸡白痢和禽支原体病，但由于沙门氏菌和支原体的水平传播能力明显强于禽白血病病毒，这两类疫病的防控将更为复杂（徐桂云和樊世杰，2012）。

1.2.4.5　肉鸡细菌病防控

细菌病是一类危害肉鸡的重要疫病，尤其是鸡群有免疫抑制或通风等饲养管理条件差时更易发生,主要引起肉鸡的气囊炎、腹膜炎、腹泻、腿病等一系列疫病。由于肉鸡饲养密度大,规模化肉鸡鸡场细菌性疾病的发病率一直居高不下,严重威胁肉鸡养殖的健康发展。尤其是禽大肠杆菌病、葡萄球菌病、传染性鼻炎、产气荚膜梭菌引起的坏死性肠炎等细菌病在临床中较常见且危害较严重。目前这些疫病主要通过生物安全管理、疫苗接种、抗生素等药物治疗来防控。如传染性鼻炎主要通过多价疫苗免疫接种来预防,而其他几种细菌病主要通过生物安全管理和抗生素等药物治疗来控制。由于这些细菌在环境中广泛存在,如大肠杆菌是条件性致病菌,葡萄球菌是家禽皮肤和黏膜的正常菌系,产气荚膜梭菌在饲养环境的土壤、水和饲料中普遍存在,同时也是一种肠道常在菌,所以很难彻底清除。多数鸡场采取鸡舍定期消毒、加强种蛋及孵化管理、做好鸡群疫苗免疫、全进全出、严格淘汰病死鸡、重视鸡群日常管理等具体措施来控制这些疫病的发生与流行。抗生素对这些疫病的控制有一定效果,但由于环境污染严重、大量使用抗菌药物以及药物使用不合理造成很多菌对多种抗生素产生耐药性,防治效果不理想且易复发。总之,上述这些细菌病仍然是肉鸡养殖场需要重点防范的疫病。

1.2.5 加工发展趋势特征

白羽肉鸡加工产业作为我国肉类加工行业的重要组成部分,近年来呈现出持续发展的态势。随着消费者对高品质肉制品需求的增长,白羽肉鸡加工产业也迎来了新的发展机遇。随着科技的进步,白羽肉鸡加工行业也在不断引入新技术和自动化设备,这些技术的应用提高了生产效率和产品质量,降低了生产成本,为白羽肉鸡屠宰加工企业带来了竞争优势,主要体现在智能化管理与控制、数字化追溯和综合加工与利用技术等方面。虽然我国是禽肉类生产和消费大国,白羽肉鸡养殖与加工水平逐年提升,但在肉鸡加工行业发展整体水平依然较低且发展不平衡,存在诸多问题值得深究,如屠宰端存在技术短板且利润低、白羽肉鸡精深加工档次不高、白羽肉鸡副产物利用度低等。

在未来的一段时间,随着消费结构升级和人们健康理念的增强,鸡肉制品消费结构也将发生重大改变,冷鲜产品、分割产品、低温加工产品、预制菜产品和副产物衍生品的市场份额将显著增加。与之相对应的鸡肉加工新技术的开发、新装备和新工艺的推广应用及统一规范的鸡肉加工标准体系都将实现突破,确保我国白羽肉鸡加工业持续、健康发展。加工产业的未来趋势可体现在以下四个方面。

(1)白羽肉鸡加工将向营养化、绿色化方向发展。未来消费者对健康的追求越加迫切,鸡肉产品的销量提升将得益于其低脂肪高蛋白属性和清洁标签化加工的助力。随着环保意识的提高,如何减少肉鸡加工过程中的能源消耗、水资源消耗和废弃物产生,将成为行业关注的重点。同时,通过采用可持续的原料来源和包装材料,也能促进鸡肉加工的可持续发展。

（2）白羽肉鸡冰鲜产品及智能化加工比例进一步提升。鸡肉冰鲜产品与冻品相比，更符合人们对高品质生鲜肉以及中式产品原料的需求，其占比会逐步提升；同时，白羽肉鸡屠宰、分割属于劳动密集型行业，随着"用工荒"的不断加剧，"机器人"替代工人已迫在眉睫。利用现代科技手段，特别是信息技术和自动化技术，对家禽的屠宰和分割过程进行数字化管理和控制。通过图像识别和人工智能技术，对分割后的部位进行质量检测和分类，确保产品的质量和一致性。

（3）鸡肉预制菜加工将给整个产业带来新动能。中餐传统鸡肉菜肴的品质秘密将被全面解码。鸡肉预制菜肴的加工中将融合介电冻结、高压静电场解冻、超声波解冻等新型冻结和解冻技术，静态变压腌制和真空滚揉腌制等新型腌制技术，以及高压脉冲电场杀菌、微波辅助热杀菌、低温等离子体杀菌等新型杀菌技术，鸡肉预制菜肴的色、香、味、形、鲜将在贮运链条中保持在最佳状态。

（4）白羽肉鸡副产物高值化利用将补齐产业链短板。充分利用白羽肉鸡副产物，通过开展副产物清洁收集、储运保藏、质量安全控制和新型包装技术的研发，开发食品营养强化剂、宠物食品、发酵饲料、药品原料等精深加工产品；最终形成初加工、精细加工、熟加工、功能性食品、医药产品加工等多元化的产品梯队，延伸产业链，实现白羽肉鸡副产物资源化高效利用与转化增值。

针对上述趋势，白羽肉鸡产业在加工领域的主要发展建议如下。

一是加快市场开发与拓展，提升产业竞争力。随着市场需求的不断增加，白羽肉鸡加工市场开发与宣传是提升产业竞争力、扩大市场份额的关键环节。促进产品多元化，以满足不同消费者的口味需求；除了传统的零售渠道外，积极开拓线上销售渠道，如电商平台、社交媒体等，扩大产品的覆盖范围；与国际企业合作，共同研发新产品，拓展国际市场，提高白羽肉鸡加工产业的国际竞争力。在市场拓展与宣传上，强调白羽肉鸡的高品质和营养价值；明确白羽肉鸡加工产品的目标市场，如家庭消费者、餐饮行业和食品加工业等，并根据不同市场的特点制定宣传策略；利用电视、广播、报纸等传统媒体和社交媒体、短视频等新媒体，进行全方位宣传，提高产品知名度和美誉度。

二是加大对肉鸡加工产业的政策支持与资金投入。政府应加大对肉鸡加工产业的财政支持，通过设立专项资金、提供财政贴息、给予资金补助等方式，鼓励企业扩大生产规模，引进先进技术和设备，提升产品加工档次和附加值。同时要加强对肉鸡加工产业的政策扶持，通过制定更加优惠的税收政策，减轻企业负担。

三是加强科技创新为白羽肉鸡加工产业注入动能。白羽肉鸡加工产业需要不断引入和开发新技术、新工艺和新设备，以提高生产效率和产品质量。在原料方面，根据不同鸡肉菜肴对原料的特色品质要求，开发保持特色品质且适合不同菜肴的专用原料系列生鲜产品；在屠宰加工方面，引进和开发智能化屠宰分级分割技术，包括自动化掏膛、精准分割、快速在线预冷和分级分类入库系统等；在冷链贮运方面，发展生鲜肉智慧物流保鲜技术，如优势腐败菌可视化快速检测、品质无损化检测、活性智能抗菌包装、数字物流、立体智能仓等，形成屠宰、贮运技术规程与质量控制平台；在精深加工方面，开发鸡肉预制菜和副产物的精深加工梯次增值技术，使我国白羽肉鸡精深加工、综合利用、梯次增值技术迈上新的台阶，实现多层次、多梯度、多维度加工利用和增值；在质量安全与营养健康方面，重点发展无添加肉、代谢营养功能肉制品及营养包装和质量追溯体系，筑牢肉制品的安全防线。

1.2.6 白羽肉鸡供需形势

2021年12月"圣泽901""广明2号""沃德188"3个国内自主知识产权白羽肉鸡品种通过国家畜禽遗传资源委员会审定，实现了我国白羽肉鸡育种"从0到1"的突破性进展，核心种源问题得到缓解，为近年来国际禽流感多地暴发状况下的国内白羽肉鸡种源保障发挥了积极作用。随着国内自主品种产业化应用持续推进，3个自主培育的白羽肉鸡新品种提供祖代、国外品种曾祖代在国内自繁祖代以及国外进口祖代三元结构能够充分保障国内白羽肉鸡生产的种源供给。消费端需求增长仍将是拉动未来白羽肉鸡生产增长的重要因素。

长期来看，突出的实惠性、营养性、便捷性，以及更广的被接纳性等多方优势，将拉动白羽肉鸡消费总量进一步扩大。一是鸡肉价格明显低于猪肉，更是明显低于牛羊肉；二是鸡肉具有低脂肪、低热量和高蛋白特性，比猪肉、牛肉、羊肉等红肉更健康；三是鸡肉作为预制菜的重要原料之一，具有更为成熟的技术和产品，在预制菜的快步发展中走在前列；四是鸡肉没有宗教禁忌，拥有最广泛的消费群体。

总体来看，未来白羽肉鸡消费端需求发展特征主要体现在如下两个方面：一是消费增长空间最大。改革开放以来，我国肉类产量与消费量在持续增长的同时，增速逐渐减缓，增长空间逐渐缩窄，但从肉类各品种来看，鸡肉增速在各阶段均保持在领跑位置。2010—2022年鸡肉消费量年均增速为3.98%，同期肉类整体消费量年均增速为1.79%，猪肉为0.93%。未来随着国内消费者对肉类营养健康指标关注程度的提升，随着肉鸡良好的生长性能来源于遗传性能改良、饲料营养改进、养殖技术提升等信息的普及，鸡肉产能将不断增强，消费比重仍将进一步提升。二是健康营养和质量安全成为影响消费的主要因素。过去消费者多会将价格作为第一考虑要素，但新时代的消费者在选择肉类产品时，关注点发生了新的变化。2022年麦肯锡的消费调查数据和研究报告显示，我国消费者在选择肉类时首先考虑的因素是营养健康和产品安全，其次是品质和口味，最后是价格、便捷性和可获得性等因素。而在欧美发达国家，由于消费者对肉类产品的健康营养和质量安全的评价总体较高，健康营养和质量安全已不是影响消费的首要因素，消费者更为关注的是品质、口味和价格。未来，肉鸡产业供给端需根据收入水平和生活品质进一步提升消费端的实际需求，重点在鸡各产品的营养健康、质量安全和风味特点等方面发力，以充分满足人民日益增长的美好生活需要。

本章主要编写人员：文　杰　郑麦青　程国伟　张炳坤
姜润深　高玉龙　王道营　辛翔飞

主要参考文献

呙于明，罗绪刚，蔡辉益，等，2014. 肉鸡营养与饲料科技进展及发展趋势. 第四届（2014）中国白羽肉鸡产业发展大会暨第三届全球肉鸡产业研讨会.

李慧昕，韩宗玺，刘胜旺，2023. 中国传染性支气管炎病毒的流行和疫苗. 中国科学：生命科学，53（12）：1733-1744.

徐桂云，樊世杰，2012. 家禽沙门氏菌感染现状及不同国家的防治策略. 中国家禽（9）：7-12.

燕磊，安沙，吕孝国，等，2024. 净能体系和代谢能体系配制的日粮对肉鸡生长性能、屠宰性能和血清生化指标的影响. 中国畜牧杂志，60（5）：288-292.

于蒙蒙，包媛玲，王素艳，等，2022. B亚型禽偏肺病毒的分离鉴定及致病性研究. 畜牧兽医学报，53（10）：3540-3549.

中国畜牧业协会. 中国禽业发展报告（2011—2023年）（内部资料）.

ALLAIRE F R，1980. Mate selection by selection index theory. Theoretical and Applied Genetics，57（6）：267-272.

ANNE-MARIE N，SANTIAGO A，ALFONS K，et al.，2023. Evolutions in commercial meat poultry breeding. Animals，13：3150.

BODLE B C，ALVARADO C，SHIRLEY R B，et al.，2018. Evaluation of different dietary alterations in their ability to mitigate the incidence and severity of woody breast and white striping in commercial male broilers. Poultry Science，97（9）：3298-3310.

CÓRDOVA-NOBOA H A，OVIEDO-RONDÓN E O，SARSOUR A H，et al.，2018. Performance，meat quality，and pectoral myopathies of broilers fed either corn or sorghum based diets supplemented with guanidine acetic acid. Poultry Science，97（7）：2479-2493.

FAN L，WU T，HUSSAIN A，et al.，2019. Novel variant strains of infectious bursal disease virus isolated in China. Veterinary Microbiol，230：212-220.

HUSTÁ M, DUCATELLE R, VAN IMMERSEEL F, et al., 2021. A rapid and simple assay correlates *in vitro* netB activity with clostridium perfringens pathogenicity in chickens. Microorganisms, 9（8）：1708.

LIU G, QIAN H, LV J, et al., 2021. Emergence of mcr-1-harboring salmonella enterica serovar sinstorf type ST155 isolated from patients with diarrhea in Jiangsu, China. Frontiers in Microbiology, 12：723697.

MELOCHE K J, FANCHER B I, EMMERSON D A, et al., 2018. Effects of reduced digestible lysine density on myopathies of the Pectoralis major muscles in broiler chickens at 48 and 62 days of age. Poultry Science, 97（9）：3311-3324.

OECD-FAO agricultural outlook 2023—2032.

ZAMPIGA M, LAGHI L, PETRACCI M, et al., 2019. Effect of different arginine-to-lysine ratios in broiler chicken diets on the occurrence of breast myopathies and meat quality attributes. Poultry Science, 98（6）：1-7.

2 白羽肉鸡育种与技术发展

2.1 家鸡的起源与驯化

2.1.1 家鸡的起源

2.1.1.1 家鸡起源的资料记载和考古发现

　　家鸡作为人类最早驯化的动物之一，其起源问题一直备受关注。在探讨家鸡的起源问题中，考古发现和文献记载为研究学者提供了宝贵的线索和依据。《诗经》是中国古代文献中最早的诗歌总集，其中大量作品描述了古代饲养家鸡的场景。在《国风·王风·君子于役》中，有"鸡栖于埘（音shí，在墙壁上打洞做成的鸡窝），日之夕矣，羊牛下来"的描述，生动描绘了傍晚时分鸡回窝的情景，反映了家鸡在先秦时期已经被人类驯化并饲养。

　　驯化初期，家鸡具有象征意义，常用于宗教仪式。在古代神话中，鸡是由能辟邪的重明鸟变形而来，受此影响，人们将鸡的形象绘制成画或剪成窗花，贴在门窗上。《礼记》中多次描述了家鸡在祭祀、礼仪等方面的用途，反映了家鸡在当时社会中的重要地位。中国古代，鸡被称为"五德之禽"，"它头上戴冠，是文德；脚有距有力、能斗，是武德；敌在前敢打斗，是勇德；有食物相互招呼，是仁德；守夜不失时，天时报晓，是信德"。《占书》中说道："岁正月一日占鸡，二日占狗，三日占猪，四日占羊，五日占牛，六日占马，七日占人。"《礼记·内则》中有"母鸡不之食，游气饮食，能生毛羽"的描述，表明当时人们已经对家鸡的饲养技术具有一定的了解和掌握。随着养鸡历史的发展，自然衍生出许多关于鸡的文字。都城遗址殷墟出土的甲骨文，"鸡"的象形字非常像公鸡的形状。后来由象形字演变成形声字，"奚"为声旁，即"雞"。"奚"上方爪，下方则像被绳索捆绑着，表示在饲养或买卖时，其腿、爪被绳索所绑，防止飞跑，这一发现也体现了鸡被驯化的历史痕迹。

近现代的考古学家通过对古代遗址的发掘和研究，发现了与家鸡起源相关的遗迹和遗物。在中国，考古学家在长江中游地区的湘北、鄂南一带发现了与家鸡起源有关的早期遗址。这些遗址中出土了家鸡的骨骸等遗物，证明该地区可能是家鸡最早的驯化地之一。其中最著名的遗址之一是"鸡鸣城"，这里不仅发现了家鸡的骨骸，还有与鸡饲养相关的工具和设施，表明当时人们已经掌握了一定的家鸡饲养技术。鸡鸣城的考古发现还包括一些与祭祀等仪式有关的鸡骨，暗示家鸡在当时社会中不仅是食物来源，也具有一定的宗教和文化意义。这些证据共同描绘出一幅家鸡从野生动物到家禽的演变过程，揭示了人类早期农业社会中动物驯化的复杂性和多样性。在中国的其他地区的遗址中也发现了家鸡的骨骸，这些遗址距今超过4 000年，表明家鸡在新石器时代晚期就已经被驯化并广泛饲养。河北武安磁山遗址出土的鸡骨被认为是中国最早的家鸡，在此处出土了家鸡肱骨、尺骨、股骨和跗跖骨等，考古学家据此推断：我国驯养家鸡的历史可以追溯到8 000多年前。邓惠等（2013）学者建立了一套层层递进的家鸡形态鉴定标准：一是根据骨骸特征把环颈雉从雉亚科中区分出来；二是根据遗址地理位置和动物栖息条件，筛选出其他雉亚科；三是根据骨骸特征锁定原鸡属；四是结合骨骸形态、自然环境、考古现象、出土数量、性别比例和测量数据等信息，判断是否为家鸡。据此认为，家鸡在中国北方出现的最晚时期为晚商殷墟遗址时期，并且提出我国南方、东南亚和南亚地区是家鸡起源和驯化的重点地区，我国西南地区尤为重要。除了中国，越来越多含鸡骨骸的遗址也在世界不同地区被发现，例如，考古学家在印度河流域发现了含鸡骨化石的莫亨约·德罗遗址和哈帕拉遗址（约公元前2500年），鸡骨的解剖结构比原鸡和现代家鸡都要大，经分析这些鸡已经过驯化，且驯化大约发生在公元前3200年。此外，在西亚国家和东欧地中海区域发现了早于莫亨约·德罗遗址的含鸡骨骸的诸多遗址。从地理分布的角度来看，家鸡的骨骸在多个地区的古代遗址中均有出现，表明家鸡可能在不同地区都有独立的驯化过程，也揭示了不同地区家鸡被人类驯化和饲养的时间，为家鸡的传播和驯化研究提供了重要的考古证据。

2.1.1.2 家鸡起源的生物学研究

在科学界，鸟类由恐龙演化而来已经成为基本共识。在恐龙的种类中，有一类被称为兽脚类恐龙的成员，它们具有类似鸟类的特征，如羽毛、翅膀和喙，这些兽脚类恐龙在漫长的演化过程中，逐渐进化出飞行能力。一种被命名为"Asteriornis maastrichtensis"的神奇鸟，是迄今为止发现最早的现代鸟类化石。它具有现代鸡和鸭的特征，可能与陆地鸟类和水禽的共同祖先关系密切，这一研究的发现证实了分子生物学认为的现代鸟类起源于白垩纪末期的观点。古生物学家长期以来一直在对恐龙和鸟类骨骼结构的演变进行研究。在进化过程中，鸟类代表了恒温爬行动物的单系类群，在大约150 MYA（MYA是"million years ago"的缩写，表示百万年前）时从兽脚类恐龙中分化出来。大量研究表明，鸟类是不同恐龙分支的一个幸存谱系（图2-1）。然而，由于缺乏对早期考古遗存骨骼进行直接放射性碳测定的条件，描述鸡的时空起源和随后的散布情况存在一定的缺陷和阻碍。

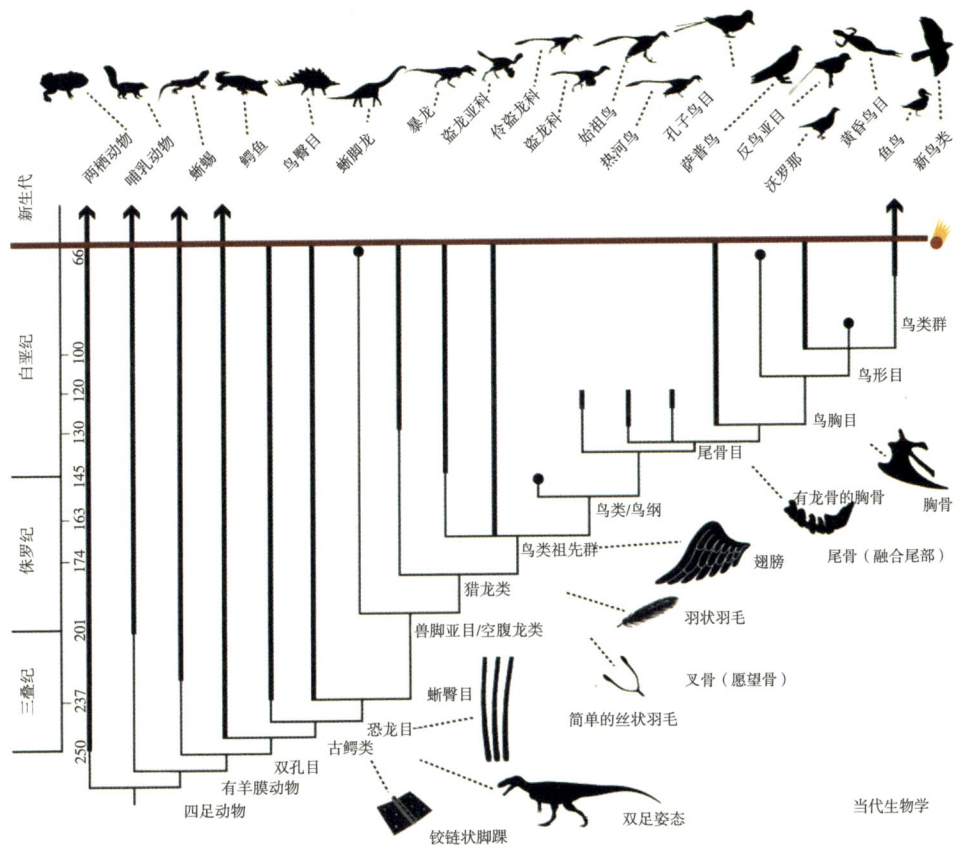

图2-1　鸟类的进化树（Brusatte et al., 2015）

随着测序和分子生物学技术的发展，发现家鸡的基因组中保留着大量恐龙基因的痕迹。这些恐龙基因在家鸡的演化过程中被保留下来，成为家鸡基因组中不可或缺的一部分，不仅影响着家鸡的生理机能，还决定着家鸡的外貌特征和行为习性。通过对家鸡基因组的深入研究，还发现了一些与恐龙基因高度相似的序列，说明家鸡与恐龙之间的亲缘关系非常紧密。

家鸡起源的相关研究最早可追溯到17世纪，英国博物学家约翰·雷（John Ray）等在其著作《威路比鸟类学》（*Ornithologia*）中对包含家鸡在内的各种鸟类进行了详细描述和分类。他们通过综合利用鸟类的生态信息，例如观察鸟类的外部特征，如羽毛颜色、形状、体型、喙和爪的结构等，结合鸟类的行为特征，包括飞行方式、觅食习惯和鸣叫声等，以及鸟类的生态习性，包括栖息环境、繁殖行为和迁徙模式等，对鸟类进行了系统的分类和进化关系描述。此外，约翰·雷提出了家鸡起源的假说，认为家鸡可能起源于某种野生原鸡（Wild jungle fowl），尤其与红原鸡（*Gallus gallus*）的关系最为密切。这一假说基于对家鸡和野生原鸡的形态学特征的观察和比较，虽然没有直接探讨家鸡驯化的过程，但对家鸡的分类和描述为后续研究提供了一定基础。随后，其他科学家也开始对家鸡的起源进行讨论和分析。18世纪时法国著名博物学家乔治·路易·勒克莱尔（Georges-Louis Leclerc）在其著作《自然史》中详细描述了人类如何开始捕捉和饲养野生鸡，通过长期的人工选择来改变鸡的形态和性状，逐渐实现了对家鸡的驯化。他提出了一个颇有争议的观点，认为家鸡的多样性和变异性可能不是由一种野生鸡种所导致的，而是来自多个野生鸡种的杂交。这一观点挑战了当时家鸡的起源只能追溯到一种野生鸡种的观念。他观察到，野生鸡类在印度各个地区都很常见，认为家鸡的驯化可能起源于印度。

英国生物学家达尔文曾研究过家养动物起源问题，在《动物和植物在家养下的变异》中写道："印度是驯养家鸡最早的国家，家鸡起源于印度，其中包括中国家鸡（达尔文，2014）。"达尔文指出，家鸡起源于4 000多年前的印度大峡谷中的红原鸡，然后向东、向西扩散到全球。在当时，达尔文提出的家鸡"单起源论"这一观点被广泛接受和认同。原鸡属共有四个物种，包括红原鸡、绿原鸡、黑尾原鸡和灰原鸡。其中红原鸡分布广泛、数量最多。红原鸡主要栖息在南亚、东南亚以及中国的云南、广西和海南等地区。从外形的相似程度来看，红原鸡最具"鸡祖"特征，几乎无法从外形上将其与家鸡区分。红原鸡是家鸡的祖先，这一观点也得到了线粒体DNA分析的证实。通过基因测序和比较分析等方法，研究家鸡与野生原鸡之间的亲缘关系成为探索家鸡起源的重要手段。早在20世纪70年代初，研究学者通过蛋白研究分析证实家鸡与红原鸡之间有着密切的遗传关系，它们含有非常相似的蛋白，而它们的G_2球蛋白与灰原鸡不同，表明红原鸡是家鸡的唯一或主要祖先（Baker et al.，1972）。为了进一步了解家鸡的起源问题，20世纪80年代，学者们研究了鸡属物种间的系统发育关系，结果表明，鸡在基因组序列上与红原鸡最接近（Hashiguchi，1983）。基于DNA分析，对4种野生丛林鸡和9种家鸡品种mtDNA（线粒体DNA）控制区的400个碱基对核苷酸序列进行分析，发现家鸡与红原鸡之间存在单系关系，进一步证实了家鸡与红原鸡的亲缘关系（Fumihito et al.，1994）。随后的研究结果发现，红原鸡基因组中带有一个与家鸡相似的可遗传内源性反转录病毒，而其他原鸡中未检测到这种与家鸡相似的反转录同源序列，进一步推测家鸡起源于红原鸡。通过对来自中国（云南）、泰国、欧洲等地的家鸡和多种原鸡进行血液蛋白遗传多样性、细胞遗传多样性，以及mtDNA遗传多样性的研究，结果表明红原鸡与家鸡的染色体数目相同，且每对染色体的形态和相对长度也基本一致。研究结果进一步显示，家鸡与各类原鸡的亲缘关系依次为：红原鸡、灰原鸡、黑尾原鸡和绿原鸡。这为红原鸡是中国家鸡祖先的结论提供了更多的证据。

2.1.1.3 家鸡起源的多元性

随着分子生物学技术的发展，对家鸡的线粒体和核DNA的分子数据进行分析，发现家鸡可能拥有其他原鸡的血统，其中包括灰原鸡和黑尾原鸡。1949年，研究者基于鸡品种之间的体重差异，提出目前的鸡品种起源于多个谱系（Hutt，1949）。现有的丛林鸡，包括地中海品种和亚洲品种在其形态和生理特征等方面存在显著差异，家鸡多系起源的表型特征可能来自其他野生丛林鸡。例如，黑色羽毛可能起源于绿色丛林鸡；黄色皮肤可能起源于灰色丛林鸡。对家鸡、印度红原鸡和灰原鸡的微卫星标记和线粒体D环开展研究，发现印度家鸡由红原鸡滇南亚种、指名亚种和印度亚种的多起源驯化而来。此外，通过对不同品种的家鸡和原鸡的线粒体DNA进行RFLP分析发现，家鸡品种起源于不同的原鸡亚群。基于古代DNA技术对家鸡的起源驯化进行研究，发现在距今约1万年的新石器时代，黄河流域中游地区的古代鸡中就有现代家鸡的某些主要单倍型。现代家鸡主要单倍型出现时间的分析发现家鸡并非单一起源于黄河中游。不同的单倍型群在不同地区出现频率存在差异，说明家鸡的驯化过程可能在不同地区独立、平行进行。

黄皮性状在现代家鸡品种中广泛存在，然而红原鸡却表现为青色脚胫。基因组关联和进化分析结果发现，现代黄色皮肤家鸡与灰原鸡之间的进化关系更为接近，白色皮肤家鸡则与红原鸡之间的关系更为接近。黄色皮肤是家鸡中一种丰富的表型，由一个纯合子的隐性等位基因控制，而白色皮肤的鸡则有一个或多个显性等位基因。研究表明，与黄皮肤相关的隐性等位基因是由真皮β-胡萝卜素双加氧酶2（*BCDO2*）的突变引起的（Eriksson et al.，2008）。基于*BCDO2*位点的23.8 kb序列对家鸡和4只野生鸡进行系统发育分析，发现白皮品种与红色鸡聚类，黄皮品种与灰色和绿色鸡聚类。并且灰色丛林鸡的mtDNA和核序列明显区别于红色丛林鸡和家鸡。这是家鸡杂交起源的第一个确凿证据，对于家鸡起源驯化过程的研究具有重要意义。红原鸡和现代家鸡的行为学差异和不同杂交群体的行为学变化过程分析发现，红原鸡在向现代家鸡的进化过程中引入了其他鸡种的血缘。

2004年，首张完整的红原鸡基因组图谱在国际知名期刊*Nature*上发表（International Chicken Genome Sequencing Consortium，2004）。鸡的基因组图谱的绘制为研究家鸡起源和驯化问题提供了新的参考资料。家鸡全基因组序列公布之后，为从全基因组水平探讨家鸡的起源驯化提供新的角度和手段，有力支持了现代家鸡的多起源学说。全基因组分析被广泛地应用于家鸡起源研究中。研究者分析了53只地方鸡、9只红原鸡、其他3种原鸡和普通野鸡的基因组，进一步证明红原鸡是家鸡的主要祖先种，家鸡与红原鸡的分化可能发生在8 000多年前（Lawal et al.，2020）。此外，研究结果显示家鸡与灰原鸡之间存在广泛的双向渐渗，与黑尾原鸡之间存在少量的渐渗特征，与绿原鸡之间存

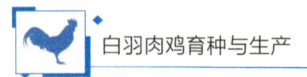

在单一的渐渗特征。这一研究结果也证实了家鸡的多物种起源。Wang等（2020）分析了来自全球范围内的863只鸡的基因组信息，包括4种野生鸡和5个红鸡亚种中的代表。系统发育树结果显示，家鸡与原鸡滇南亚种（*G. g. spadiceus*）之间的遗传关系相对较近，且所有家鸡都与原鸡滇南亚种形成了一个单系分支，表明该亚种是家鸡最接近的祖先。该研究结果指出家鸡最初来源于中国西南部、泰国北部和缅甸，横跨东南亚和南亚，并与当地其他红原鸡亚种和鸡种杂交（图2-2）。

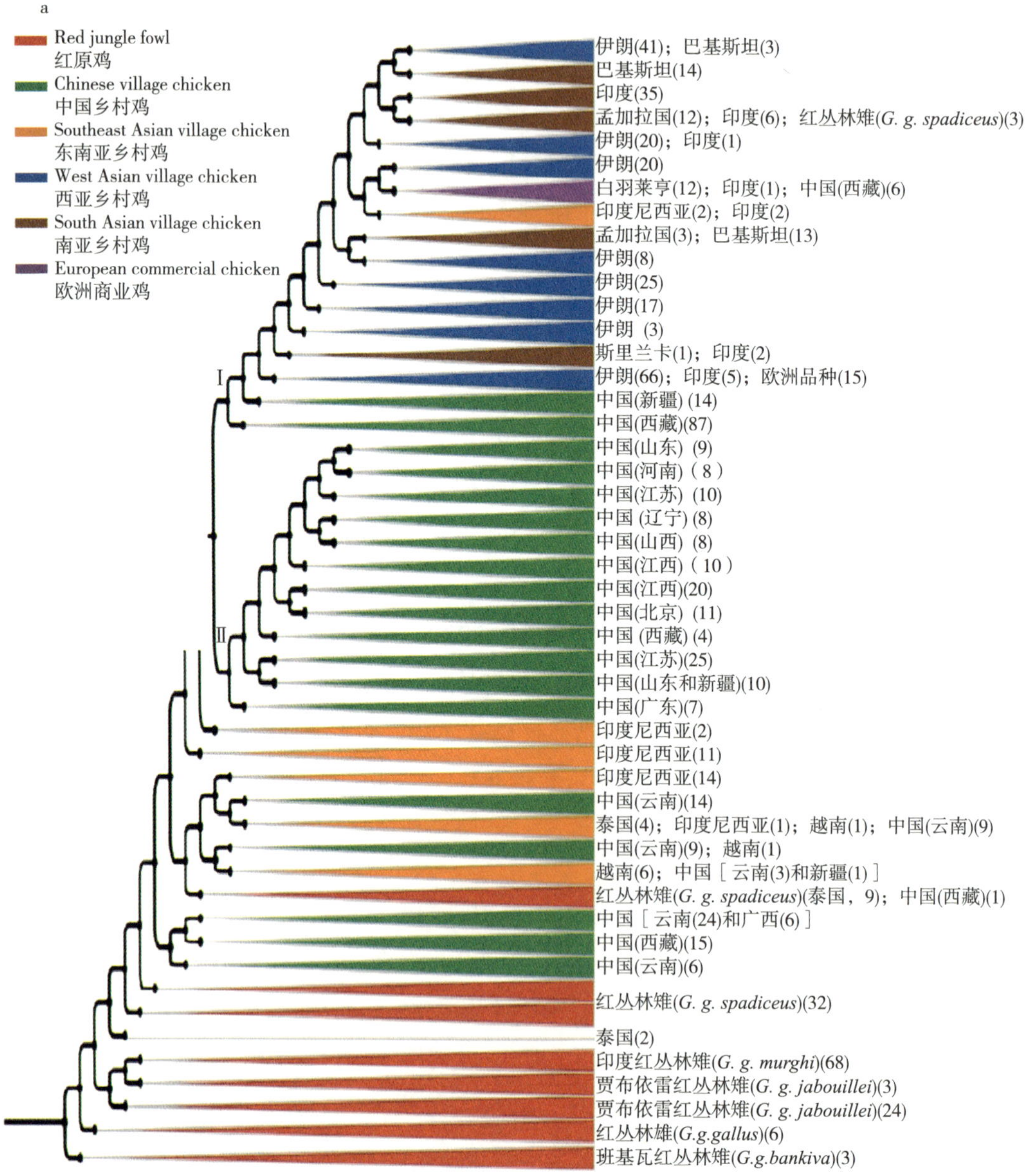

图2-2　家鸡可能来自原鸡滇南亚种（*G. g. spadiceus*）（Wang et al., 2020）

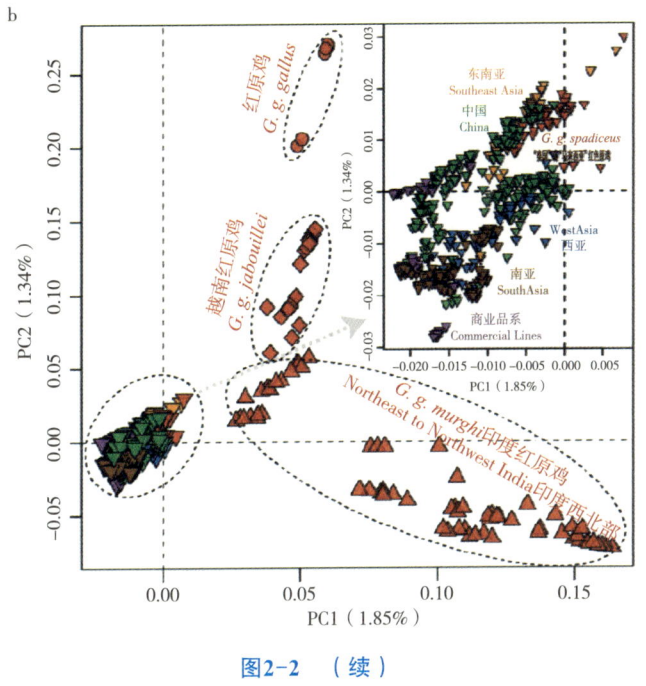

图2-2 （续）

2.1.2 家鸡的驯化

2.1.2.1 鸡的逐步驯化过程

鸡作为一种普遍存在的家禽，已经在人类社会中存在了数千年。它们不仅被用于饮食、文化和宗教，在现代社会的医学和生物学领域中也扮演重要角色。家鸡驯化过程的研究不仅有助于培育出能够适应不同环境和生产需求的家鸡品种，促进农业生产发展，在了解人类与动物的共生历程中，对于探讨人类与自然的关系、动物保护和福利等问题均有重要意义。

动物驯化过程起初被认为是由人类主导的，其中涉及强烈的驯化瓶颈以及野生与驯化动物间的生殖隔离。然而，越来越多理论研究表明，动物的驯化通常涉及一个长期的、无处不在的过程，并不存在明显的生殖隔离，这一过程主要分为三种途径：共生途径、捕获途径和直接途径。

红原鸡被驯化成家鸡主要依靠共生途径，这源于人类与红原鸡之间的相互吸引与共生关系，目前的主流观点认为家鸡驯化前期遵循"共栖模式"。这一过程可能始于红原鸡被人类定居点周围丰富的食物资源所吸引，在人类开始定居并从事农业活动之后，食物残渣和农作物遗撒成为红原鸡的丰富食物来源，这促使它们频繁出现在人类活动的区域。而人类可能被红原鸡美丽的外观所吸引，并且发现它们能够有效捕食农田中的害虫，从而加强了彼此之间的互动和依赖关系。在这种相互吸引的背景下，人类与红原鸡之间逐渐形成了一种互利共生的关系。当人类意识到红原鸡对其有益，便开始为它们提供食物和庇护。在这个过程中，红原鸡逐渐适应了与人类共同生活的环境。随着红原鸡对人类的依赖性增加，它们与人类的接触也更加频繁，从而加速了驯化过程。因为没有能够阻断不同群体之间基因流的地理隔离，共生驯化的过程需要更长的时间。除共生途径外，直接途径也是目前广为接受的驯化途径之一。人类为满足实际需求，选择性地饲养那些表现出更温驯、产蛋量更高或更大体型等特征的红原鸡。随着时间的推移，这些遗传变异使红原鸡逐渐具备了适应人类饲养环境的特征，逐渐演化成形态、生理与行为均与野生状态不同的家鸡，例如随着红原鸡的驯化，其幼雏具有的便于躲避捕食者的黑色条纹逐渐消失，其视觉也不断退化。这种变化除了"用进废退"的解释外，更可能是由于人类的驯化与选育。在红原鸡不断向家鸡演化的过程中，家鸡的基因也不断渗入到野生红原鸡的基因库中，这也使对野生红原鸡的基因库的保护和管理变得更加复杂，同时增加了家鸡基因溯源的难度。

在满足生活需要后，随着人类精神文明需求的不断增加，人们开始有意识地面向宗教信仰、娱乐竞赛、医疗药材等用途去驯化各具特色的鸡种。在许多文化中，鸡被视为吉祥的象征，与宗教仪式等活动密切相关。因此人们开始有意识地培育特定品种的鸡，将其作为祭品或宗教仪式的一部分，以此加强与宗教信仰之间的联系。此外，斗鸡比赛被视为一种古老而传统的娱乐活动，吸引着大量的观众和参与者。人们通过选择和培育具有特定外观和行为特征的鸡来参加比赛，以展示自己的养殖技能和鸡的优秀品性。传统医学认为，鸡的各个部位均具有药用价值，常被用于治疗各种疾病。因此，人们也有意识地培育具有特定药用特性的鸡种，并将其作为药材的重要来源。

除了人类的选择性驯化外，环境因素也对鸡的驯化过程产生了影响。地理环境的差异会影响到鸡的栖息地和食物来源。在不同的地区，鸡可能面临着不同的生存压力，例如气候变化、食物资源的稀缺以及天敌的威胁。这些压力会促使鸡逐渐发展出适应性更强的特征，以更好地适应当地的环境条件。因此，不同地区往往存在具有不同遗传背景的鸡种群。

2.1.2.2 驯化初期的地域分布

在家鸡驯化的早期阶段，其地域分布呈现出多样化和复杂性。家鸡作为人类最早驯养的动物之一，随着人类的迁徙和文明的传播，家鸡的驯化现象逐渐扩散到全球各个地区。在这段引人入胜的历史长河中，家鸡驯化初期的地域分布情况扮演着关键的角色，揭示了人类与动物之间紧密而又复杂的关系。

家鸡驯化初期主要集中分布在亚洲地区，但关于其起源仍存在争议。如前文所述，部分研究人员认为最早的家鸡驯化活动可以追溯到约8 000年前的中国长江流域地区，该推断源于在河南、陕西等地的新石器时代遗址中均发现了家鸡的骨骼化石，对化石进行分析后认定是人类驯化的家鸡。对此，有专家提出了质疑，认为上述研究中提到的化石从形态上分析实为雉的骨骼而非原鸡或家鸡骨骼，中国目前能确认的最早的家鸡出现于河南省安阳市殷墟遗址，距今约3 300年。《美国科学院院报》在2022年发表的文章表明，在中国新石器时代遗址中发现的"家鸡骨骼"实际为野生红原鸡，该种群与生活在人类居住地的鸟类之间的持续杂交，使识别早期考古记录中家禽化石的任务变得复杂。尽管关于家鸡起源仍存在争议，但家鸡驯化是由亚洲传播到欧洲地区的历史已经得到广泛认可。

家鸡传入欧洲的途径目前也存在两个假说：一种是由蒙古人将家鸡从中国传入俄罗斯，后进入欧洲；另一种则是由波斯进口到希腊，最终抵达欧洲。根据考古学和历史文献记载，家鸡约在公元前700年进入希腊，被罗马人视为娱乐和宗教动物，后发展为食用动物，也因此选育出了玫瑰冠家鸡品种。后因农业发展，希腊和地中海等地的农民开始将家鸡引入农业生产系统，为农业社会发展提供了新的动力。随着时间的推移，家鸡也逐渐传播到了欧洲其他地区，包括中欧和北欧等地，成为当地农民的重要家禽资源。

除了亚洲和欧洲地区，家鸡驯化初期还涉及了非洲大陆，动物考古学、历史文献、历史语言学和图像学都表明，鸡是通过多种途径进入非洲的，但目前没有明确的扩散路径，有研究推测，非洲地区的家鸡或来源于印度次大陆。虽然考古学证据显示，在公元前1200至公元前1070年的埃及遗址中发现了家鸡的图案和苏丹出土的家鸡形象的部分文物，但也无法排除野生丛林鸟类的影响。直到至少600年之后（公元前550年至公元前330年）的埃及遗迹中，人们才真正发现鸡的遗骸。这些结果均表明，随着古代贸易和文化交流的发展，家鸡逐渐传播到了非洲大陆。

2.1.3 家鸡品种的分化

2.1.3.1 初期的品种形成（约8 000年前）

家鸡的品种分化源自人类早期对于食物的需求与狩猎方式的转变。人类从狩猎向农耕生活过渡的过程，对鸡品种的分化起到了至关重要的作用。根据考古学记载，大约4 000万年前，鸡形目动物的共同祖先开始演化。最早的类似鸡形目的动物化石可以追溯到约8 500万年前。家鸡隶属于雉科，在国际鸟类学家联盟数据中，雉科是鸡形目中最为庞大的一个分支，包含52个属、180多个不同物种。雉科动物的最古老化石记录可追溯至约3 000万年前。2 000万～2 500万年前，雉科动物开始分化，形成了雉、鹌鹑、原鸡、火鸡、孔雀等物种。约8 000年前，最早在中国、印度或东南亚等地区，早稻耕作将野生原鸡从树上吸引了下来，拉近了人与原鸡之间的关系，从而驯化产生了鸡，鸡的品种分化自此开始。据司马迁《史记·五帝本纪》记载，黄帝开始教人们把野生的鸡圈养起来进行饲养,到尧、舜、禹时期,已经开始设置专门掌管禽业的官职。从自然生长到人工饲养的转变改变了鸡的生存环境,促进了鸡的品种分化。

随着时间的推移和地理环境的变化,原鸡逐渐分化出多个亚种,如黑尾原鸡、绿原鸡、灰原鸡和红原鸡。其中,红原鸡是最为普遍且数量最多的亚种之一。不同地区的红原鸡在外观上存在一定的差异,这可能是由于它们生存环境的差异所致。生活在马来半岛和印度尼西亚爪哇岛的红原鸡羽毛色彩明艳,而在喜马拉雅山南麓生活的红原鸡则羽毛颜色相对暗淡。根据环境的不同与外观的差异,红原鸡进一步分为指名亚种、海南原鸡(亚种)、爪哇亚种、滇南原鸡(亚种)和印度亚种(图2-3)。在繁殖季节,个别红原鸡公鸡可能会越过丛林边缘的村庄,与当地的家养母鸡交配,产下具有繁殖能力的混血后代。

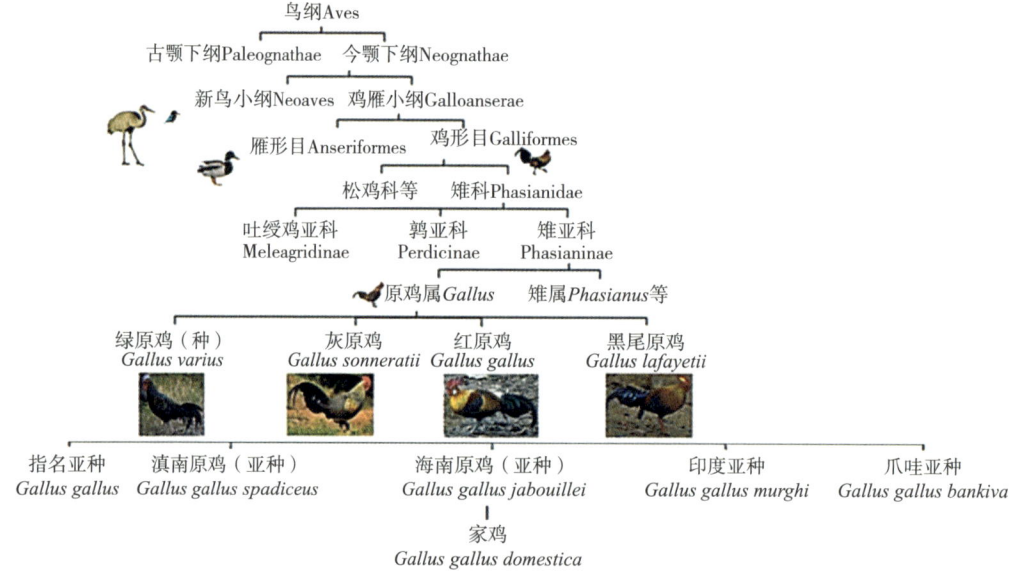

图2-3　家鸡初期的品种形成(Tixier-Boichard et al., 2011)

2.1.3.2　地域性品种形成(3 000~5 000年前)

3 000~5 000年前,人类社会开始从狩猎采集的游牧生活向农耕定居的农业社会转变。这一转变导致了对农业生产需求的增加,其中畜禽的饲养成为重要的一环。在不同地区,人类面临着各种各样的气候、地形和自然资源条件,这些因素也影响着家鸡品种的分化。然而,在这个时期的考古记录和文献资料相对较少,对于具体鸡种的了解较为有限。

根据考古学的发现,公元前3 000年左右,来自亚洲大陆的早期移民,例如拉皮塔人(Lapita),很可能最早将猪、鸡等家畜引入东南亚诸岛,如马来西亚、印度尼西亚和菲律宾等地。随着拉皮塔人的航海活动,他们渡海探索大洋洲和太平洋群岛,这也导致了家鸡在太平洋的三大群岛——密克罗尼西亚群岛、美拉尼西亚群岛和波利尼西亚群岛的扩散。考古遗址的发现显示，在大多数太平洋岛屿上都可以找到家鸡的遗骸，进一步证实了人类在太平洋群岛的殖民活动与家鸡的传播之间的联系。澳大利亚、新西兰等国家的研究人员对来自波利尼西亚和东南亚岛屿的现代家鸡和古代家鸡样本中的线粒体DNA进行了测序分析，发现大约3 850年前，家鸡因人类活动经由菲律宾、新几内亚岛、所罗门群岛、圣克鲁斯群岛、瓦努阿图岛向东迁徙，到达了波利尼西亚群岛、夏威夷岛、复活节岛和南美洲等地。这一发现表明家鸡已经随着人类的迁徙和农耕定居，被分散到不同的气候环境当中。

寒冷与炎热的气候环境中，自然选择会使家鸡对环境产生适应性。在寒冷地区，冬季漫长且气温极低，家鸡需要具备出色的耐寒能力才能生存。在这样的气候条件下，那些体型较大、羽毛丰满、皮下脂肪较厚的鸡可以存活，最终形成了能够更好地抵御严寒、保持体温、减少能量消耗的品种。这些品种的腿部较短，有助于减少热量的流失，而其新陈代谢率相对较低，能够适应在寒冷环境中对能源的有限需求。随着时间的推移，这些适应寒冷环境的家鸡品种逐渐稳定下来，并在特定地区内传播开来，为人类提供稳定的肉食和蛋类食品。

与寒冷地区形成鲜明对比的是，炎热地区的家鸡品种需要具备良好的耐热能力。在热带和亚热带地区，高温高湿与高温干旱的环境条件，使家鸡必须能够有效地散热和调节体温。羽毛较为稀疏、体型较小、皮肤较松的鸡得以存活。这类品种的羽毛通常较为短小，有利于热量的散发，而其呼吸系统发达，能够有效地进行气体交换，新陈代谢率会随温度条件的改变而发生变化，以维持在高温环境下的正常生理功能。这些适应炎热环境的家鸡品种通常活动敏捷，能够在炎热的气候条件下快速寻找食物和水源，以适应炎热环境。

2.1.3.3 中世纪以后的改良品种（约1 000年前至今）

中世纪以后，约1 000年前至今，随着农业技术的不断进步和人类对畜禽需求的增加，家鸡的改良培育工作逐渐开始，根据用途、外观、地理环境等，通过人工选育与自然选择，分化出了各种各样的家鸡品种，标志着家鸡品种进入了新的发展阶段。

东晋人士郭义恭在《广志》中提到将进化出现的不同鸡种按照一定的法则进行分类（郭义恭，2010），这一方法不再单一依赖于鸡的体形和地域，而是综合考虑了鸡的多种特征，如体形、羽色、腿色、叫声等。这种方法的创新为鸡的分类提供了新思路，也为后来家鸡的培育和饲养提供了重要参考，例如羽毛亮丽的白羽金脚鸡、体型较大的蜀鸡、体型较小的荆鸡、打鸣时间长的长鸣鸡等。斗鸡最早出现于周宣王时期，因生性好斗而被称为斗鸡。南宋时期，斗鸡开始成为人们关注的焦点，周去非在《岭外代答》中重点介绍了斗鸡的驯养和调教方法，广东人对斗鸡的热爱和斗鸡凶猛好斗的特点成为当时的一大特色。除了斗鸡外,还涉及了其他特殊品种,有每当涨潮时都会不停地啼叫的潮鸡,叫声细弱但能够准时报晓的枕鸡,分布于广西且羽毛呈卷曲状的翻毛鸡。明代著名医学家李时珍在《本草纲目》中对翻毛鸡也进行了记载,其羽毛对一些疾病具有一定的治疗效果(李时珍,2023)。除了翻毛鸡外,书中还介绍了多种乌骨鸡,如白毛乌骨鸡、黑毛乌骨鸡等,这些鸡的特点各异,为人们的生活提供了丰富的选择。随着时间的推移和社会的发展,中国鸡种的品种分化也越来越丰富多样。

不同地域的鸡种因气候、地形和人文环境的不同而呈现出各具特色的形态和品质。《本草纲目·禽部》记录,各地区因地制宜,培育出了适应当地自然和人文环境的鸡种。比如,江浙一带的长鸣鸡以白天和夜晚不停地鸣叫而著称;朝鲜半岛分化出现的尾巴较长的长尾鸡;辽阳地区以食用为目的选育分化的食鸡和角鸡,肉质肥美;四川与楚地分化出现了体型庞大的鹍(音kūn)鸡和伧(音cāng)鸡;江南地区分化出现了一种体型较小的矮脚鸡。清代的农书《豳(音bīn)风广义》中也记载了一些特色鸡种,如江西的泰和鸡以按时鸣叫而著称;陕西的边鸡体型巨大,体重可超过5 kg;河北的柴鸡产蛋数较多,体型较小。中国明清时期,各地都有不同名称的地方鸡种,如文昌鸡、芦花鸡、关东鸡、昌国鸡、摆夷鸡、油鸡、九斤黄、威远鸡、潮鸡、边鸡等,总数超过10种。这些鸡种各具特色,反映了当时地方鸡的多样性。

不同国家对各种鸡种的引入也对当地的鸡品种改良产生了较大的影响。例如,日本的常世长鸣鸡是通过朝鲜自中国引入并改良形成,而昌国鸡则源自浙江舟山一带。随着中日交往的深入,日本还从中国引进了斗鸡等品种,尤其是中国明清时期,日本从中国引进了诸如乌骨鸡、南京斗鸡、南京矮鸡、九斤黄、狼山鸡等品种,这些品种对于日本本土鸡种的遗传贡献颇大。日本明治时期,日本又通过种禽交易市场,向西方各国输出了斗鸡、乌骨鸡、狼山鸡等品种,加速了鸡种在不同国家和地区的扩散和基因交流。研究表明,中国鸡种对日本本土鸡种的遗传贡献最大,有一半以上的日本鸡种都具有中国鸡种的血统。此外,一些中国鸡种也曾被南下的华侨带到了泰国、印度尼西亚和菲律宾等东南亚国家,对当地鸡种的改良产生了一定的影响。

在欧洲,尤其是在中世纪以后,一些贵族和富有的农场主开始对鸡进行有目的的改良。他们意识到通过选择性繁育和交配,可以改进鸡的品质和产量,从而提高家禽生产的效率。这种改良工作在当时可能并不像现代遗传学那样科学系统,但奠定了现代家鸡品种改良的基础。这一时期(1872年前后),欧美等国家从中国主要引进了交趾鸡和狼山鸡,美国洛克鸡、洛岛红鸡和惠恩多德鸡,英国的奥品顿鸡和浅黄色来航鸡都具有交趾鸡的血缘。随后欧美出现了许多著名的家鸡品种,它们在肉质、产蛋量、体型等方面都具有显著的特点。其中最为著名的品种之一是普利茅斯洛克鸡(Plymouth Rock),它起源于美国,在19世纪中叶得到了广泛的改良和推广。普利茅斯洛克鸡是一种多功能的家鸡,不仅肉质鲜美,而且产蛋量较高,体型适中,适合于各种气候条件和养殖方式。另一个重要的品种是洛岛红鸡(Rhode Island Red),它同样源自美国,是20世纪早期经过改良而成的一种优质家鸡品种。洛岛红鸡以其优异的产蛋性能和适应性而闻名,成为世界范围内养殖的主流品种之一。部分家鸡品种改良的历史见表2-1。

表2-1 部分家鸡品种的改良历史

鸡种	详细地点	时期	特点
长鸣鸡	中国江浙一带	东晋时期	羽毛亮丽,白天和夜晚频繁鸣叫
蜀鸡	中国四川	东晋时期	体型较大
荆鸡	中国湖北	东晋时期	体型较小
白羽金脚鸡	中国	东晋时期	打鸣时间长
斗鸡	中国广东	周宣王时期	生性好斗
潮鸡	中国	明代	涨潮时啼叫
枕鸡	中国广西	明代	准时报晓
翻毛鸡	中国	明代	羽毛呈卷曲状
白毛乌骨鸡、黑毛乌骨鸡	中国	明代	乌骨
长尾鸡	朝鲜半岛	明代	尾巴较长
食鸡、角鸡	中国辽阳	明代	肉质肥美,以食用为目的选育品种
鹍鸡、伧鸡	中国四川与楚地	明代	体型庞大
矮脚鸡	中国江南	明代	体型较小
泰和鸡	中国江西	明代	按时鸣叫
边鸡	中国陕西	明代	体型巨大
柴鸡	中国河北	明代	产蛋数较多
文昌鸡、芦花鸡、关东鸡、昌国鸡、摆夷鸡、油鸡、九斤黄、威远鸡	中国	清代	地方鸡种,具有鲜明的地域特点
普利茅斯洛克鸡	美国	19世纪中叶	产蛋量较高,肉质鲜美,体型适中
浅黄色来航鸡、奥品顿鸡	英国	19世纪中叶	具有交趾鸡血缘
洛岛红鸡	美国	20世纪早期	优异的产蛋性能

资料来源:杨山,1962;Corbin et al.,1879。

20世纪中期,欧美等国家凭借先进的育种理念与技术手段,通过系统地遗传选育,主要以生长速度、饲料转化率、胴体组成等性状为选育目标,利用科尼什(Cornish)品系的雄性与白羽普利茅斯洛克鸡雌性,杂交得到了最初的肉鸡,逐步改良形成了现代白羽肉鸡的品种。20世纪50—60年代，育种者开始收集各种不同品系的鸡种，包括科尼什鸡、普利茅斯洛克鸡、狼山鸡、泽西黑鸡（Jersey Giant）和梵天鸡（Brahma chicken）等，对初期白羽肉鸡进行了一系列改良，并在美国、加拿大和欧洲得到了推广和应用（Smith，2015）。

这些改良品种的出现和推广，不仅满足了人类对肉食和蛋类的需求，也促进了家禽生产的发展和现代化。通过改良培育，人类成功地将家鸡的生产性能和经济价值提升到了一个新的水平，为农业经济的繁荣作出了重要贡献。随着时间的推移，家鸡的改良工作仍在不断进行。现代遗传学、生物技术等新技术的应用，为家鸡品种改良提供了更为科学和精准的手段。

2.1.3.4 现代饲养业的兴起和品种改良（20世纪至今）

20世纪以来，随着人口的增长和城市化进程的加快，对肉、蛋、奶等食品的需求量急剧增加，促进了现代饲养业的兴起与家鸡品种的改良。家禽养殖逐渐转向了规模化、工业化生产模式，对家鸡品种改良的需求更为迫切。

家鸡的新品种培育需要大量的素材。据FAO统计，世界有地方鸡品种资源1 437个。其中，欧洲和高加索地区832个，亚洲309个，非洲133个，拉丁美洲和加勒比地区90个，近东和中东地区32个，南太平洋地区30个，北美地区11个。另外，还有区域性跨境品种49个，国际跨境品种106个。我国本土地方鸡种质资源十分丰富。根据《国家畜禽遗传资源品种名录（2021年版）》记载，我国现有地方鸡种115个。这些地方鸡种具有鲜明的地域特色和突出的品种特点。从地域来看，地方鸡种最多的是云南省，共有12个，四川省有10个地方鸡种，贵州省和湖北省各有9个地方鸡种，北京、上海、海南、西藏、青海、甘肃、内蒙古、黑龙江、辽宁等省（自治区、直辖市）都只有1个地方鸡种。从羽色来看，中国地方鸡种以黄羽为主，也是培育优质黄羽肉鸡的主要素材，其次是黑羽、少量的白羽、黑白相间的芦花羽色等。

遗传育种技术的不断进步极大地推动了家鸡新品种培育工作。通过应用表型精准测定和分子育种技术，可以对家鸡的选种选配进行精准调控，加快遗传进展和新品种培育进程。

在肉鸡培育方面，主要以白科尼什为父系，白洛克为母系，培育出的科宝、罗斯、哈伯德和爱拔益加等白羽肉鸡品种占领了国际上绝大多数市场。在中国，白羽肉鸡祖代种鸡长期依赖进口，对种业安全构成潜在危害。因此，育成自主白羽肉鸡品种，把产业的源头掌握在自己手中变得尤为重要。在这种背景下，我国农业科研机构和育种企业，深入探索科企合作模式，集中优势力量开展白羽肉鸡育种，2021年培育出"广明2号""圣泽901"和"沃德188"3个快大型白羽肉鸡品种，这些品种通过了农业农村部的品种审定，实现了我国白羽肉鸡育种"从0到1"的技术突破。

2.2 肉鸡性状和配套系培育

2.2.1 肉鸡品种和配套系

肉鸡品种（配套系）是为适应肉用生产而特别培育的鸡种。这些品种或配套系经过系统化的选育和杂交，展现出快速的生长性能、高效的饲料转化率、出色的屠体品质和较强的抗病能力，从而能够在短时间内达到高产量的肉品产出。肉鸡品种通常分为两大类：一是传统的标准品种；二是现代化的商业配套系，后者通过配套系杂交技术培育而成，特别强调生长速度、饲料利用效率和肉质的优越性。肉鸡品种的选育与推广以生产性能为核心，兼顾市场需求和养殖环境，形成适应现代规模化养殖的高效品种体系。

肉鸡一般具有以下几个关键特性。

较高的性价比：培育肉鸡品种的首要目标是提供优质和经济的蛋白质，满足人类的需求，这也是品种最主要的特性，快大型白羽肉鸡、黄羽肉鸡和小型白羽肉鸡等不同类型的肉鸡分别适应不同的消费需求。

高效、稳定的生产性能：这是培育肉鸡品种最关注的性能之一，通常表现为增重速度快、出栏时间短、出肉率高等。

饲料转化率高：肉鸡品种通常具有较高的饲料转化效率，即在消耗较少饲料的情况下能够获得高产出，降低饲养成本。这是评估肉用或蛋用家禽经济性的重要指标，这些特性决定了它们在不同生产用途中的适应性和经济价值。

适应性和抗逆性较强：肉鸡品种需要具备适应不同环境的能力，尤其是气候和养殖条件不同的区域。抗逆性表现为对气候和不同的养殖条件引起的环境应激适应性强，便于规模化养殖。

较高的抗病性：健康稳定、抵抗常见疾病的能力强，有助于提高成活率并减少疫病传播。通过选择育种和疫病防控技术的应用，肉鸡品种的健康抗病性得到持续增强。

繁殖力强：肉鸡品种在繁殖力上的稳定表现，确保了种群数量的快速增长和养殖的持续性，尤其是种鸡的产蛋量等繁殖性能直接影响到种禽生产的效益。

生产周期的可控性：特别是商业化养殖中，肉鸡品种需具有可控的生产周期长度，以便根据需求及时调整饲养周期和生产时间，提高生产效率。例如，肉鸡可以根据产品类型在不同的时间出栏，种母鸡则可以在产蛋高峰期后的适当时间内及时淘汰。

2.2.1.1 标准品种

在家禽育种中，标准品种通常指经过科学选育和长期改良，具备稳定的遗传特性和优良生产性能，且被普遍认可和广泛应用的家禽品种。它们通常符合国际或有关国家制定的品种标准，能够保持高产量、抗病性强、饲料利用率高等特点，满足肉用或蛋用的市场需求。

目前主要的肉鸡标准品种有：

白科尼什鸡。白科尼什鸡起源于英国康沃尔郡，是一种重型肉鸡品种，体型宽厚，胸部发达，肌肉紧实，主要用于肉用鸡生产。其羽毛为白色，产蛋量低，年产蛋量仅100枚左右，生长速度快、出肉率高，是商业肉鸡父本的理想选择。白科尼什鸡在全球肉鸡生产中扮演着重要角色，广泛用于杂交育种，是优质的父系种源。

白洛克鸡。白洛克鸡原产于美国，羽毛呈白色，体型较大，生长速度快，肉质优良，是典型的兼用型品种。白洛克鸡年产蛋量为180～200枚，适应性强，饲料转化率高，作为常见的母本鸡种，广泛应用于白羽肉鸡杂交育种和配套系的生产。

洛岛红鸡。洛岛红鸡原产于美国罗得岛州和马萨诸塞州，是兼用型鸡种，既适合产蛋，也具备良好的肉用性能。其羽毛呈深红或栗色，性情温驯，体型中等偏大，年产蛋量为250枚左右。洛岛红鸡抗逆性强、耐粗饲、适应性佳，适合家庭养殖和中小型农场，是优良的蛋肉兼用鸡种，在世界多地得到推广。

2.2.1.2 配套系

配套系是通过科学选育和合理的遗传组合培育出的家禽种群，旨在提升家禽的生产性能和经济效益。常见的白羽肉用鸡配套系有罗斯肉鸡、科宝肉鸡等，它们的特点是生长速度快、饲料转化率高、肉质优良，广泛应用于商业化肉鸡养殖。配套系的优势在于通过合理的父母代选择和配对，能够最大化发挥遗传潜力，提高家禽生产性能和效益。现代肉鸡生产过程中基本都采用四系或三系配套的方式，这些配套系不仅满足了市场对肉类的需求，也促进了养殖业的高效和可持续发展。肉鸡配套系具有以下特征。

（1）生长速度快。配套系肉鸡的生长速度显著提升，特别是快大型白羽肉鸡，通常在35～45 d内即可达到出栏体重。快速的生长周期有助于提高养殖场的生产效率和周转率，降低饲养成本，满足市场对快速出栏肉鸡的需求。

（2）遗传稳定性高。配套系的选育过程确保父母代的优良基因得以稳定传递，经过长期的选育和优化，配套系能够保持其生产性能的稳定性，可以保证后代在生长速度、肉质等方面的一致性，避免因基因不稳定导致性能波动。

（3）生产性能高。配套系的设计目标是提高生产效率，包括较快的生长速度、较高的饲料转化率、优良的肉质或高产蛋量等。这些特点能够有效降低生产成本，提高养殖效益。例如，肉鸡配套系通过选择生长较快、肉质细嫩的个体，来实现高效的商品生产。

（4）专门化程度高。配套系通常有明确的育种目标，专门为某一生产目的进行选育。肉鸡配套系侧重于肉用性能，而蛋鸡配套系则侧重于产蛋性能，这使得配套系在特定领域内表现最佳。

（5）繁殖性能优异。配套系中的父母代通常具有较高的繁殖力，能够保证后代的快速增长和稳定生产。合理的配对组合有助于提高繁殖效率，保证产蛋量或肉用生产的持续性。

2.2.2 杂交繁育体系

肉鸡杂交繁育体系是一种科学高效的育种生产体系，将纯系选育、配合力测定和种鸡扩繁等环节有机结合，实现了不同育种和生产环节的专门化分工，通过将育种工作与杂交扩繁任务合理划分给育种场和各级种禽场，使各部门相对独立运行，确保了育种工作的高效和有序。

在育种场中，首先进行纯系选育，目的是通过连续多代的选择和优化培育出具备优良性状的纯系种鸡，例如生长速度、抗病性和饲料转化率等，以奠定育种的基础。接下来进行配合力测定，将不同纯系进行杂交，测定其生产性能，筛选出具备杂交优势的最佳配合力组合，从而确保商品代鸡的优良性状表现。

2.2.2.1 杂交的优越性

充分利用杂交优势。通过不同纯系的杂交，肉鸡能够获得明显的杂种优势。杂交后代通常表现出高于父本和母本的优良性状，这一现象被称为杂种优势。例如，商品代肉鸡在生长速度、增重和抗病能力等方面均优于其亲本纯系。这些优势直接提高了商品代肉鸡的生产性能，能够显著提升生产效率，缩短饲养周期，最终降低生产成本。杂交育种能够提高肉鸡的产肉量，并增强其对环境的适应能力，使其在各种饲养条件下均能保持稳定的表现。这些优势不仅提高了肉鸡的经济效益，还进一步推动了产业的标准化和规模化发展，是现代肉鸡生产中杂交育种被广泛应用的重要原因。

饲料转化率高。饲料成本是肉鸡养殖中最大的成本，饲料转化率是评价饲料利用效率的重要指标。通过杂交育种，肉鸡的饲料转化率得到了显著提升，即单位饲料能够转化为更多的体重。这一优势在肉鸡生产中至关重要，因为饲料成本的降低直接关系到生产成本的下降，从而增加了养殖的经济效益。高饲料转化率不仅意味着肉鸡对饲料的吸收利用能力增强，也减少了饲料浪费，有利于资源的节约。

缩短生长周期。肉鸡杂交育种通过对生长速度的选择，使杂交肉鸡的生长周期明显缩短。通常，商品代肉鸡只需6～8周即可达到屠宰体重，这种短周期的特点不仅能够加快养殖场的生产周转，提高鸡舍利用率，还能更快地满足市场需求。缩短的生长周期意味着饲料和养殖管理的成本减少，从而提高了生产效益。

提高肉质品质。杂交肉鸡通过配合力测定和遗传选择，改良了肉质，使其更符合市场需求。优良的肉质通常体现在肉质细嫩、脂肪分布均匀、肌肉纤维适中以及风味良好等方面。这些肉质特性满足了消费者对优质禽肉产品的需求，增加了肉鸡产品的市场竞争力。肉鸡杂交育种通过选择具有优良肉质特性的纯系进行杂交，确保商品代肉鸡的

肉质稳定和优良。

生产性能稳定。肉鸡的杂交育种体系通过基因优化组合，确保商品代肉鸡在生产性能方面的稳定性。这意味着商品代肉鸡在生长速度、体型一致性、抗病能力等方面具有稳定的表现，这些性状的稳定性非常重要，便于养殖管理，减少了因个体差异而产生的管理复杂性。在规模化养殖条件下，生产性能稳定的肉鸡更易于实现标准化饲养管理，有效提高了生产效率。

加快纯系的遗传进展。在肉鸡的杂交育种体系中，纯系选育通过严格的选择和优化，不断提高纯系的优良性状，从而加快遗传进展。通过选育优良的纯系，育种者可以更快地在群体中固定优良基因，并通过不同代次的杂交将这些优良性状传递到商品代肉鸡中。杂交育种不仅推动了纯系育种的进展，也使肉鸡的杂交效果更加显著。优良纯系的建立和维持是整个杂交体系的基础，只有在纯系性状得到稳定改良的前提下，商品代肉鸡才能保持稳定的生产性能。

2.2.2.2 杂交繁育体系的结构

肉鸡杂交繁育体系尽管涵盖多个育种层次，但总体上可划分为选育和扩繁两个主要阶段。两个阶段紧密衔接，共同促进优良基因的稳定传递与肉鸡生产效率的提升。

（1）选育阶段。选育阶段是杂交繁育体系的核心，由专门的育种场承担，旨在通过系统的遗传选择和品系改良培育出优质的纯系种鸡，为整个繁育体系奠定优良的基因基础。在此阶段，育种场首先进行严格的纯系选育，通过筛选特定优良性状（如生长速度、抗病性和饲料转化率）的个体，不断积累优质基因并提升群体质量，通过配合力测定，将不同纯系进行杂交试验，通过观察杂交后代的生产性能，评估并筛选出最佳的杂交组合，以获得杂种优势。此过程能够识别出哪些品系组合在生长速度、饲料利用率和抗病能力等方面具有显著的优势，并将这些组合用于后续繁育。

此外，选育阶段还涉及基因库优化管理，育种场在筛选过程中会对基因库进行有效管理，保留优良基因并控制不良基因的扩散，以确保后续繁育过程中优质基因的持续累积。这一阶段决定了整个繁育体系的育种进展和遗传基础，是获得高质量商品代肉鸡的关键步骤。选育阶段的有效进行不仅为扩繁阶段提供了优质的种源保障，同时也大大提高了商品代肉鸡的市场适应性和竞争力。

（2）扩繁阶段。扩繁阶段是将选育阶段筛选出的优质纯系逐层扩繁，最终生产出适应市场需求的商品代肉鸡。该阶段由不同层级的种禽场完成，通常包括曾祖代、祖代、父母代和商品代四个层次。各级种禽场分工明确，形成了层次分明的繁育体系，确保了优良基因逐步传递至市场端的商品代肉鸡中。

曾祖代扩繁是扩繁阶段的起始环节，通常由高标准选育出的核心群体构成。这一层次的繁育目标在于保持并优化优良遗传性状，保证种群的纯度和基因稳定性。曾祖代的育种过程对生产环境要求严格，且采用严格的系谱记录和基因测定，确保在高遗传力的性状上取得进展。为了强化对生产性能、抗病能力和饲料转化效率等关键性状的控制，曾祖代鸡种群的繁育数量有限，主要向下一级祖代提供优质种源，为整个繁育体系奠定基础。

祖代鸡是曾祖代的后代，其主要任务是繁殖出父母代种鸡，扩大种群规模，为市场提供稳定的种源。祖代鸡的生产和管理侧重于提高种蛋产量、受精率和孵化率，以确保为父母代的扩繁提供足够数量的优质雏鸡。祖代鸡对环境的适应性和抗病力要求较高，因此其饲养管理不仅关注生产性能，还需特别重视健康和疾病防控。与曾祖代鸡相比，祖代鸡的种群规模较大，能够在有限的生产周期内产出大量后代，有助于肉鸡杂交繁育体系的顺利运作。

父母代扩繁环节则主要由二级种禽场完成，任务是生产出充足的父母代鸡，以供商品代鸡的生产。父母代鸡具备较强的繁殖性能，能够有效传递优良基因，并确保商品代肉鸡的高效扩繁。与祖代鸡相比，父母代鸡的养殖规模更大，主要在商业化饲养条件下进行，且在疾病防控、健康监控上采取严格措施，以确保繁殖的安全性和稳定性。

最终，商品代肉鸡由父母代鸡生产而来，作为扩繁的最终产品进入市场。商品代鸡具备生长速度快、饲料转化率高和肉质优良等特性，充分体现了杂交体系的优势。商品代的生产环节不仅要满足市场对肉鸡的数量需求，还需要确保其质量稳定，适应不同养殖场的管理和环境条件。

扩繁阶段的层次化结构使优质基因在各级种禽场逐层传递，从而达到稳定的生产效果，这一结构化的扩繁体系使育种与生产实现了高效衔接，确保商品代肉鸡具备优良的生长性能。

2.2.2.3 杂交繁育体系的形式

核心群所获得的遗传进展通过繁育体系传递到商品群。肉鸡杂交繁育体系的形式多样，主要包括二系杂交、三系杂交和四系杂交等模式。不同的杂交模式在生产应用中各有特点，满足了多样化的市场需求。

二系杂交。二系杂交是肉鸡杂交繁育的基础形式之一，通过两个纯系种鸡的杂交来产生商品代鸡。通常选择具有不同优良特性的两个纯系，例如一个纯系具有快速生长的特性，另一个纯系具有良好的抗病性，两者杂交后的后代在这两方面具备优势。二系杂交的优点在于操作相对简单，杂交后代的性状较为一致，因此在养殖管理上较为便利，且育种周期短、生产成本较低，适合一些小规模或区域性市场制种的需求。

三系杂交。三系杂交是肉鸡生产中应用较为广泛的杂交形式之一。三系杂交采用三个不同的纯系，其中首先将两个纯系进行杂交，生产出一个中间代（即父母代），再将中间代与第三个纯系进行杂交，产生最终的商品代。三系杂交能够充分发挥杂种优势，提升商品代鸡的生长速度、抗病能力和饲料利用率。三系杂交在实际应用中更具灵活性，可以根据市场需求对父母代和第三个纯系的选择进行调整，以实现不同性能的优化，三系杂交的杂种优势较显著，是现代肉鸡生产中常用的杂交体系之一，适用于规模化养殖企业。

四系杂交。四系杂交是杂交繁育体系中较为复杂，但效果显著的一种形式，通常由四个不同的纯系组成。首先将四个纯系分成两对进行杂交，产生两个父母代，再将这两个父母代进行杂交，获得最终的商品代肉鸡。四系杂交的最大特点在于其杂交优势最为明显，商品代鸡的生长性能、饲料转化率和抗病性都达到较高水平。这种杂交模式的育种成本较高，管理难度较大，但其生产性能极为优越，适合对肉鸡生产性能要求较高的大型商业化养殖企业。同时，四系杂交适合大规模、高密度养殖的生产模式，可以更好地适应工业化肉鸡养殖需求。

2.2.3 肉鸡主要性状及其遗传特点

2.2.3.1 肉用性状

（1）体重与增重。肌肉量是反映肉鸡经济效益的重要指标之一，具有较高的遗传力，并与生长速度密切相关。育种中，通过选择肌肉量大的优良品系，可以提升肉鸡鸡肉产量，增加其市场竞争力。体重和增重是肉用鸡育种中最重要的生长性状，这两者不仅决定了肉鸡的生产周期和出栏时间，还对生产成本和经济效益有直接影响。体重通常是指在肉鸡育成后期测得的活体重，通过对体重表现优良个体的选择，能够实现对后代快速增重和体重水平的有效改良。在实际生产中，较高的体重带来更高的出肉率和更强的市场竞争力。增重是指在特定日龄内肉鸡体重的增长幅度，通常通过选择增重速度较快的个体来提高生长效率，这种性状的选择有助于缩短育肥周期，降低饲料成本，从而提高经济效益。然而，过度追求增重速度可能会给肉鸡骨骼、心肺系统带来负担，引发腿部疾病等健康问题。因此，增重与健康之间的平衡显得尤为重要。

在实际生产中，通过选择体重和增重较为理想的品种，能够在较短的时间内达到理想体重，最大化养殖的经济效益，特别是在现代集约化养殖条件下，体重与增重的改良不仅有助于提高生长效率，还减少了饲料消耗和生产周期，极大地提升了养殖效益。体重和增重是肉鸡生产的核心性状，因此在育种中被高度重视。通过科学育种和管理，体重与增重的提升可显著提高生产力和市场竞争力，是现代肉鸡产业获得成功的重要因素。

（2）屠体性能。肉鸡的屠体性能是衡量其肉用价值的重要指标，包含屠宰率、屠体化学成分和屠体缺陷等方面，这些指标直接关系到肉鸡产品的市场竞争力和经济效益。

屠宰率是指肉鸡屠宰后可供出售的部分重量占活体重量的比例，是衡量肉鸡出肉率的重要指标。较高的屠宰率意味着肉鸡在屠宰后可提供更多的肉用部分，有助于提高肉鸡生产的经济效益。屠宰率受多种因素影响，包括品种、饲养方式、日龄及营养水平等，通常快大型白羽肉鸡屠宰率较高，而生长期较长的肉鸡屠宰率可能略低。高屠宰率的肉鸡能够在市场上获得更高的认可度，因此在育种和饲养管理中常以提升屠宰率为目标之一。白羽肉鸡重要的屠体性能指标还包括胸肉率、腹脂率等。

屠体化学成分主要指肉鸡肌肉中水分、蛋白质、脂肪和矿物质的含量。这些成分决定了鸡肉的营养价值、口感和风味，是消费者关注的核心质量指标。一般而言，优质肉鸡应具备较高的蛋白质含量和适当的脂肪含量，脂肪含量过高会影响鸡肉的口感和健康价值，过低则可能影响肉质的柔嫩性。此外，矿物质和微量元素也是评价屠体质量的重要指标，其含量对人体健康具有直接影响。因此，在屠体化学成分的测定中，合理的营养成分搭配被视为优质肉鸡的标准之一。

屠体缺陷指屠宰后肉鸡躯体的结构性损伤或外观缺陷，可能影响鸡肉的市场价值和消费者的接受度。屠体缺陷包括骨折、淤血、皮肤损伤、瘀斑等情况，通常由运输、屠宰操作或鸡只本身的体质状况引起。缺陷较多的屠体不仅影响商品外观，还可能在消费者心中造成负面影响，因此，在屠宰及加工过程中需严格控制，减少因机械损伤或不当处理引起的屠体缺陷。同时，改进养殖和运输环节的管理、加强饲养管理和抗病力提升，也有助于降低屠体缺陷的发生率。

（3）肉质性状。肉质性状是决定肉鸡产品品质的重要因素，涵盖肌肉量、肌肉颜色、脂肪分布、嫩度和风味等方面，对市场接受度有直接影响。肌肉颜色是肉质的外观性状，直接影响消费者的视觉感受，而脂肪分布则影响肉质的风味和嫩度。适度的脂肪分布可以提升肉质风味和口感，而过多的脂肪会降低肉质的健康价值，因此，结合科学的营养管理和环境控制，可以在优化脂肪分布和改善外观品质方面实现有效调控。嫩度和风味是肉质的核心性状，受微效多基因和环境条件的影响，在肉鸡育种过程中，常通过多性状选择与科学饲养管理结合，以实现这些复杂性状的全面改良，从而生产出更符合市场需求的优质产品。此外，受长速快、胸肉率高等因素影响，白羽肉鸡异质肉的发生率较高，应在育种和生产中给予高度关注。

2.2.3.2 饲料转化率性状

目前，常被用来衡量肉鸡饲料转化效率的指标有饲料转化率（Feed conversion ratio，FCR）和剩余采食量（Residual feed intake，RFI）。

FCR是指单位饲料消耗所产生的体重增益，在肉鸡生产中又被称为耗料增重比。肉鸡FCR属于中等遗传力性状，理论估计值均在0.2～0.4，因此可以作为遗传改良指标。通过选择高饲料利用率的个体，可以逐步提升肉鸡的整体饲料效率，这在肉鸡育种和生产中被广泛应用。1957年的一项研究显示，商品白羽肉鸡0～42日龄的FCR为2.4；而2001年的商品白羽肉鸡0～42日龄的FCR下降至1.58（Havenstein et al.，2003）。这表明通过育种和改良，肉鸡的饲料转化率有了显著提高。2022年世界各大育种公司公布的数据显示：AA商品白羽肉鸡0~42日龄FCR为1.548，Ross308商品白羽肉鸡0~42日龄FCR为1.531，科宝500（Cobb500）商品白羽肉鸡0~42日龄FCR为1.555，Hubbard Efficiency Plus商品白羽肉鸡0~42日龄FCR为1.54。

RFI是指在相同增重的情况下，实际采食量与预期采食量之间的差值。RFI主要受采食量的影响，与体重等生产性状无关，因此能更真实、准确地反映饲料转化效率。饲料转化效率高的肉鸡实际采食量低于期望采食量，此时RFI为负值；反之，饲料利用效率低的肉鸡RFI为正值。因此，具有低RFI值的肉鸡在达到预期体重和生产水平时需要的饲料更少，具有更高的生产效率。RFI属于高遗传力性状，理论估计值在0.4以上，且FCR和RFI之间存在高度遗传相关性（$r_g \geq 0.5$）。将RFI作为饲料效率的衡量指标，能够更准确地反映饲料的实际利用效率。通过降低父母代的RFI值，可以提高子代的饲料利用率，从而进一步提升整体生产效益。

综上所述，FCR和RFI在肉鸡育种和生产中都具有重要的应用价值，通过选择高饲料利用率的个体，可以逐步提高肉鸡的整体饲料转化效率，从而实现更高的生产效益。

2.2.3.3 繁殖与生活力性状

受精率与孵化率是影响肉鸡繁殖效率的关键生理指标，直接决定了种蛋的利用效率和未来鸡苗的产量。这两个指标不仅影响种源生产的经济效益，还决定了肉鸡养殖的繁殖水平。受精率和孵化率受遗传和环境因素的共同影响，通常通过选择受精率高、繁殖力强的个体进行育种，同时优化孵化环境，包括温度、湿度和通风条件，以提高整体孵化成功率。

生活力是衡量肉鸡在不同环境和饲养条件下的生存能力，包括其对疾病的抵抗力、适应性和生长健康水平等。高生活力的个体具有较强的适应能力和抗应激性，能在不利条件下保持正常生长。生活力的遗传力较低，通常受环境、饲料和管理水平的影响较大。因此，需通过改善饲养环境、提供合理的营养补给来提升生活力，选择生活力表现较好的种群。在高密度集约化生产中，良好的生活力不仅有助于提高成活率，也有利于降低病害和药物使用率，提高生产的可持续性和经济效益。

2.2.3.4 体型外貌性状

冠状性状指鸡冠的形态、大小和颜色，通常分为单冠、豆冠、玫瑰冠等类型。冠状性状具有显著的遗传性，受性染色体上的显性和隐性基因控制。单冠通常是显性基因控制的性状，其他类型（如玫瑰冠、豆冠）则为隐性基因所控制。冠状的形状不仅对鸡只的外观产生影响，在一定程度上还影响其生理特性。研究表明，鸡冠形状与体温调节和健康状况相关，鸡冠形状使其在高温环境中能更好地保持体温稳定。此外，冠状性状在繁殖性能上的影响也备受关注,单冠个体通常表现出更好的繁殖性能。

白色羽性状在肉鸡品种中尤为常见,特别是在肉鸡的商业品系中,白色羽肉鸡已成为市场的主流。白色羽毛不仅具有观赏价值,还因其在屠宰后无明显的毛根色泽残留,易于加工和销售。白色羽色主要由显性基因控制,且具有较高的遗传稳定性,因此育种中多以白色羽的品种为基础进行改良。白色羽性状的经济价值体现在鸡只的美观度上,适合现代化生产和市场的需求。此外,白色羽性状还对市场接受度产生影响,消费者普遍认为白色羽鸡只在品质和口感上更优。

喙色性状指的是肉鸡喙的颜色,通常表现为黄色或黑色。喙色的遗传性较高,主要受显性和隐性基因的控制,并且喙色容易受到类胡萝卜素等营养因素的影响。黄色喙的肉鸡较为常见,通常表现出较好的市场适应性,因为黄色喙被认为是健康、优质鸡只的标志之一。在育种和生产管理中,喙色可以作为健康和营养状况的辅助指标,有助于提高产品的外观一致性和市场竞争力。此外,不同市场对喙色有特定的偏好,例如一些地区消费者偏好浅黄色喙的肉鸡。

皮肤颜色性状是肉鸡外观性状的重要指标,主要表现为黄色皮肤和白色皮肤。皮肤颜色受遗传和营养因素双重影响,其中黄色皮肤的形成与脂溶性色素(如类胡萝卜素)的摄取和积累有关。皮肤颜色主要由显性基因控制,白色基因(W)为显性,黄色基因(w)为隐性,在市场中具有重要的消费导向作用,例如在美洲和亚洲地区,黄色皮肤肉鸡更受欢迎,而欧洲市场则偏好白色皮肤肉鸡。此外,皮肤颜色在一定程度上反映了鸡只的健康和营养状况,因此,在育种选择和饲养管理中,皮肤颜色性状常被作为健康和营养水平的指标。

体型与骨骼发育是肉鸡生长过程中的基础性状,直接关系到肉鸡的体格健壮程度和健康状态。骨骼发育则是支撑体型的重要基础,主要包括腿骨、胸骨等部位的发育情况。骨骼的遗传力较低(0.1~0.2),但骨骼发育至关重要,是支持肉鸡体重和增重速度的关键因素。骨骼发育不足可能导致生长过程中发生跛行等健康问题,影响肉鸡的采食和活动能力,进而对增重和健康产生负面影响。因此,在选择增重速度较快的肉鸡时,必须确保骨骼发育的稳定性。为达到这一目标,常结合适当的营养补充、光照管理和密度控制,以辅助骨骼的生长和发育。

体型与骨骼发育还影响肉鸡的结构质量和产肉比例。良好的体型和骨骼结构有助于实现高效的体重转化率,使个体在增重过程中表现出优良的体格和健康水平。体型和骨骼发育的改良往往与生长性状配合,以保证肉鸡具有健全的体格和结构,不仅有利于生产中获得高出肉率的个体,也有助于减少健康风险,提高经济效益。

2.3 世界白羽肉鸡育种

2.3.1 白羽肉鸡育种开端

白羽肉鸡育种的起源可追溯至19世纪中后期，当时英国殖民者将亚洲鸡种引入国内，与本地鸡种杂交，培育出了白科尼什鸡，成为白羽肉鸡的优良父系。母系则为白洛克鸡，这一品种是通过引入中国的上海九斤黄鸡在美国培育而成。这两种鸡及其杂交后代以其体型大、健壮的特点，引起了业界的广泛关注。随着两次世界大战的发生，人们对优质、廉价蛋白质的需求不断增长，鸡肉逐渐成为肉类蛋白的主要来源之一。

肉鸡产业自20世纪20年代起步，但真正快速发展是在20世纪40年代，尤其是第二次世界大战结束后，对廉价蛋白质需求的急剧增长，美国肉鸡养殖者抓住这一机遇，推动肉鸡产业达到高潮，并激发了人们培育新品种的热情。

1945年，美国最大的零售商A&P（大西洋和太平洋茶叶公司）为满足市场对鸡肉的需求，联合美国农业部举办了"明日之鸡"（Chicken-of-Tomorrow）全国性竞赛。当时美国有48个州，其中44个州组织了分区选拔，科研机构、政府部门、养鸡场、大学，55个全国性机构，上千名志愿者积极参与。竞赛旨在选拔生长更快、体型更大、胸肉和腿肉更丰富的优良肉鸡品种，以应对战后肉类消费需求的增长。1946年和1947年进行了地区性比赛，选出40种参赛种鸡参加1948年的全国总决赛。每个参赛者提供720枚种蛋由主办方统一孵化，挑选400只小鸡进行统一饲养，密切监测其体重变化、健康状况和外观特征等指标。12周后统一屠宰称重，并根据18项评分标准对每种参赛种鸡（每种50只）进行评分。

1948年，一场历时三年的全美肉鸡比赛圆满结束。在这场前所未有的竞赛中，加利福尼亚州的查尔斯·凡特雷斯凭借其精心培育的红羽科尼什鸡——一种科尼什与新罕布夏红鸡的杂交品种，荣获了冠军。而来自康涅狄格州的亨利·赛格里奥所培育的纯种白洛克鸡，荣获了亚军。

这场比赛不仅为肉鸡育种领域树立了新的标杆，更预示着白羽肉鸡在肉鸡品种中即将开启的统治时代。亨利·赛格里奥并未止步于亚军的荣誉，他将白洛克鸡与科尼什鸡进行杂交，成功培育出了艾拔益加鸡。这一创新的育种实践，为现代白羽肉鸡品种的广泛饲养和推广奠定了坚实的基础。

如今，我们所熟知的白羽肉鸡品种，大多源自科尼什鸡和白洛克鸡的杂交后代。这一历史性的育种成就，不仅展现了育种家们的智慧和创造力，更见证了肉鸡产业的蓬勃发展和不断进步。

2.3.1.1 鸡种发展历史脉络

鸡种发展的历史脉络颇为丰富，其中白羽鸡的出现和普及尤为引人入胜。在野生状态下，红原鸡或早期家鸡中，白羽鸡的出现概率微乎其微。鸟类世界中，雄鸟通常依靠其鲜艳的羽毛和强壮的体格来吸引配偶，红原鸡亦不例外。然而，家养时代的到来，伴随着人类对鸡种的选育，一些品种的公鸡甚至演化出了祖先所不具备的华丽羽色。与此同时，一些鸡种却呈现出与众不同的白色羽毛。

分子遗传学的研究揭示，白羽鸡的出现主要是基因突变的结果，涉及至少5个基因位点的突变。其中，控制"色素抑制剂"的基因以显性方式遗传，这意味着只要该基因存在，羽毛中的黑色素就无法沉积，导致羽毛呈现白色。此外，某些白色羽毛由隐性等位基因控制，只有在纯合状态下才会显现。在野生或早期驯化阶段的家鸡中，自然突变产生白羽鸡的概率极低，且即便出现，也不易在野外生存和繁衍，因此历史上白羽鸡种的数量相对较少，大多数白羽鸡品种主要是在最近一二百年内形成或被发现。

在19世纪中叶的"母鸡热"期间，英国和美国的人们更偏爱培育羽色艳丽的观赏鸡，白羽鸡并未受到太多关注。然而，随着规模化养鸡业的发展，白羽鸡的地位逐渐上升，育种学家和爱好者开始有计划地培育这一品种。

科尼什鸡起源于19世纪20年代的英格兰康沃尔郡（Cornwall），最初被称为"印度斗鸡"。尽管最初目的是作为斗鸡，但科尼什鸡的打斗能力并不突出，加之英国立法禁止斗鸡，科尼什鸡的斗鸡生涯告一段落。科尼什鸡产蛋量不高，但胸肌发达、胸廓宽阔，具有发展成为专用肉鸡品种的潜力。随着人们对鸡肉需求的增长，育种家们经过数十年的努力，成功培育出了肉用型科尼什鸡纯种。在美国，育种家利用科尼什鸡胸肉发达的特点，于1893年首次培育出了专门用于肉用的褐色科尼什鸡。随后，他们引入了其他品种的白色显性基因，进一步培育出了胸肉更加丰满、生长速度更快的白科尼什鸡。白科尼什鸡的培育过程引入了红色阿希尔鸡（Aseel）、英国黑胸红色斗鸡和马来鸡的血缘，形成了一种具有独特体型、外貌和生产性能的肉用鸡品种。

普利茅斯洛克鸡作为美国本土鸡种，其培育历史稍晚于科尼什鸡。1849年，洛克鸡在美国第一届家禽展上因其高产蛋量和肉用性能而声名鹊起。洛克鸡的羽色种类繁多，主要分为7个品种：横斑羽、白羽、浅黄羽、银纹羽、鹧鸪色羽、哥伦比亚色羽和蓝羽。最初，洛克鸡以其标志性的黑白相间的芦花羽色出现，这种羽色也被称为横斑洛克鸡，在中国则被称为芦花鸡。横斑洛克鸡的育成是一个精心选择和杂交的过程，涉及了多种鸡种的基因，包括西班牙黑鸡、横斑多米尼克鸡、道金鸡，以及来自中国的白色九斤鸡。这些品种的杂交不仅丰富了洛克鸡的羽色，也提升了其作为兼用型鸡种的性能。1940年，爱拔益加公司首次培育出了肉用的白洛克鸡，我国的白色九斤鸡在白洛克鸡的育成过程中起到了关键作用，它提供的白色羽毛基因对洛克鸡的品种改良至关重要。随后，其他公司也相继推出了各自的洛克鸡品种。白洛克鸡之所以备受青睐，不仅因为其在产蛋、产肉和繁殖性能上的卓越表现，更因为其稳定的遗传特性和广泛的适应性。尽管白洛克鸡的胸部较窄，可能限制了胸肌重量的进一步提升，但这并未削弱其作为优质肉鸡品种的地位。白洛克鸡的育成标志着家禽育种技术的一大进步，也为现代家禽产业的发展奠定了坚实的基础。

科尼什鸡和普利茅斯洛克鸡各有优势和不足，通过杂交育种，可以在后代中集中父母的优点，弥补各自的不足。20世纪40年代起，美国开始以科尼什鸡为父本，白洛克鸡为母本进行杂交育种，培育出一系列生长快速、产肉多的白羽肉鸡品种。

到了20世纪50年代，由于肉鸡生长速度快、饲料转化率高、鸡肉价格低廉，美国社会对鸡肉的需求激增，肉鸡产业进入工业化时代。机械屠宰逐渐取代了人工屠宰，屠宰效率大幅提升。然而，黑、红等颜色的羽毛残留物会影响鸡肉的外观，而白色羽毛则几乎不会引起注意。因此，白羽肉鸡迅速成为肉鸡产业的首选，中快速型肉鸡基本以白羽为主。如今，白羽肉鸡在美国、南美洲和欧洲的市场份额高达90%，在中国也占到了50%以上，成为肉鸡产业的绝对主导。

2.3.1.2 国际肉鸡育种历程

20世纪初期，随着人们对家禽生产价值的认识加深，商业化养禽生产开始蓬勃发展，促使家禽育种工作发生了根本性的转变。育种重点从以往关注外观转向重视经济性状，推动家禽育种从经验模式进入现代科学育种阶段。遗传学理论的不断发展为这一转型提供了重要的技术支持。经过50多年的发展，肉鸡育种取得了显著成果，建立了完善的良种繁育体系，并成功培育出多个生产性能优异的快大型白羽肉鸡配套系，为现代快大型白羽肉鸡产业奠定了基础。

肉鸡育种的演变过程可以视为动物育种技术发展的一个缩影（图2-4）。早在19世纪之前，全球各地已开始培育肉鸡品种，如洛克鸡、新汉夏（New Hampshire）鸡和科尼什鸡等，不过当时的育种技术尚未得到广泛应用。到了20世纪20年代，专业的肉鸡育种机构逐渐成立，主要采用个体表型选择和选配技术进行育种。到了20世纪中叶，专门化品系的培育和杂交生产商品代肉鸡成为普遍做法，尤其是在欧美国家，大量肉鸡育种和生产企业应运而生。20世纪80年代，随着血氧计和利克斯仪（Lixiscope，一种基于低强度X射线的便携式骨发育检测设备）的推出，成功解决了肉鸡腹水症和胫骨发育不良等选育中的难题，为产业发展提供了新动力。进入21世纪，新兴育种技术的发展和应用显著提高了肉鸡的生产性能和育种效率。近年来，基因组选择技术和功能基因组研究进展在育种公司中得到了广泛应用，特别是在白羽肉鸡的配套系选育中，基因组选择技术的引入，标志着快大型白羽肉鸡育种将迈向一个新的高度。

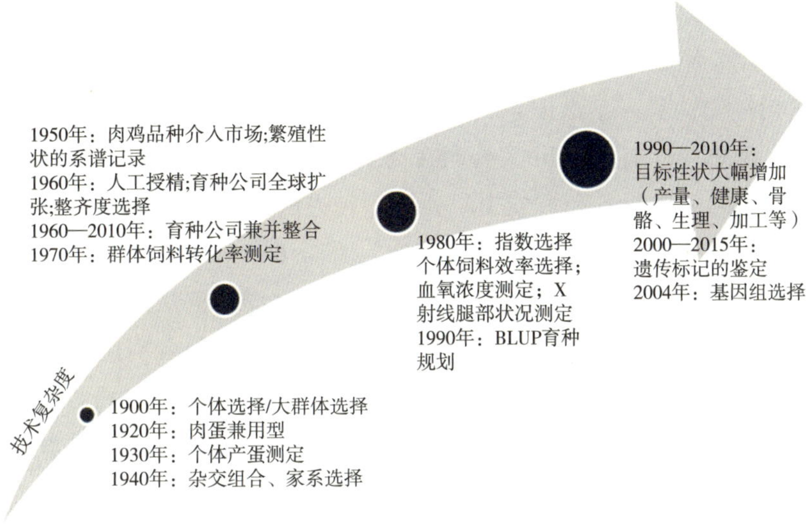

2 白羽肉鸡育种与技术发展

图2-4 国际肉鸡育种技术的发展历程（李辉等，2016）

国外白羽肉鸡育种历程可划分为几个关键阶段，每个阶段都标志着育种技术的重大进步。

20世纪30年代前：育种工作主要集中在个体选择上，没有进行详细的系谱记录，以产蛋性能为主要选择目标，而鸡肉则作为次要产品。个体选择（Individual selection）有时也被称为大群选择，由于只需依据个体自身的表型值来进行选择，操作简便，且在多数情况下能产生显著的选择反应，因此在育种实践中经常被采用。在这期间，通过大群体选择成功培育出来航鸡（Leghorn）、白洛克鸡、洛岛红鸡等知名品种。来航鸡是一种起源于意大利的鸡种，以其高产蛋能力而闻名。来航鸡在19世纪末和20世纪初被引入北美洲，由于其产蛋性能出色，很快成为商业化养殖的主要品种之一。白洛克鸡是一种起源于美国东北部的鸡种，以其肌肉发达和产蛋性能良好而著称。白洛克鸡在19世纪中叶被培育出来，到了20世纪初，它已经成为美国家庭农场中常见的品种。洛岛红鸡（Rhode Island Red Chicken）是一种起源于美国罗得岛州的鸡种，以其高产蛋性能和较强的适应性而受到欢迎。洛岛红鸡在19世纪末被培育出来，并且在20世纪初成为商业化养殖的常见品种。

20世纪30—50年代：发明了自闭产蛋箱，能够准确记录个体的产蛋量，使得个体表型选择的选育效果显著提升。随着玉米双杂交技术的应用，杂种优势逐渐被凸显，肉鸡杂交育种逐步代替了传统的纯系繁育，杂交方式也发展成先进的三元杂交和四元杂交。这一时期，欧美国家出现大量肉鸡育种和生产企业，这些企业利用标准品种培育专门化品系，并进行杂交配套生产商品代。例如，在19世纪中叶被培育出来的白洛克鸡，在20世纪30—50年代，通过杂交改良，其生长速度和肉质得到了显著提升。白洛克鸡也是历史悠久的肉鸡品种之一，其在20世纪中叶通过杂交改良，增强了生长性能和抗病性。科宝500也是在20世纪中叶利用杂交技术培育的肉鸡品种，以其快速生长、高饲料转化率和优良肉质而闻名。

20世纪40年代：引入系谱记录，提升了选择效率，同时避免了近亲繁殖导致的近交衰退问题。例如，科宝（Cobb）公司在肉鸡育种中引入了系谱记录，这使育种者能够追踪每个个体的遗传背景和家族史。通过这种方法，Cobb能够选择遗传多样性较高的个体进行繁殖，从而减少近亲繁殖的风险。罗斯（Ross）育种公司也采用了系谱记录，以确保其肉鸡品系的遗传健康和生产性能。通过详细记录每个个体的亲本信息，Ross能够进行更精确的选择和配种计划。白洛克品种的育种者利用系谱记录来跟踪遗传进展，确保通过有计划的杂交来优化生长速度、肉质和其他经济性状。海兰（Hy-Line）公司以蛋鸡育种著称，但它们也采用了系谱记录来提高选择效率，避免近亲繁殖，并培育出高产蛋率和良好遗传多样性的品系。

1945年后：在欧美发达国家出现了第三方测定机构，鸡的生产性能随机在第三方测定站进行准确测定，并以此为基础对参评品种进行客观评价，增强市场竞争力。然而，20世纪70年代后，这种性能测定工作逐渐停止。

20世纪60—80年代：育种重点转向容易度量的性状，如种蛋的孵化率、鸡的产蛋量以及饲料转化率和生长速度等。

20世纪80年代：引入单笼测定饲料转化率的方法，目的在于减少肉鸡的饲料消耗，提升饲料的利用效率。育种公司开始使用单笼饲养系统来测定每只鸡的饲料消耗和生长情况。这种方法允许对每只鸡的饲料转化率进行精确测量，从而选择那些具有较高饲料效率的个体。许多商业育种公司，如Cobb、Ross等，都采用了单笼测定方法来提高其品种的饲料效率。此外，在大学和研究机构中，单笼测定方法也被用于科研项目的研究中，以探索影响饲料转化率的遗传和环境因素。

同时期，育种者开发出了指数选择法，该法由Smith于1937年在植物育种中首先提出来。随后，Hazel和Lush，特别是Hazel对这一方法作了系统论述，并给出了具体的计算方法。一般将Hazel的选择指数称为综合选择指数（Selection index），亦有文献将其称为经典选择指数。此外，Hazel还首次提出了遗传相关的概念和估计方法，并在动物和植物中引入了经济学的观点，提出了性状经济加权值的概念。选择指数是育种值估计的初级阶段。

综合选择指数是根据畜禽众多生产性状的遗传力、表型方差以及性状间的表型相关和遗传相关进行关联，制定出一个综合的个体评价指标，并根据每个个体所获得的综合指数进行选种。这种方法能够全面考虑各种性状的遗传因素和表型因素；同时，指数的制定过程相对简单，选择工作可以一次性完成。

鸡选择指数育种法首先需要对鸡只的各种性状进行准确测量，包括但不限于生长速度、体重、饲料转化率、产蛋率、孵化率、蛋重、肉质等。例如，在20世纪80年代,四川农学院在成都白鸡父系育种中,应用了一个包括开产日龄、6月龄体重和300日龄产蛋量的3个经济性状的综合选择指数I,

$$I = \sum_{i=1}^{n} \frac{w_i h_i^2 P_i}{P_i} \times \frac{100}{\sum w_i h_i^2}$$

式中,3个经济性状的育种重要性(w_i)分别为0.3、0.2和0.5;遗传力(h_i^2)分别为0.5、0.5和0.2。

1976—1980年的五年中连续进行了四代选育,开产日龄每代平均提前5.7 d,300日龄产蛋量每代平均增加3.1枚,500日龄产蛋量每代平均增加3.8枚,差异显著($P<0.05$);蛋重每代平均减轻1.01 g,差异极显著($P<0.01$);体重预期选择反应该接近于零,但是除6月龄体重在第一代略有回升外,其余各世代均出现下降趋势,2月龄体重每代平均下降39.9 g,6月龄体重每代平均下降28.0 g。产蛋量的提高和开产日龄的提前都达到了预期的选育目标,但是由于在综合选择指数中未考虑蛋重的育种重要性,导致了蛋重的下降(表2-2)。

表2-2 综合选择指数法的选择效果统计表(周铁茅,1984)

春配年度	世代	开产日龄(d)	300日龄产蛋数(枚)	500日龄产蛋数(枚)	蛋重(g)	2月龄体重(g)	6月龄体重(g)
1976年	G0	232.6 ± 37.9	22.3 ± 14.5	129.5 ± 30.7	58.7 ± 3.4	700 ± 110	2 045 ± 291
1977年	G1	222.5 ± 33.9	35.8 ± 19.4	134.0 ± 37.4	56.7 ± 4.2	704 ± 119	2 160 ± 294
1978年	G2	247.3 ± 28.5	25.7 ± 15.3	127.8 ± 24.1	56.2 ± 2.3	551 ± 102	1 833 ± 274
1979年	G3	206.7 ± 28.9	42.4 ± 33.0	143.8 ± 32.6	55.0 ± 4.3	661 ± 103	2 076 ± 229
1980年	G4	211.9 ± 26.3	34.3 ± 16.4	143.0 ± 31.8	54.5 ± 3.2	525 ± 97	1 948 ± 221
世代对经济性状平均值的回归系数		-5.7	+3.1	+3.8	-1.01	-39.9	-28.0

在前3个世代的选择中,每代中选的父系家系选择指数平均值与亲代父系家系选择指数群平均值的离差较大,分别为10.00、10.85和22.28,因而选择进展较大。然而,从第3代到第4代的选育种中,指数选择差仅为3.40,产蛋量趋于稳定。很明显,产蛋量和开产日龄的选择进展取决于父系家系选择指数选择差的大小(表2-3)。

表2-3 中选父系家系平均指数值与父系家系群平均指数值的离差(周铁茅等,1984)

春配年度	世代	配种年		第二年配种年		选择指数差(Is-Iu)
		家系数	群平均指数值(Iu)	中选家系数	平均指数值(Is)	
1976年	G0	22	100.00	10	110.00	10.00

(续表)

春配年度	世代	配种年		第二年配种年		选择指数差（Is-Iu）
		家系数	群平均指数值（Iu）	中选家系数	平均指数值（Is）	
1977年	G1	27	102.88	7	113.73	10.85
1978年	G2	19	101.90	5	124.18	22.28
1979年	G3	19	100.77	6	104.17	3.40
1980年	G4	39	100.11	13	106.04	5.93

鸡选择指数育种方法虽然提供了一种综合评估多个性状的有效手段，但它也有一些缺点，包括对性状权重分配的主观性可能导致育种方向偏差，需要大量的表型数据收集和精确测量增加了操作复杂性和成本，同时，这种方法依赖于准确的遗传参数估计和环境效应校正，任何误差都可能影响选择的准确性。

20世纪90年代以来：屠体性状，如净膛重和脱骨胸肉重等，开始受到重视。遗传评估技术，如BLUP（Best Linear Unbiased Prediction，最佳线性无偏预测），以及计算机技术的进步，在育种过程中发挥了重要作用。BLUP方法由Henderson在1948年提出，是利用系谱信息的动物模型对育种值进行无偏预测，但受限于当时的计算机技术，这一方法并未立即应用于育种实践。直到1972年，Henderson进一步系统阐述了BLUP的原理，这一方法才开始受到业界的广泛关注。BLUP方法的核心优势在于能够将选择指数法与最小二乘估计法有效结合，它采用的混合模型技术能够在统一的分析框架内同时估计固定效应（如环境效应）和随机效应（如遗传效应）。这一混合模型方程组不仅能够预测随机的遗传效应，而且在本质上克服了传统选择指数方法的一些局限。

混合模型在遗传评估中具有很高的灵活性，能够整合来自不同来源的多水平数据资料，对畜禽的种用价值进行遗传评估（Genetic evaluation），并能够获得较为准确的最佳线性无偏预测值。因此，可以建立多种不同的混合模型来满足不同的评估需求。

父本模型（Sire model）。混合模型中，除了各种固定的环境效应和随机误差效应之外，只有父本的随机效应，其模型的一般形式为：

$$Y = Xb + Z_s u_s + e$$

式中，Y是$N \times 1$维的表型观察值向量；N表示观察值的总个数；X是一个$N \times p$维的已知与表型值相关的固定效应设计矩阵；b是一个包含所有未知固定效应的$p \times 1$维向量，通常总体均数μ也会包含在内；u_s代表父本1/2的加性遗传效应向量；Z_s为相应的设计矩阵，且$u_s \sim N(0, \sigma_s^2 I)$；$e$是与各观测值对应的$N \times 1$维随机误差向量。

父本-母本模型（Sire-dam model）。为了克服父本模型的局限，建立了父本-母本模型。其模型一般形式为：

$$Y = Xb + Z_s u_s + Z_d u_d + e$$

式中，u_s和u_d分别表示父本和母本1/2的加性遗传效应向量；Z_s和Z_d为相应的设计矩阵，且$u_d \sim N(0, \sigma_s^2 I)$；$e$是与各观测值对应的$N \times 1$维随机误差向量。

外祖父模型（Maternal grandsire model）。在父本模型中引入外祖父效应。即通过母本父亲效应来考虑母本1/4的加性遗传效应。其模型一般形式如下：

$$Y = Xb + Z_s u_s + 0.5 Z_{mgs} u_{mgs} + e$$

式中，u_{mgs}为外祖父1/2加性遗传效应向量；Z_{mgs}为相应的设计矩阵，且$u_{mgs} \sim N(0, 0.25 \sigma_s^2 I)$。

动物模型（Animal model）。在混合模型中，如果随机效应包含了所有个体的加性遗传效应，这种模型被称为个体动物模型。其模型一般形式为：

$$Y = Xb + Z_I u_I + e$$

式中，u_I代表个体的加性遗传效应向量；Z_I是相应的设计矩阵。当每个个体只有一个记录时，$Z=I$（单位矩阵）。

简化动物模型（Reduced animal model，RAM）。虽然上述动物模型具有最为准确的预测能力，但是在计算上，设法降低计算量仍是十分有意义的。简化动物模型中的配子模型如下：

$$Y_o = X_o b_o + Z_o u_o + e_o = X_o b_o + Z_o(0.5 u_s + 0.5 u_d + \varepsilon_o) + e_o$$

式中，Y_o是后代的表型观测值向量；b_o是固定效应；X_o是相应的设计矩阵；u_o为后代的育种值向量；Z_o是设计矩阵；e_o是随机误差；u_s和u_d分别代表后代双亲的育种值；ε_o是孟德尔抽样偏差效应向量。

21世纪后育种目标进一步扩展，包括产品品质和动物福利性状。分子育种技术，如标记辅助选择和基因组选择技术，从研究阶段转向实际应用，为肉鸡育种带来了革命性的变化。

例如，研究发现了一种鸡性连锁矮小基因（Dwarf gene，dw），该基因是目前已知的唯一对鸡健康无害的基因。自20世纪60年代末起，欧美家禽育种企业相继推出矮小鸡品种。性连锁矮小基因因其独特的遗传优势，如减少饲料消耗、提高饲养密度及增强抗热应激能力等，被广泛应用于全球家鸡育种中。在欧洲，尤其是法国，矮小型鸡在肉鸡母本中的占比高达80%以上。中国育种学家也紧跟国际趋势，成功培育出具有自主知识产权的矮小型蛋鸡和肉鸡品种。在肉鸡配套系生产中，法国Magener家禽试验站的Lochez于1968年率先引入dw基因，成功生产出矮小型商品代鸡。此后，加拿大、匈牙利、西班牙等国也相继育成各自的矮小型鸡配套系，如法国的"矮型维德特"、美国的

"矮型哈伯德"、荷兰的"矮型海布罗"、加拿大的"迷你鸡"以及匈牙利的"矮型泰特拉"等。值得一提的是，中国农业科学院北京畜牧兽医研究所从国外引进了白布罗父母代矮小型母鸡，并成功培育出D型矮洛克鸡品系，该品系在1998年通过了农业部（现称"农业农村部"）的鉴定。

与正常鸡相比，携带dw基因的鸡成年体重减少30%~40%，且可提高饲料报酬15%~20%，这有助于降低饲养成本。在产蛋性能方面，矮小鸡的产蛋率和合格蛋数量有所提高，受精率也更高，但会降低蛋重，仅为正常鸡蛋的90%。此外，矮小鸡在高温环境下表现出较强的抵抗力和适应性。然而，尽管携带dw基因的矮小型鸡具有诸多优势，但在育种环节和生产过程中也发现一些问题。例如，矮小型鸡的外观整齐度不高，尽管父母代表现为矮小型，但子代在体重、胫围、胫长等方面可能存在较大差异，导致种鸡留存率降低。另外，矮小鸡的腹脂率较高，增加了饲养成本。此外，在恶劣的饲养环境下，矮小鸡容易出现生长发育停滞的僵鸡现象，严重影响生产效益。因此，尽管矮小型鸡一度在肉鸡育种中占据重要地位，但随着育种技术的不断进步和市场需求的变化，育种企业开始寻求更加高效、稳定的育种方案。这也导致了矮小型鸡在某些地区和领域的应用逐渐减少，甚至被其他更具优势的品种所取代。

鸡的羽色种类繁多，可分为有色羽和无色羽（白羽）两种。在自然界中，雄鸟依靠绚丽的羽毛、高大强壮的体型吸引雌鸟，以确保繁衍后代。家养鸡的祖先，红原鸡，也保留了多彩的羽毛特征。然而，一些鸡种却呈现出与众不同的白色羽毛，这些在鸡群中显得格格不入的"另类"，其历史背景和遗传特性颇具探索价值。白羽鸡在国外历史上也少有记录，大多数白羽鸡品种主要是在最近一二百年内形成或被发现。白羽可进一步细分为显性白羽和隐性白羽两种类型，其中肉鸡生产的父系都是显性白羽。目前研究表明，鸡的白羽性状受到抑制色素形成基因I/i、色素原基因C/c、氧化酶基因O/o、非白化基因A/a和色素表现基因P/p等位基因的调控。其中，显性白羽主要受I等位基因的调控，I等位基因几乎对其他所有羽色基因呈显性，对红色、黄色为不完全显性。当I基因座位为ii时，则展现出隐性白羽的特征。以白洛克鸡为例，这一品种最初来自美国，最初是多色的，包括横斑、白羽、浅黄色、银纹、鹧鸪色、哥伦比亚色、蓝色7个品种。白洛克鸡的培育过程开始于20世纪30年代，通过选择性繁殖，逐渐导入了显性白羽基因。这种基因能够抑制色素的生成，导致羽毛呈现白色。通过不断的选择和繁殖，洛克鸡的白羽逐渐成为显性性状。到20世纪50年代，随着肉鸡工业的迅猛发展和消费者对鸡肉需求的激增，白羽肉鸡因其独特的优势而迅速崭露头角。机械屠宰的广泛应用尽管大幅提高了屠宰效率，但也带来了脱毛不完全的问题，特别是当鸡的羽毛为黑色或红色时，残留的绒毛和毛根会严重影响鸡肉的外观品质。相比之下，白色羽毛的残留物几乎不会引人注目，从而使得白羽肉鸡在市场上更具竞争力，迅速成为肉鸡工业的首选品种。

鸡的羽毛有快羽和慢羽，也称为早羽和迟羽，主要是指翼羽和尾羽长出的早迟和快慢，在雏鸡出壳后24 h即可看出。家禽生产中，以主翼羽长于覆主翼羽2 mm以上为快羽，其他情况为慢羽（图2-5）。

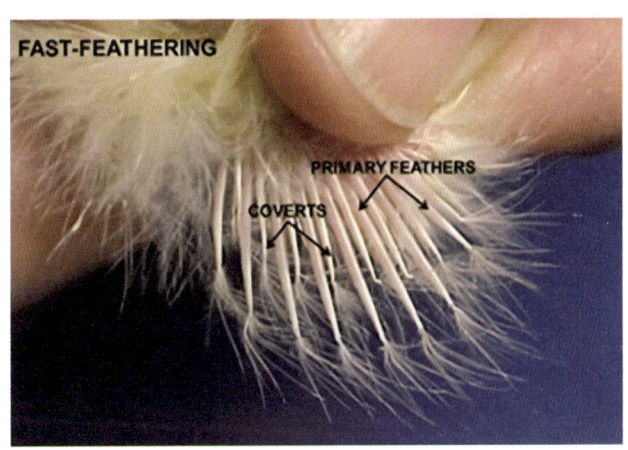

图2-5　快羽雏鸡示例（Primary feathers表示主翼羽，Coverts表示覆主翼羽）

（图片来源：https://aviagen.com/assets/Tech_Center/AA_Breeder_ParentStock/AAPlusFFPS-MgtSuppl2016EN.pdf）

在1929年，科研人员确认了慢羽基因（K）对快羽基因（k）的显性关系（Hertwig and Rittershaus，1929）。后来的研究中，科研人员发现了K基因位点上的两个复等位基因Kn和Ks，并确定了它们的显隐性顺序为$Kn>Ks>K>k$。此外，常染色体基因也对羽毛生长速度有影响（McGibbon，1977；Somes，1969）。科研人员发现了"副羽短少基因"（Warren，1933）。这些研究成果不仅深化了对羽毛生长速度遗传机制的理解，还为家禽业提供了一种简便有效的雏鸡性别鉴定技术。通过特定的基因组合，养殖业者可以根据羽毛生长速度来区分雏鸡的雌雄，提高养殖效率和经济效益。这一技术在全球范围内得到广泛应用。在实际育种和生产中，利用携带Z染色体上的快慢羽等位基因的个体进行杂交，可以根据后代雏鸡主翼羽和覆主翼羽的羽长差值特征鉴别性别，即利用快羽公鸡与慢羽母鸡杂交，子代中慢羽为公雏，快羽为母雏。例如，AA肉鸡商品代有快羽和慢羽两种，其中慢羽品系可以通过羽毛生长速度来鉴别雌雄。AA肉鸡的快羽系和慢羽系在生产性能上有一些不同，主要体现在生长速度、雌雄鉴别、饲料转化效率、市场需求和适应性等方面。快羽系通常生长速度更快，饲料转化效率更高，适合需要快速生产周期的养殖场，而慢羽系则可以通过羽毛生长速度来鉴别雌雄，适用于需要性别分开的市场。由于生长速度较慢，慢羽系的饲料转化率略低。

2001年，挪威生命科学大学的Meuwisen教授等首次提出了基因组选择的创新思想，开启了育种新时代。基因组选择就是利用全基因组范围内的分子标记选择育种的方法。基因组选择方法的开展需要首先建立一个大规模的参考群体，参考群需要同时具备表型数据和基因型数据，基于这些已知数据建立基因组预测方程，对候选个体进行基因组育种值（GEBV）估计，最后根据GEBV的大小选择优秀种用个体（Meuwissen et al., 2001）。

1978年，Pollock和Fechhelmer正式确定家鸡的染色体数目为2n=78，其中常染色体38对，性染色体为Z和W。与哺乳动物不同的是，鸟类的雌性为性染色体杂合子（Z/W），而雄性为性染色体纯合子（Z/Z）（Pollock and Fechheimer, 1978）。

2004年，多国科学家小组共同完成了鸡基因组测序草图，研究成果发表在*Nature*杂志上。鸡是第一个进行全基因组测序的鸟类，在哺乳动物比较基因组学研究中它是很好的外类群。鸟类和哺乳动物大约是在3.1亿年前分化。该项研究（International Chicken Genome Sequencing Consortium, 2004）成果填补了哺乳动物和基因组序列已知的其他物种（蠕虫、蝇类和鱼类）之间的演化空白。这项成果是科学家们多年努力的结晶，标志着人类首次成功解密了鸟类的基因组。

首张鸡的基因组草图发现，鸡基因组由38对常染色体和一对性染色体（ZW）组成，基因组大小约1.05 Gb，有20 000～23 000个编码基因。鸡基因组测序草图对禽类功能基因组时代的各个研究方面都起到了巨大的推动作用，特别是在基因组选择育种领域。

在家禽育种领域，安伟捷公司最早参与到基因组选择的研究，并将该技术在育种实践中加以应用。海兰公司经过3年的试验测试，通过比较多种基因组预测模型的准确性，于2013年起正式应用基因组选择技术开展商业育种。随后，科宝公司也启动了基因组选择育种项目。相比之下，国内在基因组选择的研究和应用方面起步较晚。广东新广农牧公司和中国农业科学院北京畜牧兽医研究所在基因组选择领域开展全面合作，利用中国农业科学院北京畜牧兽医研究所研发的国内首款肉鸡基因芯片"京芯一号"，使得广明2号父系纯系公鸡FCR年平均进展0.052/年，商品鸡年平均进展0.03/年，2017年使用基因组选择后，FCR进展速度提高33%。

基因组选择技术可以通过早期选择来缩短世代间隔，加快遗传进展，尤其对难测定的复杂性状具有较好的选择效果。相较于传统育种方法，基因组选择具有诸多优势：例如相比于BLUP（最佳线性无偏预测）方法，基因组选择能够利用基因型数据代替系谱信息，更准确地计算出个体间的亲缘关系，提高基因组育种值估计的准确性；相比于标记辅助选择技术，它无须进行主效基因或QTL（数量性状基因座）的检测，不过度依赖于表型信息，可以更全面地利用全基因组各个区域的遗传变异信息。同时由于其选择准、进展快，极大地降低了育种成本，使应用全基因组选择技术后的实际育种收益远高于传统育种收益。

这一历程反映了肉鸡育种技术的逐步精细化和科学化，以及对市场需求和动物福利的不断适应和提升。

2.3.1.3 白羽肉鸡育种目标的发展演变

肉鸡育种目标的演变紧密跟随市场的需求，旨在培育出既满足消费者口味又具有最高经济效益的肉鸡品种。随着生活方式和消费习惯的不断变化，肉鸡育种的方向也在逐步调整。

20世纪30年代前，育种工作主要集中在提高产蛋量上，采用的是群体选择和无系谱记录的纯系培育方法，鸡肉仅被视为副产品，饲养模式以小规模庭院经济为主。自闭产蛋箱由美国康奈尔大学James E. Rice教授于1895年发明，在20世纪30年代开始应用，使得按个体产蛋记录选择成为可能。

进入20世纪40年代，逐步开展系谱记录，这项举措显著提高了对限性性状和低遗传力性状的遗传进展，有效避免了因近亲繁殖而引起的近交衰退问题。

20世纪60—80年代，育种重点转向了容易测量的性状，包括生长速度、饲料转化率、产蛋量和种蛋孵化率，特别是20世纪80年代饲料转化率的单笼测定，标志着对饲料效率性状有针对性选育的开始。

20世纪90年代以来，在继续关注生长速度和饲料效率的同时，育种目标扩展到了加工性状，如胸肌重、腿肌重、净膛重和脱骨胸肉重等，以满足市场对多样化鸡肉产品的需求。20世纪90年代后期，育种专家开始将抗病性和生活力等性状纳入选择范围。

21世纪，肉鸡育种进一步考虑了产品品质和动物福利，使得选择程序变得更加复杂，涵盖了生长速度、饲料效率、产肉量、瘦肉率、抗病力、成活率、腹脂率等多维度指标的平衡育种。

白羽肉鸡的育种历程是一段从单性状选育到多性状平衡育种的演变之路。这一演变映射出国际白羽肉鸡育种目标的深刻转变：从小规模的庭院经济模式起步，逐步过渡到高效率的现代化和工业化生产。随着对产品品质和动物福利重视程度的提升，育种目标不再局限于生长性能，而是扩展到了包括肉质、生活力、腿病、福利和环境适应性在内的多维度平衡育种。

国内快大型白羽肉鸡育种领域正经历着一场创新的浪潮，众多育种公司纷纷推出各具特色的优质新品系和配套系。然而，这一过程中也暴露出了一些亟待解决的问题，特别是在杂交繁育体系的全面系统研究方面尚显不足，例如一些母本品系体重过重，导致饲料消耗增多；而父本品系在过分追求生长速度的同时，却牺牲了肉质，影响了肉鸡的最终品质。这些挑战提示，育种工作不仅要关注单一性状，更要实现体型、生长速度、肉质和繁殖性能等多性状的合理分配与平衡。商品代肉鸡的生长速度、肉质，以及父母代的繁殖能力，这些关键性状都是由育种群体的遗传基础所决定的。面对市场多样化的需求，育种工作必须超越单一性状的改良，转而寻求体型、生长速度、肉质、生活力、抗病力和繁殖性能等多性状的全面平衡。这要求将这些性状在不同纯系间进行科学合理的选配，进行精准的多性状平衡育种，以实现配套系的综合优势最大化，提升整个杂交繁育体系的经济效益。为此，育种行业需要开展更为深入和系统的研究，紧密跟踪市场动态，采用现代育种技术，确保培育出的肉鸡新品系和配套系既能迎合消费者的口味，又能为养殖者带来经济效益，推动整个肉鸡产业向更高质量、更可持续的方向发展。

体重、饲料效率等性状：近一个世纪以来，白羽肉鸡生产性能有了质的飞跃。如表2-4所示，美国商品鸡上市日龄从最早的112 d缩短到47 d，上市体重从原来的1 134 g激增到现在的2 966 g，年平均进展为18.70 g/年；饲料转化率从4.7降低到1.75，年平均进展为-0.03/年；全期成活率从82%提高到94.3%，以每年0.13%的增幅逐年上升。今天的肉鸡比40年前的肉鸡生产效率提高了108%。并且，现在平均一只肉鸡的胸肉量比过去多了75%。

表2-4 1925—2023年美国商品肉鸡生产性能

年份	上市日龄（d）	上市体重（g）	饲料转化率	死亡率（%）
1925	112	1 134	4.7	18
1935	98	1 297	4.4	14
1940	85	1 311	4	12
1945	84	1 374	4	10
1950	70	1 397	3	8
1955	70	1 393	3	7
1960	63	1 520	2.5	6
1965	63	1 579	2.4	6
1970	56	1 642	2.25	5
1975	56	1 706	2.1	5
1980	53	1 783	2.05	5
1985	49	1 901	2	5
1990	48	1 982	2	5
1995	47	2 118	1.95	5
2000	47	2 282	1.95	5
2005	48	2 436	1.95	4
2010	47	2 585	1.92	4
2015	48	2 776	1.89	4.8
2020	47	2 908	1.79	5
2023	47	2 966	1.75	5.7

注：数据由美国国家肉鸡协会统计（https://www.nationalchickencouncil.org/statistic/us-broiler-performance）。

2 白羽肉鸡育种与技术发展

繁殖性能：Ross308是英国罗斯育种公司培育的四系配套肉鸡。在育种过程中，综合考量了肉鸡活重、饲料转化率、种鸡产蛋量、骨骼强度等性状，开展高强度选育，以满足市场需要。如图2-6所示，对比Ross308父母代种鸡在2011年和2021年产蛋性能，43周产蛋数年平均进展为0.14枚/年（图2-6e），63周产蛋数年平均进展为0.29枚/年（图2-6f）。此外，2015年与2022年的生产性能对比显示，42日龄肉鸡体重年平均进展为23.63 g/年（图2-6a），FCR年平均进展为-0.020/年（图2-6c）。

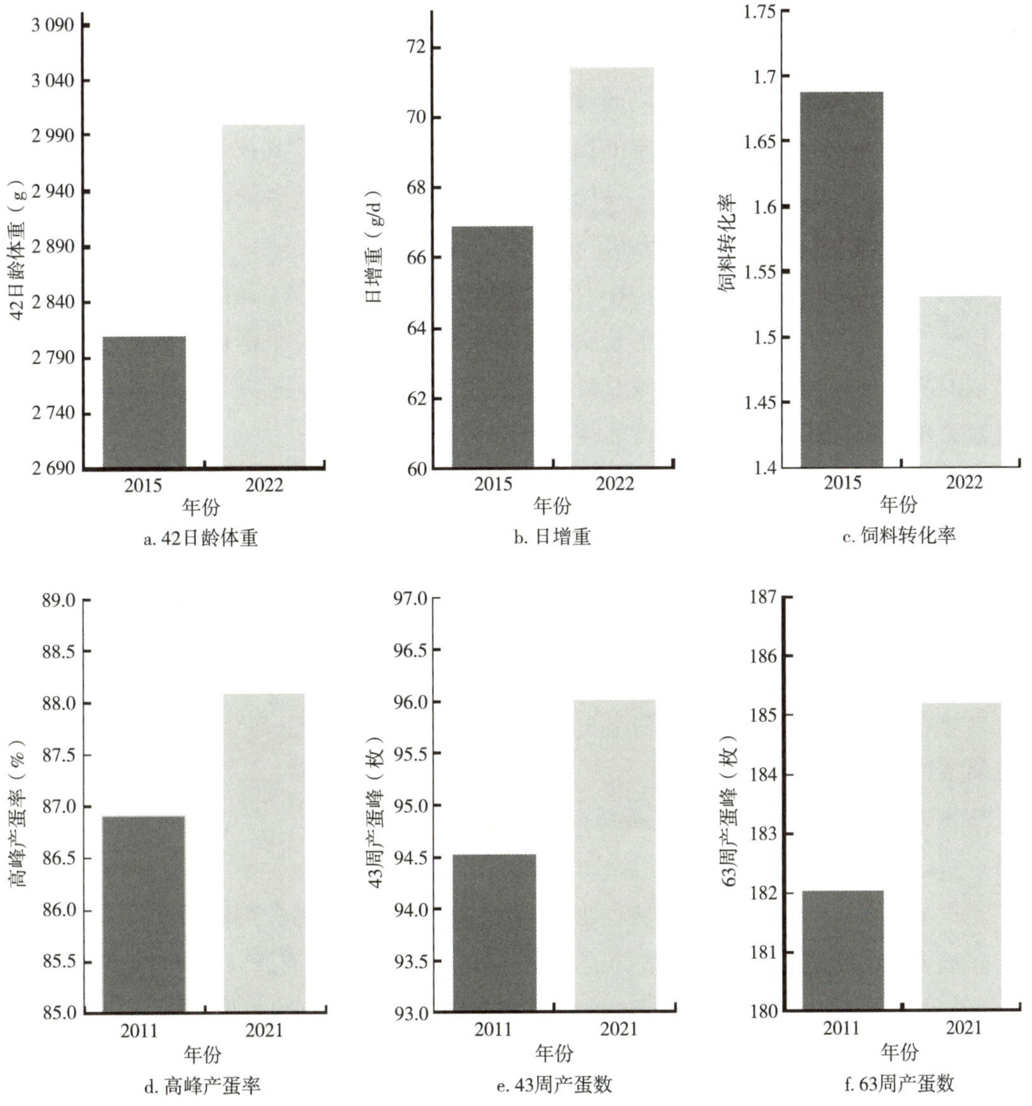

图2-6　Ross308父母代种鸡产蛋性能与生产性能变化（安炳星等，2023）

肉品质：随着对白羽肉鸡育种强度的加大，一些新型的异质肉问题，例如木质肉和白条纹肉，开始逐渐增多。所谓的木质肉，指的是一种特殊的鸡胸肉，它的颜色异常苍白，肌肉厚度异常增加，并且在肉的尾部有显著的脊状隆起，触感异常坚硬。而白条纹肉则表现为肌肉表面有与肌纤维走向平行的白色条纹。在检测这些异质肉时，通常采用两种方法：表观评分法和压缩力评分法。表观评分法操作简单，主要在屠宰现场使用，检验人员依据胸肉的触感和表面白色条纹的数量及宽度来评定肉质等级。这种方法直观快捷，但可能受到主观因素影响。相比之下，压缩力评分法提供了一种更为客观和定量的评估手段。研究表明，正常肉与异质肉之间的压缩力存在显著差异，并且这种差异随着肉质问题的严重程度而增加，使其成为衡量胸肌异质肉发生程度的一个有效指标。为了进一步提高异质肉检测的准确性和早期诊断能力，近年来的科研工作开始着眼于通过组织学特征和生物标志物来识别异质肉。组织学分析可以揭示肌肉内部结构的细微变化，而生物标志物的检测可以通过血液或肌肉组织样本来识别与异质肉相关的特定分子，为育种和生产提供更为科学的指导。通过这些先进的检测技术，可以更有效地识别和管理异质肉问题，确保肉鸡产品的品质，满足市场和消费者的高标准要求，推动肉鸡产业向更高质量、更可持续的方向发展。

腿病：在现代家禽产业中，由于强烈的选择压力，家禽的骨骼健康问题日益凸显。骨骼的正常生长发育和稳态平衡变得非常脆弱，一旦这种平衡被打破，便可能导致骨质量的恶化、骨骼矿化不完全以及骨代谢的紊乱，这些问题最终可能引发腿病。腿病不仅对家禽的福祉构成威胁，还可能带来巨大的经济损失。

为了评估骨骼的健康状况，研究人员通常采用"步态评分"法，这种方法通过观察肉鸡的运动能力来判断其腿部的健康状况。然而，这种方法存在一些不足，它无法反映骨骼的病理变化或异常情况，评估过程耗时且容易受到操作者的主观影响。

为了克服这些限制，研究人员开始探索更先进的技术来评估活体肉鸡的骨骼强度和发育形态。这些新兴方法包括：

计算机断层扫描（CT）：提供高分辨率的三维骨骼图像，使研究人员能够详细分析骨骼结构。

核磁共振成像（MRI）：捕捉骨骼和软组织的详细图像，有助于评估骨骼的生理状态。

超声波技术：一种无创的评估方法，能够检测骨骼的形态和结构。

热成像技术：通过分析身体表面的温度分布，间接评估血液循环和可能的炎症情况。

X光测定技术：一种传统的成像方法，广泛用于骨骼结构的初步评估。

此外，一些研究也开始关注与骨骼发育相关的血清学指标和代谢物。这些生物标志物可能揭示骨骼代谢的特定方面，有助于早期识别和预防骨骼问题。

通过这些创新方法，研究人员希望能够更准确地评估家禽的骨骼健康，及时采取预防措施，从而改善家禽的福利，并减少因腿病导致的经济损失。这不仅有助于提升家禽产业的整体效益，也是对动物福利的一种负责任的态度。

抗病力：禽白血病是由禽白血病病毒（Avian leukosis virus，ALV）引起的肉鸡产业中一种备受关注的传染性疾病，对家禽健康和产业经济造成了严重影响。近年来，基因编辑技术在提高鸡只对禽白血病的抗性方面取得了显著进展。研究发现，鸡的Na^+/H^+交换器chNHE1是ALV-J亚群病毒的受体，其中细胞外部的第38个色氨酸残基（chNHE1 W38）对病毒的入侵起着关键作用。Challagulla等利用CRISPR/Cas9基因编辑技术，针对鸡成纤维细胞（DF1）上的ALV病毒复制位点（tvb）进行修饰，成功创建了具有抗病毒感染能力的基因编辑细胞系。此外，通过利用CRISPR/Cas9系统进行同源定向修复，可以精确替换鸡的ANP32A蛋白，有效抑制DF1细胞中的病毒复制。这一策略不仅针对病毒复制机制，也利用了病毒聚合酶（vPol）来增强宿主细胞对病毒复制的抑制能力。Koslová等（2020）进一步利用CRISPR技术，在鸡的原始生殖细胞中实现了对W38的精准敲除，成功培育出了具有抗禽白血病特性的基因编辑个体。这一成果标志着基因编辑抗病育种技术的重大突破，为培育具有抗白血病特性的家禽新品种提供了新的可能性和策略。

2.3.2 白羽肉鸡主要品种

2.3.2.1 科宝500（Cobb500）

科宝系列肉鸡由美国科宝育种公司培育，是全球广泛饲养的白羽肉鸡品种之一。科宝500配套系作为该系列中一个成熟的品种，在产蛋高峰期的产蛋率可达86%。在65周龄时，累计产蛋量能够达到181.3枚，孵化率也维持在约86%的高水平（表2-5）。

科宝500商品代肉鸡在38~42日龄便可上市，活重一般超过2 800 g，胴体率达到75%以上，胸肉率超过26%，腿肌率超过23%（表2-6、表2-7）。鸡不同部分分割标准见图2-7。

表2-5 科宝500父母代种鸡生产性能（前25%的鸡群）

指标	数值	
3%产蛋率（周龄）	24	
3%产蛋率（日龄）	168	
高峰产蛋率（%）	86	
高峰孵化率（%）	90	
淘汰时间（周龄）	60	65
淘汰时间（日龄）	420	455
入舍母鸡产蛋总数（枚）	166.4	181.3
入舍母鸡产合格蛋总数（蛋重最少50 g）（枚）	160.3	174.8

（续表）

指标	数值	
孵化率（%）	86.2	85.6
入舍母鸡产雏数（只）	138.2	149.6
成活率（产蛋期）（%）	92.8	92.3

数据来源：https://www.cobbgenetics.com/products/cobb-500。

表2-6 雌性科宝500肉鸡产肉率（活体重量的百分比）

活重（g）	胴体率（%）	胸肉率（%）	鸡翅（%）	大腿（%）	琵琶腿（%）
1 590	73.90	23.40	7.73	13.15	9.15
1 700	74.15	23.75	7.71	13.22	9.12
1 810	74.35	24.10	7.68	13.28	9.10
2 040	74.75	24.80	7.64	13.40	9.08
2 270	75.15	25.45	7.61	13.48	9.06
2 500	75.50	26.10	7.57	13.55	9.04
2 730	75.80	26.70	7.54	13.62	9.03
2 950	76.05	27.20	7.51	13.68	9.01
3 180	76.30	27.70	7.49	13.73	9.00
3 400	76.55	28.15	7.46	13.77	8.98
3 630	76.80	28.60	7.44	13.82	8.96
3 860	77.00	29.00	7.42	13.86	8.94
4 090	77.20	29.40	7.40	13.90	8.92
4 320	77.40	29.75	7.38	13.93	8.92

数据来源：https://www.cobbgenetics.com/products/cobb-500。

表2-7 雄性科宝500肉鸡产肉率（活体重量的百分比）

活重（g）	胴体率（%）	胸肉率（%）	鸡翅（%）	大腿（%）	琵琶腿（%）
1 700	73.20	23.15	7.42	12.76	9.42
1 810	73.45	23.45	7.44	12.87	9.45
2 040	74.00	24.00	7.49	13.10	9.51

（续表）

活重（g）	胴体率（%）	胸肉率（%）	鸡翅（%）	大腿（%）	琵琶腿（%）
2 270	74.45	24.50	7.54	13.30	9.57
2 500	74.90	25.00	7.58	13.48	9.62
2 730	75.30	25.40	7.62	13.65	9.66
2 950	75.65	25.80	7.65	13.80	9.70
3 180	76.00	26.15	7.68	13.95	9.74
3 400	76.35	26.45	7.71	14.08	9.78
3 630	76.70	26.80	7.74	14.20	9.82
3 860	77.00	27.10	7.76	14.32	9.85
4 090	77.30	27.35	7.78	14.42	9.88
4 320	77.60	27.60	7.80	14.52	9.91

数据来源：https://www.cobbgenetics.com/products/cobb-500。

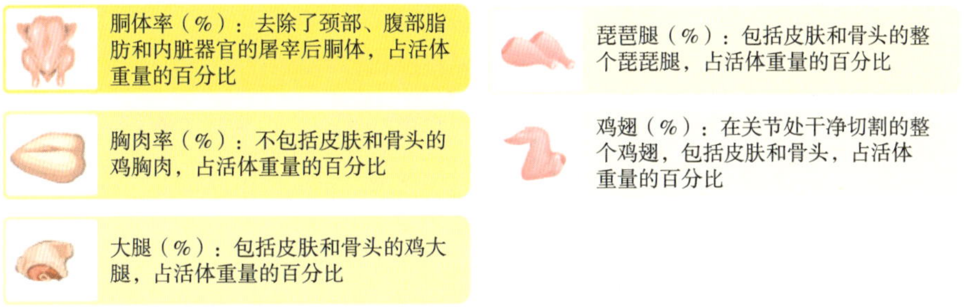

 胴体率（%）：去除了颈部、腹部脂肪和内脏器官的屠宰后胴体，占活体重量的百分比

 琵琶腿（%）：包括皮肤和骨头的整个琵琶腿，占活体重量的百分比

 胸肉率（%）：不包括皮肤和骨头的鸡胸肉，占活体重量的百分比

 鸡翅（%）：在关节处干净切割的整个鸡翅，包括皮肤和骨头，占活体重量的百分比

 大腿（%）：包括皮肤和骨头的鸡大腿，占活体重量的百分比

图2-7 鸡肉分割部位示意图

（产肉率分割标准来源：https://aviagen.com/ap/brands/arbor-acres）

2.3.2.2 罗斯308（Ross308）

罗斯308肉鸡配套系，是由英国罗斯肉鸡公司培育的一种快大型白羽肉鸡品种。这一品种以其纯白的羽毛、丰满的元宝形体型和单冠而著称，眼睛虹膜呈褐色或黑色，这是区分隐性白羽和白化变异的关键特征。

罗斯308的父母代种鸡在25周龄开产，开产体重可达2.97～3.08 kg。产蛋高峰期的产蛋率为86.9%，64周龄累计产蛋量185.2枚，孵化率为85.3%（表2-8）。商品代肉鸡在公母混养的条件下，35日龄时体重2.29 kg，平均每日增重64 g，饲料利用率为1.40；42日龄体重3.00 kg，平均每日增重70 g，饲料利用率为1.53。此外，屠宰后的胴体率可达73.7%以上，胸肌率超过26.9%，腿肌率也在16.8%以上（表2-9、表2-10）。

表2-8 Ross308父母代种鸡生产性能（前25%的鸡群）

指标	数值
5%产蛋率（周龄）	25
5%产蛋率（日龄）	175
高峰产蛋率（%）	86.9
淘汰时间（周龄）	64
淘汰时间（日龄）	448
入舍母鸡产蛋总数（枚）	185.2
入舍母鸡产合格蛋总数（蛋重最少50 g）（枚）	178.5
孵化率（%）	85.3
入舍母鸡产雏数（只）	138.2
175日龄（25周龄）入舍母鸡产雏数（枚）	152.2
成活率（产蛋期）（%）	92

数据来源：https://aviagen.com/ap/brands/ross。

表2-9 雌性Ross308肉鸡产肉率（活体重量的百分比）

活重（kg）	胴体率（%）	胸肉率（%）	鸡翅（%）	大腿（%）	琵琶腿（%）
1.6	70.07	22.97	7.66	13.04	9.51
1.8	71.02	24.18	7.61	13.20	9.43
2.0	71.78	25.15	7.57	13.32	9.36
2.2	72.40	25.95	7.54	13.42	9.31
2.4	72.92	26.61	7.52	13.51	9.26
2.6	73.36	27.17	7.49	13.58	9.23
2.8	73.73	27.65	7.48	13.64	9.19
3.0	74.06	28.06	7.46	13.69	9.17
3.2	74.34	28.43	7.45	13.74	9.14
3.4	74.59	28.75	7.43	13.78	9.12
3.6	74.82	29.03	7.42	13.82	9.10
3.8	75.02	29.29	7.41	13.85	9.08
4.0	75.20	29.52	7.40	13.88	9.07

数据来源：https://aviagen.com/ap/brands/ross。

表2-10　雄性Ross308肉鸡产肉率（活体重量的百分比）

活重（kg）	胴体率（%）	胸肉率（%）	鸡翅（%）	大腿（%）	琵琶腿（%）
1.6	69.79	21.54	7.68	12.86	9.95
1.8	70.65	22.57	7.64	13.13	9.91
2.0	71.34	23.39	7.61	13.33	9.88
2.2	71.91	24.07	7.58	13.5	9.86
2.4	72.38	24.63	7.55	13.65	9.84
2.6	72.78	25.10	7.54	13.77	9.82
2.8	73.13	25.51	7.52	13.87	9.80
3.0	73.42	25.86	7.50	13.96	9.79
3.2	73.68	26.17	7.49	14.04	9.78
3.4	73.91	26.44	7.48	14.11	9.77
3.6	74.11	26.68	7.47	14.17	9.76
3.8	74.30	26.90	7.46	14.22	9.75
4.0	74.46	27.09	7.45	14.27	9.74
4.2	74.61	27.27	7.45	14.32	9.74
4.4	74.74	27.43	7.44	14.36	9.73
4.6	74.87	27.57	7.43	14.39	9.73
4.8	74.98	27.71	7.43	14.43	9.72

数据来源：https://aviagen.com/ap/brands/ross。

2.3.2.3 爱拔益加（AA）

爱拔益加（Arbor Acres）肉鸡，也称为AA肉鸡，是由美国爱拔益加育种公司培育的四系配套白羽肉鸡品种。它具有纯白色的羽毛和单冠特征。作为安伟捷公司最早的品牌之一，AA种鸡拥有超过80年的育种历史，是最早引入中国的肉鸡品种之一。

AA肉鸡的父母代在25周龄开产，开产体重在2.97～3.09 kg。产蛋高峰期的产蛋率可以达到89.6%，64周龄累计蛋量可以超过180.6枚，平均孵化率为86.6%（表2-11）。

商品代AA肉鸡公母混养35日龄体重可达到2.287 kg，平均每日增重64 g，饲料利用率为1.416。42日龄体重增至2.981 kg，平均每日增重70 g，饲料利用率为1.548。屠宰后的胴体率可达73.4%以上，胸肉率超过26.6%，腿肌率也在16.8%以上（表2-12、表2-13）。

表2-11 AA父母代种鸡生产性能指标

指标	数值
5%产蛋率（周龄）	25
5%产蛋率（日龄）	175
高峰产蛋率（%）	89.6
淘汰时间（周龄）	64
淘汰时间（日龄）	448
入舍母鸡产蛋总数（枚）	192.7
入舍母鸡产合格蛋总数（蛋重最少50 g）（枚）	180.6
孵化率（%）	86.6
175日龄（25周龄）入舍母鸡产雏数（只）	156.5
成活率（产蛋期）（%）	92

数据来源：https://aviagen.com/ap/brands/arbor-acres。

表2-12 雌性AA肉鸡产肉率（活体重量的百分比）

活重（kg）	胴体率（%）	胸肉率（%）	鸡翅（%）	大腿（%）	琵琶腿（%）
1.6	70.06	22.75	7.66	13.05	9.51
1.8	71.01	23.95	7.61	13.20	9.43
2.0	71.77	24.91	7.57	13.33	9.37
2.2	72.39	25.69	7.54	13.43	9.31
2.4	72.90	26.35	7.52	13.51	9.27
2.6	73.34	26.90	7.50	13.58	9.23
2.8	73.72	27.38	7.48	13.65	9.20
3.0	74.04	27.79	7.46	13.70	9.17
3.2	74.33	28.15	7.45	13.74	9.14
3.4	74.58	28.47	7.44	13.79	9.12
3.6	74.80	28.75	7.42	13.82	9.10
3.8	75.00	29.00	7.41	13.86	9.09
4.0	75.18	29.23	7.41	13.88	9.07

数据来源：https://aviagen.com/ap/brands/arbor-acres。

表2-13 雄性AA肉鸡产肉率（活体重量的百分比）

活重（kg）	胴体率（%）	胸肉率（%）	鸡翅（%）	大腿（%）	琵琶腿（%）
1.6	69.77	21.32	7.68	12.87	9.95
1.8	70.64	22.33	7.64	13.13	9.92

（续表）

活重（kg）	胴体率（%）	胸肉率（%）	鸡翅（%）	大腿（%）	琵琶腿（%）
2.0	71.33	23.15	7.61	13.34	9.89
2.2	71.90	23.81	7.58	13.51	9.86
2.4	72.37	24.37	7.56	13.65	9.84
2.6	72.77	24.83	7.54	13.77	9.82
2.8	73.11	25.24	7.52	13.87	9.81
3.0	73.41	25.59	7.51	13.96	9.79
3.2	73.67	25.89	7.49	14.04	9.78
3.4	73.90	26.16	7.48	14.11	9.77
3.6	74.10	26.40	7.47	14.17	9.76
3.8	74.28	26.61	7.46	14.22	9.75
4.0	74.45	26.80	7.68	14.27	9.75
4.2	74.59	26.98	7.64	14.32	9.74
4.4	74.73	27.14	7.61	14.36	9.73
4.6	74.85	27.28	7.58	14.40	9.73
4.8	74.96	27.41	7.56	14.43	9.72

数据来源：https://aviagen.com/ap/brands/arbor-acres。

2.3.2.4 哈伯德利丰（Hubbard Efficiency Plus）

哈伯德利丰肉鸡，原产于法国的Hubbard家禽育种公司（已被安伟捷公司收购）。哈伯德利丰父母代种鸡饲养期为64周，25周龄的产蛋率高达85%，周高峰产蛋率可达88.4%。产蛋期死淘率小于8%，育雏育成期死淘率小于4%。24周末所耗饲料为11.25 kg，25～64周所耗饲料为44.11 kg（表2-14）。

商品代哈伯德利丰肉鸡在公母混养的条件下，35日龄时鸡只体重可达到2.21 kg，平均每日增重94 g，料重比为1.33。到了42日龄，体重增至2.923 kg，平均每日增重达到102 g，饲料利用率进一步提升至1.46。屠宰后的胴体率可达73.1%以上，胸肉产肉率超过26.5%，腿肌率也在16.9%以上（表2-15至表2-17）。

表2-14 哈伯德利丰父母代种鸡生产性能指标

指标	数值
5%产蛋率（周龄）	25
5%产蛋率（日龄）	175
高峰产蛋率（%）	88.4

（续表）

指标	数值
淘汰时间（周龄）	65
淘汰时间（日龄）	455
25周龄体重（g）	3 140
母鸡64周龄饲养末期体重（g）	4 120
24周末所耗饲料（kg）	11.25
25~64周所耗饲料（kg）	44.11
入舍母鸡产蛋总数（枚）	185.1
入舍母鸡产合格蛋总数（蛋重最少50 g）（枚）	177.8
平均孵化率（%）	84.5
入舍母鸡总产健雏数（只）	177.8
育雏育成期死淘率（%）	≤4
产蛋期死淘率（%）	≤8

数据来源：https://www.hubbardbreeders.com/conventional/conventional-female/8046-breeder-and-broiler-performances.html。

表2-15　哈伯德利丰商品鸡公母混养生产性能指标（笼养）

日龄（d）	日龄体重（g）	日增重（g/d）	饲喂量（g/d）	累计饲料消耗（g）	料重比
7	185	21	33	156	
14	489	43	62	500	1.02∶1
21	958	67	94	1 059	1.11∶1
28	1 552	85	129	1 857	1.20∶1
35	2 210	94	175	2 933	1.33∶1
42	2 923	102	195	4 267	1.46∶1

数据来源：https://www.hubbardbreeders.com/conventional/conventional-female/8046-breeder-and-broiler-performances.html。

表2-16　雌性哈伯德利丰肉鸡产肉率（活体重量的百分比）

活重（kg）	胴体率（%）	胸肉率（%）	鸡翅（%）	全腿（%）
1.6	69.9	22.4	7.5	22.7
1.8	70.7	23.4	7.5	22.7
2.0	71.5	24.4	7.5	22.8

（续表）

活重（kg）	胴体率（%）	胸肉率（%）	鸡翅（%）	全腿（%）
2.2	72.1	25.0	7.5	22.8
2.4	72.6	25.6	7.5	22.9
2.6	73.0	26.0	7.5	22.9
2.8	73.4	26.5	7.6	22.9

数据来源：https://www.hubbardbreeders.com/conventional/conventional-female/8046-breeder-and-broiler-performances.html。

表2-17 雄性哈伯德利丰肉鸡产肉率（活体重量的百分比）

活重（kg）	胴体率（%）	胸肉率（%）	鸡翅（%）	全腿（%）
2.0	71.1	22.8	7.6	23.3
2.2	71.6	23.3	7.5	23.5
2.4	72.1	23.8	7.5	23.6
2.6	72.5	24.2	7.5	23.7
2.8	72.8	24.5	7.5	23.8
3.0	73.1	24.7	7.5	23.8
3.2	73.3	25.0	7.5	23.9

数据来源：https://www.hubbardbreeders.com/conventional/conventional-female/8046-breeder-and-broiler-performances.html。

家禽育种是一项高投入、高技术、高产出的行业，同时也伴随着高风险。由于行业本身的特性以及市场竞争的加剧，国际上的育种公司不断进行重组与整合，导致公司规模越来越大，而公司数量却逐年减少。整合后的家禽育种公司掌握了最新的育种技术、现代化的饲养管理方式、先进的产品销售理念，以及完善的良种繁育体系和雄厚的技术资源。2017年，安伟捷（Aviagen）集团宣布与Hubbard育种公司签署收购协议。至此，全世界90%以上的白羽肉鸡商用配套系市场被EW（Erich Wesjohann）集团旗下的安伟捷集团和美国泰森集团旗下的科宝公司两大巨头育种公司的产品所占领。

2021年，我国自主培育的"圣泽901""广明2号"和"沃德188"3个快大型白羽肉鸡品种通过审定，标志着白羽肉鸡种源全部依赖进口的历史正式结束。这是在我国相关部门的大力支持下，大型畜禽育种企业与高校和科研机构经过十余年的努力在畜禽育种领域取得的突破性成果。

2.3.3 国际技术交流与合作趋势

2004年，Nature杂志发布了首个野生红原鸡全基因组测序图谱，这是由中国科学院北京基因组研究所在1999年提出并启动的项目。这项测序工作历时5年，由全球超过50个研究机构共同完成，为鸡的遗传改良研究提供了坚实的基础。

在育种合作方面，欧美发达国家的政府与大型跨国肉鸡育种公司形成了战略联盟，专注于肉鸡福利和可持续发展的育种目标。这种合作模式推动了技术和创新的进步，提升了肉鸡的生长性能和健康状况，同时减少了对环境的负面影响，促进了行业的可持续发展。

2012年，欧盟启动了一个为期4年的精准畜牧业项目（EU-Precision Livestock Farming），总经费达到590万欧元。该项目旨在开发精准畜牧业技术，整合公司和农场管理系统，解决养殖场的运营问题，提升农户和养殖场的经济效益。与此同时，项目还特别关注肉鸡育种及运营管理中的各种挑战。

2014年，由中国的华大基因研究院主导的国际合作研究项目完成了对48种鸟类的基因组学研究，该项目由20多个国家的80多家机构的200多名科学家共同参与，揭示了现代鸟类系统发育关系的谜题，推动了鸡基因组进化和功能研究达到新高度，有助于更全面地理解鸡的基因组功能，为鸡的遗传改良提供了科学依据。

2014年，科宝欧洲分公司与英国罗斯林研究所合作的项目获得英国创新机构（UK Innovation Agency）的批准。该项目的目标是建立肉鸡的基因组生物银行，优化肉鸡的遗传种质，并通过基因组分析研究影响鸡抗病能力的分子遗传基础。

2014年，英国政府拨款194万英镑，资助了一个名为"面向未来的肉鸡"（Towards the Chicken of Future）项目，旨在探究现代肉鸡腿部和心肺健康问题的遗传原因。该项目试图揭示家鸡在驯化过程中为何有30%的肉鸡会出现腿部和心肺健康问题。科宝欧洲分公司（Cobb Europe）也参与了该项目，提供了资金支持。

2015年，国际知名大学和研究机构共同发起了动物基因组功能注释项目（Functional Annotation of Animal Genomes Project，FAANG），该项目致力于解析农业动物基因组中的功能元件，包括肉鸡基因组功能成分。通过这一研究，项目希望推动肉鸡育种新技术和方法的发展，提高育种效率。

2018年，由国际多个组织合作的农业动物基因型—组织表达（Farm Animal Genotype-Tissue Expression Project，FarmGTEx）项目启动，其核心目标是为多种农业动物建立一个全面的遗传调控变异的公共资源。这些资源有助于发现组织特异性的遗传调控变异，并预测分子表型，从而深入理解遗传变异对农场动物基因表达和性状的影响。在项目的试验阶段（2018—2023年），FarmGTEx通过统一的数据分析流程整合了公开可用的数据，为家养动物的主要物种创建了一个遗传调控变异的高价值资源。

这一阶段的工作为后续的研究打下了坚实的基础。进入主要阶段（2022—2033年），FarmGTEx的目标是在超过1 000个个体的50多种组织/细胞类型中检测并调查调控变异，以获得对调控景观及其对经济价值复杂性状影响的全面认识。这将有助于推动农场动物的精准育种和遗传改良。鸡GTEx项目作为FarmGTEx项目的重要组成部分，专注于鸡的遗传调控研究。通过研究鸡的不同生物学背景（包括组织、细胞类型、发育阶段、性别、环境暴露和遗传背景）中的多种转录组和表型，鸡GTEx项目旨在建立一个全面的公共目录，揭示遗传调控变异。这些研究成果对于鸡的遗传育种、农业生产以及生物医学研究都具有重要意义。

此外，国际家禽遗传学研讨会（ISAG）和世界家禽大会（WPC）等会议形式的活动，为全球家禽遗传学和育种领域的科研人员和企业提供了交流合作的平台，促进了科研和产业的共同进步。

2.3.3.1 跨国公司与国际市场

国外肉鸡育种行业自1945年"明日之鸡"竞赛后，逐渐由个人和农场育种向公司化育种转变，在这一过程中，多家肉鸡育种公司开始崭露头角并不断壮大。到了20世纪70—80年代，国际上有超过20家肉鸡大型育种企业，包括罗斯、科宝、伊莎（ISA）、雪佛（SHAVER）、印第安河（Indian River）、海波罗（Hybro）、艾维茵（AVIAN）、皮特逊（PETERSON）等，这些企业在肉鸡育种领域发挥着重要作用。

2017年之前，肉鸡育种行业高度集中，国际市场上主要由德国EW集团旗下的Aviagen、美国泰森（Tyson）集团旗下的科宝公司（Cobb-Vantress）以及法国克里莫（Grimaud）集团旗下的Hubbard公司所垄断。这三家企业的肉鸡产品占据了全球超过80%的市场份额。同时，他们也垄断了肉鸡育种的核心技术。

2017年之后，市场格局发生了变化。Aviagen集团与Hubbard育种公司签署收购协议，至此，全世界90%以上的白羽肉鸡商用配套系市场被安伟捷集团和科宝公司两大巨头育种公司的产品所占领。这两家公司都有百年的肉鸡育种历史，其中安伟捷公司成立于1923年，经过并购重组，拥有了Arbor Acres、Ross和Hubbard Efficiency Plus等肉鸡品牌，占全球白羽肉鸡市场的50%左右。科宝公司成立于1916年，拥有科宝、艾维茵（Avian）等白羽肉鸡品种，占全球白羽鸡肉市场的40%左右。

国外肉鸡育种行业经过多年的发展和整合，已经形成了由少数几家大型育种公司主导的市场格局。这些公司拥有强大的研发能力和市场影响力，对全球肉鸡育种行业的发展起到了决定性的作用。

2.3.3.2 科学研究与技术创新

整合后的肉鸡育种公司，因其规模的扩大、技术的更新、设备的完善、研发团队的强大以及基因库的全面性，显著推动了全球肉鸡育种行业的快速发展。这些跨国公司不仅在育种创新方面表现出色，还拥有自主的育种技术知识产权，并且高度重视鸡群的健康管理和疾病净化工作，特别是在禽白血病和鸡白痢等疾病的防控上进行了有效的净化措施，成功培育了多个知名的肉鸡品种和配套系。

肉鸡育种技术的创新和发展已经从最初主要由高校和研究机构主导，逐步转向由育种公司主导。目前，国际大型肉鸡育种企业的科技创新主要集中在两个方面。

企业自建研发中心。例如，Aviagen将其年收入10%的资金投入到研发中，Cobb-Vantress也将其年收入的14%用于研发，以全面提升现有品系并开发适应市场变化的新产品。

企业与高校合作研究。荷兰Hendrix Genetics公司、美国Cobb-Vantress公司和美国农业部联合荷兰瓦格宁根大学合作开发了Illumina 60 K鸡SNP芯片。此外，欧盟和美国农业部等机构联合育种企业和高校，共同创新鸡育种技术。

在过去40多年中，通过采用育种新技术，商品肉鸡2 kg体重的饲养时间已从1976年的63d缩短到目前的32d，显著提高了肉鸡的生产性能。

在育种技术方面，除了常规育种技术，分子育种技术也被引入育种实践。目前，国际肉鸡分子育种技术的研究主要集中在标记辅助选择、基因组学、转基因技术、基因编辑等领域，这些技术的应用为肉鸡育种带来了新的机遇和挑战。

2.3.3.3 面临的贸易政策与合作机遇

美国科宝公司加大在中国的投资，扩建了科宝（湖北）育种有限公司的孵化厂，产能提高60%，父母代种鸡供应能力从500万套增至800万套。公司还在建设一座200万套产能的孵化厂，为实现1 000万套设计产能奠定基础。

2023年，益生股份、湖北科宝等中国白羽肉鸡企业从国外引进了40.96万套祖代种鸡，占全年祖代更新总数127.99万套的32%。引进的主要品种包括新西兰科宝、美国AA、罗斯308和哈伯德利丰。

尽管国外种源仍占有较大国内市场，但中国白羽肉鸡国产品种已经开始走向国际。2023年6月，我国自主培育的"沃德188"父母代种鸡出口到坦桑尼亚，并提供全程技术服务。时隔一年，2024年5月，我国自主培育的"圣泽901"父母代种鸡雏出口到坦桑尼亚，再次进军非洲种鸡市场。同年，"广明2号"销往巴基斯坦。国产白羽肉鸡成功进入国际市场，标志着中国畜禽品种突破西方40多年垄断迈出关键一步，此举对增强行业信心、促进高质量发展具有重要意义。随着"一带一路"等项目的推进，中国肉鸡产品有望进入更多国家的市场。

中国种鸡的成功出口为"一带一路"合作伙伴提供了新机遇。2023年，来自俄罗斯、越南、蒙古国、以色列、新西兰等17个国家的代表团和组织，超过200人次考察了中国白羽肉鸡育种企业，探讨引种合作。

2.4 我国白羽肉鸡育种

2.4.1 我国白羽肉鸡育种历史回顾

2.4.1.1 起步阶段

我国白羽肉鸡的育种工作的起源可以追溯到20世纪80年代，为推动我国家禽产业的育种与科研工作，1981年，原农业部畜牧总局分别在安徽省和上海市成立了"全国家禽育种委员会"和"中国家禽研究会"，负责提出全国家禽育种工作规划和技术措施，建立种禽繁育体系，制定品种评定标准，组织开展家禽育种工作等事宜。"全国家禽育种委员会"和"中国家禽研究会"的成立是我国家禽界发展的里程碑事件，为我国后续白羽肉鸡育种工作奠定了坚实的基础。

1986年，在中国成立了第一家白羽肉鸡育种公司——北京家禽育种公司。该公司从美国引进AA原种鸡，开启了我国本土肉鸡育种工作。为解决人们的基本副食品供给问题，原农业部于1988年5月组织实施"菜篮子"工程，白羽肉鸡育种工作为"菜篮子"工程"的有效实施作出了巨大贡献。

1988年，由国家计划委员会批准成立了"国家家禽育种中心"，进行自主培育白羽肉鸡育种工作，中心建立包括资源场、育种场和曾祖代场的多栋鸡舍，设计能力每年可提供祖代种蛋428万枚，但该中心于2008年后转型。

2.4.1.2 发展阶段

直到2002年，我国培育的白羽肉鸡国内市场份额一度达到55%以上。2003年12月，韩国首尔首次暴发高致病性禽流感，此后开始在中国、日本、越南、泰国、柬埔寨、巴基斯坦和印度尼西亚等十多个国家迅速蔓延，病毒以H5N1型为主，其中巴基斯坦为H7型和H9型，直至2004年5月，亚洲地区禽流感疫情得到初步控制，但几个月后疫情再次蔓延并一直持续。

2004年，高致病性禽流感病毒在全球范围内肆虐，共有17个国家和地区报告了高致病性或低致病性禽流感疫情，累计扑杀了超过1亿只家禽。这次疫情的暴发对我国家禽产业造成巨大冲击，大量白羽肉鸡死亡，加上垂直疾病净化出现严重问题，使得我国白羽肉鸡育种工作也被迫暂停，转而依赖从国外引进种鸡。2004年禽流感病毒不仅破坏了我国原有的育种计划和产业布局，还加剧了中国在种鸡领域的对外依赖程度，影响了国内育种技术的进步和发展。育种工作者们意识到在加强疫情防控的同时，需加强家禽育种企业的创新能力，加大对白羽肉鸡育种工作的投入和支持，保障国家肉鸡产业的安全和可持续发展。

2.4.1.3 复兴阶段

2010年起，在国家肉鸡产业技术体系的积极倡议和推动下，中国重新启动了白羽肉鸡育种工作，国内一些育种企业与科研单位开始育种攻关，通过采取一系列措施来支持白羽肉鸡育种，以减少对国外种源的依赖，增强国内肉鸡产业的自主可控能力，其中包括"圣泽901""广明2号"肉鸡的育种工作的开启，"京芯一号"芯片的研发等工作。

由于新品种培育成功，国内祖代鸡繁育能力进一步提升。据中国畜牧业协会统计，2023年，我国有17家企业更新了祖代白羽肉雏鸡。更新的祖代白羽肉雏鸡品种有7个，其中3个国产白羽肉鸡新品种是"圣泽901""广明2号""沃德188"。进口品种是AA、哈伯德以及Ross308。科宝艾维茵既有进口也有国内自繁。实际更新祖代白羽肉雏鸡共计128万套，较2022年增加32.88%。3个国产白羽肉鸡新品种祖代更新量占比39%，比2022年提高7个百分点，加上科宝艾维茵在国内繁育的祖代，2023年祖代白羽肉雏鸡国内自繁占比达到68%。受美国禽流感影响，进口品种更新偏少。2023年，"祖代更新+强制换羽"合计148.92万套，比2022年的121.77万套增加22%。全国祖代白羽肉种鸡年平均存栏174.65万套，同比减少2.14%。其中，后备60.24万套，同比增加7.20%；在产114.41万套，同比减少5.87%。2023年，祖代白羽肉种鸡存栏从历史高位略有回落，但总体产能仍然非常充足。全国父母代种鸡存栏量为7 658.81万套，同比增加8.93%；后备2 915.89万套，同比增加9.60%。在产4 742.92万套，同比增加8.51%。按照从种鸡推演的办法，2023年，全国商品代白羽肉雏鸡累计产销量83.72亿只，同比增加11%。从屠宰场统计得到的全国商品代白羽肉鸡屠宰量82.50亿只（这与从种鸡推演至肉鸡的数据略有不同，差异较小可接受）。按91%出成率折算，产品产量约为1 989.49万t。疫情放开之初，白羽肉鸡产业链效益较好，后续由于肉类供给增加和总需求低迷，白羽肉鸡产业链效益明显回落。全产业链收入2 182.84亿元，微利25.63亿元。其中，祖代企业供应父母代雏鸡收益21.35亿元，父母代、商品代、屠宰环节盈利4.28亿元。2021—2023年，白羽肉鸡一条龙企业每出栏一只毛鸡年均盈利处于持平状态，但头部优秀企业获利。

2.4.2 我国白羽肉鸡自主育种进展

2.4.2.1 白羽肉鸡自主育种的重启

目前，我国主要饲养的白羽肉鸡品种包括美国爱拔益加育种公司的AA肉鸡、英国罗斯育种公司的Ross308、美国泰森集团科宝公司培育的Cobb500和法国克里莫集团培育的Hubbard肉鸡等。这些品种以生产性能稳定、生长速度快、胸肌产肉率高、成活率高、饲料效率高和抗逆性强而著称。然而，长期依赖国外引种对我国种质资源安全、生物安全和产业安全构成了严重威胁。如果外国育种公司停止向我国出口种鸡，此举将直接危及我国肉类食品供给安全。为了改变这种被动局面，促进肉鸡产业的可持续健康发展，业内专家和企业家最终决定启动我国本土白羽快大型肉鸡育种工作。

2008年，农业部、财政部正式成立国家肉鸡产业技术体系，旨在解决肉鸡产业相关问题，包括育种、营养、疾病等整个产业发展过程中的各种技术创新和推广应用。肉鸡产业技术体系的成立对于我国肉鸡产业的发展具有巨大的促进作用。2009年7月，国家肉鸡产业技术体系在宁夏召开执行专家组工作会，并完成了《中国白羽快大型肉鸡育种战略研究报告》，成立了白羽快大型肉鸡育种协作组（李辉和冷丽，2012）。2010年开始着手选育国产白羽肉鸡配套系。2014年，中国畜牧业协会组建成立了中国畜牧业协会禽业分会白羽肉鸡联盟，旨在解决祖代鸡产能过剩的问题，并签订了《2014年祖代种鸡引进数量承诺书》和《621北京共识》。这些举措不仅为行业复苏创造了条件，还为我国肉鸡产业的长期健康发展奠定了基础。

2014年底，美国暴发了高致病性H5N2禽流感疫情，此次疫情对美国乃至全球的肉鸡育种产业造成了重大影响。2015年1月12日，我国农业部和质检总局联合颁布了《关于防止美国高致病性禽流感传入我国》的公告，禁止从美国进口禽类及相关产品。

农业农村部也先后于2014年、2021年制定并公布了《全国肉鸡遗传改良计划（2014—2025年）》和《全国肉鸡遗传改良计划（2021—2035年）》。这2个全国肉鸡遗传改良计划在政府的引导下，明确了我国肉鸡育种的发展方向和目标，强化了企业的育种主体地位，加快了肉鸡遗传改良的进程，完善了国家肉鸡良种繁育体系，提高了肉鸡育种能力、生产水平和养殖效益。

2019年，农业农村部启动了《国家畜禽良种联合攻关计划（2019—2022年）》。由圣泽生物科技发展有限公司、新广农牧有限公司联合东北农业大学、中国农业科学院北京畜牧兽医研究所共同承担该项目，旨在培育出生产性能达到国际同期水平、至少有一项指标以上优于引进品种的白羽肉鸡配套系。国家白羽肉鸡育种攻关项目的设立对我国白羽肉鸡自主育种工作发挥了重要的推动作用。

2.4.2.2 育成快大型白羽肉鸡品种

经过近10年的不懈努力，2021年"圣泽901""广明2号"与"沃德188"3个快大型白羽肉鸡新配套系通过了国家畜禽遗传资源委员会审定，在国际肉鸡市场产生了巨大反响，标志着我国在白羽肉鸡育种技术上取得了重大突破，打破了长期的国际垄断，自此，中国白羽肉鸡产业进入一个新时代。2022年，为贯彻党中央、国务院种业振兴决策部署，落实全国种业企业扶优工作推进会精神，深入实施种业企业扶优行动，支持重点优势企业做强做优做大，农业农村部遴选出86家国家畜禽种业阵型企业，包括"破难题、补短板、强优势"三种类型。其中，"破难题"阵型企业由北京沃德辰龙生物科技股份有限公司、福建圣农发展股份有限公司和新广农牧有限公司三家白羽肉鸡育种公司组成。农业农村部明确将企业作为种业发展的重点扶持对象，特别强调"破难题"阵型企业需要重点关注那些主要依靠进口的种源问题。这些企业被要求加快引进和创制优异种质资源，以促进产学研的紧密结合。此外，政策还鼓励培育具有自主知识产权的肉鸡新品种，以增强国内种业的竞争力和自给自足能力。

面对我国白羽肉鸡种业发展的困境，福建圣农集团与东北农业大学联合，启动了白羽快大型肉鸡联合育种项目，累计投资超过10亿元人民币。在饲料转化率的测量、育种管理的系统化以及表型特征的精确测定等关键技术和设备方面，取得了全面的进展和突破，部分技术达到国际领先水平，如快慢羽分子检测和育种管理系统等。此外，福建圣农集团还应用了一系列新研发的育种设备，包括自闭产蛋箱、个体产蛋测定记录系统、智能化饲料转化率精准测定、系谱孵化出雏笼、家禽胸角器等设备。经过多年的研究和努力，在2019年初步培育出了适合国内饲养条件的白羽快大型肉鸡配套系"圣泽901"。此后，经过两年数百批次的对比试验以及性能测定，最终形成成熟品种，该品种在平养条件下料重比达1.42∶1，笼养条件下料重比达到了1.39∶1。肉鸡在平养条件下37日龄平均体重达到2.5 kg。

2021年，"圣泽901白羽肉鸡新品种培育与产业化应用"获福建省科学技术进步奖一等奖。圣泽生物被农业农村部认定为国家肉鸡核心育种场，"圣泽901"白羽快大肉鸡被农业农村部列为2023年度和2024年度的全国主导品种。自问世以来，"圣泽901"已经累计推广父母代种鸡雏超过2 500万套。为了加速推进"圣泽901"品种的市场占有量和产业化进程，福建圣农发展股份有限公司正在积极建设父母代种鸡扩繁体系。目前，该公司已具备年产2 000万套"圣泽901"父母代种鸡雏的能力。

"广明2号"是由广东佛山市新广农牧有限公司和中国农业科学院北京畜牧兽医研究所经过科学系统选育联合培育出的肉鸡新品种，该品种的育种工作始于2010年，并在2019年完成了生产性能测定。在"广明2号"的培育过程中，还诞生了我国首款肉鸡基因组育种芯片——"京芯一号"，获中国和美国发明专利（ZL201780023241.X，US11578365B2）。结合基因组选择等10项育种新技术，大大推进了国内首批自主培育白羽肉鸡品种的进程。在2023年"广明2号白羽肉鸡新种源创制与基因组育种技术体系构建"获得北京市科学技术进步奖一等奖。

"广明2号"的主要生产性能已达到国际品种的水平，并且在肉质方面相比国际品种具有一定优势，尤其在胸肌木质肉的发生率上低于国际品种。料重比低于1.65∶1，胸肌率达到24%，育雏成活率高达99.5%，在40～42日龄时的出栏体重可以达到2.8 kg。为了保持快速的选育进展，"广明2号"各品系通过扩大测定群数量、缩短世代间隔的方式，整体提高选留率。母系采用先留后选，结合先选后留的两轮选择方案，进行产蛋性能的选育提高。为了更好地开展白羽肉鸡新品种培育，企业新建了白羽肉鸡育种和扩繁基地，并配套建设了高标准的疫病净化实验室、孵化厂、饲料厂和鸡粪无害化处理厂。2023年该品种父母代种鸡苗的销量达到了160万套。2024年8月，17.28万枚"广明2号"白羽肉鸡父母代种蛋顺利运达巴基斯坦，迈出了"广明2号"白羽肉鸡进军国际市场的第一步。预计到2025年，推广将达到500万套，年出栏商品肉鸡达到7亿只。

"沃德188"由北京市华都峪口禽业有限责任公司和中国农业大学和思玛特（北京）食品有限公司创新运用蛋鸡、肉鸡的20个纯系素材，融合使用了多种育种技术，融合了高产蛋鸡、白羽肉鸡、地方品种三类素材优势和育种技术。研发了一款50 K SNP芯片——"凤芯壹号"，并创新运用"凤芯壹号"芯片和智能化信息技术，对育种素材进行科学选育联合培育的肉鸡新品种。"沃德188"商品鸡42日龄平均体重在3 kg以上，料重比低于1.55∶1，全程成活率高于97%，适合笼养饲养环境。2023年6月，"沃德188"种鸡顺利出口坦桑尼亚，是我国自主培育的种禽首次出口。

"沃德188"被列入2022年北京市农业主推技术推荐目录。此外，专为沃德系列肉鸡创建的立体平养福利养殖模式，获得中国农业国际合作促进协会——动物福利国际合作委员会（ICCAW）认证的"农场动物福利评定证书——五星级动物福利"，为我国肉鸡健康养殖起到示范引领作用，以沃德系列肉鸡为原料加工的思玛特宝乐鸡肉已被全国名特优新产品名录收录。

2.4.2.3 小型白羽肉鸡品种培育

传统小型白羽肉鸡没有经过系统选育，品种未经国家审定，生产的规范性有待提高。北京市华都峪口禽业有限责任公司和中国农业大学和思玛特（北京）食品有限公司联合培育了小型白羽肉鸡品种——"沃德168"，该品种于2018年获得新品种证书。"沃德168"是我国第一个具有自主知识产权的小型白羽肉鸡配套系，专为满足扒鸡、熏鸡、白条鸡冻品市场需求而培育，该品种42日龄体重可达1.5 kg，料重比1.63∶1，所有规格成活率均达99%以上，因其良好的品种性能和较高的成活率受到了市场的认可。"沃德158"是肉蛋兼用的品种，融合了白羽肉鸡、高产蛋鸡和特色土鸡的优势，既可以生产优质的小型白羽肉鸡，又可以生产优质蛋进行销售。父母代黑羽鸡产小粉蛋，72周龄可以产50 g的小粉蛋308枚；商品代小型白羽肉鸡兼具美味与高效，50日龄的料重比为2.0∶1，可以产出1.5 kg的高品质肉鸡，是冰鲜鸡的优质品种，填补了我国小型优质白羽肉鸡的市场空白。

"益生909"是由山东益生种畜禽股份有限公司自主研发的小型白羽肉鸡品种。"益生909"的选育工作起步于2015年，并于2021年获得了国家畜禽遗传资源委员会颁发的新品种（配套系）证书，该品种具有生长速度快、抗病能力强、疫病净化彻底、适应多种饲养方式等优点，其父母代种鸡可以产出220多只商品雏鸡，料重比约为1.75∶1，48日龄体重约1.6 kg，因其优异的生产性能，"益生909"深受消费者喜爱。

2.4.2.4 白羽肉鸡重要性状改良进展

经过多年的努力,我国在白羽肉鸡育种方面取得了显著进展。国产白羽肉鸡品种父系饲料转化率年改进0.02以上,母系产蛋年提高2枚以上,遗传进展与国际品种保持同步。2021—2024年,我国白羽肉鸡平均出栏日龄由43.6 d变为42.5 d;平均出栏体重从2.56 kg提升至2.61 kg;成活率从95.9%提升至96.2%;生产消耗系数从102.6降低至96;欧洲效益指数由325.8提升至364.4,整体生产效率增加了11.9%。

国产白羽肉鸡品种生产性能的持续改良,主要归因于"福建圣农+东北农业大学""广东新广+中国农业科学院牧医所""北京峪口+中国农业大学"等科企联合攻关小组建立并应用先进的育种技术体系。

一方面,针对白羽肉鸡育种中存在的表型测定不精准、自动化程度低等问题,创建表型智能化精准测定设备和技术,包括饲料转化效率智能测定设备、肌纤维数量和腿部健康性状的自动测定技术、基于三维CT成像的活体胸腿重预测模型、抗病力评价用血清免疫细胞H/L智能检测技术等。以中国农业科学院北京畜牧兽医研究所和华智生物技术有限公司联合研发的首款家禽智能血液分析仪(H/L检测)为例,与传统的显微镜下肉眼识别记录相比,H/L智能分析仪的识别效率提高10倍以上,准确性提高2倍以上,可节省劳动力成本50%以上,显著提高了抗病性状的检测效率和准确性。

另一方面,建立了成熟的基因组高通量基因分型技术,建立了基于固相芯片、液相芯片和低密度重测序的基因组高通量基因分型技术,实现大数据基因组育种技术在白羽肉鸡领域推广应用,建立整合先验标记的遗传评估新方法,目标性状评估准确性提高24.5%;建立了集合10万个体的基因组大数据分析系统,支持各类性状育种进展全面提高。

2.4.3 我国白羽肉鸡育种的挑战与前景

2.4.3.1 我国白羽肉鸡育种存在的问题和挑战

我国自主白羽肉鸡育种工作在遗传素材积累、育种新技术应用、种源性疫病净化及检测技术方面仍存在一定差距。具体如下:

(1)跨国公司通过合并重组肉鸡和蛋鸡育种公司,丰富了育种素材和基因库,为新品种培育奠定基础;而我国白羽肉鸡育种资源相对薄弱,优良素材较少。

(2)我国白羽肉鸡育种起步晚,与拥有百年经验的国际公司相比,在平衡育种技术和应用方面差距较大。基因组育种等新技术应用不足,且智能化表型测定技术和高通量数据采集传输能力较低。

(3)肉鸡选育过程中经常出现如胫骨软骨发育不良、猝死症和腹脂过度沉积等问题,这些问题会导致诸多不良后果,如胴体品质下降、饲料利用率和繁殖性能降低等,直接影响肉鸡产业经济效益。

（4）自主培育品种推广范围与销售量占比较小，需建立更加完善的商业化育种体系，提升品种的生产性能和质量，加强配套技术服务等方面的工作。

（5）禽白血病和鸡白痢净化是我国种禽业发展的关键制约因素，检测试剂盒严重依赖进口。相比之下，国际大型育种公司通过有效控制此类种源性疫病，大幅提升了其产品竞争力。

2.4.3.2 我国白羽肉鸡育种工作发展前景

我国白羽肉鸡育种的下一步工作主要集中在：加强自主创新育种能力建设，优化品种结构，提升自主培育品种的市场竞争力，加强疫病防控和净化工作；加大科研投入，深化科企合作，建立完善的良种繁育体系，以及培育更多适合本土养殖的新品种等方面。具体如下：

（1）加速本土白羽肉鸡品种的自主研发，适当引入国外品种作为补充，实现引种与育种的有机结合，推动我国白羽肉鸡种业的稳健发展。在品种引进方面，平等对待国内外品种，确保肉鸡产业持续健康发展。

（2）加强地方鸡种质资源的挖掘与创新利用，评估其遗传特性，挖掘优良基因资源，运用现代生物技术培育满足市场需求的优良新品系和遗传资源，将资源优势转化为市场优势，推动保护、开发和利用，促进地方鸡种业的自主发展。

（3）推进智能化和表型组精准育种技术研发应用，利用5G和大数据分析技术，开发智能化、无创测定设备，提升肉鸡经济性状数据精度。通过多组学和基因编辑等技术解析遗传机制，挖掘关键基因，促进全基因组选择技术在肉鸡育种中的应用。

2.5 育种新技术的发展与应用

2.5.1 高通量自动化表型测定技术

高通量自动化表型测定技术是一种利用自动化设备和高通量平台，高效、快速、精准地进行大规模样本分析和数据获取，从而提高实验效率、降低实验成本的技术，为科学研究和实验分析提供了强大的技术支持。在育种工作中，生长发育、屠宰性能、饲料转化率等表型性状的及时且精准的测定是育种工作推进的基础。随着养殖智能化的普及，图像识别、人工智能、机器学习等高通量自动化表型测定技术在当今肉鸡养殖行业和科研领域中扮演着至关重要的角色。这类技术通常利用高通量测序、生物信息学分析、图像采集和自动化设备等手段，能够快速、准确地对肉鸡生长抗病等表型性状进行测定和分析，从而采集大规模的样本数据。通过提升数据处理、分析和解读能力，结合多组学技术和大数据分析等手段，有助于发现与表型相关的候选基因、揭示其遗传背景和多态性，为肉鸡品种改良、疾病防控策略提供科学依据。这从而降低养殖成本，提高养殖效益，减少抗生素等药物的使用，推动肉鸡养殖业的可持续发展，同时为现代化进程和科研深化提供关键支撑。

2.5.1.1 生长发育表型精准测定

生长速度、饲料报酬和胴体重量等生长发育性状是白羽肉鸡选育过程中重点关注的经济性状。这些性状在现代家禽养殖中扮演着至关重要的角色，直接影响着肉鸡的生长性能和肉质品质，对于提高生产效率、优化养殖管理、增加经济效益具有重要意义。通过深入研究和分析肉鸡生长发育性状，可以为肉鸡遗传改良、饲养管理策略的制定提供科学依据，进而推动肉鸡养殖业的现代化发展和可持续性发展。因此，利用高通量测序手段对肉鸡生长发育性状进行大规模、精准、高效的测定，不仅有利于提高养殖效率，还有助于满足人们对高品质禽肉的需求，促进养殖业的健康发展。

体重等生长发育性状与肉鸡产量密切相关，但生产上通常使用传统法测定体重，该方法需要将鸡抓出逐只称重，不仅工作量大，在抓鸡的过程中也容易造成鸡应激，动作不熟练还会导致鸡翅膀骨折、工人被鸡抓伤等情况。已有的自动化方法研究中，研究人员通常将基于图像采集识别与支持向量回归、神经网络等机器学习算法相结合，建立体重估计模型，最终实现智能化体重预测。以150只青脚麻鸡为试验素材，对肉鸡深度图像预处理后，结合BP神经网络构建出拟合度为0.994的具有较好估测准确性的肉鸡体重估测模型，用于后续体重预测（王琳等，2017）。在鸡舍中安装摄像头采集每只鸡1 min动态视频，通过C语言编码进行分帧处理后，使用卷积神经网络（Mask R-CNN）和实时实例分割（YOLACT）两种基于深度学习的算法对白羽肉鸡进行定位与分割（陈佳等，2021）。提取肉鸡身体部分的像素面积后，通过像素面积和测定的体尺数据进行线性回归，从而建立体重估计模型，试验结果也表明Mask R-CNN和YOLACT这两个方法对体重的估计准确率可分别达到97.23%和97.49%。其中准确性较高的YOLACT方法后期常被研究人员与不同机器学习方法结合，用以构建及筛选更适合估测体重的模型。研究人员采用Mask R-CNN对不同密度的白羽肉鸡图像进行识别分割，提取鸡投影周长、面积、平均高度、最大高度和椭圆短轴长轴比这5个与肉鸡体重相关的表型特征，采用DTR、LR、ABR、BP神经网络等8种机器学习算法，用提取的5种表型作为模型的输入，从而比对8种模型对体重估计的准确性，最终选择针对鸡不同站姿和卧姿下体重评估准确率高达93.79%~97.67%的ABR模型作为基于图像采集信息进而测定白羽肉鸡体重的最佳模型（庄超，2021）。采用Mask R-CNN与梯度增强决策树（GBDT）结合，将多种图像表型特征与GBDT结合，从而提高识别精度，构建适合斑岩鸡体重估测的MAE模型（Li et al., 2023）。除了利用图像与算法构建肉鸡体重估计模型外，研究人员在生产中还将射频识别技术（RFID）电子翅号与自动称重秤结合，通过RFID实现种鸡体重智能采集，在提高佩戴效率的同时还可以降低脱落比例，在育种和生产中称重的准确性可达到100%，使得称重的效率和准确性极大提升（晏志勋等，2023）。

2.5.1.2 饲料转化率实时测定

饲料转化率是衡量家禽养殖效率的重要指标之一，对白羽肉鸡的生长发育、生产性能以及鸡群健康状况有着直接影响。但是目前饲料转化率主要采用人工测定，这种方法不仅耗时耗力，而且在测定时会因为倒料不干净等操作问题导致称重不准确，从而影响饲料报酬计算准确性。现有研究中，应用RFID技术、传感技术和信息传输技术，开发出适用于大规模养殖群体、自动化、智能化记录采食的测定与分析系统，能够实时记录鸡只采食行为、采食量和体重，从而实现大批量记录且分析每只鸡的料重比数据。科研人员利用由测定站及电脑终端记录系统共同组成的自动饲喂器，系统地记录鸡24 h采食的变化规律，并与生产性状进行相关性分析，结果表明鸡日采食次数与饲料转化率存在显著正相关，可用于后期生产中提高饲料利用率（滕金言等，2018）。现有研究还通过鸡舍中录制的采食音频进行采食次数监测。科研人员研发出利用实时声音处理技术准确监测肉仔鸡群体短期摄食行为（采食量、采食时间、日采食次数和喂料速度）的新型监测系统，该方法的估计精度表明，90%的采食量、95%的采食时间、94%的日采食次数和89%的喂料速度通过声音分析得到了正确的监测，可用于自动化采集摄食相关表型（Aydin and Berck mans，2016）。科研人员通过录制音频并进行处理后，使用单分类支持向量法提取有效片段，监测并分析出肉鸡啄食的次数以及其与采食量的关系，结果表明，啄食次数计算正确率可达94.58%，采食量计算正确率为91.37%（杨稷等，2018）。这些技术均为监测鸡群采食相关指标以及计算饲料转化率提供了新的高通量自动化的测定分析方法。

2.5.1.3 屠宰表型测定技术

屠体重、胸重、腿重等屠宰性状是白羽肉鸡选育过程中重点关注的经济性状，这类性状通常是在适当日龄对鸡只进行屠宰、分解后，使用体重秤称取相关指标的重量，用以进行相关研究以推进育种进展。具有费时费力、需要大量专业工作人员配合等局限性。随着测定技术及相关仪器的更新迭代，近年来已有研究表明可以使用CT扫描技术、超声诊断系统和机器视觉系统活体测定或辅助测定胸肌厚、皮下脂肪厚、胴体重、腿重等重要屠宰性状。

利用螺旋CT机采集鸡只的断层扫描图像，通过横/纵切面分析可确定心脏、肺脏、肌胃和肾脏等主要脏器的相对位置，并估算内脏腔体的尺寸与掏膛切口的位置和尺寸。

该技术可以为现代化屠宰流水线的机械手摘取脏器提供目标指引，避免损伤心、肝、肾等有用器官；同时为自动净膛装置的设计提供基本数据（陈坤杰等，2017）。在饲养过程中，腿重作为育种的基本指标，活体检测不仅可以减少对动物的伤害，还可以减少人力物力的消耗。采用CT扫描技术采集活体肉鸡图片后，通过由分割算法和随机森林拟合网络构建的体重估计模型自动处理扫描结果，可对肉鸡腿重进行预测。该系统对肉鸡腿重的预测准确性高，R^2可达到88.98%，平均百分比误差为4.82%，且每秒平均处理37.04幅图像，为商业育种中肉鸡的部位测定提供了技术支持（Sun et al.，2024）。

采用体内实时超声波（RTU）测定胸肌面积、厚度和体积，结果表明RTU测定值与屠宰后胴体测定值之间的相关性较高；基于活体重和RTU测定的胸肌体积拟合出多元回归方程，可用以估测胸肌和胴体重量。同时也有研究人员利用回归模型和机器学习算法预测腹部脂肪含量和产肉量（Silva et al.，2006）。采用支持向量回归（SVR）和人工神经网络（ANN）模型方法，以活体测定的体斜长、颈长、胸宽、骨盆深度等表型作为输入变量，分别预测雄性和雌性肉鸡的腹部脂肪重量和胸肌重量，结果表明SVR方法取得了更好的预测结果（Chen et al.，2023）。以上的测定方法均可在肉鸡存活的情况下对肉鸡的部分屠宰性状进行估测，并具有较好的准确性，可以很大程度上减少屠宰所带来的人力物力消耗及生产损失。

2.5.1.4　骨骼强度测定技术

随着选育压力的加强，骨骼生长发育的稳态和平衡被打破，导致肉鸡胫骨软骨发育不良、佝偻病、腿弯曲畸形等骨骼疾病在快速生长肉鸡中发生率逐渐增加，这类疾病统称为腿病，会导致鸡只运动障碍、骨骼畸形、生长性能下降、易于发生骨髓炎，在屠宰加工中容易骨折，导致胴体品质下降，严重影响鸡肉品质，并造成家禽养殖业较大的经济损失以及动物福利问题。现有研究中通常根据肉鸡跛行程度和行走能力进行"步态评分"，并根据个人经验把评分方法标准化，分数越高则表示行动障碍越严重。但步态评分会存在较强的主观性，不同的人评分会导致结果存在一定差异。且在评分的过程中，也需要将鸡抓到专门的评分场地进行步态展示，造成鸡应激以及久卧不动，耗时耗力。

现有研究使用计算机断层扫描、X光测定等智能化方法通过检测鸡腿部骨骼曲线及形态进行腿病判定。采用几何形态计量学方法，根据胫骨曲线分析了不同生长速度肉鸡品系的胫骨形状变化，发现胫骨的弯曲程度与胴体重量和生长速度呈正相关，生长速度快的鸡胫骨弯曲更明显（Pulcini et al.，2021）。采用低强度X射线成像仪拍摄鸡胫骨软骨图片，结果表明可根据照片对胫骨软骨发育异常的程度进行判定（Kapell et al.，2012）。以快大型白羽肉鸡为试验素材，采用X光机测定鸡腿部骨骼形态和特征，可精准判断骨骼异常类型，实现活体腿部健康状态智能化评价（郑炬梅等，2023）（图

2-8)。采用专门的约束装置束缚鸡只后,进行了一系列千伏和毫安秒值的X射线曝光,确定能在较短曝光时间内获得清晰图像的组合,可以对骨骼健康状况进行检测并量化骨密度指标(Wilson et al., 2023)。除常用的X光拍照判定外,Harash等测量了胫跗骨的重量、长度和宽度,并使用三点弯曲试验评估了其机械性能(刚度、M-Max和M-断裂),从而进行骨强度判定。还利用计算机断层扫描分析了两只鸡的骨小梁和皮质骨的矿物质密度、骨体积分数、骨小梁数量、厚度和分离度以及皮质厚度,通过这些指标进行骨骼健康评测(Harash et al., 2020)。研究结果表明,随着年龄的增长,鸡的骨体积分数下降导致骨断裂强度降低,皮质和骨小梁的骨密度呈反比增加,从而增强了骨强度。测定数据显示,可通过活体测定胫跗骨、骨小梁和皮质骨相关指标进行骨骼强度的精准测定。

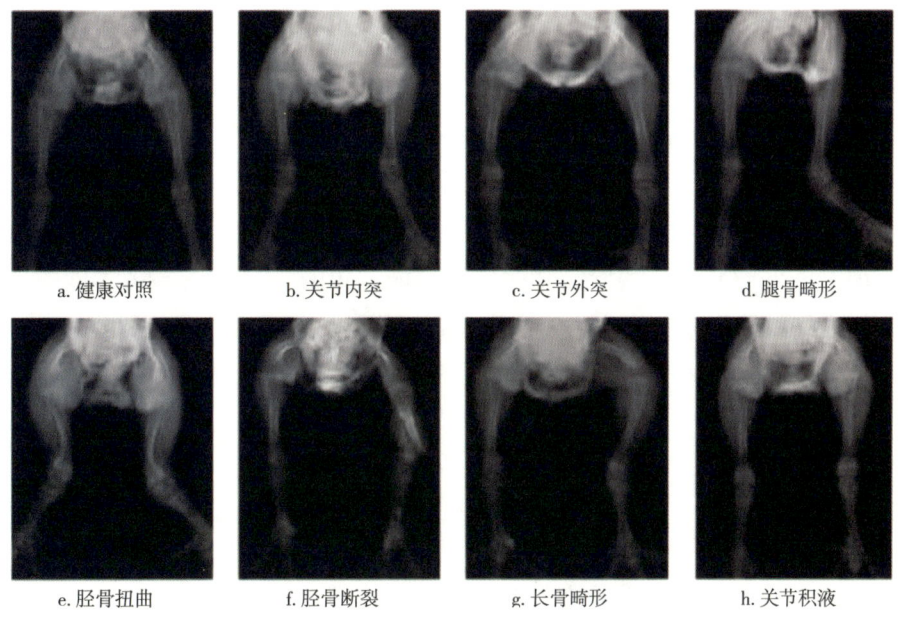

图2-8 不同腿部骨骼状态(郑炬梅等,2023)

除仪器测定外,现有研究也通过血清指标和代谢物进行骨骼健康研究。基于血液生化指标和骨代谢指标研究表明,肉鸡自发性股骨头坏死的关节软骨中,软骨细胞分布不规则并出现空泡,高密度脂蛋白和甘油三酯水平显著变化,这表明软骨平衡遭到破坏,且脂代谢和骨代谢发生紊乱(Liu et al., 2019)。研究也表明股骨头坏死个体出现脂质代谢紊乱、高脂血症和股骨中脂滴堆积,股骨头中与脂质代谢相关的基因表达也明显增加(Fan et al., 2021)。利用高通量测序技术分析了腿部外翻畸形和健康肉鸡脾脏中的RNA,以确定可能与腿病发展有关的miRNA(Zhang et al., 2021)。结果发现50个差异表达的miRNA,在代谢途径、嘌呤代谢、内吞作用等11条信号通路中显著富集,其中免疫信号通路MAPK、Toll样受体等通路参与骨骼疾病的发生。基于腿病和健康个体的高通量全基因组测序数据分析，鉴定到Chr24（0.22~1.79 Mb）上的43个SNP在全基因组范围内与血清碱性磷酸酶（ALP）显著相关，注释到38个与腿病相关的候选基因，通过功能富集分析发现与骨骼疾病和骨质量相关的蛋白BARX3（BARX同源盒3）和Panx1（膜联蛋白1），为解析肉鸡腿病的发生机制和降低腿病发生率提供重要遗传参考（Guo et al.，2022）。这些研究结果表明，后期可进行血清脂代谢分析并筛选出与骨骼疾病相关的生物标志物，用于后期骨骼健康活体检测。还可以通过筛选到的重要候选基因和位点，进行腿病机理解析。

2.5.1.5　心肺功能测定技术

目前国内关于家禽心肺功能相关研究较少，常通过肺动脉压、红细胞压积、心脏重量与体重比、肺组织病理切片分析等指标进行测定，以实现对鸡只心肺功能的精确评估。肺功能检测主要用于检测呼吸道的通畅程度、肺容量的大小，用于检测肺功能的设备主要包括无创和有创两种。动物肺功能检测系统是用于检测肺功能常用生理数据的大型系统，可对麻醉状态下的动物进行一系列成组试验的数据自动分析检测。试验中动物需要中度麻醉并进行气管插管，通过测定呼吸频率、潮气量、气道阻力等指标进行肺功能测定。除上述仪器外，无创的全身体积描记系统（WBP）可用于监测清醒自由活动、非束缚、非麻醉状态下实验动物的呼吸功能。WBP腔体配有高敏感度的传感器，可探测腔体内细微的气流变化，基于这些细微的信号，并通过专业软件公式进行分析，从而提供专业精准的肺通气、支气管收缩等相关参数，在开展大群体试验的同时不损伤动物。

2.5.1.6　抗病性状测定技术

抗病性状是家禽重要的经济性状，由于该性状受环境影响大，且代表性指标较少，抗病性状一直是育种领域研究的难点和热点。目前研究中，巨噬细胞数量、血清总免疫球蛋白Y（IgY）水平、异嗜性嗜血粒细胞和淋巴细胞的数量和比例（H/L）、禽流感病毒（AIV）和绵羊红细胞（SRBC）抗体反应等免疫相关指标常被用以研究鸡抗病能力。其中H/L最先作为鸡应激的评估指标，后也被用来反映鸡的健康程度和免疫状况。

利用16S rRNA和宏基因组测序技术，分别对高、低H/L值的鸡盲肠微生物群进行功能比较分析，发现与高H/L值鸡相比，低H/L值鸡有更丰富的免疫途径、更低的抗生素耐药性和毒力因子，这些结果表明H/L值低的鸡对肠炎沙门氏菌的抵抗力更强（Thiam et al.，2022）；同时通过评估7日龄雏鸡的H/L值与沙门氏菌感染后（1 dpi、3 dpi、7 dpi和21 dpi）的组织载菌量和炎症反应之间的关系，确定了H/L值可以作为生物标志物预测鸡对肠炎沙门氏菌感染的抵抗力和炎症反应。利用60 K SNP芯片对H/L、IgY

等6个免疫性状进行了全基因组关联研究，筛选出 *IL4I1*、*CD1b*、*GNB2L1*、*TRIM27* 和 *ZNF692* 等重要候选基因，并通过进一步人工细菌感染试验，验证了这些基因与机体抗感染能力显著相关，可能在免疫反应的调节中发挥关键作用（Zhang et al.，2015）。通过全基因组关联分析、选择性清除和RNA-Seq等分析方法，精细绘制了与H/L值相关的变异图，鉴定到蛋白酪氨酸磷酸酶受体J型（*PTPRJ*）是鸡抗病力的调控基因，其可能通过下游调控基因影响异嗜性嗜血粒细胞的增殖和分化，且*PTPRJ*下游的SNP（rs736799474）对H/L值有降低的作用（Wang et al.，2023）。Sadr等研究基于转录组的伊斯法罕土鸡和罗斯肉鸡先天性免疫基因表达差异图谱，筛选到了 *TRPM2*、*IL4I1* 等20个差异基因作为免疫性状重要候选基因。这些候选基因和SNPs可用于抗病性标记辅助选择，为深入探究抗病免疫的机制以及重要基因的功能鉴定奠定了基础。中国农业科学院北京畜牧兽医研究所基于AI鸡血白细胞检测算法、对比学习不平衡分类算法、全自动血液病理玻片扫描系统等技术，设计开发了国际首款家禽抗病育种智能血液分析仪，精准化检测识别鸡血白细胞，并自动化计算异嗜性粒细胞（H）与淋巴细胞（L）比例，可形成标准化分析结果。

巨噬细胞是一种重要的免疫细胞，主要分布在全身各个组织和器官中，作为机体的第一道防线参与免疫应答，其吞噬作用是先天性免疫的基础。以辽宁大骨鸡和海南文昌鸡为试验素材，通过沙门氏菌抵抗能力、巨噬细胞的吞噬指数和吞噬率分析表明大骨鸡的抵抗及吞噬能力明显较强；基于巨噬细胞的mRNA表达谱和全基因组测序，筛选到22个差异基因（如 *H2AFZ*、*SNRPA1*、*CUEDC2*、*S100A12*），这些基因通过参与不同的免疫学生物信号通路而成为调控吞噬作用的枢纽基因（Zhang et al.，2023）。利用全基因组测序和单细胞RNA测序等手段系统解析了禽流感病毒感染后鸡肺脏中16种类型细胞的病毒载量及其应答反应，结果表明，适量的单核/巨噬细胞和炎症因子有利于感染后肺脏损伤的修复，为深入研究家禽病毒与不同免疫细胞之间的互作奠定了重要基础（Dai et al.，2023）。

2.5.1.7 肉品质测定技术

近年来，随着消费者对肉的品质、口感、营养价值和安全性的关注度日益提升，对肉色、pH值、滴水损失等屠宰加工性状的重视程度显著提高，已成为影响消费者购买决策的关键因素之一。

现有研究中，pH值、肉色、滴水损失等肉品质相关指标仍主要依靠人工测定，并且在肉质相关研究中起着至关重要的作用。屠宰后通常使用pH测定仪和肉色仪进行相关指标测定，肉色测量前需去除肌肉表面筋膜与血渍，对肉色仪进行校准后，测定固定时间胸肌亮度（L^*）、红度（a^*）以及黄度（b^*）值。pH值测定前进行校准，然后将pH计的探头插入固定位置，待仪器读数稳定后，记录pH值。如需测定屠宰后24 h、

48 h等时间的肉色值和pH值，则需将肉放置于4℃冰箱中保存。滴水损失测定则是除去肌肉表面筋膜后，取平行于肌纤维方向的1~2 g组织样，记录重量为W_1，将胸肌组织样悬挂且保证各个组织样的每个面均与空气接触，于4℃冰箱放置固定时间后，用吸水纸吸去组织表面水分再次测量组织重量记为W_2，最终计算（W_1-W_2）所得值为该时间这只鸡的滴水损失。

除常规肉品质测定指标外，随着白羽肉鸡选育强度不断增强，木质肉、白条纹肉等新型劣质肉的发生率也逐年上升，如图2-9所示。其中木质肉主要表现为鸡胸肉触感坚硬、厚度增加和脊部隆起。白条纹肉主要表现为胸肌表面有明显平行于肌纤维的白色条纹沉积。木质肉和白条纹肉在许多国家的养殖及生产环节均有报道，且因质地和表观特性差而降低了消费者的购买意愿，给肉鸡产业带来巨大的经济损失。因此制定简便的、准确的劣质肉检测方法也十分必要，目前较常用的检测方法有表观评分法、压缩力评分、组织学特征鉴定等。劣质肉的表观评分法主要应用于屠宰现场，白条纹肉根据胸肌表面沉积的白色条纹的数目以及宽度进行四档评分，分为正常胸肌（表观正常，无明显白条纹，评为0分）、轻微的白条纹肉（小于1 mm宽，评分为1分）、中度白条纹肉（超过1 mm宽，评分为2分）和重度白条纹肉（超过2 mm宽，评分为3分）。木质肉的评分则基于胸肌的硬度、范围和弹性，分为四个等级：正常（胸肌外观正常，整体柔软且有弹性，评分为0分）、轻微木质（胸肌顶部较硬，其他部分有弹性，评分为1分）、中等木质（胸肌顶部至中部硬，尾部有弹性，评分为2分）和严重木质（整个胸肌硬且僵硬，有脊状突起，评分为3分）。这种方法简单快捷，适合在生产线和屠宰线上

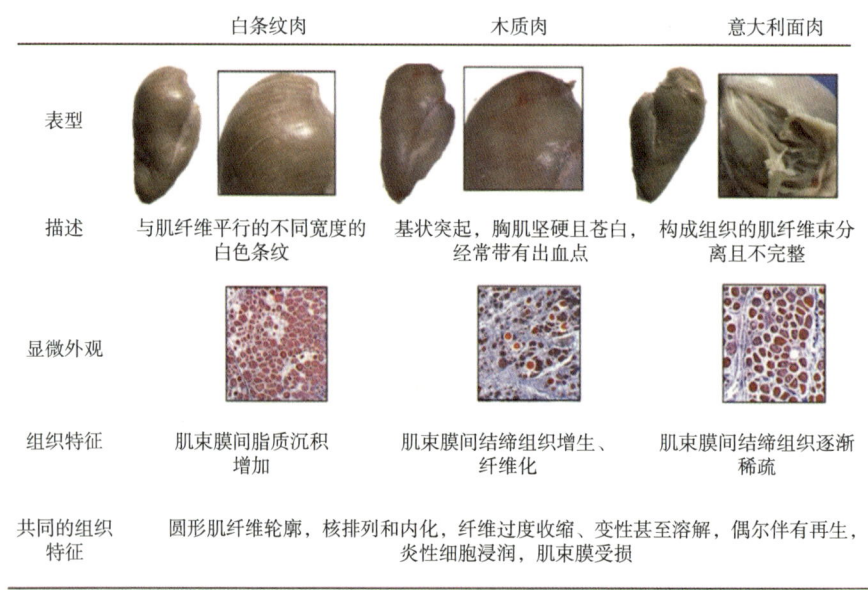

图2-9 受木质肉、白条纹肉和意大利面肉影响的胸大肌的表型和微观特征

进行大规模的劣质肉评估和调查。研究人员采用TA.XT plus质地分析仪和P/6（直径6 mm）的细长圆柱形探头进行试验（Kong et al.，2021）。试验设置包括：触发力设为0.049 N、探头压缩比例为20%、探头前进速度为2 mm/s、探头测试时的速度为5 mm/s、探头测试后的速度为10.00 mm/s进行压缩力测定，研究表明正常肉和劣质肉在28 d和42 d压缩力差异显著，随着木质肉、白条纹肉严重程度的增加压缩力逐渐增加，且压缩力与木质肉、木质肉、白条纹共同发生组显著正相关，结果显示压缩力可作为评估胸肌劣质肉发生程度的客观和定量指标。

因劣质肉肌纤维形态与正常肉具有较大的差别，可通过肌肉组织切片对劣质肉的发生及其严重程度进行判定。针对劣质肉的组织学特征研究表明，正常胸肌肌纤维排列紧密，而木质肉和白条纹肉的肌纤维组织出现周围结缔组织增生、炎性细胞和脂肪渗入、圆形肌纤维数量增加、肌纤维变性坏死溶解且伴随着肌纤维再生等情况。通过对胸肌组织HE切片染色后进行肌纤维组织形态量化，发现中度木质肉肌纤维面积、直径和肌内膜厚度与正常肉相比分别增高约45%、20%和75%，该结果表明肌纤维的组织学变化可作为衡量木质肉发生的量化指标（白露等，2023）。

除屠宰后测定相关指标对于劣质肉进行判定外，因劣质肉鸡只与正常鸡只的血清代谢物差异，可通过采集鸡翅下静脉血收集血清后，测定一些标志性代谢物，从而判定活体劣质肉发生。采集鸡翅下静脉血分离血清后进行代谢物分析，结果表明，与正常肉鸡相比重度白条纹肉肉鸡的血清肌酸激酶（CK）、丙氨酸转氨酶（ALT）、天门冬氨酸氨基转移酶（AST）和乳酸脱氢酶（LDH）水平显著升高（Kuttappan et al.，2013）。另有研究结果表明，大多数木质肉肉鸡在20日龄时的血清CK和AST值显著高于正常肉鸡（Kawasaki et al.，2018）。同样在两个鸡群的血清代谢分析中筛选到CK，结果表明CK与木质肉代表性表型压缩力呈较高正相关，可作为可预测活体肉鸡木质肉的生物标志物（Kong et al.，2021）。这些研究都显示血清CK与异质肉的发生有较大关联，后期可通过采集血清进行CK含量测定以实现异质肉活体判定。现有研究还将代谢组学与机器学习等方法结合起来，筛选到3-甲基组氨酸、N-乙酰基-L-天冬氨酸、甘油酸、N，N，N-三甲基-5-氨基戊酸、丙氨酸和O-磺基-L-酪氨酸6种代谢物可对木质肉预测准确率达到94%，可以客观评价活禽木质肉的严重程度。除血清标志性代谢物筛选外，因高胸肌产量肉鸡群体的胸肌厚度随着木质肉发生的严重程度增加而逐渐变厚，且木质肉的胸肌长和胸肌宽显著低于正常肉，因此活体B超检测鸡胸肌厚、胸肌长、胸肌宽也可初步作为木质肉的判定标准，且后续有望结合机器学习等方法拟合出估测鸡胸肌木质肉性状的模型，从而进行鸡活体木质肉检测。

2.5.2 分子标记辅助选择与基因组选择在育种中的应用

在遗传育种领域，国际上将其发展分为4个典型阶段，如图2-10所示。育种1.0时代:标志着人类对野生动物的驯化和农耕文化的开端;育种2.0时代:育种专家主要依靠实践经验,并结合统计学、数量遗传学以及杂交育种技术,培育出优质品种,同时引入了分子标记辅助选择技术;育种3.0时代:这一时期,育种领域开始采用基因组选择和基因编辑等尖端生物技术;育种4.0时代:随着人工智能、基因编辑技术和合成生物学的迅猛发展,育种迈入了一个由尖端科技驱动的新时代,这一时代融合了生物技术、信息技术和人工智能。

随着我国进入育种3.0时代,大量现代化的育种技术得到应用,在动物育种领域也取得了较大进展,培育出了一批高产、优质且抗病新品种,为促进畜牧业可持续发展和保障国家粮食安全发挥着重要作用。现代化的育种技术相比于传统的育种技术,选择效率更高、育种周期更短、经济效益更高,可以更好地满足现代化生产对优质畜禽品种的需求。

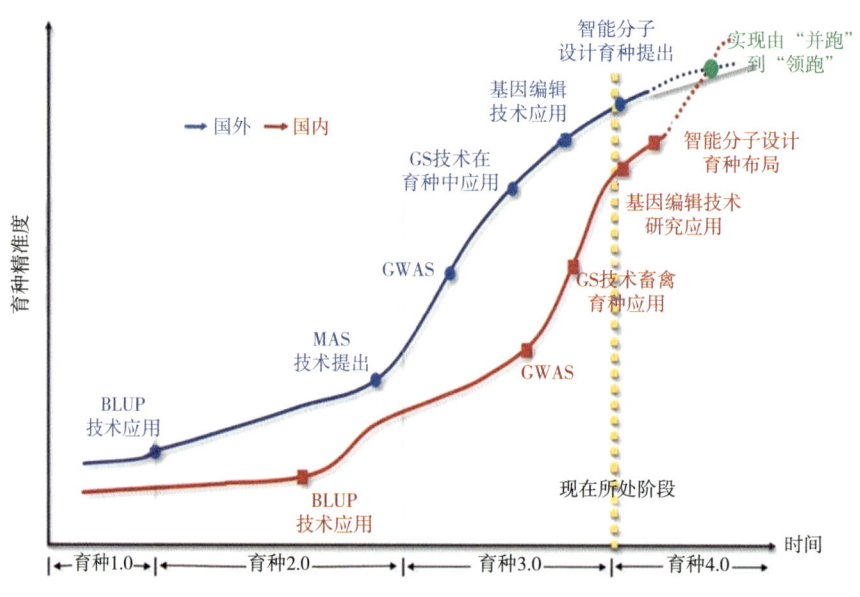

图2-10 育种技术发展阶段图

2.5.2.1 分子标记辅助选择

分子标记辅助选择(Marker assisted selection,MAS)是从分子水平上准确解析个体遗传组成,通过对个体基因型进行直接选择,进而进行分子育种的一门新技术。该方法的原理是通过检测与目标基因紧密连锁的分子标记,推断和获取已知目标基因的基因型,从而实现对目标基因的直接选择。与传统选择方法相比,分子标记辅助选择能够显著提高选择效率。

(1)分子标记的类型。DNA分子标记具有显著优势,大多数标记表现为共显性,有助于隐性性状的选择;分子标记种类丰富,能够覆盖广泛的基因组变异;在生物的不同发育阶段和不同组织中，均可进行DNA标记分析；并且不会干扰目标性状的表达，也与不良性状无直接连锁。随着分子生物学技术的进步，DNA分子标记技术已被广泛用于遗传育种、物种亲缘关系鉴定、基因库构建、基因定位和基因克隆等多个领域。根据技术特征，分子标记可分为三大类：第一类是以分子杂交为基础的DNA标记技术，如限制性片段长度多态性标记（Restriction fragment length polymorphisms，RFLP标记）；第二类是以聚合酶链式反应（Polymerase chain reaction，PCR）为基础的各种DNA指纹技术；第三类是新型分子标记，如单核苷酸多态性（Single nucleotide polymorphism，SNP），这些标记由基因组核苷酸水平上的变异引起，包括单碱基的转换、颠换以及插入/缺失等（表2-18）。

表2-18 分子标记（于忠伟，2009）

分子标记类型	代表种类	原理	技术特点
第一代分子标记	RFLP	以酶切为基础	检测步骤多、周期长、密度低
第二代分子标记	SSR等	以PCR反应为基础	周期长、密度中等
第三代分子标记	SNP	以序列为基础	周期短、密度高

①分子标记辅助选择的基本原理和方法。通过长期的自然选择和人工选择，动物种质资源中蕴含着大量的自然变异。挖掘和利用优良的遗传变异是动物遗传育种研究的重要内容之一。为了准确、高效地选择符合要求的目标性状至关重要。传统的选择方法是对目标性状的表型直接评价和选择，或者利用与目标性状连锁的形态学标记进行选择。该方法对于质量性状通常非常有效，但对于复杂的数量性状则效率较低。因此，需要发展出更为精确、高效的选择方法来提高动物育种的效率。

由此衍生出的分子标记辅助选择技术，其基本思路是：首先确定动物相关的一系列分子标记，通过制作出这些标记的遗传连锁图谱，分析找到与所选目标性状紧密连锁的分子标记，从而根据选育目标，选择与目标性状连锁的遗传标记个体，将其留作种用，以实现畜禽改良目标。

在分子标记辅助选择过程中，首要考虑的是对目标基因的选择，即前景选择（Foreground selection）。前景选择的可靠性主要取决于分子标记与目标基因之间的连锁程度。如果仅采用一个分子标记进行选择，标记与目标基因的连锁程度越高，选择的准确性就越高，所需选择的个体数也越少。相反，若标记与目标基因的遗传距离较大，则选择的准确性会降低，需要选择的个体数也会增加。若利用与目标基因共分离的分子标记或根据目标基因序列开发的功能性分子标记进行选择，则标记的选择直接等同于基因的选择。

前景选择的目的是确保所选后代携带目标基因。在进行标记辅助选择育种过程中，为了加速育种进程并使后代个体的遗传背景尽快恢复，在进行前景选择的同时，还需要进行背景选择（Background selection）。背景选择是指对除了目标基因外的整个基因组进行的选择。与前景选择不同，背景选择几乎涵盖整个基因组。由于在分离群体中，上一代形成配子时同源染色体之间可能发生交换，因此每条染色体都可能是由双亲染色体重组形成的杂合体。为了对整个基因组进行选择，需要了解每条染色体的具体组成。这就要求所选择的分子标记能够覆盖整个基因组，即必须构建一个完整的分子标记连锁图。

②分子标记辅助选择在动物育种中的优势。在动物育种中，无论是质量性状还是遗传基础更为复杂的数量性状，通过分子标记辅助选择都可以更加有效地提高选择的准确性，加快育种进程。其具体包括以下优势。

有效克服了性状表型鉴定的困难。在育种过程中有些性状，如一般抗病性、耐受性等性状的表型鉴定技术不仅难度大，程序烦琐，而且鉴定费用高，难以大规模进行。同时，低世代面临育种材料较少，难以做重复鉴定。而利用标记直接选择目标基因型，可以有效地克服性状表型鉴定的困难。

可实现生长发育等性状的早期选择。有些与动物生长发育相关的性状，只有动物发育到特定阶段才会有所表现，如特定阶段的体重、增重、料重比、产蛋数以及肉品质等性状只有在个体发育到要求阶段后才能进行评价。而通过利用分子标记进行基因型鉴定后，可以在早期对其进行检测和选择。在节约养殖成本的同时，保证群体的选择压力，有效加快育种进程。

同时对多个性状进行选择。在育种实践中，往往不仅是对单个性状的持续选育提升，由于性状之间的拮抗作用，需要对群体进行综合的平衡选育。例如对于生长性状和繁殖性状需要在同一群体中进行选择，而生长性状的持续选育往往会引起繁殖性状的降低。应用分子标记可以同时对多个性状进行筛选，减少环境和表型拮抗的影响。

性状评价和选择不具有破坏性。在动物育种领域，一些表型性状在进行表型评价时，需要进行大量的屠宰试验，例如对屠宰率、胸肌率、腿肌率等性状进行评价时，部分生产性能比较优秀的个体因被屠宰，无法留作种用，其优秀的生产性能不能遗传给下一代，对育种而言，这是很大的损失。尤其是在育种项目的初期，育种材料较少，在不破坏育种素材的条件下进行表型收集评价，一直是育种工作者追求的目标之一，而利用分子标记技术则可部分克服这些困难。

③分子标记辅助选择在白羽肉鸡育种中的运用。在家禽育种领域，对羽速、胫长以及羽色等性状的表型选择比较成功，并被广泛用于生产实践中。利用快慢羽基因（Kk）、性连锁矮小基因（dw）以及羽色基因作为分子标记的MAS育种技术正在逐渐应用于育种和生产实践中。然而，总体而言，MAS成功应用的案例尚属少见，更多的

案例仍处于研究阶段，即寻找标记或进行基因定位。

相较于标准体型的鸡，矮小型鸡的体重是标准鸡的60%～70%，它们具有较低的基础代谢率、较少的饲料消耗、较强的适应性、更高的饲养密度以及更强的抗应激能力，同时产蛋量能够增加15%～30%。1993年，中国科学家通过RFLP技术发现，性连锁的矮小型鸡生长激素受体基因中，第10个外显子存在一个1775核苷酸的缺失，导致编码的受体蛋白内部发生突变，为鸡性连锁矮小基因的分子遗传基础研究提供了明确的证据。并且证明隐性伴性矮小基因（dw）不会对鸡体健康产生影响，将其用于分子标记辅助选择可以有效改良家禽生产性能。

羽色作为禽类重要的经济性状，在探讨禽类起源及演化，标记品种特征，实际育种生产等方面都具有重要意义。相关研究发现，羽色主要是因为黑色素的分布和种类不同而导致。在禽类中，一系列的基因和酶参与了黑色素的合成过程，主要包括刺鼠相关蛋白（A-GRP）、酪氨酸酶（TYR）和黑色素皮质受体I（MCIR）。如今，通过对特定羽色基因进行选择和剔除，可以培育出特定羽色基因的纯系。

家禽的快慢羽性状在育种中扮演着重要的角色。快慢羽基因控制着家禽羽毛的生长速度和质量，对于家禽的外貌特征以及生产性能都有显著影响。研究发现，羽速基因（K/k）位于鸡的Z染色体上，为伴性基因。可以通过PCR检测技术来判断鸡的快慢羽基因型。具体方法是检测基因座位上是否包括有$Hae\ \text{III}$酶切位点的Urb序列。如果存在该酶切位点，则判断为快羽鸡，否则判断为慢羽鸡。另外，在育种中可以通过羽速来达到自别雌雄的目的，具有产生较高的生产应用价值。

④分子标记辅助选择应用的局限性。分子标记辅助选择这一技术在农业、畜牧业和其他领域的育种中得到了重视。然而，尽管具有诸多优势，但它在实际应用中也存在一些局限性。

分子标记的发展较为缓慢。DNA标记最早于20世纪80年代被发现，但由于测序技术的限制，其发展较为缓慢。微卫星（SSR）标记直到20世纪90年代末期才被广泛采用。尽管部分关键性状的候选基因已经通过标记成功定位，但在MAS中，这些标记的应用效率并不高。这主要是因为许多标记的开发和定位依赖于特定的遗传群体，限制了它们的使用范围只能在具有相同基因型的群体中。

QTL定位的准确性及不紧密连锁。QTL的准确性受到群体大小、表型数据收集、可重复性、环境等因素的影响。并且QTL效应和位置的准确性是标记选择的前提，一般不紧密连锁的标记和基因间距离较远，标记和基因间会发生交换，使得标记和基因发生分离，影响标记辅助选择的应用。

遗传背景不同MAS选择方式不同。在黄羽肉鸡中鉴定的QTL，在白羽肉鸡中存在不同效应或者是没有效应的现象。例如在黄羽肉鸡群体中在4号染色体筛选到的影响其体重的QTL区间，在白羽肉鸡并没有发挥相应的效应。相反，在白羽肉鸡中，此区间为影响蛋重的QTL区间。在这种情况下，MAS的选择方式以及使用的QTL区间，必须因群体和遗传背景不同而不同，这也极大限制了标记辅助选择的应用。

MAS效应会受到QTL与环境互作的影响。在QTL定位的相关研究中，尽管可能存在多个数量性状位点（QTL）在不同环境下的表现一致性，但由于环境和QTL之间的相互作用，这些位点对性状的影响可能会随着环境条件的改变而发生变化，特别是在QTL效应较小的情况下，其受环境影响的程度更为显著。此外，当前的QTL定位研究往往受到特定时间和地点的限制，因此，QTL与环境之间的相互作用程度通常包含许多未知因素。这导致QTL与环境之间的互作效应对标记辅助选择的运用产生了影响。

（2）基因组选择。基因组选择（Genome Selection，GS）的概念最早由Meuwissen教授于2001年提出，是指利用覆盖整个基因组的标记，通过构建预测模型来估计育种值的新方法。该方法真正实现了利用基因组信息来指导育种，由于其更侧重于早期的选择，因此也被称为基因组预测。

①鸡基因组SNP芯片的研发与应用。生物的表型由环境和基因共同决定，因此不能简单依靠表型值进行选择。为了获得个体间的亲缘关系，可以通过构建家系整合系谱信息进行最佳线性无偏预测。而随着分子标记技术的发展，分子标记辅助选择成为常用的育种技术之一，可以结合部分基因的信息进行预测，但是缺点是标记数目有限，且只能利用对性状有显著效应的位点，因此对于由微效多基因控制的复杂数量性状效果较差。但是随着测序成本的逐渐降低，高密度的分子标记逐渐运用于实际的育种生产，而且由此衍生出的基因组选择技术，展现出巨大的应用价值。

SNP芯片的开发是基因组选择的基础，如表2-19所示，鸡的第一张基因分型芯片是由2005年美国家禽研究中心开发的3 K基因分型芯片，共有3 072个SNPs。在此之后，荷兰瓦格宁根大学开发了一款覆盖了整个基因组的60 K的珠状芯片，但是此前的两款芯片都主要用于科研，并未进行商业化的应用。第一款商业化的SNP芯片是由英国爱丁堡大学和安伟捷开发的600 K SNP阵列，我国第一款商业化肉鸡SNP育种芯片是由中国农业科学院北京畜牧兽医研究所开发的"京芯一号"。

"京芯一号"芯片位点信息来源广泛，功能关联性强，是我国首款适用于中国地方鸡种遗传多样性评价和基因组选择育种的全基因组分型芯片。自2017年推出以来，该芯片已在亲缘关系鉴定、全基因组关联分析和全基因组选择等多个领域取得成功应用。在针对白羽肉鸡品系产肉率的GS中，其产肉率显著提高；并且在文昌鸡、乌骨鸡等20余个中外鸡种中，有40 K以上的位点表现出多态性（MAF>0.05）。由于整合了众多科学研究获得的与鸡重要经济性状关联的SNP位点，"京芯一号"成为一款适用于中外鸡种、与经济性状关联度更高、通量适中的全基因组SNP芯片。SNP芯片的成功开发为遗传多样性分析、QTL数量性状定位分析以及基因组选择等研究提供了重要工具。

表2-19 家禽中已有的SNP芯片

物种/品种	密度	开发单位	使用状态
鸡	3 K	美国家禽研究中心	科研
鸡	60 K	瓦格宁根大学	科研
鸡	600 K	爱丁堡大学和安伟捷	商业化
国外商业化肉鸡/蛋鸡	35~50 K	科宝、安伟捷、海兰等企业	企业自用
火鸡	65 K	Hendrix Genetics	企业自用
中外鸡种"京芯一号"	55 K	中国农业科学院北京畜牧兽医研究所	商业化
蛋鸡"凤芯壹号"	50 K	中国农业大学	商业化

②基因组选择的基本原理和方法。GS的原理是在遗传连锁的基因组区域内，某些标记与实际影响性状的位点之间存在统计上的关联，也就是处于连锁不平衡状态（LD）。因此，通过对这些SNP标记进行基因组评估，可以间接地反映出QTL的效应。在GS中，将个体的表现型数据与其基因组序列信息相整合，累积各个标记的遗传效应，从而计算出每个个体的基因组预测育种值。简而言之，就是利用统计方法将表型与基因型数据结合起来，累加各个遗传标记的贡献，以估算个体的遗传潜力。

GS和传统MAS的一般过程及异同点如图2-11所示。这两种方法的主要框架相似，都包括训练和育种两个阶段。在训练阶段，通过研究群体的一个子集，即GS中的训练群体和传统MAS中的作图群体，来分析表型和全基因组（GW）基因型。在群体内部，通过统计方法预测表型和基因型之间的显著关系。在育种阶段，在获得基因数据之前，需在育种群体中进行选择有利个体。这两种方法存在三个显著区别：一是在训练阶段，传统的MAS识别数量性状基因座（QTL），而GS模型生成基因组估计育种值（GEBV）预测公式；二是在育种阶段，传统MAS只需要目标区域的基因数据，而GS认为全基因组的基因数据是必需的；三是在育种阶段，MAS根据标记的基因型选择有利个体，而GEBV用于GS的选择。因此，GS通过汇总GEBV的标记效应来联合分析每个个体的所有遗传方差，相较而言，GS将有效解决传统MAS无法捕获的微效应基因的问题。

另外，统计模型也会较大程度上影响基因组选择的准确性和计算效率。根据统计模型的差异，GS分为直接法和间接法两大类。直接法包括PBLUP、GBLUP、SSGBLUP等方法，这些方法以个体为随机效应，利用亲缘关系矩阵构建方差协方差矩阵，通过迭代估计方差组分，最终求解混合线性模型来获得个体的预测育种值。间接法则包括RRBLUP、Bayes A、Bayes B、Bayes C、Bayes Cπ、Bayes LASSO等方法，这些方法先在训练群体中估计标记效应,然后将这些标记效应与预测群体的基因型信息结合,最终得出预测群体中每个个体的基因组育种值。

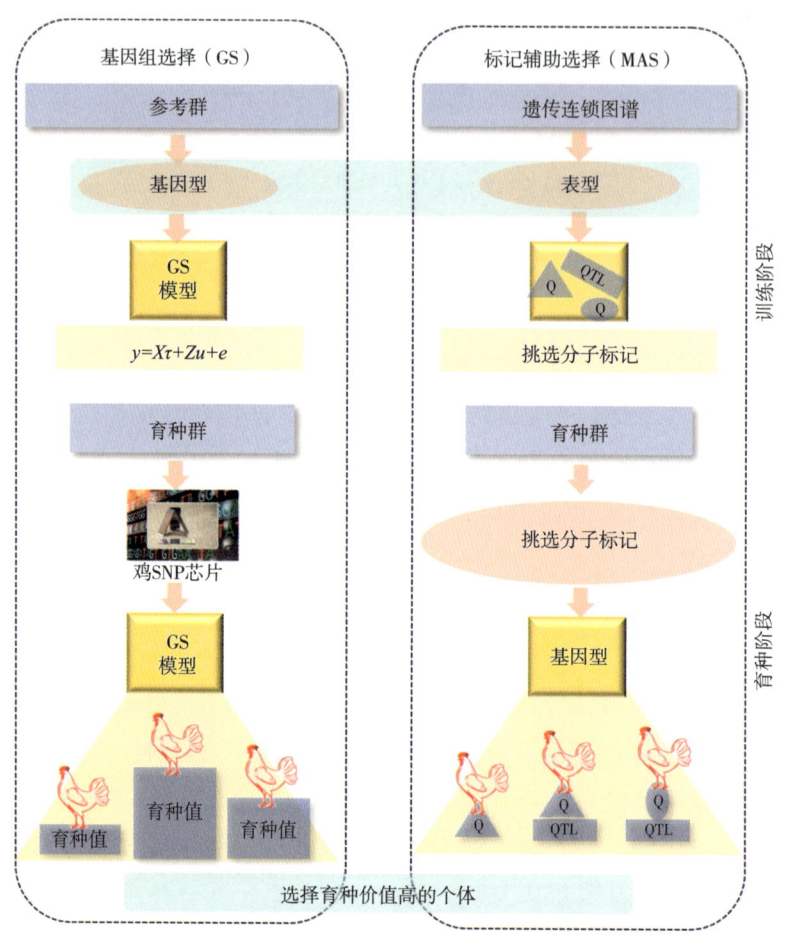

图2-11　GS与MAS技术路线图(Nakaya and Isobe,2012)

③一步法(SSGBLUP)育种方法简介。SSGBLUP(Single-step Genomic Best Linear Unbiased Prediction)因能整合由基因组信息构建的G矩阵和系谱构建的A矩阵并提高育种值预测的准确性在家禽育种中被广泛使用。生产中可以利用约束最大似然法(Restricted maximum likelihood,REML)的单性状与双性状动物模型对表型进行遗传参数估计。在进行参数估计前首先采用ASReml软件和Wald F 统计量检测场、年、季等效应对表型的影响,将对表型有极显著影响的因子以固定效应的形式加入分析模型。

使用单性状动物模型对各性状进行遗传参数估计时使用模型如下:

$$y = X\tau + Zu + e$$

式中,y($n\times1$)为所有观测值构成的向量;τ为所有固定效应构成的向量;X

($n \times p$)为固定效应的关联矩阵；u（$q \times 1$）是所有随机效应构成的向量；Z（$n \times p$）为随机效应的关联矩阵；e（$q \times 1$）为随机残差向量。随机效应的方差-协方差矩阵如下：

$$var\begin{bmatrix} a \\ e \end{bmatrix} = \begin{bmatrix} H\sigma_a^2 & 0 \\ 0 & I\sigma_e^2 \end{bmatrix}$$

式中，I代表单位矩阵；H代表G矩阵和A矩阵的整合矩阵；σ_a^2代表加性遗传方差；σ_e^2代表剩余环境方差，遗传力计算公式如下：

$$h^2 = \sigma_a^2 / (\sigma_a^2 + \sigma_e^2)$$

H矩阵通过如下方法构建：

$$H = \begin{bmatrix} A_{11} + A_{12}A_{22}^{-1}(G - A_{22})A_{22}^{-1}A_{21} & A_{12}A_{22}^{-1}G \\ GA_{22}^{-1}A_{21} & G \end{bmatrix}$$

亲缘关系矩阵构建时包含基因型和系谱两种类型的数据，因此，下标1代表只有系谱信息的个体，下标2代表同时具有基因型信息和系谱信息的个体，考虑G矩阵和A矩阵的尺度问题，系谱信息中最好包含所有基因型个体信息，同时参照报道的方法，将G矩阵维度校正到A矩阵水平，方法如下：

$$G' = \alpha + \beta G$$

式中，G为基因组信息构建的原始矩阵；G'为校正矩阵，根据以下方法求解α和β：

$$Avg(Diag(G)) \times \beta + \alpha = Avg(Diag(A_{22}))$$

$$Avg(Offdiag(G)) \times \beta + \alpha = Avg(Offdiag(A_{22}))$$

使用校正后的矩阵构建H矩阵逆矩阵：

$$H^{-1} = A^{-1} + \begin{bmatrix} 0 & 0 \\ 0 & G_\omega^{-1} - A_{22}^{-1} \end{bmatrix}$$

对A矩阵、G矩阵分配合适比例，构建加权矩阵：

$$G_\omega = (1-\omega)G' + \omega A_{22}$$

式中，ω代表所占权重，可使用默认参数0.05，进行后续分析。

此外，计算遗传相关所使用到的双性状动物模型如下：

$$\begin{bmatrix} y_1 \\ y_2 \end{bmatrix} = \begin{bmatrix} X_1 & 0 \\ 0 & X_2 \end{bmatrix} \begin{bmatrix} \tau_1 \\ \tau_2 \end{bmatrix} + \begin{bmatrix} Z_1 & 0 \\ 0 & Z_2 \end{bmatrix} \begin{bmatrix} u_1 \\ u_2 \end{bmatrix} + \begin{bmatrix} e_1 \\ e_2 \end{bmatrix}$$

④基因组选择在动物育种中的优势。如今基因组选择在育种生产中得到广泛的运用。其具体的优势主要体现在以下几个方面。

通过参考群的建立，可以在动物出生后，采集血液提取DNA进行基因分型，进而早期进行育种值估计，进行选留，节约饲养成本。在一项关于鸡产蛋性状的研究中，使用基因组选择的方法，可以将鸡的世代间隔由原来的14.5个月缩短至8个月，在提升了选育效果的同时，节约了60%的饲养成本。

基因组选择的准确性要显著高于普通的BLUP方法，并且结合了系谱和基因组信息的SSGBLUP具有更高的准确性和实际运用价值；在一项以28周体重、蛋重、产蛋量和哈氏单位四个性状的研究中发现，SSGBLUP比基于系谱的PBLUP准确性提高了16%，提升效果显著。

基因组选择对不易实际度量和遗传力较低的性状具有更高的应用价值，能够显著提高此类育种值的估计准确性。基因组选择利用全基因组信息，通过有效地捕获多基因效应和环境交互作用，为育种计划提供了更精准的预测和选择工具。这种方法对于那些单一基因效应较弱或受环境影响较大的性状尤其有益，可以最大程度地提高育种价值的预测精度。

基因组选择为模型中显性效应以及上位效应等非加性效应的估计提供了更好的机会。通过考虑基因型和表型数据，基因组选择不仅能够准确地捕获单基因效应，还可以有效地分析复杂的多基因效应，包括显性效应和上位效应等非加性效应。因此，基因组选择在育种价值的预测和选择方面提供了更加全面和精确的工具，特别是对于那些受多基因影响或表现出非加性遗传效应的性状而言，其应用潜力更为巨大。

⑤基因组选择在白羽肉鸡育种中的应用。鸡在家养动物中最先完成了基因组遗传图谱的绘制，然而在基因组选择领域的发展相对滞后。这主要源于鸡作为群体较大但个体价值较小的经济动物，使得研发适用于鸡的SNP芯片的进程相对缓慢。相比之下，牛、猪等大型动物更广泛地应用了基因组选择技术。然而，安伟捷公司作为国际上首个将基因组选择技术应用于鸡遗传育种的公司，开启了这一领域的先河。随后，科宝公司和海兰公司也相继将基因组选择引入鸡的遗传选育中。在国内，中国农业科学院北京畜牧兽医研究所利用我国首款自主研发的肉鸡55K SNP芯片，将基因组选择技术成功应用于白羽肉鸡选育工作中，成功培育出国内首批白羽肉鸡新品种"广明2号"。这一突破标志着国内基因组选择技术在肉鸡遗传育种领域的重要进展，引领了国内肉鸡遗传育种工作的发展。

在家禽育种领域的研究中，研究人员对白羽肉鸡群体进行了三个世代的基因组选择试验。结果表明，经过基因组选择后，48周的产蛋数从平均102.5枚增加至110.0枚，相比之前提高了7.5枚产蛋数，选育效果显著（Ding et al.，2022）。利用模拟数据对基因组选择的效果进行了遗传评估，发现基因组选择的准确性以及所获得的进展都要远高于常规选育的方法（Wolc et al.，2015）。研究发现，在蛋鸡中进行基因组选择，可以将世代间隔由14.5个月缩短至8个月，选育效果显著，同时经济效益提高60%。目前国内基因组选择技术主要应用于白羽肉鸡的产蛋量、采食量、饲料转化率等性状。李森等在金陵黄鸡中运用基因组选择方法进行持续选育，发现SSGBLUP在饲料转化率、体重、增重等性状的选育方面比普通的PBLUP更准确，两个世代的选育使体重增长了7.85%以上，腹脂率更是降低了超过30%（Sitzenstock et al.，2013）。统计显示，"广明2号"白羽肉鸡实施基因组选择6个世代以来，父系纯系公鸡FCR年平均进展0.052/年，商品鸡年平均进展0.03/年，在使用基因组选择后，FCR进展速度提高33%，提升效果显著（安炳星等，2023）。

⑥基因组选择技术的优化。基因组选择（GS）技术是目前畜禽育种中广泛应用的育种方法。相比其他选择方法，其优势在于构建了更为准确的亲缘关系矩阵，同时能够实现早期选择，在保留选育进展的同时，最大程度地降低了养殖费用，节约成本。其主要原理是利用覆盖全基因组范围的遗传变异（SNP、SV），通过构建亲缘关系矩阵和关联分析等方法，对个体基因型与表型之间的关联性进行评估。同时结合现代生物信息学技术和统计学模型，对大规模基因组数据进行分析，以确定与所需性状相关的基因型和遗传标记。

目前，G矩阵计算方法应用最为广泛，但在实际应用过程中，仅有小部分SNP位点对目标性状具有较大效应，多数性状受到微效多基因、多位点的调控（Vanraden，2008）。因此，建立整合少数显著SNP构建权重G矩阵进行GEBV估计的新方法，即GA-BLUP，对预测准确性具有显著的改善作用（Zhang et al.，2021）。

通过GWAS分析研究白羽肉鸡各个性状的遗传标记，利用加权SNP标记矩阵结合SSGBLUP的技术，可以为白羽肉鸡选育提供一种更加高效的方法。利用与RFI相关的9个SNPs构建的遗传结构（GA）矩阵，与原始的GBLUP模型相比，RFI的预测精度提高了2%，相关研究发现，当基因组中存在严重影响性状的QTL区域时，采用GA-BLUP的方法更加有效（He et al.，2022）。这是因为GA-BLUP的优势在于不仅可以准确地识别与性状相关的遗传标记，还可以通过构建亲缘关系矩阵等手段辅助进行育种值的估计和个体排序。通过这种方式，能够更快速、更精确地选择出具有优良遗传特征的个体，从而提高白羽肉鸡的生产效率和遗传水平。现阶段对于基因组选择技术的优化，还包括对跨品种参考群的构建以及对杂交种群基因组选择效果的评估，另外，整合局部遗传相关的多性状基因组预测也是一种新的方法。这些方法将为基因组育种工作提供重要的参考，推动养殖业的可持续发展。

⑦加权G矩阵构建。利用ASReml软件，分别基于全基因组SNPs（去除关键SNPs）和基于关键SNPs的G矩阵，即G_0与G_{SNP}。按如下公式将G_{SNP}校正到G_0水平：

$$G_{SNP}^* = a + b \times G_{SNP}$$

式中，G_{SNP}^*为校正后G_{SNP}矩阵；G_{SNP}为关键SNPs构建的矩阵。分别进行遗传力估计。a、b计算公式为：

$$Avg(diag(Gsnp)) \times b + a = Avg(diag(G_1))$$

$$Avg(offdiag(Gsnp)) \times b + a = Avg(offdiag(G_1))$$

设置G_1和G_{snp}^*的相对权重公式为：

$$G_2 = (1-c) \times G_1 + c \times G_{SNP}^*$$

式中，G_2代表权重G矩阵，G_1和G_{snp}^*见上公式。权重系数c按如下公式计算：

$$c = h_1^2 / (h_1^2 + h_{SNP}^2)$$

式中，h_1^2与h_{SNP}^2分别为基于全基因组SNP（去除关键SNPs）和使用关键SNPs估计的性状遗传力。遗传力由ASReml v4.1软件估计。

使用ASReml v4.1软件中的约束最大似然法的单性状动物模型对表型育种值进行估计，模型如下：

$$y = Xb + Za + e$$

式中，y表示表型数据的向量；b表示包括批次和性别在内的固定效应向量；a表示随机加性遗传效应向量；e表示随机残差效应向量。X和Z是与固定效应和随机加性遗传效应的相关矩阵。

随机向量（协）方差矩阵如下：

$$Var\begin{bmatrix}a\\e\end{bmatrix} = \begin{bmatrix}G_2\sigma_a^2 & 0\\0 & I\sigma_e^2\end{bmatrix}$$

式中，σ_a^2和σ_e^2分别代表加性遗传方差和剩余环境方差；G_2为赋予关键SNPs特定权重的整合矩阵；I代表单位矩阵。

⑧基因组选择技术展望。在家禽育种领域，随着高通量测序技术的快速发展和规

模化应用，生物学研究正进入"大数据"时代。随之而来的是GS数据量和复杂性的增加，这导致了新的跨学科研究领域的兴起，这些领域整合了计算机科学、人工智能、数学、物理、统计学、遗传学和生物信息学等多个学科，旨在通过联合数据分析、统计模型和机器学习等方法获得更准确的预测值。

机器学习算法在畜禽"大数据"基因组选择技术中的应用前景非常广阔。因为传统的评估模型如BLUP和Bayes等模型在处理大量基因型标记和复杂基因组信息关系时遇到了限制。机器学习算法由于不依赖于预定的方程模型，能够更好地处理非线性关系，因此在基因组选择中逐渐被采用。目前，基于神经网络方法的机器学习等新技术在基因组选择中被广泛应用，对于提升复杂性状基因组育种值的预测性能具有重要意义。

同时，除基因组选择技术之外，基于基因组信息的基因组选配（Genomic Mating, GM）技术，其可通过选择最佳的交配组合，从而在下一代中产生最优的基因型组合，不仅能够实现可持续的遗传进步，还能有效控制种群中近交的积累率，维护群体遗传多样性（Zhao et al., 2023），因此在未来的畜禽遗传改良工作中，通过科学合理的基因组选择和选配策略，可支撑白羽肉鸡持续改良。

2.5.3 生物技术在育种中的应用前景

生物技术是以现代生命科学理论为基础，利用生物体及其细胞的、亚细胞的和分子的组成部分，结合工程学、信息学等手段开展研究及制造产品，或改造动物、植物、微生物等，并使其具有所希望的品质、特性，从而为社会提供商品和服务的综合性技术体系。生物技术不仅是一门与生命科学相关的技术，还包含工艺、设备等工程学内容，故也称其为"生物工程"，主要包括基因工程、细胞工程、蛋白质工程、酶工程以及胚胎工程。随着科学技术和人类社会的进步，生物技术也得到了飞速发展，现代生物技术已应用在医学、食品工程、环境保护等各个学科中。

动物育种是农业生产的基础，传统动物育种方法主要依赖于表型选择和杂交育种，但受限于遗传变异和环境因素，育种周期长且效率低下，相对于传统育种方法，分子育种是一种将现代生物技术运用到育种中的育种方法。随着生物技术的快速发展，基因工程中的基因编辑、转基因等技术已被应用于动物育种领域，并已成为现代育种的重要手段，得到广泛应用。

2.5.3.1 生物技术在育种中的应用

（1）基因编辑技术。基因编辑技术是近年来发展最迅速的生物技术之一，通过精确修改生物体的基因组来实现对特定性状的改良。锌指核酸酶（Zinc Finger Nucleases, ZFN）、类转录激活因子核酸酶（Transcription Activator-like Effector Nucleases, TALEN）和CRISPR-Cas系统被视为基因编辑的"三驾马车"，通过基因编辑技术对动、植物基因组进行高精度和高效率的编辑工作，对其抗病、育种等方面进行改良。

ZFN技术可以有效地诱导动物基因组的突变，改善畜禽的生产性能和抗病能力。但由于原代细胞培养、胚胎注射等技术限制，导致ZFN技术在基因组工程中的应用受到了阻碍。相比之下，TALEN技术的生产效率更高。TALEN技术曾被用于靶向敲除鸡原始生殖细胞（Primordial Germ Cells，PGC）中的*DDX4*基因，进而导致成年雌性不育，为后期研究人员制备基因编辑鸡的研究提供了依据。卵黏蛋白（Ovomucoid，OVM）是鸡蛋中的主要过敏原，具有耐热和耐消化酶的特性，因此很难对其灭活，科研人员通过TALEN技术成功敲除了鸡卵细胞中*OVM*基因，并检测了*OVM*基因敲除鸡体内蛋白突变情况、载体序列插入和脱靶效应（Ezaki et al.，2023），结果表明，*OVM*基因敲除鸡所产鸡蛋正常，全基因组测序结果显示，*OVM*基因敲除鸡体内潜在的TALEN诱导的脱靶效应位于基因间区和内含子区，且用于基因组编辑的质粒并没有整合到被编辑鸡的基因组中，只是暂时存在。该结果表明了TALEN技术用于基因编辑鸡的可行性，并在一定程度上解决了食品中因鸡蛋卵黏蛋白导致的过敏问题。

CRISPR/Cas系统是细菌针对噬菌体的天然防御机制，其中CRISPR/Cas9系统的应用最为广泛。在过去10年中，CRISPR/Cas9系统已成为ZFN和TALEN技术的有效替代品，大量应用在畜禽抗病性、生产性能改进等方面。早期对鸡PGC的研究是通过将PGC进行体外基因编辑，再将被编辑的PGC注射到代孕母鸡胚胎中，并产生存在基因编辑的后代，但代孕母鸡体内除了被注射进去的PGC，其本身也存在PGC，这便降低了基因编辑的效率。为解决这一问题，Ballantyne等（2021）通过CRISPR/Cas9技术对鸡PGC形成和初始定位有关基因（Deleted in Azoospermia Like，*DAZL*）进行编辑，制造了一种诱导性PGC消除鸡，使代孕母鸡产生只携带外源生殖细胞的鸡，极大提高了基因编辑的效率。

鸡养殖过程中极易感染传染病，对生产造成极大危害，禽白血病就是其中之一，ALV（禽白血病病毒）是一种逆转录病毒，目前已经发现了ALV的特异性宿主，而通过CRISPR/Cas9技术可提高鸡疾病防御能力。2017年，Lee等通过CRISPR/Cas9技术对DF-1细胞肿瘤病毒位点B（Tumor virus locus B，*TVB*）基因进行编辑（TVB受体为ALV-B亚群病毒的靶点），最终形成了具有ALV-B亚群病毒抗性的DF-1细胞，并发现TVB受体中富半胱氨酸结构域（CRD）中的一个半胱氨酸残基（C80）在ALV-B亚群病毒感染细胞过程中起着关键作用。随后他们又通过CRISPR/Cas9技术对DF-1细胞中鸡钠氢交换蛋白1（Chicken Na^+/H^+ exchange type 1，*chNHE1*）基因进行编辑（ALV-J亚群病毒受体），使chNHE1蛋白第38位色氨酸残基（Trp38）突变，并通过增强型绿色荧光蛋白（Enhanced green fluorescent protein，EGFP）标记的病毒感染细胞，结果表明对*chNHE1*基因进行编辑会降低细胞对ALV-J亚群病毒的感染。一年后，该团队又通过CRISPR/Cas9技术对DF-1细胞*TVA*基因第二外显子进行编辑，最终获得了ALV-A亚群病毒抗性的细胞。随后，他们构建了*TVB*、*chNHE1*和*TVA*全部敲除的DF-1细胞系，该细胞系可同时抵御ALV-A、ALV-B和ALV-J亚群的感染，并证实了ALV-A、ALV-B和ALV-J亚群病毒没有共同受体（Lee et al., 2017a）。

除此之外，利用CRISPR/Cas9技术分别成功敲除DF-1细胞中的A、C和J亚群ALV受体位点（Koslová et al., 2020）；在鸡原始生殖细胞中敲除了*chNHE1*第38号色氨酸残基（W38），使该鸡可以完全抵御ALV-J的感染。还有研究人员通过CRISPR/Cas9技术编辑了鸡体内禽流感病毒（Influenza Avian Virus，IAV）的宿主蛋白鸡酸性核磷蛋白32家族成员A（Chicken Acidic Nuclear Phosphoprotein 32 Family Member A，*ANP32A*）基因，发现鸡感染IAV的概率大幅降低，此后，该团队进一步敲除*ANP32B*和*ANP32E*基因，发现可以完全阻止IAV病毒在鸡细胞中的复制，此项研究进一步为通过基因编辑技术提高鸡免疫力研究提供了依据。

在肉鸡生产过程中，改善肌肉生长性状具有重要经济意义，研究人员利用CRISPR/Cas9技术敲除了鸡的肌生长抑制素（Myostatin，*MSTN*）基因，得到了胸部和腿部骨骼肌明显增大的鸡个体，且*MSTN*基因敲除鸡的腹部脂肪沉积明显低于野生型鸡；除了肉品质性状外，肉鸡腹脂性状也十分重要，肉鸡腹脂沉积过多会直接导致饲料利用率降低和经济效益损失；还会引发脂肪肝，进而增加相关代谢性疾病的发生率和死亡率；降低屠宰率，加重肉鸡产品加工工作量，造成资源浪费；增加废物及废水中的脂肪含量，从而污染环境；严重影响产蛋率、受精率和孵化率，从而加大产蛋期的死淘率等，为解决这一问题，有研究人员通过CRISPR/Cas9技术敲除了鸡体内G0/G1开关基因2（G0/G1 Switch Gene 2，*G0S2*），发现*G0S2*基因缺失会减少鸡腹部脂肪沉积并改变血液中脂肪酸组成，表明通过CRISPR/Cas9技术来提高肉鸡生产性能是十分有效的途径。

目前，基因编辑技术在鸡上已经进行了广泛的应用，但仍面临一些挑战和限制。首先，尽管基因编辑技术能够有效地改变鸡的基因，但其效率和精确度仍然有待提高；基因编辑技术可能会引发一些意想不到的副作用，例如脱靶效应，这可能导致基因编辑的结果与预期不符。其次，基因编辑技术在鸡上的应用还存在法律和伦理的问题，以及如何确保基因编辑技术的安全性和公平性。最后，在鸡上应用基因编辑技术还需要考虑技术成本因素。未来需进一步研究和改进基因编辑技术，以期达到更高效、更低成本和更安全的要求。

（2）转基因技术。转基因技术涉及将外来基因插入生物的基因组，目的是赋予生物新的特征或增强其现有的特性。通过细胞培养和胚胎移植等技术来提高动物繁殖力和繁殖性能，改善饲料利用率、生长速度及提高抗病性等；另一个重要目的是利用输卵管生物反应器进行药物蛋白研发。鸡的转基因技术起源于20世纪末，经过多年的研究与发展，如今已经在全球范围内得到应用。转基因家禽的培育涉及多种技术手段，常用的有显微注射法、胚胎干细胞法、精子载体介导法、PGC载体介导法、病毒载体介导法、Piggybac转座子载体介导法等。

利用CRISPR/Cas9技术将人干扰素β（hIFN-β）敲入鸡卵清蛋白基因（*OVA*）外显子2，将编辑后的PGC细胞移植到受体鸡胚，成功产生种系嵌合体公鸡G0代和G1代鸡，鉴定分析发现，G1代鸡雌性后代均能产生丰富的蛋白hIFN-β。中国农业大学制备了输卵管特异性启动子驱动表达的人中性粒细胞防御素4（HNP4）的慢病毒载体，成功生产出了蛋清中表达重组HNP4蛋白的转基因鸡，研究表明G1和G2代转基因鸡中均能够稳定表达外源基因*HNP4*（Oishi et al.，2018）。1997年扬州大学与江苏家禽科学研究所合作，采用显微注射法将人生长激素（*hGH*）微基因及山羊*BCL*基因启动子组成的基因构件与脂质体混合后注射到81枚发育鸡胚中，21 d后孵化出4只小鸡，这是我国首次制备出转基因鸡。2002年，复旦大学和上海新杨种畜场共同出资，成立了国内首家专注于转基因鸡产业的公司——上海复旦新杨生物科技有限责任公司。该公司成功开发了一种能在鸡蛋清中表达外源基因的载体，并建立了高效的转基因技术，其转化效率介于30%～70%。此外，该公司还发现超过两成的转基因鸡所产鸡蛋的蛋清中存在实验性的外源基因"人瘦素蛋白"，其中蛋清中该蛋白的最高表达量可达10～30 mg/L。此后，国内又成立了多家能够制备转基因鸡的企业，对我国转基因鸡的研究起到了重要的促进作用。

东北农业大学将*GFP*基因构建在慢病毒载体上并成功感染鸡原代输卵管上皮细胞，表明慢病毒载体可以用于进行鸡输卵管生物反应器的研究，通过显微注射法将被感染的鸡原代输卵管上皮细胞注射到鸡胚中，成功制备了*GFP*基因转基因鸡，另有研究在鸡原始生殖细胞的Z染色体上的特定位点上敲入*GFP*基因，再将*GFP*基因敲入的雌性鸡与野生雄性鸡交配，并使用*GFP*检测系统，可以在孵化之前鉴定出鸡的性别，对于提高经济效益、减少资源浪费以及提升科研效率都有重要意义。2011年，Hellen等利用慢病毒载体法首次成功制备了能够表达干扰和阻碍禽流感病毒聚合功能的转基因鸡。攻毒试验结果显示，虽然感染病毒的转基因鸡仍会发病死亡，但流感病毒在鸡群中的传播得到了有效抑制。Santhakumar等利用复制型腺病毒载体系统制备了稳定表达鸡IFN-κ的转基因鸡胚，研究发现IFN-κ可以显著地抑制禽类RNA病毒在蛋中的复制。Lee等制备了3D8单链可变段（scFv）的转基因鸡，传染性支气管炎病毒（IBV）的攻毒试验表明，3D8 scFv转基因鸡体内的病毒载量显著下降，且鸡对IBV的抗体效价也明显降低，说明3D8 scFv蛋白可能抑制IBV病毒的传播。

尽管转基因鸡的研究充满潜力，但转基因技术也面临着诸多问题和挑战。据调查，我国公众对转基因动、植物的接受度较低，近年来呈下滑趋势，除了公众接受度之外，转基因鸡还面临着生态安全问题。有研究表明，转基因动、植物可能会对生态系统产生未知的影响，包括对其他非目标物种的影响，以及对生态系统结构和功能的潜在改变。未来可通过加强公众教育和提高公众对转基因技术的了解，以提高公众接受度。同时，也需要加强对转基因鸡生态安全性的研究，以确保其在实际应用中的安全性。

2.5.3.2 生物技术在育种中的挑战与展望

生物技术在育种中的应用已经取得了显著成果，为农业生产带来了巨大的经济效益和社会效益，在育种领域拥有广阔的发展前景。随着生物技术的发展，人们能够更加深入地了解动物的遗传基础和性状形成机制，更加精准地利用生物技术进行育种工作，制定更为个性化的育种方案，以适应不同的环境和市场需求；此外，还能早期发现动物的疾病易感性，从而采取预防措施，减少经济损失；更好地理解和保护濒危物种，以及有效地保存和管理动物遗传资源。同时，随着合成生物学、纳米技术等新兴技术的不断涌现和交叉融合，未来将有更多的创新性技术应用于育种领域，为农业生产提供强大的科技支撑。

然而，在未来发展中，仍需要克服诸多挑战并不断探索新的技术路径。首先，生物技术的应用涉及伦理、法律和社会等多方面的问题，需要建立完善的法规和伦理规范体系；其次，不同物种和性状的遗传特性差异较大，如何实现生物技术与传统育种方法的有机结合是一个亟待解决的问题；最后，生物技术的研发成本高且周期长，降低技术成本并加速技术成果转化是使其广泛应用的关键因素。

本章主要编写人员：张　慧　白　雪　郭龙宗　刘爱巧
　　　　　　　　　　赵桂苹　刘冉冉　罗平涛　王　巧

主要参考文献

安炳星，李政达，张琪，等，2023. 白羽肉鸡育种技术进展. 中国畜禽种业，19（12）：7-18.

白露，王梦杰，马小春，等，2023. 鸡木质化胸肌组织学特征及分子调控通路改变研究. 畜牧兽医学报，54（5）：1915-1926.

陈佳，刘龙申，沈明霞，等，2021. 基于实例分割的白羽肉鸡体质量估测方法. 农业机械学报，52（4）：266-275.

陈坤杰，刘浩鲁，於海明，等，2017. 基于CT图像技术的三黄鸡胴体物理特征分析. 农业机械学报，48（7）：294-300.

达尔文，2014. 动物和植物在家养下的变异. 北京：北京大学出版社.

邓惠，袁靖，宋国定，等，2013. 中国古代家鸡的再探讨. 考古（6）：83-96.

郭义恭，2010. 广志. 北京：中华书局.

李辉，冷丽，2012. 中国白羽快大型肉鸡育种战略研究报告. 中国家禽，34（13）：5-8.

李辉，杜志强，王守志，等，2016. 白羽快大型肉鸡育种的过去、现在和将来. 中国家禽，38（19）：1-8.

李时珍，2023. 本草纲目. 北京：中华书局.

滕金言，王家迎，张静，等，2018. 基于自动饲喂系统的肉鸡采食行为与生产性能的相关性. 华南农业大学学报，39（4）：7-12.

王琳，孙传恒，李文勇，等，2017. 基于深度图像和BP神经网络的肉鸡体质量估测模型. 农业工程学报，33（13）：199-205.

晏志勋，栾汝朋，张冰，等，2023. 种鸡体重智能采集与人工称重的对比. 中国家禽，45（2）：121-124.

杨稷，沈明霞，刘龙申，等，2018. 基于音频技术的肉鸡采食量检测方法研究. 华南农业大学学报，39（5）：118-124.

杨屾，1962. 豳风广义：第3卷. 北京：中国农业出版社.

周铁茅，邱祥聘，谢后清，1984. 成都白鸡父系家系育种指数选择效应及其分析. 畜牧兽医学报，15（2）：99-102.

于忠伟，2009. 标记辅助选择及其在动物育种中的应用. 家禽科学（2）：44-47.

郑炬梅，刘大伟，唐鑫鑫，等，2023. 利用X光检测白羽肉鸡腿部健康表型分类及遗传力估计. 中国家禽，45（10）：1-5.

庄超，2021. 白羽肉鸡体重与养殖环境监测系统的设计与实现. 南京：南京农业大学.

AYDIN A，BERCKMANS D，2016. Using sound technology to automatically detect the short-term feeding behaviours of broiler chickens. Computers &Electronics in Agriculture，121：25-31.

BALLANTYNE M，WOODCOCK M，DODDAMANI D，et al.，2021. Direct allele introgression into pure chicken breeds using Sire Dam Surrogate（SDS）mating. Nat Communications，12（1）：659.

BAKER J E，NORRIS D M，1972. Effects of feeding-inhibitory quinones on the nervous system of Periplaneta. Experientia，28（1）：31-32.

BRUSATTE S L，O'CONNOR J K，JARVIS E D，2015. The origin and diversification of birds. Current Biology，25（19）：R888-898.

CHEN J T，HE P G，JIANG J S，et al.，2023. In vivo prediction of abdominal fat and breast muscle in broiler chicken using live body measurements based on machine learning. Poultry Science, 102（1）: 102239.

CORBIN F H, 1879. Plymouth rocks: their origin, characteristics, requirements, etc., with special reference to the improved strain. Press of the Case, Lockwood & Brainard Company.

DAI M, ZHU S, AN Z, et al., 2023. Dissection of key factors correlating with H5N1 avian influenza virus driven inflammatory lung injury of chicken identified by single-cell analysis. PLoS Pathog, 19（10）: e1011685.

DING J, YING F, LI Q, et al., 2022. A significant quantitative trait locus on chromosome Z and its impact on egg production traits in seven maternal lines of meat-type chicken. Journal of Animal Science Biotechnology, 13（1）: 96.

ERIKSSON J, LARSON G, GUNNARSSON U, et al., 2008. Identification of the yellow skin gene reveals a hybrid origin of the domestic chicken. PLoS Genetics, 4（2）: e1000010.

EZAKI R, SAKUMA T, KODAMA D, et al., 2023. Transcription activator-like effector nuclease-mediated deletion safely eliminates the major egg allergen ovomucoid in chickens. Food and Chemical Toxicology, 175: 113703.

FAN R, LIU K, ZHOU Z, 2021. Abnormal lipid profile in fast-growing broilers with spontaneous femoral head necrosis. Frontiers Physiology, 12: 685968.

FUMIHITO A, MIYAKE T, SUMI S, et al., 1994. One subspecies of the red junglefowl (*Gallus gallus gallus*) suffices as the matriarchic ancestor of all domestic breeds. Proceedings of the National Academy of Sciences, 91（26）: 12505-12509.

GUO Y, HUANG H, ZHANG Z, et al., 2022. Genome-wide association study identifies SNPs for growth performance and serum indicators in Valgus-varus deformity broilers (*Gallus gallus*) using ddGBS sequencing. BMC Genomics, 23（1）: 26.

HAVENSTEIN G B, FERKET P R, QURESHI M A, 2003. Growth, livability, and feed conversion of 1957 versus 2001 broilers when fed representative 1957 and 2001 broiler diets. Poultry Science, 82（10）: 1500-1508.

HE Z, LI S, LI W, et al., 2022. Comparison of genomic prediction methods for residual feed intake in broilers. Animal Genetics, 53（3）: 466-469.

HUTT F B, 1949. Genetics of the Fowl. New York: McGraw-Hill.

HARASH G, RICHARDSON KC, ALSHAMY Z, et al., 2020. Basic morphometry, microcomputed tomography and mechanical evaluation of the tibiotarsal bone of a dual-purpose and a broiler chicken line. PLoS One, 15（3）: e0230070.

HASHIGUCHI T, 1983. Blood protein variations of the native and the jungle fowls in Indonesia. Rep Soc Res Native Livestock, 10: 190-200.

HERTWIG P, RITTERSHAUS T, 1929. Die erbfaktoren der haushühner. Z. ver-erbungslehre, 51: 354-372.

International Chicken Genome Sequencing Consortium, 2004. Sequence and comparative analysis of the chicken genome provide unique perspectives on vertebrate evolution. Nature, 432 (7018): 695-716.

KAWASAKI T, IWASAKI T, YAMADA M, et al., 2018. Rapid growth rate results in remarkably hardened breast in broilers during the middle stage of rearing: A biochemical and histopathological study. PloS One, 13 (2): e0193307.

KAPELL D N, HILL W G, NEETESON A M, et al., 2012. Twenty-five years of selection for improved leg health in purebred broiler lines and underlying genetic parameters. Poultry Science, 91 (12): 3032-3043.

KONG F, ZHAO G, HE Z, et al., 2021. Serum creatine kinase as a biomarker to predict wooden breast in vivo for chicken breeding. Frontiers Physiology, 12: 711711.

KOSLOVÁ A, PAVEL T, JITKA M, et al., 2020. Precise CRISPR/Cas9 editing of the NHE1 gene renders chickens resistant to the J subgroup of avian leukosis virus. PNAS, 117 (4): 2108-2112.

KUTTAPPAN V A, HUFF G R, HUFF W E, et al., 2013. Comparison of hematologic and serologic profiles of broiler birds with normal and severe degrees of white striping in breast fillets. Poultry Science, 92 (2): 339-345.

LAWAL R A, MARTIN S H, VANMECHELEN K, et al., 2020. The wild species genome ancestry of domestic chickens. BMC Biology, 18 (1): 13.

LEE H J, LEE K Y, JUNG K M, et al., 2017a. Precise gene editing of chicken Na^+/H^+ exchange type 1 (chNHE1) confers resistance to avian leukosis virus subgroup J (ALV-J). Developmental and Comparative Immunology, 77: 340-349.

LEE H J, LEE K Y, PARK Y H, et al., 2017b. Acquisition of resistance to avian leukosis virus subgroup B through mutations on tvb cysteine-rich domains in DF-1 chicken fibroblasts. Veterinary Research, 48 (1): 48.

LI Z, ZHENG J, AN B, et al., 2023. Several models combined with ultrasound techniques to predict breast muscle weight in broilers. Poultry Science, 102 (10): 102911.

LIU R, XING S, WANG J, et al., 2019. A new chicken 55K SNP genotyping array. BMC Genomics, 20 (1): 410.

MCGIBBON W H, 1977. A sex-linked mutation affecting rate of feathering in chickens. Poultry Science, 56（3）: 872-875.

MEUWISSEN T H E, HAYES B J, GODDARD M E, 2001. Prediction of total genetic value using genome wide dense marker maps. Genetics, 157: 1819-1829.

NAKAYA A, ISOBE S N, 2012. Will genomic selection be a practical method for plant breeding. Annals of Botany, 110（6）: 1303-1316.

OISHI I, et al., 2018. Efficient production of human interferon beta in the white of eggs from ovalbumin gene-targeted hens. Scientific Reports, 8（1）: 10203.

PERRY-GAL L, ERLICH A, GILBOA A, et al., 2015. Earliest economic exploitation of chicken outside East Asia: Evidence from the Hellenistic Southern Levant. PNAS, 112（32）: 9849-9854.

POLLOCK D L, FECHHEIMER N S, 1978. The chromosomes of cockerels（*Gallus domesticus*）during meiosis. Cytogenetics and Cell Genetics, 21（5）: 267-281.

PULCINI D, MEO ZILIO D, CENCI F, et al., 2021. Differences in tibia shape in organically reared chicken lines measured by means of geometric morphometrics. Animals（Basel）, 11（1）: 101.

SILVA S R, PINHEIRO V M, GUEDES C M, et al., 2006. Prediction of carcase and breast weights and yields in broiler chickens using breast volume determined in vivo by real-time ultrasonic measurement. British Poultry Science, 47（6）: 694-699.

SITZENSTOCK F, YTOURNEL F, SHARIFI A R, et al., 2013. Efficiency of genomic selection in an established commercial layer breeding program. Genet Sel Evol, 45（1）: 29.

SMITH K, 2015. The history of shaver breeding farms. Hendrix Genetics.

SOMES R G JR, 1969. Delayed feathering, a third allele at the K locus of the domestic fowl. Journal of Heredity, 5: 281-286.

SUN S, WEI L, CHEN Z, et al., 2024. Nondestructive estimation method of live chicken leg weight based on deep learning. Poultry Science, 103（4）: 103477.

THIAM M, WANG Q, BARRETO SANCHEZ A L, et al., 2022. Heterophil/lymphocyte ratio level modulates salmonella resistance, cecal microbiota composition and functional capacity in infected chicken. Frontiers Immunology, 13: 816689.

TIXIER-BOICHARD M, BED'HOM B, ROGNON X, 2011. Chicken domestication: from archeology to genomics. Comptes Rendus Biologies, 334（3）: 197-204.

WANG M S, THAKUR M, PENG M S, et al., 2020. 863 genomes reveal the origin and domestication of chicken. Cell Research, 30（9）: 824-825.

WANG J, ZHANG J, WANG Q, ZHANG Q, et al., 2023. A heterophil/lymphocyte-selected population reveals the phosphatase PTPRJ is associated with immune defense in chickens. Communications Biology, 6（1）: 196.

WARREN D C, 1933. Retardded feathering in the fowl: A new factor affecting manner of feathering. Journal of Heredity, 24（11）: 431-434.

WILSON PW, DUNN I C, MCCORMACK H A, 2023. Development of an *in vivo* radiographic method with potential for use in improving bone quality and the welfare of laying hens through genetic selection. British Poultry Science, 64（1）: 1-10.

WOLC A, ZHAO H H, ARANGO J, et al., 2015. Response and inbreeding from a genomic selection experiment in layer chickens. Genetics Selection Evolution, 47（1）: 59.

VANRADEN P M, 2008. Efficient methods to compute genomic predictions. Journal Dairy Science, 91: 4414-4423.

ZHANG J, LIU F, REIF J C, et al., 2021. On the use of GBLUP and its extension for GWAS with additive and epistatic effects. G3: Genes, Genomes, Genetics, 11（7）: 1-12.

ZHANG J, WANG Q, LI Q, et al., 2023. Comparative functional analysis of macrophage phagocytosis in dagu chickens and wenchang chickens. Frontiers Immunology, 14: 1064461.

ZHANG L, LI P, LIU R, et al., 2015. The identification of loci for immune traits in chickens using a genome-wide association study. PLoS One, 10（3）: e0117269.

ZHANG Z, TANG H, MA Y, et al., 2021. Identification of key miRNAs affecting broilers with valgus-varus deformity by RNA sequencing and analysis of miRNA-mRNA interactions. Molecular Omics, 17（5）: 752-759.

ZHAO F, ZHANG P, WANG X, et al., 2023. Genetic gain and inbreeding from simulation of different genomic mating schemes for pig improvement. Journal of Animal Science Biotechnology, 14: 87.

3 白羽肉鸡动态营养需要量

3.1 动态营养需要量

3.1.1 动态营养与营养精准供给

饲料成本占养殖成本的60%~70%，养殖业的迅猛发展使得我国"人畜争粮"矛盾日益突出。因此，开发和利用非常规饲料资源的同时提高畜禽饲料利用率，采用"开源"和"节流"并举策略，是降本增效和实现产业可持续发展的重要保障。肉鸡的营养需要随品种、日龄、个体差异、饲养管理水平等不同而差异较大，当前肉鸡实行群体饲养，并根据饲养标准配制饲料进行饲喂。一方面，国内外现行的肉鸡饲养标准中，营养需要量通常都是基于群体肉鸡在特定生理阶段的平均需要量来确定的，尚未完全考虑品种、性别、饲养模式、养殖环境、生长阶段、日粮类型、母体效应等影响因素。而肉鸡的生长发育是连续的、动态的、变化的，无法精确满足肉鸡特定发育阶段及生理状态下的营养需求，导致饲料资源浪费。另一方面，肉鸡饲养一般分为3~5个阶段，因为肉鸡生长迅速，其营养需求每天都在变化。这种阶段养殖过程中可能会出现肉鸡营养摄入过多或者摄入不足的情况。例如，图3-1中显示了4阶段生产周期内可消化赖氨酸和表观代谢能的预测营养需求和饲粮营养供应关系。国内外现行的肉鸡饲养标准中，很可能会出现生长抑制（在营养供给不足的情况下）或营养素利用效率低（在营养供给过剩的情况下），会造成饲料浪费，带来代价高昂的经济损失。日粮中营养素摄入量高于需要量时，多余的能量会以脂肪的形式储存，氨基酸可能会发生脱氨基反应。这种氨基酸脱氨反应是一个昂贵的耗能过程，会形成氨，最后大部分以尿酸的形式排出。此外，过量的氨基酸进入鸡后肠被微生物合成微生物蛋白质、氨和胺，但这些微生物蛋白质和氨位于后肠内，鸡基本上无法吸收利用，它们会被排出体外，从而造成环境污染。营养利用率的降低也可促进胃肠道中病原菌的生长、促进产气荚膜梭菌生长、导致坏死性肠炎发生（Hustá et al.，2021）。因此，如何实现精准营养是当前面临的挑战之一。

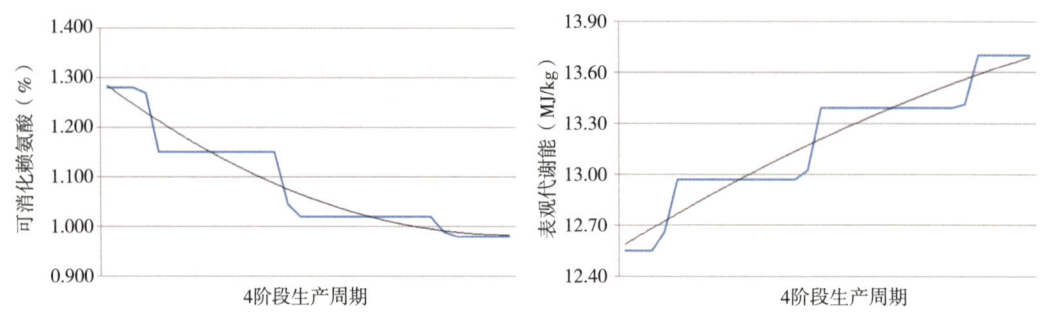

图3-1　4阶段饲养模式下，饲料可消化赖氨酸和表观代谢能供给量（蓝线）与肉鸡营养需要量（黑线）之间的关系（Moss et al.，2021）

精准营养的概念源于精准医学的理念，强调根据个体的遗传信息、生理特征、生活方式和环境因素等个体特征定制营养建议和饮食计划，目的在于进行安全、高效的个性化营养干预，以维持机体健康、达到个性化的最佳营养状态。肉鸡精准营养或精准饲喂技术是根据肉鸡的个体营养需求差异、结合生产目标（即最大生长速度），并考虑环境和动物福利问题，在适当的时间为鸡只或者鸡群提供满足肉鸡需求的特定组成、精确营养量的饲料，实现为动物量身定制的营养平衡饲料饲喂技术，最大程度提高饲料转化效率，满足动物福利状态下的饲料养分最大程度利用和最小的环境排放。精准营养旨在根据生产现场传感器的实时反馈，使营养供应与个体或群体动物的营养需求精确匹配。在饲喂单只或群体动物群时，该技术考虑到随着时间推移发生的营养需求变化以及动物之间存在的营养需求差异。行业所指的精准营养通常至少涉及两个核心要素：首先，是对饲料营养价值的精确评估；其次，是对动物营养需求的精细化管理（也就是动态营养需求的精准调控）；最后，在生产实际中还需要配合精细的饲料加工工艺和精准饲喂技术才能实现真正的精准营养。理论上，营养学家的主要目标是使营养供应与营养需求相匹配。实际操作中，需要建立一种创新的生产系统方法，通过前端传感器的实时反馈获得鸡群基础数据（包括肉鸡品种、日龄/体重、采食量、生理状态、饲养环境、养殖市场行情等），借助研究建立的动态营养需要数学模型或算法，利用人工智能、大数据等平台实时细分个体（笼位）营养需要和采食量，动态调整供给饲料的营养水平和饲喂量，实现精准的饲粮配方与单只或群体动物的实时营养需求完美匹配。实现营养供应与个体动物营养需求相匹配的目标，对于家禽业甚至家禽研究而言还处于初始阶段。为了推动和实现畜禽精准营养，我国在"十四五"国家重点研发计划中特别设置了两个项目"猪禽动态营养需求与营养精准供给技术研究"和"猪禽饲料营养价值精准评定"，开展相关基础数据和方法的研究。同时，新的智能技术已经开始允许对这种方法进行细致研究；随着技术成本的降低，这些智能技术将允许在白羽肉鸡业范围内实施精准饲喂。

精准饲喂可提高饲料的有效利用率、优化生产力、降低饲料成本、实现最大效益，获得更大的经济回报，还能减少对环境的排放以及提高资源利用效率，将成为加强可持续性的经济、环境和社会责任的重要支柱。

3.1.2 白羽肉鸡动态营养需要量影响因素

白羽肉鸡作为一种全球广泛养殖的快大型肉鸡品种，其生产性能与经济效益在很大程度上取决于营养供给的精准度。影响白羽肉鸡营养需要量的因素较多，包括遗传、性别、生长阶段、健康状态和养殖生产目标等，不同品种、生长阶段和饲养环境等都会影响白羽肉鸡的营养需要量。因而在实际生产中，需要充分考虑这些影响因素，以便制定适合的营养需要量，开发更为精准高效的饲养策略，促进肉鸡养殖业的可持续发展。

（1）遗传因素。我国于20世纪80年代初期开始引入白羽肉鸡，现今我国进口的白羽肉鸡种源父系主要来源于白科尼什品种，母系则主要是白洛克。这些鸡种以其生长速度快、饲料转化率高而闻名，代表品种有爱拔益加、科宝、罗斯等。2021年国家畜禽遗传资源委员会审定并通过了三个自主培育的快大型白羽肉鸡新品种"圣泽901""广明2号"和"沃德188"。

遗传背景决定了肉鸡的生长速度、料重比和胸肉率等生产性能，生产性能的提高意味着在相同条件下，需要更多的营养物质来支撑其快速的生长和繁殖性能。不同遗传背景的肉鸡在采食量上存在差异，遗传选育会改变鸡能量平衡的调节能力，最终改变鸡的采食量和生产性能。不同遗传背景也会导致肉鸡在消化系统，如消化道长度、肌胃与腺胃重等方面存在的差异性，直接影响肉鸡的饲料效率和养分利用效率水平，进一步说明了遗传因素对肉鸡营养需求的影响。肉鸡不同品种或品系之间在饲料效率上也存在显著差异，且饲料效率具有中等的遗传力，与生长速率有中等相关性，这意味着通过遗传选择可以有效改善白羽肉鸡饲料效率。不同遗传背景的鸡在肌肉组成、脂肪酸含量以及其他营养成分上存在显著差异，可能与它们的饲料效率和养分利用效率有关，从而影响了最终产品的质量。

（2）性别差异。对于白羽肉鸡而言，性别差异对其营养需求具有显著影响。不同性别的肉鸡在生长速度、产肉性能、骨骼矿化和器官发育等方面存在差异。公雏鸡由于性激素的作用，蛋白质沉积能力高于母雏鸡，且对精氨酸、色氨酸、苏氨酸和赖氨酸的需求量也高于母雏鸡。例如，当日粮中赖氨酸含量不足时，公雏和母雏的体重增长差异不大。然而，当日粮中赖氨酸含量达到需要量时，公雏的生长速度会超过母雏。由此可见，公雏对赖氨酸的需要量高于母雏。性别对肉鸡营养物质的代谢和利用效率也有影响。有研究发现，在低蛋白质日粮条件下，肉公雏鸡能够通过提高饲料转化率来适应低粗蛋白质水平对生产性能的负面影响，而母雏鸡的这种生理表现并不明显。不同性别肉

鸡对不同原料的代谢率也存在差别。

肉鸡性别差异与其营养需求密切相关,这些差异要求生产者在实际生产过程中采取针对性的营养管理策略,以满足不同性别肉鸡的特定需求。通过调整饲料成分和营养水平,可以有效且高效地提高肉鸡的生产性能和产品质量。

(3)生长阶段。白羽肉鸡生长速度快,一般在39~42 d体重就可以达到3.0 kg,现有的营养需要量标准分3~5个阶段饲喂。无论是分成几阶段,其核心要点就是要满足鸡的营养需要。生长阶段是影响白羽肉鸡营养需要量的一个重要因素。在不同生长阶段,根据鸡对营养素需求的变化调整饲料配方,可以有效提升饲养效果和经济收益。

早期生产阶段,鸡只一般生长极为迅速,新陈代谢旺盛,但消化系统、心血管系统发育不完善,体温调节机能也较差,故应重视饲养管理,逐步调控营养水平,并强化雏鸡免疫系统,保证心血管和羽毛骨骼发育完全,如提供高蛋白和氨基酸丰富的饲料以支持快速增长的肌肉和组织发育。养殖后期,特别是接近出栏日龄,生长速度放缓,饲料转化效率降低,不同能量水平对于体重和日增重的影响差异会变小。总体来说,不同生长阶段,白羽肉鸡的营养需要量会不断变化,需要养殖者针对不同饲养阶段制定适宜的饲料配方和管理策略,以提高养殖成功率和肉鸡产品质量。

(4)生产目标。在实际养殖生产过程中,不同生产目标导向下的营养管理策略也有所不同。主要生产目标一般包括快速生长、提高饲料转化率、优化胴体组成(如胸肉比例)、保证肉质及增强抗病能力等。针对不同的生产目标,精准调整营养配方是提高白羽肉鸡生产性能和经济效益的重要手段。

为了实现快速生长并提高饲料转化效率,需要高能量、高蛋白的饲料,特别是富含必需氨基酸且氨基酸组成平衡的蛋白质来源,以及平衡的矿物质和维生素。研究显示,优化蛋白质与能量的比例,以及适时调整微量元素和维生素的供给,可以显著提高生长速度和饲料效率。为了优化胴体组成、增加胸肉比例、减少脂肪沉积,营养策略应着重于限制能量摄入,同时保持足够的蛋白质供给,特别是促进肌肉生长的特定氨基酸。通过调整日粮中氨基酸、矿物元素和维生素水平,尤其是在生长后期降低能量水平,可以有效改善胴体品质。肉质受肌肉内脂肪含量、肌纤维密度及保水能力等因素影响。营养上可通过控制脂肪酸比例,如添加亚麻酸和油酸,来改善肉质。同时,足够的维生素E和硒可减少肉品氧化,保持肉色和延长货架期。提高免疫功能和抗应激能力是保证鸡只健康的关键,这就要求饲料中含有充足的维生素、矿物质及功能性添加剂,如益生菌、有机酸、植物提取物等,以维护肠道健康,增强免疫力。

不同的饲喂模式影响能量需要量。在限饲条件下的能量需要量小于正常采食的能量需要量。同样,自由采食的白羽肉鸡的维持能量需要量高于限饲条件下的能量需要,但是体组成并没有显著变化。一定程度上说明了限饲在不影响生长性能的前提下,还能

3 白羽肉鸡动态营养需要量

减少能量摄入和降低饲粮成本。

（5）环境因素和健康状态。白羽肉鸡的生长性能及其营养需求与养殖环境因素和健康状况紧密相关。环境条件的适宜与否会直接影响鸡只的代谢率、采食量、消化吸收能力以及对营养物质的利用率。

温度和湿度是构成肉鸡舍适宜温暖环境的两个关键因子。由于肉鸡缺乏汗腺，无法通过出汗方式来调节体温，当环境温度升高，超出肉鸡的体温调节范围，会引发一系列全身性反应，导致热应激现象。一般来说，肉鸡饲养管理中温度控制是关键因素，在1~3日龄雏鸡需要的环境温度应达到35℃，4~7日龄环境温度应逐渐降低至34~33℃，随后每周应继续降低2~3℃，30日龄后环境温度应稳定在20~25℃。而肉鸡对舍内相对湿度的适应范围比较宽，50%~75%的相对湿度均可。高温会增加鸡只的热应激，导致采食量减少，影响营养摄入量、饲料转化率。低温则会增加维持体温所需的能量消耗，使得能量需求增加。环境温度过高时，肉鸡的单位体增重氮排放量显著增加；而补充合成必需氨基酸可以减少氮排放量而不影响肉鸡的体重、平均日增重和平均日采食量。随着肉鸡日龄的增长，低湿度环境下饲养的肉鸡血清中的丙二醛水平和超氧化物歧化酶活性均出现显著上升，同时促炎细胞因子的分泌减少而抗炎细胞因子的分泌增多。这表明不适宜的湿度条件可能诱发肉鸡的炎症反应，进而影响免疫器官的成熟以及血液中淋巴细胞的组成和分类，最终导致免疫功能的下降。

环境温度影响动物的能量需要和能量利用。越来越多的研究将温度纳入能量需要量的数学模型中，建立与温度相关的能量需要量动态预测方程。Morillo等发现1~45日龄Cobb 500肉鸡适宜温度（CT）和体重呈负相关关系：$CT=22.46+(35.83-22.46) \times e^{-0.4906 \times BW}$，同时以肉鸡适宜温度和环境温度（$T$）为变量预测白羽肉鸡的绝食产热（FHP）：$FHP_{kcal/只}=BW^{0.75} \times [84.98+2.65 \times (CT-T) \times (T<CT)+4.41 \times (T-CT) \times (T \geq CT)]$。在适宜的环境温度范围内动物达到最佳生长性能和产热；低于和高于适宜温度临界值时，能量需要量分别增加2.70 kcal/（$kg^{0.75} \cdot ℃$）和4.07 kcal/（$kg^{0.75} \cdot ℃$）（Morillo et al.，2023）。

良好的通风可以为鸡只生长提供充足的氧气，排出有害气体，保持空气质量。光照节律与强度会影响鸡只的活动、采食行为及生长激素分泌；光照强度对肉鸡的视野和神经系统兴奋性有显著影响，因此在肉鸡养殖中推荐使用较低强度的光照。长期处于有害气体浓度高和光照不当的环境中，肉鸡的生长速度和存活率会受到影响。光照节律和强度的变化对白羽肉鸡的生长性能、胴体和肉质有显著作用。在5 lx的光照强度下，采用间歇或变程光照方式可提升肉鸡生长性能、改善肉鸡出栏品质，从而增加养殖的经济效益。适宜的通风量（至少每千克体重0.5~0.6 CFM）可以降低呼吸道疾病风险，促进鸡只健康，从而间接影响其营养利用效率。但需要注意控制气流速度，气流速度过大会降低肉鸡的饲料效率。

考虑到白羽肉鸡在不同养殖环境下的生产性能存在差异，营养需要量也应相应调整以适应这些环境变化。为了满足肉鸡最佳生长速度的营养供应量，应提供最佳营养需要。

不同健康状态下白羽肉鸡营养需求不同。疾病对肉鸡生产性能有负面影响，并且会改变其营养需求。与此同时，通过合理的营养管理，可以增强家禽的免疫力和抗病力。免疫应激会提高基础代谢率、降低采食量、改变机体养分代谢，比如增加肌肉蛋白的降解、抑制肌肉蛋白的合成，从而降低营养物质利用率、降低肉鸡的生长速度和饲料转化效率。免疫应激增加肉鸡氨基酸的回肠末端内源损失，增加肉鸡对氨基酸需要量及改变氨基酸的需求比例。应激对肉鸡营养需要量及需求比例的影响取决于应激程度、持续时间等。目前的营养需要量标准大都是在较为适宜的试验环境条件下研究获得，应激状态下的实际营养需要与理论值之间存在一定差异，需要凭借经验或实际数据及时修正才能满足肉鸡实际的营养需求。

（6）饲养方式。我国白羽肉鸡过去采用地面平养，之后采用网上饲养，近几年实行全封闭鸡舍叠层笼养。在20世纪80年代，地面平养鸡料重比约为3∶1，达到2.5 kg出栏日龄需要57 d；现在肉鸡笼养模式下达到2.5 kg出栏日龄只需要38 d，甚至更短，料重比已经低于1.5∶1。饲养方式和饲养密度都会影响肉鸡营养需要量和生长性能。饲养密度的变化，会影响肉鸡的采食、饮水等各种活动。如果在不改变饲料配方的情况下，肉鸡摄入的能量、氨基酸、维生素和矿物质等营养成分会随着采食量的增减而变化，这将影响这些营养物质在肉鸡体内的分配。这种变化进而会影响肉鸡的生长表现和胴体的构成等。当前市场上对鸡肉的需求持续上升，合理提高饲养密度的同时，也要结合其采食量变化调整营养配方，提供适宜、均衡的营养，才能真正保证养殖户的经济效益。

（7）营养物质间相互影响。在相同的能量水平下改变蛋白和氨基酸水平也会对白羽肉鸡的生产性能产生影响。近年来，研究人员研究了能量水平和其他营养物质的交互作用。Plumstead等探究三种不同能量水平（12.56 MJ/kg、12.98 MJ/kg和13.40 MJ/kg）和四种可消化赖氨酸水平（1.05%、1.13%、1.21%、1.29%）对Cobb500肉鸡生产性能的影响，结果表明两因素在采食量上存在交互作用；当能量水平为12.98 MJ/kg时，体重和FCR与其他两组能量水平相比没有显著差异（Plumstead et al.，2007）。Rodríguez-Ortega等设计了三种不同蛋白和能量水平的饲粮（CP为13%，ME为12.14 MJ/kg；CP为17%，ME为12.56 MJ/kg；CP为21%，ME为12.66 MJ/kg）评估对Ross308白羽肉鸡腿肌发育的影响，饲喂ME为12.56 MJ/kg（CP为17%）饲粮的白羽肉鸡腓肠肌肌腱和胫骨断裂强度与ME为12.66 MJ/kg（CP为21%）时的结果没有显著差异。能量和添加剂的交互作用也会对动物的生产性能产生影响（Rodriguez-Ortega et al.，2022）。Ge等开展了两种不同能量水平和是否添加胆汁酸的双因素试验，研究结果表明，1～21日龄和21～42日龄AA肉鸡最佳的能量水平分别为12.68 MJ/kg和13.02 MJ/kg，在此能量水平的饲粮下达到最佳的生产性能，胆汁酸可以改善肉鸡脂质代谢（Ge et al.，2019）。更多研究应该关注饲粮能量水平和其他营养物质的交互影响，从而实现精准饲粮的配制，提高饲粮效率和优化生产性能。

营养摄入量会改变营养的利用分配，从而一定程度上影响肉鸡营养需要量和利用效率。基于不同性别和品种的白羽肉鸡的能量摄入和分配分析，研究人员建立了白羽肉鸡每日不同能量摄入量用于热增耗、增重和维持能量分配随着能量摄入量变化的模型（Latshaw and Moritz，2009）（图3-2）。由此可知，能量摄入量会影响用于维持、增重和生产的能量分配，从而改变能量利用效率、影响料重比。

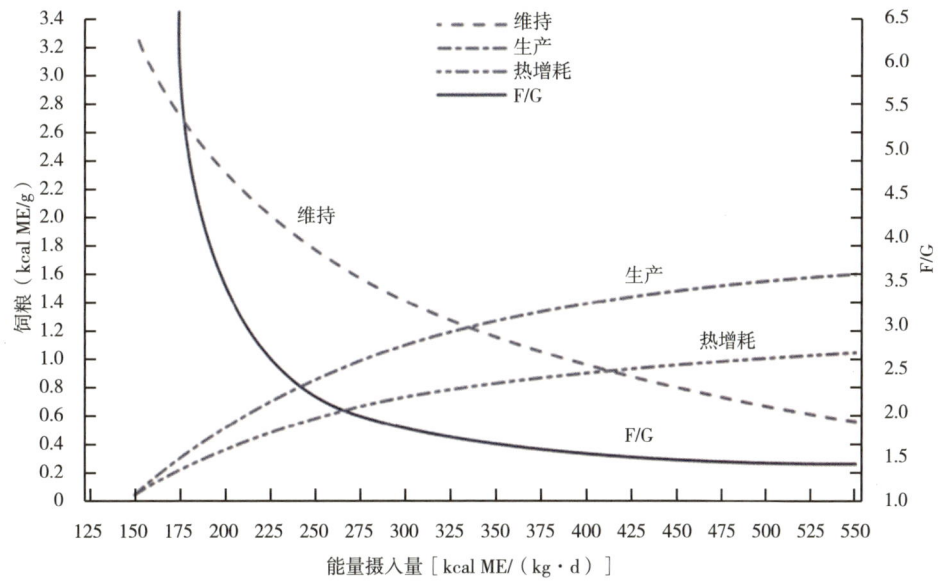

图3-2　肉鸡每日能量摄入量与能量分配之间的关系（Latshaw and Moritz，2009）

综合考虑上述因素，实施精准营养管理是提高白羽肉鸡生产效益的关键。白羽肉鸡养分精准供给技术是近年来家禽营养领域的一个重要发展方向。精准供给技术是一种饲养方法，它建立在对饲料营养成分的精确评估和精准配制饲粮的基础上，该技术考虑肉鸡的品种、年龄、性别、生理状态、体重和生产需求等关键因素，制定饲喂决策模型和算法，并通过智能化饲喂系统实现。这项技术能够为肉鸡提供个性化、精准且适时、适量的饲粮，确保饲养效率和动物福利的最优化，减少资源浪费和环境污染。随着基因测序技术的成熟和成本降低，基因组学和代谢组学开始应用于肉鸡营养研究，通过分析鸡只基因表达和代谢产物的变化，识别影响营养效率的关键基因和代谢途径，为个性化营养方案提供科学依据。此外，智能养殖技术的应用，如环境自动调控和个体营养监测，实时监控鸡舍环境和鸡只行为（采食量、饮水量、活动量），根据数据反馈自动调整饲料配方和供给量，将使动态调整营养供给成为可能，进一步提升养殖效率和动物福利。国家重点研发计划等一系列项目的开展，结合现代信息技术、生物技术和可持续发展理念，正逐步推进养鸡业向更加高效、环保的方向转型。未来的白羽肉鸡营养管理定将更加科学、高效和环保，以适应不断变化的市场需求和可持续发展目标。

3.1.3 白羽肉鸡动态营养需要量的模型化

能量是饲料中的关键成分，对肉鸡的生长和健康有着直接影响。在肉鸡的饲料成本中，能量饲料的花费通常占到总成本的55%~75%。因此，准确评估肉鸡的能量需求对于提升饲养效率、降低饲养成本以及减轻环境污染负担至关重要。

能量需要量可以通过综合法和析因法确定。采用综合法配制不同能量水平的饲粮，基于体重和料重比等生长性能可以确定最佳的能量水平（表3-1）。基于料重比指标对最佳的代谢能需要量进行评估，结果表明21~35日龄肉鸡的最适代谢能为13.66 MJ/kg，35~42日龄肉鸡的最适代谢能为13.49 MJ/kg（Marx et al.，2023）。Hernandez等评估了0~42日龄Ross708肉公鸡的最佳能量需要，饲喂两种不同的氮校正代谢能（AMEn）水平的饲粮（标准能量水平；低于标准能量0.54 MJ/kg），发现标准能量水平饲粮（1~14日龄：12.56 MJ/kg；15~28日龄：12.98 MJ/kg；29~42日龄：13.40 MJ/kg）提高了生产性能和营养物质的表观消化率（Hernandez et al.，2024）。Dennehy等评估了28~41日龄CobbMV×Cobb500肉公鸡的最佳代谢能水平，发现高能量水平（13.81 MJ/kg）提高了FCR和日采食量。不同品种和日龄的白羽肉鸡最佳能量水平有所差异。一般来说，饲养后期的白羽肉鸡需要的最佳能量水平较高（13.02~13.81 MJ/kg），前期的最佳能量水平较低（11.78~12.98 MJ/kg）。另外，近年来的研究结果表明白羽肉鸡最佳的能量水平普遍低于商业公司推荐的能量水平（Dennehy et al.，2023）。

析因法即把白羽肉鸡的能量需要剖分为维持和增重的能量需要，建立动态的能量需要量预测模型，从而更精准地预测白羽肉鸡的能量需要，节约饲料资源和提高饲粮利用效率。

维持能量是指维持机体基本生命活动所需的能量，包括体温维持、心脏和呼吸作用等。对于白羽肉鸡而言，维持能量的需要量受到多种因素的影响，包括环境温度、体重以及健康状况等。采用回归法预测得到了15日龄AA肉鸡维持代谢能和净能的需要量，其中间接测热法结合回归法得到的维持代谢能和维持净能分别为607 kJ/kg $BW^{0.75}$、448 kJ/kg $BW^{0.75}$（Liu et al.，2017）；比较屠宰法结合回归法得到的维持代谢能和维持净能分别为619 kJ/kg $BW^{0.75}$、462 kJ/kg $BW^{0.75}$。最新研究结果认为，现代快速生长Ross308白羽肉鸡的能量需要量较之前相比降低，能量水平降低5%可以降低肉鸡料重比且对生长性能没有负面影响。

3 白羽肉鸡动态营养需要量

表3-1 不同品种和日龄的白羽肉鸡适宜能量需要量

品种	日龄（d）	能值范围（MJ/kg）	最适能量需要量（MJ/kg）	参考文献
CobbMV × Cobb500	28~41	12.68、13.06、13.44和13.81	13.81	Dennehy等（2023）
CobbMV × Cobb700	28~36	13.14、13.29和13.44	<13.14	Maynard等（2019）
	37~46	13.14、13.29和13.44	<13.29	
CobbMV × Cobb500	1~14	12.10、12.47、12.85和13.23	12.85	Hirai等（2020）
	1~28		12.47	
Cobb500	1~21	12.56、12.98和13.40	12.98	Plumstead等（2007）
Ross × Ross308	1~15	12.35、12.59和12.83	12.59	McCafferty等（2022）
	1~29		12.59	
	1~35		12.83	
Ross308	1~10	11.93和12.35	12.35	Mahdavi等（2024）
Arbor Acres	1~21	12.31和12.68	12.68	Ge等（2019）
	21~42	13.02和13.40	13.02	
Arbor Acres	8~14	10.53、11.13、11.78和12.17	11.78	Yang等（2015）

增重能量需求是指肉鸡为实现生长增重所需的能量。这部分能量需求与肉鸡的生长速度、目标出栏体重和饲养周期紧密相关。为了达到理想的增重效果，饲料中的能量水平需要根据生长阶段进行调整。采用回归分析得到Ross肉鸡的沉积能量效率为0.57~0.64；Cobb500肉鸡的沉积能量效率为0.72~0.80。

部分国内外学者通过研究建立了能量需要量预测方程（表3-2），如采用梯度饲养与屠宰试验相结合的方法，通过一元线性回归分析，获得了星布罗肉鸡在0~9周龄期间的维持代谢能为438.06 kJ/kg BW$^{0.75}$（杨嘉实等，1989）。利用间接测热法，采用不同模型获得肉鸡维持代谢能MEm和维持净能NEm值分别为594~619 kJ/（BW$^{0.75}$·d）、386~484 kJ/（BW$^{0.75}$·d）（Liu et al.，2017）。研究确定了白羽肉鸡前期推荐的蛋白质能量比为17.63 g/MJ，后期推荐的蛋白质能量比为15.4 g/MJ（周声宇，2021）。

表3-2 白羽肉鸡能量需要量预测方程

周龄（周）	品种	性别	预测方程	参考文献
0~3	星布罗	全群	ME（kJ/d）=438.06BW$^{0.75}$（kg）+13.25（g）	杨嘉实等（1989）
4~6			ME（kJ/d）=438.06BW$^{0.75}$（kg）+15.99（g）	
7~9			ME（kJ/d）=438.06BW$^{0.75}$（kg）+16.73（g）	

（续表）

周龄（周）	品种	性别	预测方程	参考文献
3~6	Arbor Acres	公鸡	ME（kJ/d）=5.63BW$^{0.75}$（g）+8.13G（g）	田亚东等（2006）
		母鸡	ME（kJ/d）=5.71BW$^{0.75}$（g）+7.81G（g）	
		全群	ME（kJ/d）=5.67BW$^{0.75}$（g）+7.89G（g）	

注：ME为代谢能；BW为体重；G为体增重。

代谢能是评估家禽营养能量需要量和饲料原料能量价值的现有标准方法，然而，该体系没有考虑热增耗的影响，可能高估了蛋白质和纤维的实际能量价值，这可能导致蛋白质原料作为能量供应的实际应用价值被夸大。因此，代谢能不能精准评定饲料有效能值及家禽对营养的需要。在代谢能的基础上扣除在采食代谢过程中产生的热量即为净能。目前白羽肉鸡的净能需要量预测模型相关研究较少，主要是因为净能的测定受限于呼吸测热设备，测定方法尚不够完善，而代谢能的测定相对方便。净能作为更精准的评估体系，能更精确地反映动物的能量需求和饲料营养价值。为了在实际生产配方中达到精准营养的目的，未来应加大力度推进建立白羽肉鸡净能需要量和净能体系相关工作推进。国内中国农业大学联合吉林省农业科学院组建家禽能量营养联合研究中心，正在开展白羽肉鸡净能需要量及其动态模型研究，目前仍在测试、推广阶段。

目前，关于家禽动态能量需要量的研究大部分集中在种鸡能量需要量方面，虽然国内陆续开展了白羽肉鸡动态营养需要前期研究工作，但尚未实现与生产大数据的融合，更缺乏不同肉鸡品种、饲喂模式或环境因素下不同阶段白羽肉鸡的动态营养需要及其精准饲喂技术相关研究结果。白羽肉鸡蛋白质和氨基酸营养需要量大部分还是采用传统阶段划分需要量进行饲料配方。理想蛋白模型是影响白羽肉鸡蛋白需要量和利用效率的重要因素，特别是推行低蛋白日粮配方技术以来，在满足白羽肉鸡必需氨基酸需求前提下，日粮粗蛋白质水平可降低2~3个百分点，且不会影响动物生长性能。在不同的饲养标准下，对于肉鸡理想蛋白模型中所推荐的氨基酸种类及其比例存在一定的差异（表3-3、表3-4）。主要肉鸡育种公司只考虑8种必需氨基酸需要量和比例，巴西第5版肉鸡营养需要量标准中涵盖了多达12种氨基酸，包括2种非必需氨基酸。在美国国家研究委员会（NRC）、赢创（Evonik）和希杰（CJ）的推荐标准中，都考虑了10种氨基酸（其中包括1种非必需氨基酸）。

表3-3　饲养标准与行业饲养手册推荐的白羽肉鸡理想蛋白模型　　　　单位：%

氨基酸	NRC（1994）	Aviagen（2022）	Ross（2022）	Cobb（2022）	CVB（2018）	CJ（2020）	Evonik（2023）
赖氨酸	100	100	100	100	100	100	100
蛋氨酸+胱氨酸	72	79	79	77	73	77	75

（续表）

氨基酸	NRC（1994）	Aviagen（2022）	Ross（2022）	Cobb（2022）	CVB（2018）	CJ（2020）	Evonik（2023）
苏氨酸	74	67	67	67	64	68	65
色氨酸	18	16	16	17	15	18	17
精氨酸	110	109	109	109	107	110	104
缬氨酸	82	77	77	77	77	78	80
异亮氨酸	73	68	68	65	60	67	70
亮氨酸	109	110	110	110	110	105	107
组氨酸	32	—	—	—	—	40	33
苯丙氨酸	—	—	—	—	—	—	—
苯丙氨酸+酪氨酸	122	—	—	—	—	105	116
甘氨酸+丝氨酸	—	—	—	—	—	—	—

表3-4 巴西第5版白羽肉鸡营养标准肉鸡氨基酸模型（2024年） 　　　　　　单位：%

阶段	前期		中期		后期	
日龄	1～17日龄		17～35日龄		35～56日龄	
氨基酸	Dig.	Total	Dig.	Total	Dig.	Total
赖氨酸	100	100	100	100	100	100
蛋氨酸	40	40	42	42	43	43
蛋氨酸+胱氨酸	73	73	77	77	78	78
苏氨酸	66	69	66	69	66	69
色氨酸	18	18	18	18	18	18
精氨酸	108	106	107	105	105	103
缬氨酸	77	79	77	79	77	79
异亮氨酸	67	67	67	68	68	68
亮氨酸	107	107	107	107	107	107
组氨酸	37	37	37	37	35	35
苯丙氨酸	63	63	63	63	63	63
苯丙氨酸+酪氨酸	115	115	115	115	115	115

我国2004年发布的《鸡饲养标准》（NY/T 33—2004）已制定了白羽肉鸡和黄羽肉鸡营养需要标准参数。农业农村部致力于促进饲料行业的技术进步，特别是推广低蛋白日粮配制技术，以减少饲料原料的使用，减轻养殖业对环境的影响。为此，发布了中国饲料工业协会团体标准《蛋鸡、肉鸡配合饲料》（T/CFIAS002—2018）和《产蛋鸡和

肉鸡配合饲料》（T/CFIAS002—2020），白羽肉鸡商品鸡营养需要量参数具体如表3-5所示。肉鸡养殖和饲料生产企业可参照标准进行饲料的科学配制。

表3-5　白羽肉鸡配合饲料主要营养成分指标　　　　　　　　　　　单位：%

项目	前期（肉小鸡）		中期（肉中鸡）	后期（肉大鸡）
	0～10日龄	>10～21日龄	>21～35日龄	>35日龄
粗蛋白质	21.0～23.0	19.0～22.0	18.0～21.0	16.0～19.0
赖氨酸≥	1.20	1.00	0.90	0.80
蛋氨酸[a]≥	0.50	0.40	0.35	0.30
苏氨酸≥	0.80	0.68	0.62	0.55
粗纤维≤	5.00	7.00	7.00	7.00
粗灰分≤	8.00	8.00	8.00	8.00
钙	0.7～1.1	0.7～1.1	0.7～1.0	0.6～1.0
总磷	0.50～0.75	0.45～0.75	0.40～0.70	0.35～0.65
氯化钠（以可溶性氯化物计）	0.30～0.80	0.30～0.80	0.30～0.80	0.30～0.80

注：总磷含量已经考虑了植酸酶的使用。
[a] 表中蛋氨酸的含量为蛋氨酸或蛋氨酸+蛋氨酸羟基类似物及其盐折算为蛋氨酸的含量；如使用蛋氨酸羟基类似物及其盐，应在产品标签中标注折算蛋氨酸系数。

巴西第5版肉鸡营养标准于2024年发布，该标准汇编了2023年12月以前发布的学位论文、国家和国际学术出版杂志和书籍等报道数据，并根据现有养殖水平和最新发布数据，更新了白羽肉鸡营养需要量。考虑到不同性别肉鸡生长性能不同，巴西第5版肉鸡营养标准制定了白羽肉公雏鸡和白羽肉母雏鸡营养需要量，如表3-6和表3-7所示。

表3-6　巴西第5版快大型白羽肉鸡（公雏）营养需要量（2024年）

项目	日龄（d）					
	0～8	8～17	17～27	27～35	35～43	43～49
体重范围（kg）	0.05～0.26	0.26～0.80	0.80～1.80	1.80～2.75	2.75～3.68	3.68～4.32
平均体重（kg）	0.134	0.488	1.26	2.268	3.226	4.012
日增重（g/d）	23	57.9	98.8	119	118	106.8
代谢能（kcal/kg）	2 950	3 000	3 050	3 100	3 150	3 200
采食量（g/d）	25.8	70.7	142.7	198.5	215.7	208.7
可消化营养值（%）						
粗蛋白质	22.89	22.34	20.84	19.95	1.17	18.61
赖氨酸	1.367	1.335	1.256	1.202	1.171	1.137

（续表）

项目	日龄（d）					
	0~8	8~17	17~27	27~35	35~43	43~49
蛋氨酸	0.549	0.536	0.532	0.509	0.502	0.488
蛋氨酸+胱氨酸	0.998	0.974	0.967	0.926	0.914	0.887
苏氨酸	0.903	0.881	0.829	0.794	0.773	0.751
色氨酸	0.246	0.24	0.226	20.216	0 211	0.205
精氨酸	1.477	1.441	1.344	1.287	1.23	1.194
甘氨酸	2.01	1.962	1.759	1.683	1.581	1.535
缬氨酸	1 053	1 028	0.967	0.926	0.902	0.876
异亮氨酸	0.916	0.894	0.842	0.806	0.796	0.773
亮氨酸	1.463	1.428	1.344	1.287	1.253	1.217
组氨酸	0.506	0.494	0.465	0.445	0.41	0.398
苯丙氨酸	0.865	0.844	0.794	0.761	0.741	0.719
苯丙氨酸+酪氨酸	1.573	1.535	1.445	1.383	1.347	1.308

表3-7 巴西第5版快大型白羽肉鸡（母雏）营养需要量（2024年）

项目	日龄（d）					
	0~8	8~17	17~27	27~35	35~43	43~49
体重范围（kg）	0.05~0.24	0.24~0.68	0.68~1.49	1.49~2.29	2.29~3.11	3.11~3.70
平均体重（kg）	0.131	0.424	1.048	1.879	2.705	3.414
日增重（g/d）	20.18	47.11	80.01	99.89	103.88	98.51
代谢能（kcal/kg）	2 950	3 000	3 050	3 100	3 150	3 200
采食量（g/d）	24.1	60.75	120.18	172.04	194.85	194.73
可消化营养值（%）						
粗蛋白质	21.24	21.11	20.24	19.68	19.01	18.55
赖氨酸	1.268	1.261	1.22	1.186	1.162	1.134
蛋氨酸	0.509	0.506	0.517	0.502	0.498	0.486
蛋氨酸+胱氨酸	0.926	0.92	0.939	0.913	0.906	0.884
苏氨酸	0.837	0.832	0.805	0.783	0.767	0.748
色氨酸	0.228	0.227	0.22	0.214	0.209	0.204
精氨酸	1.37	1.362	1.306	1.269	1.22	1.19
甘氨酸	1.865	1.854	1.708	1.661	1.568	1.53
缬氨酸	0.977	0.971	0.939	0.913	0.895	0.873

（续表）

项目	日龄（d）					
	0~8	8~17	17~27	27~35	35~43	43~49
异亮氨酸	0.85	0.845	0.817	0.795	0.79	0.771
亮氨酸	1.357	1.349	1.306	1.269	1.243	1.213
组氨酸	0.469	0.467	0.451	0.439	0.407	0.397
苯丙氨酸	0.802	0.798	0.772	0.75	0.735	0.717
苯丙氨酸+酪氨酸	1.459	1.45	1.403	1.364	1.336	1.308

小型白羽肉鸡是指42日龄体重小于1.65 kg的商品代白羽肉鸡，主要指以快大型白羽肉种公鸡为父本与高产蛋鸡为母本配种生产的杂交后代以及我国培育的专门化配套系肉鸡。近几年，虽然小型白羽肉鸡养殖量和出栏量增长迅速，但目前关于小型白羽肉鸡饲料营养的研究较少，杨在宾汇总了杂交肉鸡（817）营养需要量，如表3-8所示（杨在宾，2022）。根据杂交肉鸡（817）的生产目标和生长特性，制定了35 d、56 d和70 d三种饲养模式以确定不同的营养需要量，按照此营养需要量可实现目标体重分别为1 000 g、2 000 g和2 500 g。山东农学会发布团体标准《小型白羽肉鸡饲养标准》（T/SAASS 109—2023），将小型白羽肉鸡饲养分为前期（1~14日龄）、中期（15~35日龄）和后期（35日龄~出栏），分别制定了三个阶段的小型白羽肉鸡营养需要量（表3-9）。

表3-8 杂交肉鸡（817）日粮营养需要量（自由采食，风干基础）

项目	0~21 d	22~35 d	36~56 d	57~70 d
阶段末体重（g/只）	420	1 000	2 000	2 500
代谢能（MJ/kg）	12.96	12.96	12.96	13.38
净能（MJ/kg）	8.57	8.57	8.57	8.87
粗蛋白质（%）	21.0	19.5	18.5	17.0
赖氨酸（%）	1.10	0.95	0.79	0.70
蛋氨酸（%）	0.50	0.40	0.33	0.30
蛋氨酸+胱氨酸（%）	0.89	0.74	0.62	0.58
苏氨酸（%）	0.78	0.70	0.60	0.55
色氨酸（%）	0.21	0.18	0.17	0.17
精氨酸（%）	1.15	1.05	0.90	0.85
亮氨酸（%）	1.10	0.95	0.90	0.85
异亮氨酸（%）	0.75	0.70	0.60	0.55

（续表）

项目	0～21 d	22～35 d	36～56 d	57～70 d
苯丙氨酸（%）	0.72	0.65	0.56	0.53
苯丙氨酸+酪氨酸（%）	1.31	1.20	1.05	1.00
组氨酸（%）	0.32	0.30	0.28	0.27
脯氨酸（%）	0.60	0.55	0.46	0.40
缬氨酸（%）	0.85	0.77	0.65	0.62
甘氨酸+丝氨酸（%）	1.22	1.11	0.98	0.90
钙（%）	1.00	0.95	0.90	0.80
总磷（%）	0.65	0.60	0.55	0.50
非植酸磷（%）	0.45	0.39	0.37	0.35
钠（%）	0.20	0.16	0.15	0.15
氯（%）	0.20	0.16	0.15	0.15
铁（mg/kg）	60	60	55	55
铜（mg/kg）	8	8	8	8
锌（mg/kg）	65	60	50	40
锰（mg/kg）	60	60	55	55
碘（mg/kg）	0.50	0.45	0.45	0.45
硒（mg/kg）	0.25	0.20	0.20	0.20
维生素A（IU/kg）	4 000	4 000	3 000	2 000
维生素D（IU/kg）	1 900	1 800	1 500	1 500
维生素E（IU/kg）	15.0	15.0	12.0	12.0
维生素K（mg/kg）	1.0	1.0	0.5	0.5
硫胺素（mg/kg）	2.5	2.5	2.0	2.0
核黄素（mg/kg）	5.0	4.5	4.0	3.0
泛酸（mg/kg）	10.0	10.0	10.0	10.0
烟酸（mg/kg）	35.0	30.3	25.0	25.0
吡哆醇（mg/kg）	4.0	4.0	3.0	3.0
生物素（μg/kg）	150	150	100	100
叶酸（mg/kg）	0.75	0.75	0.50	0.50
维生素B_{12}（μg/kg）	20	20	10	10
胆碱（mg/kg）	750	750	750	750

表3-9 小型白羽肉鸡营养需要量[1]

营养指标	前期	中期	后期
代谢能（MJ/kg）	12.34	12.76	12.97
粗蛋白质（%）	21.00	19.00	17.00
钙（%）	1.00	0.90	0.90
总磷[2]（%）	0.68	0.65	0.60
非植酸磷（%）	0.45	0.40	0.35
钠（%）	0.17	0.17	0.17
氯（%）	0.25	0.25	0.25
总氨基酸			
赖氨酸（%）	1.10	1.00	0.85
蛋氨酸（%）	0.50	0.45	0.40
蛋氨酸+胱氨酸（%）	0.85	0.75	0.65
苏氨酸（%）	0.80	0.74	0.68
色氨酸（%）	0.19	0.18	0.16
缬氨酸（%）	0.86	0.82	0.70
标准回肠可消化氨基酸			
赖氨酸（%）	0.98	0.89	0.76
蛋氨酸（%）	0.45	0.40	0.35
蛋氨酸+胱氨酸（%）	0.76	0.67	0.58
苏氨酸（%）	0.68	0.63	0.58
色氨酸（%）	0.15	0.15	0.13
缬氨酸（%）	0.75	0.72	0.61
维生素和微量元素			
维生素A（IU/kg）	10 000	6 000	3 000
维生素D_3（IU/kg）	1 250	750	400
维生素E（IU/kg）	10.00	10.00	10.00
维生素K_3（mg/kg）	0.50	0.50	0.50
维生素B_1（mg/kg）	2.00	1.80	1.80
维生素B_2（mg/kg）	4.00	3.60	3.00
烟酸（mg/kg）	35.00	30.00	25.00
泛酸（mg/kg）	10.00	10.00	10.00
维生素B_6（mg/kg）	3.50	3.50	3.00

（续表）

营养指标	前期	中期	后期
维生素B_{12}（mg/kg）	0.01	0.01	0.01
生物素（mg/kg）	0.18	0.15	0.15
叶酸（mg/kg）	0.55	0.55	0.55
胆碱（mg/kg）	1 000.00	750.00	500.00
铜（mg/kg）	8.00	8.00	8.00
铁（mg/kg）	80.00	80.00	80.00
锰（mg/kg）	80.00	80.00	80.00
锌（mg/kg）	60.00	60.00	60.00
硒（mg/kg）	0.30	0.30	0.30
碘（mg/kg）	0.35	0.35	0.35

注：[1] 营养需要量数据以饲料干物质含量87%计，适用于公母混饲的小型白羽肉鸡。公母分饲时，公鸡的营养需要量在此基础上增加2%，母鸡则降低2%。

[2] 表中数据为不添加植酸酶时需要的磷总量。饲料中添加植酸酶≥1 000 FTU/kg时，3个饲养阶段的饲料总磷需要量可分别降低至0.50%、0.45%、0.40%，饲料中添加植酸酶≥5 000 FTU/kg时，3个饲养阶段的饲料总磷需要量可分别降低至0.45%、0.40%、0.35%。

3.2 饲料营养价值评价

动物营养需求量与饲料养分利用效率构成了动物营养学研究的核心内容。随着动物营养学领域的不断进步和发展，研究方法也在不断地进行改进和创新，以更好地适应各种不同种类的动物及其特定的营养需求。在这一过程中，饲料化学分析扮演着至关重要的角色，其主要目的是通过精确测定饲料中的各种化学成分，为评估饲料的营养价值提供科学依据，并帮助识别潜在的营养缺乏问题。在进行饲料化学分析的过程中，通常会采用多种物理化学技术，以确保分析结果的准确性和可靠性。

3.2.1 化学分析法

3.2.1.1 饲料成分分析

（1）概略养分分析法。

水分：测定饲料水分含量使用烘干箱称重法。

粗蛋白质测定：饲料中粗蛋白质的含量可以通过多种方法来测定。除了Kjeldahl法、Dumas法、Bradford法、Lowry法和Biuret法之外，还有紫外吸收法、红外光谱法、氨基酸分析法等。每种方法都有其特点和适用范围，可以根据具体情况选择合适的方法进行粗蛋白质含量的测定。凯氏定氮法通过硫酸分解试样中的有机物，将氮转化为硫酸铵，然后加入强碱蒸馏释放氨气，用硼酸捕集，再通过酸滴定测定获得氮含量。最后，将测得的氮含量乘以6.25的系数，得出粗蛋白质含量。

粗纤维测定：通常采用Weende法或Van Soest法。Weende法是传统的方法，通过连续使用酸和碱来分解饲料中的组分，然后用筛选和称量来确定粗纤维的含量。而Van Soest法则更加精确，使用不同的化学试剂和消解条件，可以更准确地测定不同类型的纤维组分。使用浓度准确的酸和碱，在特定的实验条件下对样品进行消煮，随后利用乙醇去除其中的可溶性物质。粗纤维是在既定的标准操作条件下测量得出的概略成分，主要由纤维素构成，同时伴有少量的半纤维素和木质素。

粗脂肪测定：通常采用Soxhlet提取法或酶解法。Soxhlet提取法利用有机溶剂提取饲料中的脂肪，然后蒸发溶剂并称重残渣来确定粗脂肪含量。而酶解法则利用酶的作用将饲料中的脂肪水解，然后通过化学分析来测定脂肪含量。使用索氏提取器，提取样品中的脂肪并测定其质量。提取物不仅含脂肪，还有其他有机成分，因此结果称为粗脂肪或乙醚提取物。

粗灰分测定：将样品在550℃下进行高温灼烧，得到的残余物即为粗灰分，通常以质量百分比来表示。这些残渣主要由氯化物、无机盐等矿物质组成，也可能包含饲料中混杂的砂石和土壤等杂质，因此被称为粗灰分。

无氮浸出物测定：无氮浸出物主要指饲料中易于被动物消化吸收的可溶性碳水化合物，包括淀粉、双糖和单糖等。在实际分析中，无氮浸出物的含量通常不通过直接测定获得，而是通过计算法，即从总碳水化合物中扣除粗纤维、粗脂肪和粗蛋白质等其他成分后得到。

（2）纯养分分析法。

维生素测定：化学分析技术对维生素分析至关重要，包括光谱比色法和色谱法等。光谱比色法利用紫外和可见光分析化合物，通过测量特定波长光的吸收确定浓度。但此法在分析结构相似化合物时可能产生干扰，影响结果准确性。色谱技术广泛用于维生素分析。高效液相色谱法通过样品在流动相和固定相间分离，定量评估组分。气相色谱法利用气态流动相分离样品组分，适合挥发性化合物分析，但对热不稳定化合物有限制，因为高温可能导致分解。

维生素分析的生物学方法包括微生物学和实验动物方法。微生物学方法通过测量维生素对微生物生长的影响来评估含量，但特异性差，易受干扰。实验动物方法通过喂养特定维生素并测量生理反应来评估，但结果重复性和准确性不佳，不推荐常规使用。维生素A的定量分析可采用紫外光吸收法、Carr-Price法和HPLC法。紫外光吸收法适用于纯维生素A，复杂样品需用Carr-Price法和HPLC法。Carr-Price法是比色分析，可准确测定维生素A含量；HPLC法则通过色谱分离和紫外检测，定量分析维生素A及其衍生物。

维生素E分析可采用紫外吸收法、比色法和高效液相色谱法，但这些方法不能区分不同异构体如α-、β-、γ-和δ-生育酚（樊霞等，2022）。在研究中区分这些异构体很重要。饲料中维生素B_6有三种形式：吡哆醇、吡哆醛和吡哆胺，可通过紫外线吸收法和微生物法定量。紫外线吸收法测量吸光度确定含量，微生物法基于微生物对维生素B_6的依赖性评估含量。但微生物法准确性低，易受干扰，需谨慎使用。

矿物质测定：原子吸收光谱法是一种用于测定矿物元素的高灵敏度技术，通过测量光束在通过含待测元素原子蒸汽时的衰减来确定元素浓度。等离子体光谱分析技术通过激发样品元素发射特征光并进行检测分析，广泛应用于元素分析。中子激活分析技术主要应用于医学，通过激活样品元素产生放射性并测量γ射线强度来确定元素浓度，因其高灵敏度和准确性，在医学领域具有重要价值。

氨基酸测定：甲醛滴定法用于测定游离氨基酸，包括单指示剂（如百里酚酞、酚酞）和双指示剂（中性红-百里酚酞）方法。这些方法基于甲醛与氨基反应，中和碱性，然后用强碱滴定羧基。电位滴定法则通过加入甲醛固定氨基碱性，使用酸度计确定滴定终点，并根据耗用的NaOH量计算游离氨基酸含量。

采用茚三酮显色法进行测定。在碱性条件下，氨基酸可与茚三酮发生反应，形成蓝紫色的络合物，其最大吸收波长位于570 nm。该络合物的吸光度与氨基酸的浓度呈正相关关系。

（3）Van Soest洗涤纤维分析法（范氏分析）。植物性饲料煮沸后不溶性残留物称为中性洗涤纤维（NDF），主要由细胞壁组成。酸性洗涤处理后残留物为酸性洗涤纤维（ADF），含纤维素、木质素和硅酸盐。使用72%硫酸处理后，残留物主要由木质素和硅酸盐构成，据此可计算纤维素含量。灰化处理这些残留物释放的物质，即为酸性洗涤木质素（ADL）含量。

（4）近红外线分析技术。近红外光谱技术（NIRS）是一种快速高效的分析工具，在饲料质量检测等领域广泛应用。它通过漫反射方式获取近红外区域的光谱信息，并利用化学计量学原理建立物质光谱与成分含量之间的关联模型，实现快速定量分析。NIRS技术在测定饲料中的主要营养成分，如粗蛋白质、水分和脂肪含量方面发挥了重要作用。此外，还开发了针对玉米酒精糟及其副产品（DDGS）中氨基酸含量的预测模型。NIRS技术也适用于测定饲料中有毒有害成分、抗营养因子及药物成分，如棉籽中的植酸含量、油菜籽中的植酸和芥子碱含量、棉仁粉中的棉酚含量的预测模型。这些应用提高了饲料质量检测的效率，为饲料的生产与加工提供了科学依据，确保了饲料的安全性和营养价值。

3.2.1.2 动物排泄物分析

粪便成分分析在消化试验中扮演着至关重要的角色，能够准确评估饲料的可消化养分含量及消化能水平。然而，若仅依赖粪便样本对矿物质元素的吸收率进行评估，可能因内源性矿物质排泄量较大而导致结果不准确。为获得更为精确的测定结果，需结合同位素标记技术进行综合考量。

尿液中含有多种无机和有机化合物，这些化合物主要源自生物体内的代谢活动。尽管尿液中这些化合物的浓度受多种因素的影响，但在健康状态下，它们通常维持在一定的水平范围内。尿液化合物分析可评估代谢和营养状况。维生素作为辅酶，对代谢至关重要，缺乏会导致代谢停滞和尿液代谢产物变化。尿液代谢物排泄量反映营养状况，如叶酸不足会使亚胺甲基谷氨酸含量增加，烟酸缺乏降低N-甲基烟酰胺水平，B族维生素缺乏则增加黄尿酸或犬尿酸含量。

3.2.1.3 动物组织分析

生物样本如肝脏、肾脏等在营养研究中用于分析营养素、代谢产物和酶活性，对确定营养需求和评估动物营养状态至关重要。结合饲养、平衡和屠宰试验有助于精确界定动物营养素需求。研究中常用的生物标志物包括血浆谷胱甘肽过氧化物酶、血清碱性磷酸酶等，它们是评估微量元素和维生素营养状况的敏感指标。酶活性测定需严格控制样本保存和测定条件。评估营养状态时，除考虑含量、酶活性和代谢产物外，还需综合其他敏感指标和生长反应。

3.2.2 消化试验

通过对饲料进行化学成分分析，仅能掌握其营养成分的组成，但此方法无法充分揭示这些成分在动物体内的消化吸收效率。从理论上讲，若动物摄入的饲料在消化过程中，所有被吸收的营养素与动物的生理需求完全一致，则这些营养素的利用效率理论上可达到100%。然而，现实情况表明，总有一定比例的营养物质（20%～30%）无法被吸收。

通常，将被吸收的营养素占摄入营养素的百分比定义为消化率。测定营养素及能量消化率通常通过消化试验来完成。消化试验是一种评估动物对饲料中营养物质消化利用率的技术手段。试验涉及收集动物粪便，测定其营养素和残留物含量，以评估饲料价值。家禽消化试验一般分为体内消化试验（*in vivo*）、离体消化试验（*in vitro*）两种类型，对饲料原料的营养价值进行快速、精确评价，对于提高生产效率、合理配制白羽肉鸡饲粮配方具有重要意义。

3.2.2.1 体内消化试验

在动物营养学研究中，测定饲料养分消化率通常用体内消化试验，分为全收粪法和指示剂法。

全收粪法。家禽生命活动过程的代谢产物除体热和气体、微量分泌物、表皮脱落物外，其余部分通过粪尿排出。由于其粪尿一起经泄殖腔排出，家禽的粪尿统称为家禽的排泄物。为测定饲料中营养成分或能量的消化率以及饲料的消化能值，必须通过动物消化试验进行。依据粪便收集部位的差异，全收粪法可进一步细分为肛门收粪法与回肠末端收粪法。

指示剂法。指示剂法是一种用于评估食物消化率的体内消化试验方法。在试验中，向实验动物的消化道中添加一种不易被消化吸收的物质，称为指示剂。这种指示剂可以是染料、化学物质或其他任何可以在动物粪便中检测到的物质。外源指示剂需要在饲料中均匀混入一些不能被动物消化的无害成分，如三氧化二铬和二氧化钛等。而内源指示剂则是饲料中本身存在的不被动物消化的成分，如酸性洗涤木质素和盐酸不溶灰分等。该类指示剂具备不被动物消化吸收的特性，并能在饲料中均匀分布，同时展现出较高的回收率。采用消化指示剂法能够更精确地揭示饲料的消化状况，进而对饲料营养价值进行评估，为动物饲养管理提供科学依据。但需要注意的是，指示剂的选择和使用方法可能会受到多种因素的影响，如饲料的组分、动物的种类和饲养环境等。因此，在使用消化指示剂法时，需要综合考虑各种因素，以确保测定结果的准确性和可靠性。此外，尽管消化指示剂法是一种有效的测定方法，但在实际操作中仍存在一定的局限性。例如，盐酸不溶灰分作为内源指示剂时，可能受到地面灰尘、砂石等污染物的影响，从而影响测定结果的准确性。因此，在选择和使用指示剂时，需要充分了解其特点和局限性，并结合实际情况进行选择和优化。总的来说，消化指示剂法是一种重要的饲料养分消化率测定方法，通过合理选择和使用指示剂，可以提供准确的饲料消化情况信息，为动物的饲养管理提供有力支持。

TME真代谢能法-肛门全收粪并用内源氮校正法。1976年，Sibbald研发了一项技术，旨在迅速测定真实代谢能，该技术被命名为饥饿-强饲-收粪法。该技术实施步骤包括：对成年雄性鸡只实施禁食处理，随后对其进行定量饲料的强制投喂，并收集其粪便样本。通过对粪便样本中氨基酸含量的测定，可以进一步计算出氨基酸消化率（Sibbald，1976）。1989年，Rhone-Poulenc动物营养研究所对此技术进行了优化，并发展出了TME改良法，该方法分为常规法和改进法两种。常规法通过禁食处理来收集内源氨基酸的排泄量，而改进法则通过投喂无氮饲料来进行测定。在改进法中，除了投喂待测饲料外，还会额外提供蔗糖或葡萄糖、矿物质以及维生素。尽管TME法能够迅速评估多种饲料原料的氨基酸消化率，但其测定结果可能受到多种因素的影响，包括粪便与尿液无法有效分离、肠道微生物的干扰以及消化酶分泌的变化等。此外，若直接将该方法的结果应用于其他类型的鸡只，可能会存在一定的误差。

回肠末端法。回肠氨基酸消化率（AID）、标准回肠氨基酸消化率（SID）以及真回肠氨基酸消化率（TID）是评估饲料原料氨基酸营养价值的关键指标。在对鸡饲料中氨基酸消化率进行评估时，SID方法因其能够校正内源氨基酸损失而被广泛采纳。该方法能够排除饲料中氨基酸和蛋白质含量对消化率的干扰。相对而言，TID的测定涉及禁食和强制饲喂步骤，可能对试验鸡的生理状态产生影响，因此通常仅适用于成年鸡。鉴于饲料生物学效价的评定宜在动物快速生长期进行，采用SID方法进行评定更为恰当。大肠微生物通过发酵饲料中的蛋白质和氮化合物合成菌体细胞，导致粪便中菌体蛋白含量变化，尤其当饲料中糖类物质含量高时，部分饲料氮以简单化合物形式进入大肠。这说明饲料和粪便分析得出的蛋白质和氨基酸消化率可能与实际吸收值不同。测定回肠末端氨基酸消化率能更准确反映动物实际吸收情况。该方法避免了盲肠微生物和尿源性氨基酸干扰，允许自由摄食，减少生理应激，适用于不同年龄鸡群，更接近实际养殖条件。但此方法也有局限，如鸡死亡后肠道黏膜脱落可能影响结果，且该法耗时和成本较高。

3.2.2.2 仿生消化法

仿生消化法是一种体外消化率测定法，通过模拟动物胃肠道内消化酶的水解反应过程以实现对饲料营养价值的快速评定。中国农业科学院北京畜牧兽医研究所近20年来在饲料营养价值评定方面开展了大量的研究，研发了一套具有自主知识产权、全自动模拟畜禽饲料消化的仿生消化系统。并对该技术的重演性、可加性及准确性进行了系统研究，实现了对饲料营养价值的评定从"传统动物试验"到"实验室标准化、精准化、工业化"测定的转变，解决了饲料营养价值评定数据"车不同轨、书不同文"的基本问题，为精准营养、非常规饲料资源评价和利用提供了新的技术平台。

仿生消化法包括4个方面：一是创建了禽用肠道瘘管活体采集食糜的技术，获得了不同饲粮营养水平及组成结构下，动物体内较为系统的消化参数，包括胃肠道消化液中消化酶的活性、离子浓度、pH值、食糜停留时间、食糜粒径等。二是发明了从动物体内获取同种同源、高比活性，并实现速溶的消化酶制备技术。基于体内消化液组成参数，分家禽品种开发了标准化的模拟消化液试剂盒产品。三是根据动物体内的消化过程，创制了全自动模拟体内消化过程的仿生消化系统。该系统由模拟消化器和控制系统组成。其中模拟消化器由若干部分组成，包括透明玻璃管、透析袋、缓冲液出入口、消化液泵入管以及翻口硅胶塞。透析袋内部模拟的是胃肠道的内环境（消化环境），而袋外部则代表毛细血管体液环境（吸收环境）。该系统采用先进的计算机编程语言与微控制单元技术。通过上述技术整合，成功实现了对动物胃肠道消化过程的全面自动化模拟。已开发了三代全自动单胃动物仿生消化系统产品。四是基于体内消化参数、模拟消化液试剂盒和全自动仿生消化系统，分动物品种建立了用于测定饲料有效能、可消化氨基酸、可消化碳水化合物以及可消化磷的仿生消化方法体系。

仿生消化法克服了传统动物试验方法评定饲料营养价值时，存在过程烦琐、时间长、成本高、误差大的缺陷，比GB/T 26437—2010的精度提高了5倍、测试效率提高了66倍、测试成本降低了87%。对比现有体外模拟消化方法，仿生消化法克服了消化液及消化参数与动物体内实际条件匹配度低、全程手工操作、难以标准化的问题。单胃动物仿生消化技术已实现商业化应用。

仿生消化法可以实现对肉鸡饲料营养价值的快速评定，应用于饲料原料数据库的构建。仿生消化法与体内法测定常用饲料原料代谢能值的相关系数大于0.97，总氨基酸消化率的相对偏差小于5%，相关系数在0.93以上。并且通过肉鸡饲养试验检验了仿生消化法评定饲料原料的营养价值精准、可靠。企业采用仿生消化法快速测定饲料原料的有效能，分饲料原料种类建立以化学成分动态估测有效能的系列模型，形成的饲料营养价值动态数据库可应用于饲料配方。在高粱、小麦、大麦、糙米（混掺）替代玉米、杂粕替代豆粕，以及饲料原料的期货定价方面，仿生消化法都发挥了颠覆传统方法的技术优势。

此外，仿生消化法在白羽肉鸡相关的外源酶添加效果试验研究中得到了广泛的应用。研究人员可采用第3代单胃动物仿生消化系统（SDS-Ⅲ）进行模拟胃肠液体外消化试验，在白羽肉鸡基础饲粮中分别添加不同水平的非淀粉多糖酶（如木聚糖酶、β-葡聚糖酶、纤维素酶、β-甘露聚糖酶、α-半乳糖苷酶、果胶酶），以还原糖释放量和干物质消化率的提升为评价指标，该试验旨在确定单一酶制剂的最佳添加量。进一步地，采用Design-Expert 8.06软件中的Box-Behnken响应面法对多种单一酶制剂进行复配，以还原糖释放量和干物质消化率的提升为响应变量，从而确定复合酶制剂的最佳组合配方。该试验通过模拟鸡的消化过程，探讨了外源性蛋白酶对饲料中总能和氨基酸消化的影响，并确定了其最佳添加量。研究还评估了在不同条件下，外源性蛋白酶对饲料养分消化率的作用，以及其对提高常用饲料原料消化率的效果，目的是为评估饲用酶制剂的有效性提供科学依据。通过建立肉鸡体外模拟消化模型，利用单胃动物仿生消化系统测定外源酶对肉鸡饲粮体外降解效率、养分消化率及代谢能的影响，该研究旨在为准确评价饲用酶制剂的有效性提供理论支撑。

仿生消化技术不仅在饲料中能量、蛋白质等营养成分的效价评估、饲用酶制剂的酶学特性研究以及酶谱筛选方面得到应用，而且在开发与验证改善饲料营养消化相关产品、制定动态营养需求量的饲养标准等研究领域中具有广泛的应用前景。

3.2.3 平衡试验

氮平衡试验。氮平衡试验用于评估动物的蛋白质需求和饲料蛋白质的利用效率，以及比较不同饲料或日粮的蛋白质质量。该试验通过测定动物摄入饲料及排泄物（粪便与尿液）中的氮含量，进而计算出机体氮沉积量。该测定技术除涉及体内氮沉积分析外，其余步骤与消化代谢试验保持一致。通常，试验在特制的代谢笼（或柜）中进行，以实现粪便和尿液样本的分别收集。

根据摄入氮、粪氮和尿氮可进行如下计算：

氮的消化率=（摄入氮-粪氮）÷摄入氮

沉积氮=摄入氮-（粪氮+尿氮）

氮的总利用率=沉积氮÷摄入氮

氮的生物学价值（BV）=沉积氮÷吸收氮

能量平衡试验。能量平衡试验旨在探究动物的能量代谢规律，精确测定其能量需求以及饲料能量的利用效率。评估手段主要包括以下两方面：一是需对摄入能量的分配情况进行精确测量，涵盖粪便、尿液排出，皮肤及毛发损失，生长发育，产品产出以及维持体温所消耗的能量；二是可利用碳氮平衡原理进行推算，鉴于动物的能量主要源自含有碳氮元素的有机物。该试验依据测量方式的不同，可分为直接测热法与间接测热法两大类。

碳、氮平衡试验法。在进行碳、氮平衡试验以评估动物对能量需求或饲料能量利用效率时，必须测定摄入饲料、粪便、尿液、甲烷（CH_4）和二氧化碳（CO_2）中碳和氮的含量。该方法基于一个假设，即能量的储存与分解仅涉及脂肪和蛋白质。

3.2.4 代谢试验

3.2.4.1 代谢能（ME）测定

传统上，代谢能的测定通过常规代谢试验进行，涉及计算动物摄入和排泄的总能量，以确定饲料的表观代谢能。这些试验分为全收粪法和指示剂法两种，这是依据排泄物的收集方式不同划分的。

强饲/自由采食—全收粪法。

强饲—全收粪法：在测定鸡饲料的表观代谢能及氨基酸利用率的研究中，通常选取健康的成年雄性鸡作为试验对象。试验过程中，通过强制喂食特定量的试验饲料，并利用塑料瓶或集粪盘收集排泄物。该方法允许对单一饲料进行直接研究，且在测定饲料代谢能值时无须考虑饲料的适口性因素，具有测定速度快、节省人力物力、结果可靠和准确性高的优点。然而，研究也指出强制喂食法存在若干缺陷：对鸡只造成较大应激反应；该方法不适用于测定雏鸡的代谢能值及氨基酸利用率；强制喂食的饲料量较低，无法反映鸡只在自然状态下的实际采食量；此外，试验者对强制喂食技术的掌握程度亦会对测定结果产生影响。诸多因素，如禁食时间、排泄物收集时间及强制喂食量等，均可能对测定结果产生影响。鉴于强制喂食法的局限性，建议在成年白羽肉鸡的正常生长条件下开展代谢试验，可参考《畜禽饲料有效性与安全性评价 强饲法测定鸡饲料表观代谢能技术规程》（GB/T 26437—2010）。测定指标及计算方法如下：

饲料原料：测定饲料原料干物质含量、总能（G_f）。

排泄物：测定各组鸡排泄物总烘干排量（E）、烘干排泄物能值（G_e）和总氮含量。

$$AME = \frac{I \times G_f - E \times G_e}{I}$$

$$TME = AME + 内源组排泄物总能$$

式中，AME为表观代谢能；I为采食量；TME为真代谢能。

自由采食—全收粪法：该方法通过在鸡笼下放置集粪盘或用塑料布铺设的方法来搜集粪便，这种方法适合用于以单只或几只鸡为一组进行试验。为保证及时性，收集应多次进行，一天中可进行多次，并须仔细拣除排泄物中的饲料、羽毛和皮屑，以免污染。尽管该方法存在一些缺点，如忽视肠道末端生物对氨基酸利用率等，但由于对动物应激较小、饲养方式最接近生产条件、易操作等优势，已成为评定鸡代谢能和营养物质利用率的重要方法之一。然而，其缺点包括工作量较大、测定速度较慢和成本较高。此外，试验用鸡在采食过程中可能会引起饲料的溅落损失，或饲料颗粒黏附于集粪盘或塑料布表面，同时部分排泄物亦可能附着于上述表面，导致无法完全回收，从而增加了准确测定能量摄入量和排泄量的难度。

指示剂法。相较于全收粪法，指示剂法的核心优势体现在其无须进行全收粪作业及采食量的计算，从而简化了操作流程，提高了效率。该方法适用于多种畜禽类动物，具有较高的适用性和便捷性。此外，指示剂法对实验动物造成的应激较低，特别适合用于幼龄生长中的家禽和产蛋期的家禽，同时可以与饲养试验相结合。然而，这种方法也有其局限性：它耗时且费力，测量过程缓慢，准确测定进食量存在困难。在自由采食条件下，鸡会根据口味选择性地进食，导致一些不受欢迎的饲料摄入量减少且不稳定。

3.2.4.2 净能（NE）测定

由于家禽的粪便和尿液通常无法分离，评估它们的能量价值时，普遍采用的是代谢能的计算方法，即通过从饲料的总能量中减去粪便和尿液排泄物的总能量来得出代谢能。然而，该代谢能计算体系存在若干缺陷。该体系未考虑抗营养因子和热增耗的影响，无法精确反映动物实际能量需求。净能体系则考虑了采食过程中的热增耗，通过分析维持净能和生产净能评估家禽能量需求，更接近真实生物有效能。

维持净能的测定。动物摄食产生的热量分为三部分：基础代谢、热增耗和随意活动产生的热量。当代谢能量摄入为零时，热增耗也为零，此时基础代谢和随意活动产生的热量总和即为维持生命的净能量。鉴于理想条件下基础代谢的准确测量是可行的，通常采用绝食代谢产热量（FHP）作为基础代谢热产生的替代指标。家禽在绝食状态下的代谢产热量测定值，即为维持净能。

热增耗的测定。在应用直接测热法时，实验动物被置于测热室内，通过对比摄食前后向环境释放的能量差异，以此差值作为热增耗的指标。然而，该方法在精确测定由运动引起的代谢变化方面存在一定的局限性。相比之下，间接测热技术能够对摄食后动物产生的总热量进行评估，并据此计算出热增耗。总产热量涵盖了热增耗、绝食状态下的基础代谢产热量以及运动产热量。通过计算总产热量与绝食代谢产热量之间的差值，可以近似地得到热增耗的数值。

生产净能的测定。评估生产净能通常用比较屠宰法和碳氮平衡法。比较屠宰法通过屠宰前后动物的能量差异来计算能量沉积，但操作复杂且无法准确反映体内成分变化。碳氮平衡法通过测定饲料和排泄物中的碳氮含量，结合碳、氮与蛋白质、脂肪的相关比例和化学产热系数来推算蛋白质和脂肪沉积量，进而得出生产净能量。国外研究者更偏好使用双能X射线吸收法（DEXA），因为它能直接测量畜禽体内蛋白质和脂肪沉积量，并显示能量在不同组织中的分配模式。

3.2.5 饲养试验

饲养试验，亦称生长试验，是在模拟实际养殖环境条件下，向动物提供具有明确营养成分的饲料或饲粮，通过检测动物的生产性能、理化指标以及健康状况等各项反应，以评估该饲料的饲喂价值。该试验可用于比较饲料的优劣，筛选高效饲粮配方，完善饲料营养价值的评定。这种方法能够客观反映综合效应，模拟了实际的生产环境，有助于推广应用，并且可以作为试验验证的手段。尽管如此，它并不能全面评估饲料的营养价值，而且，这一过程需要较长的时间周期且成本较高。

3.2.6 其他试验技术

3.2.6.1 模拟模型法

饲料原料代谢能值的回归模型法预测。在实际生产过程中，对饲料代谢能的直接测定并不普遍，研究者往往偏好引用文献中已有的数据。然而，鉴于饲料来源及种类的多样性，其营养成分存在显著波动，直接采用文献中的代谢能值可能会引起与实际含量的偏差。回归分析法作为一种通过饲料化学成分间接估算代谢能的手段，与动物营养学原理相契合。该方法的优势在于节省时间和劳力，并且能够提供相对精确的结果，同时减少试验所需的动物数量，有效降低试验成本并缩短试验周期。这有利于生产者、饲料配方人员对肉鸡饲料配方、饲料质量控制进行快速决策。饲料生产单位、养鸡生产者和饲料检测部门均可以随时掌握饲料代谢能含量，可随时检测饲料产品质量，对饲料工业和畜牧业的发展具有重要的现实意义。

家禽代谢能值的回归方程研究较多，构建了多种原料的回归方程。可根据具体研究背景和实际需求进行选择。在构建用于预测饲料代谢能量的回归方程时，必须综合考量多个关键因素。为了增强预测的精确性，方程应包含广泛的变量，尤其是那些对能量代谢产生显著影响的化学成分。例如，在玉米等能量密集型饲料中，淀粉和脂肪的含量，以及在饼粕类蛋白质饲料中的粗蛋白质含量，均是重要的考量因素。理论上，方程中自变量的数量越多，回归平方和越大，剩余平方和越小，相应的剩余标准差（RSD）也越小，从而提升模型的拟合度。此外，从简便性角度出发，回归方程中的变量应尽可能少，因为变量过多意味着需要测定更多的化学成分，方程的构建过程也会变得更加复杂。如果方程中包含了对代谢能量影响不大或无影响的变量，可能会导致RSD增加，从而影响方程的稳定性。因此，理想的回归方程应该只包含那些对代谢能有显著影响的变量，排除那些不显著的变量，通常采用逐步回归分析来实现这一点。采用此方法建立了以玉米、豆饼粕、棉籽饼粕、菜籽饼粕、鱼粉和肉鸡配合饲料的代谢能值与化学成分的回归方程，其RSD均较低，玉米和豆饼粕公式检验结果表明，实测值和估算值的相差范围均在生物学法测定偏差范围内。各种定标饲料、检测的饲料和回归法估算与强饲法（用去盲肠公鸡）测定值的相关关系极显著。

饲料原料净能值的回归模型法预测。通过动物试验建立回归方程是准确评估饲料原料净能值的有效方法。研究者通常使用化学成分和结构不同的饲料配方，测定其净能值，并与代谢能及化学成分关联，构建预测模型。肉鸡在不同生长阶段、养殖方式和环境下，对饲料能量的利用率有显著差异，因此选择预测模型时应考虑与动物、试验条件相匹配的方程。统计学上，选择RSD小、相关系数大的模型更合适。国内研究者关注饲料原料净能值与化学成分的关系，国外研究者则关注不同营养成分的饲料，分析其净能值与氮校正表观代谢能和化学组成的关联。净能预测方程显示，表观代谢能的准确性对提高预测方程的精确度和实用性至关重要。饲粮净能值可通过代谢能和营养成分或可消化营养成分的组合来估测。

3.2.6.2 微量元素的生物学利用率测定

放射性同位素法。放射性同位素技术在评估生物体内矿物质元素的利用效率方面发挥着重要作用，其原理是通过测定生物组织中特定标记矿物质元素的累积浓度。该技术能够精准揭示微量元素在生物体内的分布模式,因而被视为一种精确的测定手段。然而,此方法的实施依赖于特定的实验设备,并且伴随着较高的成本。放射性同位素技术广泛用于评估饲料原料中矿物质的生物利用率,但很少用于测定有机微量元素的生物利用率。这种局限性可能源于有机微量元素添加剂在常规饲料中吸收率测定的精确度不够。

斜率比法。斜率比法是评估微量元素生物利用率的常用方法,基于指标 y 与被测元素在饲粮中的浓度 x 的线性关系。通过多元线性回归模型中被测物质斜率与标准物斜率的比值,可确定元素源的相对生物利用率。该方法操作简单,适用于多种元素,但需要创建特定浓度梯度和较多实验动物。为简化实验,研究者开发了三点法、标准曲线法和平均值比法。三点法适用于特定浓度范围内线性关系明显的情况,通过两个浓度梯度的 y 值计算相对生物利用率。标准曲线法通过构建标准源的标准曲线,选取线性回归范围内的一点,构建待测样品直线方程,计算相对生物利用率。平均值比法适用于两种或多种微量元素比较。在缺乏共同对照点时,该方法通过计算指标平均值进行比较,当添加元素占主导比例时,其结果精确度较高。

3.3 饲料资源开发

3.3.1 常规原料高效利用技术

随着全球肉类需求不断增长,肉鸡养殖业的可持续发展面临日益严峻的挑战。传统的养殖模式存在对常规原料(如玉米、豆粕等)过度依赖的问题,而这些原料的供给受季节性和地域限制,价格波动也影响养殖成本。因此,如何高效利用这些常规原料成为降低饲料成本和提高养殖效益的重要途径。

3.3.1.1 豆粕

就畜禽而言,豆粕因其具备较高的蛋白质含量,能够充分满足畜禽对于蛋白质的营养需要,故而深受养殖业的推崇。但需注意的是,我国的大豆产量相对较低,每年在2 000万t上下,而我国每年的大豆消费量却超过1亿t,如此巨大的差距导致国内产量无法满足实际需求。为了有效填补饲用和食用方面的缺口,我国不得不大量进口大豆。仅在2023年,大豆的进口量就达到了9 941万t。

为了提高豆粕消化利用效率,饲料工业和畜牧行业常选择破碎、制粒、发酵和添加酶制剂等途径。研究发现,发酵后的豆粕中粗蛋白质、粗脂肪、粗灰分、可溶性固形物的含量分别提高了9.47%、4.38%、2.84%、30.83%。用3%湿基发酵豆粕等量替代豆粕,对小型白羽肉鸡的生长性能、屠宰性能和肠道健康无不良影响,但可降低养殖成本、提高经济效益。使用高温调质、低温制粒的工艺,日粮中添加5%~10%湿基发酵豆粕可以提高颗粒质量，改善肉鸡生长性能、抗氧化能力和肠道形态。小麦-豆粕型日粮的调质时长在2~4 min时，对肉鸡生长性能无负面作用，2 min的调质时长不仅能够提升肉鸡对干物质、粗蛋白质以及钙的沉积率，还能够优化空肠绒毛高度。

我国饲料工业已迈入豆粕减量替代的新时期，豆粕在饲料中的占比已降至15%以下，相关数据表明，我国持续深入推进豆粕减量替代工作，这一举措将显著减轻粮食进口所面临的压力。与此同时，采用非常规蛋白源如棉籽粕、菜籽粕、玉米酒精糟等植物性蛋白和昆虫蛋白、羽毛粉、肉骨粉等动物性蛋白来替代豆粕，可有力推动饲料原料向多样化的方向发展，不仅充分发挥不同饲料原料之间的互补优势，还能够促使饲料来源趋于多元化，有效破解进口大豆带来的粮食安全问题。

3.3.1.2 稻谷及其加工副产物

稻谷是水稻籽实，主要由20%左右的稻壳（即统糠、粗糠）、5%~6%的种皮（即米糠层）、2%~3%的胚芽及70%~75%的胚乳组成。稻谷作为世界上食用人口最多的谷物，我国2023年稻谷播种面积为2.8949×10^7 hm^2，产量为2.07亿t。由于我国政策的变化，目前稻谷仓储量持续攀升，而储存时间过长会使稻谷出现质量下滑、适口性降低、营养成分减少等问题。稻谷是所有谷物外皮中营养最低者，稻壳中粗纤维含量超过40%，而且粗纤维中有一半以上是不易消化的木质素，稻壳中粗蛋白质含量仅3%。稻壳本身的营养很低，同时还影响其他营养物消化，一般作为添加剂载体或养殖垫料。稻谷的纤维、有效磷含量略微高于玉米，有效能值低于玉米，将稻谷及其副产品替代饲料中部分的玉米等能量原料，不仅有助于充分利用稻谷资源，同时也能减轻对玉米的需求压力。目前稻谷在家禽饲料中也使用，但是稻谷的高纤维特性制约了其在禽料中的添加比例。

饲粮使用25%或50%的稻谷替代玉米均不会对肉鸡生长性能和消化器官指数产生不利影响，并且50%稻谷替代组还可以提高回肠绒毛面积、十二指肠细胞面积、十二指肠和空肠上皮细胞数量。此外，用稻谷替代肉鸡饲粮中40%的玉米，不会对1~21 d肉鸡生长性能和屠宰性能造成不良影响，但全部替代会对22~42 d肉鸡增重产生不良影响。此外，使用早籼糙米50%~100%替代玉米饲喂肉鸡对其生长性能无负面影响。也有研究认为使用糙米100%替代玉米饲喂肉鸡，肉鸡体增重和饲料转化率更高。《猪鸡饲料玉米豆粕减量替代技术方案》指出，猪鸡饲料中稻谷可添加比例为20%~30%。在稻谷使用时应确保代谢能不高于3 100 kcal/kg。日粮中使用36%和48%的稻谷对肉鸡生长性能无负面影响。白羽肉鸡前期、中期和后期日粮中稻谷的推荐最高用量分别为30%、40%和50%。

稻谷具有较高的营养价值，通过适宜的处理方式（如酶制剂处理、脱壳等），可应用于家禽饲料中，且其饲喂效果与玉米相当。针对稻谷在家禽生产上的应用展开研究，可以为家禽生产者提供更为精准有效的指导，使其能够更为出色地利用稻谷资源，提高养殖的实际效果，还将有利于削减对玉米饲料的依赖程度，实现饲料成本的合理降低。

糙米为稻谷去壳后的产品，由皮层、胚乳和胚组成。其营养价值比稻谷高，消化率和能值与玉米相似，蛋白质略高于玉米，氨基酸组成与玉米相近，可以100%替代玉米。使用时关注其新鲜度及对鸡体着色的影响。研究认为，11～28日龄肉鸡日粮中使用40.7%的糙米对肉鸡生长性能无负面影响。日粮添加47%的糙米对肉鸡的生长性能无负面影响。日粮添加57.65%糙米显著提高了肉鸡的生长性能。碎米是指稻谷加工过程中产生的破碎米粒（含米粞）。Mir等发现，日粮中使用40%的碎米对肉鸡的生长性能无负面影响（Mir et al.，2018）。白羽肉鸡各阶段日粮中糙米的推荐量均不设上限，根据配方需要确定。《猪鸡饲料玉米豆粕减量替代技术方案》指出，猪鸡饲料中糙米和碎米的可添加比例为20%～40%。

米糠是全脂米糠的简称，是糙米在碾压过程中分离出的皮层，含有少量胚和胚乳。米糠的内部混合了少量的粗糠和碎米，其中粗纤维含量低于13%。米糠蛋白质中，第一、第二限制氨基酸分别为赖氨酸及蛋氨酸，精氨酸含量较高。米糠中的植酸盐类含量偏高，范围在10%～15%。全脂米糠含有胰蛋白酶抑制因子，这种因子可通过加热消除，若大量采食未处理的全脂米糠，会导致蛋白质消化不良。米糠所含粗脂肪里，不饱和脂肪酸含量较高，全脂米糠因而极易氧化酸败，在高温季节使用时需关注这一现象。当在鸡饲料中用全脂米糠替代玉米时，需考虑全脂米糠中胰蛋白酶抑制因子和植酸的影响。此外，全脂米糠容易变质，在鸡粉状料中其用量可达5%～10%，而在颗粒状饲料中可适当增加至10%～20%，若用量过高会对适口性产生影响。Sanchez等发现，0～24日龄的肉鸡日粮中使用5%的米糠对生长性能无负面作用，但24～35日龄的肉鸡日粮中使用11%的米糠对生长性能有负面影响。3～7周龄的肉鸡日粮中使用20%的米糠对生长性能无负面影响。白羽肉鸡和肉蛋杂交鸡前期、中期和后期日粮中推荐的最高用量分别为5%、10%和20%（Sanchez et al.，2019）。

3.3.1.3 小麦及其加工副产物

《国家统计局关于2023年粮食产量数据的公告》显示，2023年我国小麦播种面积约为$2.36 \times 10^7 hm^2$，总产量为13 659万t。小麦中的粗蛋白质、钙、植酸磷含量均明显高于玉米，但小麦中的非淀粉多糖、淀粉酶/胰蛋白酶抑制剂和麸质可能会导致食糜黏度增加，破坏肠道完整性、增加内源性氨基酸流失、降低淀粉和蛋白质的表观消化率，并激活肉鸡炎症细胞因子释放。因此，在饲粮生产中小麦的使用通常要搭配木聚糖酶、葡聚糖酶等非淀粉多糖酶。

皮大麦含有较高的淀粉，约占干物质的60%，粗蛋白质含量（9.5%～13%）以及赖氨酸（0.6%）、色氨酸和异亮氨酸含量高于玉米，钙、磷也比玉米稍多，但胡萝卜素不足。皮大麦有着较厚的种皮，纤维含量高于玉米，5%左右，其中酸性洗涤纤维含量处于5%~7%，中性洗涤纤维含量是18%~24%，而皮大麦壳内的粗纤维含量高达18%~34%。同时，胶质皮大麦含有较多的β-葡聚糖和支链淀粉（占总淀粉的97%），白羽肉鸡前期、中期和后期日粮中皮大麦的推荐最高用量分别为10%、15%和30%。

50%的小麦型肉鸡饲粮中添加木聚糖酶可提高养分消化率、增强肠道屏障功能和免疫与抗氧化功能，同时可降低食糜黏度与pH值，促进肉鸡生长。以小麦替代40%玉米并添加葡聚糖酶和木聚糖酶饲喂肉鸡可达到玉米-豆粕型饲粮相同的饲喂效果，但当小麦替代玉米超过60%时，肉鸡的生长性能和屠宰性能显著下降。酶的添加可能是通过分解小麦中含有的抗营养因子、减缓由抗营养因子造成的"笼蔽效应"将被包裹的养分释放出来，供机体消化、吸收和利用，同时降低了肠道食糜黏度、增加肠道与营养物质的接触面，进而改善营养物质的表观消化率来提高动物的生长性能。

小麦全量取代玉米用于鸡饲料中，效果可达玉米的90%左右，主要与小麦中所含的非淀粉多糖有关。随着饲料用酶制剂技术的成熟，如果在日粮中添加木聚糖等复合酶，小鸡阶段可以取代玉米的30%~50%，中大鸡阶段可以取代玉米的50%~100%。小麦如果作粉料，不宜粉碎太细，否则容易引起粘嘴现象，造成适口性差，采食量降低；如果作颗粒饲料，则不会有影响；使用10%~20%整粒小麦，能够促进肉鸡肌胃发育。出壳~6日龄肉鸡日粮使用5%的小麦，6~13日龄使用20%小麦，13~27日龄使用50%小麦，27~48日龄使用65%小麦，均不影响白羽肉鸡的体增重。白羽肉鸡前期、中期和后期日粮中小麦的推荐最高用量分别为30%、60%和无上限。

饲料粉碎粒度过于精细会致使其流动性增强，从而加重对消化道的损伤。倘若家禽长期采食颗粒过度细小的饲料，可能致使家禽出现肌胃糜烂，引发胃肠功能的衰退乃至死亡。针对以上情况，在肉鸡饲粮中使用一定量的整粒小麦能促进肌胃发育，降低生产成本，且不会对肉鸡生长和屠宰性能造成不利影响。

随着研究深入和技术进步，在小麦用于饲粮方面有望取得更多成果，进一步优化小麦型配方中酶制剂的使用方案，发挥其营养价值，降低抗营养因子影响，提高肉鸡生产性能、健康状况和养殖效益。饲料加工方面，更注重科学控制粒度，避免过细损伤消化道，研发新技术和设备精准调节，满足家禽需求，降低健康风险。

小麦麸是小麦在加工过程中所分出的麦皮层。小麦麸含有较高的粗蛋白质，含量在11.77%~17.02%，粗脂肪含量为2.33%~3.35%，粗纤维大概占8.45%。维生素A、维生素D的含量偏少，不过维生素E、B族维生素的含量比较高；矿物质元素丰富，钙含量较少，磷含量偏多，且磷主要是以植酸磷的形式存在。小麦麸有轻泻作用，其口感粗糙，有苦涩味。它吸水性强，容易霉变，也易受呕吐毒素污染，所以不适合长时间存放。同时，鉴于它结构疏松这一特性，在动物生产中，其常作为添加剂预混料、吸附剂和发酵饲料的载体。早期研究报道，提高小麦麸用量能促进消化道（肌胃、小肠和盲肠）发育，但过高的用量对养分——钾、钠、钙、镁及磷的利用率不利。因此，小麦麸在鸡日粮配方中用量受到限制。白羽肉鸡前期、中期和后期日粮中小麦麸的推荐最高用量为5%、10%和10%。

小麦次粉是小麦在磨粉过程中产生的副产品，其源于胚乳和皮层的结合处，主要成分有表皮、糊粉层、胚芽和面粉，且含有丰富的蛋白质、矿物质和纤维素。小麦次粉的总纤维质含量占比通常不超过10%，灰分质量占比为1.4%~4.0%。次粉日粮中加入戊聚糖酶后，肉鸡的表观代谢能值大幅提高，并改善了生长性能，1~21日龄和22~42日龄阶段次粉用量均为30%。日粮中使用5%的小麦次粉对肉鸡的生长性能有积极影响。白羽肉鸡前期、中期和后期日粮中次粉的推荐最高用量分别为10%、15%和20%。

3.3.1.4 高粱

高粱为世界第五大粮食作物，在世界范围内年产量约为6 500万t，我国2023年的总产量是337.7万t，高粱主要应用于酿酒和饲料行业。合理利用高粱资源，可降低玉米价格上造成的压力。高粱作为优质的能量型饲料原料，地位仅次于饲用玉米。它兼具多年生牧草的再生能力，还拥有高产、优质、抗旱、耐涝、耐盐碱等众多优势。高粱粗脂肪、粗纤维含量低于玉米，但淀粉、钙和有效磷含量高于玉米。高粱中的抗营养成分主要为单宁、醇溶蛋白、植酸和非淀粉多糖等，因此，也需要搭配酶制剂来发挥更好的饲喂效果。值得注意的是，高粱中大部分淀粉颗粒被包裹嵌入在不易吸收的醇溶蛋白基质中，结构紧密不易破坏，同时也限制了酶制剂的效率。鉴于高粱所含的抗营养因子以及其特殊的淀粉-蛋白质结构，有必要采用一些物理或化学手段对高粱进行处理，比如破碎、制粒、添加酶制剂等。通过这些方式可以改善高粱的口感，破坏其淀粉-蛋白结构，进而提高蛋白和淀粉的消化率。在含有57%高粱的肉鸡饲粮中添加β-甘露聚糖酶和植酸酶可提高肉鸡饲料转化效率、肠道和血清免疫球蛋白含量，增强免疫力。相较于玉米型饲粮，高粱型饲粮降低了肉鸡表观代谢能、总能和氮利用率，然而在高粱饲粮中添加蛋白酶，可显著增加肉鸡日增重，并对高粱引起的代谢能方面的不利影响起到改善作用。

从高粱加工工艺方面的研究成果来看，随着高粱对玉米替代比例的逐步增加，颗粒饲料的成型比率总体上展现出上升的趋势，颗粒饲料的硬度呈先下降后上升的态势，其耐久性呈现出明显的上升趋势，淀粉糊化度则呈现出显著的下降趋势。使用粉碎粒度为650 μm且含水量为1.6%的高粱制作的颗粒饲料，在肉鸡生长后期，回肠氨基酸消化率和表观代谢能都比较高，而且膨化工艺使肉鸡的饲料转化率得以改善。应全面权衡高粱取代玉米对于颗粒饲料的质量，还有肉鸡的生长性能、屠宰性能、肠道发育状况、肉品质以及营养物质表观消化率所产生的影响,在肉鸡饲粮中,高粱替代玉米的比例应当前期不高于20%,后期则不应超过60%。

在玉米供需出现不平衡、价格波动及国际市场影响的情况下,高粱可以作为潜在的替代性饲料原料,用于畜禽日粮。推动高粱种植和加工技术的研究及推广,可以促进高粱饲料生产量和质量的提升,从而更好地满足人们对于优质畜牧产品的需求,还可以对循环农业和绿色农业的可持续发展起到促进作用。

3.3.2 非常规饲料原料资源开发利用

可用于白羽肉鸡生产的非常规饲料资源是较为丰富的,不过这些非常规饲料资源本身存在一些不足,在实际应用中面临着一些挑战。比如营养成分波动较大、因加工工艺不同而质量不太稳定、适口性差,还有含毒素或其他抗营养因子等情况,以上问题叠加起来,严重影响了其在白羽肉鸡生产中的推广和使用。随着科学研究的持续深入,开发了一些有效的应对方法。例如,通过酶制剂和发酵等先进的加工方式对非常规饲料资源进行处理,能够显著提高饲料的利用效率。更为关键的是,这些加工方式能够在很大程度上降低甚至完全消除其所含的抗营养因子。这一系列的研究成果,为非常规饲料资源在白羽肉鸡生产中的进一步开发和利用创造了有利的技术条件,也为饲料行业的发展提供了新的思路和方向。

传统白羽肉鸡养殖中主要是玉米-豆粕型饲粮。然而,当玉米和豆粕资源变得紧缺,或者像棉粕、菜粕、玉米DDGS等非常规饲料资源展现出更高的性价比时,饲料企业便会考虑在白羽肉鸡的饲粮中引入一些非常规饲料原料。当下,饲料资源短缺已然成为白羽肉鸡养殖业所面临的关键难题,众多研究者始终在积极探索非常规饲料资源的开发以及高效利用技术。包括但不限于木薯等非常规能量饲料原料,棉籽粕、菜籽粕、玉米酒精糟及其可溶物、花生饼粕等非常规蛋白饲料原料,桑叶粉、辣木叶粉、杏鲍菇菌渣、发酵味精废弃物、柚皮粉等其他非常规饲料资源。

3.3.2.1 木薯

木薯素有"淀粉之王"的美誉,产量高,可以在不施肥的情况下生长在不适合玉米和其他作物生长的非常干旱、贫瘠或酸性的土壤中,是谷物等能量饲料的替代品之一,其有效能值约为玉米的90%。在我国木薯主要种植于广西、广东、云南、福建、海南等地,据FAO统计,2020年我国木薯种植面积302 136 hm^2,产量约504万t。

木薯所含无氮浸出物可达70%以上,在营养价值方面,它与甘薯、马铃薯相当,甚至更有优势。但木薯粗蛋白质含量低,且木薯根茎中含有亚麻苦苷,在酶或弱酸作用下被分解成氢氰酸抑制细胞内酶活性,致使细胞不能利用血氧而造成窒息,从而影响畜禽生长甚至导致动物中毒。另外,家禽消化道较短,木薯中含有的非淀粉多糖物质会影响其生产性能。木薯中的抗营养因子含量可通过多种方法消减,包括浸泡、晒干、煮沸和补充生物酶等。众多研究表明,在适当的预处理和饲料替代比例条件下,木薯部分替代玉米完全可行。加工良好的木薯可替代家禽饲粮中50%的玉米,且不会对家禽的健康和性能造成不良影响。在不影响白羽肉鸡生长性能的情况下,建议木薯最多可替代50%玉米;当木薯替代量超过50%时,则会产生负面影响。研究发现,适当添加木薯还具有正面效应,肉鸡饲养前期、中期饲粮中木薯添加水平不超过20%,后期饲粮中不超过30%可改善肠道菌群结构。肉鸡1~21日龄阶段日粮添加50%木薯粉替代玉米,同时补充100 mg/kg复合酶(含500 IU/g木聚糖酶、6 000 IU/g蛋白酶、800 IU/g淀粉酶和10 000 IU/g植酸酶)可以改善肉鸡的饲料转化效率,提高淀粉表观消化率,对组织器官相对重量无负面影响。

木薯干是木薯经过切块、切片、干燥、粉碎等一系列工艺后所得到的不同形态的产物,需要对产品形态进行标注,例如,木薯干(片、块、粉、颗粒)。木薯干中含有亚麻苦苷,能够水解生成氢氰酸,抑制细胞内酶的活性。木薯干中的氰化物含量是影响用量的因素之一,饲料卫生标准对氰化物含量进行了上限为100 mg/kg的限定。此外,其低蛋白、高纤维和灰分也在一定程度上限制了其使用量。早期研究报道,木薯粉能替代家禽饲料中的部分或全部谷物,但受限于其蛋白含量低和含有氢氰酸等有毒物质。白羽肉鸡前期、中期和后期日粮中木薯干的推荐最高用量分别为5%、10%和20%。

我国《猪鸡饲料玉米豆粕减量替代技术方案》提出肉鸡饲粮中木薯粉或木薯粒的添加量应控制在10%以内。鉴于木薯块根的蛋白质含量较低,配制饲料时,建议额外添加氨基酸(尤其是蛋氨酸),以满足肉鸡氨基酸营养需要。

3.3.2.2 棉籽粕

我国棉籽粕年产总量超过600万t,居全球首位。根据《中国饲料成分及营养价值表(第33版)》,棉籽粕粗蛋白质含量在43.9%~47.0%,一般低于豆粕而高于菜籽粕。棉籽粕粗纤维水平高于豆粕,其有效能值为豆粕的65%,粗脂肪含量和豆粕接近,但其脂肪主要以不饱和脂肪酸形式存在,亚油酸是主要的脂肪酸。棉籽粕中赖氨酸含量较低,为1.97%,而精氨酸含量高达4.65%,赖氨酸和精氨酸含量之比远远超过了100:120的理想比值。棉籽粕含有丰富的磷、铁、镁等矿物质元素,但含有游离棉酚和环丙烯脂肪酸等抗营养因子。因赖氨酸易与游离棉酚发生美拉德反应生成结合棉酚,棉籽粕中赖氨酸含量只有豆粕的52%~54%,有效性较低。另外,棉酚对肉鸡神经、消化器官和生殖系统均有明显的毒害作用等,限制了其在肉鸡日粮中的使用量。

虽然有研究表明,肉鸡前期、中期和后期日粮中使用6%、12%和18%的棉籽粕对生长性能无负面影响,但一般建议棉籽粕在肉鸡生长前期(1~14日龄)饲粮可最多使用5%,而在中后期(15~42日龄)可提高至10%。经微生物发酵或膨化处理不仅能有效提高棉籽粕的营养价值，同时能降低游离棉酚（膨化处理可将431.43 mg/kg降低至123.46 mg/kg、发酵处理可降至12.21 mg/kg）等抗营养因子的含量。使用2%发酵棉籽粕来替换饲粮里的豆粕，可使肉鸡的终末体重、平均日增重、全净膛率和腿肌率显著提高。同时，也有研究表明，采用6%的发酵棉粕替代豆粕，有助于改善肉鸡生长性能和提高屠宰性能。除此之外，发酵棉粕能够通过提升饲料养分表观代谢率、与蛋白质代谢相关的蛋白酶活性以及激素水平等方式促进机体蛋白质沉积，影响机体蛋白质的合成和分解代谢。

脱酚棉籽蛋白是从棉籽或棉籽粕中生产出来的，其粗蛋白质含量在50%以上。作为棉籽蛋白质饲料的新型种类，脱酚棉籽蛋白有着游离棉酚含量低（≤400 mg/kg）、安全性高、蛋白含量高（>50%）以及氨基酸品质优良的优势。在前期日粮中添加6%的脱酚棉籽蛋白，中后期添加9%的脱酚棉籽蛋白，这不会对肉鸡生长性能产生负面影响。在确保饲粮代谢能、粗蛋白质和蛋氨酸水平相同，赖氨酸和苏氨酸含量相近时，使用脱酚棉籽蛋白取代豆粕，能够达到肉鸡在玉米-豆粕型常规饲粮条件下的饲养效果。而且，高比例添加脱酚棉籽蛋白，对肉鸡屠宰性能、肉质风味和饲粮养分利用率都不会有不利影响。此研究中1～21日龄和22～49日龄阶段脱酚棉籽蛋白用量分别为29.5%和27.2%。白羽肉鸡前期、中期和后期日粮中脱酚棉籽蛋白的推荐最高用量分别为10%、15%和15%。

棉籽粕以其来源广泛、营养丰富以及价格低廉而受到青睐。去除棉酚后，其可利用性更高，能够有效缓解饲料资源短缺的问题，成为畜禽饲粮中豆粕的良好替代品。然而，在使用过程中需要谨慎控制棉籽粕替代豆粕的比例，以满足动物生长和健康所需的平衡膳食。

3.3.2.3 菜籽粕

菜籽粕是油菜籽榨油后的副产品，我国每年产量约700万t，得益于国内油菜的广泛种植和丰富产量，供应充足且价格相对稳定。从营养方面来看，菜籽粕粗蛋白质含量低于豆粕，但蛋氨酸含量较高，而赖氨酸和精氨酸含量较低，导致其消化率不高。为了优化氨基酸平衡，可将菜籽粕与棉籽粕合理混合搭配使用。在畜禽饲养中，通过部分用菜籽粕替代豆粕，可以降低饲养成本。然而，菜籽粕中包含多种抗营养因子，例如粗纤维、单宁、植酸以及硫苷及其降解产物（噁唑烷硫酮、异硫氰酸酯）等，限制了菜籽粕在禽畜饲料中的使用量。

有研究报道，随着菜籽粕添加水平的提高，肉鸡生长性能和饲养经济效益呈先上升后下降的趋势，且高比例菜籽粕会影响肉鸡血清生化指标，菜籽粕的适宜添加量为8%。菜籽粕在经过微生物发酵处理后，能够有效地将抗营养因子和有毒物质脱除，同时改善自身适口性，而且会产生较多有益物质，有利于协调动物胃肠道内的平衡。当使用发酵后的菜籽粕以等氮方式替代饲粮里15%的豆粕时，肉鸡生长性能不受影响，且能提高肉鸡对营养物质的消化吸收水平，改善鸡肉品质，然而替代比例若超过15%，肉鸡生长性能就会显著降低。同时，有研究发现，固态发酵菜籽粕等氮替代基础饲粮中25%的豆粕，有助于改善肉仔鸡的生长性能、免疫功能和肠道消化酶活性。还有研究发现，固态发酵菜粕可替代肉仔鸡饲粮中的部分豆粕，但替代比例以不超过10%为宜。不同发酵工艺可能会影响菜籽粕的替代比例。

双低菜籽粕是一种副产品，它是从低芥酸、低硫苷含量的双低菜籽通过预压浸提或者直接溶剂浸提取油得到的，也可能是双低菜籽饼浸提取油后所获得的。硫苷本身无毒，水解后产生毒性，容易损害鸡肝脏。研究认为，硫苷含量为4 μmol/g会导致肉鸡生长性能下降。此外，由于菜籽粕的纤维中还含有消化率低的非淀粉类多糖，高纤维含量和低能量严重限制了其在肉鸡饲料中大量应用。肉鸡日粮添加高比例菜饼降低肉鸡采食量、生长速度，提高死亡率，还会使胴体带腥味。菜籽粕中硫的含量也较高（约为1.1%），会引发鸡的腿病。所以使用"双低"菜籽粕时，应注意饲料和饮水中硫的含量不得超过0.4%。无论是无机硫，还是有机硫（胱氨酸）均会干扰钙吸收，饲料中使用高比例菜籽粕容易导致肉鸡腿发育异常。

3.3.2.4 玉米干酒精糟及其可溶物

玉米干酒糟及其可溶物是在现代化技术和设备条件下，通过把玉米籽实与酵母、酶等混合发酵生产乙醇和二氧化碳，再将发酵残留物干燥后形成的干酒精糟及可溶物。采用玉米为原料通过干法酒精生产、半干法酒精生产或湿法酒精生产得到的干酒精糟及可溶物都属于此类原料。玉米DDGS中粗蛋白质含量（24%~29%）是玉米的3倍多，粗脂肪含量（8%~12%）是玉米的3~4倍，赖氨酸和色氨酸含量不足，叶黄素含量高。玉米DDGS质量差异较大，对其品质影响最大的是来源、加工工艺、是否脱脂等。糟液中含有蛋白质等热敏性物质，烘干过程中，易发生美拉德反应，造成赖氨酸、可消化赖氨酸及代谢能的大幅变化，从而降低玉米DDGS成品的营养价值。不同色泽、不同来源DDGS之间，赖氨酸含量差异极大。玉米DDGS国家标准（GB/T 25866—2010）将其分为高脂型DDGS和低脂型DDGS两大类，每类根据粗蛋白质和色泽又分为两级。玉米DDGS有着蛋白质含量高、脂肪含量高、磷含量高、产量大以及成本低等特点，能够作为蛋白质和能量资源应用于家禽生产。玉米DDGS中富含酵母菌体和B族维生素，而且生长因子含量也很丰富，这对家禽的生长极为有利。玉米DDGS中蛋氨酸含量较高，所以也可作为家禽蛋氨酸的良好来源。《猪鸡饲料玉米豆粕减量替代技术方案》建议，玉米DDGS在肉鸡饲粮中的添加量不得超过10%；肉鸡日粮中使用4%~12%的优质DDGS替代豆粕，豆粕用量可降低2%~6%。白羽肉鸡前期、中期和后期日粮中玉米DDGS的推荐最高用量分别为5%、15%和15%。

饲喂高水平玉米DDGS饲粮（前期15%、后期25%）会降低肉鸡生长性能，而在含有高比例玉米DDGS的饲粮中添加木聚糖酶、甘露聚糖酶或者复合酶，都能使肉鸡干物质消化率、表观代谢能以及免疫器官指数得到提高，同时提高肉鸡平均日增重、降低料重比。使用含12%以上的玉米DDGS的饲粮会降低0~10 d肉鸡的生长性能，而在11~24 d和25~35 d使用6%或12%DDGS可以提高肉鸡饲料转化率。同样地，随肉鸡日龄的增长，玉米DDGS的最适添加比例提高，1~21 d最适添加水平为13.05%，22~42 d可以提高至18.05%，饲粮添加25%以上的玉米DDGS会对肉鸡肝脏健康产生负面影响。

玉米DDGS作为一种高蛋白饲料原料，具有广泛的应用前景。随着加工工艺的不断完善以及在畜牧业中的日益广泛应用，添加酶制剂或抗氧化剂等辅助剂可在一定程度上消除对动物的不利影响，从而扩大玉米DDGS的使用范围，并为其在动物生产中的应用提供理论基础和技术支持。

除了玉米DDGS外，白酒糟也具有巨大的饲料应用潜力。我国是白酒生产大国，每年白酒糟产量庞大，然而，由于其粗纤维和水分含量高、酸度高、黏性强且易于腐败等特点，限制了其作为饲料原料的适用性。白酒糟经过酵母发酵后（酿酒酵母发酵白酒糟），便成为一种新型优质的蛋白原料，发酵后的白酒糟粗蛋白质含量更高，纤维、单宁含量更低，且富含益生菌代谢产物与功能性物质。前人研究显示，以最高4%的发酵白酒糟替换等量的玉米DDGS，不会对肉鸡生长性能等指标造成显著影响，且有助于促进肠道发育，提高饲料利用率。

干黄酒糟是在黄酒生产环节中，对原料发酵后过滤所得到的滤渣进行干燥而制成的产品。其主要成分源于酿酒原料，不过从原料转化为酒精历经了一系列糖化、发酵等复杂的生物化学变化，在此过程中也产生了一些新的成分。在发酵生产酒的过程中，大部分淀粉都被消耗，因此酒糟中淀粉含量会有比较大的降低。而其他成分比如粗蛋白质、粗纤维、粗脂肪相对高，一级干黄酒糟粗蛋白质≥20%，二级干黄酒糟粗蛋白质为10.0%~20.0%、粗脂肪≥4%、粗纤维≤21%、粗灰分≤6%，其营养组分随原料的变化而变化。因为在烘干过程中会加入稻壳等载体物，所以粗纤维相对比较高，饲料用量正常小于10%。白羽肉鸡前期、中期和后期日粮中干黄酒糟的最高推荐用量分别为4%、6%和10%。

3.3.2.5 玉米胚芽粕

玉米胚芽粕（饼）是利用玉米胚芽制成的副产品，采用了压榨和浸提等工艺。在生产玉米淀粉之前，对玉米进行浸提、粉碎和分离胚芽的步骤，然后提取玉米油。其粗蛋白质含量为20%~27%，比玉米本身的粗蛋白质含量高出2~3倍。玉米胚芽粕的粗脂肪含量为1%~2%，粗纤维含量高达11%~12%；玉米胚芽饼含粗脂肪8%~12%。玉米胚芽粕（饼）中的氨基酸含量不及玉米酒精糟，缺乏赖氨酸、色氨酸和组氨酸。尽管玉米胚芽粕作为优质饲料原料具有很大的潜力,但也面临诸多挑战。如此类副产品存在贮藏困难、易氧化等问题;营养成分含量的变异较大,易受产地和加工方式等因素影响,此外,玉米胚芽粕还容易受到田间或储存过程中的霉菌毒素污染。

使用碳酸氢钠和固态发酵处理后,提高了玉米胚芽粕的粗蛋白质、酸溶蛋白和总氨基酸含量并降低了木质素含量,改善了玉米胚芽粕的营养价值(Chen et al.,2022)。而肉鸡在0~7日龄并不适于饲喂玉米胚芽粕,在8~21日龄和22~38日龄,建议的玉米胚芽粕添加量分别为21.9%和22.5%。研究发现在玉米–豆粕饲粮中使用0%、5%、10%、15%和20%的玉米胚芽粕替代豆粕饲喂肉鸡,肉鸡增重、采食量和饲料转化率与玉米胚芽粕使用量呈线性递增效应,但玉米胚芽粕的使用对肉鸡屠宰性能无显著影响。使用玉米胚芽粕作为能量饲料替代高粱的研究发现,肉鸡饲料中玉米胚芽粕最高饲喂水平为11.25%~11.59%,否则会影响肉鸡生长性能。玉米胚芽粕营养价值丰富且价格低廉,在当前豆粕减量替代大环境下可部分替代传统饲料原料,但考虑玉米胚芽粕适口性差,氨基酸组成不平衡以及霉菌毒素污染等问题,使用时可以搭配脱臭、氨基酸平衡和吸附剂脱霉菌毒素等方式,更好地发挥其价值。玉米胚芽粕(饼)使用时要在肉鸡用量小于5%,大鸡用量在20%以内。《猪鸡饲料玉米豆粕减量替代技术方案》指出,玉米胚芽粕在肉鸡饲料中用量一般不超过15%。白羽肉鸡前期、中期和后期日粮中玉米胚芽粕的推荐最高用量分别为5%、10%和20%。

3.3.2.6 玉米蛋白粉

玉米蛋白粉也被称作玉米麸质粉,它是通过对玉米进行脱胚、粉碎、去渣等湿磨工艺来生产糖浆和淀粉后,再经脱水制成的一种富含蛋白质的产品,属于玉米副产物。玉米蛋白粉是一种高蛋白质、高能量的饲料原料,在饲料领域应用广泛。该蛋白粉中粗蛋白质含量超过60%,其中含有的叶黄素、胡萝卜素和亚油酸,不但能够促进家禽的脂质代谢,而且可以加速必需氨基酸的合成。颜色为金黄,蛋白质含量愈高,色泽愈鲜艳,干燥过度则颜色偏黑。虽然玉米蛋白粉的粗蛋白质含量较高,然而其中近50%是醇溶蛋白,单胃动物体内很难对其进行消化吸收。除此之外,它的氨基酸组成并不平衡,蛋氨酸和谷氨酸含量充足,但是色氨酸和赖氨酸含量匮乏。并且其抗营养因子含量偏高,这些因素致使玉米蛋白粉在饲料中的效果欠佳,也限制了它的添加量。一般小鸡添加比例在5%内,大鸡最好不要超过10%,同时注意补充氨基酸,以免氨基酸不平衡影响饲喂效果。白羽肉鸡前期、中期和后期推荐最高用量分别为5%、10%和10%。《猪鸡饲料玉米豆粕减量替代技术方案》建议,在肉鸡饲粮中,玉米蛋白粉最高添加量为10%。为提升玉米蛋白粉在家禽养殖过程中的利用率,需进行发酵等预处理措施。在1日龄Ross308肉鸡饲粮中添加2%经过蛋白酶处理的玉米蛋白粉,可提高肉鸡的增重、采食量和饲料转化率。而在饲粮里使用20%的玉米蛋白粉来替代豆粕,会在一定程度上让肉鸡的出栏体重

3　白羽肉鸡动态营养需要量

与平均日增重有所下降，但对于整个试验周期的料重比，不会产生显著的不良影响，并且还可以改善肉鸡肠道菌群结构和肠道完整性，降低饲料成本。

玉米蛋白粉在作为畜禽非常规饲料原料应用的过程中，需要按照肉鸡生长阶段确定恰当的添加比例，同时考虑氨基酸平衡问题，以及使用合适的酶制剂等，以此来获取更好的效果。

3.3.3　新型原料开发利用

3.3.3.1　椰子油

椰子是棕榈科椰子属油料作物，出油率能达到60%，椰子油中的90%以上的脂肪酸均为饱和脂肪酸，而其中大多又以中链脂肪酸形式存在。中链脂肪酸不受肉碱转运机制的影响而进入肝脏线粒体，可以被迅速和完全氧化以产生能量，不像长链脂肪酸被吸收后沉积为脂肪。椰子油还具有适口感好、易消化、稳定性高且不易发生氧化变质等多种优点。

饲粮中添加2%的椰子油可以提高肉鸡的生长性能，还可以改善球虫感染期间肉鸡的肠道绒毛形态。在肉鸡饲粮中添加1~1.5 mL/kg椰子油可改善肉鸡的生长性能并提高血清抗氧化酶活性，降低MDA（丙二醛）水平，改善机体抗氧化能力。添加椰子油还可提高肉鸡肠道食糜淀粉酶和脂肪酶活性，提高肉鸡血清免疫球蛋白IgG、IgM、血浆T3、T4和T3∶T4比率以及禽流感和新城疫的抗体滴度（Attia et al., 2020）。有研究用椰子油替代肉鸡饲粮中25%~100%的大豆油，发现饲粮椰子油对肉鸡增重、采食量和饲料转化率没有影响，且血清总胆固醇、低密度脂蛋白胆固醇和低密度脂蛋白/高密度脂蛋白胆固醇水平随着椰子油含量的增加呈线性下降，并以75%的替代水平作为减少脂肪沉积的最佳水平。

3.3.3.2　棕榈油

棕榈油是家禽饲粮中的一种新型油脂原料，鉴于豆油价格居高不下，配方中适量使用棕榈油替代豆油或能减轻饲料企业的压力。东南亚和非洲是棕榈油的主产区，产量约占世界棕榈油总产量的88%，而我国已成为全球第一大棕榈油进口国，国内消费几乎完全依赖进口。

棕榈油的使用可以改善饲粮适口性、提高食糜黏性，延长其在消化道的通过时间。棕榈油中含50%的饱和脂肪酸、40%的单不饱和脂肪酸和10%的多不饱和脂肪酸。由于棕榈油饱和度过高，粗脂肪消化率可能相对较低，使用时可搭配不饱和脂肪酸，在一定程度上可以替代豆油或鱼油，并在不影响生长性能的情况下降低生产成本。诸多研究表明使用棕榈油（添加量2%~6%）部分或完全替代肉鸡饲粮中的大豆油等传统油脂原料成分，对肉鸡生产性能无负面影响，且对改善肉品质和降低腹脂沉积有一定潜力。

棕榈油中维生素E和饱和脂肪酸含量较高，稳定性良好，不易出现氧化变质的情况。但目前饲料产业使用的棕榈油多为熔点24℃的棕榈液油，使用过程中需要保持加热以防止凝固。

3.3.3.3 昆虫类饲料资源

全球对动物蛋白需求的不断增加，豆粕和鱼粉等传统蛋白类饲料的供应日趋紧张，迫切需要找到能够替代豆粕的可持续蛋白类饲料。昆虫因其生长繁殖迅速、蛋白质含量高、氨基酸构成均衡、口感良好，并且富含生物活性成分如几丁质和抗菌肽等特点，而受到广泛关注。饲用昆虫相关研究最多的昆虫品种主要有黑水虻、家蝇和黄粉虫等。

饲粮中使用6%黑水虻幼虫粉替代豆粕，可使肉鸡胸肌24 h、48 h滴水损失降低，肠道无胀气、不过料，肠壁厚且弹性好（贾友刚等，2024）。同样，研究指出，将饲粮中的黑水虻幼虫粉含量控制在5%～10%可以改善Ross308肉鸡的生产性能；然而，添加15%则会显著提高料重比并对肠道结构造成损害（Dabbou et al.，2018）。

昆虫蛋白中特有的几丁质几乎不存在于植物性饲料原料中，其可在肠道中消化合成壳聚糖，而后者是一种具有螯合作用的抗氧化和免疫刺激特性的代谢物，同样具有一定的抗菌性。昆虫蛋白的营养价值和饲料利用率较高，在替代豆粕、鱼粉等蛋白来源上展示出较大的潜力，但使用时仍需注意其添加比例（一般不超过10%）和原料质量，以提高其在肉鸡饲料中应用的效率和安全性。

3.3.3.4 单细胞蛋白

微生物蛋白作为饲料创新的焦点，通过细菌、酵母、丝状真菌的发酵，生产出可替代传统植物蛋白的单细胞菌体蛋白。20世纪初，美国麻省理工学院提出了单细胞蛋白的概念，即通过培养单细胞生物（包括细菌、真菌和微藻）生产蛋白质。全球众多研究者广泛研究单细胞蛋白生产，涉及多种碳源，包括传统原料如葡萄糖和糖蜜，工业废液发酵物，以及一碳原料如甲烷和甲醇。

单细胞蛋白以微生物的细胞质团为主，这种蛋白除了包含蛋白成分，碳水化合物、脂质、核酸、无机盐和维生素等也是其组成部分。研究表明，分别使用2.5%、5%、7.5%和10%的单细胞蛋白（产自甲烷氧化菌）取代豆粕配制的饲粮（等能等氮）饲喂肉鸡，5%单细胞蛋白替代组肉鸡有更高的饲料转化率和胸肌率，且十二指肠结构的发育更好，但使用7.5%和10%的单细胞蛋白则不利于肉鸡的增重（Hombegowda et al.，2021）。同样地，以乙醇梭菌蛋白为蛋白源替代豆粕饲喂肉鸡的研究发现，当单细胞蛋白的添加量超过2%时，蛋白质代谢指标和饲料转化率均有所提高。当单细胞蛋白添加量大于4%时，可促进脂肪分解而不影响脂肪生成，降低腹脂率，还可以提高血清SOD和GSH-Px活性，提高抗氧化能力（Wu et al.，2022）。

以工业污染废水或废气为原料，开发甲烷氧化菌、光合细菌等单细胞蛋白，周期短、效率高、营养价值高，不仅保证了单细胞蛋白的生产，还促进了环境的保护与能源的再次利用。单细胞蛋白作为一种新兴蛋白原料，在肉鸡饲料上的应用仍需进一步挖潜，但综合目前研究结果来看，使用5%以内的单细胞蛋白替代豆粕对肉鸡健康无负面作用，且能提高生产效率。

虽然单细胞蛋白取得了重要进展，但成本高、碳源缺乏等使其发展遭遇瓶颈。在后续的研究中，运用合成生物学来挖掘和创制源于低值原料的微生物蛋白，这是突破单细胞蛋白产业发展瓶颈的必由之路。

3.4 多元化饲料配制技术

3.4.1 多元化配制技术的必要性

2023年我国肉禽配合饲料产量为9 511万t，按肉鸡出栏占比粗略推算肉鸡的配合饲料约为7 361万t。我国白羽肉鸡饲养以"玉米-豆粕"高能高蛋白日粮为主，由于大豆产量远不能满足需求，成为限制白羽肉鸡饲料发展的主要瓶颈之一。我国玉米进口量近年来也有不断提升的趋势，2023年达到了2 714万t。我国肉鸡常用的必需氨基酸生产水平和规模全球领先，具备白羽肉鸡日粮低蛋白、多元化配方条件。因此，白羽肉鸡采用多元化配方配制技术意义重大。

粮食安全与可持续发展。在白羽肉鸡养殖业中，传统的单一或有限的饲料原料使用，如重度依赖玉米和大豆，会造成对这些作物的需求过高，进而推高原料价格并影响粮食安全。多元化饲料配方可以采用替代性原料，如麦类、米糠，甚至是工业副产品等，这些原料在提供必需营养的同时，也可以减少对主要粮食作物的依赖，促进资源的可持续利用。饲料供应安全关系国家粮食安全。我国饲用粮食消费量约占粮食消费总量的48%，但饲料进口（包括进口饲用粮食折合饲料）对外依存度高达50%左右，目前玉米供应紧张，大豆进口依存度高。在人们消费需求不断增长的背景下，我国白羽肉鸡养殖业持续发展，对饲料原料的需求仍将逐年增加。因此，构建符合我国实际的白羽肉鸡低蛋白、低豆粕、多元化饲料配方，充分挖掘和利用本土饲料资源，减少饲料粮的不合理消耗，成为未来的重要发展方向。

降低白羽肉鸡养殖成本与风险。经济效益是白羽肉鸡养殖业的主要驱动力。多元化的饲料配方可以通过使用成本较低的原料来减少饲料成本。此外，依赖单一原料的风险较高，如某种原料因天气或其他因素导致产量减少或价格上涨，将直接影响饲料成本和养殖效益。通过多样化的原料来源,可以有效分散这种风险,使成本更加可控和稳定。

提高饲料效率与肉鸡健康。不同的饲料原料具有不同的营养特性。多元化的饲料配方可以更好地调整和优化营养成分的比例,以满足白羽肉鸡在不同生长阶段的需求。这不仅提高了饲料的转化率,还可以通过提供更加均衡的营养来促进肉鸡的健康和生长性能,减少疾病的发生,从而降低养殖户在兽药和管理上的支出。

环保与动物福利的需求。当前,消费者对食品的安全性和生产过程的环保性愈发关注。实施多元化饲料配方技术可以降低养殖过程中对环境的影响,以及温室气体排放等。同时,提供营养均衡的饲料有助于改善动物的生活质量,满足日益增长的动物福利要求。

推动科技创新和产业升级。多元化饲料配方不仅是一种应对现实挑战的有效措施,它还促进了饲料科学和养殖技术的持续创新。通过探索新的饲料资源、开发新的饲料添加剂和改进饲料处理技术,可以进一步提升养殖效率和产品质量,推动我国整个白羽肉鸡产业向更高水平的发展。

3.4.2 动态饲料原料数据库及应用

建立和维护白羽肉鸡饲料原料动态营养价值数据库具有重要意义。它不仅为养殖业提供科学的数据支持,还直接影响到饲料配方的优化、成本控制及养殖效率的提升。我国自主研发的饲料原料营养价值数据库,通过利用国内养殖的动物来评价本国的饲料原料,按照统一的标准操作规程,测定并分析原料参数数据,建立相应的模型。在此基础上,制定多元化的饲料配方,能够更好地满足企业的实际需求。

精确营养评估。动态营养价值数据库能够提供关于各种饲料原料营养成分的详细和最新的信息。由于饲料原料的营养成分受到来源、季节、处理方式等多种因素的影响,这些数据的动态更新是必需的。通过访问这些准确的数据,养殖者和营养师能够更精确地评估饲料原料的营养价值,优化饲料配方,确保肉鸡获得所需的营养成分,促进其健康成长。

成本效益的提升。通过动态营养价值数据库,养殖者可以更好地选择性价比高的饲料原料,尤其在原料价格波动时期,能够灵活调整配方,以最低的成本满足营养需求。这种灵活性在管理饲料成本、提升经济效益方面起着关键作用。

支持可持续发展。动态营养价值数据库还支持可持续养殖实践,比如推广使用地方性或非传统饲料原料,这些原料可能因地理或季节限制而在营养价值上存在变化。数据库可以帮助养殖者了解这些原料的具体营养价值,合理利用当地资源,减少对进口饲料的依赖,降低碳足迹,从而支持环境的可持续发展。

促进科研与创新。该数据库也是科研和技术创新的重要基础。研究人员可以利用这些数据探索新的饲料添加剂、改进的饲料处理技术和更高效的养殖方法。此外，通过对不同饲料原料动态营养价值的长期跟踪，可以更好地理解饲料成分与肉鸡生长性能之间的关系，推动行业技术进步。

总之，白羽肉鸡饲料原料动态营养价值数据库的建立不仅可以提升养殖效率和经济效益，还能支持行业的可持续发展和科技创新。数据库的价值在于它提供的数据的精确性、时效性和实用性，是现代肉鸡营养管理和饲料科学不可或缺的工具。

3.4.2.1 动态饲料数据库及其数学模型

在配制饲料前，准确掌握饲料原料的营养价值对实现高效的白羽肉鸡生产具有重要意义。随着快速检测技术和科学数据的迅猛发展，人们亟须一个高效工具传递数据，即"动态饲料数据库"。这一数据库的核心功能在于提供饲料营养数值的准确估算，且已在国内外得到广泛研究和应用。该数据库利用物理和化学方法，能够迅速、精确地评估原料的营养成分含量，揭示原料的变异特性，并总结出可在生产中优化利用的规律。数据库的数据多以表格形式展现，并结合近红外测定结果，为行业提供参考。建立和应用动态数据库需要科学规划，依赖精确的有效成分测定结果，构建出能量预测模型。目前，我国已对二十多种常用饲料原料，如玉米、豆粕、棉粕、葵花粕、DDGS、小麦及其副产品，进行了全面的营养成分分析，成功建立并验证了相应数学模型。相关方程已发布于中国饲料行业信息网，并会持续更新完善，为饲料和养殖企业提供可靠的数据支持。

近红外技术通过检测饲料的光谱反射特性，用于快速评估饲料能量值。其基本原理是分析近红外光谱与消化能值之间的相关性。通过扫描样品的近红外光谱，构建光谱数据库，并结合代谢能测定试验，开发出精确的回归模型。模型的验证需要独立样品扫描数据进行比对，之后使用饲喂试验后评估模型准确性，主要通过相关系数和预测误差来验证。该方法已在谷物类饲料的代谢能估算中获得应用，且随着数据积累，其模型精度不断提升，进而提高饲料配方的准确性。

3.4.2.2 动态饲料数据库的应用

我国地域辽阔，饲料原料种类多样，且相同名称的原料其营养成分差异显著。因此，研究和制定适合白羽肉鸡的饲料原料标准，以及构建动态饲料数据库显得尤为重要。企业的技术部门需要在饲料数据库和配方设计管理上，建立宏观指导机制，并结合具体实际，提供定制化的优化方案，改进饲料数据和配方设计模型。

白羽肉鸡饲料数据库的建立面临挑战，尤其是在能量值和标准回肠可消化（SID）氨基酸测定方面。然而，大型饲料企业可逐步建立初步的动态饲料数据库，涵盖常见原料的氨基酸、非淀粉多糖、淀粉、矿物质等数据，并利用这些数据指导合理使用这些信息。这类企业有能力通过系统化分析现有检测数据来构建专属数据库。利用杂粕等非常规原料降低成本是普遍做法，企业难以依赖单一的玉米-豆粕型配方。因此，动态数据库有助于优化非常规原料使用，提升营养成分的准确性。中国农业大学与中国农业科学院北京畜牧兽医研究所正在积极进行多种白羽肉鸡原料的动态数据库建设，配方师可借助这一数据库，利用化学成分分析或近红外技术，在配料前快速了解原料的有效养分，精准设计配方，提高饲料利用率和质量，降低生产成本，节省资源。

建立本土化的动态饲料数据库对于提升我国白羽肉鸡饲料配方的准确性与可靠性至关重要。配方师应关注如何优化原料分析，降低预测误差，人工智能和数学模型的应用将在降低成本和提升效率方面发挥重要作用。

3.4.2.3 日粮配方原则

选择适宜的饲料原料，依据肉鸡不同饲养阶段的营养需求（NY/T 33—2004和NY/T 3645—2020），以标准回肠可消化氨基酸为基础的氨基酸平衡模式，同时考虑矿物质、维生素等其他养分平衡，合理使用酶制剂和其他饲料添加剂，以及原料预处理工艺，配制肉鸡低蛋白低豆粕多元化日粮。

饲料原料和饲料添加剂选用的原则。饲料原料应符合《饲料原料目录》及后续补充公告的要求。根据地区养殖传统和饲料资源特点，选择具有区域特色的蛋白质饲料，包括棉籽饼（粕）、菜籽饼（粕）、花生饼（粕）、葵花籽仁饼（粕）、芝麻饼（粕）、棕榈仁饼（粕）、亚麻饼（粕）、玉米干全酒精糟（玉米DDGS）以及其他动植物蛋白原料等。饲料添加剂应符合《饲料添加剂品种目录》及后续补充公告的要求。饲料添加剂的使用应符合《饲料添加剂安全使用规范》的要求。

非常规饲料原料的推荐最高用量。白羽肉鸡不同饲养阶段日粮中非常规饲料原料的推荐最高用量见表3-10。

表3-10 白羽肉鸡非常规饲料推荐最高使用限量　　　　　　　　单位：%

项目	前期（肉小鸡）	中期（肉中鸡）	后期（肉大鸡）
能量饲料			
皮大麦	10	15	30
小麦	30	60	—
小麦麸	5	10	10
小麦次粉	10	15	20
高粱（低单宁）	40	50	50
稻谷	30	40	50
米糠	5	10	20
木薯干	5	10	20

(续表)

项目	前期（肉小鸡）	中期（肉中鸡）	后期（肉大鸡）
蛋白质饲料			
膨化大豆	5	15	12
玉米胚芽粕	5	10	20
玉米蛋白粉	5	10	10
玉米DDGS	5	15	15
双低菜籽粕	3	8	15
棉籽饼粕	5	10	10
脱酚棉籽蛋白	10	15	15
花生粕	5	10	15
米糠粕	5	15	15
亚麻粕	2	5	10
棕榈仁粕	5	10	20
葵花籽仁粕	3	6	10
芝麻粕	3	4	4
豌豆	20	30	40
水解羽毛粉	2	2	3

注：1. "—"表示无用量限制，根据配方需要确定。

2. 注意原料新鲜度、真菌毒素等对替代比例的影响。

3.4.3 肉鸡多元化配方存在问题及解决方案

探讨白羽肉鸡多元化饲料配方面临的问题及其解决方案是至关重要的。多元化饲料配方旨在通过使用多样化的原料来优化肉鸡的生长性能、健康和养殖成本效益。尽管此方法有很多优势，但在实践中也遇到了一些具体的挑战。

原料可获得性和成本波动。多元化饲料配方的一个主要挑战是原料的可获得性和价格波动。不同地区对某些饲料原料的依赖程度不同，由于气候变化、政策调整和市场需求的变化，这些原料的供应和成本可能出现显著波动。解决方案可以通过企业联合采购，养殖企业或饲料企业可以通过建立或加入采购联盟来增强采购力，减轻单一供应商价格波动的影响；也可以通过地缘性饲料原料替代，开发和利用本地替代原料，例如利用地方种植的小杂粮或农业副产品，这可以降低对进口原料的依赖。

营养不平衡的风险。在不同原料之间进行替代时，可能会因配比不当导致营养失衡，这对肉鸡的健康和生长性能有直接的负面影响。解决方案可以通过动态营养评估系统，建立动态营养评估系统来实时监控和调整饲料配方，确保所有营养成分均达到白羽肉鸡的生理需求；同时应注意定期检查和优化饲料配方，保证营养平衡。

原料质量变异性。即便是同一种原料，其质量也可能因产地、季节等因素而有所不同，这种变异性会影响到饲料的整体质量和效果。解决方案可以通过严格的质量控制系统，建立严格的入库前原料检测系统，确保所有原料在进入饲料生产前都符合标准；也可以通过供应商管理，与供应商建立长期合作关系，设立质量保证协议，确保原料的一致性和可追溯性。

饲料生产的技术挑战。多元化原料的物理和化学特性差异可能导致加工过程中出现技术挑战，如混合均匀性、颗粒稳定性等问题。解决方案可以通过技术升级和创新，如改进混合设备、颗粒化技术等，以适应不同原料的处理需求；同时要加强对技术人员的定期培训。

接受度和市场因素。多元化饲料配方可能会面临市场接受度问题，尤其是在传统养殖模式根深蒂固的地区。养殖户可能对新饲料的效果和成本持保留态度。开展教育和沟通活动，向养殖户和消费者解释多元化饲料配方的优点，如成本效益、环境可持续性及提高生产效率等；也可以通过试点项目，在选定区域实施试点项目，收集数据并展示多元化饲料配方的实际效果，以增强市场信心。

法规和政策限制。现行的法规和政策可能未能跟上饲料创新的步伐，限制了新饲料原料的使用或新配方的开发，如餐厨副产品。可以通过积极参与政策制定过程，倡导更灵活和科学的法规，以促进饲料配方的创新和实施；也可以通过合规性评估，定期进行合规性评估，确保所有饲料配方符合当前法规，并准备应对可能的政策变动。

总之，白羽肉鸡多元化饲料配方虽面临诸多挑战，但通过上述解决方案的实施，可以有效地优化饲料配方，提高养殖效率，降低成本，并促进行业的可持续发展。此外，持续的科技创新和行业合作将是推动这一领域进步的关键因素。

3.5 豆粕减量替代技术与应用

豆粕作为重要的饲料原料，其价格波动直接影响到养殖业的成本和利润。近年来，受全球大豆市场供需关系、国际贸易政策、气候等多重因素影响，豆粕价格波动频繁且幅度较大，影响养殖业的稳定发展，白羽肉鸡是豆粕消耗大户，实施豆粕减量替代行动意义重大。

3.5.1 豆粕减量替代的技术要求

做好白羽肉鸡的豆粕减量替代，应当把握精准营养需求，根据生长速度、生理状态和环境条件等因素，实时调整饲料中各种营养成分的含量和比例。这一模型需要基于大量的试验数据和科学研究进行构建和优化。在豆粕减量替代工作中，为了精准地设计

3 白羽肉鸡动态营养需要量

低豆粕饲料配方，首先，需依据不同生长阶段的精准营养需求，如蛋白质、能量、氨基酸、微量元素等的具体需求量。其次，结合现有替代豆粕的非常规蛋白原料的营养价值参数，如菜籽粕、棉籽粕等替代原料的粗蛋白质、有效能和消化利用率，设计合理的饲料配方。通过优化配方结构，如添加适量的动物蛋白源、乙醇梭菌蛋白和酵母蛋白来弥补豆粕减少后的营养缺口，同时确保饲料的矿物质、维生素等其他养分平衡。最后，要充分考虑低豆粕饲料对动物适口性的影响，并关注其对动物消化系统及免疫的影响，以保证动物健康和生产性能的稳定。最终目标是实现低豆粕饲料配方的精准化，降低成本的同时确保鸡的正常生产性能。

在考虑豆粕减量替代时，为满足不同生长阶段营养的需求，需要首先明确前期、中期和后期这3个主要生长阶段对营养成分的具体需求。

前期（1～21日龄）是育雏阶段，也是其生长速度最快的阶段之一。前期对蛋白质的需求非常高，因为蛋白质是生长和发育的基础。此阶段饲料的蛋白质含量应在20%～24%，以满足其快速生长的需求。由于在此阶段生长迅速，对能量的需求也相对较高。饲料的代谢能量应达到3 000 kcal/kg以上，以确保其能够充分吸收和利用饲料中的能量。对矿物质和维生素的需求同样重要。钙、磷、铁、锌等矿物质是骨骼发育的关键元素，而维生素则参与机体的各种代谢过程。

中期（22～35日龄）是主要生长发育阶段，其营养需求特点与前期有所不同。中期对蛋白质的需求略有降低，但仍需保持较高的水平。饲料的蛋白质含量应在18%～20%，以确保其正常的生长速度和体型发育。与前期相比，对能量的需求略有下降，但仍需保持较高的水平。饲料的代谢能量应达到2 900 kcal/kg以上，以满足其日常活动和生长所需。在生长期，对矿物质和维生素的需求依然重要，特别是钙、磷等矿物质对骨骼和牙齿的发育至关重要，而维生素则有助于增强机体的免疫力。

后期（36～42日龄）是快速肌肉生长和体重增加的阶段。对蛋白质的需求相对较低，但仍需保持一定的水平。饲料的蛋白质含量应在16%～18%，以维持其肌肉的正常发育。与中期相比，后期能量需求显著增加。饲料的代谢能量应达到3 100 kcal/kg以上，以满足其肌肉生长和体重增加的需求。在后期，对矿物质和维生素的需求同样重要。特别是磷、镁等矿物质对肌肉和神经系统的发育有重要作用，而维生素则有助于促进肌肉的生长和修复。

为了在满足以上营养需求的同时实现豆粕减量替代，可以采取以下措施。使用杂粮杂粕等替代品如小麦、大麦、高粱等杂粮以及菜籽粕、棉籽粕等杂粕，这些原料在营养价值上与豆粕相近，可以作为豆粕的替代品。优化饲料配方，通过精确计算各种原料的营养价值，合理调整饲料配方中各种原料的比例，以满足白羽肉鸡不同生长阶段对营养的需求。合理使用添加剂，在饲料中添加氨基酸、维生素、矿物质等营养素，以弥补原料中某些营养素的不足，提高饲料的营养价值。通过以上措施，可以在实现豆粕减量替代的同时，确保白羽肉鸡在不同生长阶段获得充足的营养，从而促进其健康生长和发育。

白羽肉鸡在生长过程中，对赖氨酸、蛋氨酸、苏氨酸等必需氨基酸的需求量较大。其中，赖氨酸是需求量最大的必需氨基酸，占蛋白质需求的10%左右；蛋氨酸和苏氨酸的需求量也相对较高，分别占蛋白质需求的3%和4%左右。在豆粕减量替代中，可以选择一些富含必需氨基酸的原料作为替代。例如，菜籽粕中赖氨酸含量较高，可以作为豆粕的补充；棉籽粕中蛋氨酸含量较高，同样可以作为替代原料。此外，玉米蛋白粉、小麦蛋白粉等植物性蛋白源也含有一定量的必需氨基酸，可以作为饲料配方的补充。通过精确计算各种原料的氨基酸含量和营养价值，合理调整饲料配方中各种原料的比例，可以确保饲料中必需氨基酸的充足供应。在配方设计时，可以采用低蛋白氨基酸平衡技术，即在保证动物营养需求的前提下，通过添加合成氨基酸来降低饲料中的蛋白质含量，从而减少对豆粕的依赖。具体来说，可以根据白羽肉鸡对赖氨酸、蛋氨酸和苏氨酸的需求量，在饲料中适量添加这些合成氨基酸，以满足其需求。在饲料中添加氨基酸添加剂，可以弥补原料中某些必需氨基酸的不足。常用的氨基酸添加剂包括赖氨酸、蛋氨酸和苏氨酸等。这些氨基酸添加剂的添加量应根据白羽肉鸡对必需氨基酸的实际需求量和饲料中原料的氨基酸含量来确定。研究表明，在肉鸡低蛋白低豆粕且减量替代的日粮中添加限制性氨基酸，可使日粮粗蛋白质水平降低。当在22～42日龄肉鸡日粮中添加比例为1.25%的赖氨酸、0.44%的蛋氨酸、0.34%的苏氨酸和0.30%的缬氨酸这4种限制性氨基酸时，肉鸡日粮粗蛋白质水平能够降低3%，且不会对其生长性能产生影响。

白羽肉鸡在生长过程中，对谷氨酸、丙氨酸和天冬氨酸等非必需氨基酸也存在着一定的需求。谷氨酸是形成其他氨基酸的氮源，而其碳骨架则用于形成碳水化合物。甘氨酸与氮排泄直接相关，因为它主要用于尿酸组成。因此，在雏鸡的生长起始阶段（1～21日龄）通常需要的高蛋白质饮食可能会导致对氮排泄的需求成比例增加，并需要更多的甘氨酸来形成尿酸。这也解释了起始阶段对甘氨酸的需求较高，而在后续阶段对甘氨酸的需求较低。大量实践证明，只补充必需氨基酸的低蛋白日粮肉鸡的生产性能并不能与高蛋白日粮肉鸡生产性能相当，而同时补充必需氨基酸和非必需氨基酸的低蛋白日粮肉鸡的生长情况与高蛋白日粮肉鸡一样好。低蛋白日粮中除了添加蛋氨酸、赖氨酸、苏氨酸、缬氨酸、精氨酸之外，还需要添加谷氨酸。单独添加1%～2%谷氨酸等非必需氨基酸的低蛋白日粮肉鸡未能达到和高蛋白日粮肉鸡一样的生产性能，必须向1～21日龄雏鸡的低蛋白日粮中同时补充必需氨基酸和非必需氨基酸。低蛋白日粮（降低2.5%粗蛋白质）中补充谷氨酸和甘氨酸，可改善体增重、饲料转化率和胸肌率（Moran and Stilborn，1996）。Bezerra等建议在肉鸡第1～7日龄、8～21日龄、22～35日龄和36～42日龄阶段分别将粗蛋白质水平降低到21.3%、18.8%、18.32%和17.57%，额外补充L-谷氨酸的添加水平分别为5.32%、4.73%、4.57%、4.38%（Bezerra et al.，2016）。研究发现，在20.5%低蛋白日粮添加7.287 g/kg谷氨酸或者4.041 g/kg丙氨酸可显著改善体增重、饲料转化率和氮利用效率（Maia et al.，2024）。Dean等研究发现，低蛋白日粮（16%粗蛋白质）中单独添加谷氨酸或者甘氨酸对生产性能没有影响，但是添加2.32%甘氨酸和丝氨酸显著提高肉鸡的生产性能，达到高蛋白日粮（22%粗蛋白质）的效果。雏鸡对于甘氨酸的需求较高，随着日龄的增加，肉鸡对甘氨酸的需求逐渐降低（Dean et al.，2006）。Siegert等对11个甘氨酸相关研究进行荟萃分析，结果发现，1～21日龄和22～42日龄肉鸡日粮中甘氨酸水平在1.61%和1.58%时，生产性能达到最佳。曹素梅等（2023）发现，在低蛋白日粮（16%～20%粗蛋白质）中添加甘氨酸（同时甘氨酸+丝氨酸达到2.0%～2.57%），可以使肉鸡的生产性能与正常蛋白水平日粮的肉鸡相当。肉鸡日粮的粗蛋白质水平在22%～23%的基础上降低3%～4%，通过同时添加必需氨基酸和非必需氨基酸是可以实现的（Siegert et al.，2015）。

白羽肉鸡在生长过程中对能量的需求较大，主要用于维持体温、运动、生长和产蛋等生理活动。能量需求与其体重、生长速度、产蛋量等因素有关。一般来说，白羽肉鸡的能量需求在每天每千克体重150～200 kcal。在饲料配方中，可以选择一些高能量的原料来替代部分豆粕。例如，玉米、小麦等谷物类原料是优质的能量来源，其能量密度高、易于消化吸收。此外，油脂类原料如豆油、玉米油等也含有较高的能量，可以作为饲料配方的补充。通过调整饲料配方中各种原料的比例，可以确保饲料中能量的充足供应。在配方设计时，应根据白羽肉鸡的生长阶段和能量需求，合理确定能量原料的添加量。同时，还需要注意饲料中其他营养素与能量的平衡关系，以确保饲料的全面性和均衡性。

白羽肉鸡在生长过程中对微量元素的需求量虽小，但对其健康和生产性能具有重要影响。常见的微量元素包括钙、磷、铁、锌、硒等。其中，钙和磷是构成骨骼和牙齿的主要成分，对生长发育至关重要；铁、锌和硒等微量元素则参与机体的多种代谢过程，对维持白羽肉鸡的健康和生产性能具有重要作用。在饲料中添加微量元素添加剂，可以弥补原料中微量元素的不足。常用的微量元素添加剂包括碳酸钙、磷酸氢钙、硫酸亚铁、硫酸锌和亚硒酸钠等。这些添加剂的添加量应根据白羽肉鸡对微量元素的实际需求量和饲料中原料的微量元素含量来确定。在饲料配方设计时，需要注意各种原料中微量元素的含量和比例关系，以确保饲料中微量元素的全面性和均衡性。同时，还需要根据白羽肉鸡的生长阶段和微量元素需求量的变化，合理调整饲料配方中微量元素添加剂的添加量。

饲料配方的优化是实现豆粕减量替代的关键环节之一，它不仅能够满足动物的营养需求，还能降低成本、提高饲料利用率。饲料配方优化的主要目标是在保证动物健康和生产性能的前提下，减少豆粕的使用量，同时确保饲料的营养平衡和成本效益。优化过程中需要考虑到动物的种类、生长阶段、营养需求以及原料的可用性、价格等因素。常用的替代品包括其他植物性蛋白源（菜籽粕、棉籽粕等）、动物性蛋白源（鱼粉、肉骨粉等）以及新型蛋白（昆虫蛋白、藻类蛋白和微生物蛋白）等。在选择替代品时，需要综合考虑其营养价值、成本、消化利用率以及抗营养因子含量等因素。

3.5.2 豆粕减量替代的动物性蛋白原料

在替代豆粕的过程中，动物性蛋白如鱼粉、肉骨粉等因其高蛋白、氨基酸组成平衡等优点备受关注。动物性蛋白具有较高的营养价值和生物学效价，它们含有所有必需氨基酸，且氨基酸组成与动物体需求相近，易于被动物吸收利用。

鱼粉是一种优质的动物性蛋白源，其蛋白质含量通常在50%～70%，某些高质量的鱼粉甚至可以达到75%以上。鱼粉中的氨基酸组成平衡，富含赖氨酸、蛋氨酸、色氨酸等必需氨基酸，是动物体无法合成的必需营养物质。此外，鱼粉还富含B族维生素、维生素A、维生素D和维生素E等脂溶性维生素，以及钙、磷、硒等矿物质。

肉骨粉是利用分割可食用鲜肉后剩余的部分作为原料，经过高温蒸煮、灭菌、脱脂、干燥、粉碎等工序所获得的产品。其原料必须来自同一动物种类，禁止添加蹄、角、畜毛、羽毛、皮革以及消化道内容物。禁止使用患有疫病以及含有禁用物质的动物组织。产品的总磷含量不能低于3.5%，钙含量应不超过磷含量的2.2倍，胃蛋白酶消化率不得低于85%。产品名称需标明具体的动物种类，如鸡肉骨粉。肉骨粉既是蛋白质饲料原料，一般情况下，其蛋白质含量在40%～50%，也是钙、磷的良好来源。它主要来源于肌肉组织、结缔组织和骨骼，氨基酸组成与鱼粉相近，但该氨基酸组成状况欠佳，赖氨酸和色氨酸都不足，利用率变化幅度大。其氨基酸成分难以把控，对于角质及结缔组织含量高的产品而言，所含必需氨基酸量很低，蛋白质价值较差。肉骨粉同样富含B族维生素，尤其是维生素B_{12}，但脂溶性维生素含量较低。肉骨粉掺杂情形相当普遍，最常见的是使用水解羽毛粉、血粉以及贝壳粉、蹄、角、皮粉等，正常含钙量应为磷的2倍左右，灰分含量应为磷量的6.5倍以下，比例异常者有掺伪的可能；纤维多来自胃肠内容物，含量过高表示此类物质过多。因此，其用量应加以限制，白羽肉鸡饲料中使用3%以下为宜。白羽肉鸡前期和中期日粮中肉骨粉的推荐最高用量分别为2%和3%，后期日粮中不推荐使用。

家禽羽毛在经过水解后，再通过干燥、粉碎所得到的产品，其原料不能使用出现疫病和发生变质情况的家禽羽毛。水解羽毛粉的胃蛋白酶消化率不能低于75%。产品名称需要注明水解的方式（如酶解、酸解、碱解、高温高压水解），如酶解羽毛粉。羽毛粉含蛋白质80%以上，羽毛蛋白质的主要成分为含双硫键的角蛋白，加热水解或酶解可提高其利用价值,若善加选择与利用可降低饲料成本。羽毛粉的氨基酸成分里,含硫氨基酸含量处于最高水平,在所有天然饲料中,其含硫氨基酸含量位列第一,且以胱氨酸为主,其含量能高达4%。同时,异亮氨酸含量较多,可达5.3%,这种情况下羽毛粉适合与异亮氨酸缺乏的血粉配合使用。但要注意的是,羽毛粉中蛋氨酸、赖氨酸、色氨酸、组氨酸等含量都非常低,若将其用于饲料,容易出现氨基酸不平衡的问题。羽毛粉的饲用价值取决于原料的质量、处理方式、酶解和水解程度等。但总体上,水解羽毛粉饲用价值比较高,主要用于补充含硫氨基酸需要量,对防止啄羽有一定功效,肉鸡饲料中用量在3%以内。肉鸡日粮中使用10.9%的水解羽毛粉并单独或联合补充异亮氨酸或苏氨酸时,不会对肉鸡生长性能有负面影响。白羽肉鸡前期、中期和后期日粮中水解羽毛粉的推荐最高用量分别为2%、2%和3%。

动物性蛋白原料方面,作为传统的动物性蛋白原料,鱼粉在白羽肉鸡饲料中的应用广泛。在豆粕减量替代的实践中,鱼粉可以作为优质蛋白质源,替代部分豆粕。一般替代比例可达到5%~10%,能有效提高饲料的营养价值和动物的生长性能。肉骨粉是动物加工副产品,富含蛋白质和矿物质。在豆粕减量替代中,肉骨粉可以作为一种良好的补充蛋白源,替代部分豆粕。其替代比例通常在3%~5%,能有效改善饲料的氨基酸平衡,促进白羽肉鸡的生长。近年来,昆虫蛋白作为一种新型动物性蛋白原料受到广泛关注。如黑水虻幼虫粉,其蛋白含量高、氨基酸平衡好,可以作为豆粕的替代品。替代比例通常在2%~4%,不仅提高了饲料的营养价值,还有助于降低生产成本。

在选择和评估动物性蛋白时,首先,需要关注动物性蛋白的营养成分,包括蛋白质含量、氨基酸组成、维生素和矿物质含量等。这些营养成分的含量和比例将直接影响动物体的生长发育和生产性能。在选择动物性蛋白时,应根据动物的需求和饲养阶段来选择合适的蛋白源。其次,需要考虑动物性蛋白的安全性。由于动物性蛋白来源于动物体,可能存在病原体污染的风险。因此,在选择动物性蛋白时,需要确保原料来自健康的动物,且经过严格的检验和处理。再次,还需要关注动物性蛋白的储存和运输条件,以避免微生物污染和变质。最后,需要考虑动物性蛋白的成本效益。不同种类的动物性蛋白在价格上存在差异,需要根据饲养动物的品种、生产目标、市场需求等因素来综合考虑成本效益。在选择动物性蛋白时,应在保证营养价值和安全性的前提下,选择成本效益较高的蛋白源。

3.5.3 豆粕减量替代的植物性蛋白原料

植物性蛋白因其来源广泛、成本较低等特点,成为豆粕的理想替代品。植物性蛋白主要来源于各种植物性原料,如前面章节中提到的菜籽粕、棉籽粕等。这些原料不仅含有较高的蛋白质含量,而且氨基酸组成相对平衡,是畜禽养殖中重要的蛋白来源。《猪鸡饲料玉米豆粕减量替代技术方案》指出,普通棉籽饼粕能够替代30%~40%的豆粕,脱酚棉籽蛋白的替代比例可以达到60%~80%;在肉鸡日粮中,若使用2.5%~10.5%的低酚棉粕来替代豆粕,豆粕用量能够降低2%~10%。普通菜籽饼粕可取代40%~50%的豆粕,双低菜粕的替代比例可达60%~80%,当肉鸡日粮中使用7%~14%的双低菜粕替代豆粕时,豆粕用量可减少6%~10%。需要注意的是,在肉鸡日粮中使用2.5%~10.5%的低酚棉粕替代豆粕时,豆粕用量可降低2%~10%。不过,菜籽粕的有效能值较低,在其替代豆粕时,需要适量添加油脂。除此之外,花生饼粕、葵花粕、芝麻粕等植物性蛋白原料也是豆粕减量替代的重要资源。

花生饼粕是花生经过预压浸提或者直接溶剂浸提取油后所产生的副产品,也可以是花生饼浸提取油后的副产品。其粗蛋白质含量约为48%,这一含量与豆粕相近,不过它的氨基酸组成并不理想,赖氨酸和蛋氨酸的含量都比较低,但是精氨酸含量却高达5.2%。在所含矿物质方面,钙少磷多,而且磷大多属于植酸磷。花生饼粕还容易受到黄曲霉毒素污染,在使用的时候要注意防霉。饲喂鸡时可与含精氨酸少的菜籽饼、粕、鱼粉、血粉等配伍。不带壳的花生饼中粗纤维的含量一般在4%~6%,但目前许多花生原料中均或多或少带壳,进口花生粕壳含量往往更高。生花生中含有抗胰蛋白酶,120℃左右的加热能破坏抗胰蛋白酶物质。因此,花生粕在肉鸡日粮配方中用量受到限制。《猪鸡饲料玉米豆粕减量替代技术方案》指出,花生饼粕在肉鸡饲料中用量前期一般不超过5%,后期不超过10%;肉鸡日粮中使用15%的新鲜花生仁饼替代豆粕,豆粕用量可降低15%左右。

米糠粕(脱脂米糠)是米糠经浸提取油后的副产品。我国有着丰富的米糠资源,并且米糠粕有着较高的营养价值。米糠在经过脱脂、高温膨化处理后,其蛋白质和脂肪酸的品质得以提升,部分抗营养因子的含量有所降低。脱脂米糠粕含有充足的蛋白质,氨基酸平衡状况良好,同时还富含多种维生素和矿物质元素,它可以替代麸皮,或者以10%~20%的比例替代玉米,这不仅有助于提高饲料利用率,而且对蛋白质饲料而言也是一种有益的补充。肉鸡日粮添加25%米糠粕对生长性能有负面影响。白羽肉鸡前期、中期和后期日粮中米糠粕的推荐最高用量分别为5%、15%和15%。

亚麻粕是亚麻籽浸提取油后产生的副产品。亚麻饼粕的粗蛋白质和氨基酸含量和菜籽饼粕相近,不过其蛋氨酸与胱氨酸含量较低,粗纤维含量约为8%。由于亚麻饼粕含有氢氰酸,所以使用量不能过高,在肉鸡日粮中,其添加量可控制在5%~6%。20世纪60年代研究建议,亚麻粕在肉鸡日粮添加量不超过5%,超过此量可能会引起增重和饲料效率的下降。如果给肉鸡补充维生素B_6,亚麻粕在日粮中的用量可达17%~18%,可用来代替豆粕蛋白的一半。目前,白羽肉鸡前期、中期和后期日粮中亚麻粕的推荐最高用量分别为5%、15%和15%。

3 白羽肉鸡动态营养需要量

棕榈粕是棕榈仁浸提取油后得到的副产品。棕榈仁粕的粗蛋白质含量处于15.0%~21.8%，其赖氨酸、蛋氨酸和色氨酸含量不足，粗纤维含量较高，在16.1%~20.4%范围内，其中，中性洗涤纤维含量是54.2%~65.8%，非淀粉多糖含量为62.1%~65.8%。《猪鸡饲料玉米豆粕减量替代技术方案》指出，棕榈粕在肉鸡饲料中一般不超过6%。多数研究结果显示，对于肉鸡而言，棕榈仁粕用量在10%~20%的情况下，不会对其增重产生负面影响。在生长前期，肉鸡食用含28%棕榈粕的饲粮，会使饲料转化率显著下降，但是在生长后期，即便棕榈粕用量达到35%，对生长性能也没有负面影响。在使用含30%棕榈仁粕的饲粮来饲喂肉鸡时，添加甘露聚糖酶后，料重比会有显著的改善。白羽肉鸡前期、中期和后期日粮中棕榈仁粕的推荐最高用量分别为5%、10%和20%。

葵花籽仁粕是一种副产品，其来源是部分脱壳的向日葵籽经预压浸提或直接进行溶剂浸提取油脂后的物质。葵花粕有较高的蛋氨酸含量，不过赖氨酸和苏氨酸含量较低，且其氨基酸消化率大多低于豆粕的氨基酸消化率。葵饼的质量受葵粕质量和加工方式的影响，葵饼残油越多，能量值越高。葵饼质量还取决于制油前有无去壳，去壳葵饼的粗蛋白质含量超40%，粗纤维含量低于13%，部分去壳葵饼含30%~35%的粗蛋白质。未去壳葵饼粗纤维含量大于20%。葵花籽仁粕的代谢能值和赖氨酸含量较高，然而，因其非淀粉多糖含量高，所以在肉鸡饲料中的用量受到了限制。《猪鸡饲料玉米豆粕减量替代技术方案》指出，未脱壳的葵花粕纤维含量高，在肉鸡饲料中用量一般不超过5%，脱壳处理后的葵花粕可适当加大用量。研究发现，1~14日龄肉鸡日粮中使用30%的葵花粕对生长性能无负面影响。肉鸡日粮中使用20%的葵花粕对生长性能无负面影响。在肥育期和肥育后期日粮用13%和13.5%葵花仁粕对肉鸡生长性能无负面影响，添加非淀粉多糖酶可以进一步改善肉鸡体增重。确定白羽肉鸡前期、中期和后期日粮中葵花籽仁粕的推荐最高用量分别为3%、6%和10%（Mushta et al.，2006）。

芝麻粕是芝麻籽经过预压浸提或者直接溶剂浸提取油后产生的副产品，也可以是芝麻籽饼浸提取油所产生的副产品。芝麻粕中含粗蛋白质45%以上，其粗蛋白质含量和氨基酸消化率与豆粕相似，精氨酸含量高，是一种高营养的植物蛋白资源。在芝麻粕中，主要的抗营养因子为草酸和植酸，这二者会影响到蛋白质和矿物质的消化与吸收。《猪鸡饲料玉米豆粕减量替代技术方案》指出，芝麻粕在鸡饲料中可添加比例在15%左右。肉鸡日粮中使用芝麻粕对生长性能有负面影响。当添加外源酶制剂时，综合考虑肉鸡生长性能、肉品质和血清生化指标能发现，在日粮里添加不同比例的小麦和发酵芝麻粕可提升肉鸡肉品质，其中添加40%小麦与10%发酵芝麻粕的效果较好，这意味着小麦和发酵芝麻粕能够用来替换日粮中部分的玉米和豆粕。日粮中使用15%的烤芝麻粕和浸泡芝麻粕对肉鸡生长性能无负面影响。白羽肉鸡前期、中期和后期日粮中芝麻粕的推荐最高用量分别为3%、4%和4%。

豌豆属豆科豌豆的籽实。豌豆营养价值很高，其中含33.4%～47.5%淀粉、24.3%～30.4%蛋白质、14.4%～19.5%的粗纤维。此外，豌豆中还含有微量元素和维生素等多种营养物质，赖氨酸含量1.35%～1.50%，蛋氨酸含量约0.22%。研究发现，日粮中使用40%的去壳豌豆粉对肉鸡的生长性能有积极影响（Laudadio and Tufarelli，2010）。研究发现，前中后期肉鸡日粮分别添加16%、24%和48%的豌豆粉对生长性能均无负面影响（Dotas et al.，2014）。另有研究发现日粮中使用40%的生豌豆和挤压豌豆对肉鸡的生长性能无负面影响。白羽肉鸡前期、中期和后期日粮中推荐的最高用量分别为20%、30%和40%（Hejdysz et al.，2017）。《猪鸡饲料玉米豆粕减量替代技术方案》建议，对于生长后期的肉鸡，其日粮里豌豆的用量可以达到20%之高；当直链淀粉比例提高至直链/支链比为0.35～0.5时，日粮的粗蛋白质水平能够降低2%。

酱油糟是一种固体副产物，其制作过程是以大豆、豌豆、蚕豆、豆饼、麦麸及食盐等为原料，先通过米曲霉、酵母菌、乳酸菌发酵酿制酱油，再将剩余残渣灭菌、干燥而得。酱油糟含粗蛋白质约15%，赖氨酸约0.7%，其食盐含量颇高，在5%左右。因此，使用时应注意限量，一般用量在3%以内，白羽肉鸡前期、中期和后期日粮中酱油糟的推荐最高用量分别为1%、2%和3%。

玉米加工副产物品种较多，除了前面章节介绍的玉米蛋白粉、玉米干全酒糟、玉米胚芽粕均可部分替代豆粕。除此外还有喷浆玉米皮、玉米淀粉渣也是可以选择使用的替代原料。玉米淀粉渣是在生产柠檬酸之类的玉米深加工产品时，将玉米粉碎、液化、过滤后得到滤渣，然后对滤渣进行干燥而获得的产品，其含有约2%的葡萄糖、25%的蛋白和28%的脂肪。玉米淀粉渣中的蛋白大多是醇溶蛋白，其不溶于水且缺乏赖氨酸、色氨酸等必需氨基酸，将其直接作为饲料有一定的效果。玉米淀粉渣中的粗蛋白质和钙含量均明显比玉米更优；其代谢能与玉米相近；在其蛋白质中，各种氨基酸含量均高于玉米，氨基酸比例也比较平衡。玉米淀粉渣对鸡有很高的营养价值，可当作一种能量饲料原料来取代玉米，并且也可用来代替少量的蛋白质饲料原料。白羽肉鸡前期、中期和后期日粮中玉米淀粉渣的推荐最高用量分别为3%、5%和8%。

植物性蛋白原料方面，豌豆粕作为一种优质植物蛋白原料，其粗蛋白质含量高、氨基酸组成平衡。在豆粕减量替代中，豌豆粕的替代比例可达到10%～15%，对白羽肉鸡的生长性能和肉品质无明显影响。向日葵粕是向日葵籽榨油后的副产品，富含粗蛋白质和粗脂肪。在豆粕减量替代中，向日葵粕的替代比例通常在5%～10%，能有效降低饲料成本，同时提高饲料的营养价值。棉籽粕是棉籽榨油后的副产品，含有较高的粗蛋白质和脂肪。但棉籽粕中含有游离棉酚等抗营养因子，需要通过脱毒处理后才能使用。在豆粕减量替代中，脱毒棉籽粕的替代比例通常在3%～5%，能有效提高饲料的营养价值。

具体替代豆粕的比例需根据生长阶段、营养需求和饲料配方来确定，并通过实际饲喂效果进行调整。同时，确保饲料的营养均衡和安全性也是非常重要的。在选择和评估植物性蛋白时，需要综合考虑以下几个因素。蛋白质含量：植物性蛋白的蛋白质含量是评估其营养价值的重要指标。一般来说，蛋白质含量越高，其营养价值也越高。氨基酸组成：氨基酸组成是评估植物性蛋白质量的关键因素。理想的植物性蛋白应具有较高的必需氨基酸含量和较平衡的氨基酸比例。其他营养成分：除了蛋白质和氨基酸外，植物性蛋白中的矿物质、维生素和黄酮类物质等也是重要的营养成分，需要综合考虑。不同种类的植物性蛋白在消化利用率上存在差异。一般来说，蛋白质含量高、氨基酸组成平衡的植物性蛋白具有较高的消化利用率。此外，加工方式和处理条件也会影响植物性蛋白的消化利用率。植物性蛋白的安全性也是需要考虑的重要因素。一些植物性蛋白可能含有抗营养因子、毒素或微生物污染等问题，需要在选择和使用时进行严格的检测和控制。成本效益是选择植物性蛋白时需要考虑的另一个因素。不同种类的植物性蛋白在价格上存在差异，需要根据畜禽养殖的实际需求和成本效益来选择。

3.5.4 豆粕减量替代的新型蛋白饲料原料

在替代过程中，新型蛋白型饲料原料如昆虫蛋白、藻类蛋白等因其独特的营养价值和环境友好性而受到广泛关注。昆虫蛋白作为一种新型的动物蛋白源，具有较高的营养价值。如昆虫类饲料资源，以黑水虻幼虫为例，这种幼虫干物质中的粗蛋白质含量能够超过50%，其氨基酸组成也比较均衡，并且富含赖氨酸、蛋氨酸等必需氨基酸。此外，昆虫蛋白还含有丰富的矿物质和维生素，如钙、磷、铁、B族维生素等。

藻类蛋白是另一种新型的植物蛋白源，同样具有较高的营养价值。以螺旋藻为例，其蛋白质含量高达60%以上，且富含多种必需氨基酸、不饱和脂肪酸、矿物质和维生素。藻类蛋白中的氨基酸组成较为均衡，与动物蛋白相似，具有较高的生物效价。

酵母培养物富含大量的必需氨基酸、维生素和微量元素。它通常包括酵母浸粉、葡萄糖、酵母精粉、维生素B_1等成分，这些成分对于酵母的生长和繁殖至关重要。酵母培养物可以替代豆粕的5%~15%，不过酵母培养物中蛋白质的具体含量和营养价值可能因产品而异，替代比例需要根据实际情况进行调整。

乙醇梭菌蛋白是一种通过微生物发酵技术生产的单细胞蛋白，其粗蛋白质含量可达83%以上，且18种氨基酸占蛋白质比例达到94%。此外，它还富含多种必需氨基酸，其营养价值与鱼粉相当，优于豆粕。研究表明，10%的乙醇梭菌蛋白可以替代20%的豆粕，且能大幅度提高草鱼生长性能和肠道健康。因此，在白羽肉鸡产业中，乙醇梭菌蛋白的替代比例可以根据实际情况进行调整，但一般建议不超过豆粕用量的20%。

乳酸菌体蛋白主要来源于乳酸菌的发酵过程，其蛋白质含量和营养价值因菌种和发酵条件而异。乳酸菌体蛋白通常富含多种氨基酸、维生素和矿物质，对于促进畜禽肠道健康和增强免疫力具有重要作用。由于乳酸菌体蛋白的蛋白质含量和营养价值相对较低，因此其替代豆粕的比例通常较小。乳酸菌体蛋白可以替代豆粕的1%~5%，具体比例取决于饲料配方和养殖需求。

新型蛋白原料方面，单细胞蛋白是通过微生物发酵获得的蛋白质，具有高营养价值和生物安全性。在豆粕减量替代中，单细胞蛋白的替代比例通常在1%~2%，能有效提高饲料的蛋白质含量和营养价值。酵母蛋白是酵母菌在生长过程中积累的蛋白质，富含必需氨基酸和维生素。在豆粕减量替代中，酵母蛋白的替代比例通常在0.5%~1%，能有效改善饲料的氨基酸平衡和维生素含量。藻类蛋白是藻类生物体中的蛋白质，具有高蛋白、低脂肪的特点。在豆粕减量替代中，藻类蛋白的替代比例通常在0.2%~0.5%，能为白羽肉鸡提供丰富的营养物质。

在选择和评估新型蛋白型饲料原料时，需要综合考虑以下几个方面。营养成分是评估和选择新型蛋白型饲料原料的首要因素。需要关注原料的粗蛋白质含量、氨基酸组成、脂肪酸组成、矿物质和维生素含量等指标。这些指标将直接影响原料的营养价值和畜禽对其的利用率。粗蛋白质含量：新型蛋白型饲料原料的粗蛋白质含量应达到一定水平，以满足畜禽对蛋白质的需求。氨基酸组成：氨基酸组成是衡量原料蛋白质质量的重要指标。理想的原料应具有平衡的氨基酸组成，特别是必需氨基酸的含量应较高。脂肪酸组成：脂肪酸是畜禽生长和发育的重要营养物质。需要关注原料中不饱和脂肪酸的含量和比例。矿物质和维生素含量：这些营养成分对畜禽的健康和生产性能同样重要。需要确保原料中含有足够的矿物质和维生素。消化利用率是衡量原料营养价值的重要指标。新型蛋白型饲料原料的消化利用率应较高，以确保畜禽能够充分吸收和利用其中的营养物质。安全性是选择和评估新型蛋白型饲料原料时必须考虑的因素。需要确保原料来源可靠、无污染、无毒素，且符合相关法规和标准的要求。成本效益是选择新型蛋白型饲料原料时需要考虑的实际因素。需要在保证原料营养价值和安全性的前提下，选择成本效益较高的原料。

3.5.5　豆粕减量替代中抗营养因子消减技术

在豆粕减量替代时，各种杂粕（如棉籽粕、菜籽粕等）因其来源广泛、成本较低，成为潜在的蛋白源替代品。然而，这些杂粕往往含有较高的抗营养因子，如胰蛋白酶抑制因子、植物凝集素等，这些因子会降低畜禽对杂粕的利用率。因此，在利用杂粕替代豆粕时，对杂粕进行预处理，如脱毒、发酵、添加复合酶制剂等，是提高其营养价值和利用率的关键。脱毒和发酵是两种有效的杂粕预处理技术，它们能够显著降低杂粕中抗营养因子的活性，提高杂粕的营养价值和利用率。在实际应用中，可以根据杂粕的种类、抗营养因子的种类和含量等因素，选择合适的预处理技术。同时，预处理技术的参数（如处理时间、温度、添加剂用量等）也需要进行优化，以达到最佳的预处理效果。通过这些预处理技术，我们可以更好地利用杂粮作为豆粕的替代品，实现资源节约和环境保护的目标。

饲料添加剂和配套技术措施方面，在豆粕减量替代中，酶制剂、脱毒剂等饲料添加剂和配套技术措施也发挥了重要作用。例如，添加蛋白酶、纤维素酶等酶制剂可以提高饲料的消化率和利用率；脱毒剂可以有效去除棉籽粕等原料中的抗营养因子。这些配套技术措施的应用进一步提高了豆粕减量替代的效果和效率。

脱毒技术主要通过物理、化学或生物方法破坏或降低杂粮中抗营养因子的活性。物理方法如热处理、压力处理等；化学方法如酸碱处理、氧化处理等；生物方法则主要利用酶制剂或微生物进行脱毒。棉籽粕在120℃下加热30 min，胰蛋白酶抑制因子的活性可降低至原始活性的10%以下。菜籽粕在130℃下加热15 min，植物凝集素的活性可降低50%以上。使用0.1%的氢氧化钠溶液处理棉籽粕，胰蛋白酶抑制因子的活性可降低80%以上。而使用2%的醋酸溶液处理菜籽粕，植物凝集素的活性可降低60%左右。添加0.05%的蛋白酶制剂于棉籽粕中，处理2 h后，胰蛋白酶抑制因子的活性可降低至原始活性的20%以下。类似地，在菜籽粕中添加0.1%的纤维素酶制剂，处理4 h后，植物凝集素的活性可降低至原始活性的40%左右。

发酵技术通过微生物的作用，降解杂粮中的抗营养因子，并产生有益微生物和代谢产物，如乳酸、乙酸等，从而提高杂粮的营养价值和利用率。使用乳酸菌对棉籽粕进行发酵处理，经过48 h的发酵，胰蛋白酶抑制因子的活性可降低至原始活性的5%以下，同时产生大量的乳酸和乙酸，改善了棉籽粕的适口性。对菜籽粕进行酵母菌发酵处理，经过72 h的发酵，植物凝集素的活性可降低至原始活性的10%以下，同时产生了丰富的B族维生素和氨基酸等营养物质。

生物酶组合技术通过开发生物酶产品组合方案，提升饲料转化效率。在禽中开展相关研究，利用体外和体内法，选择对抗营养因子降解能力高的酶产品组合，在杂粮替代豆粕的饲料产品中使用，以提高原料利用率，深度挖掘原料价值。生物酶组合技术涉及多种酶制剂的复合应用，包括木聚糖酶、植酸酶、蛋白酶、脂肪酶和淀粉酶等。具体而言，木聚糖酶占酶制剂总量的20%，用于分解小麦等杂粮中的非淀粉多糖（NSP），降低其抗营养效应；植酸酶占15%，能有效分解植酸，提高磷的利用率，减少环境污染；蛋白酶占30%，有助于蛋白质的消化吸收；脂肪酶占10%，可分解脂肪提高能量价值；淀粉酶占剩余的25%，确保淀粉的高效利用。这些酶制剂的比例是根据不同杂粮的营养成分和抗营养因子含量科学确定的，旨在最大程度地提高饲料的营养价值和利用率。通过生物酶组合技术的应用，白羽肉鸡产业能够更有效地实现豆粕减量替代，推动产业的可持续发展。

能量是动物生长和生产的基础，饲料中的能量水平对动物的生长速度和生产性能有重要影响。在豆粕减量替代的过程中，需要适当调整饲料的能量水平，以满足动物的需求。一般来说，可以通过添加油脂、糖类等原料来提高饲料的能量密度。矿物质和维生素是动物生长和生产所必需的微量营养素。在饲料配方优化中，需要确保饲料中矿物质和维生素的含量满足动物的需求。可以通过添加矿物质预混料、维生素预混料等方式来补充这些微量营养素。

饲料配方的氨基酸平衡是保障肉鸡正常生长的关键。蛋白质是由氨基酸组成的，不同氨基酸在动物体内的代谢和生理功能各不相同。因此，在饲料配方优化中，需要关注氨基酸的平衡。通过添加合成氨基酸或调整原料比例，使饲料中的氨基酸比例与动物的需求相匹配，从而提高饲料的营养价值。低蛋白日粮策略基于蛋白质营养实质是氨基酸营养的认识，适当降低蛋白水平（1%~4%）并补充工业合成氨基酸，如赖氨酸、蛋氨酸、苏氨酸、色氨酸、精氨酸、缬氨酸、异亮氨酸、苯丙氨酸这8种已实现工业化生产的必需氨基酸，同时补充丙氨酸、谷氨酸和甘氨酸等非必需氨基酸，能有效维持氨基酸平衡，且对肉鸡的生长性能无负面影响。在满足氨基酸需求和平衡后，最多可以降低肉鸡日粮2.5%粗蛋白质，添加蛋白酶或植酸酶后，可再降低肉鸡日粮0.5%~1.0%粗蛋白质，同时，配制低蛋白肉鸡日粮时，还应注意日粮中电解质的平衡。展望未来，随着科研和技术的进步，组氨酸、亮氨酸等更多氨基酸的工业化生产和批量供应将成为可能，进一步推动白羽肉鸡营养平衡的发展，为养殖业的可持续发展注入新动力。

3.5.6 豆粕减量替代的应用案例

山东某白羽肉鸡养殖公司，通过低蛋白氨基酸平衡技术，研发出新型饲料，实现了在养殖中减少豆粕使用。该公司通过一系列的技术调整，将饲料中豆粕的添加量从原来的约20%减少至18%，年用量由400万t减少到360万t，减少了40万t的豆粕用量。每只鸡养殖成本降低了0.5元，对于大规模养殖企业而言，这一成本降低的累积效应显著。通过原料替代豆粕，饲料的转化效率得到了提高，进一步降低了养殖成本。新型饲料在保障生产性能的同时，还有助于改善肠道健康，提高动物健康水平。该公司与江南大学、中国农业大学等合作，研发构建替代原料在不同动物饲料、不同品质情况下的动态营养价值参数数据库，测试各种原料的有效能值和消化利用率。

某大型白羽肉鸡养殖企业采用小麦、高粱、玉米等谷物类原料以及葵花粕、菜籽粕等杂粕类原料作为豆粕的替代品。将豆粕的添加量从原来的22%降低至15%，降低了7%的豆粕用量。由于谷物类和杂粕类原料的价格相对较低，因此饲料成本得到了有效降低。经过试验验证，采用新型饲料后，生长性能并未受到显著影响，保持了稳定的生长速度和良好的健康状况。该企业采用先进的饲料加工技术，确保不同原料之间的混合均匀性和营养平衡性，从而提高了饲料的整体质量和利用率。

美国某白羽肉鸡养殖企业采用玉米、小麦等谷物类原料以及豌豆、花生粕等杂粕类原料作为豆粕的替代品。通过优化饲料配方和饲养管理，将豆粕的添加量从原来的25%降低至12%，降低了13个百分点的豆粕用量。由于采用了大量廉价的谷物类和杂粕类原料替代豆粕，该企业的饲料成本得到了显著降低。新型饲料不仅降低了成本，还有助于提高健康水平和生产性能，如提高肌胃重、改善肠道健康等。该企业注重技术创新和饲养管理优化，通过采用先进的饲料加工技术和饲养管理策略，确保了新型饲料的高效利用和动物的健康生长。

荷兰某白羽肉鸡养殖合作社采用青贮饲料、苜蓿等天然饲料资源以及玉米加工副产物等作为豆粕的替代品。通过优化饲料配方和饲养管理，将豆粕的添加量从原来的20%降低至10%，降低了10个百分点的豆粕用量。采用天然饲料资源和玉米加工副产物替代豆粕，降低了饲料成本。天然饲料资源的利用有助于减少养殖业对环境的污染和破坏，促进生态环境的改善。该合作社注重可持续发展理念的实践，通过采用环保饲料原料和优化饲养管理策略，实现了经济效益和生态效益的双赢。

现对一种典型饲料配方进行分析和评估，该配方成功实现了豆粕的减量替代。配方构成方面，该饲料配方主要针对白羽肉鸡的生长需求，通过精心挑选的原料组合，达到了在保障营养需求的同时减少豆粕用量的目的。具体配方如下：玉米作为主要的能量来源，占配方总量的60%。玉米的淀粉含量高，易于消化吸收，能为白羽肉鸡提供稳定的能量供应。小麦占配方总量的10%，作为玉米的补充，提供额外的能量和蛋白质。小麦的粉碎粒度适中，有助于提高饲料的适口性和采食量。玉米蛋白粉占配方总量的10%，作为主要的蛋白来源之一，其粗蛋白质含量高达60%以上，能有效补充白羽肉鸡所需的氨基酸。菜籽饼粕占配方总量的10%，是豆粕的良好替代品。菜籽饼粕的粗蛋白质含量相较于豆粕是偏低的，不过其蛋氨酸含量较高，赖氨酸和精氨酸含量较低，若和玉米蛋白粉搭配使用，氨基酸组成能够得到改善。棉籽饼粕占配方总量的5%，同样作为豆粕的替代品。棉籽饼粕含有较高的精氨酸，但赖氨酸含量较低，与菜籽饼粕配合使用能进一步提高氨基酸的平衡性。花生粕占配方总量的5%，其粗蛋白质含量与豆粕相当，但缺乏蛋氨酸、赖氨酸和色氨酸，因此使用时需要注意与其他蛋白源的搭配。

配方分析与评估方面，该配方通过合理的原料搭配，保证了白羽肉鸡所需的营养物质的供应。玉米和小麦提供了稳定的能量来源，而玉米蛋白粉、菜籽饼粕、棉籽饼粕和花生粕则提供了丰富的蛋白质和氨基酸，满足了白羽肉鸡的生长需求。与传统配方相比，该配方成功实现了豆粕的减量替代。豆粕在配方中的比例显著降低，降低了对豆粕的依赖度，降低了生产成本。玉米、小麦等谷物类原料价格相对较低，且供应稳定，能有效降低饲料成本。同时，豆粕的减量替代也降低了饲料成本，提高了经济效益。该配方通过利用多种蛋白源替代豆粕，提高了饲料的可持续性。多种蛋白源的使用降低了对单一原料的依赖度，有利于降低饲料成本波动风险。同时，这也促进了农业资源的合理利用和环境保护。该饲料配方在白羽肉鸡产业中豆粕减量替代方面表现出色。通过合理的原料搭配和营养平衡，该配方保证了白羽肉鸡的营养需求，降低了豆粕的用量，提高了经济效益和可持续性。

针对不同生长阶段的白羽肉鸡，实施豆粕减量替代策略时，需要考虑其营养需求、生长速度和经济效益。根据现有信息，制定为雏鸡、育肥鸡和成鸡阶段设计的豆粕减量替代方案。

在前期阶段（1～21日龄），由于雏鸡的消化系统尚未完全发育，其对饲料的消化吸收能力较为有限。在这个阶段，建议使用7%～10%的双低菜粕和2%～5%的低酚棉粕作为豆粕的替代品，这两种原料不仅具有良好的氨基酸平衡性，而且营养丰富，能够满足雏鸡的营养需求。同时，玉米蛋白粉作为优质蛋白源，其粗蛋白质含量高，且氨基酸组成接近雏鸡需求，替代比例可达5%～8%，是另一种理想的替代选项。除了蛋白源，谷物原料（如小麦、大麦和高粱等）也可以作为替代品，建议每种原料的替代比例不超过30%，以确保能量的充足供应。此外，新鲜米糠也是一个不错的选择，用量可达10%～15%，为雏鸡提供额外的营养来源。

在中期阶段（22～35日龄），白羽肉鸡的生长速度显著加快，对营养的需求也急剧增加。为了满足这一时期的营养需求，在豆粕减量替代时，需要更加精细地考虑原料的营养价值和替代比例。在豆粕替代方面，建议适当降低豆粕的用量，转而使用10%～14%的双低菜粕和5%～10%的低酚棉粕进行替代。这些原料不仅提供了必要的蛋白质，还有助于维持营养平衡。此外，为了进一步增加蛋白质来源，可以适量增加豌豆粕的用量，用量可达到10%～15%，豌豆粕的蛋白质丰富且易于消化吸收。在谷物原料的替代上，小麦、大麦和高粱的替代比例可以适当提高，建议每种原料的替代比例不超过40%。这些谷物原料为育肥鸡提供了必要的能量，有助于促进其快速生长。同时，新鲜米糠的用量也可以增加到20%左右，为育肥鸡提供额外的营养支持。此外，小麦或大麦作为能量饲料，其替代比例可以增加到30%～40%，以满足中期阶段对能量的高需求。同时，豌豆粕或棉籽粕作为蛋白质补充，替代豆粕的比例可达10%～15%。特别是豌豆粕，其氨基酸平衡性较好，有助于维持中期阶段鸡的健康生长。另外，花生粕作为一种经济且营养丰富的原料，替代比例可达5%～10%，为中期阶段鸡提供了额外的蛋白质来源。

在后期阶段（36～42日龄），白羽肉鸡的生长速度逐渐放缓，对营养的需求趋于稳定。此时，豆粕减量替代的关键在于维持饲料的营养平衡并降低饲料成本。在豆粕替代方面，建议进一步降低豆粕的用量，转而使用12%~15%比例的新鲜花生粕替代部分豆粕。同时，为了满足后期阶段鸡对蛋白质和氨基酸的需求，可以适量增加豌豆粕和玉米蛋白粉的用量。这些原料不仅提供了丰富的蛋白质，还有助于维持饲料的营养平衡。在谷物原料的替代上，可以继续使用小麦、大麦和高粱等作为玉米的替代品，建议每种原料的替代比例维持在30%~40%。这些谷物原料为成鸡提供了必要的能量，有助于维持其生长速度。此外，可以适量添加新鲜米糠和其他杂粕类原料，如麸皮，作为填充料和能量补充，替代比例可达15%~20%，以进一步降低饲料成本。玉米或小麦作为主要的能量饲料，其用量应根据后期阶段鸡的能量需求进行调整。花生粕或棉籽粕作为蛋白质补充，替代比例保持在10%左右，为成鸡提供了额外的蛋白质来源。

在肉鸡产业中，豆粕减量替代不仅关乎营养平衡，更与成本收益密切相关。替代原料成本方面，在豆粕减量替代中，常用的替代原料包括小麦、大麦、豌豆粕、棉籽粕、花生粕等。这些原料的成本因市场供需、季节变化等而有所波动。以当前市场价格为例，小麦、大麦的价格相对较低，每吨为2 000~2 500元；豌豆粕的价格稍高，每吨为3 000~3 500元；棉籽粕和花生粕的价格则因地区和质量差异而有所不同，在每吨2 500~4 000元。

豆粕替代比例与成本节省方面，以一家中型白羽肉鸡养殖场为例，假设其年饲料需求量为10万t，其中豆粕占比为20%，即2万t。若将豆粕的添加量减少5%，即使用1.9万t豆粕，剩余的0.1万t豆粕用量由其他原料替代。根据当前市场价格，豆粕每吨价格约为4 000元，而替代原料的平均成本约为3 000元/t。因此，通过豆粕减量替代，该养殖场每年可节省饲料成本［0.1万t×（4 000元/t-3 000元/t）］=100万元。

生产性能收益方面，豆粕减量替代后，通过合理的原料搭配和营养平衡，白羽肉鸡的生产性能得以提升。以某养殖场为例，实施豆粕减量替代后，其肉鸡的平均体重提高了1%~2%，料重比降低了0.1~0.2。以每只肉鸡平均体重增加0.1 kg、料重比降低0.1计算，若该养殖场年出栏量为100万只肉鸡，则可增加鸡肉产量10万kg，减少饲料消耗1 000 t。根据当前市场价格，鸡肉每千克售价为20元，饲料每吨成本为3 000元。因此，生产性能提升带来的收益为（10万kg×20元/kg）+（1 000 t×3 000元/t）=500万元。

综合成本收益方面，综合考虑成本节省和生产性能收益，该养殖场通过豆粕减量替代获得的综合成本收益为500万元（生产性能收益）+100万元（成本节省）=600万元。这一数据表明，豆粕减量替代不仅有助于降低饲料成本，还能显著提高肉鸡的生产性能，为养殖场带来可观的经济效益。通过对豆粕减量替代后的成本收益分析可以看出，该策略在白羽肉鸡产业中具有显著的优势。通过合理选择替代原料、调整配方比例，养殖场可以在降低饲料成本的同时提升肉鸡的生产性能，从而实现更高的经济效益。

目前的肉鸡低蛋白日粮研究进展发现，在满足氨基酸需求和平衡后，最多可以降低肉鸡日粮2.5%粗蛋白质，添加蛋白酶或植酸酶后，可再降低肉鸡日粮0.5%～1.0%粗蛋白质。

3.6 饲料转化效率提升技术

3.6.1 白羽肉鸡品种选择

目前国外引进的白羽肉鸡品种有科宝、AA、哈伯德、罗斯等，国内自主培育的品种有"圣泽901""广明2号"和"沃德188"等，这些品种有各自的特性。在选择白羽肉鸡品种时，需要综合考虑多个因素，以确保所选品种能够满足养殖性能、经济效益和市场需求。以下是为提升饲料报酬选择白羽肉鸡品种时应考虑的因素。

生长速度和体型：白羽肉鸡的生长速度和体型直接影响其生产效率和市场竞争力。选择生长速度快、体型大的品种能够在较短时间内达到市场要求的体重，提高生产效率，这对饲料转化效率的提升有帮助，从而提高饲料报酬。

饲料转化率：饲料转化率是评估白羽肉鸡经济效益的重要指标。饲料转化效率高或料重比低的品种表示鸡只需要较少的饲料就能生产出单位重量的体重。选择饲料转化效率高的品种，能够降低单位重量毛鸡的饲料成本，提高养殖效益。

肉质特性与屠宰性能：肉质特性和屠宰性能是满足市场需求的重要因素。根据需求，选择肉质细嫩、胴体率和各部位出成率高的品种有利于提高饲料报酬和效益。不同品种的白羽肉鸡在屠宰性能上存在差异，从实际的屠宰性能对比来看，圣泽901与科宝的胴体率高于AA，从胸肉率上看，科宝与圣泽901高于AA，从腿肉率上看，AA与圣泽901高于科宝。

健康状况：白羽肉鸡的健康状况直接影响养殖效益和市场竞争力。选择具有较强抗病能力和遗传稳定性的品种，能够减少疾病发生的风险，降低养殖成本。同时，还需要关注品种的遗传缺陷和疾病易感性，确保所选品种在养殖过程中具有较高的健康水平。

适应性：白羽肉鸡的适应性是其能否在特定环境中健康生长的关键因素。了解各品种对温度、湿度和通风等气候条件的特定要求，选择对当地气候和环境适应性强的品种，能够确保鸡只在这些条件下保持最佳的生产性能。

种鸡性能：对于种鸡的选择，繁殖性能是一个重要指标。考虑产蛋率、孵化率和雏鸡的质量等因素，选择繁殖性能优良的品种有助于肉鸡生产性能的提升和性能的稳定性，提高经济效益。

市场接受度：了解客户和消费者对不同肉鸡品种的偏好和需求，选择市场接受度高的品种将有助于提高产品的销售量和市场竞争力。在选择品种时，需要关注市场需求发展和趋势，确保所选品种能够满足消费者的需求。

供应链和技术支持：选择有稳定供应链和完善技术支持的家禽育种公司合作，能够确保种苗供应和所需的营养、兽医和养殖等技术支持。这有助于保障养殖的稳定性和提高生产效率。

综合效益：综合考虑品种的生产性能和成本、屠宰加工性能和成本，饲料的造肉成本和总体造肉成本以及综合效益，选择不同需求下综合效益最佳的品种，这将有助于养殖的降本增效和可持续发展。

3.6.2 饲料原料质量管理

饲料原料质量管理是确保饲料产品质量和安全的重要环节。家禽一条龙企业涵盖了从饲料生产到家禽养殖、屠宰加工的全产业链。对于这样的企业，饲料原料的质量管理尤为重要，其直接影响饲料的效益和报酬以及整个生产链的产品质量和安全。

建立全面的质量管理体系。通过ISO 9001质量管理体系认证，确保企业在原料采购、生产、检测、储存等环节都有标准化的管理流程。实施危害分析与关键控制点（HACCP）体系，识别并控制生产过程中的关键点，预防质量问题的发生。从原料采购到成品饲料、家禽养殖、屠宰加工，每个环节都建立质量控制标准和流程。应选择信誉良好的原料供应商，并对其进行严格审核，全程监控。从原料采购、运输、储存到使用的每个环节都需进行严格监控。制定并遵循原料质量标准，确保一致性。

严格的供应商管理。对供应商进行资格评估和认证，包括生产能力、质量控制水平、供应历史等。与信誉良好的供应商建立长期稳定的合作关系，确保原料质量的稳定性。定期对供应商进行现场审核，检查其生产和质量控制情况。避免依赖单一供应商，确保原料供应的稳定性和质量。

完善的采购管理。制定明确的采购标准：包括原料的营养成分、物理性状、卫生指标等，确保采购原料符合企业标准。对每批次原料进行编号，记录采购、运输、验收等信息，便于追溯和管理。制定明确的原料验收标准，包括物理、化学、微生物等各项指标，确保每批次原料都符合标准。原料入库前进行企业内部检测，并核对供应商提供的检测报告，必要时送第三方机构复检。

严密的仓储管理。仓库应保持适宜的温度、湿度和通风条件，避免原料受潮、霉变和污染。不同种类的原料应分区存放，避免交叉污染和混淆。采用先进先出的管理原则，确保原料在保质期内使用。

生产过程的质量管理。制定并严格执行标准操作规程，确保每个生产环节的规范化操作。配备先进的检测设备，如色谱仪、质谱仪、微生物检测仪等，确保检测结果的准确性和可靠性。对原料进行全面检测，包括营养成分、微量元素、微生物、有毒有害物质等。对生产的饲料进行定期抽样检测，确保成品饲料的质量稳定和合格。定期送样到第三方检测机构进行检测，确保检测结果的公正性和权威性。

建立追溯体系。利用信息化管理系统，对每批次原料的采购、检测、入库、使用等信息进行记录和管理，实现全程可追溯。建立质量问题的应急处理预案，当发现质量问题时，能够快速定位问题批次，采取措施进行召回和处理。

培训与提升。定期对员工进行质量管理、检测技术、操作规程等方面的培训，提升员工的专业知识与技能。对企业管理层进行质量管理体系和最新法规标准的培训，确保管理层对质量管理的重视和支持。

饲料原料质量是饲料企业产品的根源，随着社会对饲料安全监督力度的加强，饲料原料的品质保证和质量控制已成为饲料行业的关键技术，对饲料企业的生存和发展也起着至关重要的作用。通过以上措施，家禽一条龙企业可以有效提升饲料原料的质量管理水平，确保整个生产链的产品质量和安全，赢得市场和消费者的信赖。

3.6.3　饲料生产工艺与生产质量管理

白羽肉鸡在给定的合理的营养水平下，要获得最大的生长速度，必须实现采食量最大化，尤其是后期。但是，饲料料型与颗粒大小对于肉鸡最大采食量和饲料报酬的提高至关重要，影响饲料颗粒质量的主要有饲料配方结构（40%）、粉碎工艺（20%）、调质工艺（20%）、制粒工艺（15%）、冷却筛分（5%）五个方面。后四个方面在几乎不增加饲料成本的基础上，通过提高饲料加工工艺便可得到显著的改善。采用适宜的粉碎工艺加工出均匀一致的颗粒饲料，配合合适的调质温度、调质时间和蒸汽质量，才能生产出最优质的颗粒饲料。此外，定期对调质器和制粒机加以管理与维护又能提高颗粒质量的稳定性。不管是饲料企业还是养殖企业，只有建立一个理想的质量控制体系才能确保饲料的颗粒质量达到所需的要求。肉鸡饲料需按特定的营养浓度进行设计和配制，以便能使其发挥最大的生产潜能。然而，肉鸡的生长速度依赖于其摄入的营养含量。因此，要获得最佳的生长效率，对饲料和鸡的管理必须着眼于使肉鸡能够维持在一个理想的采食水平。

3.6.3.1　影响肉鸡采食量的因素

影响肉鸡采食量的因素众多，其中环境和管理是关键因素。另外，饲料的颗粒质量同样关键，质量不佳会增加粉料，减少肉鸡的采食量（图3-3）。

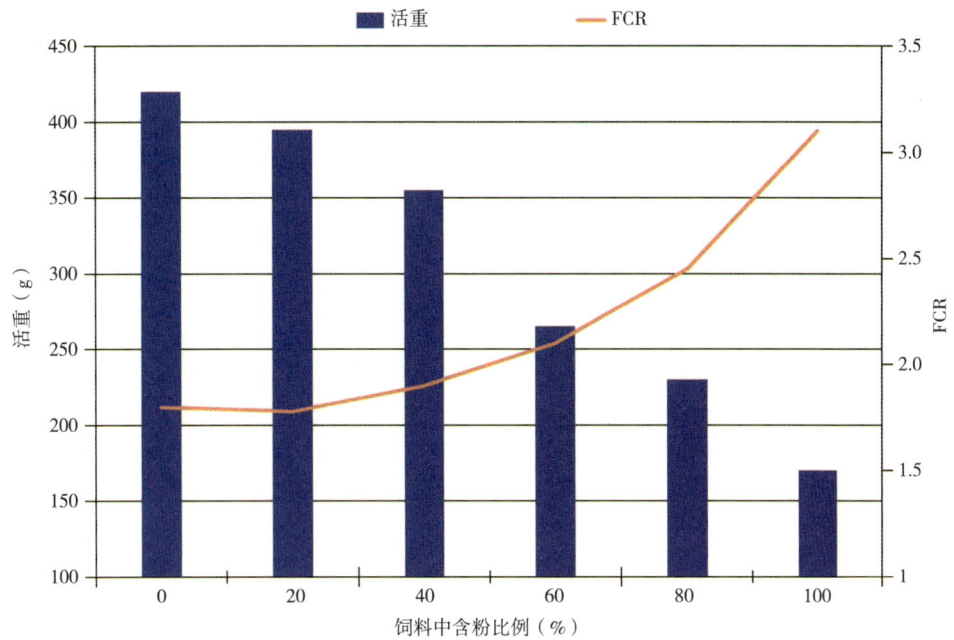

图3-3 饲料中含粉量对15~35日龄肉鸡生长的影响（Quentin et al.，2004）

3.6.3.2 饲料颗粒质量的评价

对于肉鸡颗粒饲料，颗粒含粉率、粉化率是比较常用的评价指标。含粉率反映制粒效果，也有用颗粒成型度评价，含粉率（%）=100-颗粒成型度。检测方法参照国标GB/T 16765。

粉化率在学术文献中常用颗粒耐久性指数（Pellet Durability Index，PDI）来代替，PDI是评价饲料颗粒在包装、搬运、运输、储存和供料线输送过程中出现破损或产生细粉程度的指标。生产中通常用粉化率评判，颗粒耐久性指数（%）=100-粉化率。检测方法：回转箱法（美国堪萨斯州立大学研制）、回转箱修正法（K.K Lundblad）、MPE法（巴西农学院Embrapa）、Holmen法/吹磨法（英国，霍尔曼颗粒检测仪）、木质检测仪等。计算公式：PDI（%）=测试后完整颗粒重量/取样颗粒重量×100。

3.6.3.3 饲料颗粒质量影响因素

饲料配方作为多种原料的组合，对颗粒饲料耐久性指数（PDI）具有重要影响，其影响比重占40%左右。在配方构成中，不同原料对PDI的贡献率各不相同，为此引入了颗粒质量系数（PQF）来量化这种差异，并为常用原料设定了具体的PQF值（表3-11）。具体而言，PQF值较高的原料，如膨润土和木质素，制成的颗粒更加坚固，PDI也更高；而PQF值为负的原料，如酸性油，其含量越高，制成的颗粒越松散，PDI也相应降低。在制定饲料配方时需要同时兼顾营养需求和颗粒质量，一个合理的配方其颗粒质量系数应至少大于4.7。

表3-11 常用饲料原料的颗粒质量系数

原料品种	颗粒质量系数PQF	原料品种	颗粒质量系数PQF
大麦	5	酸性油	-40
油菜籽粕	5.5	膨润土	10
大豆粕	4	饲料厂下脚料	3.5
血粉	3	乳清粉	9
高粱	3	燕麦	2
鱼粉	4	石灰石	7
糖蜜	5.5	小麦	5
小麦粗粉	8	豆类	7
矿物质+维生素	3	木质素	50

原料中的营养成分、含量及来源均对颗粒饲料耐久性指数（PDI）有显著影响。生淀粉不易制粒，但糊化后制粒性能大幅提升，且颗粒更紧密，PDI较高。不同来源的淀粉，如大麦、小麦相较于玉米、高粱，因淀粉结构差异，制粒效果更佳。蛋白质作为另一关键营养物质，天然状态下经水热作用后制粒紧密，PDI高，但过高蛋白质含量会妨碍蒸汽吸收，降低制粒性能。另外，饲料中的纤维成分在适量（3%~5%）时对颗粒质量有正面影响，它能增强颗粒硬度，减少破碎。然而，纤维性原料因其弹性和吸水膨胀特性，含量过高可能导致颗粒产生裂纹，易于破碎。对于脂肪成分，原料本身所含的脂肪（如豆粕中的脂肪）对颗粒耐久性指数（PDI）影响较小，且有助于制粒过程，减轻模具磨损。相反，混合机内额外添加的油脂会显著降低PDI，使颗粒变得松散，细粉增多。因此，混合机内添加的脂肪量通常不超过3%，超出此范围建议采用后喷涂方式添加（李令芳，2008）。

粉碎：原料粉碎是饲料加工的核心步骤，直接影响饲料质量、营养及肉鸡消化。粒度减小能增大谷物表面积，促进消化酶作用，提升饲料转化率和肉鸡生长。我国肉鸡饲料以玉米-豆粕为主，豆粕粉碎筛片孔径2.0~2.5 mm为优。一体化企业可能为提高鸡胗重量而增大粒度，虽会降低耐久性指数，但能减少腺肌胃炎，需综合效益调整（赵丹阳等，2019）。

调质：在调质过程中，物料被软化和加热，为制粒做准备。蒸汽质量、调质温度、调质时长和调质器的类型都对颗粒饲料质量有很大影响。

蒸汽质量：在调质过程中，蒸汽被用来提高物料的温度和水分含量。高质量的蒸汽具有显热和潜热，蒸汽中的显热首先加热饲料颗粒，之后在蒸汽的冷凝过程中，饲料颗粒被潜热进一步加热。蒸汽在加热物料的同时，也提高了物料的水分含量，调质过程中提高水分有两个作用：一是蒸汽可以湿润饲料颗粒的外层，有助于颗粒之间形成结合；二是可以改变饲料成分的状态，如淀粉颗粒的糊化。如果蒸汽的质量不佳，会对颗粒质量和后续加工产生负面影响。当蒸汽压力和温度不在最佳区间，蒸汽会以一种冷凝水和蒸汽混合的不饱和状态存在（图3-4）。

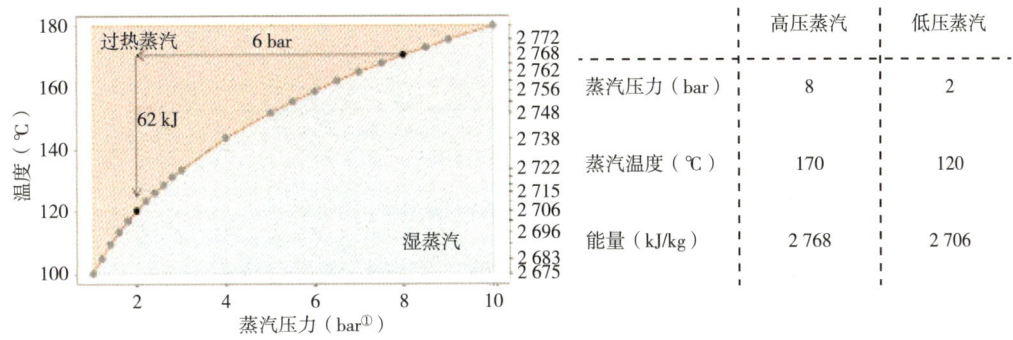

图3-4 适宜蒸汽压力与温度关系

不饱和蒸汽会在加热物料时效率降低，因此需要加入更多的蒸汽，不可避免的，物料就被无形中加入更多水分。这些多余的水往往会使物料过度润滑，导致制粒机堵塞，影响生产效率。

为了获得高质量的蒸汽，通常要在调质器前设置减压阀，另外，在蒸汽管道中要设置足够的疏水阀，并保持所有蒸汽管道密封和保温。疏水阀可以去除蒸汽中多余的水，同时通过降低蒸汽压力，蒸汽中少量水会被蒸发掉，这就可以产生优质或轻微过热的蒸汽。

高压和低压蒸汽之间的能量差为62 kJ/kg，这个能量可以直接用于蒸发蒸汽中的水分，如果蒸汽中没有水，则可以提高蒸汽温度，产生"过热"蒸汽。

调质温度：第二个与颗粒质量息息相关的因素是调质温度。如前面所述，可以通过向调质器中加入更多的蒸汽来调节，但这可能会增加物料中的水分。

提高物料的温度和水分会影响高分子饲料原料（如淀粉）的可塑性，这些原料在不同的条件下会呈现不同的物理状态，包括固体脆性相（玻璃态+结晶）、固体塑性相（非晶体+结晶）、液体或"熔融"状态。

一般存在于物料中的淀粉，由大量结晶颗粒和少量的非晶体颗粒组成。非晶体颗粒含量高，而结晶颗粒含量低的淀粉，被称为预糊化淀粉。

图3-5展示了这三种状态的温度和水分含量之间的关系。在图3-5中，下方的曲线是玻璃态转化曲线（Tg），上方的曲线是熔融转化曲线（Tm）。

---

① 1 bar=10^5 Pa，全书同。

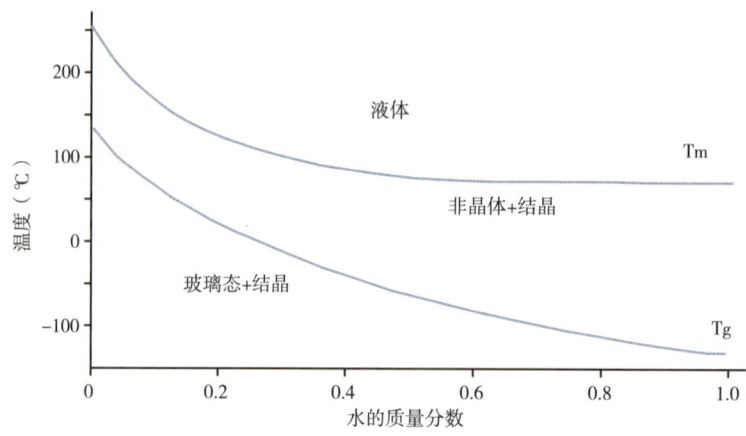

图3-5 淀粉在不同温度及水分的情况下的状态相图

只有当工艺条件超过Tm曲线对应的数值时，结晶材料才会发生变化，之后结晶结构会被分解。在冷却和重新通过Tm和Tg的过程中，这些颗粒不会再次变成结晶，而是保持非晶态。非晶体颗粒在越过较低的Tg后会变得柔软而有弹性。

处于玻璃态阶段的颗粒很难与其他颗粒形成结合，而处于非晶体阶段的颗粒能够与其他颗粒结合，因为它们是柔软的、可压缩的，因此非晶体的材料能够在接触点形成结合。促进颗粒与颗粒之间的结合，对得到质地坚固的颗粒很重要。因此，调质温度和水分含量应在大多数颗粒已成为非晶体且易于柔化的范围内。在温度对颗粒质量的影响方面，参考文献的结论并不明确。提高调质温度可以提高颗粒质量，而有的文献没有发现调质温度对颗粒质量的影响。这些矛盾的结果可能是由于调质温度改变，但是水分添加量的不同造成的。除了对颗粒质量的影响，温度对饲料的营养价值也有很大影响。在较高的温度下，一些热敏的营养物质可能会因降解而丧失，如维生素和参与美拉德反应的营养物质。

调质时间：影响物料质量的另一个因素是物料在调质器中的停留时间。在调质器中，调质时间是通过改变桨叶的角度而变化的。通常来说，物料在调质器中停留的时间越长，颗粒的耐久性越高。与热量的扩散相比，水分扩散是一个相对缓慢的过程。因此，调质时间较长的颗粒可塑性更强。相对而言，调质时间较短的颗粒内部，是干燥和脆性的，可塑性相比较差，而可塑性更好的颗粒往往更容易被压制成型。但是要注意，调质过度会导致颗粒变软，颗粒之间反而缺乏结合力。

高压调质：随着技术的进步，现代饲料工艺中除了正常的调质外，还有高压调质。最常见的是使用膨化机、二次制粒或BOA压制机。高压调质使用机械能来施加剪切力，增加物料的密度，从而改变物料结构。这种结构的变化，提高了颗粒的结合力，并减小了制粒后颗粒的孔隙。高压调质的额外效果是进一步减少颗粒的大小，减少制粒机的能量消耗。然而，包括膨化等在内的工序，将增加总能量消耗，通常约为15%。

制粒机参数对耐久性指数PDI的影响：耐久性指数PDI是衡量颗粒饲料质量的重要指标，它反映了颗粒在运输和储存过程中的抗破碎能力。对颗粒饲料耐久性指数PDI有影响的参数主要是制粒机的产量、环模线速度、环模工作面积、模辊间隙以及环模压缩比等。

产量：通常情况下，制粒机的制粒速度越快，生产的颗粒越松散，产生的粉料也越多。高产量意味着物料在模孔中受挤压的时间减少，导致颗粒压制紧实度不足。为了确保颗粒的PDI质量，应适当控制喂料速度和产量。

环模线速度：环模线速度或转速对饲料颗粒质量也有影响。高速旋转可能导致物料在环模内难以形成合适的料层厚度，难以进入模孔，从而影响颗粒质量。此外，高速旋转会产生较大的离心力，导致颗粒碰撞甩出，增加颗粒破碎的风险。一般来讲，推荐的环模线速度为6~9 m/s，对于难以制粒的物料，应选择较低的线速度；而对于容易制粒的物料，则可以选择较高的线速度。

环模工作面积：环模的工作面积越大，模孔数就越多，物料在模孔中停留的时间越长，受挤压的时间也就越长，这有助于提高颗粒的致密性，从而提高PDI。因此，为了提高饲料颗粒的耐久性，环模应具有较大的工作面积。

模辊间隙：模辊间隙对颗粒的PDI也有重要影响。制粒机正常工作的模辊间隙设置一般在0.1~0.5 mm，在这个范围内，间隙越大，制粒机在同样产量下消耗的功率越多，制出的颗粒PDI也越高。较大的间隙则意味着压辊对料层中的物料有更大的预压缩力。对于不同模孔直径的环模，压制小直径颗粒时应选择较小的模辊间隙，而压制大直径颗粒时则应选择较大的模辊间隙。

环模压缩比：环模压缩比指的是模孔有效长度与直径的比值。对于相同孔径的环模，较大的压缩比意味着更厚的有效厚度，从而饲料在挤出过程中会遇到更大的摩擦阻力，从而挤出的颗粒更结实，PDI也更高。然而，压缩比并不是越大越好，压缩比的选择应基于饲料配方的特性，以避免因过高压缩比带来的能耗增加和产量减少。

不同类型颗粒饲料对PDI的需求各异，通常水产饲料的PDI标准高于畜禽饲料，这是由于较高的PDI有助于增强饲料在水中的稳定性，降低水污染和饲料损耗。因此，在制粒过程中，应根据饲料的种类和需求，合理调整制粒机参数，以确保颗粒饲料的质量和耐久性。

冷却筛分：逆流式冷却器常用于冷却工序，关键参数为冷却风量和时间。要避免颗粒因风量过大或冷却速度过快而产生爆腰、裂纹和易碎现象。物料在冷却器中应保持四周平整，防止串风导致冷却不均。根据粒径，冷却风量应控制在22.6~31.3 m^3/（min·t），时间为6~9 min。过大风量或短时间冷却会导致颗粒内外水分不均，易引发饲料破裂和发霉。

筛分虽不直接影响颗粒耐久性指数（PDI），但筛分效果不佳会间接降低PDI，导致饲料浪费。振动筛和回转筛是常用的分级筛，均需根据物料特性和流量调整参数，以确保分级效率达到98%~99%。

总之，配方结构和饲料生产工序相关因素都会影响颗粒饲料的耐久性指数PDI，但并非越高越好，因为过高的PDI可能增加生产成本和能耗。因此，在生产过程中，我们需要综合考虑原料的采购成本、加工成本以及饲料的实际应用需求。通过优化配方和调整生产工序，我们可以在保证颗粒饲料质量的同时，找到一个成本效益和产品性能之间的最佳平衡点。这样，我们不仅能够满足不同饲料品种的特定要求，还能有效地控制成本，提高生产效率。

3.6.4 饲料营养技术

饲料配比应根据白羽肉鸡的生长阶段和营养需求进行调整。起始期（育雏阶段）需要高蛋白、高能量的饲料来促进快速生长；生长期则需要保持适宜的营养水平，以确保其正常的生长速度和体型发育；育成期则需要增加能量水平，以满足肌肉的发育需求。一般来说，饲料中的蛋白质、能量、矿物质和维生素等营养成分的比例应根据白羽肉鸡的具体需求进行精确配比。

3.6.4.1 超早期营养技术

胚胎期微生物的调控。当前的研究聚焦于通过微生物层面的多种策略来调整胚胎期消化道微生物群落，具体包括：优化种母鸡的营养摄入或种蛋注射以调整种蛋营养组成、通过改善孵化环境和种鸡的消化道和生殖道微生态平衡来调控种蛋蛋壳上的微生物生态以及通过种蛋注射外源性微生物等。以上方式旨在优化胚胎消化道的微生态环境，以促进其健康发育和提高生产效率。

肠道微生物群结构受到多种因素影响，其中营养物质和饮食摄入是改变宿主肠道微生物群结构的关键因素之一。研究显示，胚胎期种蛋注射精氨酸可增强微生物群落多样性，减少盲肠中变形杆菌的相对丰度，增加乳杆菌和梭菌的相对丰度；通过卵黄囊注射豆油和亚麻籽油，可改变种蛋内脂肪酸组成，影响19日龄鸡胚盲肠中的微生物群落。以上研究揭示了通过营养干预来调节家禽肠道微生物群落的潜力，为提升家禽健康和生产性能提供了新的策略。

微生物在孵化环境中对肉鸡胚胎和后代的肠道微生物群落构成具有重要影响，它们能够通过蛋壳渗透或孵化后直接接触的方式，对肉鸡的肠道微生物区系产生改变。研究发现，雏鸡在孵化过程中暴露于蛋壳或孵化环境微生物，其肠道微生物群落与通过传统孵化方法孵化出的雏鸡存在显著差异。喷洒成年鸡盲肠内容物于种蛋壳上，可促使微生物进入雏鸡消化道，形成类似成年鸡的核心微生物群。因此，胚期注射调整种蛋营组成或改善孵化条件能有效调控肉鸡从胚胎期至生长期消化道微生物群落的构成，为通过营养干预与环境调控手段来维护和提升家禽肠道健康奠定了坚实的理论基础。

在肉鸡产业中，进行微生物种蛋注射，注射如乳酸菌、枯草芽孢杆菌和双歧杆菌等有益菌，是一项有效的营养调控技术。在肉鸡18胚龄时，将荧光标记的大肠杆菌注入气室和卵黄囊，使得在21胚龄时可以在胚胎的空肠、回肠和盲肠中检测到发光的细菌，证实了外界环境细菌可迁移至并成功定植于胚胎消化道。此外，种蛋注射罗伊氏乳杆菌、屎肠球菌和唾液乳杆菌可以提高这些益生菌在肠道中的定植率，并通过竞争排斥作用减少沙门氏菌和大肠杆菌在鸡胚及雏鸡肠道内的定植。种蛋注射能够在胚胎发育期调整其微生物区系，胚期引入有益菌的做法可以有效改善肉鸡肠道健康，为其整个肉鸡生命周期奠定良好的微生物菌群基础。

母体营养效益。孵化环节是肉鸡产业链的起点，其效率对整个生产链的经济收益至关重要。孵化率受多种因素影响，其中种鸡、种蛋和生产管理是关键因素。种蛋质量直接影响孵化率，而种蛋的质量与种鸡的健康和营养状况密切相关。个体的表型不仅受遗传因素控制，也受微生物组成影响。种蛋蛋黄是鸡胚胎发育的核心营养来源，其内含的营养成分被卵黄囊中的酶分解转化为脂蛋白、糖类、氨基酸及脂肪酸等微小分子物质，为胚胎提供了绝大部分的能量需求。蛋清部分以其独特防御机制，有效阻挡细菌对胚胎的侵袭。此外，蛋重、蛋壳厚度、蛋形规整度以及蛋壳的物理特性，也是影响孵化率的重要因素。蛋壳厚度与重量的增加与有益微生物营造的酸性微环境息息相关，这一环境促进了矿物质的有效电离，进而优化了钙、磷等营养元素的吸收过程。有益微生物对提升蛋质和孵化率发挥着积极作用，特别是拟杆菌门中的脆弱拟杆菌，与产蛋量的提高有着密切的联系。

在孵化期间，鸡胚必须经历复杂的器官和系统发育，确保破壳后能满足生长需求。在胚胎发育过程中，微生物的定植可能有助于降低胚胎的疾病和死亡率，进而可能影响孵化成功率。家系层面的研究显示，鸡胚与种鸡肠道微生物群存在相关性，暗示鸡胚中的微生物可能来源于种鸡。同时，鸡胚、雏鸡和种鸡之间共享一套核心微生物群，揭示了微生物群在鸡胚孵化过程中的重要作用。综上，鸡胚孵化期间微生物的定植对胚胎发育和孵化具有重要影响，可左右整个生产周期（图3-6）。

在家禽上，母体营养效应在生产性能、繁殖性能和免疫因子传递等方面的作用也得到了证实。肉种鸡日粮添加50～300 mg/kg蛋氨酸锌能够增强后代的免疫功能，缓解炎症反应。在种鸡日粮中使用有机微量元素替代无机微量元素时，早期死胚率降低，且添加量达到30%能够增强子代新城疫抗体滴度，促进后代鸡胚肠道发育，提高雏鸡存活率和改善饲料转化率。

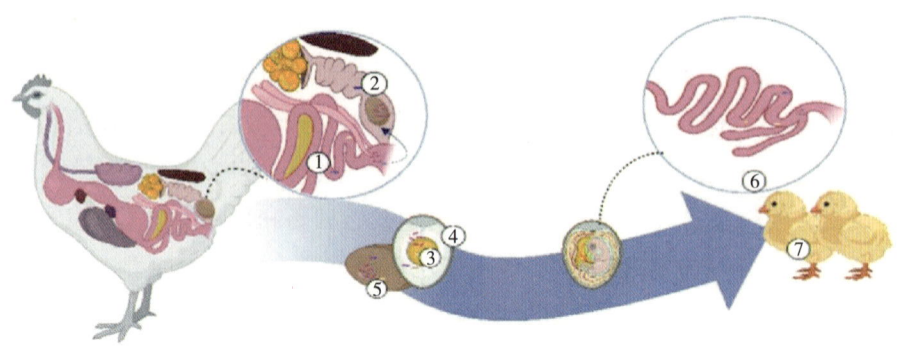

1—肠道微生物；2—生殖道微生物；3—蛋黄微生物；4—蛋清微生物；
5—蛋壳微生物；6—鸡胚肠道微生物；7—雏鸡。

图3-6 母鸡传递微生物给子代的途径

（图片来源：李静等，2024）

母源维生素添加对其后代抗氧化性能和免疫力具有积极影响。研究发现，在母鸡饲粮中添加100～150 mg/kg的维生素E可增强新生雏鸡的免疫力，提高其对布鲁氏菌病的抵抗力和新城疫疫苗的抗体滴度。研究表明，在种鸡饲粮以2 000 IU/kg或4 000 IU/kg的比例添加维生素D_3时，可促进16日龄后代雏鸡增重，并降低钙软骨症的发生率（Atencio et al., 2005）。

3.6.4.2 前期营养技术

在肉鸡的前期生长阶段，即从出壳到2周龄，肉鸡新陈代谢活跃，生长迅猛。不过，它们的生理系统，如心血管、呼吸、消化和免疫系统，还在发育，未完全成熟，导致体质和抗病力较弱。所以，这个阶段的肉鸡对环境条件有较高要求，对温度、湿度和光照等有特殊要求，这些因素影响肉鸡成活率。在前期除了要确保适宜的环境条件，还需提供营养均衡、易于消化吸收的饲料，以维持肉鸡健康生长和高效稳定生产。

能量的调控。前期是白羽肉鸡的育雏阶段，这个阶段白羽肉鸡需要高蛋白、高能量的饲料来促进快速生长。典型的起始期饲料配方的蛋白质含量应在20%～24%，代谢能量应达到3 000 kcal/kg。曹赞研究发现，1～3周龄科宝肉鸡代谢能为12.05～12.35 MJ/kg；以4～6周龄科宝肉鸡代谢能为12.68～12.95 MJ/kg为宜。

蛋白质及氨基酸的平衡。研究发现，1～3周龄科宝肉鸡粗蛋白质以20.85%～21.25%为宜，同时需确保必需氨基酸如蛋氨酸、赖氨酸、色氨酸等含量充足，以满足机体对蛋白质和氨基酸的需要（曹赞，2015）。据报道，1～21日龄AA肉鸡以日增重、料重比、胸肌率和胸腺指数为指标建立二次回归方程，得出饲粮赖氨酸的适宜水平分别为1.160%、1.106%、1.181%、1.126%，平均为1.14%时，更有利于其生长性能的发挥（陈盼盼等，2017）。家禽饲粮中任一支链氨基酸含量不适宜，会影响其他氨基酸的吸收和利用。研究表明，通过将饲料中亮氨酸的含量从1.88%调整为2.73%，并同时保持异亮氨酸和缬氨酸的比例分别为亮氨酸的59%和69%时，可显著提高1~21 d肉鸡生产性能和胸肌率（Chen et al.，2016）。通过分段回归分析确定了肉仔鸡饲粮中Ile的适宜添加量为0.63%~0.65%（占粗蛋白质的3.28%~3.38%）。研究还发现，除了Lys和Arg外，添加其他氨基酸会导致Ile的失衡（Park and Austic，2000）。因此，在满足主要限制性氨基酸需求的同时，也需考虑Ile的需求和支链氨基酸的平衡。

消化道发育促进技术。肠道重量和肠道长度关系着雏鸡消化道发育状况及其对营养物质消化吸收的能力。丁酸梭菌对雏鸡的肠道发育健全具有积极作用，其改善肠道形态、增强肠道屏障功能并调节菌群平衡。丁酸梭菌通过产生短链脂肪酸（SCFAs增强雏鸡肠道重量和基因表达，提示短链脂肪酸在肠道发育中的重要作用。同时，丁酸梭菌还能通过提升肠上皮细胞表皮生长因子受体基因表达进一步促进肠道发育。在雏鸡中应用丁酸梭菌，不仅能改善肠道绒毛高度与隐窝深度（绒隐比）的比值，还能促进雏鸡体重增长。研究表明，添加丁酸梭菌能提升盲肠中过氧化物酶体增殖物激活受体（PPAR）基因的表达水平（Zhang et al.，2022）。这显示了丁酸梭菌在抑制艰难梭菌等病原体感染方面的潜力，以及其控制其他细菌增殖的能力。

3.6.4.3 中期营养技术

在肉鸡生长的中期即2~4周龄期间，内脏器官发育尤为关键，是肉鸡生长发育的高峰期。此阶段肉鸡采食量急剧增加，机体对各类营养物质的消化、吸收和利用效率显著增强。因此，中期阶段应在保持较高的能量水平基础上，增加饲粮中粗脂肪含量并适当降低蛋白质水平，以支持肉鸡心血管系统、免疫系统及骨骼的健全发育，满足该阶段的营养需求。

能量的调控。生长期是白羽肉鸡的主要生长发育阶段，这个阶段饲料配方中要保持适宜的营养水平，以确保其正常的生长速度和体型发育。生长期饲料的蛋白质含量应在18%~20%，代谢能量应达到2 900 kcal/kg以上。

蛋白质及氨基酸的平衡。研究表明，提高肉鸡日粮中苏氨酸水平（高于NRC推荐值），可增强机体抗氧化能力及免疫机能。支链氨基酸在促进肉鸡淋巴器官发育和免疫机能中起着关键作用。研究指出，8~21日龄雌性科宝肉鸡在缬氨酸缺乏时，其生长性能受阻，具体表现为羽毛生长缺陷和腿部形态异常。此外，饲粮中异亮氨酸与缬氨酸比值的变化也会对生长性能产生不利影响（Maynard et al.，2022）。

3.6.4.4 后期营养技术

进入肉鸡生长周期的后期，即从第4周直至出栏，此阶段是肌体快速生长和脂肪积累的关键阶段，肉鸡展现出较强的脂肪积累能力，因此需要高能量浓度的饲料。通过提高饲料的能值或添加油脂可以增加能量供给以最大化发挥肉鸡后期的生长潜力，相应地，在生长后期肉鸡对蛋白质的需求量有所减少。

能量的调控。生长后期是白羽肉鸡快速肌肉生长和体重增加的阶段。在这个阶段，饲料配方需要增加能量水平，以满足肌肉的发育需求。育成期饲料的蛋白质含量应在16%~18%，代谢能量应达到3 100 kcal/kg以上。肉鸡具有为能而食的特性，日粮能量水平对白羽肉鸡的早期增重和生长速度以及后期的采食量和料重比具有调节作用，高能量水平被认为是适宜的，根据不同生长阶段的需求，推荐的代谢能值如下：前期为3 180 kcal/kg，中期为3 199 kcal/kg，后期为3 213 kcal/kg。此外，提高蛋白质饲粮的代谢能水平有助于缓解高密度养殖对肉鸡生长和脚垫健康的不良影响。但在热应激下，需要使用适宜的能量浓度。

蛋白质及氨基酸的平衡。研究发现，4~6周龄科宝肉鸡的粗蛋白质水平以19.78%~20.18%为宜（曹赟，2015）。另有研究发现，在高Leu和Ile含量的饲料中添加Val能显著降低29~42日龄科宝肉鸡羽毛异常率，表明在满足Val需求后，再考虑Leu和Ile的添加。Val可能是家禽玉米-豆粕饲粮中继Lys、Met和Thr之后的第四限制性氨基酸。推荐25~35日龄雄性科宝肉鸡Lys、Leu、Ile和Val的理想比例为100∶106∶56∶72（Maynard et al., 2022）。

肉鸡低蛋白饲粮与必需氨基酸。在低蛋白饲粮中，针对21~42日龄科宝500肉公鸡，以增重效果和饲料转化率为衡量标准，确定了肉鸡对亮氨酸和缬氨酸的回肠可消化需要量分别为1.15%和0.86%，以及1.19%和0.86%。补充亮氨酸能线性降低肉鸡血清中的三油甘酯与β-羟基丁酸水平，而添加亮氨酸和缬氨酸有利于减少生长期肉鸡在低蛋白饲料条件下的腹脂积累。因此，在配制低蛋白饲粮时，为了优化肉鸡生产性能和屠宰性能，需综合考虑氨基酸的平衡，及功能性氨基酸的补充，而非简单降低粗蛋白质水平。

3.6.4.5 酶制剂调控技术

酶制剂作为新型高效的饲料添加剂，具有提高饲料营养物质利用率、促进畜禽生长及绿色减排等多重优势，为饲料资源的可持续利用和家禽产业的可持续发展探索出了新路径。在玉米-豆粕型饲粮中，酶技术的应用可以有效克服抗营养因子的负面影响，如非淀粉黏多糖（NSP）、蛋白酶抑制因子、植物凝集素、植酸、果胶及抗原蛋白等，提高了饲粮能量与蛋白质的消化利用率，改善畜禽的生产性能，提高经济效益。有研究显示，肉鸡玉米-豆粕型饲粮中添加复合酶制剂后，饲粮代谢能值提高2.5%，蛋白质消化率提高3.6%。此外，饲粮添加酶制剂可优化饲料配方，释放饲料原料潜在营养价值，在不影响饲养效果的前提下，降低配方营养浓度，进而降低饲料成本，提高经济效益。

在我国玉米供应相对紧张的情况下，酶制剂在麦类、高粱等谷物原料中的应用显得尤为重要。小麦、大麦等谷物中添加酶制剂，可分解其中的抗营养因子（如阿拉伯木聚糖、β-葡聚糖），改善这类谷物原料的营养价值，特别是能量利用率，提高其在饲料中的用量，减少对玉米或油脂等能量原料的依赖从而降低饲料成本。设计麦类基础饲粮时，需注意以下几个问题：玉米中的功能性组分如亚油酸对畜禽生长具有积极效应；玉米中叶黄素含量高，作为天然有效的着色剂，对蛋黄和肉鸡的着色尤为重要；而麦类原料中叶黄素含量低，替代时需警惕其对鸡肉和脂肪色泽的潜在影响；同时还需考虑生物素的利用率问题，适当提高生物素的外源添加量。此外，酶制剂在杂粕如棉籽粕、菜籽粕、花生粕、棕榈粕以及葵花粕等饲料中的应用也展现出巨大潜力。研究表明，在不同水平棉籽粕的日粮（7.5%、15%、30%）中添加酶制剂，可提高肉鸡的生长性能，改善饲料转化率。

综上所述，为提高饲料利用效率并消除抗营养因子对畜禽生产性能的潜在不利影响，除了改进饲料加工技术和对原料进行预处理外，还可在配方原料结构调整、添加合成氨基酸及引入酶制剂等方面进行研究和尝试。值得注意的是，酶制剂的选用需根据饲料原料特性、畜禽种类及生长阶段等方面合理使用。酶制剂应用调控技术可以优化不同饲粮类型的配方结构和营养水平，提高饲料利用率，降低或消除抗营养因子的负面影响，促进非常规原料在饲料中的利用，为饲料资源的多元化利用提供了新视角。

3.6.5 白羽肉鸡健康管理

肠道是动物机体消化吸收的主要场所，与家禽的营养和健康状况息息相关。健康的肠道，将饲料分解成多种必需的营养物质，保障机体营养物质供给，能有效防御外界病原体的侵入，进而改善肉鸡生产效率和饲料资源利用率，减少有害气体等排放。日粮、水质、生物安全、卫生状况、环境条件、管理及各种应激等多种因素都会影响肠道健康。"肠道健康"在过去几十年一直是肉鸡营养研究重点，但其定义尚未明确。确保肠道健康需全面关注日粮平衡、黏膜屏障、微生物群落平衡以及免疫防御，以维护肠道结构和功能的整体完整性。

白羽肉鸡的肠道健康通常受到寄生虫、病毒、细菌和菌群失衡等多种因素的共同影响，而肠道损伤往往是这些因素相互作用的结果。

3.6.5.1 球虫及控制球虫方案

球虫对肉鸡肠道健康影响很大，特别在饲料报酬方面。目前引起鸡肠道损伤的常见寄生虫是球虫，鸡球虫病是由属于孢子纲艾美球虫科的艾美耳属球虫在鸡的肠道内寄生繁殖引起的肠道组织损伤、出血而导致鸡急性死亡的一种常见原虫病。球虫不仅危害鸡群的生长发育，造成严重腹泻症状，还会严重损伤整个机体的免疫功能，很容易激发感染多种细菌性疾病和病毒性疾病。球虫侵入肠道后，会引起肠道组织破坏，造成营养物质吸收障碍，进而影响生长发育速度，导致鸡群整齐度差，增重减缓，严重的则造成鸡群大量死亡。球虫病一旦传播流行，会导致各个年龄阶段的鸡反复发生球虫感染，很难彻底消除。鸡球虫病一年四季均可发病，若鸡舍闷热潮湿、饲养密度大、通风不良、营养缺乏及马立克病、传染性法氏囊病、传染性贫血、大肠杆菌病、慢性呼吸道病等疾病存在时，均能诱发或加重该病。

在早期，化学疗法主要用于治疗已经出现感染迹象的鸡只，使用磺胺类药物或其他化合物进行治疗。人们意识到，当鸡群普遍表现出球虫病的症状，就已经遭受了严重损害。因此，人们很快开始采用药物预防策略。目前，几乎所有的肉鸡都接受药物预防措施，而治疗则作为不得已的选择。预防球虫病的三种主要方法包括：使用球虫疫苗、实施药物预防，以及两者结合。

3.6.5.2 肠炎及肠道健康调控

肠炎对肉鸡饲料报酬有显著的负面影响，其原因多样，包括饲料毒素、细菌和病毒感染等。饲料毒素尤其是霉菌毒素和生物胺能够引起肠道病变。饲料原料和成品饲料易受到高温高湿的影响，极易发生霉变和病原微生物污染，且高温会提高饲料中的营养物质氧化速度，造成饲料品质下降。鸡群摄入变质饲料会发生霉菌毒素中毒，其产物会直接影响到鸡群消化道内环境的稳定。动物在摄入单端孢霉烯类霉菌毒素，尤其是T-2毒素后，主要会出现胃肠道的不适症状。这些霉菌毒素能够对肠黏膜造成损伤，破坏肠道的绒毛结构，并且干扰肠道隐窝上皮细胞的正常发育过程。

在临床中，细菌侵染可以导致肠道损伤。当鸡群受到多重应激因素刺激，肠道组织功能出现紊乱，肠道组织损伤后会进一步激活肠道杯状细胞，分泌大量黏液，为梭菌、大肠杆菌、沙门氏菌等肠道致病菌的繁殖提供营养物质，使有害菌群快速繁殖生长，释放更多毒素，使肠道组织出现严重的炎症病变和中毒反应，引发鸡群出现坏死性肠炎。一旦鸡群患上坏死性肠炎，即便使用抗生素治疗，效果也不尽如人意。抗生素只能杀灭肠道中的致病菌，但对肠道炎症的治愈作用有限。

当某些病毒侵染机体后会造成严重的肠道病变。这些病毒会损坏肠绒毛膜的顶尖和中部，导致肠绒毛膜缩短甚至坏死，形成凹陷。另外还会造成肠道分泌细胞显著增多，引发腹泻，排出大量粥样内容物或者水样内容物。同时，由于肠道环境的改变，也会给多种致病菌和寄生虫的侵染提供侵入和繁殖的机会，造成患病鸡出现持续的严重腹泻症状，排出大量带有泡沫状的或者夹杂未消化饲料的粪便。

3.6.5.3 营养调控对肠道健康的影响

目前，调控肠道健康效果较好的添加剂有酸化剂、益生菌、植物提取物、酶制剂以及寡糖等。

酸化剂可以根据其成分分为三大类：有机、无机和复合酸化剂。有机酸化剂的主要特征是有羧基官能团，无机酸化剂则以含有非金属元素为特点，复合酸化剂则是由有机酸、无机酸与盐按照一定比例混合而成的。另外，根据加工工艺，酸化剂还可以分为缓释包被型酸化剂和非包被型酸化剂。缓释包被型酸化剂是在复合酸化剂的基础上，通过脂化和缓释技术进行包被处理后，再通过微囊化加工而得到。各类酸化剂优缺点的对比见表3-12。

表3-12 各类酸化剂优缺点对比

项目	优点	缺点
无机酸化剂	价格低，酸性强，解离程度高；且易快速降低饲料及胃肠道pH值	通常解离为无机物，无法参与机体代谢合成过程；味道刺激，适口性差；强腐蚀性导致易灼伤猪、鸡消化道，且对仪器和人员存在安全隐患
有机酸化剂	腐蚀性小，不同有机酸可通过不同作用途径；对猪、鸡产生影响且效果比无机酸化剂好	添加量较复合酸化剂高；稳定性较差，易分解变质，且会与饲料中碱性物质发生反应
复合酸化剂	添加量小，集中有机、无机酸化剂优点，功能更丰富，添加效果更明显，且各成分间具有协调增效作用	稳定性较差，易分解变质、散失挥发，且会与饲料中碱性物质发生反应
缓释包被型酸化剂	可改善产品口感，掩蔽产品本身的不良气味；可在猪、鸡胃肠道中缓慢分解释放，作用效果持续时间长且能够在后肠道发挥作用；稳定性高，降低与其他物质的拮抗和化学反应	技术复杂，经济成本高；无法提供在胃内补充胃酸激活胃蛋白的功能

酸化剂的效果不仅由其本身的特性决定，还受到使用量、动物种类以及它们所处的生长周期等多种因素的共同影响。此外，酸化剂在起作用时遵循一些共同的作用机制。酸化剂具备多种功能，它们能够调整饲料的酸碱度和降低其酸结合能力，从而提高营养物的消化率。这些物质还能维持或降低饲料的pH值和酸结合力，进一步促进营养物的消化。它们能够稳定或降低消化道的pH值，激活消化酶，为病原菌的生长和定植创造不利条件。同时，酸化剂可以通过增强肠道中消化酶的活力去抑制病原体的定植与繁殖。为肠道上皮细胞提供能量和底物，参与能量代谢过程，改善肠绒毛结构，增强吸收能力，提高机体抵抗力。酸化剂也可以通过多种方式去抵抗细菌，包括破坏细菌外

膜、与细菌竞争能量资源、增加环境中的渗透压、促进机体产生抗菌肽以及抑制细菌内部大分子合成，从而可以有效抑制细菌。此外，它们还能与钙、磷等矿物质形成螯合物，增进动物对这些矿物质的吸收。

益生菌是在自然环境中通过优化宿主肠道中的微生物群落平衡来发挥其活性作用的微生物。其作用为能够调整机体肠道菌群平衡、生成对宿主消化有益的活性生物分子、降低宿主体内胆固醇含量、增强机体对病原的抵抗力和帮助分解体内的重金属。益生菌在防治鸡肠道消化道常见病方面扮演着关键角色，不仅可以促进鸡的生长发育和抵抗病原的能力，还可以保障鸡群的存活率，提升鸡场经济效益。特定的益生菌对动物机体具有显著的正面效应。研究显示，枯草芽孢杆菌通过在肠道中定植可分泌多种消化酶，如蛋白酶、淀粉酶、脂肪酶及植酸酶等来改善肠道组织结构、激活机体免疫反应、有效抵抗有害菌空肠弯曲菌、大肠埃希菌和沙门氏菌在肠内的附着，进而来提高饲料消化吸收效率；而唾液乳杆菌有助于促进体重增长、改善骨骼质量、优化肠道组织形态和增强免疫应答以及减少肠球菌和沙门氏菌的定植。

酶制剂是一类从生物体内分离出来的、具有生物催化功能的化合物，其中包括淀粉酶、蛋白酶和植酸酶等。将酶制剂添加到饲料中能够带来一系列积极效果，如促进营养物质的消化吸收、抑制有害微生物繁殖、降低肠道损伤及坏死的可能性、对抗清除有害细菌和提升鸡的生产性能及饲料经济价值。鉴于这些益处，酶制剂普遍被认为是抗生素的良好替代选择。

植物提取物是利用植物本身作为原料，根据最终产品的特定需求，通过提取和分离技术，有针对性地提取和浓缩植物内的一种或多种成分，且在此过程中通常保持植物成分的原始结构和特性，从而形成的产品。饲用植物提取物通常被称为中草药制剂，来源丰富，成分复杂多样，含有大量的糖类、生物碱、黄酮类和有机酸等。这些成分在鸡饲养中扮演着不同的角色。总体而言，它们能够增强机体肠道内消化酶活性、提高饲料养分转化效率、增强抗氧化和抗菌能力、有效改善肠道内菌群结构，促使菌群向着更优的状态转变和改善肠道组织形态，从而维护肠道健康，增加肉鸡生产性能，提升经济效益。此外，植物提取物制剂在预防和治疗肉鸡的传染性法氏囊病、球虫病、白痢沙门氏菌病等方面表现出积极效果，如香芹酚、百里香酚、丁香酚、肉桂醛、香兰素等已被证实能有效抑制对大肠杆菌、沙门氏菌、金黄色葡萄球菌和芽孢杆菌这4种病原菌，其中香芹酚和百里香酚的抑菌效果尤为显著。随着我国在饲料中禁用抗生素和实施推广绿色养殖的政策，植物提取物因其绿色、安全、有效、不产生耐药性以及无药物残留等优势，越来越受到重视，并逐渐成为调节机体肠道健康领域的热门产品。

寡糖亦称为低聚糖或寡聚糖，是由2~10个单糖分子通过糖苷键连接形成的小分子糖类物质。在饲料中使用寡糖后，能够优化宿主肠道微生物组成、抵御外来病原体和调节免疫响应，并促进消化系统的成熟。常见的寡糖如低聚果糖，因其出色的热稳定性、无毒性以及不会产生细菌抗药性的特点，在畜牧业中得到了广泛的应用。抗菌肽是一类由10~50个氨基酸构成的小分子肽链，它们广泛存在于动物、植物和微生物中。这些肽能够精准作用于细菌的细胞膜，破坏膜的结构完整性，致使细菌死亡，因此能够有效抑制细菌的增殖，并且它们不易引起细菌的耐药性。研究显示，抗菌肽能够促进肉鸡体重的增加和改善肉品质。此外，重组抗菌肽被认为是一种有潜力代替抗生素作为生长促进剂的药物候选。

3.6.6 饲养管理

3.6.6.1 饲喂程序管理

肉鸡饲喂程序对肉鸡的饲料报酬和体重影响都非常大。合理安排饲喂程序以及料型可以促进肉鸡采食量和日增重，最终增加饲料报酬和提高出栏体重。

育雏期（0~10 d）的主要目的是使雏鸡建立良好的食欲和达到7日龄的体重标准。在制定早期料配方时应考虑鸡群的生产性能和经济效益。同时，尽可能增加雏鸡早期采食量对肉鸡的早期生长及之后的生产性能非常重要。有研究表明7日龄体重增加1 g，出栏体重能增加5~7 g。因此，在这个阶段应根据推荐的标准提供雏鸡饲料营养，确保肉鸡的生产性能达到最佳。

肉鸡的中期料一般在早期料结束后饲喂14~16 d的时间。在早期料转换到中期料的过程中，饲料形状也从颗粒破碎料转换成颗粒料。刚开始转换时有必要使用颗粒破碎料或较细的颗粒料作为中期料的过渡。为使肉鸡获得最佳的采食量、生长发育和饲料报酬，确保提供正确的饲料营养浓度（特别是氨基酸水平和能量）非常重要。

后期料应该在第25日龄至出栏前使用。是否使用2号后期料取决于饲养周期、饲喂计划及预期屠宰体重。

3.6.6.2 饲料的物理质量管理

饲料的形状和物理性质的管理直接影响肉鸡的采食量，进而影响肉鸡出栏体重和饲料报酬。正确的饲料形状和合理的物理性质很关键。早期料以颗粒破碎料或细的颗粒料形式、中期料和后期料以颗粒料的形式饲喂肉鸡，肉鸡的生长发育和饲料效率通常会更好（表3-13）。颗粒破碎料和颗粒料质量较差会降低肉鸡的采食量和饲料报酬。在肉鸡饲养场，应注意降低颗粒料在搬运过程中的破损情况。肉鸡饲养中应首选高质量的颗粒破碎料和颗粒料，而非粉料。但如果一定要使用粉料，粉料的颗粒应该要足够大，而且要求大小均匀，这样对肉鸡体重和饲料报酬影响会小一些。

表3-13 肉鸡不同日龄的饲料形状要求

日龄	饲料形状和颗粒大小
0~10 d	筛滤过的颗粒破碎料或者细微颗粒料
11~24 d	2.0~3.5 mm直径颗粒料或粗颗粒的粉料
25 d~出栏	3.5 mm直径的颗粒料或者粗颗粒的粉料

3.6.6.3 现场饲料管理

干净、卫生、易采食的饲料更能促进肉鸡的采食，提高体重和饲料报酬。饲料应存放于清洁、凉爽和通风处。勿将饲料存放在高温条件下，否则会造成饲料中营养成分的损失，降低饲料报酬。同时，料盘放置不水平时（尤其是开食盘），会造成饲料堆积在料盘的低处，这样既减少了雏鸡的采食面积，也容易造成饲料浪费，使饲料报酬降低。随着鸡群的生长随时调整料线高度，这样能提高采食量，提高饲料报酬。避免或减少饲料的遗撒和浪费。同时，饲养过程中需及时清理料盘中的垫料和鸡粪，保持饲料的清洁卫生，这些措施对提高饲料报酬也有帮助。

本章主要编写人员：张炳坤　卢长吉　马彦博
宋志刚　燕　磊　张广民

主要参考文献

曹赞，2015. 代谢能和粗蛋白水平对科宝肉鸡生长性能、屠宰性能及养分表观代谢率的影响. 湛江：广东海洋大学.

曹素梅，林静，冯倩倩，等，2023. 甘氨酸在肉鸡低蛋白日粮中应用的研究进展. 中国饲料（22）：377-383.

陈盼盼，闵育娜，王哲鹏，等，2017. 日粮赖氨酸水平对1~21日龄肉鸡生长性能和血清生化指标的影响. 中国家禽（9）：29-34.

樊霞，姜训鹏，王石，等，2022. 预混料中维生素E的近红外光谱定量分析模型定标参考值选取. 动物营养学报，34（3）：1975-1983.

贾友刚，安沙，李星晨，等，2024. 黑水虻幼虫粉替代豆粕对肉鸡生长性能、屠宰性能、肉品质和肠道健康的影响. 中国畜牧杂志，60（6）：253-258.

李静，严霞，陈鹏，等，2024. 母鸡肠道及生殖道微生物对孵化性能影响的研究进展. 中国畜牧兽医，51（4）：1613-1621.

李令芳，2008. 影响颗粒饲料耐久性指数的因素及其控制. 饲料工业（1）：3-5.

杨嘉实，范明哲，黄礼光，等，1989. 肉用仔鸡维持代谢能测定方法的探讨. 中国动物营养学报（1）：10-15.

杨在宾，2022. 杂交肉鸡（817）营养需要量标准和析因模型研究进展. 饲料工业，43（14）：1-6.

周声宇，2021. 肉仔鸡日粮中适宜的蛋白质能量比及沉积效率的研究. 北京：中国农业大学.

ATENCIO A, EDWARDS H M, AND PESTI G M, 2005. Effects of vitamin D_3 dietary supplementation of broiler breeder hens on the performance and bone abnormalities of the progeny. Poultry Sci, 84：1058-1068.

ATTIA Y A, AL-HARTHI M A, ABO EL-MAATY H M, 2020. The effects of different oil sources on performance, digestive enzymes, carcass traits, biochemical, immunological, antioxidant, and morphometric responses of broiler chicks. Frontiers in Veterinary Science, 28（7）：181.

BEZERRA R M, COSTA F G, GIVISIEZ P E, et al., 2016. Effect of l-glutamic acid supplementation on performance and nitrogen balance of broilers fed low protein diets. Journal of Animal Physiology and Animal Nutrition, 100（3）：590-600.

CHEN L, CHEN W, ZHENG B, et al., 2022. Fermentation of $NaHCO_3$-treated corn germ meal by Bacillus velezensis CL-4 promotes lignocellulose degradation and nutrient utilization. Applied Microbiology and Biotechnology, 106（18）：6077-6094.

CHEN X, ZHANG Q, APPLEGATE T J, 2016. Impact of dietary branched chain amino acids concentration on broiler chicks during aflatoxicosis. Poultry Science, 95（6）：1281.

DABBOU S, GAI F, BIASATO I, et al., 2018. Black soldier fly defatted meal as a dietary protein source for broiler chickens：Effects on growth performance, blood traits, gut morphology and histological features. Journal of Animal Science and Biotechnology, 9（9）：49.

DEAN D W, BIDNER T D, SOUTHERN L L, 2006. Glycine supplementation to low protein, amino acid-supplemented diets supports optimal performance of broiler chicks. Poultry Science, 85（2）：288-296.

DENNEHY D G, BROWN A T, GEHRING C, et al., 2023. Evaluating the impact of varying amino acid density and energy levels fed during the finisher phase（d 28-41）on male Cobb MV × Cobb 500 FF broiler performance, processing, and economics. The Journal of Applied Poultry Research, 32：100349.

DOTAS V, BAMPIDIS V A, SINAPIS E, et al., 2014. Effect of dietary field pea (*Pisum sativum* L.) supplementation on growth performance, and carcass and meat quality of broiler chickens. Livestock Science, 164: 135-143.

GE X K, WANGG A A, YING Z X, et al., 2019. Effects of diets with different energy and bile acids levels on growth performance and lipid metabolism in broilers. Poultry Science, 98 (2): 887-895.

HERNANDEZ J R, GULIZIA J P, VARGAS J I, et al., 2024. Effect of metabolizable energy levels and conditioning temperatures on broiler performance, processing yield, footpad lesions, and nutrient digestibility from 1 to 42 d of age. Journal of Applied Poultry Research, 33 (2): 100414.

HEJDYSZ M, KACZMAREK S A, ADAMSKI M, et al., 2017. Influence of graded inclusion of raw and extruded pea (*Pisum sativum* L.) meal on the performance and nutrient digestibility of broiler chickens. Animal Feed and Science Technology, 230: 114-125.

HIRAI R A, MEJIA L, COTO C, et al., 2020. Impact of feeding varying grower digestible lysine and energy levels to female Cobb MV 3 Cobb 500 broilers from 14 to 28 d on 42 d growth performance, processing, and economic return. Journal of Applied Poultry Research, 29: 600-621.

HOMBEGOWDA G P, SURESH B N, SHIVAKUMAR M C, et al., 2021. Growth performance, carcass traits and gut health of broiler chickens fed diets incorporated with single cell protein. Animal Biosciences, 34 (12): 1951-1962.

LATSHAW J D, MORITZ J S, 2009. The partitioning of metabolizable energy by broiler chickens. Poultry Science, 88 (1): 98-105.

LAUDADIO V, TUFARELLI V, 2010. Growth performance and carcass and meat quality of broiler chickens fed diets containing micronized-dehulled peas (*Pisum sativum* cv. Spirale) as a substitute of soybean meal. Poultry Science, 89 (7): 1537-1543.

LIU W, LIN C H, WU Z K, et al., 2017. Estimation of the net energy requirement for maintenance in broilers. Asian-Australas Journal Animal Science, 30 (6): 849-856.

MAHDAVI R, GHAZI HARSINI S, PIRAY A H, 2024. The effect of reducing dietary energy on performance, intestinal morphology and intestinal peptide and amino acid transporters in broiler chicks. Veterinary Medicine and Science, 10 (2): 83-87.

MAIA R C, FERREIRA R D S, ALBINO L F T, et al., 2004. Effect of dietary non-essential amino acid sources on performance, nitrogen utilization and blood parameters for broiler chickens fed a low-protein diet. Animal Feed Science and Technology, 315.

MARX F O, ALVAREZ M V N, BASSI L S, et al., 2023. Use of statistical models to determine the optimal concentration of metabolizable energy for growth performance of broiler chickens. Livestock Science, 274: 105268.

MAYNARD C W, LATHAM R E, BRISTER R, et al., 2019. Effects of dietary energy and amino acid density during finisher and withdrawal phases on live performance and carcass characteristics of Cobb MV × 700 broilers. Journal of Applied Poultry Research, 28: 729-742.

MAYNARD C W, MULLENIX G J, MAYNARD C J, et al., 2022. Interactions of the branched-chain amino acids. 2. Practical adjustments in valine and isoleucine. Journal of Applied Poultry Research, 31 (2): 10241.

MAYNARD C, MULLENIX G, MAYNARD C, et al., 2022. Titration of dietary isoleucine and evaluation of branched-chain amino acid levels in female Cobb 500 broilers during a 22-to 42-day finisher period. Journal of Applied Poultry Research, 312: 100245.

MCCAFFERTY K W, MORGAN N K, COWIESON A J, et al., 2022. Varying apparent metabolizable energy concentrations and protease supplementation affected broiler performance and jejunal and ileal nutrient digestibility from 1 to 35 d of age. Poultry Science, 101 (7): 101911.

MIR N A, TYAGI P K, BISWAS A K, et al., 2018. Inclusion of flaxseed, broken rice, and distillers dried grains with solubles (DDGS) in broiler chicken ration alters the fatty acid profile, oxidative stability, and other functional properties of meat. European Journal of Lipid Science and Technology, 120 (6): 1700470.

MORAN E T J R, STILBORN H L, 1996. Effect of glutamic acid on broilers given submarginal crude protein with adequate essential amino acids using feeds high and low in potassium. Poultry Science, 75 (1): 120-129.

MORILLO F A H, MACARI M, REIS M D P, et al., 2023. Energy requirements for maintenance as a function of body weight and critical temperature in broiler chickens. Livestock Science, 277: 105340.

MOSS A F, CHRYSTAL P V, CADOGAN D J, et al., 2021. Precision feeding and precision nutrition: a paradigm shift in broiler feed formulation. Animal Bioscience, 34 (3): 354-362.

MUSHTA Q T, SARWAR M, AHMAD G, et al., 2006. The influence of exogenous multienzyme preparation and graded levels of digestible lysine in sunflower meal-based diets on the performance of young broiler chicks two weeks posthatching. Poultry Science, 85 (12): 2180-2185.

PARK B C, AUSTIC R E, 2000. Isoleucine imbalance using selected mixtures of imbalancing amino acids in diets of the broiler chick. Poultry Science, 79 (12): 1782-1789.

PLUMSTEAD P W, ROMERO-SANCHEZ H, PATON N D, et al., 2007. Effects of dietary metabolizable energy and protein on early growth responses of broilers to dietary lysine. Poultry Science, 86 (12): 2639.

QUENTIN M, BOUVAREL I, PICARD M, 2004. Short- and long-term effects of eed form on fast- and slow-growing broilers. Journal of Applied Poultry Research, 13 (4): 540-548.

RODRÍGUEZ-ORTEGA L T, RODRÍGUEZ-ORTEGA A, MERA-ZUÑIGA F, et al., 2022. Effects of diet forage: concentrate ratio and metabolizable energy intake on visceral organ growth and in vitro oxidative capacity of gut tissues in sheep. Revista Colombiana de Ciencias Pecuarias, 35 (3): 153-164.

SANCHEZ J, THANABALAN A, KHANAL T, et al., 2019. Growth performance, gastrointestinal weight, microbial metabolites and apparent retention of components in broiler chickens fed up to 11% rice bran in a corn-soybean meal diet without or with a multi-enzyme supplement. Animal Nutrition, 5 (1): 41-48.

SIBBALD I R, 1976. A bioassay for true metabolizable energy in feedingstuffs. Poultry Science, 55 (1): 303-308.

SIEGERT W, AHMADI H, RODEHUTSCORD M, 2015. Meta-analysis of the influence of dietary glycine and serine, with consideration of methionine and cysteine, on growth and feed conversion of broilers. Poultry Science, 94 (8): 1853-1863.

WU Y, WANG J, JIA M, et al., 2022. Clostridium autoethanogenum protein inclusion in the diet for broiler: Enhancement of growth performance, lipid metabolism, and gut microbiota. Frontiers in Veterinary Science, 24 (9): 1028792.

YANG H M, YANG Z, WANG Z Y, et al., 2015. Effects of early dietary energy and protein dilution on growth performance, nutrient utilization and internal organs of broilers. Italian Journal of Animal Science, 14: 3729.

ZHANG X, SONG M, LV P, et al., 2022. Effects of Clostridium butyricum on intestinal environment and gut microbiome under Salmonella infection. Poultry Science, 101 (11): 102077.

4 鸡营养与遗传基因组学

4.1 营养表观遗传学在育种中的作用

4.1.1 营养表观遗传学

畜禽的生产性能受遗传和环境的影响。一般认为，遗传对生产性能的贡献约为40%，营养约为20%。遗传决定了品种的生产潜力，营养作为最重要的环境因素，则是品种遗传潜力发挥的重要保障因素。

营养与基因组学（Nutritional genomics）是一门研究基因组、营养和健康关系的科学。随着人类基因组计划开展，基因密码的破译也使得营养学有了突飞猛进的发展，研究饮食与基因之间交互作用成为营养学的新兴领域，营养基因组学概念由此诞生。2002年初，荷兰举办了首届国际营养基因组学会议，突显了基因因素已成为营养学研究中的关键组成部分（图4-1）。营养基因组学可以进一步分为两个学科（图4-2）。

营养基因组学（Nutrigenomics）：研究营养素通过改变基因组、蛋白组、代谢组而导致生理改变，从而影响健康的科学。

营养遗传学（Nutrigenetics）：研究遗传变异对日粮与健康互作影响的科学。

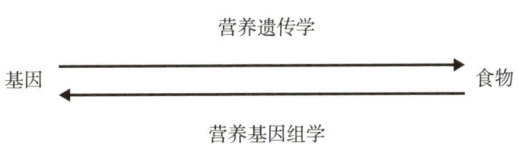

图4-1 营养与基因组学

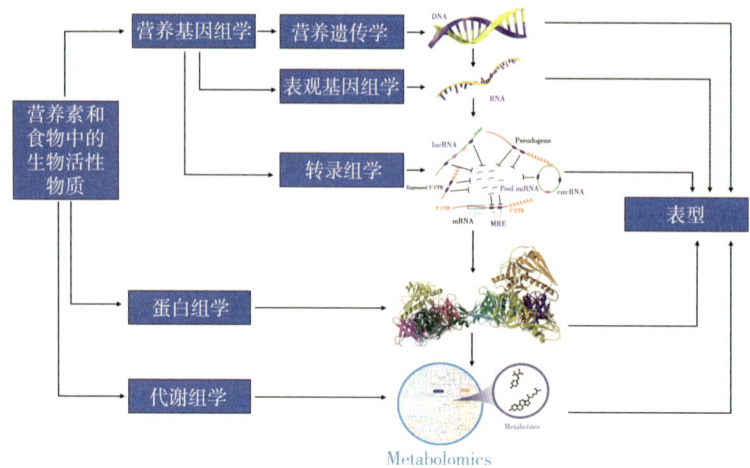

图4-2 营养基因组学

4.1.1.1 营养表观遗传学的概念

营养表观遗传学（Nutritional Epigenetics）是在营养学和遗传学的基础上发展形成的一门新型交叉学科，重点强调营养干预、基因表达和健康调控之间的相互作用。在畜牧学中，营养表现遗传学的研究范围包括如何通过营养调控来改变基因的表达，继而针对不同基因型制定精细化的日粮配方，最终为畜禽的生长和健康提供更加个性化和精准的营养指导。

4.1.1.2 表观遗传机制

DNA甲基化。在DNA分子上的某些位点添加甲基基团，通常会抑制基因表达。营养素如叶酸、维生素B_{12}、胆碱和甲硫氨酸是DNA甲基化的重要供体。

组蛋白修饰。包括乙酰化、甲基化、磷酸化等，这些修饰改变了组蛋白的结构，从而影响DNA与组蛋白的相互作用，调节基因表达。营养物质如维生素D、维生素A、脂肪酸等可以影响组蛋白修饰。

非编码RNA。如miRNA、lncRNA等，这些RNA分子可以调控基因的转录后表达。某些营养素可以影响这些非编码RNA的表达和功能。

4.1.1.3 研究现状

经典遗传学理论中，达尔文的生物进化论和孟德尔的遗传学说为畜禽品种的选育与改良提供了理论依据，并显著提升了畜禽的生产性能，改善了畜产品品质。多年来，遗传选择以畜禽的基因决定其特定的表观性状这一原理开展相关研究，通过遗传选择将亲代基因稳定地传递给后代，使后代继承并获得亲本的优良性能。然而，越来越多的研究表明遗传选择不仅取决于是否存在某些能够提高畜禽表观性能的特定基因，而且还取决于这些基因的表达是否活跃，并且营养因素对基因表达起着关键性的修饰作用（喻小琼等，2013）。基于此，营养表观遗传学通过在特定生理阶段为畜禽提供特殊营养物质，利用表观遗传机制调控基因表达模式，从而在表型或分子水平上引起后代遗传性状的差异，并具有传代的可能性。其中，怀孕母鼠日粮中补充胆碱、叶酸、甜菜碱和维生素B_{12}会导致其后代小鼠毛色发生变化，这是营养表观遗传学中的经典案例（John and Surani，1999）。

营养表观遗传学研究为慢性病的预防和管理提供了新的思路。例如，研究表明，通过调整饮食结构，可以逆转或改善由表观遗传改变引起的代谢综合征、心血管疾病和癌症等病症。同时，营养表观遗传学的进展推动了个性化营养和精准医学的发展。基于个体的表观遗传特征，可以制定个性化的饮食方案，优化健康管理。例如，针对特定表观遗传标志物，制定富含甲基供体或特定营养素的饮食，以预防相关疾病。未来，通过深入研究营养表观遗传学，能够更好地理解营养与基因表达的复杂关系，开发科学有效的个性化营养方案，推动健康管理和疾病预防的进步。

4.1.2 营养对表观遗传的影响

哺乳动物中，母体"营养程序化"的概念普遍被人们接受，母体环境对后代畜禽的外形特征、生理特性和生产性能具有直接影响。胚胎在母体子宫内发育期间，细胞有序地增殖分化，逐渐形成各种组织、器官和系统（彭剑玲等，2023）。因此，母体在妊娠期和哺乳期摄入的氨基酸、葡萄糖、脂肪酸、微量元素和维生素等营养物质会对子代的生长发育产生跨代的影响。母体营养效应是研究母体和子代性状关系时需优先关注的关键因素，并且这种效应在无脊椎动物和脊椎动物中均有相关研究，机体的抗体水平、激素分泌以及胎盘渗透性等现象都与母体营养效应密切相关（杨小璇等，2022）。大量研究表明，子代的生产性能与母体基础日粮中所含营养物质密切相关。妊娠期母体摄入营养的差异会影响胎儿早期肌肉的发育，这种变化将贯穿整个胎儿发育阶段。母体营养干预除了影响子代生产性能，还会对子代代谢性能和免疫性能产生影响。在妊娠期和哺乳期改变母体日粮中的糖脂含量会影响子代糖脂代谢，并对其成年后的代谢过程产生程序化的长期影响。实际生产中，常通过补充母体所需营养物质来改善乳汁的组成以及生物活性成分，以此提高子代的免疫能力和健康状况。

禽类与哺乳动物不同，家禽的胚胎发育完全依赖受精蛋中的营养物质，母鸡能够通过调节种蛋的成分来影响后代的表型，从而对后代的生长发育和生产性能产生长期影响。研究表明，母体营养与胚蛋内营养物质的有效沉积密切相关，而胚蛋内充足的营养供应是鸡胚正常发育的重要基础。母鸡将日粮中的蛋白质、脂肪、维生素和矿物质等营养成分沉积到蛋中，这些成分对提高孵化率以及促进胚胎骨骼、肌肉、心脏和肝脏等器官的发育至关重要。此外，胚蛋中不仅含有营养物质，还携带母源性激素（如类固醇激素、甲状腺激素和瘦素）。这些卵黄中的母源性激素能够调节胚胎的生长发育、免疫功能以及行为表型。近年来，鸡胚给养技术为家禽在胚胎发育阶段的营养表观遗传学研究开辟了新的调控途径。研究人员在鸡胚中注射叶酸以探讨卵中添加叶酸对肉鸡叶酸代谢、免疫功能及相关表观遗传修饰的影响。结果表明，注射叶酸显著提高了胚蛋的孵化率，改善肉仔鸡的生长性能和叶酸代谢，并增强免疫功能与免疫基因表观遗传调控的关系，这些基因表观遗传调控涉及其启动子染色质构象和组蛋白甲基化改变（李世召等，2013）。

4.1.3 种鸡精准营养对育种潜力发挥的重要作用

营养管理与遗传改良之间的不协调是限制现代肉鸡品种遗传潜力发挥的主要原因，对种鸡繁殖性能和生长性能造成极大的影响。在肉鸡生产链中，种鸡的繁殖能力和种蛋质量直接关系到后代的健康与生产表现，其性能提升对肉鸡产业至关重要。目前的选育模式倾向于追求快速生长和高饲料效率，使得鸡种失去通过调节采食量来满足自身需求的能力。对于种鸡而言，过度进食和快速生长不仅降低了饲料转化效率和繁殖性能，还导致抗病能力下降和后代肉鸡的生产性能降低。此外，采食量大和脂肪沉积能力强使得种鸡体重过高，易导致脂肪肝、氧化应激，进而影响产蛋和繁殖。

营养水平与平衡对种鸡繁殖和雏鸡发育至关重要。研究发现，精准营养供给和生物活性添加剂的使用对种鸡的产蛋、种蛋质量和孵化性能具有重要作用。种母鸡的营养，包括代谢能、必需氨基酸、维生素、矿物质及益生菌等，能够通过调节种蛋质量和成分，促进雏鸡生长并改善后代肉鸡的经济性状。然而，种鸡精准营养研究相对滞后，缺乏明确的营养标准。在实际生产中，不合理的营养配比或盲目提升营养水平可能导致营养过剩和污染物排放，既不利于遗传潜力的发挥，也加剧了环境污染。因此，为有效提升种鸡生产效率和发挥其育种潜力，需加强营养调控和健康养殖方面的研究。

（1）进行全程饲养的精准营养需求研究，根据地域差异和气候变化建立动态预测模型，制定适宜的饲养标准。

（2）在非常规饲料原料的研究基础上，建立营养价值和危害因子数据库，开发消减危害因子的技术，提升饲料消化率，推广非玉米和豆粕型日粮配方技术。

（3）研发安全高效的饲料添加剂，如微生态制剂、酶制剂、植物提取物等，改善种鸡肠道健康和免疫功能，减少抗生素使用。

（4）种公鸡的配种和采精能力对鸡群的数量和质量至关重要，从种公鸡的选育、营养供给、养殖管理和疾病防控等多角度提升种公鸡的繁殖性能，满足现代种公鸡的繁育需求，有利于降低养殖成本以及提高养殖经济效益。

（5）胚胎期是表观基因组重编程的关键时期，易受营养物质等外界环境的影响，家禽的胚胎发育与母体分离，可借助种蛋注射研究营养物质对胚胎发育的影响，理解精准营养对表观基因组重编程的调控机制。

（6）应用分子生物学、功能基因组学、代谢组学等新技术深入探究种鸡卵泡发育、亲代营养传递及营养与环境的互作机制，充分挖掘种鸡的育种潜力。

4.1.4 禁食诱导生理功能重塑通过影响基因表达改善种鸡繁殖性能

为平衡种苗市场需求和供种能力，白羽肉鸡种鸡生产中，祖代种鸡和父母代种鸡有时需要提前淘汰，有时需要进行强制换羽以延长繁殖期。强制换羽实质上是一种生理功能重塑，是一种基于禽类生理休产规律的饲养管理技术。通过饮食调控，使产蛋后期的禽类迅速停产，恢复正常采食后进入新的产蛋周期。这种方法能够有效延长种禽的使用寿命，降低引种和保种成本，并节省育雏育成期的时间和饲料费用，是深入开展粮食节约行动，缓解人畜争粮引发粮食安全问题的重要举措。诱导生理重塑程序性操作技术已经十分成熟，但延养种鸡肠道内微生物菌系稳态发生改变，第二产蛋周期持续时间短，种蛋质量下降，孵化率低，弱雏多等问题大大削弱诱导生理技术在种鸡中的使用效果，严重制约了该技术的推广应用。最新的研究表明，对老龄种公鸡和母鸡都进行禁食诱导生理功能重塑，受精率和健雏率明显提高，死胚率明显下降。禁食作为一种特殊的营养调控方式，在切断外源性营养物质的情况下，通过利用体储和内源性的营养物质，改变机体代谢途径及部分代谢产物的含量，从而实现了代谢重编程。代谢重编程通过表观遗传修饰，调控机体的基因表达、转录翻译，进而实现细胞及组织器官的功能重塑。

4.1.4.1 禁食诱导生理重塑对下丘脑基因表达的影响

下丘脑—卵巢—性腺轴在适应饥饿应激、调节肝脏脂质代谢和维持血糖稳定方面具有重要作用，并依赖于甲状腺和性激素的调节。在禁食诱导的生理重塑过程中，其功能尤为关键，在下丘脑发现了45个基因在禁食应激期间调控细胞衰老，12个基因在恢复期促进细胞发育（Wang et al.，2023）。通过WGCNA识别出了五个核心基因（*INO80D*、*HELZ*、*AGO4*、*ROCK2*和*RFX7*）。禁食诱导生理重塑可通过调节与衰老和发育相关基因的表达水平，重新启动老母鸡的生殖功能。对禁食诱导生理重塑过程中下丘脑组织进行DNA甲基化分析，发现了五个高度甲基化的DMGs（差异甲基化基因）（*DSTYK*、*NKTR*、*SMOC1*、*SCAMP3*和*ATOH8*）。DMGs在鸡的FM过程中表观遗传修饰了下丘脑差异基因，导致其生殖功能快速关闭和重启，以及产蛋率的再增加。

4.1.4.2 禁食诱导生理重塑对卵巢基因表达的影响

诱导生理重塑可以使老年蛋鸡的产蛋率恢复到产蛋高峰水平，并恢复第二个产蛋周期的卵巢功能。禁食诱导可以激活KIT-PI3K-PTEN-AKT信号通路，促进原始卵泡的激活，并且随着重新饲喂，促性腺激素分泌逐渐增多，促进卵泡发育和排卵（Wang et al.，2023）。马淑雪通过卵巢转录组测序发现*ADCY*、*RXRG*、*KRT*、*MMP*、*PRLR*、*ESR*基因是影响生理重塑后第二产蛋周期卵巢功能复原的繁殖性状相关候选基因（马淑雪，2020）。

4.1.4.3 禁食诱导生理重塑对睾丸基因表达的影响

随着种公鸡年龄增加，其精液品质和受精率下降，直接淘汰会影响养殖场的经济效益。为提高经济效益，期望种公鸡能更长时间保持高精子质量（如精子密度和活力）。目前延长老龄种公鸡使用时间的研究还较缺乏，公鸡经历饥饿应激后受精率显著提高，Zhu等的研究表明，禁食诱导的生理重塑模型能够显著增强种公鸡的精子活力、受精率和孵化率，且禁食过程中的繁殖性能损伤是可逆的。禁食诱导生理重塑期间肌动蛋白细胞骨架的调控与精子发生密切相关，并在该通路中发现非受体蛋白激酶SRC与精子发生之间呈负相关。同时，衰老基因*ROCK2*在禁食期间高度表达，这可能导致睾丸萎缩。恢复采食后，*ROCK2*表达下降，睾丸再次发育并恢复到禁食前大小。因此，禁食可能延迟了精子的产生，但损伤是可逆的（Zhu et al.，2023）。

4.2 鸡参考基因组发展与精准营养体系建立

基因组是每个物种、每个个体独特的生命特征，即使同父同母的全同胞后代，其基因组也会表现出一定差异。为了更全面、深入地了解遗传信息与生命活动的"互动"，每个物种都需要一个统一的遗传信息坐标系，也就是参考基因组。通俗来讲，参考基因组即由AGCT四类碱基形成的一套DNA排列组合，携带了不同物种的主要遗传信息。在21世纪到来之际，由于测序效率和成本的限制，研究人员最先建立了细菌、酿酒酵母、秀丽隐杆线虫等基因组较小物种的参考基因组，自此揭开了基因组时代的序幕；而后，随着测序技术的优化，相继公布了黑腹果蝇、拟南芥、人类、小鼠等物种的参考基因组，但此阶段测序成本依旧高昂；在之后的20年里，生物技术与基因测序技术不断进步，测序成本由1美元1个碱基降低到1美元1亿个碱基，层出不穷的参考基因组被相继公布，为物种进化、生命科学、疾病治疗等领域的认知带来了颠覆性变化。不仅是基于单一品种的线性基因组，基于同一物种不同品种的泛基因组、图泛基因组也被陆续公布，弥补了单一品种遗传多样性不足的限制，在种水平更全面地解释了物种进化与生物性状的遗传基础。同样，在农业领域，鸡是全球饲养体量最大的农业动物，其参考基因组的建立与优化对加速现代品种育成、提高肉蛋产品质量、满足人们需求具有战略性意义。

4 鸡营养与遗传基因组学

4.2.1 鸡是第一个完成基因组组装的农业动物

鸡作为人类重要的优质蛋白来源，其生长、繁殖、抗病等性能始终是行业关注焦点和研究热点与难点。针对这些性能的选育与改良，不能仅仅从方法（营养素添加等方法）中看结果（鸡生长性能等的变化），更重要的是从根（鸡参考基因组）上找原因（关键基因及变异）。但在21世纪初，测序技术尚不发达，难以获得大规模的分子表型（基因表达、物质代谢、表观图谱），只能采取传统研究手段进行解析。而传统的营养学手段难以在短期内从种质水平上提高鸡的性能，遗传学方法受到缺乏参考基因组的限制难以实施，仅能根据少数基因及基因组变异推断其与表型关系。通常得到的结果可能出现"顾此失彼"的现象。例如，经过几十年选育，白羽肉鸡以牺牲抗病能力、环境适应性等为代价获得了优异的产肉性能。因此，鸡的育种研究与实践缺乏重大突破的技术支持与外部环境，选育工作遇到瓶颈。

2004年，在国际鸡基因组计划的支持下，以家鸡祖先品种红原鸡为研究对象，利用全基因组鸟枪法测序、DNA指纹图谱等方法完成了红原鸡"RJF256"参考基因组组装，即鸡参考基因组1.0版本，使鸡成为第一个拥有参考基因组的农业动物（Wallis et al.，2004）。鸡基因组有38对常染色体与ZW性染色体，此次构建的基因组物理图谱覆盖了GGA1~GGA24、GGA26~28、GGA32以及GGAZ、GGAW在内的30条染色体，约占全基因组91%，首次揭示了鸡基因组大小约为1.06 Gb；其中，GGA16与GGAW组装完成后分别仅有0.2 Mb与0.15 Mb，这主要受限于测序深度、组装技术以及染色体结构复杂性，在之后相当一段时间内，GGA16与GGAW组装始终是鸡基因组组装的瓶颈。通过基因组注释，发现鸡基因组存在20 000~23 000个基因，染色体大小从不足1 Mb到接近200 Mb，与重组率、GC与CpG含量、基因密度呈负相关，与重复序列密度呈正相关（International Chicken Genome Sequencing Consortium，2004）。这是公布的第一个作为食物来源的模式动物参考基因组，这一历史性创举打破了鸡育种研究的窘迫境况，同时打开了畜禽基因组时代的大门。

在红原鸡基因组测序计划实施的同时，我国科学家同步展开了家鸡基因组多态性研究。以我国特有且具有传统医学价值的乌骨鸡以及肉鸡、蛋鸡为试验素材，对比三种鸡与红原鸡的基因组框架图，鉴定到超过280万个SNP位点，SNP密度大概是人类和狗的6~7倍、大猩猩的3倍；研究发现鸡遗传多样性形成于驯化发生前（5 000~10000年前），也就是说，蛋鸡与肉鸡并非人类驯化而成，更多是自然选择的结果；红原鸡与驯化鸡种比较发现，红原鸡与不同家鸡及同一家鸡品种之间变异速率大致相同，驯化并未导致全基因组范围遗传多样性的大量丢失（Wong et al.，2004）。鸡全基因组范围SNPs图谱的构建，为率先开展鸡遗传育种研究、推动标记辅助选择等技术的应用奠定优势基础。

4.2.2 线性基因组到图形泛基因组的飞跃

秀丽隐杆线虫基因组组装开启了动物基因组研究的新时代，研究人员开始在全基因组范围研究动物性状的形成机理和遗传模式，有越来越多样的物种基因组被不断公布（截至2024年5月，已有16 808个物种的参考基因组被NCBI收录）。在此期间，两大标志性事件对提高参考基因组质量、推动基因组学研究具有跨时代意义。一是高通量测序技术的应用，可以一次性获得任何物种数千万条短读长（<500 bp）DNA序列，通过组装技术将这些短读长序列组装为基因组片段；二是长读长三代测序技术的应用（如Pacbio与ONT测序），单条read长度可达到几十千碱基，弥补了短读长连续性不足的缺陷，减少了基因组中的gap区域。高质量的参考基因组为鸡遗传育种研究提供了广阔的舞台，而鸡参考基因组的更新换代则不断地扩大这个舞台。

自红原鸡基因组公布以来，不同鸡种经济性状遗传机理研究与基于SNP的标记辅助选择逐渐展开。但由于基因组质量、测序成本问题，相关研究仍局限在一定范围内。因此，通过改良基因组测序技术及分析技术以完善鸡参考基因组仍是长期的主要任务。截至2024年，鸡参考基因组已更新至GRCg7b与GRCg7w，即7.0版本（表4-1）。

表4-1 不同鸡基因组版本统计

测序个体	Gallus_gallus-1.0	Gallus_gallus-2.0	Gallus_gallus-4.0	Gallus_gallus-5.0	Gallus_gallus-6.0	GRCg7b	GRCg7w
	RJF#256, inbred line UCD001	RJF#256, inbred line UCD001	RJF#256, inbred line UCD001	RJF#256, inbred line UCD001	RJF#256, inbred line UCD001	Cross of Broiler mother+white leghorn layer father	Cross of Broiler mother+white leghorn layer father
基因组大小（G）	1.06	1.1	1.05	1.23	1.07	1.05	1.05
Gap长度（M）	35	56.2	14.1	11.8	9.8	3.4	4.5
染色体数量	30	33	33	35	34	41	41
Scaffold数量	32 767	17 506	16 846	23 869	524	213	276
Scaffold N50（M）	7.07	11.1	12.9	6.4	20.8	90.9	90.6
Contig数量	98 612	78 534	27 040	24 692	1 402	676	685
Contig N50（M）	0.036	0.046	0.28	2.9	17.7	18.8	17.7
基因组覆盖度（x）	6.6	6.6	12.0	70.0	82.0	102	102

（续表）

测序个体	Gallus_gallus-1.0	Gallus_gallus-2.0	Gallus_gallus-4.0	Gallus_gallus-5.0	Gallus_gallus-6.0	GRCg7b	GRCg7w
	RJF#256, inbred line UCD001	RJF#256, inbred line UCD001	RJF#256, inbred line UCD001	RJF#256, inbred line UCD001	RJF#256, inbred line UCD001	Cross of Broiler mother+white leghorn layer father	Cross of Broiler mother+white leghorn layer father
蛋白编码基因数量	20 000~23 000	—	17 208	19 073	17 477	18 023	17 981
测序技术	Sanger; 454	Sanger; 454	Sanger; 454	Sanger; 454; Illumina; PacBio	Pacific Biosciences RSII（P6-C4 and P5-C3 chemistry）	PacBio Sequel I CLR; Illumina NovaSeq; Arima Genomics Hi-C; Bionano Genomics DLS	PacBio Sequel I CLR; Illumina NovaSeq; Arima Genomics Hi-C; Bionano Genomics DLS
发布日期	2004-6-21	2006-11-1	2011-11-22	2015-12-16	2018-3-27	2021-1-19	2021-10-1

注：信息来源于NCBI与ENSEMBL数据库，"—"表示信息缺失。

其中1.0~6.0版本参考基因组均来自红原鸡RJF256个体，可以看出，更新后的参考基因组质量显著提高。2018年发布了GRCg6a基因组，以二代测序技术为主，测序深度超过80×，gaps减少到68个，挂载染色体数量增加至34条，注释到蛋白编码基因17 477个。其中，GGA1由最初版本组装到188.2 Mb大小，完善至197.6 Mb，并补充了GGA25、GGA30、GGA31、GGA33及线粒体基因组序列。2021年，脊椎动物基因组计划公布了肉鸡（GRCg7b）与蛋鸡（GRCg7w）参考基因组，该品种来源于肉鸡与白来航鸡的杂交系。GRCg7b与GRCg7w是以三代测序为主，以二代基因组测序和Hi-C测序辅助构建，测序深度达102×，基因组大小为1.1 Gb，其中无gap序列达1 Gb，完整性超过98%，注释到约18 000个蛋白编码基因。此外，与传统认知略有不同的是，GRCg7b与GRCg7w均组装得到39条常染色体和ZW染色体，首次提供了完善的鸡微染色体图谱，但比红原鸡基因组多1条微染色体。

对鸡而言，7.0版本的参考基因组已经基本可以满足大部分基于SNPs的研究，相应研究成果与育成的新品种呈现暴发式增长，但在测序技术不断进步的同时，其弊端也日益凸显。经历过自然选择与驯化，全球范围有数百个鸡品种，每个鸡种的基因组都有或大或小的差异。以红原鸡为例，基于参考基因组的研究中，红原鸡基因组不能覆盖所有鸡种的变异，只能关注红原鸡参考基因组本身存在的变异，这对于品种特性和多样性的研究将是一种限制。同时，相比SNP，大片段结构变异对于表型形成可能具有更显著的影响。而红原鸡在长期进化过程中可能发生基因组片段缺失从而不具备部分特定表型，因此，在研究这些表型时则不宜将红原鸡作为参考。这是传统线性基因组的普遍问题，即单一品种形成的参考基因组无法代表物种水平的遗传多样性。于是针对同一物种、不同品种的基因组也被相继公布，例如鸡的基因组来源包括红原鸡、丝羽乌骨鸡、茶花鸡、狼山鸡等，猪的基因组来源包括杜洛克猪、梅山猪、金华猪等，但这并没有从根本上解决线性基因组的固有问题。随着测序与基因组组装技术的进步，这一问题找到了新的解决方案，基于涵盖一个物种全部基因组概念的泛基因组研究为解决线性参考基因组遗传信息缺失的问题提供了新思路。

泛基因组概念首次在微生物领域提出，目前关注点主要集中在畜禽、作物上，泛基因组的定义和目标也就随之变化。通常是指一个物种的全部遗传信息，包括核心基因与非核心基因。其中，核心基因是指在所有个体（>95%）中都存在的基因，通常与维持新陈代谢等基本生命活动、表型形成等有关；非核心基因仅在部分基因组中存在，当仅在一个基因组中被检测到时称为特有基因，通常与通信、毒性和防御反应有关。在畜禽等动物中，非核心基因通常与促进物种多样性、增强物种环境适应能力有关，如动物的抗寒性、抗病性等。泛基因组组装方法包括3种：基于"map-to-pan"策略的迭代组装，利用大量重测序数据进行从头组装单个基因组与参考基因组比对，将未比对上的新序列与参考基因组合并，形成泛基因组参考序列，如水稻、番茄等；基于"assemble-to-pan"策略的从头组装，对动植物个体进行从头组装并注释，通过相互比较鉴定核心基因与非核心基因，并去除冗余序列后形成泛基因组，如人类、玉米等；图形泛基因组策略，将从头组装基因组与线性基因组比对，将去冗余后的变异信息与线性基因组整合并展示，从而形成图形泛基因组，更完整地展示物种基因组多样性，如大豆、狼尾草等。与传统线性基因组相比，泛基因组覆盖了同一物种下多个品种的基因组，能够减少遗传信息的丢失，更全面地解释遗传多样性与物种进化机制。尤其在大片段结构变异方面的研究具有显著优势。随着三代测序技术的普及，猪、羊、牛、鸡、鹅等动物的泛基因组先后公布（图4-3），在产量、质量性状关键基因及变异挖掘、遗传结构解析等研究方面起到了线性基因组所不具备的作用。

基于不同组装策略的鸡泛基因组研究均有报道。2021年河南农业大学使用迭代组装方法完成了第一个鸡泛基因组研究，涵盖了664个个体的基因组变异，与GRCg6a参考基因组相比，鸡泛基因组鉴定到66.5 Mb新序列，基因组大小为1.13 Gb，但由于所使用的二代测序数据深度限制，contig N50仅为82.5 kb；通过基因组注释，泛基因组鉴定到4 063个全新蛋白编码基因，其中49%的基因仅在小部分群体中存在（Wang et al., 2021）。随后，2022年中国农业大学与西北农林科技大学合作发布了第二个鸡泛基因组。以世界范围内15个鸡种的20个个体为研究素材进行基因组从头组装，由于这20个个体的测序策略不同，从头组装基因组的质量也有差异，contig N50范围从80 kb

到16 Mb，gap范围从97 kb到52 Mb，基因组完整度为92.4%～94.9%；与参考基因组相比，单一基因组质量有待提升，但组装形成泛基因组发现了参考基因组159 Mb的缺失序列，而这些缺失序列中注释得到1 335个蛋白编码基因与3 011个长链非编码RNAs，并且多数缺失基因为核心基因，在大部分品种中被发现（Li et al., 2022）。2023年，美国密苏里大学发表了鸡图形泛基因组的最新成果。首先从头组装了来自商业品系、科研品系、肉鸡与蛋鸡的27个单倍型基因组，contig N50长度为5.47～22.9 Mb，基因组大小约1.07 Gb，同时利用已发表的2个鸡参考基因组与胡须鸡基因组，采用minigraph-cactus策略构建了第一个鸡图形泛基因组，包括了4 900万个节点与6 700万个分支，基因组大小为1.13 Gb，与最完整的线性参考基因组相比，共有0.11 Gb额外序列作为节点分支，其中参考基因组GRCg7b贡献了最多的额外序列（55.6 Mb）（Rice et al., 2023）。可以看出，与参考基因组（GRCg6a、GRCg7b）相比，单一个体基因组组装质量、完整性等略有差异，但整合多个个体构建的泛基因组能发现了新的基因组序列与功能基因，从"量"的角度推动了"质"的提升，为揭示鸡的进化历史与基因组-表型多样性关系提供了重要素材（图4-3）。

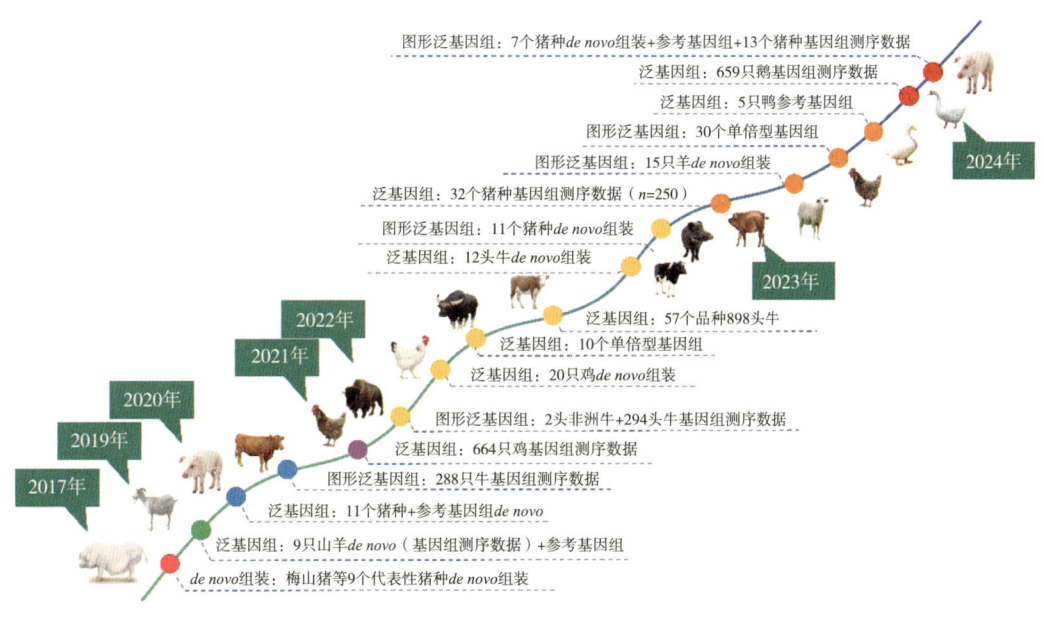

图4-3　畜禽动物泛基因组研究发展

（注：数据来源于对已发表文章的统计）

如上所述，构成泛基因组的个体基因组尚不完整，缺失的信息多集中在染色体亚端粒区或微染色体，被高密度串联重复结构所包围。因此，测通基因组复杂区域、实现基因组完全组装是与泛基因组研究并列的重要任务。三代测序技术高准确性的PacBio HiFi测序与高连续性的ONT ultra-long测序技术的发展，克服了染色体端粒区测序、组装难题，由此推进了端粒到端粒（T2T）的0gap基因组组装技术的诞生。人类基因组T2T-CHM13的发布正式打开了T2T基因组时代的大门，各领域科研人员相继公布了大麦、拟南芥、水稻等物种的T2T基因组。西南大学与扬州大学采用T2T策略构建了全球首个家鸡完整基因组（GGswu1），获得了胡须鸡除GGAW外所有染色体的T2T 0gap序列。利用双亲基因组序列填补gap后，54条contig（N50 87.7 Mb）组装后得到1.1 Gb大小基因组，BUSCO基因组完整度97%。此外，研究人员发现GGA16等10条"点状染色体"（4 Mb）均由较小的异染色质区与常染色质区构成，其中常染色质区基因密度高，异染色质区几乎没有基因，主要为着丝粒等。GGswu1是目前为止基因组质量最好、完整度与连续性最高的鸡参考基因组，基本实现了鸡基因组0gap组装（Huang et al., 2023）。

4.2.3　基于泛基因组的鸡经济性状遗传解析研究新思路

泛基因组并非是传统意义的线性基因组，基于传统线性基因组的常规研究策略不完全适用于泛基因组学研究。例如，基于线性基因组与泛基因组进行SNP calling，两者间差异并不明显；但进行结构变异鉴定时，基于泛基因组会得到更丰富、准确的结果，并且泛基因组可以基于变异位点和基因鉴定不同品种的存在/缺失变异，从而捕获性状的"丢失遗传力"，而传统线性基因组不具备进行相关研究的基础。

*IGF2BP1*基因调控鸡生长性状的作用机制。*IGF2BP1*基因是影响动物体型大小的关键基因，在狗、鸭等动物中均得到验证。同样，在鸡泛基因组研究中，也证实了*IGF2BP1*基因对鸡体型的影响。研究人员通过迭代组装664个个体基因组形成鸡泛基因组并根据基因序列进行PAV挖掘，通过对体型、肉质、胴体性能等性状进行基因PAV-GWAS分析，发现*IGF2BP1*基因启动子区变异与脚重、半净膛重等多个生长性状显著相关，进一步通过单标记关联分析发现*IGF2BP1*基因对体重、体尺等23个性状有显著影响，并且发现启动子区的一段缺失是影响*IGF2BP1*基因活性的因果变异，从而影响鸡体重、体尺等性状，形成鸡体型大小多样性。而在随后的一个研究中，通过基于线性参考基因组的SNP-GWAS与精细定位研究，未发现*IGF2BP1*基因对鸡的胸肌重性状有因果效应，基因上游区域的2个SNPs可能对基因表达有一定影响，但未深入发现具有因果效应的较大片段结构变异。在家鸭泛基因组研究中，研究人员发现一个6 945 bp的Gypsy转座子插入是影响家鸭体重主效基因*IGF2BP1*的因果变异。可以看出，与传统方法比较，泛基因组在较大结构变异挖掘、基因定位精确性方面具有显著优势，简化了传统研究中复杂的精细定位流程。目前，尽管已证实*IGF2BP1*基因对动物体型具有因果效应，但基因-表型之间的复杂过程尚未完全揭示。基于泛基因组的研究结果显示，与固始鸡相比，*IGF2BP1*基因在体型更大、生长性能更优的罗斯肉鸡肌肉、肝脏、脾脏、肠道组织中表达量更高，表明*IGF2BP1*基因可能促进生长；但细胞试验表明，在C2C12细胞中

干扰*IGF2BP1*表达后细胞增殖水平显著增强，而且随着胚胎期骨骼肌的发育，该基因表达呈下降趋势（Zhang et al., 2020）。因此，解密*IGF2BP1*基因的潜在作用途径将是下一步研究焦点。

探索丢失基因，解密鸡基因组"黑匣子"。泛基因组与T2T基因组技术的应用弥补了传统线性基因组多样性不足的固有弊端，在物种水平找回了参考基因组"丢失"的基因。鸡是鸟类研究的重要模式动物，研究人员采用从头组装策略进行鸡泛基因组组装，发现了159 Mb结构复杂的缺失序列，其中高串联重复序列比例接近80%（参考基因组仅为2.2%），严重影响DNA稳定性与测序的进行。通过基因注释，发现在92.47%的缺失序列中鉴定到1 335个新基因，其中255个基因检测到相应蛋白产物，而且176个基因在人、鼠中为持家基因，与代谢、信号传导、免疫等生理功能密切相关。此外，通过非编码RNA预测鉴定到3 011个缺失lncRNAs，其中有371个缺失lncRNAs在GRCg7b基因组中被组装并注释。总体而言，鸡从头组装泛基因组使鸡的参考基因与lncRNAs数量分别增加至19 223个与19 795个，深度剖析了鸡基因组的复杂结构，还原复杂区域中的基因分布情况，并且发现缺失基因的替换率比已知基因高3倍，更新了人们对鸟类进化的认识，为鉴定重要经济性状候选基因及调控机理提供了新的参考。同样，在猪、牛、羊、鸭等物种研究中，泛基因组的建立为该物种重新填补了40.8～206 Mb的缺失序列，为揭秘生物多样性与遗传多样性形成的未知背景带来新的思路。

精准鉴定复杂结构变异，构建高分辨率基因组变异图谱。与SNPs相比，大片段结构变异对生物性状多样性贡献更大，对表型的遗传解释更多，但以传统线性基因组为参考，结构变异检出率与准确性相对较低。已有的鸡图形泛基因组涵盖了商业品系、研究品系，以及肉、蛋鸡的基因组，基因组多样性代表性全面，变异检出效率高。研究人员通过鸡图形泛基因组鉴定到18.5 Mb插入序列，而已有报道仅发现6.74 Mb序列，与长读长基因组组装技术相比，利用泛基因组能够鉴定到更多的长片段插入；同时，泛基因组通过记录变异多态性及其频率，以及精确定位嵌套变异，可以显著降低基因组比对偏差。例如，参考线性基因组（GRCg7b），*IGLL1*基因中存在<300 bp的插入序列，同时插入序列中存在一个SNP变异，对于线性基因组，每个插入序列会被视为不同的等位基因，甚至该区域的read不能比对到基因组；而对于泛基因组，能够准确将其记录为插入与不插入，同时包含了SNP变异信息。不仅如此，基于建立的图形泛基因组，研究人员实现了利用短reads对羽化相关基因座K的复杂结构变异的准确分型，而在线性基因组（GRCg7b）中是无法实现的。因此，通过建立基因组节点与分支绘制图形泛基因组，在构建精准、高分辨率的变异及嵌套变异集合方面具有不可替代的优势。同样，在猪、牛、羊等物种的泛基因组研究中，发现了超过10万个的结构变异，贡献了百兆级别的缺失序列。综上，泛基因组，尤其是图形泛基因组，对于在物种水平深度挖掘基因组变

异多样性方面逐渐成为主流工具，尽管现有的泛基因组版本涵盖品种相对较少，但更完整、全面的泛基因组以及精细变异图谱不再遥不可及！

4.2.4 高质量基因组助力鸡精准营养体系建立

由于遗传背景的差异，不同鸡种对同一日粮的采食、消化吸收、代谢及利用有差异化的表现。目前，鸡日粮配方主要参考NY/T 33—2004与NRC（1994）两部标准，但其颁布时间已超过20年，对现代的鸡种不完全适用，尤其是高强度选育的白羽肉鸡，而且现有标准未考虑不同品种对营养需求的差异。制定营养标准时，个体与群体的遗传多样性对营养需求的影响也应该被考虑。因此，针对携带不同遗传信息的鸡种，制定个性化、精准化日粮配方或营养添加剂有利于充分发挥品种的遗传潜力，有效减少疾病发生、提高饲料报酬与生长性能。这与人类研究中的精准营养概念类似，只是研究目标面向不同鸡种。

高质量的基因组以及重要性状相关遗传变异的积累推动了营养遗传学的诞生，进而促进了精准营养领域的产生。典型案例如人类的乳糖不耐受、苯丙酮尿症等。鸡多样性、高质量基因组为识别多类型变异提供了准确性保证，为不同群体制定个性化饲养策略提供了参考。如研究人员利用鸡泛基因组发现*IGF2BP1*基因启动子区存在影响鸡体型大小的因果变异，而针对是否携带该变异，可初步制定鸡群产量导向或品质导向的饲养策略，及时调整日粮蛋白及能量水平；维生素E具有重要抗氧化作用，可提高肉质风味，*APOE*基因与鸡肉维生素E沉积有显著相关，针对携带不同基因型的群体，灵活调整日粮维生素E成分以生产富维生素E鸡肉。充分考虑品种遗传背景、合理利用饲粮资源，构建品种特征的个性化日粮标准，是家禽领域未来的重要发展方向，但基于目前的鸡生长试验数据及遗传背景研究，精准营养在鸡中的广泛实现仍是任重道远！

4.3 持续遗传选择引起鸡基因组变化

家鸡被人类驯化后随着人类迁徙到世界各地，长期在多样的生态环境中生存逐渐促使家鸡基因组向不同方向进化，产生更多的表型变异以适应环境变化。其中，适应性强的个体被不断选择、保留，在基因组层面形成了与原始群体不同的分离亚群，最终形成了形态、性能各异的鸡种。自20世纪中叶起，人们由于不同的生活需要，开始对家鸡进行有目的的杂交、选择，符合人们预期的个体被保留用于生产和繁种，从而率先培育出了科宝、罗斯、白来航等现代白羽肉鸡与蛋鸡。与驯化相比，这种人工选择周期短、选择压力大、选育进展明显，但二者同样对鸡基因组多样性产生重要影响。因此，探讨人工选择引起的鸡基因组变化有利于对鸡复杂性状调控机制的了解，加快鸡重要经济性状的遗传选育进程。

4.3.1　白羽肉鸡经济性状选育进展及相关基因组印迹

白羽肉鸡经济性状选育效果显著。与地方品种相比，科宝、罗斯等白羽肉鸡选育时间长、选择压力大、选育进展明显，基因组中响应人工选育的区域更加集中，是研究选育促使基因组发生除随机漂变外的定向变化的最佳动物模型。生长速度、胴体性状等均是白羽肉鸡选育的重要指标，经过长达几十年的持续选育，白羽肉鸡的生产性能均实现翻倍式提升。与红原鸡成年体重（<1 kg）相比，现代肉鸡在56日龄时体重便可达到4～5 kg，生产效率远高于原鸡及地方鸡种。研究人员比较了1957年、1978年和2005年肉鸡的体重变化，与未选育时（1957年）相比，1978年与2005年肉鸡的体重增长了1～3倍，体型外貌发生巨大改变，形态更加饱满。近30年来，白羽肉鸡生长速度和生产效率的增速逐渐放缓，但整体仍呈现增长趋势，体重、胸肌重、胸肌率明显提高。根据已有报道，在20世纪80—90年代，Cobb肉鸡上市日龄为49日龄，出栏体重为2.0～2.5 kg，胸肌重为300～350 g，胸肌率（相对于屠体重）不足20%；近年来，Cobb肉鸡上市日龄提前至35～42日龄，出栏体重超过2.5 kg，屠宰率达70%，平均胸肌重达500 g以上，胸肌率约为25%，产肉性能得到持续提升。但值得注意的是，胸肌的生长速度过快会引发木质肉等异常情况，导致肌肉弹性、剪切力等性能降低，影响肉质口感；2001年，Ross308肉鸡在43日龄时可达到体重2.2 kg，而在2012年时，这一时间提前到35日龄。饲料成本占养殖总成本的70%左右，是影响生产效益的第一限制性要素，白羽肉鸡饲料报酬性状始终是选育的核心指标。20世纪90年代，4～8周龄肉鸡在自由采食情况下饲料转化率（FCR）为1.72～2.32，而且早期研究主要报道鸡生长早期（1～21日龄）饲料报酬，FCR主要为1.5～2.4，也有报道表明肉鸡早期FCR在1.5左右。近年研究表明，商品肉鸡早期FCR仅为1.12～1.43，尤其在第一周阶段，部分品种FCR低于0.9；育成阶段FCR为1.61～1.99，全期平均FCR仅1.6左右。同期相比，选育后白羽肉鸡FCR降低了0.5左右，以2.5 kg出栏体重为例，养1只鸡可节省约1 kg饲料。回顾全球过去百年养鸡历史（1925—2023年），在物种层面，肉鸡从原始群体经过持续选育形成现代高产群体，实质可以视为新品种的诞生；在基因组层面，本质上由选择引起了基因组定向进化，二者的遗传背景存在明显分离。但发生分离的基因组区域并非全部与经济性状相关，部分邻近区域由于等位基因连锁遗传的原因同样产生分离。因此，如何鉴别由人工选育引起的经济性状相关基因组变化是鸡遗传育种的长期任务。

白羽肉鸡基因组携带大量经济性状相关选择印迹。基因组选择印迹，即选择信号，是指由于选择作用在基因组中留下的印迹，如多态性降低、等位基因频率增加等。通过鉴定白羽肉鸡基因组选择信号，可以推断影响选育性状相关的关键区域与基因。由于白羽肉鸡早期遗传材料的缺失，目前常用红原鸡、选育水平低的地方鸡种作为对照进行选择信号挖掘。研究人员通过不同鸡基因组比较分析，发现商业肉鸡基因组中*IGF1*、*PMCH*、*IGF2BP1*、*INSR*等基因存在显著选择印迹，根据基因功能以及相关研究，发现*PMCH*基因与动物食欲和代谢功能相关，*IGF1*、*INSR*、*IGF2BP1*基因显著影响动物生长速度、体型大小等；同时，白羽肉鸡*OVALX*、*SYT8*、*FBXO28*基因与红原鸡基因存在显著分化，通过与在线数据库Chicken QTL比对，发现这些基因与肉品质、体重、腹脂等性状相关，而这些表型与体型大小、生长速度密切相关（Wu et al.，2024）。*MEF2D*基因具有诱导肌细胞分化的功能，与动物肌肉发育、体重等性状密切相关。相对韩国地方鸡种，在商业肉鸡基因组中*MEF2D*基因范围发现高度连锁区块，且连锁区块注释到FCR、回肠重、鸡冠重量等相关的QTLs，表明*MEF2D*基因在商业肉鸡中受到显著选择，并可能是影响FCR等生长发育性状的重要基因。因此，这些存在选择印迹的基因随着白羽肉鸡的定向选育而被选择，与原始群体逐渐分离。白科尼什肉鸡是最著名的肉鸡四系配套系的终端父系，具有优异的生长性能。研究表明，与地方鸡、白洛克鸡相比，白科尼什鸡5号染色体30.83～31.70 Mb区域存在连续纯合性片段（Runs of homozygostiy，ROH），注释后发现与鸡体重性状密切相关。针对现代肉鸡的不同品系，通过比较基因组单倍型片段、等位基因频率，鉴定到42个基因组区域在多个纯系中存在选择印迹，鉴定到与生长、肌肉发育、骨发育等密切相关基因（*cTR*、*SOX6*、*ACTC1*、*STXBP6*、*MYH13*等）受到不同程度选择。

利用全基因组关联研究（GWAS）挖掘白羽肉鸡重要经济性状关键基因。GWAS直接关联基因组SNPs、CNVs等与动物性状，不需要构建连锁群，具有定位精准、适用动物群体类型广泛、操作简单、计算速度快等优势，在探索白羽肉鸡生长发育性能与分子育种方面发挥了重要作用。体重是由微效多基因控制的复杂性状，是衡量白羽肉鸡生产性能优劣最重要的指标。现有研究结果表明，影响体重的基因组区域主要位于GGA1与GGA4，同时GGA16、GGA27等也存在着影响不同阶段体重的显著信号。AMPK对于鸡的生长发育、代谢等具有调控作用，而AMPK的活性受到*CAB39L*基因的约束。*CAB39L*位于GGA1末端，在高代杂交群体、F_2资源群体等多个研究中均表明*CAB39L*是与体重等生长性状显著相关的因果基因，并且发现影响基因与体重的关键变异及单倍型来源于白羽肉鸡，*CAB39L*对体重的效应在部分中国地方鸡种中仍然显著；*SLIT2*基因位于GGA4，相关研究表明该基因与动物生长性状密切相关，同时在不同体重群体的基因组中存在显著分化，说明该基因是鸡体重性状调控网络的重要节点；试验群体规模越大，GWAS分析的假阳性越低，目前已有报道的研究建立的最大规模群体超过13.7万只肉鸡，通过体重关联分析在GGA1～GGA4、GGA8等均发现显著信号，其中GGA4 65.67～66.31 Mb区域与体重关联性最强，可解释4.37%体重变异（Dadousis et al.，2021）；GGA16是典型的结构复杂的微染色体，与鸡免疫功能相关的基因相对集中，但有研究表明GGA16存在影响白羽肉鸡不同时期体重的候选区间，部分SNPs可解释5%

以上的遗传变异，主要位于*TRIM39.2*、*CYP21A1*、*BG1*、*ZNF692*等基因内（Li et al., 2021）；剩余采食量（RFI）、FCR、日增重是评价饲料报酬的主要指标，是现代肉鸡选育体系中的"必选项"。研究人员在GGA1中共定位到影响白羽肉鸡RFI与平均日采食量（ADFI）的显著信号，通过基因表达分析发现NSUN3与RFI显著相关；在GGA6 28.49~29.22 Mb区域共定位到影响日增重、FCR性状的显著信号，并且发现性别对日增重与FCR具有显著影响，同时发现GGA4存在部分SNPs对FCR性状具有显著效应。体重、饲料报酬等均是复杂数量性状，不同白羽肉鸡群体的选育历程不同，性状间遗传相关水平不同，因此，在不同群体的研究中挖掘到调控同一性状的基因组区域、基因存在差异是可以预见的。

多组学联合解析白羽肉鸡"基因型-表型"复杂关系是优化选育体系的重要基础。产肉量是体重提升的主要表现，是白羽肉鸡选育的核心指标，尤其是胸肌重、胸肌率等性状。自1957—2012年，白羽肉鸡胸肌率由13.5%提高至21.1%，胸肌重由280 g增加至464 g，最新研究表明白羽肉鸡胸肌率已超过25%，胸肌重超过500 g。"广明2号"是我国自主培育的第一批白羽肉鸡，应用基因组选择技术选育3个世代后，体重由不足2 000 g提高至2 400 g，胸肌率由不足20%提高至22.5%，胸肌重由不足400 g提高至520 g（Tan et al., 2022），产肉性状选育进展明显，但其潜在调控机理仍不清楚，深入挖掘胸肌性状关键遗传标记有利于简化选育流程、加快选育进展。针对胸肌重与胸肌率，研究人员联合使用GWAS与选择性清除分析发现GGA5存在影响鸡胸肌性状的关键基因*SOX6*，该基因不仅在"广明2号"群体基因组中存在显著印迹，在其他纯系白羽肉鸡基因组相同位置也发现显著选择印迹；同时，通过转录分析与孟德尔随机化等分析，证实了该基因对胸肌重、胸肌率以及白条纹肉等肌病具有显著因果效应，同时该基因对胸肌性状的调控作用在多个群体中也得到证实；研究发现在*SOX6*基因范围内存在5个高度保守的关键SNPs位点，在转录水平与蛋白水平对基因有显著影响，并且这5个关键位点对胸宽性状具有显著加性效应影响（Tan et al., 2024）。此外，基因过表达与转基因小鼠相关研究表明，*SOX6*基因提高肌细胞的增殖与分化水平，促进快肌纤维发育同时抑制慢肌纤维，并且*SOX6*在快肌纤维与慢肌纤维中影响肌肉发育的作用机制有明显差异；作为转录因子，*SOX6*可靶向结合*MYH*家族基因，提高*MYH1b*表达并抑制*MYH7*的表达。综合现有报道，在基因组变异、转录与翻译、靶基因结合等分子水平各个环节以及成体水平上厘清并证实了*SOX6*对鸡胸肌发育的关键调控作用，并且将*SOX6*关键SNPs应用于基因组选择体系，发现胸肌重预测准确性显著提高24.4%。

4.3.2 持续选育引起的基因组持续改变

现代鸡种定向选育形成了性能显著分化的特色选择系。经过最初的杂交组合与长期选育，最终形成了血缘稳定、性能突出的现代白羽肉鸡品种，在生长速度、饲料报酬等方面均有优异表现，而在肉品质、抗病力等方面表现欠佳。而黄羽肉鸡具有相反的性能表现。为了解开不同鸡种性能差异背后的"秘密"，培育高产优质新品种，基于不同性状建立了双向选择系以研究其表型形成机理。例如，法国农业科学院基于鸡体重、胸肌pH值分别建立了双向选择系，7周龄体重差别达3倍以上，选育5个世代后胸肌pH值差别达到0.42（5.67～6.09）；乌普萨拉大学与弗吉尼亚理工学院暨州立大学自1957年对白洛克鸡进行体重双向选育，选育超过50代后，体重差异分别达到10倍与8倍以上。同样，国内学者也利用不同鸡种建立了特定性状的双向选择系。例如，东北农业大学基于肉鸡的腹脂重进行双向选育已超过20个世代，上选系群体腹脂率达5%以上，而在下选系不足1%；中国农业科学院北京畜牧兽医研究所分别基于鸡肌内脂肪含量（IMF）与血液免疫细胞比例（H/L）进行选育，建立了IMF选择系与对照系以及H/L下选系与对照系，IMF选择系群体的IMF水平达到4%左右，而对照系低于3%，同样H/L下选系免疫细胞比例低于0.3，而对照系约为0.5。短期的人工选择会给动物基因组较大选择压，将不符合标准的个体直接淘汰，从而加速了基因组有益等位基因的频率提升和固定，迫使基因组向符合人们需求的方向"进化"，进而在较短周期内可以建立起性状显著分化的双向选择系，这为解析这些关键性状的遗传机理与育种应用发挥了重要作用，例如，白洛克鸡的体重双向选择系，针对该群体的研究超过150项，研究发现的SNPs及单倍型为白羽肉鸡基因组选择的应用提供了重要参考。除了特定性状的双向选择系，其他特色群体的建立也为解析鸡经济性状作出了重要贡献。例如，中国农业大学基于纯系商业肉鸡×胡须鸡构建的F_2群体建立了超过15代的高代杂交群体，纯系品种基因组中的连锁区块基本均被打断，在探索体重、饲料转化率、胫长、腹脂重等性状相关调控机理方面发挥了重要作用。

定向选育引起鸡遗传背景分离。从长期来看，家鸡经历自然选择与人工驯化后，基因组多样性发生改变，形成了如今各具特色的鸡种；例如，在氧气稀薄、温度较低的青藏高原，形成了耐寒、耐低氧特性的藏鸡，在气候炎热的海南省、中东、非洲等地区，形成了耐热型的文昌鸡及相应地方鸡种，藏鸡与文昌鸡基因组多样性与选择印迹存在明显差别。从短期来看，高强度选育会使动物生产力大幅度提升，同时推动基因组发生"微进化"（Microevolution）；以商业品种白羽肉鸡为例，自1970年以来，家禽产量增长了436%，而产量急剧提高的根本原因有90%归咎于对特定性状的选择，但与此同时，白羽肉鸡遗传多样性降低了50%以上，并且在选育过程中存在一定程度近交（Muir et al.，2008）；东北农业大学建立的白羽肉鸡腹脂性状高、低选择系，经过18个世代选育后，两个品系遗传背景完全分化，基因组杂合度均显著降低，持续选育增加了品系间的遗传分化，而品系内遗传多样性逐渐减小，受到正向选择的SNPs逐世代增加；在更短的时间范围内，国产白羽肉鸡广明2号群体选育3个世代后（4—7世代），

7世代群体基因组变异出现一定分离趋势，基因组连锁水平提高，随着选育世代的增加，与原始群体的遗传分化指数（F_{ST}）逐渐增加（0.013~0.031），核苷酸多态性逐渐降低（1.592×10^{-5}~1.620×10^{-5}），表明基因组受到选择作用后发生了定向改变。在地方鸡中，尽管选择强度较小、选择周期较短，但相关研究也给出类似结论。京星黄鸡经过近20个世代的IMF选育后，与原始群体的整体遗传背景几乎完全分离，尽管两个品系遗传距离较小且存在少量混杂，F_{ST}结果（<0.2）显示两个群体存在较大程度分离，选择系基因组连锁不平衡程度明显提高；同样，基于IMF性状建立北京油鸡选择系与对照系群体，群体结构分离明显，受选择群体核苷酸多样性（2.55×10^{-3}~2.72×10^{-3}）与基因组杂合度（0.26~0.31）降低，近交系数（0.08~0.11）与基因组ROH数量、长度显著增加。此外，除了人工选育会驱动动物基因组发生改变，不同保种方式也会导致基因组多样性的变化。研究表明，针对同一鸡种（白耳黄鸡、北京油鸡、狼山鸡），非原位保种群体遗传多样性明显减少，与原始群体呈现明显分离的群体遗传结构，原位保种与非原位保种的群体遗传分化可能主要来自遗传漂变或者对环境的适应，如北京油鸡。

遗传背景分离下的鸡分子表征变化。人工选育是驱动基因型-表型互作的原始动力，但基因型调控表型的中间机制涉及转录、翻译、代谢等各个调控环节。因此，在选育背景下，动物细胞内分子水平的变化是促使表型改良的直接动力，在分子水平挖掘关键调控因子可加深对鸡表型形成机制的认识。研究表明，白羽肉鸡高、低体重系群体的肌肉发育模式不同，与高体重群体相比，在出生时低体重群体肌肉祖细胞增殖与肌肉分化必需基因（*Pax3*、*MyoD1*等）表达水平较高，但28日龄时，高体重群体的基因表达水平明显提高；在垂体组织，与编码垂体前叶激素、信号转导、囊泡介导转运以及免疫等相关的基因在两个品系间显著差异表达；在盲肠组织，两个品系之间存在大量差异表达非编码RNAs，其中，miR-6623-3p在高、低体重系间差异表达，并且与增重相关细菌——*Alistipes putredinis*显著相关；此外，高体重品系的肌肉肌卫星细胞含量更高，具有更高的活化肌卫星细胞比例，并且其增殖与分化能力更强。在快大型白羽肉鸡腹脂高、低选择系中，脂肪组织RNA甲基化（m6A）修饰水平存在明显差异，研究发现编码区与3′-UTR区域显著富集m6A信号峰，两个选择系存在435个高m6A信号峰与1 069个低m6A信号峰，与低腹脂系相比，高m6A基因（如*SCD*、*MYPN*、*CMC2*）主要与脂肪酸生物合成与代谢相关，而低m6A基因（如*MUC2*、*EEF1A2*、*MYH1C*）主要与发育相关；此外，饲料报酬也存在显著差异，检测到血浆中有124种差异代谢物，其中有44种差异代谢物与饲料报酬性状呈高水平遗传相关（$r_g>0.3$），其中14种代谢物具有中高遗传力（$h^2>0.2$），这些代谢物与炎症和免疫功能相关，可作为提高饲料报酬的潜在标志物。在鸡胸肌pH值选择系群体中，影响pH值的肌肉糖原含量差异显著，同时，两个品系的胸肌基因表达模式、代谢过程发生显著变化，发现1 436个差异表达基因（如

PPP1R3A）以及超过20种代表性差异代谢物，pH下选系群体肌肉中主要通过碳水化合物代谢产生能量，与高水平糖原含量保持一致，而在pH上选系群体中更多的分解代谢通路被激活，氧化应激和分解代谢标志物增加，影响了肌肉发育和完整性。饲料报酬与产肉量是重要的选育目标，在不同饲料报酬效率的群体中，胸肌组织存在1 059个差异表达基因，其中肌肉重塑、炎症反应、自由基清除相关基因在高饲料报酬品系中显著高表达，并且生长激素与IGF2-PI3K-Akt通路功能受到显著影响，一定程度解释了高饲料报酬群体产肉量提高的原因，同时高饲料报酬群体更易发生炎症与氧化应激反应。

多组学联合解析选育引起的表型变化机制。影响性状的因果变异或微效多变异可能对转录本、蛋白、表观修饰、代谢，甚至微生物成分等各方面产生影响，通过各个途径产生效应的累加从而促使表型的改变。本部分将以IMF选育为例进行讲述。京星黄鸡IMF选择系建立于2000年，目前已选育超过20个世代，肌肉IMF水平由不足3%提高到4%以上，同时，选择系遗传背景与对照系已基本完全分离。IMF是附着在肌束膜和肌内膜上的脂肪总称，前期研究主要聚焦在IMF沉积机理，通过IMF与腹脂的比较，发现IMF沉积通过*GAPDH*、*LDHA*、*GPX1*、*GBE1*等基因与丙酮酸和柠檬酸代谢以及碳水化合物代谢相关；与腿肌IMF比较分析，胸肌IMF水平相对较低，并且发现胸肌*PPARG*、*LPL*、*FABP4*等基因显著下调，*RXRA*与*CEBPB*基因表达上调，表明*PPARG*及下游基因在IMF沉积中发挥重要作用；基于选择系动态发育过程，发现转录因子及辅助因子*L3MBTL1*、*TNIP1*、*HAT1*和*BEND6*与促进IMF沉积并抑制腹脂沉积相关，可作为改善体脂分布的分子标记。随着对IMF沉积研究与认识积累到一定程度，研究人员从生化角度剖析IMF成分，发现鸡IMF的主要成分是甘油三酯，选育系群体通过增加胸肌长链脂肪酸含量、抑制超长链脂肪酸含量以提高甘油三酯水平；基于甘油三酯高、低含量进行胸肌组织转录组学分析，发现59个差异表达基因与甘油三酯和类固醇代谢相关，其中脂肪及类固醇生物合成相关基因*ADIPOQ*、*CD36*、*SCD*、*MSMO1*等显著高表达。前期研究为定位调控IMF的关键基因奠定转录水平基础，但缺乏基因组等方面的深入机理。随后，通过大规模GWAS、选择性清除分析，发现影响肌肉甘油三酯含量的关键基因*SLC16A7*，通过从头合成途径促进脂肪沉积；同时，在*FASN*上游鉴定到一个对脂肪酸组成（C14:0与C16:0）有显著影响的因果变异，试验证实该位点对*FASN*表达具有调控作用；同时，该变异在两个品系中频率差异明显，并且在文昌鸡、清远麻鸡、金陵花鸡群体中仍存在这种因果效应。确定因果变异后，研究人员通过同位素示踪的方法，首先证实了肌肉中存在脂肪酸的从头合成过程，并且主要发生在肌细胞内，进一步通过转录分析、基因过表达试验等证实了*FASN*基因与C14:0水平显著相关，通过脂肪酸从头合成途径发挥作用（Cui et al., 2023）。基于多组学研究，形成了因果变异—*FASN*—脂肪酸从头合成—C14:0沉积的完整调控路线，解开了京星黄鸡高IMF的"秘密"。

4.3.3 基因流引起的基因组变化与性状改良

基因流事件广泛发生于鸡基因组多样性形成过程。在鸡驯化历程中，鸡随着人类迁徙到不同地域，受到驯化与环境的影响，逐渐演化形成不同的地方鸡种。但在实际过程中，不同鸡种并非独自演化，种群之间存在普遍的基因流现象。基因流（Gene flow）是指从一个物种的一个种群向另一个种群引入新的遗传物质，从而改变群体"基因库"的组成，也称为基因渐渗，是新遗传变异的重要来源之一，促进新的性状组合的出现。有研究发现了4种原鸡向家鸡基因库渗透的证据，并且家鸡基因组中缺乏灰原鸡、绿原鸡、黑尾原鸡的线粒体DNA，支持了F_1代中雄性介导的基因流事件；同时，灰原鸡与黑尾原鸡属于姐妹群关系，在进化关系中属于同一分支，与红原鸡群体构成姐妹群体，绿原鸡是属水平分类中最古老的谱系（图4-4）（Lawal et al., 2020）；研究发现，灰原鸡与地方鸡之间存在广泛的双向基因流，而与黑尾原鸡的基因流较少；在红原鸡研究中，发现与现代家鸡间的基因流影响了红原鸡种群的祖先多样性。目前为止，由于基因流的发生许多研究支持家鸡多祖先起源假说，同时表明基因流事件对现代家鸡遗传多样性贡献较小，但由于不同原鸡的地理分布和家鸡的扩散途径存在区别，世界各地的家鸡受到基因流的影响不同。除了迁徙外，人类行为加速了基因渗入的发生。在过去的20多年里，国内大量的商业引种对地方鸡基因组纯合性产生了巨大的冲击，研究发现大部分地方鸡基因组都存在商品肉鸡的基因渗入，平均约15%的地方鸡基因组发生基因渗入，发生比例最低的为藏鸡（0.64%），而最高的为胡须鸡（21.52%）；特别是亚洲和欧洲的现代肉鸡品种的基因组主要来自亚洲品种（Guo et al., 2022）。

基因流促进提升鸡的环境适应性。人类活动促进了全球范围内鸡的遗传扩散与交流，从而适应不同的生态环境，典型案例是青藏高原地区鸡对高海拔环境的适应性研究。藏鸡可分为至少4个亚群，这些亚群与它们的地理分布保持一致，通过与低海拔地区地方鸡进行种群结构分析，发现藏鸡与低海拔地区地方鸡存在一定比例混杂，表明存在从低海拔基因库渗入藏鸡基因组的基因流历史；进一步研究证实林甸鸡与景阳鸡向藏鸡的基因流以及藏鸡与红原鸡、其他品种的双向基因流。鸡对热带环境的遗传适应性研究表明，鉴定到从藏鸡到热带地区鸡种（斯里兰卡和沙特阿拉伯地方鸡）基因流信号，证实了中国地方鸡种可能通过丝绸之路被携带至斯里兰卡和沙特阿拉伯的假设。在泰国地方鸡（Mae Hong-Son）研究中，发现了红原鸡到Mae Hong-Son的基因渗入，在过去200~300年的驯化过程中，该品种逐渐适应高原环境，并且在泰国北部地区发挥了重要的社会文化作用。可以看出，不同种群间的双向基因流在鸡长期驯化历程中是普遍发生的，尤其是在地理距离接近、生态环境差异明显的地区，对于鸡适应性进化与生物多样性有重要推动作用。但目前的研究主要聚焦于不同种群间基因流发生的程度与方向以及推断祖先群体等，对于基因流在表型形成或"传播"中的作用认识较少。此外，基因流研究对于动物基因组测序深度要求较高，并且利用不同的研究方法得到的结果可能差异较大，一定程度上限制了相关研究进一步的探索（图4-4）。

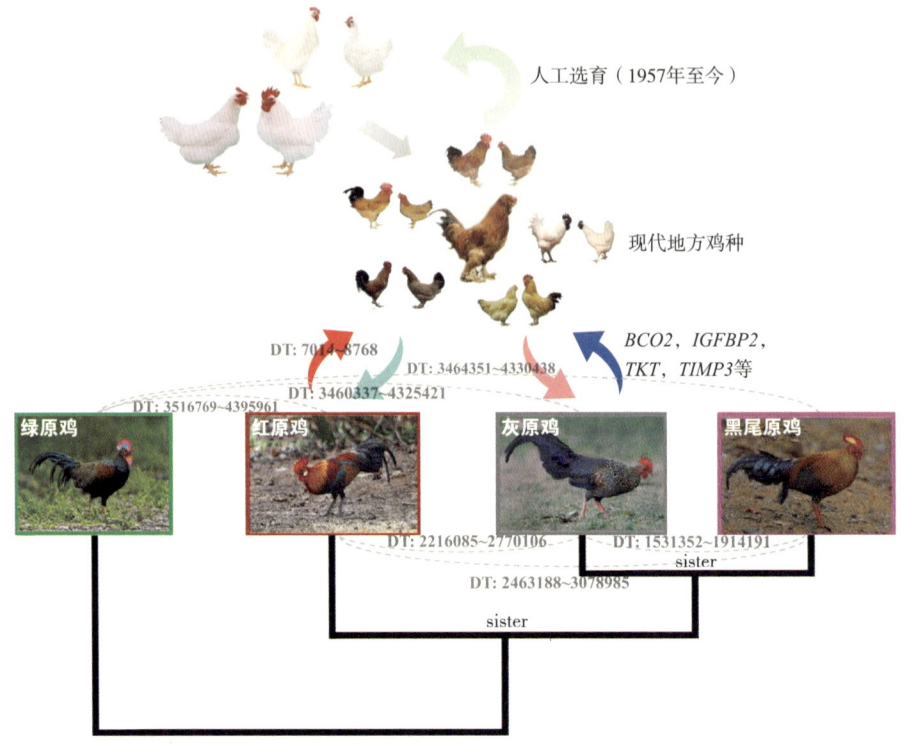

图4-4　不同群体基因流现象

［注：图中箭头表示基因流方向；DT为divergent time，表示两个群体间分化时间。
数据来源于报道（Lawal等，2020）］

基因流促进鸡不同性状"扩散"。绝大部分家鸡的祖先是红原鸡滇南亚种群体，但部分鸡种在形成过程中与其他群体发生杂交，部分影响经济性状的基因水平流向至另一个群体。其中，影响鸡黄皮肤的因果基因 *BCO2* 是基因流事件引起性状"扩散"的典型案例。类胡萝卜素是影响鸡皮肤黄度的主要因素，而在皮肤中类胡萝卜素能够被 *BCO2* 降解，从而形成白色皮肤，当 *BCO2* 基因受到抑制时，引起类胡萝卜素在皮肤中积累，从而形成黄色皮肤性状。研究表明，*BCO2* 基因的一种常见单倍型是从灰原鸡群体而非祖先群体逐渐渗入到家鸡群体中，仅有小部分群体未受到灰原鸡基因的影响，该基因在驯化历程中受到了高强度的选择压力（Eriksson et al., 2008）。*BCO2* 基因功能缺失促进类胡萝卜素的积累，并且这种缺失在其他动物（奶牛、兔子、绵羊等）中普遍存在。后续研究表明，不仅是 *BCO2* 基因，与生长性状相关的 *IGFBP2* 和 *TKT*、与血管生成相关的 *TIMP3* 以及热休克蛋白家族成员 *HSPB2* 和 *CRYAB* 基因也发现了从灰原鸡向地方鸡的基因渗入现象，表明来自灰原鸡的基因流可能影响地方鸡的生长性能。此外，在荷兰地方鸡研究中，发现在现代矮脚鸡种中，基因组中与矮脚性状相关的区域存在明显的基因渗入，其中来自矮脚鸡种的优势单倍型远远超过正常体型群体的单倍型，该鸡种作为现代众多矮脚鸡的矮小表型的供体，同时发现*HMGA2*和*PRDM16*等关键基因（Wu et al.，2021）。尽管研究表明红原鸡是家鸡唯一祖先，但其他鸡种通过基因流的方式仍对现在家鸡表型多样性与生物多样性作出了重要贡献，解密性状起源是加深鸡进化历程认识、推动现代鸡种育种的重要工作。

4.4 基因改变引起营养需求变化

4.4.1 基因营养组与功能基因的概念

营养基因组学（Nutrigenomics）和功能基因（Functional genes）是现代生物学和营养学中的两个重要领域，旨在揭示基因与营养之间的相互作用，以及这些相互作用对健康和疾病的影响。

营养基因组学是一门研究营养物质与基因组相互作用的科学，探索饮食如何通过基因表达和代谢途径影响个体健康。其核心目标是了解不同个体如何通过其独特的基因组响应饮食，以便制定个性化的营养方案。随着基因组测序技术的发展，科学家们能够更全面地研究基因组与环境因素（如饮食）的复杂互动。营养基因组学结合了营养学、基因组学、代谢组学和生物信息学，为预防和治疗疾病提供了新的视角。其研究方法主要包括：基因-营养相互作用研究，研究个体基因改变如何影响其对营养物质的代谢和需求；饮食干预研究，通过控制饮食成分，观察其对基因表达和健康指标的影响；生物标志物发现，识别能够反映营养状态和疾病风险的基因表达模式和代谢产物。

功能基因指的是在特定的生理或生化过程中发挥关键作用的基因。这些基因的表达和功能直接影响生物体的发育、代谢、行为和健康。其中的分类主要包括：结构基因，编码蛋白质的基因，直接参与细胞结构和功能的形成；调控基因，控制其他基因的表达，包括启动子、增强子和沉默子等元素；代谢基因，涉及各种代谢途径的基因，调节体内物质的合成、降解和能量转换；信号转导基因，参与细胞信号传导的基因，影响细胞间的通信和反应。研究的主要方法包括：基因敲除和敲入，通过基因编辑技术（如CRISPR-Cas9）在模型生物中删除或插入特定基因，以研究其功能；转录组分析，利用RNA测序技术（RNA-seq）分析基因表达谱，确定在不同条件下哪些基因被激活或抑制；蛋白质组学，研究基因编码的蛋白质及其在细胞内的功能，通过质谱分析蛋白质的种类、结构和相互作用。

精准营养方案：结合营养基因组学和功能基因研究，制定基于动物个体基因特征的营养方案，以保障健康和预防疾病。例如，研究发现某些基因改变会影响个体对脂肪、糖类和维生素的代谢需求，通过调整日粮成分，可以显著改善这些个体的健康状况。

疾病预防和管理：了解功能基因如何响应营养物质的摄入，可以帮助识别对某些疾病高风险的动物群体，并提出有针对性的预防策略。例如，特定的功能基因改变可能增加对某些营养缺乏症或过量摄入的敏感性，通过基因检测和营养干预，可以有效预防这些问题。

4.4.2 基因改变与营养代谢的互作关系

基因改变和营养代谢的互作关系是生物学和营养学中的一个关键研究领域。它探讨了基因改变如何影响营养物质的代谢过程，以及这些代谢变化如何反过来影响基因的表达和功能。

基因改变：指基因序列的变化，包括点突变、插入、缺失或染色体重排。这些变化可能导致基因功能的改变，从而影响细胞的生理和代谢活动。

营养代谢：指机体摄取、消化、吸收、转化和利用营养物质的过程。这些过程涉及一系列复杂的生化反应，由多种酶和蛋白质调控，而这些酶和蛋白质的活性和功能受基因调控。

基因改变对动物营养代谢的影响是多方面的，揭示了遗传变异如何影响动物体内营养物质的代谢过程，从而影响其健康和生产性能。

（1）碳水化合物代谢的影响。基因变体可以显著影响碳水化合物的代谢。某些基因变体可能导致个体对碳水化合物的代谢速率不同，从而影响血糖和能量代谢。

（2）酶的功能改变。基因改变可能导致编码代谢酶的基因发生改变，从而影响酶的活性。在某些动物如牛和羊中，*LCT*基因的突变会导致乳糖酶活性降低，使得这些动物无法有效消化乳糖，从而影响它们对乳制品的利用效率和健康。

（3）脂肪酸代谢。*FADS1*和*FADS2*基因的变异影响多不饱和脂肪酸（PUFA）的代谢，这些基因变异可能导致某些动物对特定脂肪酸的需求增加，从而影响其生长和健康。

表观遗传调控：营养物质可以通过表观遗传机制影响基因表达。例如，叶酸和其他B族维生素通过提供甲基基团，参与DNA甲基化，从而调控基因的表达。这种调控机制在胚胎发育和疾病预防中发挥重要作用。

代谢产物的调控作用：某些营养物质的代谢产物可以作为信号分子，调控基因表达。例如，短链脂肪酸（SCFAs）是纤维发酵的产物，它们可以通过调控G蛋白偶联受体和抑制组蛋白去乙酰化酶（HDACs）来影响基因表达，进而调节炎症反应和能量代谢。

逆向反馈机制：营养代谢的变化可以通过逆向反馈机制影响基因的表达。例如，高血糖水平可以通过胰岛素信号通路影响一系列代谢基因的表达，从而调节葡萄糖代谢。

4.4.3 基因改变对营养需求的精准调控

随着生物技术的飞速发展，基因编辑技术已经成为现代生物科学研究的重要工具。在动物育种领域，基因改变为精准调控营养需求提供了新的可能性。通过基因编辑技术，我们可以直接修改动物体内的特定基因，从而影响其营养吸收、代谢和利用的效率，实现营养需求的精准调控。基因改变对营养需求的精准调控是营养基因组学的重要研究内容。通过研究基因改变如何影响个体的营养需求，可以制定更加个性化和精准的营养方案，以优化健康和预防疾病。

4.4.3.1 基因改变的类型与营养需求的关系

基因改变主要包括两种类型：自然突变和诱发突变（人工诱变）。

自然突变：是指基因结构在自然条件下发生的改变，包括DNA碱基对的增添、缺失或改变。这些突变可以是点突变（单个碱基对的改变），也可以是插入或删除多个碱基对的突变。

诱发突变（人工诱变）：是指利用物理的、化学的因素来处理生物，使其发生基因突变。这种方法可以在人为控制下加速基因改变的产生，为育种和遗传研究提供更多的可能性。

自然突变与营养需求：一是代谢相关基因的突变。一些与代谢相关的基因突变可能导致生物体对某些营养物质的代谢速率发生变化，进而影响到其对这些营养物质的需求。例如，一些基因变体可能导致个体对碳水化合物的代谢速率不同，从而影响血糖和能量代谢。二是营养物质转运相关基因的突变。这些基因突变可能会影响到生物体对营养物质的吸收和转运，从而影响到其对这些营养物质的需求（李幼生和黎介寿，2004）。例如，维生素D的吸收和利用就与某些基因有关。

诱发突变与营养需求：一是人工诱变可以产生特定的基因突变，这些突变可能会改变生物体对营养物质的需求。通过人工诱变，科学家们可以筛选出对特定营养物质有更高需求或更低需求的生物体，从而为其提供更加精准的营养方案；二是诱发突变还可以被用于研究基因与营养需求之间的复杂关系。通过创建具有特定基因突变的生物体模型，科学家们可以深入探究这些突变如何影响生物体的营养需求和代谢过程。

4.4.3.2 基因改变影响营养代谢的机制

基因改变影响营养代谢的机制是一个复杂且多面的过程，涉及基因与营养物质之间的相互作用。以下是关于基因改变如何影响营养代谢的机制的概述。

（1）基因变体对碳水化合物代谢的影响。基因变体可以显著影响碳水化合物的代谢速率。一些基因变体可能使个体对高淀粉类食物更为敏感，容易出现血糖波动；而另一些变体则可能使个体更有效地从碳水化合物中获取能量。这种影响可能源于编码碳水化合物代谢酶的基因的变化，这些酶在碳水化合物的消化、吸收和利用过程中起着关键作用。

（2）基因与脂肪代谢之间的关联。基因变异可能影响个体对脂肪摄入的反应，从而影响血脂和体重。例如，某些基因的变体可能增加个体在高脂饮食下体重增加的风险，而另一些变体则可能对脂肪的代谢有积极影响。这种关联可能涉及编码脂肪合成、分解和转运等关键酶的基因。这些酶在脂肪的代谢过程中起着决定性作用，因此基因的变化可能导致脂肪代谢的显著差异。

（3）基因改变对营养代谢酶活性的影响。基因改变可能导致编码营养代谢酶的基因发生变化，进而影响这些酶的活性。酶是生物化学反应的催化剂，它们在营养代谢过程中起着至关重要的作用。因此，酶活性的改变可能直接影响营养物质的代谢速率和效率。

（4）基因改变对营养转运体的影响。营养转运体是负责将营养物质从肠道吸收到血液中的蛋白质。基因改变可能影响这些转运体的表达和功能，从而影响营养物质的吸收和利用。

（5）基因改变与营养代谢途径的调控。基因改变可能通过影响营养代谢途径中的关键调节因子来影响整个代谢过程。这些调节因子可能包括激素、转录因子和miRNA等，它们通过调控基因表达和酶活性来影响营养代谢的多个环节。

4.4.3.3 精准营养技术与畜禽育种

精准营养技术的核心在于"精准"，需要综合考虑基因、生活习惯、代谢状态等因素，准确了解个体需求，精确配比营养素，以期达到最佳的健康效果。近几年关于人体的精准营养技术研究多有报道，例如针对妊娠期糖尿病的孕妇制定精准营养治疗方案，按照基础病类型对老年人进行精准的营养干预等。然而，对畜禽而言或许没有必要制定个体化的营养方案，可以研究同一品种内个体间在营养物质种类和需求上的共性，通过对不同畜禽品种间的营养特性进行研究和比较，有针对性地制定出适合该品种的精准营养技术。另外，现代分子生物技术的发展为不同品种建立了独特的身份标识，通过分析品种的遗传物质组成，为每个品种赋予一个独一无二的"分子身份证"，用于品种的鉴定、保护和知识产权管理。新发表的一项研究通过对"豫粉1号"蛋鸡H系进行全基因组重测序，系统探究了"豫粉1号"蛋鸡H系的遗传多样性和群体结构，并构建了"豫粉1号"蛋鸡H系的分子身份证，可用于"豫粉1号"蛋鸡H系的真伪鉴定，但是目前还没有适用于该系的精准营养调控技术（Liu et al.，2024）。除此以外，畜禽专用系列液相芯片的研发从基因组层面为保种、选种工作提供了低成本高通量的基因分型工具，且基于不同品种的基因组测序数据，已经开发了鸡遗传资源分子鉴别系统，实现了品种准确、快捷的鉴别。未来精准营养技术必定要与畜禽育种相结合，通过精准的数据分析以及科学的方法，优化动物的饲料配方和营养摄入，进而提高生产效率，降低资源消耗，同时提升畜禽产品的质量。另外，随着科技的不断进步和创新，畜牧业将更加注重环境保护和动物福利，而精准营养技术无疑将在这一过程中扮演关键角色。

4.5 营养素调控白羽肉鸡生长和健康的表观遗传机制

营养素调控白羽肉鸡生长和健康的表观遗传机制涉及DNA甲基化（DNA methylation）、组蛋白乙酰化（histone acetylation）、母体效应（maternal effects）和非编码RNA干涉（non-coding RNA interference）等（图4-5）。

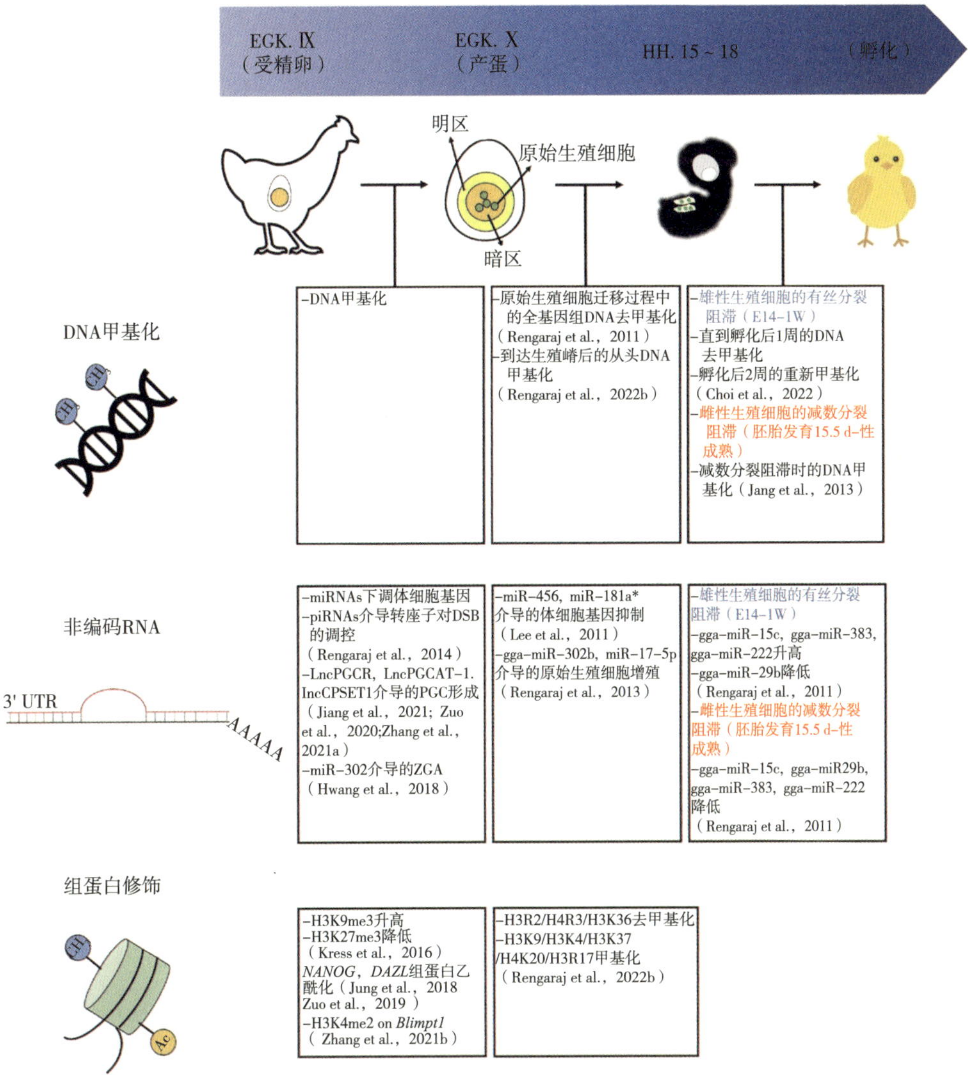

图4-5 鸡生殖细胞表观遗传编程示意图（Woo and Han，2022）

4.5.1 蛋白质（含必需氨基酸）

4.5.1.1 DNA甲基化

DNA甲基化在蛋白质（含必需氨基酸）调控白羽肉鸡生长和健康的研究中主要集中于家禽两大限制性氨基酸（即蛋氨酸和赖氨酸）（宗凯等，2010）。肉鸡肝脏和肌肉等组织中的DNA甲基化状态与肉鸡的生长发育、肉品质、屠宰性能和抗氧化功能具有相关性，并在蛋氨酸和赖氨酸对上述性状的调控过程中发挥作用（图4-6）。

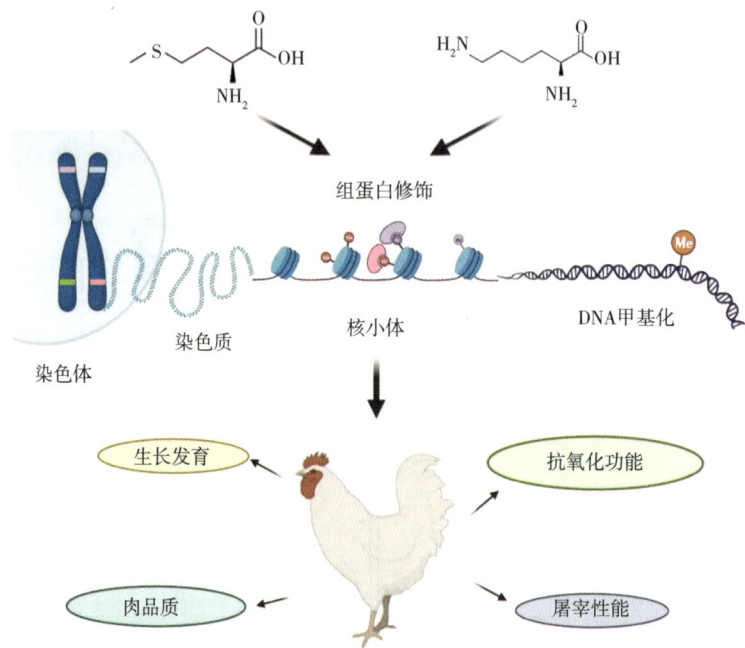

图4-6　蛋氨酸和赖氨酸通过甲基化调控白羽肉鸡生长和健康（根据Ju et al.，2023年修改）

日粮中蛋氨酸和赖氨酸水平与肉鸡的生长发育和DNA甲基化水平相关。日粮中氨基酸水平不仅会影响肉鸡的生长性能，同时也会影响肉鸡组织基因组DNA甲基化的程度。蛋氨酸过量的肉鸡肌肉和肝脏组织中的DNA甲基化含量大于蛋氨酸缺乏的肉鸡。日粮中长期缺乏蛋氨酸会导致肌肉、肝脏组织DNA低甲基化，从而影响肉鸡的生长和屠宰性能。肉鸡肌肉中DNA甲基化含量与肉鸡总活体重、胴体重成显著正相关，与屠宰率、半净膛率和全净膛率呈负相关；肉鸡肝脏中DNA甲基化含量与肉鸡总活体重、半净膛重、全净膛重呈显著正相关，与屠宰率和半净膛率呈负相关（Liu et al.，2019）。

日粮中蛋氨酸水平会影响肉鸡的肉品质，并与肌肉中的基因表达和甲基化有关。饲喂高蛋氨酸水平（0.2%）肉鸡的肌肉滴水损失从饲喂正常蛋氨酸水平（0.1%）的（6.3±0.1）%增加到（10.1±1.0）%，肌肉剪切力从（22.8±1.9）N增加到（26.3±2.3）N。同时，在肌肉生长抑制素基因（Myostatin，MSTN）外显子1区域（核苷酸2 360～

2 540 bp）发现了许多CpG位点。其甲基化状态及其mRNA表达分析显示，在CG富集的肌肉生长抑制素基因外显子区域，日粮低蛋氨酸和高蛋氨酸肉鸡的甲基化率分别为46%和84%。在肉鸡骨骼肌组织中，发现肌肉生长抑制素基因外显子高甲基化状态与基因表达量呈负相关，表明该基因的甲基化在调节肌肉发育的基因表达中发挥重要作用。DNA甲基化通过调节*COL6A1*等基因来影响肌内脂肪沉积，而*CFL2*则能调控鸡骨骼肌卫星细胞增殖并诱导细胞凋亡（图4-7）。

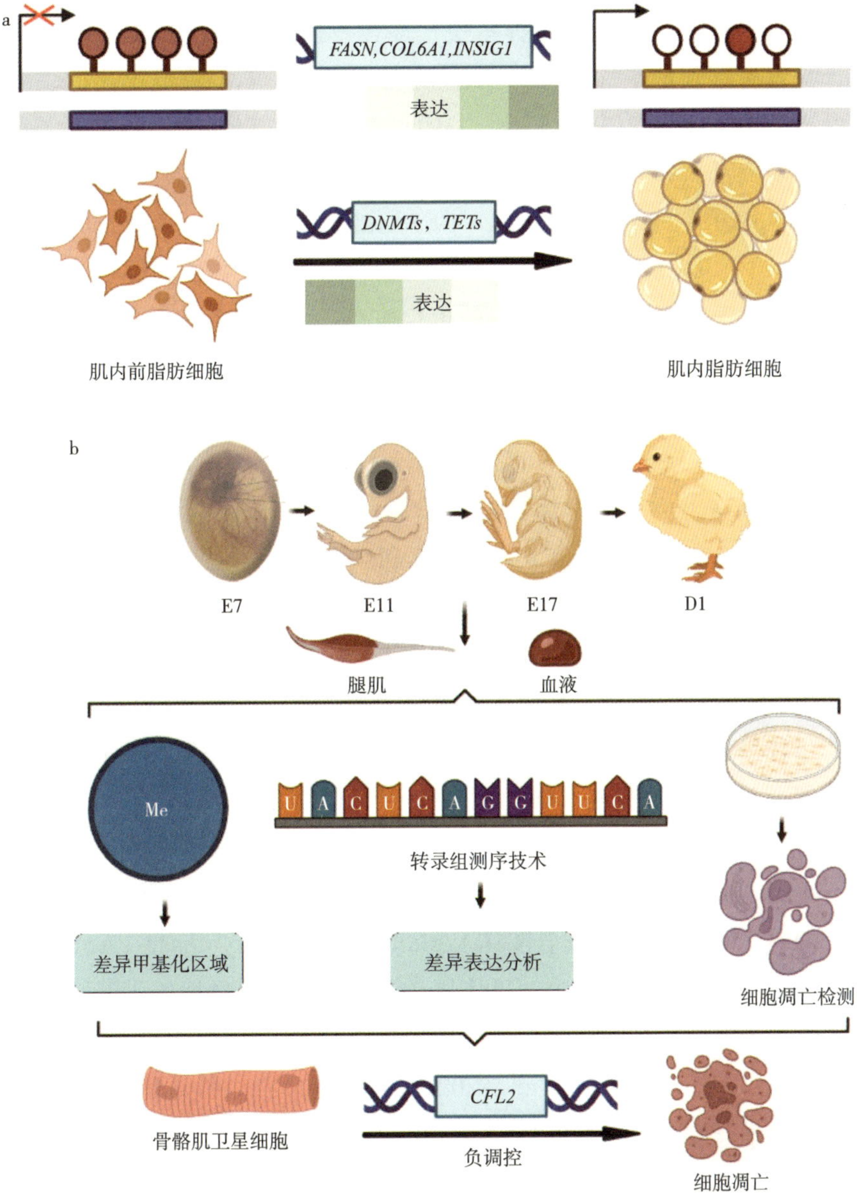

图4-7 肉鸡肌肉和脂肪发育过程中DNA甲基化的机制（Ju et al., 2023）

日粮中蛋氨酸水平可调控肝脏抗氧化酶基因启动子区域的DNA甲基化水平，且与环境温度相关。肉鸡肝脏DNA甲基化水平与谷胱甘肽过氧化物酶和谷胱甘肽合成酶基因表达呈负相关。在适宜温度条件下，饲喂蛋氨酸和蛋氨酸二肽日粮的肉鸡比饲喂蛋氨酸缺乏日粮的肉鸡的DNA甲基化水平更高。在适宜温度和热应激条件下，日粮中缺乏蛋氨酸的肉鸡的DNA甲基化水平均较低（Santana et al.，2021）。

4.5.1.2 母体效应

在后备饲养阶段和产蛋期，母体单位代谢体重摄入的粗蛋白质会影响子代的体重和产肉量，且具有性别依赖性。在3~24周后备饲养期，Ross种母鸡获得较高的蛋白摄入量，会提高商品代雌性肉仔鸡的出栏（39日龄）体重、胸肌率和腿肌率，且会增加腹脂的沉积，而对商品代雄性肉仔鸡的出栏体重和产肉量没有影响；在该阶段饲喂CP含量为7.47~8.50 g/kg$^{0.75}$、ME∶CP为17~19.5 kcal/g CP的日粮，其中饲喂日粮ME∶CP为18.25 kcal/g CP（如CP 7.69 g/kg$^{0.75}$∶ME 141.87 kcal/kg$^{0.75}$）的种母鸡的雌性后代的体重最重，主要表现为提高了雌性后代的生长速率，而对采食量没有影响；在产蛋期，商品代肉鸡产肉量随着肉种母鸡单位代谢体重摄入粗蛋白质的增加而增加，该阶段日粮ME∶CP较后备阶段增加1.07 kcal/g CP最佳（Moraes et al.，2014）。在产蛋期，母体日粮高CP提高雌性子代的腿肌率，而降低雄性子代的腿肌率（Butler et al.，2021）。在生长期和产蛋期降低肉种鸡母体日粮CP含量（25%）有可能通过提高氮吸收效率提高F_0或F_1代子代生长速度和降低FCR，即母体和产前蛋白质营养不足会促使母鸡将更多的能量转移到维持生长和基础代谢上，而显著影响母体和雌性子代的产蛋性能（如初产日龄、产蛋率和蛋重等），会显著影响F_0或F_1代子代的行为（如减少饮水时间等），并对羽毛状况产生积极跨代影响，从而可能改变福利状况（Lesuisse et al.，2018）。

产蛋期母体补充L-精氨酸，有助于提高蛋重，对子代胚胎发育有显著影响，可以重塑胚胎的氮代谢程序，有利于胚胎蛋白质合成和健康状态。在产蛋高峰期，Arbor Acres种母鸡日粮中添加L-精氨酸通过显著提高胚胎肝脏和肌肉中氨基甲酰磷酸合酶Ⅰ（Carbamoyl phosphate synthaseⅠ，CPS1）、鸟氨酸转氨甲酰酶（Ornithine transcarbamylase，OTC）和精氨琥珀酸合酶（Argininosuccinate synthase，ASS）的mRNA表达，血浆总蛋白浓度显著增加，重塑机体氮代谢模式，提高胚胎的骨骼肌比重和肝脏比重，提高出雏重；提高了胚胎血浆中免疫球蛋白G（IgG）、免疫球蛋白M（IgM）和一氧化氮合酶（NOS）的水平（Li et al.，2021）。母鸡日粮中精氨酸含量为1.55%，有利于胚胎期子代的蛋白质合成和免疫力，建议用于获得健康的子代。

4.5.2 能量

母体能量影响子代胚胎期体质和出雏后生长速率，不同时期母体能量对子代体重增长和骨骼肌生长的影响具有性别依赖性。提高产蛋高峰期肉种鸡饲粮中的能量可线性降低孵化前3 d胚胎的死亡率，但导致出雏重降低，而商品代肉鸡的生长率和采食量呈线性增加、饲料转化率呈线性下降，导致子代出栏体重反而增加（Heijmans et al.，2022）。产蛋后期母体高能量会导致孵化前期胚胎的死亡率提高。母体能量和蛋白对子代胚胎的畸形率和异位生长没有影响。后备肉种鸡饲粮中的能量偏高会导致后代的腹脂沉积增加，而产蛋期肉种鸡摄入高能饲料对后代的腹脂沉积没有影响。后备饲养阶段母体能量影响雌性子代体重增长和胸肌率，产蛋期母体能量则是影响雄性子代体重增长和胸肌率（Moraes et al.，2014）。在产蛋期单纯改变母体能量摄入，会影响子代的饲料转化率，而母体摄入高能ME∶CP平衡日粮，对子代的饲料转化率没有影响（Lesuisse et al.，2018）。

4.5.3 脂类（含油脂、磷脂、必需脂肪酸）

4.5.3.1 组蛋白乙酰化

丁酸盐被称为组蛋白脱乙酰酶抑制剂，可在体外诱导组蛋白过度乙酰化，并在基因表达和细胞功能的表观遗传调控中发挥主导作用。育雏期ROSS肉鸡连续口服丁酸盐或含丁酸盐的日粮会导致肝核心组蛋白H2A的高度乙酰化，且无剂量依赖效应，但对组蛋白H2B乙酰化状态无影响；会诱导H3的过度乙酰化，并增加H4的乙酰化率，上述变化没有导致肝微粒体药物代谢细胞色素的P450（CYP）酶（CYP2H、CYP3A37）活性的改变，但导致十二指肠上皮中CYP1A和CYP2H2活性增加（Mátis et al.，2013）。

在胚胎期与生长较慢的黄羽肉鸡品种相比，生长快速的白羽肉鸡品种表现出较高的血糖水平，其肝脏磷酸烯醇丙酮酸羧化酶（PEPCK）启动子区域表现出较低的CpG甲基化、组蛋白H3水平，较高的组蛋白H3乙酰化水平（Guo et al.，2013）。

在肉种鸡饲粮中添加异黄酮可通过MYST2诱导PPARD启动子区域的H4K12乙酰化，促进鸡肝脏中脂肪酸β-氧化、酰基辅酶a代谢过程、脂质转运和胆固醇代谢，从而改变子代雏鸡脂肪酸代谢和生长性能（Lv et al.，2019）。

4.5.3.2 母体效应

母体n-6 PUFA的过度摄入，会对子代产生负面影响。母体饲喂0.5%的共轭亚油酸（CLA，n-6）8周，会提高破蛋率，降低受精率和蛋孵化率，CLA的富集降低了卵黄囊中多不饱和脂肪酸和单不饱和脂肪酸含量，提高了卵黄囊中饱和脂肪酸含量。在发育中的鸡胚长度和刚孵出的雏鸡长度都显著降低，血清甘油三酯浓度随母体添加CLA而降低，并伴有皮下脂肪组织沉积的减少。此外，母体添加CLA通过降低甾醇调节元件结合蛋白-1c（SREBP-1c）、脂肪酸合成酶和乙酰辅酶a羧化酶的mRNA表达，以及增加5-单磷酸腺苷活化蛋白激酶α（AMPKα）、过氧化物酶体增殖体活化受体α（PPARα）、肝脏脂肪酸结合蛋白、脂肪甘油三酯脂肪酶和肉毒碱棕榈酰基转移酶在鸡胚肝中的含量。鸡胚肝脏中SREBP-1c蛋白表达降低，P-ampk α和PPARα蛋白表达升高，说明母体过量摄入CLA可能影响子代的胚胎发育和脂肪沉积（Fu et al.，2020）。

母体脂肪酸摄入的类型通过改变蛋内脂肪酸的组成来影响子代组织中的脂肪酸沉积和器官的早期发育。母体饲喂鱼油（n-3 PUFA富集）导致产蛋率和蛋黄重量减少，蛋内n-3 PUFA含量比饲喂葵花籽油（n-3 PUFA缺乏）的高3.2%，但是孵化率和出雏重降低；孵化后体重持续下降，但早期肝脏、脾脏和法氏囊等器官中仍能保持较高水平的n-3 PUFA（Cherian，2022）。鸡胚胎在孵育的最后一周在大脑中优先积累DHA和花生四烯酸，胚胎脑中DHA的含量与母体摄入的n-3 PUFA含量呈正相关，鱼油组最高，说明母体摄入n-3 PUFA有利于子代大脑的发育。母鸡饲粮中添加2.3%的鱼油（饲喂28 d），可以提高子代在胚胎发育期骨矿物质含量、骨组织体积和骨表面积，降低了总孔隙率；提高出栏增重和采食量，并且通过降低子代骨髓中脂质合成基因表达，抑制骨髓间质干细胞向脂肪细胞分化，从而增加骨骼强度，骨骼健康得到改善（Tompkins et al.，2022）。

母体饮食中适当的n-3 PUFA水平以及n-6/n-3 PUFA的比例，以优化子代免疫反应、抗病能力和恢复能力。在母体饮食中加入鱼油（富含EPA和DHA），在出雏早期子代血液中的EPA衍生物LTB5显著增加，增加了子代对早期生活压力源的炎症反应的抵抗能力，提高子代脾脏中EPA和DHA含量，且对BSA诱导翅膀肿胀反应有抑制作用（Hall et al.，2007）。母体n-3脂肪酸对蛋重、雏鸡重和子代孵化后生长均有显著影响，但存在种鸡品系、年龄差异；亚油酸（家禽必需脂肪酸）可以促进鸡蛋脂质沉积所需的脂蛋白合成，从而增加鸡蛋和蛋黄的重量，而添加鱼油却会导致饮食摄入和鸡蛋中沉积的亚油酸含量减少，故寻找母体日粮中n-6/n-3 PUFA合适的比例，是未来的研究方向。

母体补充短链脂肪酸（包括丁酸、丙酸等）可以有效维持子代肠道健康、增强免疫力。在Rose 308种母鸡日粮中添加1 000 mg/kg的丁酸钠，提高了种母鸡的产蛋性能、蛋品质和孵化率，还能提高子代血清IgA和IgG水平、降低IL-1b和IL-4的含量，增强其血清免疫功能和抗氧化能力，子代空肠隐窝深度降低，绒毛高度增加，改善了肠道功能（Xiao，2023）。母体补充植物甾醇酯，会显著增加鸡蛋和母鸡血清中的胆汁酸沉积，提高雌性和雄性后代的体重，可能通过胆汁酸受体的激活促进肌生成决定因子myogenin和myoD的表达，提高肌肉纤维密度，促进子代的肌肉发育（Wang et al.，2002）。

4.5.4 维生素

4.5.4.1 DNA甲基化

DNA甲基化在维生素调控白羽肉鸡生长和健康的研究中主要集中于胚胎时期。胚胎时期是表观遗传重编程的关键时期，因此在家禽表观遗传学研究领域对于阐明鸟类胚胎发育过程中DNA甲基化变异的趋势，特别是由于鸟类和哺乳动物胚胎发生的差异，具有重要意义。肉鸡胚胎发育过程中DNA甲基化可分为3个阶段：2~4胚龄（上升期）、4~13胚龄（平台期）和13~19胚龄（上升期）。因此0胚龄、11胚龄、15胚龄被选为有效营养干预的潜在注射时间（Zhu et al., 2020）。

维生素C作为相关酶的辅助因子参与活性DNA去甲基化、组蛋白去甲基化等表观基因组调控。在11胚龄、15胚龄注射维生素C，能提高Arbor Acres肉鸡孵化率、生产性能（ADFI、ADG和FCR）和免疫功能，并在一定程度上提高肉鸡的抗氧化能力（Zhu et al., 2020）。胚胎期注射维生素C促进出雏后肉鸡（Arbor Acres）脾脏的DNA甲基化相关酶（DNMT1和DNMT3A）的表达，降低DNA去甲基化相关酶（TET2、TET3、Gadd45β、MBD4和TDG）的表达；同时，降低脾脏促炎因子IL-6、TNF-α等表达。

叶酸作为甲基供体，可以影响DNA甲基化相关酶DNMT1的表达，其对基因表达具有性别依赖性。叶酸处理的鸡原代肝细胞的表达谱显示，叶酸通过调节DNA甲基化、脂质代谢和自噬途径相关基因的转录和蛋白水平，以性别依赖的方式抑制脂质沉积（Surai and Sparks, 2001）。

4.5.4.2 非编码RNA干扰

维生素能够通过非编码RNA来调控肉鸡的脂肪沉积。给1日龄Arbor Acres（AA）肉鸡饲喂不同浓度的维生素E（0 IU、20 IU、50 IU、75 IU和100 IU）。通过检测鸡脂肪中miRNA表达发现，使用50 IU维生素E饲喂后，29种miRNA的表达发生变化，并且其中10个靶基因（*miR-9-5p*、*miR-34b-5p*、*miR-122-5p*和*miR-124a-3p*等）富集于紧密连接、囊泡运输等通路。这些途径均与肉鸡的脂肪沉积有关，因此，维生素可能通过调控miRNA的表达抑制脂肪沉积，促进肉鸡的健康生长（Surai and Sparks, 2001）。

4.5.4.3 母体效应

在后备饲养阶段和产蛋期，母体日粮中是否摄入足量的维生素，不仅能够影响子代生长性能、肠道发育、胸肌发育、免疫力及抗氧化能力，还会影响子代的产蛋率和孵化率。母体日粮中维生素的来源可分为外源添加和原料提供。与小麦型日粮相比，母体摄入玉米型日粮可提高子代的抗氧化性能（Surai and Sparks, 2001）。从15周开始，给Hubbard种母鸡饲喂维生素B_1，可有效提高子代的饲料转化率和体重。在21周的Ross708种母鸡日粮中添加5 000 IU的维生素D_3,可有效促进子代肉鸡胸大肌的生长(Avila et al.,2022),促进十二指肠的发育和免疫力(Leiva et al.,2022);在25~66周的Ross308肉鸡母体日粮中添加2 000~4 000 IU的维生素D_3,其子代表现出较好的出栏重和骨骼发育,软骨发育不良情况减少,但250 IU的母体日粮摄入则没有以上效果(Driver et al.,2006);25-羟基维生素D_3可发挥部分替代维生素D_3的作用(Leiva et al.,2022),母体日粮中包含25-羟基维生素D_3增加了孵化率和子代雏鸡对大肠杆菌的先天免疫力(Saunders et al.,2015)。在25周Cobb肉鸡日粮中添加40~200 mg/kg的维生素E,其子代血液、肝脏和脑组织中维生素E沉积呈线性增加,200 mg/kg组子代抗氧化能力提高(Surai,2000);在Ross308的母体日粮中添加100~400 mg/kg维生素E,可延长其种蛋的储存时间,使其保持与新鲜种蛋拥有相同的生长性能和抗氧化状态,但其对新鲜种蛋没有积极影响(Yang et al.,2021);母体日粮中包含200 mg/kg或400 mg/kg的维生素E可以通过降低早期胚胎死亡率和提高蛋黄、胚胎和新孵化雏鸡的抗氧化状态来提高孵化率(Surai et al.,2003)。在母体日粮中补充维生素类似物(如25-羟基维生素D_3)或合成原料(如类胡萝卜素)也可出现同样的有益效果。

肉鸡在母体饲料中摄入足够的维生素A、维生素D和维生素E,其对子代的免疫保护可维持至7日龄左右,但母体维生素水平引起的性能差异可以通过子代日粮补充来消除(Avila et al.,2022)。因此,在生产中应同时考虑这两种因素,以达到子代肉鸡的最优生产性能和肉质状态。

4.5.5 矿物元素

4.5.5.1 DNA甲基化

DNA甲基化在矿物质调控白羽肉鸡生长和健康的研究中主要集中于胚胎时期和母体效应。锌是DNA甲基转移酶、甲基结合蛋白和去乙酰化酶的结构和功能所必需的。锌缺乏导致的胚胎发育中断与表观遗传缺陷有关,如DNA和组蛋白甲基化水平降低,这些缺陷可以通过膳食甲基供体补充来恢复。锌作为一种抗氧化剂补充剂可以保护细胞免受各种环境刺激的氧化损伤,包括热应激。母体饲粮中添加锌可通过增加胚胎肝脏中金属硫蛋白4(Metallothionein Ⅳ,MT4)mRNA和蛋白的表达,有效消除母体热应激导致的胚胎死亡,增强抗氧化能力。MT4 mRNA表达的增加与DNA甲基化减少有关,而与锌源无关。锌作为表观遗传修饰物,可以通过提高表观遗传激活的抗氧化能力,保护鸡胚发育免受母体热应激的影响。在胚胎时期,向蛋黄中注射Zn可以促进胚胎发育,通过表观遗传和抗氧化机制促进缺锌母鸡鸡蛋的胚胎发育,且有机锌在促进肝脏MT4启动子DNA甲基化方面比无机锌更有效(Sun et al.,2018)。

母体饲粮中添加有机锰可有效消除母体热应激对胚胎发育的不利影响。无论锰来源如何，母体饲粮中锰的补充都可能通过降低DNA甲基化来上调心脏MnSOD mRNA表达，表明母体饲粮中添加锰可以通过增强表观遗传激活的抗氧化和抗凋亡能力来保护鸡胚免受母体热应激的影响。

4.5.5.2 组蛋白乙酰化

母体补充不同来源的锌可有效降低母体高热引起的胚胎死亡率，通过金属硫蛋白Ⅳ（MT4）启动子的组蛋白3赖氨酸9（H3K9）乙酰化，增加胚胎肝脏中金属硫蛋白Ⅳ的mRNA和蛋白表达来增强抗氧化能力。上述作用，蛋内注射有机锌（赖氨酸螯合物）的效果强于无机锌（硫酸锌）。

4.5.5.3 非编码RNA干扰

微量元素是指在机体内含量较低的元素，包括铁、铜、锰、锌、钴等，虽然其含量微小，但具有强大的生物学作用，它们参与酶、激素、维生素和核酸的代谢过程。

铬是一种过渡金属元素，该元素的补充可以提高肉鸡生长发育速度，促进脂肪代谢。给1日龄Arbor Acres（AA）肉鸡提供不同水平的铬元素（0 mg/kg、0.4 mg/kg、2 mg/kg和10 mg/kg），发现铬提高了肉鸡的平均日采食量，降低了血糖水平和血清甘油三酯水平。通过检测肉鸡骨骼肌中miRNA的表达发现，57个miRNA表达有显著变化，其中确定let-7b、miR-103、miR-140、miR-181a、miR-206和miR-30d表达升高，miR-301b-3p和miR-1表达降低与铬的调节相关。铬可能通过调控miRNA的表达从而影响骨骼肌的增殖和分化，进一步影响肉鸡的生长发育。

硒是饮食中一种重要的营养元素，硒的缺乏会引起机体的多种免疫损伤。在饲养1日龄肉鸡时，如果硒缺乏，鸡群会表现出明显的炎症症状，具体表现为肝脏中抗氧化活性的抗炎系统成分（PPAR-g/HO-1）的mRNA和蛋白质表达水平处于抑制状态。在该过程中，肝脏miR-196-5p的表达起到重要作用，硒缺乏可能引起miR-196-5p-NFkBIA轴、氧化应激和炎症导致呼吸道黏膜免疫功能障碍（Qin et al.，2020）。另外，硒缺乏造成肝脏中miR-193b-3p过表达，进而提高*IFNγ*、*STAT1*、*IRF1*、*Bak*、*Bax*、*Cyt-c*、*Caspase9*和*Caspase3*水平，抑制了MAML1和Bcl2水平，增加了凋亡相关基因表达，导致肉鸡肝脏损伤。因此，硒的补充对于肉鸡肝脏功能具有重要意义。

4.5.5.4 母体效应

母体矿物质通过调控蛋内和子代器官中矿物质的沉积，影响子代器官发育、代谢模式和抗应激能力，决定了子代整个胚胎和产后早期发育过程乃至成年期器官抗氧化系统的效率。

与无机矿物质相比，母体补充碳-氨基-磷螯合有机矿物质，并降低矿物质含量（Cu28%、Fe10%、Mn58%、Zn54%），能提高Cobb肉种鸡的产蛋量和蛋壳质量，提高子代出栏日增重和饲料转化率；同样，补充较低水平的蛋氨酸羟基螯合有机矿物质能更加提高种鸡的产蛋量和蛋壳质量，减少种鸡空肠炎症，同时保持胫骨发育，并且还将这些益处传给后代，使得子代具有更好的生长性能、更少的空肠炎症以及更好的先天免疫反应和肠道屏障功能（Araújo et al., 2019）。

母体补锌通过增加蛋白质合成和抑制蛋白质降解来增强子代的骨骼肌发育。母体补充无机锌（$ZnSO_4$）或有机锌，可以增加蛋黄中锌沉积，但不影响子代出栏体重。母体补充无机锌的子代的蛋白质代谢模式发生重塑，表现为胸肌mTOR和FOXO的磷酸化水平提高，蛋白质合成增加而蛋白质降解减少，使得子代第2周和第5周胸肌产量和肌纤维面积增加。母体（AA）饮食中补充锌（无机锌或有机锌）可有效降低母体热应激引起的胚胎死亡率，并通过减少胚胎肝脏中金属硫蛋白Ⅳ启动子的DNA甲基化和增加组蛋白3赖氨酸9乙酰化水平，增加胚胎肝脏中金属硫蛋白Ⅳ的mRNA和蛋白表达，增强胚胎的肝脏抗氧化能力，从而部分逆转热应激导致的孵化率、雏鸡孵化重量和胚胎存活率的降低，并减轻母体热应激对子代出栏体重的负面影响。母体补充有机锌可提高孵化率和子代腿肌产量和品质（Sun et al., 2018）。

母体补充锰（120 mg Mn/kg），通过降低子代胚胎心脏中miR-1551和miR-34c的表达，激活与抗凋亡能力相关的靶标基因的表达和下游依赖NF-κB通路，如B细胞CLL/淋巴瘤2（BCL2）和NF-κB诱导激酶（NIK），增强胚胎心脏的抗凋亡能力来保护鸡胚免受母体热应激。

母体（Ross）补充有机硒（硒代蛋氨酸，0.5 mg/kg）或无机硒（亚硒酸钠, 0.5 mg/kg）都能增加蛋黄和蛋白中的硒沉积，并通过改善mTOR和FOXO的磷酸化水平，促进骨骼肌的蛋白质合成，提升雄性子代的胸肌产量，而上述作用在母体补充有机硒（0.5 mg/kg）或无机硒（0.5 mg/kg）时无差异（Pappas et al., 2006）。母体补充不同来源硒均可以提高鸡胚肝脏的抗氧化应激能力，母体补充有机硒可以提高子代组织器官中（如肝脏、大脑）的硒的沉积和DHA浓度，可以改善器官功能；可以提高出雏早期肝脏谷胱甘肽浓度，从而显著提高肝脏中硒依赖性谷胱甘肽过氧化物酶（Se-GSH-Px）活性，降低肝脏对过氧化的敏感性，从而可能改善组织器官的抗应激功能。

4.6 不同品种营养需求差异

4.6.1 白羽肉鸡和黄羽肉鸡能量需求的差异

能量是家禽进行各种生理活动的基础，不仅关系到生理功能和生长发育，还直接影响到饲料转化率和经济效益。合理配制饲料中的能量水平，对提高家禽生产性能和保障其健康具有重要意义。家禽饲料的能量来源主要包括碳水化合物、脂肪和蛋白质等成分。碳水化合物主要来自玉米、小麦和大麦等含有丰富淀粉的谷物。这些谷物不仅提供能量，还对消化系统的健康有积极影响。淀粉的消化和吸收过程能够有效释放能量，为家禽的日常活动和生长提供支持。脂肪则来源于大豆、菜籽等植物油以及鱼油、禽油等动物油脂。脂肪是能量密度最高的营养成分，每克脂肪提供的能量是碳水化合物的2倍多，因此在饲料中适量添加脂肪可以显著提高能量水平。此外，脂肪中含有的必需脂肪酸对家禽的生长和免疫功能也至关重要。高能量蛋白源如大豆粕、鱼粉和肉骨粉等，虽然主要提供氨基酸，但在蛋白质摄入过量时也可被转化为能量。这些蛋白源不仅帮助家禽满足其生长所需的氨基酸，还在能量不足时提供额外的能量支持。此外，能量增强剂如麦芽糖和葡萄糖等作为饲料添加剂，可以提高饲料的能量密度。它们能够迅速被消化吸收，提供快速的能量供给，特别是在家禽处于高产或应激状态时，能有效改善其能量供应。我国的肉鸡产品主要包括黄羽肉鸡和白羽肉鸡。白羽肉鸡以白色羽毛为主，通常是从国外引进或我国自主培育的"快大白鸡"。其出栏时间短、生产效率高，一只白羽肉雏鸡在42 d内可长到约3 kg。相比之下，黄羽肉鸡的羽色多样，包括黄羽、麻羽等，且大多源于国内，也被称为"三黄鸡"或"优质肉鸡"。在生长性能上，黄羽肉鸡的生长速度相对较慢，出栏时间通常超过100 d，体重仅为1.5～2.0 kg。尽管生产效率略低于白羽肉鸡，但黄羽肉鸡在肉质感官质量（如色泽、风味、口感等）和抗病能力方面更具优势。白羽肉鸡和黄羽肉鸡在体型、采食量、生长速度、饲养周期及能量需求上存在显著差异。根据农业部2004年发布的《鸡饲养标准》（NY/T 33—2004）和美国NRC肉鸡饲养标准（1994），可分析不同阶段的能量需求。白羽肉鸡和快速型黄羽肉鸡的饲养阶段分别为：白羽肉鸡1～21日龄、22～42日龄、43日龄及以上；中速型黄羽肉鸡三阶段饲养时间是1～30日龄、31～60日龄、60日龄以上；慢速型黄羽肉鸡四阶段饲养时间是1～30日龄、31～60日龄、61～90日龄、90日龄以上。白羽肉鸡、快速型黄羽肉鸡、中速型黄羽肉鸡和慢速型黄羽肉鸡各阶段能量需求具体参数如表4-2所示。总体来看，白羽肉鸡和快速型黄羽肉鸡的能量需求相近，但白羽肉鸡的能量需求普遍高于中速型和慢速型黄羽肉鸡。这些分析为不同品种肉鸡的能量需求提供了重要参考。

表4-2　白羽肉鸡及快速型、中速型、慢速型黄羽肉鸡饲料能量、蛋白质和氨基酸需要量

项目	白羽肉鸡（日龄）			快速型黄羽肉鸡（日龄）			中速型黄羽肉鸡（日龄）			慢速型黄羽肉鸡（日龄）			
	1～21	22～42	≥43	1～21	22～42	≥43	1～30	31～60	≥60	1～30	31～60	61～90	≥90
代谢能（MJ/kg）	12.54	12.96	13.17	12.38	12.81	13.20	12.38	12.60	12.82	12.38	12.60	12.60	12.82
粗蛋白质（MJ/kg）	21.5	20.0	18.0	21.5	19.5	18.0	21.0	17.5	16.0	21.0	14.42	12.36	11.75
蛋白能量比（g/M）	17.14	15.43	13.67	17.37	15.22	13.64	16.96	13.89	12.48	16.96	13.89	11.90	11.31

（续表）

项目	白羽肉鸡（日龄）			快速型黄羽肉鸡（日龄）			中速型黄羽肉鸡（日龄）			慢速型黄羽肉鸡（日龄）			
	1~21	22~42	≥43	1~21	22~42	≥43	1~30	31~60	≥60	1~30	31~60	61~90	≥90
赖氨酸能量比(g/M)	0.92	0.77	0.67	1.04	0.89	0.72	0.74	0.63	0.52	0.86	0.73	0.64	0.61
赖氨酸（%）	1.15	1.00	0.87	1.29	1.15	0.96	1.1	0.97	0.83	1.07	0.93	0.81	0.78
蛋氨酸（%）	0.50	0.40	0.34	0.52	0.48	0.40	0.44	0.41	0.35	0.43	0.39	0.34	0.33
蛋氨酸+胱氨酸（%）	0.91	0.76	0.65	0.93	0.85	0.71	0.79	0.72	0.61	0.77	0.69	0.60	0.58
苏氨酸（%）	0.81	0.72	0.68	0.86	0.81	0.67	0.74	0.68	0.58	0.72	0.65	0.57	0.55
色氨酸（%）	0.21	0.18	0.17	0.21	0.20	0.16	0.18	0.15	0.14	0.17	0.16	0.14	0.13
精氨酸（%）	1.20	1.12	1.01	1.35	1.24	1.04	1.16	1.05	0.90	1.12	1.00	0.87	0.84
亮氨酸（%）	1.26	1.05	0.94	1.41	1.25	1.05	1.20	1.06	0.90	1.17	1.01	0.88	0.85
异亮氨酸（%）	0.81	0.75	0.63	0.86	0.79	0.66	0.74	0.67	0.57	0.72	0.64	0.56	0.54
苯丙氨酸（%）	0.71	0.66	0.58	0.77	0.69	0.58	0.66	0.58	0.50	0.64	0.56	0.49	0.47
苯丙氨酸+酪氨酸（%）	1.27	1.15	1.00	1.35	1.21	1.01	1.16	1.02	0.87	1.12	0.98	0.85	0.82
组氨酸（%）	0.35	0.32	0.27	0.45	0.40	0.34	0.39	0.34	0.29	0.37	0.33	0.28	0.27
脯氨酸（%）	0.58	0.54	0.47	2.37	2.12	1.77	2.02	1.78	1.53	1.97	1.71	1.49	1.44
缬氨酸（%）	0.85	0.74	0.64	0.99	0.92	0.77	0.85	0.78	0.66	0.82	0.74	0.65	0.62
甘氨酸+丝氨酸（%）	1.24	1.10	0.96	3.16	2.82	2.35	2.70	2.38	2.03	2.62	2.28	1.98	1.91

4.6.2 白羽肉鸡和黄羽肉鸡蛋白质和氨基酸需求的差异

足够的粗蛋白质水平是促进家禽生长的关键因素，能有效提升体重和生长速度。蛋白质是肌肉和其他组织的主要成分，其含量直接影响饲料转化效率，较高的粗蛋白质水平通常能提高饲料利用率，从而降低养殖成本、提升经济效益。此外，适当的蛋白质供应对免疫力至关重要，缺乏蛋白质会导致免疫系统功能下降和肠道健康受损。幼年家禽蛋白质不足可引发生长停滞，而成年家禽则可能因代谢缓慢而显著减轻体重。在肉质和蛋品质方面，合适的蛋白质含量可以提高肉鸡的嫩度和风味，以及蛋鸡的蛋黄颜色和蛋白质含量。同时，粗蛋白质水平也影响蛋鸡的繁殖性能，适宜的蛋白质供应能提高产蛋率和蛋壳强度。氨基酸作为蛋白质的基本组成单位，对肉鸡的营养需求至关重要。肉鸡在快速生长阶段对氨基酸的需求每日变化，并受遗传、性别、环境和饲养方式的影响。研究显示，按照各国营养标准分阶段供给氨基酸可能导致营养过剩或不足，进而引发氨基酸浪费和氮排放增加，不利于健康和肉质。因此，构建一个综合考虑品种、性别、饲养模式及环境的动态氨基酸需求模型，有助于准确估计肉鸡在不同状态下的营养需求，制定最优营养方案，提高饲养水平和经济效益。这对于白羽肉鸡和黄羽肉鸡在蛋白质和氨基酸需求上的差异具有重要意义。白羽肉鸡和黄羽肉鸡在遗传特征上存在差异，这导致它们的生长速度、身体组成及羽毛与胴体的比例不同，从而影响氨基酸的需求量。具体而言，白羽肉鸡、快速型黄羽肉鸡、中速型黄羽肉鸡和慢速型黄羽肉鸡在各阶段的蛋白质和氨基酸需求各有不同，如表4-2所示。白羽肉鸡与快速型黄羽肉鸡对赖氨酸、蛋氨酸、苏氨酸等氨基酸的需求相近，但白羽肉鸡的需求量普遍高于中速型和慢速型黄羽肉鸡。白羽肉鸡对组氨酸的需求分别为0.35%、0.32%和0.27%，低于快速型黄羽肉鸡，但接近中速和慢速型黄羽肉鸡。其对脯氨酸和甘氨酸+丝氨酸的需求也低于其他类型。在缬氨酸方面，白羽肉鸡的需求为0.85%、0.74%和0.64%；快速型黄羽肉鸡则为0.99%、0.92%和0.77%；中速型为0.85%、0.78%和0.66%；慢速型为0.82%、0.74%、0.65%。因此，白羽肉鸡的缬氨酸需求低于快速型，接近中速型，但高于慢速型。白羽肉鸡与黄羽肉鸡在蛋白质和氨基酸需求上的差异反映了它们在生长特性和营养需求方面的不同，这为制定针对性的饲养方案提供了重要依据。

4.6.3　白羽肉鸡和黄羽肉鸡维生素需求的差异

白羽肉鸡和黄羽肉鸡因其生长速度和市场需求的不同，在饲养管理和营养需求方面存在较大差异。维生素是微量营养素，与动物体内酶的活性密切相关，其中一些维生素本身就是酶的辅助因子。因此，维生素对于机体的生命机能、生长发育等方面至关重要。肉鸡所需的维生素根据其性质可分为两类：一类是脂溶性维生素，包括维生素A、维生素D、维生素E和维生素K，其吸收机制与脂肪相同，储存部位为肝脏和脂肪组织，通过胆汁从粪便中排出；另一类是水溶性维生素，包括维生素C和B族维生素，以被动扩散的方式吸收进入细胞，每天随水排出体外。B族维生素主要以辅酶形式存在，广泛参与碳水化合物、蛋白质和脂肪酸等物质的代谢，对维持生长、繁殖和免疫等功能具有重要作用。

维生素对于维持动物机体正常生命活动具有重要意义，但目前饲料原料中所含的维生素无法满足肉鸡的生长需求。因此，在规模化肉鸡养殖中，通常需要单独添加复合维生素。

4.6.3.1　脂溶性维生素需求差异

除胡萝卜素外，维生素A是具有与视黄醇相同生物功能的化合物的统称，同时包括视黄酸、视黄醛，自然状态下最主要形式为视黄醇。在维持动物夜间视力、颜色辨别、促进生长与免疫性能等方面具有重要作用。维生素A在加工、储存过程中及紫外线照射下容易被氧化降解，因此，饲料中需添加抗氧化剂以保证维生素A成分稳定。

有大量研究报道了关于维生素A的最适添加量，但针对不同品种等，结论不完全统一。AA肉鸡在1~21日龄最佳维生素A剂量为9 000 IU/kg，在22~42日龄最适添加量为3 000 IU/kg。对于黄羽肉鸡，为了获得最佳的生产性能，在黄羽肉鸡的育肥阶段，日粮中维生素A的添加量应控制在5 000~10 000 IU/kg。Aburto等研究表明日粮维生素A的水平达到15 000 IU/kg时，肉鸡腿病发生率显著上升，生产性能显著降低（Aburto et al., 1998）。基于以上报道，日粮维生素A水平为3 000 IU/kg左右时肉鸡生产性能较高，适量提高维生素A水平对生产性能无显著影响，具体差异参见表4-3。此外，现行有效的《鸡饲养标准》（NY/T 33—2004）肉用仔鸡推荐的维生素A添加量1~21日龄为8 000 IU/kg、22~42日龄为6 000 IU/kg、≥43日龄为2 700 IU/kg。

表4-3　白羽肉鸡和黄羽肉鸡维生素需求的差异

维生素种类	黄羽肉鸡（日龄）			白羽肉鸡（日龄）		
	1~21	22~42	≥43	0~10	11~24	25~出栏
维生素A（IU/kg）	12 000	9 000	6 000	12 000	10 000	9 000
维生素D（IU/kg）	600	500	500	5 000	4 500	4 000
维生素E（IU/kg）	45	35	25	80	65	55
维生素K（mg/kg）	2.5	2.2	1.7	3.2	3.0	2.2
硫胺素（mg/kg）	2.4	2.3	1.0	3.2	2.5	2.2
核黄素（mg/kg）	5.0	5.0	4.0	8.6	6.5	5.4
烟酸（mg/kg）	42.0	35.0	20.0	65.0	60.0	45.0
泛酸（mg/kg）	12.0	10.0	8.0	20.0	18.0	15.0
吡哆醇（mg/kg）	2.8	2.4	0.6	4.3	3.2	2.2
生物素（mg/kg）	0.12	0.10	0.02	0.22	0.18	0.15
叶酸（mg/kg）	1.0	0.7	0.3	2.2	1.9	1.6
维生素B_{12}（mg/kg）	0.016	0.015	0.008	0.017	0.017	0.011

注：黄羽肉鸡维生素推荐添加量数据来源为《黄羽肉鸡营养需要量》（NY/T 3645—2020）中快速型黄羽肉鸡饲粮；白羽肉鸡维生素推荐添加量以爱拔益加为例，数据来源为爱拔益加商品代肉鸡营养标准（2014），以玉米为基础的配方饲料。

维生素D主要与动物机体钙磷代谢有关。维生素D_3可以刺激肠道和骨骼对钙和磷的吸收，同时提高血浆中钙和磷的水平，以维持其稳定，并促进骨骼的正常矿化。维生素D_3通过类似激素的机制调节动物体内多种物质的活性，例如参与细胞的生长、分化、免疫功能以及矿物质代谢等活动。维生素D_3不足可能导致佝偻病、软化症和骨质疏松等问题，表现为无力、行动迟缓、肌肉僵硬以及骨骼变形等症状。如果肾功能不佳，可能无法将维生素D转化为活性维生素D，这将加剧这些症状。当维生素D_3摄入过多时，肉鸡可能会表现出一些明显的不适症状，如口干舌燥、眼睛疼痛、皮肤瘙痒和尿频等。更为严重的是，这种过量摄入还会使血液中的钙浓度异常升高，进而可能引发急性钙血症。如果持续恶化，对肉鸡的肾脏将是一个巨大的负担，可能会导致肾功能不全甚至肾结石。而这些问题一旦产生，恢复起来将会非常困难。因此，必须确保给肉鸡添加适量的维生素D_3。

维生素D_3的添加量水平跨度较大。200 IU/kg是NRC推荐量，但在商业养殖中，维生素D_3的添加量可能会达到推荐量的10~20倍。黄羽肉鸡对维生素D的需求相对较低。在黄羽肉鸡的养殖过程中，随着其生长速度的变化，维生素D的供给量也需相应调整，特别是在育肥期，适当补充维生素D有助于改善骨骼质量和提高生产性能。白羽肉鸡对维生素D的需求量较高，特别是在快速生长期。根据现行有效的《鸡饲养标准》（NY/T 33—2004）肉用仔鸡推荐的维生素D添加量1~21日龄为1 000 IU/kg、22~42日龄为750 IU/kg、≥43日龄为400 IU/kg。具体差异见表4-3。

维生素E是动物体内主要的脂溶性抗氧化剂，对维持脂肪代谢平衡、内分泌系统稳态、提升繁殖性能提升有重要作用。维生素E可保护细胞膜和组织免受自由基造成的氧化损伤，特别是在自由基产生增加、热应激或饮食压力的情况下。据报道，膳食中补充维生素E可以增加其在肌肉中的含量，从而提高禽肉在储存过程中的氧化稳定性，减少细胞膜中多不饱和脂肪酸的脂质过氧化，并改善颜色稳定性和禽肉品质。

研究人员最初在20世纪30年代提出，人类和动物体内的维生素A、维生素D_3和维生素E之间存在营养关系。这些脂溶性维生素在自然界中与脂质一起存在，通过其在脂质系统中脂溶性的共同物理特性而发生某些相互作用。例如，饲喂高含量维生素A会导致雏鸡组织和血浆生育酚浓度降低。相反，高膳食生育酚可缓解雏鸡的维生素A过多症（Aburto et al.，1998）。

根据美国国家研究委员会（NRC）提供的家禽最低营养需求量，肉鸡的维生素E需求量为10 IU/kg饲料。西班牙动物营养基金会（FEDNA）关于肉鸡实际日粮中维生素E的建议范围为25~50 mg/kg，并强调可以根据生产需要，通过添加额外的维生素E来提高使用水平。事实上，将日粮中维生素E的补充量增加到高于生理水平（例如50~100 mg/kg）可能会通过改善针对氧化应激的免疫反应为家禽带来额外的好处，从而获得更好的生长性能。根据现行有效的《鸡饲养标准》（NY/T 33—2004），肉用仔鸡推荐的维生素E添加量1~21日龄为20 IU/kg、22~42日龄为10 IU/kg、≥43日龄为10 IU/kg。具体差异见表4-3。

维生素K是维持血液正常凝固所必需的物质，包含甲绿醌（维生素K_1）和甲基萘醌

（维生素K_2，组织内主要存在形式）。对热有一定的耐受性，但在碱、强酸、光和辐射等条件下，其稳定性较差。关于其吸收方式，它与其他脂溶性维生素相似，但需要胰液和胆汁的参与，以确保达到最佳吸收效果。维生素K_1是主动吸收，维生素K_2是被动吸收。维生素K在小肠吸收后，先进入淋巴系统，再经胸导管进入血液，与血液中的β-脂蛋白结合，随血液运至包括肝脏在内的组织；在体内储存量有限，主要通过粪便排出。除家禽外，通常不需要额外补充。在快速生长期，维生素K的充足供应有助于预防出血性疾病和促进骨骼健康。在肉鸡长周期养殖中，适当补充维生素K可以提高肉鸡的健康水平和生产性能。具体差异见表4-3。

4.6.3.2 水溶性维生素需求差异

与脂溶性维生素和维生素C相比，在动物体内，以B族维生素为主的水溶性维生素的研究相对较少。这些维生素主要作为辅酶或辅基参与多种生化过程，如蛋白质代谢、脂肪代谢和糖代谢等。

维生素B_1又称硫胺素，以磷酸酯形式参与氧化还原反应，起抗氧化作用，能够有效清除羟自由基等脂质过氧化产物；作为辅酶的组成部分，参与代谢三大有机物质，并直接或间接影响能量代谢；作为羧辅酶，参与酮酸的脱羧反应，进入糖代谢和三羧酸循环。当维生素B_1含量不足时，能量代谢率下降；当饲料能量水平提高时，会增加对维生素B_1的需求。

根据现行有效的《鸡饲养标准》（NY/T 33—2004）肉用仔鸡推荐的维生素B_1添加量1～21日龄为2.0 mg/kg、22～42日龄为2.0 mg/kg、≥43日龄为2.0 mg/kg。具体差异见表4-3。

维生素B_2（核黄素）缺乏会导致神经畸形、足垫皮炎和"卷趾麻痹"（Mengucci et al.，2023）。核黄素在多种新陈代谢途径中发挥作用，黄素腺嘌呤二核苷酸（FAD）和黄素单核苷酸（FMN）是核黄素在体内具有生物活性的主要形式，它们与各种不同酶蛋白结合，生成各种黄素酶类，参与糖、脂肪及蛋白质代谢中许多复杂的过程。维生素B_2缺乏会抑制酰基辅酶A脱氢酶的活性，酰基辅酶A脱氢酶参与脂肪酸氧化生成乙酰辅酶A，线粒体利用乙酰辅酶A通过三羧酸（TCA）循环产生ATP。此外，通过黄素辅酶的作用参与氧化还原反应，抑制脂质过氧化的同时减少了生成自由基。根据现行有效的《鸡饲养标准》（NY/T 33—2004）肉用仔鸡推荐的维生素B_2添加量1～21日龄为8.0 mg/kg、22～42日龄为5.0 mg/kg、≥43日龄为5.0 mg/kg。具体差异见表4-3。

维生素B_3亦称烟酸，在人体内可转化为烟酰胺，烟酰胺是辅酶Ⅰ（NAD）与辅酶Ⅱ的主要成分，参与脂质代谢，组织呼吸的氧化和糖酵解反应。烟酸在家禽体内有助于色氨酸的合成，对三大有机物质的代谢也起着重要作用。缺乏烟酸时，肉鸡可能出现食欲减退、羽毛松散无光泽，以及可能伴有腹泻等症状。烟酸通常在谷物饲料和动物副产品中具有较高含量。根据现行有效的《鸡饲养标准》（NY/T 33—2004）肉用仔鸡推荐的维生素B_3添加量1~21日龄为35.0 mg/kg、22~42日龄为30.0 mg/kg、≥43日龄为30.0 mg/kg。具体差异见表4-3。

维生素B_5又称泛酸，加热易被破坏。它是辅酶A和酰基载体蛋白的组成成分，在糖、脂肪、氨基酸的代谢以及脂肪酸合成中发挥了重要作用。白羽肉鸡需要量高于黄羽肉鸡，具体差异见表4-3。根据现行有效的《鸡饲养标准》（NY/T 33—2004）肉用仔鸡推荐的维生素B_5添加量1~21日龄为10.0 mg/kg、22~42日龄为10.0 mg/kg、≥43日龄为10.0 mg/kg。

维生素B_6又称吡哆醇，磷酸吡哆醇是其活性形式，在氨基酸代谢中发挥作用。维生素B_6缺乏会对雏鸡和肉鸡的生长不利。虽然关于肉鸡对维生素B_6需求的研究起步较早，但近年来少有报道。有研究认为，饲粮维生素B_6添加水平在3~5 mg/kg的范围内对肉鸡的生产性能没有影响，但是高蛋白日粮会提高维生素B_6的需要量。

根据现行有效的《鸡饲养标准》（NY/T 33—2004）肉用仔鸡推荐的维生素B_6添加量1~21日龄为3.5 mg/kg、22~42日龄为3.0 mg/kg、≥43日龄为3.0 mg/kg，高于黄羽肉鸡对维生素B_6的需要量。

由于含有钴元素，维生素B_{12}也被称为钴胺素。与蛋白质结合后进入消化道，在胃酸、蛋白酶（胃蛋白酶、胰蛋白酶）的作用下释放，与胃黏膜细胞分泌的糖蛋白内因子结合，在回肠被吸收。黄羽肉鸡和白羽肉鸡对维生素B_{12}的需要量差别不大。

维生素H又称生物素，是多种酶的辅因子，对三大有机物质和核酸的代谢过程至关重要。缺乏会引发鸡皮炎、滑腱症等疾病。白羽肉鸡对维生素H的需要量高于黄羽肉鸡，详见表4-3。此外，根据现行有效的《鸡饲养标准》（NY/T 33—2004）肉用仔鸡推荐的生物素添加量1~21日龄为0.18 mg/kg、22~42日龄为0.15 mg/kg、≥43日龄为0.10 mg/kg。

叶酸有助于羽毛的生长，参与嘌呤和嘧啶的生成；且与维生素B_{12}共同参与核酸代谢和核蛋白的合成。DNA和RNA是细胞分裂和增殖的基础，因此叶酸对于快速生长的肉鸡尤为重要。在缺乏叶酸的情况下，细胞分裂受阻，可能导致生长迟缓和贫血等问题。叶酸在动、植物性饲料中含量都较为丰富。白羽肉鸡对叶酸的需要量高于黄羽肉鸡，详见表4-3。根据现行有效的《鸡饲养标准》（NY/T 33—2004）肉用仔鸡推荐的叶酸添加量1~21日龄为0.55 mg/kg、22~42日龄为0.55 mg/kg、≥43日龄为0.50 mg/kg。

维生素C又称L-抗坏血酸。可作氧化还原载体，参与氨基酸的代谢，是强抗氧化剂。广泛应用于家禽生产，具有提高生产性能、抗应激和抗氧化等作用，是家禽发挥正常免疫功能的营养素。研究表明，维生素C可显著减轻热应激对家禽的影响，并降低鸡群的死亡率。日粮中添加维生素C可提高热应激下肉仔鸡肝脏古洛糖酸内酯氧化酶活性，从而促进维生素C的合成。Beyer的研究表明，维生素C可清除细胞中的自由基，并通过还原维生素E达到抗氧化损伤的作用。当共同添加维生素C和维生素E时，可有效缓解因热应激给肉鸡带来的氧化损伤影响。研究表明，蛋鸡和肉鸡的日粮添加200 mg/kg维生素C能够显著提高热应激情况下的生产性能和抗热应激能力（Beyer，1994）。El-Senousey等（2017）研究结果表明，日粮中添加200 mg/kg维生素C能够显著提高血浆、肝脏和脾脏的抗氧化性能，同时显著降低氧化应激下脾脏炎症细胞因子的表达。但维生素C在家禽养殖阶段的应用存在较大差异，美国NRC（1994）推荐量、《海兰褐蛋鸡管理手册》（2015中文版）、《AA肉鸡营养标准》（2014）、《黄羽肉鸡营养需要量》（NY/T 3645—2020）均未涉及维生素C的推荐使用量。

4.6.3.3 饲料配方中的维生素补充策略

为了满足白羽肉鸡对维生素的高需求，在饲料配方中需要特别注意以下几点：使用高浓度的维生素预混料，以确保各阶段的需求得到满足；在应激条件下，额外添加维生素C和维生素E，以提高肉鸡的抗应激能力；根据生长阶段和环境变化，动态调整饲料中的维生素含量，以优化生长性能和健康状况。

黄羽肉鸡饲料配方中仍需注意以下几点：确保饲料中的维生素含量适量，避免过量或不足；在长周期养殖过程中，持续补充维生素，以维持健康和提高肉质；在高温或疾病应激条件下，适当增加维生素C和维生素E的供给，增强免疫力和抗应激能力。

白羽肉鸡和黄羽肉鸡在维生素需求上存在显著差异，这主要是由于它们在生长速度、代谢率和饲料转化效率上的不同所导致的。在饲养实践中，需根据不同肉鸡品种的具体需求，合理调整饲料配方中的维生素含量，以优化其生长性能和健康状况。

4.6.4 白羽肉鸡和黄羽肉鸡矿物质元素需求的差异

在计算动物的营养需求时，能量、蛋白质、氨基酸、维生素等受到更多关注，而微量元素不可替代的作用易被忽略。但矿物质元素在肉鸡的生长发育中起着至关重要的作用。它们不仅是骨骼和蛋壳形成的基本成分，还参与多种生理代谢过程。因此，了解白羽肉鸡和黄羽肉鸡在矿物质元素需求上的差异，对于科学饲养和提高生产效益具有重要意义。本节将详细综述白羽肉鸡和黄羽肉鸡的主要矿物质元素（包括钙、磷、钠、氯、镁、锌、铁、锰、铜等）需求上的差异，以及这些差异背后的生理和代谢机制。

4.6.4.1 钙和磷的需求差异

钙是构成骨骼和蛋壳的主要成分，对于肉鸡的骨骼发育和生产性能至关重要。钙的吸收和代谢主要受到维生素D_3的调控。在饲料中添加维生素D_3可以显著提高钙的吸收率。因此，为了满足肉鸡对钙的高需求，饲料中需额外添加适量的维生素D_3。由于白羽肉鸡生长速度快，骨骼发育迅速，对钙的需求量相对较高。2020年发布的《产蛋鸡和肉鸡配合饲料》（GB/T 5916—2020）中推荐的肉小鸡（0～21日龄）对钙的需求量为0.7%～1.1%，肉中鸡（21～35日龄）对钙的需求量为0.7%～1.0%，肉大鸡（>35日龄）对钙的需求量为0.6%～1.0%。而黄羽肉鸡生长速度较慢，钙的需求量相对较低。

磷是代谢过程中的必需营养素，也是核酸、膜磷脂和骨骼的组成部分，在能量代谢和细胞功能中扮演关键角色。人们付出了很多努力来增加家禽对磷的吸收，以提高代谢性能并减少粪便中磷酸盐释放对环境的影响。磷的消化率取决于石灰石的溶解度、钙源的粒径以及肉鸡日粮中的总钙浓度。需要注意的是，磷的有效利用还受到植酸酶的影响。植酸酶能够分解饲料中的植酸磷，提高磷的生物利用率。因此，在肉鸡的饲料中通常会添加植酸酶，以提高磷的利用效率。

GB/T 5916—2020推荐白羽肉鸡的肉小鸡（0～10日龄）对磷的需求量为0.50%～0.75%，10～21日龄对磷的需求量为0.45%～0.75%，肉中鸡（21～35日龄）对磷的需求量为0.40%～0.70%，肉大鸡（>35日龄）对磷的需求量为0.35%～0.65%。而黄羽肉鸡对磷的需要量相对较高。

钠和氯是家禽必需的常量元素，日粮营养水平及比例对家禽是确保家禽生长、获得最佳生长性能、保持健康以及提高生产效率的必要条件。氯和钠通常以氯化钠的形式通过日粮或饮水供给动物，适量添加氯化钠不仅能改善饲料适口性，同时可以增强消化酶的活性，进而提高动物的采食量。研究表明，添加高水平氯化钠在短期内可促进肉仔鸡生长，但同时显著提高了肉仔鸡的腿病发生率，加重鸡体内的负担，增加心脏的负荷，进而可能引发右心室衰竭等健康问题。因此，合理控制饲料中氯化钠的添加量对于确保肉仔鸡的健康和生长至关重要。

根据爱拔益加商品代肉鸡营养标准，无论目标体重是1.7～2.4 kg，还是3.6～4.0 kg，早期（0～10日龄）、中期（11～24日龄）对钠的需要量均为0.16%～0.23%，后期（25日龄～出栏）对钠的需要量为0.16%～0.20%。而对氯的需要量均为0.16%～0.23%。黄羽肉鸡代谢率相对较低，根据黄羽肉鸡营养需要量，钠和氯的需求量也较低，1～21日龄为0.22%，22～42日龄为0.16%，≥43日龄为0.14%。

镁作为一种关键的阳离子成分，在动物体内扮演着不可或缺的角色。它不仅深度参与了体内的能量代谢过程，还起到了催化或激活多达300余种酶的重要作用，特别是那些依赖镁作为辅助因子的ATP酶系列，其正常运作更是离不开镁的参与。因此，镁缺乏会直接导致生理生化功能的紊乱，从而引发一系列健康问题，严重时甚至可能危及生命。对于非反刍动物而言，玉米-豆粕型日粮通常被认为能提供足够的镁以满足其生长需求，避免镁缺乏症的发生。然而，近年来的研究文献表明，在单胃动物的日粮中适量增加镁的补充，特别是有机镁，除了满足基本的营养需求外，还能进一步展现抗氧化、减轻应激反应以及改善肉品质等多方面的积极效果。镁的来源包括饲料中的矿物质添加剂和植物性原料。在饲料配方中，合理补充镁可以促进肉鸡的生长和健康。根据爱拔益加商品代肉鸡营养标准，全程对镁的需要量均为0.05%~0.50%。黄羽肉鸡代谢率相对较低，全程对镁的需要量仅为0.06%。

4.6.4.2 微量元素的需求差异

锌元素对酶活性调节、蛋白质及核酸的合成与代谢、糖类吸收、生殖机能的维持等生命活动具有重要调节作用。家禽锌营养缺乏症主要表现为食欲不振，采食量下降。当鸡体内锌元素缺乏时，它们的生长速度会明显放缓，腿骨表现为异常粗短，且常常伴有跗关节或飞节的肿大现象。更为显著的是，它们还可能出现皮炎症状，特别是脚部皮肤，常出现类似鳞片的异常现象。当鸡体内锌元素过量时，会表现出明显的精神不振，羽毛显得杂乱无章。此外，鸡的肝、肾、脾脏等关键器官会出现异常肿大现象。肌胃的角质层也会变得脆弱，甚至可能出现糜烂，这些病理变化进一步导致鸡的生长速度明显减缓。

白羽肉鸡对锌的需求量较高，NY/T 33—2004推荐肉用仔鸡0~3周龄对锌的需求量为100 mg/kg，4~6周龄对锌的需求量为80 mg/kg，≥7周龄对锌的需求量为80 mg/kg。具体差异详见表4-4。

表4-4 白羽肉鸡和黄羽肉鸡矿物质需求的差异

矿物质需要量	黄羽肉鸡（日龄）			白羽肉鸡（日龄）		
	1~21	22~42	≥43	0~10	11~24	>25
钙（%）	1.0	0.92	0.84	0.96	0.87	0.72~0.79
磷（%）	0.74	0.67	0.62	0.480	0.435	0.360~0.395
钠（%）	0.22	0.16	0.14	0.16~0.23	0.16~0.23	0.16~0.20
氯（%）	0.22	0.16	0.14	0.16~0.23	0.16~0.23	0.16~0.23
镁（%）	0.06	0.06	0.06	0.05~0.50	0.05~0.50	0.05~0.50
锌（mg/kg）	85	80	75	110	110	110
铁（mg/kg）	80	80	80	20	20	20
锰（mg/kg）	80	60	55	120	120	120
铜（mg/kg）	7	7	7	16	16	16

注：黄羽肉鸡矿物质推荐添加量数据来源为《黄羽肉鸡营养需要量》（NY/T 3645—2020）中快速型黄羽肉鸡饲粮；白羽肉鸡矿物质推荐添加量以爱拔益加为例，数据来源为爱拔益加商品代肉鸡营养标准（2014）。

铁是血红素的组成成分，在十二指肠以Fe^{2+}的形式被机体吸收，家禽对铁的利用是由肠黏膜的铁传递蛋白质决定的，当铁传递蛋白质由Fe^{2+}饱和时，多余的Fe^{2+}不再被吸收。当鸡只体内缺乏铁元素时，它们会表现出贫血的症状，并且脂蛋白酯酶活性受到影响，脂肪沉积降低，从而引发高血脂，具体表现为血液中甘油三酯的浓度显著升高。然而，当在鸡的日粮中补充足够的铁元素后，贫血的症状得到缓解并消失，同时血脂浓度显著降低。在天然饲料中，铁元素的含量通常足以满足生长鸡和产蛋鸡的基本需求。当日粮中铁含量过量时，磷和铜的摄取会受到显著影响，导致利用率降低。维生素A在肝脏中的正常沉积也会受到干扰，出现沉积量下降的情况。更为严重的是，铁过量导致采食量减少，出现增重减缓的现象。最终可能会引发这三种营养缺乏症，影响健康和生产性能。

现代快长型肉鸡对铁元素有较高需要量，尤其是公鸡。随着日龄的增长，机体代谢强度由高减弱，对铁的需要量逐渐降低。白羽肉鸡对铁的需求量较高，一般为80～100 mg/kg（NY/T 33—2004）。黄羽肉鸡对铁的需求量相对较低，一般为80 mg/kg（NY/T 3645—2020）。

锰在生物体内扮演着多重关键角色，包括性激素合成、骨骼形成等过程，对生殖机能、维持大脑正常代谢、骨基质成分等具有重要调节作用。此外，在碳水化合物、脂类、蛋白质和胆固醇等代谢过程中，锰元素通常作为酶的活化因子或组成部分参与调节。家禽锰元素摄入不足时，典型症状为滑腱症，表现为胫关节畸形、肿胀，胫骨远端与跗骨末端弯曲，胫骨粗短，以及腓肠肌腱可能从骨骼中滑脱，严重时可能无法站立或走动，最终导致其死亡。同时，家禽缺乏锰元素时生长性能显著降低，饲料报酬降低，同时发生羽毛粗糙，死亡率提高。

白羽肉鸡对锰的需求量较高，NY/T 33—2004推荐肉用仔鸡0～3周龄对锰的需求量为120 mg/kg，4～6周龄对锰的需求量为100 mg/kg，≥7周龄对锰的需求量为80 mg/kg。具体需求差异详见表4-4。

铜是维持动物生长发育的必需微量营养素，通过接受与提供电子，在生物体内参与多类关键生化反应。铜是多种酶活性的核心组成部分，如铜锌超氧化物歧化酶、细胞色素C氧化酶、L-赖氨酸氧化酶、抗坏血酸氧化酶以及酪氨酸酶等，这些酶在维持生物体的正常生理功能中扮演着至关重要的角色（郭顺和陈强，2021）。例如，铜是酪氨酸氧化酶的一部分，酶催化酪氨酸转变为黑色素。因此，当体内铜元素缺乏时，可能会导致羽毛的颜色褪去。尽管铜元素具有抗菌和促进生长的功能，但摄入过量导致其在肝脏中过度沉积，沉积过量时会被释放到血液中，进而引发红细胞的溶解，可能导致黄疸、组织坏死等健康问题。最终造成动物的生长抑制甚至死亡。

NRC（1994）建议肉鸡日粮铜元素水平为8 mg/kg。在多数情况下，家禽饲料中无须额外添加铜元素；同时，在实际家禽养殖过程中，铜缺乏的案例也相对罕见。《黄羽肉鸡营养需要量》（NY/T 3645—2020）推荐快速型黄羽肉鸡铜的添加量为7 mg/kg。但在《产蛋鸡和肉鸡配合饲料》（GB/T 5916—2020）中并未提及白羽肉鸡对铜元素的需要量。而爱拔益加肉鸡对铜的添加量为16 mg/kg。

4.6.4.3 白羽肉鸡和黄羽肉鸡矿物质需求差异的生理机制

生长速度。白羽肉鸡生长迅速，代谢率高，需要更多的矿物质来支持快速的骨骼发育和组织增长。黄羽肉鸡生长较慢，对矿物质的需求相对较低。

饲料转化率。白羽肉鸡的饲料转化效率较高，能更有效地利用饲料中的营养成分，因此对矿物质的需求量也较大。黄羽肉鸡的饲料转化效率相对较低，但其对矿物质的利用效率也较高，因此总体需求量较少。

代谢特点。白羽肉鸡由于快速生长，代谢过程中需要更多的电解质和微量元素来维持正常的生理功能和代谢活动。黄羽肉鸡代谢率较低，对这些元素的需求量也相应较低。

4.6.4.4 饲料配方中的矿物质补充策略

为了满足白羽肉鸡对矿物质的高需求，在饲料配方中需要特别注意以下几点：一般推荐钙磷比为（1.2～1.5）∶1，以优化骨骼发育和提高饲料利用效率；在饲料中添加植酸酶，帮助分解植酸磷，提高磷的生物利用率；通过添加维生素D_3，提高钙的吸收率，满足快速生长对钙的高需求；合理添加钠、钾和氯，维持电解质平衡，支持高代谢率下的正常生理功能。

黄羽肉鸡对矿物质的需求量较低，但在饲料配方中仍需注意以下几点：确保钙和磷的比例适中，避免过量或不足；虽然黄羽肉鸡对电解质的需求量较低，但仍需合理添加钠、钾和氯，以维持体液平衡和正常代谢；确保锌、铁、锰、铜等微量元素的适量添加，以支持免疫功能和生长。

白羽肉鸡和黄羽肉鸡在矿物质元素需求上存在较大差异，这主要是由于它们在生长速度、代谢率和饲料转化率上的不同。白羽肉鸡由于生长迅速，对钙、磷、钠、氯、镁等宏量元素以及锌、铁、锰、铜等微量元素的需求较高。黄羽肉鸡生长较慢，对这些元素的需求相对较低。在饲养实践中，需根据不同肉鸡品种的具体需求，合理调整饲料配方中的矿物质含量，以优化其生长性能和健康状况。

本章主要编写人员：蒋瑞瑞　谭晓冬　崔焕先　宫玉杰
　　　　　　　　　　刘　璐　施寿荣　杨卫芳

主要参考文献

郭顺，陈强，2021. 纳米铜对肉鸡生长指标、免疫和抗氧化性能的影响. 中国饲料，1（24）：21-24.

李世召，支丽慧，杨小军，等，2013. 种蛋注射在家禽营养表观遗传学上的应用. 动物营养学报，25（6）：1169-1173.

李幼生，黎介寿，2004. 营养、营养基因组学和营养蛋白质组学. 肠外与肠内营养（3）：129-131.

马淑雪，2020. 强制换羽对蛋鸡生产性能、血浆激素水平及卵巢功能影响的研究. 杨凌：西北农林科技大学.

彭剑玲，阮子华，曾庆节，等，2023. 鸡胚发育及其表观遗传调控机制研究进展. 中国家禽，45（1）：94-102.

杨小璇，谢贤华，曾文惠，等，2022. 畜禽母体营养对其子代性状的影响及其表观遗传调控机制. 中国兽医学报，42（8）：1729-1736.

喻小琼，赵桂苹，刘冉冉，等，2013. 家禽营养与表观遗传学. 动物营养学报，25（10）：2192-2201.

宗凯，刘国庆，曹树青，等，2010. 日粮蛋氨酸和赖氨酸水平对肉鸡生长性能及肌肉和肝脏组织DNA甲基化含量的影响. 粮食与饲料工业（2）：33-37.

ABURTO A，BRITTON W M，1998. Effects and interactions of dietary levels of vitamins A and E and cholecalciferol in broiler chickens. Poultry Science，775：666-673.

AVILA L P，LEIVA S F，ABASCAL P G A，et al.，2022. Effect of combined maternal and post-hatch dietary 25-hydroxycholecalciferol supplementation on broiler chicken Pectoralis major muscle growth characteristics and satellite cell mitotic activity. Journal of Animal Science，100（8）：192.

ARAÚJO，HERMES，BITTENCOURT，et al.，2019. Different dietary trace mineral sources for broiler breeders and their progenies. Poultry Science，98（10）：4716-4721.

BEYER R E，1994. The role of ascorbate in antioxidant protection of biomembranes：Interaction with vitamin E and coenzyme Q. Journal of Bioenergetics and Biomembranes，26：349-358.

BUTLER L D，SCANES C G，ROCHELL S J，et al.，2021. Effect of pullet body weight and hen dietary amino acid treatments on their progeny fed high and low amino acid diets. Poultry Science，100（1）：159-173.

CUI H X，WANG Y L，ZHU Y T，et al.，2023. Genomic insights into the contribution of de novo lipogenesis to intramuscular fat deposition in chicken. Journal of Advanced Research, S2090-1232（23）：376.

CHERIAN G，2022. Hatching egg polyunsaturated fatty acids and the broiler chick. Journal of Animal Science and Biotechnology，13（1）：98.

DADOUSIS C，SOMAVILLA A，ILSKA J J，et al.，2021. A genome-wide association analysis for body weight at 35 days measured on 137，343 broiler chickens. Genetics Selection Evolution，53（1）：70.

DRIVER J P，ATENCIO A，PESTI G M，et al.，2006. The effect of maternal dietary vitamin D_3 supplementation on performance and tibial dyschondroplasia of broiler chicks. Poultry Science，85（1）：39-47.

EL-SENOUSEY H，CHEN B，WANG J，et al.，2018. Effects of dietary vitamin C，vitamin E，and alpha-lipoic acid supplementation on the antioxidant defense system and immune-related gene expression in broilers exposed to oxidative stress by dexamethasone. Poultry Science，97（1）：30-38.

ERIKSSON J，LARSON G，GUNNARSSON U，et al.，2008. Identification of the yellow skin gene reveals a hybrid origin of the domestic chicken. PLoS Genetics，4（2）：e1000010.

FU C Y，ZHANG Q，YAO X，2020. Maternal conjugated linoleic acid alters hepatic lipid metabolism via the AMPK signaling pathway in chick embryos. Poultry Science，99（1）：224-234.

GUO Y，OU J H，ZAN Y J，et al.，2022. Researching on the fine structure and admixture of the worldwide chicken population reveal connections between populations and important events in breeding history. Evolutionary Applications，15（4）：553-564.

GUO F，ZHANG Y H，SU L L，et al.，2013. Breed-dependent transcriptional regulation of phosphoenolpyruvate carboxylase，cytosolic form，expression in the liver of broiler chickens. Poultry Science，92（10）：2737-2744.

HUANG Z，et al. 2023. Evolutionary analysis of a complete chicken genome. PNAS，120（8）：e2216641120.

HEIJMANS J，DUIJSTER M，GERRITS W J J，et al.，2022. Impact of growth curve and dietary energy-to-protein ratio of broiler breeders on offspring quality and performance. Poultry Science，101（11）：102071.

HALL J A S，JHA M M，SKINNER C G，2007. Maternal dietary *n*-3 fatty acids alter immune cell fatty acid composition and leukotriene production in growing chicks. Prostaglandins

Leukot Essent Fatty Acids, 76 (1): 19-28.

INTERNATIONAL CHICKEN GENOME SEQUENCING CONSORTIUM, 2004. Sequence and comparative analysis of the chicken genome provide unique perspectives on vertebrate evolution. Nature, 432 (7018): 695-716.

JOHN R M, SURANI M A, 1999. Agouti germ line gets acquisitive. Nature Genetics, 23 (3): 254-256.

JU X, WANG Z, CAI D, et al., 2023. DNA methylation in poultry: a review. Journal of Animal Science and Biotechnology, 14: 138.

LAWAL R A, MARTIN S H, VANMECHELEN K, et al., 2020. The wild species genome ancestry of domestic chickens. BMC Biology, 18 (1): 13.

LEIVA S F, AVILA L P, ABASCAL P G A, et al., 2022. Combined maternal and post-hatch dietary supplementation of 25-hydroxycholecalciferol alters early post-hatch broiler chicken duodenal macrophage and crypt cell populations and their mitotic activity. Frontiers in Veterinary Science, 9 (1): 882566.

LESUISSE J, LI C, SCHALLIER S, 2018. Multigenerational effects of a reduced balanced protein diet during the rearing and laying period of broiler breeders. 1. Performance of the F_1 breeder generation. Poultry Science, 97 (5): 1651-1665.

LESUISSE J, SCHALLIER S, LI C, 2018. Multigenerational effects of a reduced balanced protein diet during the rearing and laying period of broiler breeders. 2. Zootechnical performance of the F_1 broiler offspring. Poultry Science, 97 (5): 1666-1676.

LI F, NING H, DUAN X, et al., 2021. Effect of dietary L-arginine of broiler breeder hens on embryonic development, apparent metabolism, and immunity of offspring. Domest Animal Endocrinol, 74: 106537.

LI M, et al., 2022. De Novo assembly of 20 chicken genomes reveals the undetectable phenomenon for thousands of core genes on microchromosomes and subtelomeric regions. Molecular Biology and Evolution, 39 (4): msac066.

LI W, ZHENG M, ZHAO G, et al., 2021. Identification of QTL regions and candidate genes for growth and feed efficiency in broilers. Genetics Selection Evolution, 53 (1): 13.

LIU C, HE Y H, LIANG W J, et al., 2024. Research note: development and application of specific molecular identity cards for "Yufen 1" H line chickens. Poultry Science, 103 (2): 103343.

LIU G Q, ZONG K, ZHANG L L, et al., 2019. Dietary methionine affect meat qulity and myostatin gene exon 1 region methylation in skeletal muscle tissues of broilers. Agricultural

Sciences in China, 9(9): 1338-1346.

LV Z, FAN H, SONG B, et al., 2019. Supplementing genistein for breeder hens alters the fatty acid metabolism and growth performance of offsprings by epigenetic modification. Oxidative Medicine and Cellular Longevity, 9: 214-209.

MÁTIS G, NEOGRÁDY Z, CSIKÓ G, et al., 2013. Effects of orally applied butyrate bolus on histone acetylation and cytochrome P450 enzyme activity in the liver of chicken-a randomized controlled trial. Nutrition & Metabolism, 10(1): 12.

MENGUCCI C, RAMPELLI S, PICONE G, et al., 2023. Application of multi-omic features clustering and pathway enrichment to clarify the impact of vitamin B_2 supplementation on broiler caeca microbiome. Frontiers in Microbiology, 14: 1264361.

MORAES T G, PISHNAMAZI A, MBA E T, 2014. Effect of maternal dietary energy and protein on live performance and yield dynamics of broiler progeny from young breeders. Poultry Science, 93(11): 2818-2826.

MUIR W M, WONG G K, ZHANG Y, et al., 2008. Genome-wide assessment of worldwide chicken SNP genetic diversity indicates significant absence of rare alleles in commercial breeds. PNAS, 105(45): 17312-17317.

QIN L Q, ZHANG Y M, WAN C Y, et al., 2020. MiR-196-5p involvement in selenium deficiency-induced immune damage via targeting of NFjBIA in the chicken trachea. Metallomics, 12(11): 1679-1692.

RICE E S, ALBERDI A, ALFIERI J, et al., 2023. A pangenome graph reference of 30 chicken genomes allows genotyping of large and complex structural variants. BMC Biology, 21(1): 267.

SANTANA T P, GASPARINO E, DE S F C B, et al., 2021. Effects of free and dipeptide forms of methionine supplementation on oxidative metabolism of broilers under high temperature. Animal, 15(3): 100173.

SUN X, LU L, LIAO X, et al., 2018. Effect of inovo zinc injection on the embryonic development and epigenetics-related indices of zinc-deprived broiler breeder eggs. Biological Trace Element Research, 185(2): 456-464.

SAUNDERS B J L, KORVER D R, 2015. Effect of hen age and maternal vitamin D source on performance, hatchability, bone mineral density, and progeny in vitro early innate immune function. Poultry Science, 94(6): 1233-1246.

SURAI A P, SURAI P F, STEINBERG W, et al., 2003. Effect of canthaxanthin content of the maternal diet on the antioxidant system of the developing chick. British Poultry Science,

44（4）：612-619.

SURAI P F, SPARKS N H, 2001. Comparative evaluation of the effect of two maternal diets on fatty acids, vitamin E and carotenoids in the chick embryo. British Poultry Science, 42（2）：252-259.

SURAI P F, 2000. Effect of selenium and vitamin E content of the maternal diet on the antioxidant system of the yolk and the developing chick. British Poultry Science, 41（2）：235-243.

TAN X, LIU R R, ZHAO D, et al., 2024. Large-scale genomic and transcriptomic analyses elucidate the genetic basis of high meat yield in chickens. Journal of Advanced Research, 55: 1-16.

TAN X D, LIU R R, LI W, et al., 2022. Assessment the effect of genomic selection and detection of selective signature in broilers. Poultry Science, 101（6）：101856.

TOMPKINS, CHEN K M, SWEENEY, et al., 2022. The effects of maternal fish oil supplementation rich in n-3 PUFA on offspring-broiler growth performance, body composition and bone microstructure. Plos One, 17（8）：e273025.

WU S W, DOU T F, WANG K, et al., 2024. Artificial selection footprints in indigenous and commercial chicken genomes. BMC Genomics, 25（1）：428.

WALLIS J W, et al., 2004. A physical map of the chicken genome. Nature, 432（7018）：761-764.

WANG C Y, SHAN H H, CHEN H, et al., 2023a. Probiotics and vitamins modulate the cecal microbiota of laying hens submitted to induced molting. Frontiers in Microbiology, 14: 1180838.

WANG P Y, GONG Y J, LI D H, et al., 2023b. Effect of induced molting on ovarian function remodeling in laying hens. Poultry Science, 102（8）：102820.

WANG K J, et al., 2021. The chicken pan-genome reveals gene content variation and a promoter region deletion in IGF2BP1 affecting body size. Molecular Biology and Evolution, 38（11）：5066-5081.

WANG L X, ZUO W, ZHAO G, et al., 2002. Effect of maternal dietary supplementation with phytosterol esters on muscle development of broiler offspring. Acta Biochimica Polonica, 67（1）：135-141.

WU Z, BORTOLUZZI C, DERKS M F L, et al., 2021. Heterogeneity of a dwarf phenotype in dutch traditional chicken breeds revealed by genomic analyses. Evolutionary Applications, 14（4）：1095-1108.

WONG G K, et al., 2004. A genetic variation map for chicken with 2.8 million single-nucleotide polymorphisms. Nature, 432(7018): 717-722.

WOO S J, HAN J Y, 2002. Epigenetic programming of chicken germ cells: A comparative review. Poultry Science, 103977.

YANG J, ZHANG K, BAI S, et al., 2002. Effects of maternal and progeny dietary vitamin E on growth performance and antioxidant status of progeny chicks before and after egg storage. Animals (Basel), 11(4): 998.

ZHANG T Y, LI C F, DENG J W, et al., 2023. Chicken hypothalamic and ovarian DNA methylome alteration in response to forced molting. Animals, 13(6): 1012.

ZHANG X X, YAO Y L, HAN J H, et al., 2020. Longitudinal epitranscriptome profiling reveals the crucial role of N(6)-methyladenosine methylation in porcine prenatal skeletal muscle development. Journal of Genetics and Genomics Journal of Genetics and Genomics, 47(8): 466-476.

ZHU T Q, LIANG W J, HE Y H, et al., 2023. Transcriptomic analysis of mechanism underlying the effect of induced molting on semen quality and reproductive performance in aged Houdan roosters. Poultry Science, 102: 102935.

ZHU Y, LI S, DUAN Y, 2020. Effects of in ovo feeding of vitamin C on post-hatch performance, immune status and DNA methylation-related gene expression in broiler chickens. British Journal of Nutrition, 12(3): 1-27.

5 白羽肉鸡高效养殖技术

白羽肉鸡具有生长速度快、养殖周期短、饲料转化效率高等特点。在中国，白羽肉鸡已基本实现了立体养殖，生产效率有了明显的进步。在立体养殖方式下，快大型白羽肉鸡养殖周期40 d左右，出栏体重2.8~3.0 kg，饲料转化率（1.35~1.45）∶1，节粮特性明显。小型白羽肉鸡是中国特有的肉鸡类型，目前以立体笼养方式为主，因品种、鸡肉加工用途不同，养殖周期大多数集中在35~50 d范围之内，出栏体重1.2~2.0 kg，饲料转化率（1.40~1.70）∶1。良好的饲料转化率造就了白羽肉鸡低生产成本的优势。与黄羽肉鸡相比，白羽肉鸡品种聚集度较高，产品规格一致性相对较好，更有利于形成标准化、集约化的养殖体系。纵观我国，白羽肉鸡规模化程度高，标准化生产普及，除了少量因为动物福利的商业考虑还在采用地面平养方式以外，85%以上的白羽肉鸡生产实现了立体养殖转型升级，同时实现了成活率、舒适度等福利指标的改善。白羽肉鸡产品的通识性高、市场认可度高，可与全球市场衔接。2023年我国白羽肉鸡和小型白羽肉鸡出栏量近100亿只，产业规模居全球前列，已经形成了育种、饲养、屠宰、加工完整的产业链。

5.1 白羽肉鸡的饲养方式

我国白羽肉鸡养殖始于20世纪80年代，从家庭养殖逐渐发展到规模化养殖。2000年以后养殖规模化加速，养殖观念和设备迅速更新，逐步向集约化养殖过渡。从饲养方式来看，我国白羽肉鸡经历了由垫料地面平养、网上平养向立体养殖发展的历程，向设施化、自动化、智能化和智慧化的方向发展。

5.1.1 地面平养

地面平养是全球白羽肉鸡养殖的主要饲养方式，也是我国白羽肉鸡早期发展阶段的重要饲养方式，当前仍有少量养殖者采用这种饲养方式。所谓地面平养，就是在鸡舍内地面上铺设一定厚度的垫料，舍内配置相应数量的喂料和饮水设施，以及匹配通风、温控设施。合理的鸡舍建设是地面平养取得良好生产性能的关键因素。为了鸡舍环境能够实现良好的环控，一般采用密闭式鸡舍，鸡舍长度一般不超过100 m、宽度12~16 m为宜，配备相应数量的湿帘、风机、加温设施、水线、料线，每批次饲养之前，鸡舍地面铺设10~15 cm厚的垫料，垫料要确保吸水性强、无毒、无刺激、无霉败，常用作垫料的原料有木屑、谷壳、甘蔗渣、干杂草、稻草等。

　　地面平养的设施还需要包括喂料系统、饮水系统、清粪系统。喂料系统包括料塔、料箱、传送管道、计量装备以及饲养面上的料线等。料线包括布料管道、除杂器、下料器、料盘以及升降装置和防鸡站立的防护罩等。饲料从布料管道通过下料器布料于料盘中，全料线的料盘几乎同时见料。这样的料线可以使鸡群均匀地分布于鸡舍饲养床面各个部分，不至于限食的鸡只在饥饿感情况下，听到布料信号就拥挤至首先见到的料盘或料槽周围，导致抢食、争斗、践踏甚至死亡的情况发生。饮水系统包括给水管线、饮水线两部分，配套设备有控制水压和水质稳定、过滤、消毒装置等。饮水水线为饮水系统的末端，主要为管道和饮水器以及提升装置。饮水器类型多种多样，有罩式自供饮水器、杯式饮水器、乳头式饮水器、自流饮水槽等，这四种饮水器与供水管直接相通，还有靠人工注入的饮水器，如静压钟罩式饮水器、吊式离地水盘等。饮水系统最重要的是防止漏水，保持饮水器附近干燥，否则会由于打湿粪便和垫料而产生恶臭，恶化舍内空气环境。清粪设备地面平养一般为一次性清粪，往往一个养殖周期清理粪便和垫料一次，之后进行彻底冲洗消毒。由于粪便堆积时间较长，要求鸡舍配备较强的通风设备，以控制鸡舍内有害气体的浓度不超标。通常采用拖拉机前悬接式清出粪便和垫料。

　　地面平养的优点是硬件一次性投资相对较低，单栋鸡舍饲养数量不大，适宜于农户或小型家庭农场采用，且地面养殖有利于展示鸡的活动天性，能更好地满足肉鸡的福利要求。然而，地面平养的缺点也是显而易见的，因肉鸡的生活和排泄物都在一个平面上，卫生难以管理，疾病防控难度较大，食品安全控制难度也随之增大。同时地面平养占地大，在我国农业用地日趋紧张的背景下，地面平养的缺点进一步凸显。

5.1.2　网上平养

　　网上平养是针对地面平养的缺点而改进的一种饲养方式，目的是实现肉鸡的生活平面和鸡粪分开，从而改善鸡舍环境。鸡舍建设和地面平养鸡舍无本质区别，只是在鸡舍内增加了网床。为了充分利用鸡舍空间，铺设网床的面积尽可能大，但为了便于管理，需留必要的过道。网床平面离地面高度以80 cm为宜，通常采用金属架构和金属网面，坚固且易于冲洗，养鸡期间，金属网面上再铺一层塑料网，网孔大小适中、塑料材质软硬适中。网床靠过道侧加装50 cm高的围栏。网床上配备喂料线和饮水线，有条件的可在网床下的地面上安装自动清粪设备。

5 白羽肉鸡高效养殖技术

与地面平养相比，网上平养肉鸡生活平面与粪便分离，可保持生活平面干净卫生、不潮湿，为肉鸡生长提供了良好的环境，减少了疾病发生率，尤其是对球虫病的防控有显著效果。选择弹性适中的塑料网面，可减少肉鸡胸囊肿和腿部疾病的发生率。舍内空气质量能够得到较好的控制，氨气、硫化氢等有害气体浓度较低，有利于肉鸡生长。实践表明，网上平养的综合养殖效益比地面平养明显提高，体现在料重比降低、均匀度较好、成活率提高、用药成本降低等方面。同时，网上平养也有一定的局限性，一次性投资明显高于地面平养，且土地利用率不高，清粪的难度稍大。

5.1.3 立体养殖

针对地面平养和网上平养土地利用率较低、养殖效率不高等问题，立体养殖已发展为我国白羽肉鸡首选的养殖方式。

5.1.3.1 立体养殖的形式

立体养殖的本质是多个平面层次的叠加养殖，是充分利用鸡舍面积、提高养殖效率的方法。立体养殖鸡舍的设计理念，旨在构建一个全密闭式的养殖环境，通过精准的环境控制技术，为鸡群提供一个恒温、舒适的生长空间。这种鸡舍不仅具备较好的隔热保温性能，有效抵御外界温度波动的影响，还配备了先进的通风换气系统，确保舍内空气新鲜，排除有害气体，维持适宜的湿度水平。

在密闭鸡舍中，配套的先进环境控制设施设备能够根据鸡只生长的不同阶段，高效、智能地调节舍内的温度、湿度、光照和通风等参数，实现养殖环境的精细化管理。这种精细化管理不仅有助于提高鸡只的生长速度和健康状况，还能有效减少疾病的发生，从而提升整体养殖效益。此外，饲养管理相关设备的配套使用，如自动喂料系统、饮水系统、清粪系统等，大幅提升了养殖的自动化水平，降低人工劳动强度，提高养殖效率。这些自动化设备的应用，不仅确保了饲料和水的供应稳定，还实现了粪便的及时清理，有效降低了环境污染的风险，为鸡只创造了一个更加洁净、健康的生长环境，是现代养殖业发展的主流趋势。

生产上常见立体笼养、立体平养、楼房养殖等形式。这些立体养殖方式通过多个平面层次的叠加养殖，充分利用了鸡舍面积，提高了空间利用率。立体笼养通过将鸡只分层放置在笼子中，实现了对鸡只生长环境的精细化控制；立体平养则通过在不同平面上设置饲养区域，提高了养殖密度，同时保持了鸡只的活动空间；楼房养殖则通过建筑设计，将鸡舍分为多层，每层都配备了完善的养殖设施，实现了养殖效率的最大化。

自2015年立体养殖技术逐渐成熟并开始快速推广，国内以产业化一条龙生产模式为主导的企业规模继续扩大，自动化、智能化技术快速推广应用，设施化水平不断提高，迅速扭转过去养殖工艺环境标准低、病死率高、兽药疫苗滥用、产品质量安全隐患大等严重影响消费者信心及产业健康发展的被动局面。在立体笼养的基础上通过智能化技术的升级，如物联网、云计算和人工智能等，一些大型企业已经在践行中国畜牧产业智能化生产4.0模式，面向智能、高效和绿色的未来发展趋势，极大地推动了传统养殖向现代化养殖的转变。因其优异的生产性能得到迅速推广应用，自2018年起新增或改造的养殖场已全部采用立体笼养的模式，经过5年的快速推广，截至2023年立体养殖已占白羽肉鸡85%以上的出栏量。

（1）立体笼养。早期肉鸡鸡舍和笼具与蛋鸡养殖笼类似，排列形式为3层或4层的阶梯式，往往采用人工方式开展喂料、清粪和通风等工作。随着养殖设备的进步，如机械化饲喂设备和自动清粪系统的开发改进，水平层状排列的层叠式笼具逐渐代替了阶梯式笼具。

当前，国内白羽肉鸡立体养殖的鸡舍，常见的规格为长度80～100 m、宽15～18 m，鸡舍建设模式图见图5-1。设备主体通常都采用装配式的钢结构框架和层叠式笼具（图5-2），并根据当地气候条件设计，合理选择墙体和屋顶的构造和建筑材料，拼接处做好密封填充处理，防止外界空气通过拼接缝隙渗透，以维持舍内负压和通风效率。近年来还出现了双层墙体，以及配套的空气预加热和过滤系统，从而达到良好的保温隔热，以及空气净化的效果，以便能更好地控制舍内环境，达到节能降耗的目的。该种模式在多个环节均实现了机械化、自动化操作，包括饲喂、饮水、清粪、光照、保温和通风等。

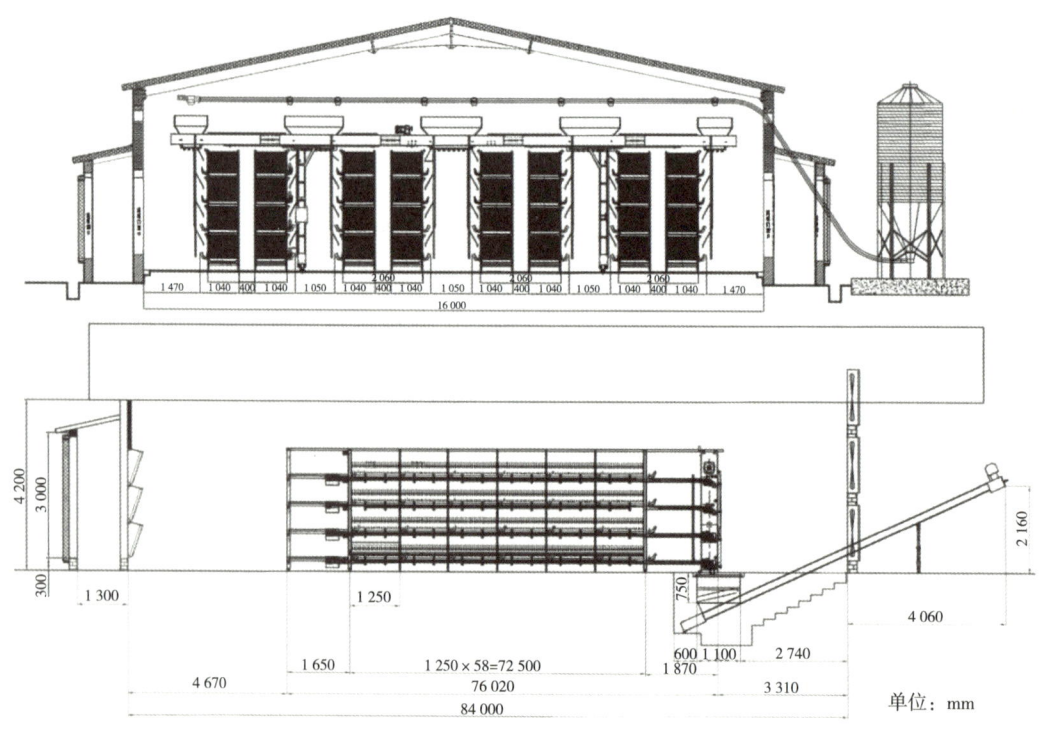

图5-1　4层肉鸡立体笼养鸡舍建设模式图（马腾　提供）

图5-2 白羽肉鸡立体笼养（马腾 提供）

在规模化企业生产实践中，在立体养殖模式基础上进一步集成智能化精准环境控制、绿色添加剂及无抗饲料、精准饲喂、生物安全防控等技术。这些技术和模式的配套应用，进一步提升养殖设施化程度，极大地改善了白羽肉鸡养殖环境，提高生物安全防控水平和养殖效率，实现节能降耗、节约土地、降低人工劳动强度。随着设施不断完善，立体养殖模式从目前的以3~4层为主向4~5层发展。

（2）立体平养。立体养殖的另一种形式是多层平养，可以理解为网上平养和立体养殖相结合的一种饲养方式，也可以被理解为大笼饲养。与笼养相比，多层平养可以为鸡只提供更为宽敞的活动空间，能够更好地发挥鸡的天性，所以立体平养更主要的是基于动物福利角度考虑。白羽肉鸡多层平养一般为2~4层，将网上平养的网床上下重叠式放置，成倍提升了单位面积饲养量。设备主体由网架、底网、塑料地板、粪便输送装置、饮水线和喂料线等部分组成。每列每层平养架从头至尾是畅通的，或有少量隔断区分为较大区域，鸡只可以自由活动。每一层架体上铺设塑料地板和底网，使得肉鸡无论站立或俯卧都较为舒适，可预防胸部水泡、肿胀或者足底受伤。每层下方设有清粪带，能够及时清理粪便。饮水线和喂料线均设置在平养架的内部，由饮水槽和料槽构成，共通过钢丝吊绳固定在平养架顶部的滑轮上，并与升降装置连接。

（3）楼房养殖。随着我国畜禽养殖规模化程度的不断提升，养殖土地资源的紧张态势日益凸显，养鸡模式也在从传统的平面向空间发展。大约从20世纪90年代起就有企业在探索建设楼房鸡舍，不断提高养殖密度和集约化程度。近些年，随着养殖设备和技术理念的发展，楼房养殖模式从2～3层发展到10层以上的楼房鸡舍。例如，广西某公司2017年建设的6栋10层楼房式智能化生态养殖场，年存栏60万套种鸡，总投资高达1.8亿元；2020年，广东某公司在贵州投资4 550万元建设了20栋双层环控平养鸡舍，每栋年产量高达9万只。

楼房养鸡模式的优点明显。首先，它能够显著节省土地资源。在有限的养殖基地上，每层楼房都相当于一个集约化的养殖鸡舍，从而可以在同样的空间内养殖更多的鸡。其次，这种高度集约的养殖方式，使得养殖运行和管理变得更加便捷和高效，节省了大量劳动力。此外，大部分楼房养鸡企业都广泛应用了自动化设备，实现了自动喂料、自动清粪等功能，大大降低了对于人力的依赖，提升了养殖效率。再次，楼房养鸡模式有利于集中粪污处理，对环境更加友好。通过集中无害化处理粪污，不仅可以保护生态环境，还能及时清粪，减少鸡舍异味。最后，楼房养殖模式在生物安全方面也具有显著优势。全封闭的管理模式和全进全出的养殖方式大大降低了外界疾病传入的风险，为鸡群的健康提供了有力保障。

然而，楼房养鸡模式也存在一些不可忽视的缺点。首先，成本投入高昂。从各大企业的投入成本来看，高楼养鸡需要雄厚的资本实力才能运作。这其中包括了环保设备、空气风机设备、自动清粪及粪污处理设备、建筑成本以及智能化设备成本等多方面的投入。其次，对于疾病防控的要求也更高。由于楼房养鸡模式下鸡舍养殖密度大、舍内有害气体浓度高等问题，使得疾病的防控面临更大的挑战。最后，水电安全防范要求也相应提高。虽然楼房养鸡让养殖更加集约化，但同时也增加了管理压力。特别是在水电管理方面，需要制定更加周全的预案以应对可能出现的突发情况。

5.1.3.2　立体养殖的主要设施设备

相关设施设备的配套协同使用，为立体养殖实现自动化、智能化、智慧化提供了最大的可能性。

（1）笼具。笼具是立体养殖的重要投资设备，当前国内白羽肉鸡立体养殖均采用"H"形重叠式笼具，以3～5层较为常见，也有部分采用6～8层，更高层的。笼具主体材质镀锌防锈，结构稳定，使用寿命大于15年。单栋鸡舍常见4～6列笼具，每列间隔1.0 m以上作为过道，每列双侧笼中间留30～40 cm的通风道，可有效提升笼内的空气交换效率。单笼尺寸无硬性规定，常见的笼深70 cm，笼宽70～140 cm，单笼面积0.5～1.0 m²，但要保证每只鸡不少于6 cm的料槽采食位置。笼具门一般为整体内推式，方便入雏和出栏时的人员操作。围绕笼具主体，笼层底部安装有传送带式清粪系统，料槽前有滑轨及安装其上的播种式或行车式的喂料系统，每行笼具中央悬吊安装有乳头式饮水系统等。笼底金属网上都配备有聚乙烯中孔塑料网，大大降低了肉鸡胸囊肿病及腿病的发生。

（2）自动喂料和饮水设备。自动喂料设备一般为自动化播种式或行车式喂料系统，配备故障急停和报警装置。喂料系统应用可调式加料漏斗和分料漏斗，可根据肉鸡不同生长期体型变化进行喂料量的调整。笼具采食口设计为可调节高度，以适应不同日龄肉鸡采食。每栋鸡舍配套可储存2 d以上饲料量的独立料塔。以单栋饲养量5万只为例，为了满足饲养后期采食量大的情况，料塔容量应在15 t以上。

自动饮水设备（图5-3）包含供水设备、水表、过滤器、自动加药器、饮水管、360°饮水乳头、接水槽（杯）、调压阀、水管高度调节器、水线液位显示等。鸡舍水线进水处设置加药器，方便便捷、自动地向饮水中添加药物和疫苗。水线每层安装有一套调压阀和过滤器，以3层笼养为例，每列水线6条，饮水乳头按固定间隔分布在水线上，每个乳头可供8只肉鸡饮水使用。水压调节保持鸡舍总水压0.3 MPa以上，水线乳头出水量在60 mL/min左右。通过智能水表的数字信息，可根据鸡群每天的饮水情况，判断鸡群的健康状态。除管道外，饮水系统有乳头和调压阀以及过滤器等主要设施，需定时维护和保养，防止饮水乳头堵塞，避免细菌和藻类滋生。

图5-3　肉鸡立体笼养供水系统（马腾　提供）

（3）自动清粪设备。自动清粪设备采用履带式清粪系统（图5-4），包括纵向、横向、斜向清粪传送带、动力和控制系统，可实现高效且及时清理，避免粪便在舍内长时间滞留。每层笼底均配备鸡粪传送带，将鸡粪纵向传输送到鸡舍尾端，再通过尾端横向和斜向传送带输送至舍外，保证"粪不落地"。清粪传送带为聚丙烯材料，具备防静电、抗老化、防跑偏功能。每层笼上方设置顶网，以避免鸡只接触上层传送带的粪便。及时清理鸡粪极大地改善了舍内环境，避免粪便在舍内发酵分解，向舍内空气中释放硫化氢、氨气、颗粒物以及微生物，这对提高养殖环境质量、保障肉鸡生产成绩和生长健康非常重要。

图5-4 肉鸡立体笼养清粪系统(马腾 提供)

（4）自动智能环控设备。自动智能环控设备是立体养殖的关键核心设备系统，包括光照自动控制系统、通风系统、供暖系统，以及水帘降温、喷雾消毒、控制中心和环境参数感知设备等。

照明采用LED灯或节能灯，控制系统根据鸡群日龄需要设定光线的强弱和照明时间间隔。

通风系统一般包括纵向通风和侧窗通风等相关设施。纵向通风通常在鸡舍后部配备足够数量和功率的高效拢风筒风机，以维持负压和通风量的需求。舍内负压一般保持0.125~0.250 cm水柱较为适宜，最大通风风速需>3.0 m/s。鸡舍两侧墙需间隔0.8~1.2 m距离设置通风小窗，规格为30 cm×60 cm（根据当地气候选用适宜尺寸）。侧窗通风主要依靠分布安装在鸡舍侧墙上的通风小窗和通风管等设施。通风小窗的设计和导流板的安装角度非常重要，保证进入舍内的冷风不能直接吹在鸡身上。同时，也有鸡舍选择额外添加通风管作为辅助通风换气装置，其直径约20 cm，舍内部分以固定距离设置直径约2.5 cm的通风口若干。

鸡舍中温度调节设施设备为水帘、暖气和空气能加热器等，其降温和加热能力需适应当地的气候条件。湿帘厚度一般在15 cm以上，配有自动控制湿帘开启的水泵等。有的鸡舍还会配备喷雾系统，在有需要时进一步降低舍内温度，提高湿度，或用于开展舍内消毒作业。供暖系统主要是采用水暖供热，配套锅炉、循环水泵、管道、分水器。通过管道、分水器把热水送到地暖管或笼具周围水暖管道，放热后再循环回流至锅炉加热，当水损失时由水箱通过添加软化水来补充。无论地暖还是水暖管都发热均匀，使热能在舍内由下而上平稳传递，形成梯度温差，有利于舍内冷热循环，提高整体热效率，使温度、湿度更稳定、易控制。辅助加温设备常见的有电热伞、红外灯等，它们通过电能维持一定区域或局部温度；暖风炉或直燃机等使用煤油或天然气等燃料，通过正压将燃烧热量引入鸡舍中，快速提高鸡舍温度。

鸡舍内环境控制系统核心架构主要由高精度的传感器网络和高效的控制中心构成。在鸡舍内部，环境参数感知探头被精心布置于多个关键点位，可实时捕捉并传递环境动态数据，涵盖了温度、湿度、二氧化碳浓度、氧气含量、氨气浓度以及风速等关键参数。控制中心负责对这些数据进行高效处理与智能分析，依据预设的养殖阶段参数标准，对鸡舍环境进行实时监控与调整。例如，在高温季节，控制中心会根据实时温度数据，自动启动通风系统，增强空气流通，确保鸡舍内部温度适宜；而在氨气或二氧化碳浓度超标时，系统则会在维持舍内温度相对稳定的前提下，及时调整通风量，以降低有害气体浓度，保障鸡只健康。

（5）其他设备。除了上述基本设施设备以外，鸡舍自动巡检、疾病预警等智能化系统、粪污收集和资源化利用等设备的应用也逐渐普及，为进一步提高肉鸡立体养殖水平注入新的动力。

5.1.4　不同饲养方式的优缺点

与地面平养和网上平养相比，立体养殖具有明显的优势。例如，自动清粪带的发明和应用，直接隔离了鸡只和粪便，极大地改善了舍内空气环境，又切断了许多重大疾病的传播途径。通过立体层叠式笼具成倍提高单位面积养殖量，单人饲养量从3 000只提高到10万只，单栋鸡舍饲养量从平养的5 000～20 000只提高至4万～6万只，单场规模从5万～10万只提高至40万～60万只。出栏相同数量的白羽肉鸡，立体笼养可以节约用地60%以上，减少与种植业争地。同时高度集约化极大地方便了养殖设施化设备的应用。智能化精准环境控制技术和数字化物联网平台技术等的引入，这些技术在高密度养殖条件下保障了优良的环境，大幅减少了药物的使用，更提高了肉鸡的生产成绩、缩短了养殖周期。立体养殖实现了多学科、多领域、多技术的融合，在降低饲料消耗、提升生产效率、提高标准化水平、保障食品安全等方面具有突出的优势，符合肉鸡养殖方式的发展大方向。它代表着先进的生产力，形成了肉鸡高效健康养殖的"中国模式"。

然而立体养殖也存在一些缺点和有待改进之处。首先是立体笼养一次性投入很大，中等水平的鸡舍，每只鸡位的投资通常在50～60元，一栋鸡舍存栏4万～5万只，投资就高达近300万元，一般小农户难以承担。其次，立体笼养要想取得良好的生产成绩，对养殖者的业务水平要求高，而高水平的养殖技术人员较为缺乏，培育高素质的从业人员是一项重要的任务。

纵观我国白羽肉鸡地面平养、网上平养和立体养殖的生产性能（表5-1），立体养殖表现出明显的优势。

表5-1　白羽肉鸡三种饲养方式生产性能比较

饲养方式	出栏日龄（d）	出栏体重（kg）	料重比	成活率（%）	平均欧洲效益指数
地面平养	42	2.5~2.7	（1.6~1.7）：1	95~97	360
网上平养	42	2.6~2.8	（1.55~1.65）：1	96~98	390
立体养殖	40	2.8~2.9	（1.4~1.5）：1	98以上	480

5.2　白羽肉鸡饲养环境及控制

影响白羽肉鸡生产的环境因素主要包括温度、湿度、光照、密度、有害气体、颗粒物、噪声等。合适的饲养环境是保障肉鸡健康生长和遗传潜力充分发挥的重要基础。肉鸡饲养环境控制通常在科学鸡场选址、鸡舍设计、设备选择、饲养管理等基础上，通过合理的供热、通风、降温设施和科学的环境控制参数来实现。通过科学合理地配置和管理这些要素，为肉鸡的健康生长和生产效益提高创造良好的舍内环境。

5.2.1　温度

温度是主要环境因素之一，适宜的环境温度能够保证肉鸡健康和生产性能的发挥。

5.2.1.1　舍内温度对肉鸡健康的影响

舍内温度影响鸡体热调节。动物机体产热和散热保持着对立过程的动态平衡。在肉鸡生长的每个阶段都有一个最佳温度区域，若环境温度过高或过低，超出了最适温度范围，将导致鸡的体温调节失衡，产生应激反应，严重时可引起死亡。舍内温度过高，鸡体内热量散失出现障碍，导致机体代谢平衡发生紊乱。热应激导致采食量下降、体内氧化应激加剧、中枢神经紊乱、饮水频繁、消化吸收功能减弱等问题，给肉鸡生产带来巨大损失。高温危害鸡体的机理如图5-5所示。低温环境下肉鸡的能量消耗增加，饲料利用率降低。低温可导致肉鸡出现冷应激，引起免疫力低下、易感疾病等问题，减缓肉鸡尤其是雏鸡的生长速度。低温危害的机制如图5-6所示。

舍内温度影响鸡的抵抗力。频繁的温度变化会干扰肉鸡的免疫系统，降低其抵抗力。陶秀萍等（1997）的试验表明，高温对鸡体液免疫和细胞免疫都有不良的影响。环境高温显著影响免疫器官发育，降低肉鸡胸腺、法氏囊和脾脏等免疫器官的相对重量。热应激提高机体内皮质酮的水平，皮质酮和胞浆内的特异受体结合形成激素——受体复合物，抑制淋巴细胞激活因子和T细胞生长因子的产生，抑制自然杀伤细胞的活动，降低机体免疫力。环境温度过高或过低都会加重病原菌感染病情和延长病愈时间。

舍内温度影响鸡群的营养状态和饲养管理。高温导致食欲下降，采食量减少和消化系统功能减弱，导致营养物质摄入不足，引起鸡体营养不良，抵抗力下降。天气寒冷时，代谢加强，饲料报酬降低；舍内温度过高或过低时，若采取的饲养管理措施不当，也会影响肉鸡的健康。

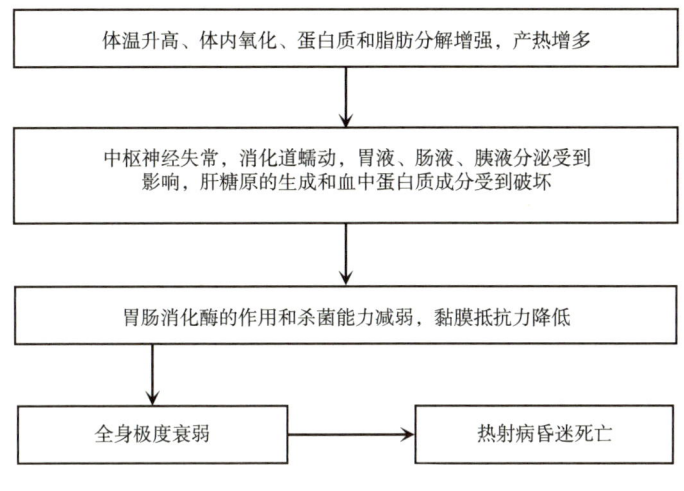

图5-5　高温危害鸡体的机制（徐彬　提供）

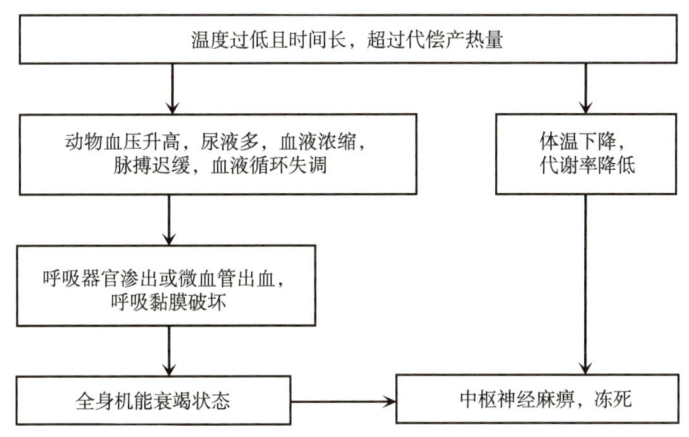

图5-6　低温危害鸡体的机制（徐彬　提供）

5.2.1.2　舍内温度的控制措施

鸡体缺乏汗腺，对热较为敏感，特别是肉鸡，体大肥胖，易发生热应激，影响生长，甚至引起死亡。如肉鸡育肥期最适宜温度范围是18～21℃，高于25℃生长速度会下降，高于32℃就可能因热应激而引起死亡；温度较低时会增加饲料消耗，冬季要采取措施防寒保暖，使舍内温度维持在18℃以上。因此，有必要采取措施控制舍内温度，提高生产性能。

提高鸡舍的保温隔热性能。舍内温度高低受舍内热量多少和散失程度的影响，鸡舍保温隔热性能可以有效隔绝夏季外界高温、减少冬季热量散失，是保持舍内温度稳定、降低能耗的关键。散热的多少取决于建筑材料、结构、厚度、施工情况和门窗情况。屋顶和墙壁是鸡舍最易散热的部位。最好聘请专业的建设团队来建设鸡舍，保证鸡舍密封性好，墙体和屋顶隔热性能好，这样的鸡舍一年四季受舍外的气候影响不大。

舍内温度监测方法。温度计的位置直接影响所测育雏温度的准确性。4层阶梯式鸡笼温度检测可在距离过道地面高度0.2 m和1.6 m两个水平面横向分布测温点（冬季）、距离地面高度0.4 m、1.2 m、2 m三个水平面分布测温点（夏季）（董耀宗，2022）。

使用先进、节能的加温设施。所有的白羽肉鸡舍均需要有加温设施，以满足舍内所需的温度。加温设施要稳定可靠。供温设备应能满足一年四季需要，特别是冬季的供温需要。加热设施分为集体供暖设施（如热水散热暖风机采暖系统、地源热泵采暖系统）和局部供暖设施（如热风机/电暖炉等），可根据养殖场情况选择适宜的供温设备。热风炉供暖为传统的鸡舍加热设备，但因近年来环保要求，逐步被淘汰。热水散热风机采暖系统由热水锅炉、管道及热风机组成，供热速度快、安装方便、温度调节方便，是鸡舍比较理想的供暖设备。该系统在供热来源上有生物质燃料、天然气、电等。地源热泵系统是以地热能作为热泵夏季制冷的冷却源、冬季采暖供热的低温热源的一种系统，节能环保优势明显，但是投资高、不易推广。空气能热泵是利用环境空气中的热量进行制冷或制热的，其组成包括蒸发器、膨胀阀、冷凝器与压缩机等。空气能热泵的工作原理是液态工质首先在蒸发器内吸收空气中的热量形成蒸汽，经压缩机压缩成高温高压气体，进入冷凝器内冷凝成液态把吸收的热量传递给需要加热的水中，液态工质经膨胀阀降压膨胀后重新回到膨胀阀内，吸收热量蒸发而完成一个循环。虽然目前空气能热泵安装成本较高，且在严寒地区运行时会受到局限性。但由于其具有更高能效和安全性，且环境污染低等优势，是目前最值得推广的供热方式。

降温设施与调控措施。夏季鸡舍降温最有效的方法是风机-湿帘降温系统，主要由风机、湿帘、水泵、水管等组成，风机和湿帘通常安装在鸡舍对向的墙壁上，通过负压抽风带走水蒸发的热量达到降温的目的。湿帘降温系统使用要依据舍内外温度变化及天气变化情况，在使用过程中受到水温、过帘风速、鸡舍排风量等的影响，如外界温度较低的早上和晚上，只需开启风机即可实现降温。在水泵温度低于28℃或相对湿度高于80%的时候不宜开启湿帘；舍内温度高于28℃时候，鸡群有明显的热反应时即要开启湿帘风机降温系统。舍外高温高湿时开启湿帘降温效果较差，应通过加大通风量来实现降温目的。降低水温有利于提升水帘的降温效果。湿帘通常设有耳房，便于清洁与维护。

饲养管理上防控热应激和冷应激。在炎热夏季保证充足洁净的饮水可以减少热应激，饮水中添加维生素、电解质等可缓解肉鸡热应激的影响。降低饲养密度，单位空间产热量减少有利于舍内温度降低和减少热应激。夏季肉鸡育肥时饲养密度可降低15%～20%，减少鸡舍中鸡的数量。

5.2.2 湿度

鸡舍内适宜湿度可增加鸡体的舒适性，有利于肉鸡生长发育和健康。湿度是指空气的潮湿程度，养鸡生产中常用相对湿度表示。鸡舍内湿度来源主要包含外界空气水分、内部环境水分蒸发和鸡呼吸产生的水汽。由于水汽比干燥空气轻，因此鸡舍上部的湿度通常较高。舍内湿度变化受到温度、通风、饲养管理等影响，湿度与风速之间存在负相关，鸡舍内相对湿度控制在50%~70%较适宜。

5.2.2.1 舍内湿度对鸡体的影响

高温高湿对鸡体的影响。高温高湿影响鸡体的热调节。当环境温度超过热舒适区后，肉鸡的产热和散热不再平衡，需要通过加快呼吸等途径增加散热，高温导致大量的热量积聚在鸡体内不能消散，使热应激更为严重；间歇性高温（31℃）、高湿（85%）、间歇性高温（31℃）和高湿（85%）的交互作用均显著降低肉鸡的平均日增重和平均日采食量，且高温高湿会升高肉鸡体温，造成酸碱平衡紊乱（周莹等，2015）。高温高湿环境有利于病原微生物及霉菌的存活和繁殖，同时鸡体的抵抗力降低，传染病的发生率升高。高温高湿的季节，鸡的寄生虫病、皮肤病和霉菌病及中毒症容易发生。

低温高湿对鸡体的影响。高湿环境空气中水汽量大，其热容量和导热性均高，潮湿空气导致机体羽毛湿度增大，增加其散热量，低温高湿环境鸡体感到更加寒冷，加剧了冷应激。鸡易患感冒性疾病，如风湿症、关节炎、肌肉炎、神经痛等，以及消化道疾病（下痢）。寒冷冬季，相对湿度大于85%，生产性能和饲料转化率都显著下降。

低湿高温对鸡体的影响。低湿环境中，鸡体皮肤或外露的黏膜发生干裂，降低了对微生物的防卫能力；低湿有利于尘埃飞扬，鸡吸入呼吸道后，尘埃可以刺激鼻黏膜和呼吸道黏膜，同时尘埃中的病原一同进入体内，容易感染或诱发呼吸道疾病，特别是慢性呼吸道疾病。低湿造成雏鸡脱水，不利于羽毛生长，易发生啄癖。低湿还有利于某些病原菌的成活，如白色葡萄球菌、金色葡萄球菌、鸡沙门氏菌，对具有包囊病毒的存活也有利。鸡舍内35%的相对湿度会降低生长后期肉仔鸡生产性能、血液及肌肉的抗氧化能力（魏凤仙等，2012）。

5.2.2.2 舍内湿度控制措施

空气湿度环境与温度协同作用，容易对鸡产生不良影响。所以应该保证鸡舍适宜的湿度。舍内相对湿度低时（低于45%），可以采取喷雾、洒水等方式增加湿度，雏鸡舍或舍内温度过低时可以喷洒热水。当舍内相对湿度过高时（高于75%），可以采取加大通风换气量的措施，排出舍内多余的水汽，换进较为干燥的新鲜空气，减少舍内水分含量。舍内温度低时，要适当提高舍内温度，避免通风换气引起舍内温度下降。

5.2.3 白羽肉鸡对温度和湿度的要求

根据白羽肉鸡自身的生理特点，结合生产经验，提供相应的环境温湿度。这里所述的温度指的是体感温度（Apparent temperature，AT），而非温度计温度。体感温度受环境温度、相对湿度、风速、鸡的大小、羽毛覆盖程度、鸡的健康状况等因素影响。体感温度可根据以下公式估算：

$$AT=温度-风速\times 风冷系数+（湿度-目标湿度）\times 湿热系数$$

式中，风冷系数值可参考：1日龄8.0，7日龄6.0，14日龄5.0，21日龄4.0，28日龄3.5，42日龄3.0。湿热系数：0.05~0.1。

体感温度是否合适可观察鸡在笼内分布情况、行为等。合理的体感温度，鸡只分布均匀、无躁动且无异声、张口率10%~20%为宜。若眯眼鸡只较多，则表明体感温度较低，若张口呼吸比例大于20%则可能体感温度偏高。鉴于温度和湿度协同对肉鸡的生长发育产生影响，故以白羽肉鸡为例，提出温度和湿度的协调要求，见表5-2。

表5-2 白羽肉鸡温度湿度要求

日龄	体感温度标准（℃）	湿度标准（%）	日龄	体感温度标准（℃）	湿度标准（%）
0	33.0	60~70	21	27.4	50~65
1	33.0	60~70	22	27.0	45~65
2	32.6	60~70	23	26.6	45~65
3	32.2	60~70	24	26.2	45~65
4	31.8	60~65	25	25.8	45~65
5	31.4	60~65	26	25.4	45~65
6	31.0	60~65	27	25.0	45~65
7	30.6	60~65	28	24.6	45~65
8	30.2	50~65	29	24.2	45~65
9	30.2	50~65	30	23.8	45~65
10	30.2	50~65	31	23.4	45~65
11	29.8	50~65	32	23.0	45~65
12	29.4	50~65	33	22.6	45~65
13	29.0	50~65	34	22.2	45~65
14	28.6	50~65	35	22.0	45~65
15	28.2	50~65	36	22.0	45~65
16	28.2	50~65	37	22.0	45~65
17	28.2	50~65	38	22.0	45~65
18	27.8	50~65	39	22.0	45~65
19	27.4	50~65	40	22.0	45~65
20	27.4	50~65			

注：数据来源于AA和Ross 308肉鸡养殖手册。

5.2.4 通风

通风控制是肉鸡生产舍内环境控制的核心和关键点。通风的主要目的是通过减少热量蓄积带走水汽，维持合适温度和湿度，排出舍内氨气、二氧化碳、颗粒物等有害因子，同时输入新鲜空气，以维持舍内环境的良好状态，促进肉鸡的健康成长。立体笼养肉鸡舍通风设备通常包括风机、小窗、湿帘和控制器等。这些设备通过不同的方式实现通风换气，确保舍内环境质量。

5.2.4.1 通风对鸡体的影响

排除过多的热量。在炎热的季节，肉鸡通过喘气来排除体内的热量。通风可以有效地降低鸡舍内的温度，减少肉鸡因高温而产生的热应激，避免因热量蓄积而导致的体温升高、食欲下降、生产性能降低，甚至死亡的风险。

排除过多的湿气和有害气体。通风可以排除鸡舍内的多余水汽、氨气和二氧化碳等有害气体以及颗粒物等，减少这些环境因子对肉鸡健康和生产性能的负面影响。

提供充足的氧气。肉鸡的生命活动离不开氧气，良好的通风可以确保鸡舍内有充足的氧气供肉鸡呼吸，有助于维持其正常的生命活动和健康状态。

5.2.4.2 通风方式

在设计通风系统时，先根据待安装的风机性能算出应配备的风机台数，结合鸡舍建筑、气候条件、养殖模式、生长阶段等采用合理的通风方式和控制技术参数。鸡舍的通风分自然通风和机械通风两种。

自然通风主要是依靠自然风力和温差的作用进行。鸡舍窗户对称且均匀分布可保证通风均匀。鸡舍可安装上下两排窗户，根据不同季节通风量要求，开关部分窗户达到通风要求。而在冬季，还可安装挡风板，使风速降低后均匀进入鸡舍，以防冷风直接吹到鸡只。

机械通风是肉鸡集约化养殖模式下调节舍内环境的主要方法，适用于现代化密闭式肉鸡舍。密闭式鸡舍的机械通风方式主要包括两种，即横向式通风和纵向式通风，现代化鸡舍设计一般都同时采用这两种通风方式。

横向式通风主要分为正压系统和负压系统两种设计。正压通风是指通过增加鸡舍内气压来达到向室外排放室内空气的目的。即在鸡舍外部建立一个高压环境，空气会从高压环境向低压环境流动，从而实现正压通风，主要是靠风机将外界空气吸入舍内，舍内气压大于舍外气压，舍内空气利用压力差由排气口排出的气体交换方式。正压通风其优点在于可对进入的空气进行过滤且气密性要求低，也可以将舍内气体以正压的形式通过敞开的门或窗排出，能有效调节舍内温湿度和空气质量。但该方式存在设备成本高、安装难度大、适用范围较窄等缺点，故在生产实践中使用较少。目前正压通风主要用在SPF鸡舍。负压通风指在鸡舍内建立一个低压环境，室外空气会从高压环境向低压环境流动，从而达到舍内环境的净化和调节。负压的效果只有通过完全封闭的鸡舍才可达到。

纵向式通风是指在密闭鸡舍应用机械通风系统，空气从鸡舍的一端自由地进入鸡舍并由安装于鸡舍另一端的大功率风机排出，从而达到降温换气目的。纵向式通风模式具有通风和降温效果良好、设计安装简单、成本较低等优点，是规模化肉鸡养殖场普遍采用的通风模式。

5.2.4.3 肉鸡立体养殖常用的通风模式

立体笼养肉鸡生产中的通风包括3种通风模式，即最小通风模式、过渡（混合）通风模式和纵向（隧道）通风模式，分别适用于不同日龄的鸡群及不同季节养殖肉鸡。

最小通风模式主要应用在寒冷季节和育雏期间，主要为横向通风，达到维持舍内稳定的温度，满足最小通风换气量，保障鸡舍环境舒适及正常的氧含量的目的。该模式适用于1~2周龄肉鸡或连续5 d气温低于10℃的天气，每千克体重通风量≥1.0 m^3/h。

过渡通风模式是一种混合的通风方式。在天气较温和时，或者在鸡生长过程中介于需要最小通风和需要高速气流的以防止热量积累的过渡时期，使用过渡式通风模式能够更精准地控制舍内环境。采用此种通风模式，通风量为每千克体重换气量≥1.5 m^3/h。

纵向通风模式也称隧道通风，以降温为主要目的，兼顾换气，利用风冷效应使鸡的体感温度达到或接近目标温度（潘爱銮，2021）。通风量大小还要与舍外温度、鸡的体重等因素综合考虑，建议通风量如表5-3所示。

表5-3 白羽肉鸡商品鸡通风换气量　　　　　　　　　　单位：m^3/（min·只）

外界温度（℃）	周龄	2	3	4	5	6	7	8
	体重（kg）	0.35	0.70	1.10	1.50	2.00	2.45	2.90
15		0.012	0.035	0.05	0.07	0.09	0.11	0.15
20		0.014	0.040	0.06	0.08	0.10	0.12	0.17
25		0.016	0.045	0.07	0.09	0.12	0.14	0.20
30		0.02	0.05	0.08	0.10	0.14	0.16	0.21
30		0.06	0.06	0.09	0.12	0.15	0.18	0.22

注：数据来源于河南大用实业有限公司养殖手册。

5.2.4.4 舍内通风控制措施

通风管理过程中，需要特别关注通风与温度控制之间的协调。通风虽然有助于排出有害气体和保持空气新鲜，但过度的通风可能会导致舍内温度下降，对肉鸡的生长产生不良影响。因此，在通风时，应根据舍内温度的变化，适时调整通风设备的运行，以保持舍内温度的稳定，具体措施如下。

根据季节和天气条件选择合适的通风方式。在春秋季节和天气较为温和时，可采用自然通风；夏季高温时，通风和降温是首要任务。可以通过增加通风量和使用湿帘等方式来降低舍内温度。在冬季寒冷时，应在保证通风的同时，采取适当的保温措施，如使用保温材料、封闭部分通风口等，以保持舍内温度的稳定。

通风量的大小应根据鸡舍规模、饲养密度、鸡只日龄、舍外温度等因素进行合理调整。在饲养初期，由于鸡只较小，饲养密度相对较低，通风量可适当减少；随着鸡只日龄的增长和饲养密度的增加，通风量应逐渐增大。

通风时间的选择应考虑舍外温度、风向、风速等因素。在舍外温度较高、风向有利于通风时，可适当延长通风时间；在舍外温度较低、风向不利于通风时，应适当缩短通风时间，避免冷空气直接吹向鸡只。

通过安装温湿度传感器、二氧化碳浓度监测仪等设备，实时监测鸡舍内的环境参数，确保通风效果良好。当发现通风不良或有害气体浓度超标时，应及时采取措施进行改善。注意比较不同监测点的空气质量差异，确保舍内通风的均匀性。

如在突然停电或风机故障时，应立即打开天窗和边窗进行自然通风；在极端高温或低温天气时，应采取额外的降温或保温措施，如使用冰块、喷雾降温等。

通风要求受到硬件、外部气候（气温、湿度、风速、风向等）、鸡的品种、日龄、体质等影响。因此不能给出一套放之四海而皆准的通风参数，不能生搬硬套，而是要知晓调控通风的方法，不断研究调试，总结出适合自身的通风模式。

5.2.5 光照

鸡对光信号非常敏感，不同的色温、光源类型、光照时间与强度等会产生不同的作用，且不同的生长阶段对光照的需求不同，合理的光照可以促进肉鸡生长，促进机体生长、发育，提高生产效益。在养殖过程中根据具体情况进行调整和控制，以达到最佳的养殖效果。

5.2.5.1 光照对鸡体的影响

适宜的光照可以促进肉鸡的骨骼生长和羽毛生长，提高生长速度和体重。例如，在人工光照条件下，通过控制光照周期和光照强度，可以使肉鸡的生长速度通常比自然光照条件下更快，体重也更大。雏鸡入舍时，较强的光照可以使其更为活跃，有助于适应环境，并更快地找到饲料和饮水。这对于提高饲料采食量，以及促进消化及免疫系统发育非常必要。然而，过高的光照强度会增加肉鸡的应激反应，导致严重的啄癖行为，影响生长性能。因此，需要避免过强的光照。

光照会影响肉鸡的生产性能,包括出栏率和肉品质。适宜的光照条件可以提高肉鸡的出栏率和肉品质。不同的光照制度对肉鸡的生长性能有不同的影响。例如,低光照强度下可提高肉鸡的日增重,提高养殖的经济效益。间歇光照和变程光照的肉鸡生产性能优于常规光照。

光照还可以调节肉鸡的生物钟,维持其良好的生物节律,提高其生活质量和健康水平。适宜的光照强度和光照周期能增强肉鸡抗氧化和抗应激功能。然而,过强或过弱的光照都可能对肉鸡的健康产生不利影响。过强的光照会导致肉鸡的新陈代谢增加,过度的精力消耗,影响生长速度。而过弱的光照则可能使肉鸡进食不足,营养摄取不足,无法达到预定的生长目标。

5.2.5.2 肉鸡光照需求

光色是由波长决定的,蓝光和绿光属于短波长光,红光属于长波长光,蓝绿光比红光和白光更能提高肉鸡的生产性能,肉鸡对蓝光和绿光的偏好也胜于红光和白光。绿光在生长早期促进肉鸡生长,而蓝光在生长后期效果更为显著。蓝、绿光下饲养的肉鸡增重效果显著高于红、白光下饲养的肉鸡,且行为模式也有所不同(黎鸿彬等,2024)。

肉鸡光源选择较多,主要有白炽灯、荧光灯、卤素灯和LED灯。白炽灯光谱相对全面,但是耗电量大、发光量小;LED灯使用寿命长,强度和光谱可变,但是购买成本比白炽灯高;卤素灯光谱全,亮度高,但是使用寿命较短,目前鸡场主要采用LED灯作为光源。灯型主要有灯泡、灯管、灯带,相比于灯泡,灯管光照均匀但成本高,灯带光照均匀但光衰快且维护成本高。

鸡群不同的发育阶段,其对光照强度的需求不一,应根据鸡群生产用途及发育阶段不同,对应地调整光照强度。24 h为一个光照周期,光照强度和光照时间一般配合应用。生产中,光照强度的数值对比应建立在统一的光色基础上。过高的光照强度会导致肉鸡活动增加,饮水增加,饱腹感增强,从而导致采食减少,影响增重,对肉鸡肠道发育有一定的抑制作用。强光照环境容易引起肉鸡的神经系统过度兴奋,引起营养吸收不良,出现啄癖、脱肛和神经质等症状,导致饲料转化率降低;弱光照强度有利于体内脂肪沉积,提高增重,但长时间在较暗光环境下,鸡群的采食、活动和代谢强度等会减少,有可能影响其生长发育。在肉鸡集约化生产中,5 lx是最适宜肉鸡生长的光照强度,中大鸡群光照强度一般控制在15 lx以下;育雏期要确保采食和饮水,光照强度应控制在50 lx以内。

5.2.5.3 光照方案

分为连续光照和间歇光照方式。

连续光照。生产中将连续光照24 h或光照23 h黑暗1 h称为连续光照,黑暗1 h的目的是使肉用仔鸡能够适应和习惯黑暗的环境，不会因停电而造成鸡群应激、拥挤等问题。连续光照方案见表5-4。

表5-4 肉鸡的连续光照方案

日龄（d）	光照时间（h）	黑暗时间（h）	光照强度（lx）
0～3	22～24	0～2	20
4～7	18	6	20
8～14	14	10	5
15～21	16～18	6～8	5
22～28	18	6	5
29～上市	23	1	5

注：在生产中光照强度的掌握是，若灯头高度2 m左右，1～7日龄为4～5 W/m^2；8～21日龄为2～3 W/m^2；22日龄以后为1 W/m^{2}左右。

间歇光照。在1个光周期中出现1个明期和暗期称为限制性光照或变程光照（包括渐增光照、渐减光照、先减后增、先增后减等）；1个光照周期内交替出现2个或2个以上的明期和暗期称为间歇光照。国外或我国一些大型的密闭鸡舍采用间歇光照。大量的试验研究表明，施行间歇光照的饲养效果好于连续光照，可以显著提高肉鸡的生产性能、增强肉鸡抗应激和免疫能力、提高肉鸡的肉品质、降低全群死淘率、提高经济效益。但采用间歇光照方式，鸡舍必须能够完全保持黑暗。同时，必须具备足够的吃料和饮水槽位。

5.2.5.4 光照控制注意事项

光照亮度要均匀，避免局部过亮或过暗。采光窗要均匀布置；安装人工光源时，光源数量适当增加，功率降低，并布置均匀，有利于舍内光线均匀。

光源要安装碟形灯罩；经常检查和清洁灯泡，确保其正常工作并避免灰尘积累影响光照效果；定期更换老化的灯泡，以保持光照的稳定性和效果。

光照制度不宜频繁变动，应保持平稳。在使用遮黑鸡舍或环境控制鸡舍时，应特别注意光照时间和强度的恒定，以避免对鸡的生长和繁殖产生不良影响。

根据鸡的生长状况和外界环境条件，可以适时调整光照时间和强度。例如，在鸡群出现啄羽和啄肛现象时，应降低光照强度。在育成后期或产蛋期，可以根据需要增加光照时间和强度，以促进鸡的生长发育和提高产蛋性能。

5.2.6 有害气体

肉鸡养殖规模大、密度高，鸡只呼吸、排泄物分解等会产生大量的有害气体，主要有氨气、硫化氢、二氧化碳、一氧化碳等，这些气体污染鸡舍环境，引起鸡群发病或生产性能下降，降低肉鸡生产效益。

5.2.6.1 舍内有害气体的种类和分布

氨气是无色、具有刺激性臭味的气体，与同容积干洁空气比为0.593，比空气轻，易溶于水，在0℃时，1 L水可溶解907 g氨。舍内空气中的氨来源于粪尿、饲料残渣等有机物分解的产物。舍内含量多少决定于肉鸡的饲养密度、地面的结构、舍内通风换气情况、粪污清理情况和饲养管理水平。其空间分布以上下含量高、中间含量低为特征。国家对于商品白羽肉鸡舍中规定雏鸡舍氨气浓度应不超过10 mg/m^3，成年鸡舍不超过15 mg/m^3。

硫化氢是无色、易挥发的恶臭气体，与同容积干洁空气比为1.19，比空气重，易溶于水，1体积水可溶解4.65体积的硫化氢。鸡舍空气中的硫化氢来源于含硫有机物的分解。国家对于商品白羽肉鸡舍中规定雏鸡舍硫化氢浓度应不超过2 mg/m^3，成年鸡舍不超过10 mg/m^3。

二氧化碳是无色、无臭、无毒、略带酸味气体。比空气重，与空气的相对密度为1.524。鸡舍中的二氧化碳主要来源于鸡的呼吸。二氧化碳密度大于空气，聚集在地面上。国家对于商品白羽肉鸡舍中规定二氧化碳浓度应不超过1 500 mg/m^3。

一氧化碳是无色、无味、无臭气体，与空气的相对密度为0.967。鸡舍中的一氧化碳来源于火炉取暖的煤炭不完全燃烧，特别是冬季夜间畜舍封闭严密，通风不良，一氧化碳浓度可达到中毒程度。

5.2.6.2 有害气体对鸡体健康和生产性能的影响

鸡舍内氨和硫化氢含量高，会强烈刺激和损伤机体黏膜系统，重者可导致呼吸中枢麻痹而死亡。二氧化碳和一氧化碳含量高，易造成缺氧，肉鸡生长缓慢，抵抗力减弱，容易发生腹水症；高浓度氨气可以通过肺泡进入血液置换氧基破坏血液的运氧功能，可直接刺激体组织引起碱性化学性灼伤，使组织溶解坏死；还可引起中枢神经麻痹，导致中毒性肝病、心肌损伤等。高浓度的硫化氢可直接抑制呼吸中枢，引起窒息和死亡。

呼吸道黏膜是保护鸡体的第一道屏障，同时也是局部免疫系统，可产生局部抗体。黏膜系统被破坏，屏障功能受损，抗体无法有效生成，可造成鸡体抗病力降低，容易发生疾病，影响肉鸡健康。有害气体对呼吸道黏膜的损害如图5-7所示。

氨气作为一种外来刺激物，同样也会引起呼吸道的免疫应答。研究发现，15 mg/kg氨暴露3 d即增加气管和回肠、血液中炎性细胞因子的浓度，导致呼吸道炎症反应（Zhou et al.，2020）。

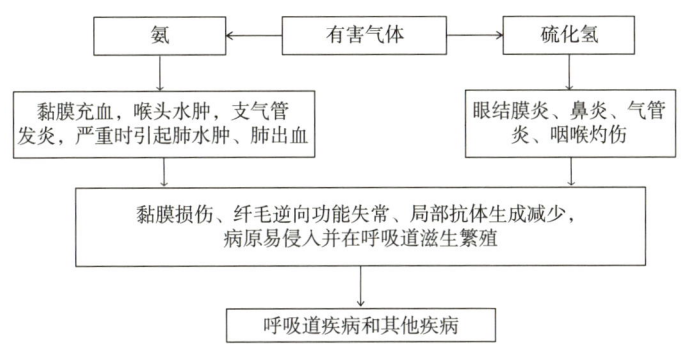

图5-7 有害气体对呼吸道黏膜的损害（徐彬 提供）

氨暴露能显著增加物种的多样性，改变肠道菌群结构，降低厚壁菌门的丰度，增加变形杆菌和拟杆菌的丰度。进一步发现，氨暴露组链球菌、大肠杆菌、志贺氏菌、费氏杆菌、罗氏菌等显著增加。另外，氨暴露破坏肠道屏障，进一步引发肠道炎症（Zhou, 2021）。

氨气被认为是肉鸡舍内有害性最大的气体。不同研究者对肉鸡研究发现大量的氨气聚集可降低肉鸡的生产性能。在研究不同氨气浓度（3 mg/m³、25 mg/m³、50 mg/m³、75 mg/m³）对肉鸡生产性能的影响时发现，随着氨气浓度的升高，肉鸡的采食量和日增重呈显著线性下降。25 mg/m³的氨气暴露即可引起成年肉鸡的生产性能下降（Zhou et al., 2020）；进一步发现，鸡舍内70 mg/m³氨气水平导致生长后期肉仔鸡生产性能降低，机体及肌肉抗氧化能力下降、产生氧化应激从而导致肌肉品质降低（魏凤仙等，2012）。氨气显著升高肉鸡血液中的丙二醛、乳酸脱氢酶含量，显著降低谷胱甘肽过氧化物酶含量，诱导机体氧化应激（马慧慧等，2017）。

5.2.6.3 舍内有害气体调控措施

做好鸡舍通风管理。做好鸡舍内的通风换气工作是降低舍内有害气体的根本方法，特别是冬季，既要注意防寒保温，又要注意通风换气。

使用化学除臭法。通过专用设备利用过氧化氢、高锰酸钾、硫酸亚铁、硫酸铜、乙酸等强氧化剂的氧化作用分解破坏舍内恶臭物质，可降低鸡舍空气臭味。

加强饲料管理。按可利用氨基酸需要合理配制日粮，科学饲喂，利用酶制剂、酸制剂、微生态制剂、寡聚糖、中草药添加剂等可以提高饲料利用率，减少有害气体的排出量。添加丝兰提取物等有利于除臭。

5.2.7 颗粒物

颗粒物（PM）不是单一的污染物，而是多种污染物的混合物。美国环境保护局（Environmental Protection Agency，EPA）将PM一词定义为具有不同物理、化学和生物特性的悬浮颗粒的复杂混合物。PM也定义为是由固体微粒或液滴悬浮在气相介质中形成的多相混合物，称为气溶胶。颗粒物的空气动力学直径一般在0～100 μm，称为总可悬浮颗粒物（Total suspended particulates，TSP）；其中，直径在10 μm以下称为可吸入颗粒物（PM10）；直径在2.5 μm以下称为细颗粒物（PM2.5）。

在鸡舍中，PM的主要来源是饲料、粪便，鸡呼吸、咳嗽、鸣叫时产生的飞沫以及皮肤、羽毛脱落，空气中的微生物和真菌。颗粒物成分复杂，含有重金属元素、氨气、硫化氢、挥发性的有机化合物、内毒素、细菌、病毒等物质。颗粒物经动物呼吸作用进入呼吸系统，直径大于10 μm的颗粒物被阻挡在鼻腔，对鼻腔黏膜发生刺激作用，大多数PM10都会粘在气管壁或肺壁上，而PM2.5可以深达肺泡并沉积，进入血液循环，可能导致肺部疾病（孙亚波等，2018）。

根据PM相关的危害分类，《畜禽场环境质量标准》（NY/T 388—1999）将鸡舍的总悬浮颗粒物（TSP，空气动力学直径≤100 μm的PM）和PM10浓度分别限制在不超过8 mg/m^{3}和4 mg/m^3。

5.2.7.1 颗粒物对鸡体健康影响

高浓度的PM及其附着的微生物会对鸡呼吸道健康造成影响。PM主要通过三种方式影响呼吸道健康：吸入的PM直接刺激呼吸道，降低免疫抵抗力，引起呼吸系统疾病；由PM中存在的化合物刺激呼吸道；由附着在PM上的致病和非致病性微生物感染引起呼吸系统疾病。其中，后两种影响方式危害更大。组织学视野中可观察到颗粒物处理后鸡肺泡大小各异，同时肺泡消失明显，肺泡损伤增多，绒毛上皮内以及实质区内有大量炎症浸润（Zhou et al.，2023）。

微粒落在皮肤上，可与皮脂腺、皮屑、微生物混合在一起，引起皮肤发痒、发炎，影响蒸发散热。落在眼结膜上引起尘埃性结膜炎。进一步分析了PM对血液中SOD浓度的影响，发现PM显著降低血液中SOD的含量。由此可知，颗粒物引起肉鸡全身炎症，并降低抗氧化性能。

微粒可以吸附空气中的氨、硫化氢、细菌和病毒等有毒有害物质造成黏膜损伤，引起血液中毒及各种疾病的发生。

颗粒物进一步通过血液循环进入到肠道，影响肠道功能。有研究发现，颗粒物暴露显著降低盲肠的物种丰富度和多样性，改变盲肠菌群结构，显著降低了DTU089、示波螺旋菌、葡萄球菌的丰度，同时显著增加了埃希氏志贺菌的丰度，由此可知，颗粒物暴露诱导肠道微生物群失调，并增加盲肠LPS的浓度。进一步发现，颗粒物暴露增加了肠道通透性（Zhou et al.，2024）。

长时间的颗粒物暴露会降低肉鸡的平均日采食量、平均日增重和体重，降低饲料转化率（周莹等，2015）。

5.2.7.2 降低鸡舍颗粒物含量的措施

加强场址选择和合理布局，合理设计鸡舍的环境控制系统，完善鸡场的粪尿、污水处理设施。

鸡舍内的湿度应维持在50%~60%，合理的湿度可减少80%的大颗粒灰尘和50%的细颗粒灰尘。注意避免增加舍内湿度导致的温度降低问题，可以采用37~45℃的温水进行喷雾。

在饲料中添加0.5%左右的植物油，可降低空气中饲料粉尘浓度35%~60%；玉米型饲料相比小麦或大麦型饲料产生的粉尘量更小；选用设计合理的喂料设备，如自动喂料机，可以减少饲料在投喂过程中的散落和扬尘；确保饲料槽的清洁，并定期清理饲料残渣，避免饲料发霉和产生粉尘。

保证鸡舍适当的通风（特别是冬季），在笼养条件下，由饲养员每日使用真空吸尘器清理地面、设备、鸡笼上的粉尘，通过降低饲养密度能够减少上料量、鸡的排泄物、鸡的活动量，从而降低粉尘的浓度，有条件的可使用空气过滤设备，降低鸡舍微尘粒浓度；合理安排饲料投喂时间和投喂量，避免鸡只在短时间内过度采食和排泄，减少粉尘的产生。

在鸡舍周围或内部种植一些能够净化空气的植物，如吊兰、虎尾兰等，它们可以吸收空气中的有害物质，并释放氧气，有助于改善鸡舍空气质量。

5.2.8 饲养密度

肉鸡饲养密度包含只均占有笼底面积（平养的就是占地面积）、只均占有料槽长度、多少鸡享有一个饮水乳头三个指标。

农业农村部发布的《肉鸡立体养殖技术指导意见》中提到，每只成鸡的占位面积不低于0.05 m²，即每平方米笼底面积的饲养量应小于20只。这一标准适用于肉鸡立体养殖全进全出一段式养殖工艺，确保肉鸡在出栏前有适宜的空间需求。在笼养环境中，对于不同生长阶段的肉鸡，其饲养密度也有所不同。例如，1~3周龄的肉鸡密度为30~50只/m²，而4~6周龄的肉鸡密度为15~25只/m²。科宝肉鸡7~14日龄适宜饲养密度为17只/m²，15~39日龄适宜饲养密度为14只/m²（沈杰等，2023）；这表明随着肉鸡的生长，需要逐渐增加其占有的笼底面积。

肉鸡只均占有料槽长度因肉鸡的年龄和饲养阶段的不同而有所变化。一般来说1~3周龄时每只雏鸡占有的料槽长度为4 cm；4~6周龄时，每只鸡占有的料槽长度为6 cm。

笼养肉鸡饮水器的配置应充分考虑肉鸡的需求和饮水效率。饮水器类型选择：对于小雏鸡，宜选用塔形真空饮水器，其结构较简单，便于清洗和消毒；对于成鸡，根据每个乳头8~10只母鸡的比例来安装乳头饮水器，以满足鸡只的饮水需求。随着鸡的生长，应适时调整饮水器的高度，初饮时，乳头应与鸡眼水平；在第二天及以后，逐步调整高度，使鸡的头部与乳头成45°角，确保鸡只能够轻松饮水。

5.2.8.1 饲养密度影响肉鸡生长与健康

高密度和大规模群体饲养限制了动物活动空间，加剧了采食、饮水和休息空间的竞争，当饲养密度达到一定阈值以后，由于鸡群具有竞争采食机制会出现拥挤现象，导致鸡群均一性降低，个体间体重差异变大，进而导致肉鸡出栏重和生产性能下降（邹强强等，2022）。高饲养密度显著降低肉鸡出栏体重和平均日增重，提高料重比。

高密度饲养条件下，鸡群中的鸡容易发生争斗和打架，导致鸡群压力增大，免疫力下降，从而增加疾病传播的概率。高密度鸡舍内的湿度和氨气含量也会因密度过大而增加，空气质量变差，这会导致鸡的健康状况下降，出现呼吸道疾病、消化道疾病、皮肤病等各种病症，而合适的密度可以提高肉鸡的成活率；高饲养密度会削弱肉鸡行走能力，影响肉鸡骨骼生长（如胫骨），加重脚垫损伤，引起死淘率升高。

高饲养密度下，肉鸡机体中氧化应激状况显著增加，血液皮质酮含量升高。随着饲养密度的不断增加，法氏囊的重量显著下降导致免疫功能不全，机体健康状况降低。高饲养密度（14只/m²）虽然对肉鸡的生产性能没有显著影响，但增加了氧化应激反应。魏凤仙等（2012）发现高饲养密度显著增加了血液中异嗜粒细胞与淋巴细胞比（H/L）、肌酸激酶（CK）和皮质酮含量；显著降低血液超氧化物歧化酶（SOD）、谷胱甘肽过氧化物酶（GSH-PX）、总抗氧化能力（T-AOC），显著升高丙二醛（MDA）；高饲养密度显著降低肉鸡细胞免疫机能；高密度也影响消化酶的分泌，饲养密度超过15只/m²时，鸡体产生氧化应激，免疫力下降，消化吸收功能紊乱，规模化肉鸡养殖场最适饲养密度为12~15只/m²。

厉秀梅（2018）研究发现，同中、低密度组相比，高密度组显著降低肉鸡肠道绒毛高度，增加隐窝深度。肠道微生物对于营养物质消化吸收、免疫系统发育、机体能量代谢等具有重要的生理调节作用。与15只/m²饲养密度相比，密度过大（30只/m²）会增加鸡患坏死性肠炎的可能性，对动物肠道健康和生长都有负面影响。另有研究发现，与10只/m²饲养密度相比，高饲养密度（20只/m²）会对Ross308雄性肉鸡的肠道中乳酸杆菌数量产生不利影响（Özcan，2015）。

5.2.8.2 肉鸡饲养密度标准及推荐参数

出栏时的饲养密度最为关键，应按每平方米面积可养成鸡的总重量，而不是按鸡数计算。总的原则是立体笼养则每平方米笼底面积出栏毛鸡重约40 kg。实际养殖中，根据品种、出栏时体重、季节、气候等条件以及饲养管理水平不同，灵活掌握饲养密度。Ross308肉鸡饲养密度在10~15只/笼（0.64 m²），41日龄体重随着饲养密度的增加而减少，基于生产性能和经济效益，Ross308肉鸡出栏体重在44 kg/m²较适宜；817肉鸡饲养密度在11~13只/笼（0.49 m²），对体重和料重比的影响不大，基于生产性能和经济效益,817肉鸡出栏体重在39 kg/m²较适宜(戴聪,2020)。因上下层有温差,建议在下层比上层多放1~2只,综合各种因素,推荐全自动化白羽肉鸡三层笼养饲养密度见表5-5。

表5-5 三层笼养肉鸡饲养密度推荐

季节	1~2周（只/m²）	3~4周（只/m²）	5周~出栏（只/m²）	出栏时饲养密度（只/m²）	出栏时饲养密度（kg/m²）
夏季			19	下层20~21,中上层18~20,从下层到上层,每层递减1~2只	≤45
冬季	55	30	21		
春秋			20		

5.3 白羽肉鸡父母代种鸡饲养管理

要使白羽肉鸡的生产性能充分发挥并取得良好的养殖效益,高质量的雏鸡至关重要,而要获得高质量的雏鸡,养好父母代种鸡是关键。

5.3.1 父母代种鸡的生长发育特点

肉种鸡生长发育迅速,不同周龄段生长发育的侧重点不同。0~4周龄消化系统、心血管、免疫系统以及羽毛、骨骼发育迅速;4~8周龄,骨骼生长完成85%;12周龄生殖器官开始发育,14~21周生殖器官快速发育,体重迅速增加(图5-8)。

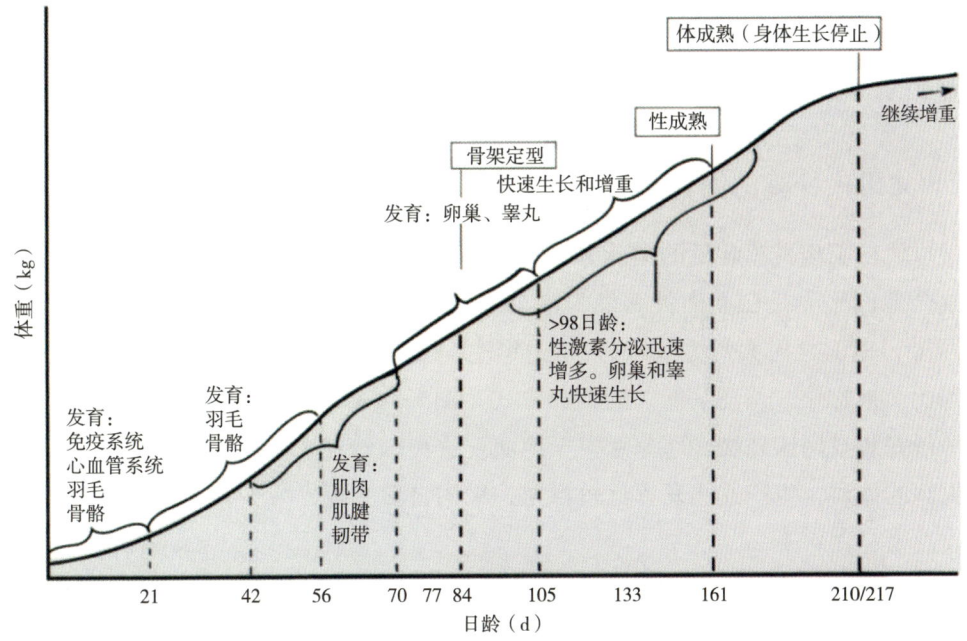

图5-8 种鸡不同阶段的生理发育特点

(来源于《罗斯308父母代肉用种鸡饲养管理手册》)

根据不同周龄段种鸡的生长发育特点，对应时间段内的饲养管理侧重点有所不同。0~4周龄要保证温度湿度适宜、通风良好、料位充足而均匀、光照合理；4~8周龄注意体重和均匀度的管理；14~21周龄生殖器官快速发育，体重增幅要达到要求，以保证生殖器官发育和一定的脂肪积累（图5-9）。

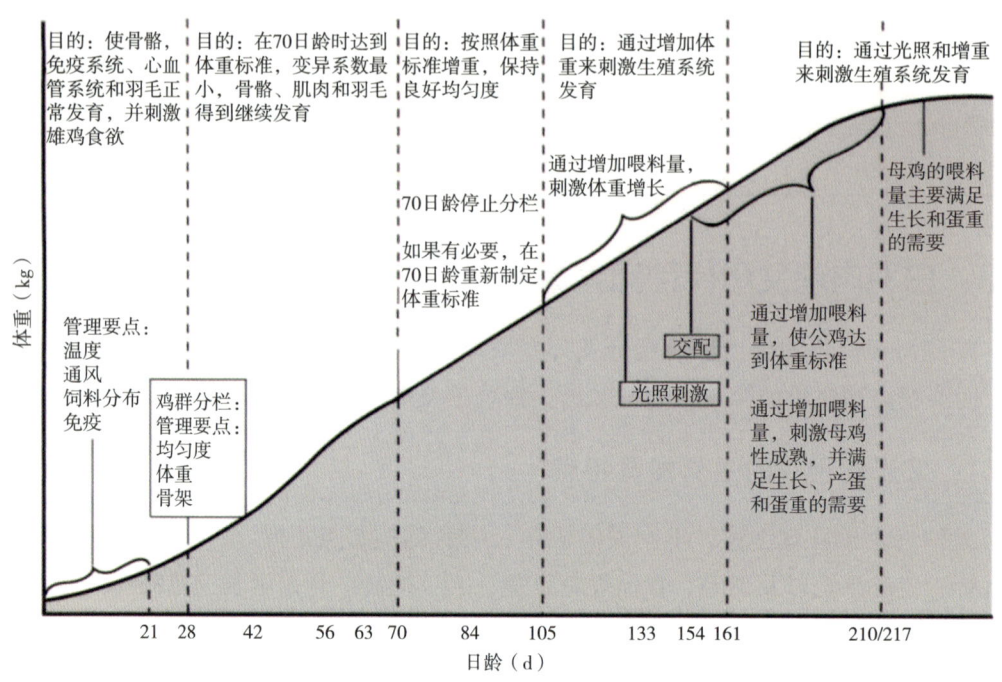

图5-9　种鸡不同阶段的管理要点

（来源于《罗斯308父母代肉用种鸡饲养管理手册》）

5.3.2　父母代种鸡的饲养方式

父母代白羽肉种鸡常见的饲养方式有混合地面平养、立体笼养两种。

混合地面平养是白羽肉种鸡最为常见的饲养方式，即将鸡舍分为网床和地面两部分，网床和地面之比大约为3∶2，一般两侧为网床、中间为地面，形成两边高、中间低，因此又被称作"两高一低"的饲养方式（图5-10A）。为了减少占用鸡舍空间，产蛋箱一般安装在网床外缘，部分悬空于地面。这种饲养方式，种鸡活动量加大，有助于提高种鸡的体质，生产性能发挥比较稳定，采用自然交配，减少人工量，缺点是饲养密度小，鸡舍利用率不高。

种鸡全程在鸡笼中饲养（图5-10B），根据鸡生长阶段，分别有育雏笼、育成笼、产蛋笼，公鸡在育成期和成年期为单笼饲养，母鸡可一笼多只，A型笼、H型笼均可，但H型笼越来越普遍，笼层三层或以上。肉种鸡笼的长、高、深及坚固性均应大于蛋种鸡笼，种公鸡单笼饲养，笼要求高大宽敞，使鸡只有充分的自由活动空间，不要让其头部高出笼面，从而避免损伤冠和肉髯。笼养可提高鸡舍的利用效率2~3倍，因活动量较小，可节省饲料，种鸡与粪便分离，有利于生物安全管理。笼养采用人工授精，可大幅度减少种公鸡的饲养量，降低鸡苗的生产成本。笼养一次性投资相对较大，且因种鸡体重大，笼养容易发生腿部疾病，同时种鸡猝死率有所增加，另外淘汰鸡外观较差，售价较低。

A.肉种鸡两高一低平养

B.肉种鸡立体笼养

图5-10　肉种鸡常见的饲养方式（圣农集团　提供）

5.3.3　父母代种鸡饲养的基本环境条件

育雏期的温度和湿度应参照表5-6执行，育成期和产蛋期理想的舍温控制在17~23℃，相对湿度控制在55%~60%。

表5-6　育雏期温度的设置（相对湿度55%~65%）（参考圣农集团）

日龄（d）	舍内温度（℃）	伞下温度（℃）	日龄（d）	舍内温度（℃）	伞下温度（℃）
1~3	28~30	32~34	15~17	24~26	28~30
4~7	27~29	31~33	18~21	23~25	27~29
8~10	26~28	30~32	22~24	22~24	
11~14	25~27	29~31	25~28	21~23	

光照通过眼睛刺激下丘脑和垂体前叶，促使垂体前叶和卵巢产生促黄体释放激素、黄体激素、促卵泡激素，这三种激素作用于卵巢，使卵巢产生雌激素，促进卵巢、输卵管、耻骨、鸡冠和羽毛等第二性征器官的发育和成熟。成熟的卵巢又可以分泌孕酮（黄体酮）作用于下丘脑促进母鸡排卵。针对密闭式鸡舍，可采取如下光照制度（表5-7）。

表5-7 密闭式鸡舍种鸡的光照制度（参考圣农集团）

周龄（周）	光照时间（h）	光照强度（lx）
1～2	将光照从第1天的24 h降到第14天的8 h	50～60
3～22	8	5～10
23～24	13～14	60～100
25～26	15	60～100
27～28	16	60～100
29及以上	16	60～100

　　1～14日龄光照时间的递减速度取决于体重的达标情况，增重速度过快可以加快光照时间的递减速度，反之，如果增重速度达不到标准要求，可以减缓光照时间的递减速度。

　　种鸡养殖的任何阶段，都要提供合理的密度，并保障足够的采食位置，以确保每只鸡都能同时采食，见表5-8。

表5-8 不同周龄所需的采食料位（槽式料线）（参考圣农集团）

周龄（周）	母鸡采食料位（cm/只）	公鸡采食料位（cm/只）	两高一低密度（只/m²）
5	5	7.5	8～10
6～10	7.5	10	
11～15	10	12.5	3～4
16～20	12.5	15	
21及以上	15	20	

　　要保证鸡舍内有足够的新鲜空气，满足雏鸡健康生长发育的需求，应保证舍内氧气浓度大于19.6%，二氧化碳浓度不超过4 000 mg/kg为宜。

5.3.4 种鸡育雏期饲养管理（进雏～4周龄）

5.3.4.1 育雏方式及进雏前准备

　　育雏方式主要有地面垫料育雏、笼养育雏两种。在空舍期，鸡舍内所有的育雏设备和用具都应经过严格的清洗和消毒，并确保相关电器和设备能正常使用。地面育雏的垫料铺设要平整，厚度达5 cm左右，常用保温伞加温或鸡舍整体加温。雏鸡到达前，应将鸡舍内的福尔马林排放干净，进雏前1～2 d即对鸡舍进行加温，以保证雏鸡入舍时垫料温度达到32℃。

5.3.4.2 进雏当日管理

雏鸡均匀放置，笼养的放在中层，抽测雏鸡体重并记录。先开饮后开食，对于长途运输（运输时间超过24 h）的雏鸡，可在饮水中适量添加多维以缓解途中应激。观察饮水和采食情况，调教饮水，检查脚趾皮肤是否干瘪、嗉囊是否有料，确保雏鸡入舍8 h嗉囊充盈的雏鸡占比达80%以上，24 h达95%以上。一般4 h左右就应更换一次饮水和添加饲料。

5.3.4.3 饲喂与饮水管理

育雏期应使用高质量、新鲜的全价颗粒饲料，2周龄以内用破碎料。育雏期的饲喂次数应不断减少，从第一天的每日6~8次，逐渐减少至育雏末期每日2次。为减少饲料浪费，在开食盘内加料尽量不要超过盘高的1/3，要尽快（5日龄左右）从开食盘过渡到饲喂设备。育雏期饲喂量要根据种鸡的体重来调整，目标是确保每周末的体重能达到所饲养品种的体重标准。

尽早使用水线饮水，可降低工人的劳动强度、保证饮水卫生。根据雏鸡的生长日龄和生长状况，及时调整好水线的高度，以鸡只站立自然伸颈饮水为宜。尽量保持水线水平，经常检查水线乳头的压力大小和供水情况，避免水压过高、过低、堵塞和无水的情况出现。定期冲洗消毒水线，尤其是在饮水中添加动物保健产品或饮水免疫以后一定要冲洗水线。冲洗时要注意保持一定的水流压力和水流速度以保证冲洗效果。水线冲洗在晚上熄灯之后进行，防止鸡误饮冲洗液。

5.3.4.4 环境参数管理

育雏期温度管理至关重要，采用保温伞的鸡舍，其参考温度见表5-6。生产实践中应采用"看雏施温"的方法，适时调整温度，让鸡处于舒适的状态。温度适宜，雏鸡散开均匀、活泼、呼吸均匀、身体舒展良好；雏鸡集中某一角落，说明有贼风；雏鸡扎堆、鸣叫，说明温度偏低；雏鸡远离热源或贴着笼边，展开双翅并张口呼吸，说明温度偏高。同时要注意保持舍内的温度均衡和相对稳定，避免温度忽高忽低，避免舍内温差过大。

育雏期第一周的相对湿度以60%~70%为宜，第二周以后50%~60%较适宜。育雏早期由于舍内温度较高，可能会出现湿度偏低的现象，可通过喷雾带鸡消毒来提高湿度。

育雏阶段，采用小窗通风，给予最小通风量，避免冷空气直接吹到雏鸡身上，注意通风和保温之间的平衡。

育雏期的光照应以满足雏鸡的采食和饮水为基本要求，光照时间和强度参考表5-7。要注意饲养区域内光照强度尽量均匀，保持灯源清洁，及时更换损坏的灯源。

要注意控制好密度。依据雏鸡的生长和温度情况，结合环境要求，适时分群，不断降低密度。

5.3.4.5 垫料管理

"两高一低"饲养方式应保持垫料表面平整，便于雏鸡采食、饮水和活动。垫料应保持较干燥，饮水器周边和水线下方可能因漏水导致垫料潮湿，潮湿的垫料要及时更换。注意垫料是否板结，对板结区域的垫料要适当翻松或补充新的垫料。地面垫料平养的鸡容易患球虫疾病，球虫免疫期间，垫料保持25%~30%的含水率，有利于球虫卵囊的正常发育，以保证雏鸡采食适当数量的球虫卵囊，获得理想的免疫效果。

5.3.5 育成期种母鸡的饲养管理（5~12周龄）

育成期种母鸡饲养管理的重点是生长发育管理，包括监测体重、调节体重符合所饲养品种的体重标准。

5.3.5.1 生长发育情况监测

体重和均匀度的监测是管理生长发育进程的基础。每周抽样称重一次，称重数量为鸡群总量的5%~10%，或每个群体不少于200只，且一定要保证是随机抽样。常用的称重工具是适当量程和精度的电子秤，有条件的鸡场可使用自动称量器具，减少称重和数据处理工作量。注意称重工具需要定期校准，杜绝称量误差造成的误判。对称重数据要及时统计分析，获得平均体重和均匀度（或变异系数）数据，与品种标准进行比较，评估种鸡的生长发育情况。

5.3.5.2 通过分群和限饲调节均匀度和体重

肉种鸡具有生长快速的遗传特性，自由采食很容易导致体重超标，理想的状况是种鸡的体重与标准体重基本持平。良好的均匀度和体重达标同样重要，即使来自同一个种鸡群，种鸡的初生重本身就有一定的差异，而且不同个体的健康状况、体质、遗传特质不同，随着生长期延长，个体间体重会逐步产生差异，导致群体均匀度不断下降。

为了达到较高的均匀度水平，对种鸡进行体重大小分级，分群饲喂是必要的。在多数情况下，当鸡群体重均匀度低于70%时就应进行分群。

控制体重和调节均匀度应协同考虑，采用适时分群、分类限饲是实现体重达标、均匀度良好的重要途径。

种鸡在4周龄要进行第一次分群。将最小和最大的各20%~25%的鸡挑选出来单独饲养，即将鸡群分成大、中、小三个群体，并根据鸡群体重的大小调整喂料量，4~5周后即大约9周龄时达到或接近体重标准。如果分栏时间较晚，就没有足够的时间让鸡群在9周龄恢复均匀度并达到或接近体重标准。9周龄时对鸡群进行第二次分群，同样分为大、中、小三群，通过料量和料量增幅调整，使各小群的鸡的12周龄末体重达到或接近体重标准，且均匀度良好。

分群采用全群个体称重法进行。分栏前首先要按照每栋鸡数的5%~10%的比例抽样称重并逐只记录个体的实际体重，然后确定需要分出的大、中、小鸡的比例，例如小鸡20%、中鸡60%、大鸡20%，在实际体重记录当中找出最低20%鸡只的体重上限数值，这个数值就作为分栏时小鸡栏和中鸡栏的体重分界线，同样找出最高20%鸡只的体重下限数值，这个数值就是中鸡和大鸡的体重分界线。接下来就可以通过全群逐只称重，按照上面的分界线数值进行大、中、小鸡的分群工作。

为了维持鸡群的增重和良好的均匀度，应根据实际体重和标准体重的偏差来调整喂料量，从营养摄入量方面来调整种鸡的生长速度。可根据不同周龄采用不同的限饲方式来保证鸡群有足够的采食时间，常见限饲的方案主要有每日限饲、五二限饲、六一限饲等。每日限饲法，即把一周的喂料总量平均分配到每天，每天在固定的时间一次性投料；五二限饲法，即把一周的喂料总量平均分配到5 d饲喂，其余2 d限饲（不喂料）；六一限饲法，即把一周的喂料总量平均分配到6 d饲喂，其余1 d限饲（不喂料），可以统一安排星期五为非喂料日，目的是固定在每周的同一天称重，以确保每周增重的可比性。参考限饲方案见表5-9。

表5-9 肉种鸡的参考限饲方案（参考圣农集团）

时间	每日限饲	五二限饲	六一限饲
星期日	√	√	√
星期一	√	√	√
星期二	√	×	√
星期三	√	√	√
星期四	√	√	√
星期五	√	×	×
星期六	√	√	√
星期日	√	√	√
星期一	√	√	√
星期二	√	×	√
星期三	√	√	√
星期四	√	√	√
星期五	√	×	×
星期六	√	√	√

注："√"表示此天为喂料日；"×"表示此天为限饲、非喂料日。

5.3.6 育成期到加光前母鸡管理（13~22周龄）

5.3.6.1 体重控制

按照种鸡的生长发育规律，13~22周龄是种鸡性成熟的关键阶段，生殖器官主要是在这段时间发育完成的，16~20周龄更是此阶段的关键时期。为了确保种鸡在第一次光刺激之前能够充分发育，13~22周龄必须使种鸡的每周增重达到品种标准。

为了取得适时的性成熟和良好的产蛋性能，母鸡必须在16~20周龄这一重要期间有足够的体重增长。决定种鸡何时开始第一次光刺激的不仅是周龄，还有体重和均匀度。16~20周龄这段时间增重宁多勿少，体重增幅不能低于品种手册要求。

从13周龄开始，每周都要检查体重的增幅是否达到标准，并及时调整料量，在这段时间每周的增幅对于种鸡的生长发育和性成熟都是至关重要的。第二性征的表现可作为种鸡群生长发育和性发育程度的一项重要指标。

为了满足种鸡产蛋前营养的储备，可以考虑从18~19周龄开始将育成料换成预产料，以满足种鸡接近性成熟时增加营养的需求。从见蛋之日起，逐渐过渡到产蛋期饲料。

当鸡群体重与标准偏差需要调整时，必须保证种鸡的每周增重量，这样才有利于生殖系统的正常发育，使种鸡能够按时达到性成熟。15周龄时，如果体重低于标准100 g，则设法在19周龄纠正到标准体重；若超标100 g，设法在22周龄前使实际体重与标准曲线平行，26周龄时争取达到标准体重。20周龄时，如果体重低于标准100 g，则延迟一周进行光照刺激，在产蛋量达5%前，尽量保持实际体重曲线与标准体重曲线平行；体重若超重100 g，则保持实际体重曲线与标准体重曲线平行。16周龄以后喂料量大幅增加，20周龄种鸡的体重往往会增加过快甚至超过体重标准，为了避免这种情况出现，应从19~21周龄开始将每周的料量增幅下调或维持料量不变，直至24周龄以后再逐渐增加料量。

5.3.6.2 转群

采用两阶段饲养工艺需要在育成期末将种鸡从育成舍转群到产蛋舍。转群时先转公鸡，待公鸡熟悉喂料设备一周后再转母鸡，以确保转群后公母分饲效果良好。转群最好在夜间完成，一方面为了减少种鸡的应激，另一方面可以有效地避免种鸡群过早地暴露在阳光之下而减弱第一次光刺激的效果。转群后光照程序暂时不变以便相互衔接。转群时要尽量减少对种鸡的应激和伤害，转鸡前后1~2 d可以投喂多维等抗应激动物保健产品，抓鸡装筐时注意避免损伤种鸡。要注意加强对转群鸡筐、运输车辆和人员的消毒防疫工作，避免引发疾病。在转群前后各一天增加饲料量有助于补偿转群所造成的增重减少。

5.3.6.3 为产蛋做准备

肉种鸡一般在25周龄开产,产蛋前的准备工作主要包括安装产蛋箱、铺装产蛋箱垫料、添加地面垫料、产蛋期间供暖和降温设备的维护保养及调试、灯泡的更换、种蛋熏蒸消毒设备的准备、种蛋库的清洁消毒等。这些工作涉及大量的物品和人员进出鸡舍,要特别注意进出鸡舍人员和物品的消毒。根据母鸡性成熟发育规律,22周龄母鸡耻骨间距达2指,此时可开始增加光照,与加料协同刺激,实现快速而整齐地开产。

5.3.7 种母鸡产蛋期饲养管理

5.3.7.1 产蛋前期喂料量和体重管理

种鸡在体重达标的情况下接受光照刺激,在产蛋达到5%前要按照体重情况来决定喂料量,通常以 2~3 g/(只·d) 的增幅投料。产蛋率达到5%以后,要根据产蛋率确定喂料量。产蛋率每增加5%就要相应增加喂料量。加料方法本着前期(产蛋率5%~25%)慢、中期(产蛋率25%~45%)稍快、后期(产蛋率45%~65%)更快的原则添加,通过此程序可以有效地控制开产到产蛋高峰期这段时间鸡群的体重和蛋重增长。

从开产到高峰产蛋期,良好生产性能的母鸡的体重应该增加18%~20%,理想的情况是,产蛋期的前4周每周体重增长100 g,高峰产蛋期每周体重增长40 g,然后每周体重增长10~20 g。从产蛋率达5%之日开始,按照饲养管理程序增料增光,每日统计产蛋率并抽测蛋重,每周测定体重,根据产蛋率上升幅度、蛋重增加量和体重增加量三个方面综合判断,给出具体的喂料量。鸡群周增重低于标准说明喂料量不够,高于标准说明喂料量过高;蛋重增加低于标准的原因有可能是喂料量不够,反之有可能是喂料量过高;正常采食时间为颗粒料2.5~3 h,粉料3~4 h,采食时间达不到要求可能是由于喂料量不够,采食时间较长可能是由于喂料过多。饲养管理正常的种母鸡,25周龄产蛋率可达5%,29周龄可达产蛋高峰期,高峰期产蛋率约85%。

产蛋前期要重视产蛋箱的管理。经过检修完好的产蛋箱应在19周龄左右安装到鸡舍内,按照每4只母鸡一个产蛋窝配置。产蛋初期,产蛋窝内放置鸡蛋,吸引母鸡进入产蛋窝,培养母鸡入窝产蛋的习惯,以减少窝外蛋。每天最后一次拣蛋之后,要检查所有的产蛋箱,移出母鸡,保持空箱,防止母鸡夜晚滞留。产蛋箱及时清理,保持卫生和垫料松软。

5.3.7.2 产蛋高峰期后减料及淘汰低产鸡

29周龄后,如果连续5 d产蛋率没有再上升,就被认为已经达到产蛋高峰期了,随着周龄的增加,产蛋率逐渐下降,若不控制喂料量,容易导致母鸡将多余的营养转化为脂肪沉积而超重,造成后期产蛋持续性差以及受精率低等问题。因此产蛋高峰期后要及时减少喂料量控制体重。减料应参照体重变化来执行，正常情况下，产蛋中后期的母鸡仍保持每周10～20 g的体重增量为宜。一般采取试探性减料，即每次的减料幅度为0.5～2 g，若减料之后未出现产蛋率异常下降、且体重增幅合理，则表明减料量合适；若减料后出现产蛋率异常下降，则恢复部分减料量。大多数情况下，总减料量应控制不超过高峰期喂料量的10%。

产蛋后期要及时挑出低产或停产母鸡，通过外貌、腹部容积和柔软度、耻骨间距等识别停产或低产鸡；人工授精的种母鸡，若翻肛比较困难，则可被视为停产或低产鸡。停产或低产鸡应及时淘汰，以提高经济效益。

5.3.8 种公鸡培育与利用

父母代种鸡的鸡苗本来就是公母分开的，从1日龄起，公鸡即单独饲养。种公鸡的质量不但影响受精率和孵化率，还影响商品代鸡苗的质量，因此种公鸡的培育至关重要。

5.3.8.1 剪冠、断趾、断喙

为了减少打斗和饲料浪费，也为了防止种公鸡配种时啄伤母鸡，种公鸡一般需要断喙。断喙宜在5～6日龄进行，并在12周龄左右和性成熟前进行修喙。断趾可以减少自然交配时公鸡趾甲抓伤母鸡背部，剪冠可防止成年公鸡鸡冠过大而遮住视线，影响采食和授精，在初生时剪掉第一、二趾和鸡冠即可。对于平养方式的种鸡，种公鸡也可以不剪冠，有利于成年期公母分饲。

5.3.8.2 种公鸡的饲养管理

种公鸡大多采用"两高一低"的饲养方式，鸡舍需保持适宜的环境温度和湿度，通风恰当，保持良好的空气质量。光照对公鸡的性成熟影响较大，应遵循科学的光照制度。1～3日龄每天给予24 h光照，然后光照时间渐减，至7日龄时每天的光照时长约20 h。第二周开始继续减少光照并逐步降低光照强度，直到第四周末每天光照时长控制在8 h左右，光照强度3～5 lx为宜，并一直保持到育成期末。

种公鸡各生长阶段均需遵循品种的生长曲线，通过饲喂来调控体重。前四周饲养的目标是生长达标、鸡群健康，使用优质雏鸡饲料并自由采食。第四周按照体重对鸡群进行分群，可分为3～4个体重段的小群，根据每个小群的体重采取不同的饲喂量，达到提高均匀度的目的。从第五周开始应采取限制饲喂以控制体重增长幅度，根据实际情况，可采取每日限饲、六一限饲、五二限饲等方案。10～12周龄可重新根据体重分群，分别饲喂，进一步提高均匀度。

育成中后期种公鸡性腺发育加速，保持合理的周增重非常关键，应严格参照标准

生长曲线来管理体重。整个生长期要维持适当的饲养密度，育成末期一般3～4只/m²为宜。同时提供充裕的采食空间（15 cm/只），保持较快的料线运行速度，有利于鸡群相对整齐地吃到饲料。

5.3.8.3 种公鸡的选种

种公鸡的体重、体型应符合品种标准，健康无病，体质良好，但在生长发育过程中，难免有部分个体难以达到目标，所以育成期对种公鸡的选择是必要的。在育成期通常进行2～3次选种，分别在6周龄、18周龄和配种前，每次选种主要是淘汰过大、过小、外观有缺陷的个体，选留体重较一致、体型正常、第二性征发育良好、羽毛完整、腿脚有力、肌肉健壮的公鸡。肌肉健壮可通过触摸法评估胸部丰满等级。为达到最佳受精率，公鸡体重比母鸡重30%左右较好。

5.3.8.4 种公鸡的利用

若是"两高一低"平养，公、母鸡宜20～22周龄开始混群。混群一般在熄灯时进行，随即全群带鸡消毒。为了维持良好的受精率，公母鸡的数量配比应合理，公鸡的数量过多会造成母鸡被过度交配，导致母鸡死淘率上升，同时种公鸡啄斗率上升，公鸡数量过少，则影响受精率。为了保持整个产蛋期的受精率，应维持合适的公鸡和母鸡比例，随着周龄增长和产蛋率的下降，应逐渐减少公鸡的数量，合理的公母比例见表5-10。另外，合理的饲养密度也是取得良好受精率的重要因素，通常3～4只/m²为宜。

表5-10 "两高一低"方式种鸡公母参考比例

周龄（周）	有效公鸡数/100只母鸡（只）
22～24	9.0～9.5
24～30	8.5～9.0
30～35	8.3～8.5
35～40	8.0～8.5
40～50	7.5～8.0
50～淘汰	7.0～7.5

注：圣农集团提供。

若是笼养人工授精，应在授精前1～2周对公鸡开展采精训练，同时观察公鸡的精液品质，将精液量不足、精液颜色不正常的个体挑出来，单独饲养观察一段时间，若精液品质无改观则淘汰。如果公鸡数量充足，可根据精液品质加大淘汰量，维持合理的公鸡数量。如果公鸡数量不足，可以合理采用稀释精液配种，避免过度使用公鸡造成早衰。稀释精液运用得当，可以大幅度减少公鸡饲养量，从而降低雏鸡生产成本。

经验表明，配种期间种公鸡体重下降会影响精液质量，保持每周20~30 g体重的增加量，且维持恰当的胸肌评级对保持良好的受精率有积极的作用。产蛋后期，公鸡周龄大，精液品质有所下降，受精率也随之下降，将鸡群中部分老弱的公鸡更换为年轻公鸡，可取得较好的受精率，通常的做法是，在40~45周龄用年轻种公鸡（27周龄左右）替换20%的老种公鸡。

整个配种期，公鸡体重管理依旧是核心，种公鸡至少每两周进行一次称重，正确分析鸡群每阶段的体重变化。公母分饲是控制种公鸡体重的根本方法，将公鸡喂料器悬挂得比较高，以防止母鸡吃公鸡料，而在母鸡料槽上安装隔饲栅可阻止公鸡吃母鸡料。保证公鸡有足够的采食空间，槽式饲喂器每只公鸡应占有18 cm的长度，盘式饲喂器为8只/盘。饲喂器应分布均匀。

5.3.9 种蛋管理

种蛋在鸡舍放置时间过长容易造成微生物污染。产蛋期应勤收种蛋，每天收集种蛋4~5次，其中最后一次的收集时间应在17:00左右。每次从产蛋箱收集完种蛋之后，还要巡检并收集窝外蛋。及时对收集的种蛋进行挑选，剔除双黄蛋、过小、过大、蛋型不规则、蛋壳质量不佳的蛋。脏蛋通常可以留作孵化用，但要及早将脏污用干布轻轻擦掉，尽量不破坏蛋壳表面的胶护膜。种蛋收集后应立即用福尔马林熏蒸消毒，熏蒸时长20~25 min，熏蒸时维持环境温度18℃以上、相对湿度60%~70%。消毒后的种蛋需入蛋库保存，尽量保持种蛋大头朝上码放，保存时间5~7 d以内一般不影响孵化率，如需长时间保存，需对种蛋进行翻动，防止胚胎与蛋壳粘连。种蛋保存温度15~18℃、相对湿度70%~75%为宜，为了达到这个湿度，蛋库内可安装自动加湿器，也可定期人工洒水维持湿度。

5.3.10 白羽肉种鸡强制换羽

强制换羽，即人为采取强制性措施，给鸡施以突然应激，造成营养供应不足和新陈代谢紊乱，促使鸡迅速换羽后迅速恢复产蛋的过程。强制换羽的好处是延长种鸡的利用期限，如种鸡饲养至65~68周后经过强制换羽，可延长6~9个月的生产周期，大大提高种鸡的利用率，经济效益显著提升。然而，强制换羽后的种鸡也可能会出现免疫力下降、垂直传播疾病感染率增加、种蛋质量和鸡苗质量下降、商品鸡生产性能欠佳等问题，因此，种鸡生产中应根据具体情况，谨慎使用强制换羽技术。

在后备种鸡供应不足、鸡苗行情变化等特殊情况下，可考虑对产蛋后期的祖代种鸡或父母代种鸡实施强制换羽。饥饿法是白羽肉种鸡常用的强制换羽方法，即通过停止喂料、控制饮水、光照剧变等应激因子叠加，使种鸡处于高强度的生理应激状态，从而导致激素分泌失调和卵泡萎缩，引起停产和换羽。

5.3.10.1 准备期

在确定强制换羽之前的2~3周，应检测新城疫、禽流感等疾病的抗体水平，若抗体保护力不足，则需补做相应的免疫。对鸡群进行分群，可按照体型体重大致分为大、中、小三个群体，淘汰过小、瘦弱、残次的个体。完全停料前5 d开始减少喂料量，每天只均减料20 g，直至每只喂料量约60 g/d，同时每日减少光照时间和光照强度，直至每日光照时长8 h、光照强度5 lx以下。

5.3.10.2 实施期

从完全停止喂料当天算起，一般需要连续停料14~20 d。停料早期可以结合控制饮水增加应激强度。停料时间长短应根据体重变化情况灵活把握，当减重率达25%~30%时开始喂料。为了准确掌握停料期母鸡减重情况，需要对体重进行严格监测，第一天停料前称重并作为基础体重，7日龄称重评价减重效果，12日龄后，每日称重并及时计算减重率。

5.3.10.3 恢复期

当鸡群减重率达25%~30%时，开始进入恢复喂料阶段，起始料量为高峰期喂料量的20%~30%，以后每日增加料量10 g，直至每日喂料量达130 g并维持至见蛋。见蛋后换成产蛋期饲料，随着产蛋率增加而增加喂料量，体重恢复至换羽前的85%时进行加光刺激，确保见蛋时光照达12 h、产蛋率35%时光照达14~15 h、产蛋高峰时光照达16 h且光照强度达30 lx。正常情况下，恢复喂料后50~60 d产蛋率可达50%、80~90 d产蛋率可达高峰。

5.3.10.4 加强饲养管理

强制换羽期间，鸡的应激压力大，应加强饲养管理，尤其在恢复期，应提供良好的鸡舍环境，抓好生物安全，恢复产蛋后应加强鸡的保健，确保种蛋质量和繁殖力指标达到要求。

5.3.11 孵化管理

5.3.11.1 胚胎发育

胚胎发育过程是鸡蛋从受精到孵化出雏的重要阶段，经历一系列的细胞分裂、分化和组织器官的形成。肉鸡胚胎发育的过程通常分为几个关键阶段。

（1）受精与卵裂阶段。胚胎发育的起点在于卵细胞与精子的结合，即受精过程。

此过程在母鸡生殖道内完成,受精卵随蛋的形成被逐层包裹上蛋白、卵壳膜及蛋壳,直至完全形成鸡蛋。进入适宜温度的孵化环境后,受精卵开始进行分裂,称为卵裂阶段。卵裂是细胞快速分裂的过程,受精卵中的细胞迅速分裂成大量细胞,这些细胞逐渐增多,最终形成胚盘,为胚胎的进一步发育奠定基础。

(2)原肠胚形成与组织分化。卵裂结束后,胚盘细胞开始分化形成外胚层、中胚层和内胚层三个胚层,称为原肠胚形成阶段。此阶段是胚胎器官和系统分化的基础。外胚层将发育为神经系统、皮肤和羽毛,中胚层形成肌肉、骨骼和循环系统,内胚层则发育为消化系统和呼吸系统。原肠胚的形成标志着胚胎从简单细胞群向复杂结构发展,各个组织逐渐呈现雏形,为后续器官发育奠定了重要基础。

(3)器官形成与体节发育。原肠胚形成之后,胚胎进入器官和体节的发育阶段,逐步形成基本的组织结构。此阶段始于孵化第2天,胚胎逐渐形成心脏、脊柱、肌肉等主要结构。心脏首先发育并开始跳动,标志着循环系统建立,为胚胎细胞提供充足的营养与氧气。随着体节分化为脊柱、肌肉和骨骼,四肢和眼部逐渐成形,胚胎初步具备雏鸡雏形。

(4)胎膜形成与营养供给。胎膜的形成在胚胎发育中至关重要,提供了保护、营养和代谢废物处理等功能。胎膜包括卵黄囊、绒毛膜、羊膜和尿囊,各司其职,以确保胚胎健康生长。卵黄囊为胚胎提供蛋黄中的营养物质,是主要营养来源。绒毛膜紧贴蛋壳,通过气体交换为胚胎提供氧气。羊膜包裹胚胎形成羊膜腔,为其提供保护,防止外界压力损伤。尿囊则主要储存代谢废物,同时协助气体交换。

(5)末期发育与出雏。孵化的末期,胚胎器官趋于成熟,各项功能逐步完善,在此期间,胚胎吸收卵黄囊中的剩余营养,以增强体力。胚胎调整体位,头部朝向蛋的大端,喙顶对准蛋壳,准备破壳。出雏后,随着肺功能的成熟,胚胎逐渐由胎膜气体交换转向自主呼吸,具备适应外界环境的能力。

5.3.11.2 孵化条件和孵化设备

(1)孵化条件。人工孵化过程中,温度是胚胎发育的关键因素之一,对孵化成功率和雏鸡的健康有直接影响。孵化温度通常控制在37.5℃左右,需根据胚胎发育的不同阶段进行细微调节。通常,前期温度较高,以便激活受精卵的分裂和发育;后期则略微降低,以适应胚胎逐渐成熟的需求。温度波动过大会造成胚胎生长迟缓、异常,甚至死亡,因此在整个孵化过程中对温度进行持续监控至关重要。

湿度在人工孵化中也同样重要,适当的湿度能够平衡蛋壳内水分的散失,为胚胎提供理想的发育环境。一般在前18 d控制相对湿度在55%~60%,最后3 d则增加至65%~70%。湿度不足会导致水分过度蒸发,使胚胎干燥、出雏困难;湿度过高则会造成雏鸡体质弱小,影响破壳。通过精准调控湿度,确保雏鸡在孵化末期顺利破壳、健康出雏。

胚胎在发育过程中会逐渐增加氧气需求，特别是孵化后期，新陈代谢增强，对氧气的依赖性增加，同时需排出二氧化碳。良好的通风条件可以确保胚胎获得充足的氧气，并避免二氧化碳积聚影响胚胎的正常发育。孵化室内应有合理的通风设计，确保空气流通、新鲜，有助于提高孵化率和雏鸡的成活率。

为防止胚胎粘连于蛋壳膜，保证胚胎均匀受热，在孵化过程中还需进行翻蛋，通常每天翻蛋3~8次，特别是前18 d尤为关键，后期则减少翻动频率。翻蛋角度需控制在45°左右，确保均匀受热。翻蛋过程不仅直接影响胚胎发育，还可提高孵化的成功率和雏鸡的活力。因此，适当翻蛋是实现健康孵化的重要一环。

（2）孵化设备。孵化设备主要包括孵化器、控温系统、加湿设备、通风系统和照蛋器等。孵化器是人工孵化的核心设备，能够提供稳定的温度、湿度和空气流通条件。现代孵化器通常配有自动翻蛋功能，以确保蛋受热均匀，并具备温控系统，能够精确调节温湿度，为胚胎提供良好的发育环境。

控温系统是孵化器中的重要组成部分，其核心在于传感器与自动调节装置，在孵化过程中，控温系统能够精准监测温度变化，并通过调节装置自动调控温度，确保孵化环境始终处于适宜状态。先进的控温系统可对不同区域进行温度控制，提升温度均匀性，减少局部温差对胚胎发育的影响，使雏鸡的健康与成活率得以保证。

加湿设备主要负责调控孵化器内的湿度水平，常见的加湿方式包括蒸汽加湿和超声波加湿，能够根据胚胎的发育阶段精准调整湿度，以满足胚胎在各个阶段的不同需求。稳定的湿度有助于胚胎保持良好的生理状态，并确保出雏阶段雏鸡顺利破壳，大大提高孵化成功率。

通风系统是孵化过程中提供氧气和排出二氧化碳的关键设备，通常配备风扇和气体交换装置，以保持孵化器内空气新鲜。通风系统的设置应确保空气流通，并合理调控气流，以避免蛋表面产生干燥现象。良好的通风系统不仅满足胚胎的呼吸需求，还能降低温湿度波动，提高孵化环境的稳定性。

照蛋器是用于观察胚胎发育状况的设备，通过透光检查蛋内胚胎的生长状态，可在孵化的第7天、第14天和第18天使用，用以判断是否有死胚、弱胚等异常情况。照蛋操作有助于提前发现并处理发育不良的胚胎，从而提高整体孵化质量和出雏率，是保障健康孵化的有效手段之一。

种蛋孵化的孵化设备有小箱体、巷道式、大箱体等类型。小箱体式孵化机按照容量主要有19200型、22580型等，适合小型种鸡场。巷道式孵化机的孵化容量比小箱体式大得多，采用分批上蛋，总容量可达10万枚种蛋左右，与小箱体孵化机相比，具有节约能源、节约占地、节约孵化成本等特点，是较大规模孵化厂常用的孵化设备。大箱体孵化机是近年发展起来的极具发展潜力的孵化设备，除了具有节能、节约占地面积等特点以外，箱体容量大，整批上蛋，整批出苗，充分采用智能化控制系统，实现孵化机内稳定而均匀的环控，孵化率和雏鸡质量更佳，已成为当今较大规模孵化厂的首选孵化设备。

5.3.11.3 种蛋管理

在收集种蛋后，为确保孵化的成功率和雏鸡的健康，种蛋还需经过一系列处理步骤。这些步骤包括清洁与消毒、种蛋存储、选蛋及入孵前预热等。

（1）清洁与消毒。在收集种蛋后，种蛋表面可能会沾有污物和细菌，必须进行适当的清洁与消毒处理，以减少病原微生物对胚胎的潜在危害。清洁过程避免使用水洗，因为水洗会破坏蛋壳的天然保护层，从而增加微生物渗透的风险。消毒则是清洁后的关键步骤，熏蒸法较为常用，一般利用甲醛和高锰酸钾产生的蒸汽进行熏蒸消毒，在空气流通良好的环境中进行，防止有害气体对人员和种蛋产生不良影响。消毒的浓度和时间需严格控制，以确保消毒效果，同时避免胚胎受到药物残留的伤害。通过这一过程，可以显著降低蛋壳表面病菌的数量，为种蛋提供良好的卫生环境，减少孵化过程中细菌感染的概率，提高胚胎成活率和孵化成功率。

（2）种蛋存储。在种蛋存储过程中，环境条件的控制至关重要，以保持胚胎的活力和正常的发育潜能。如果种蛋储存在一周之内，存储温度应控制在15～18℃，避免过高或过低的温度对胚胎产生不良影响；如果保存时间在一周以上，需降低储存温度，将温度控制在10～12℃，孵化效果才能受到更小的影响。温度过高会导致胚胎提前发育，而过低则会影响活力。湿度一般保持在75%左右，以防止蛋壳内水分过度蒸发，避免胚胎的生长受阻。存储环境需保持避光和通风良好，防止细菌滋生和温度波动对胚胎造成的应激反应。种蛋的存储时间对孵化率有直接影响，通过科学的存储管理，确保种蛋在入孵时具备最佳状态，为高效孵化打下坚实基础。

（3）选蛋。种蛋在入孵前需要经过严格的挑选，以确保种蛋质量和孵化效果。选蛋时需观察蛋形、蛋壳质量及重量等多个方面。优质种蛋应呈均匀的椭圆形，无尖头或过宽的变形；蛋壳厚实，无裂纹，表面光洁具有自然光泽，这些条件有助于维持胚胎的正常生长环境。种蛋重量以适中最佳，一般控制在50～65 g，过小的种蛋营养储备不足，影响胚胎发育，过大的种蛋则常伴随蛋壳缺陷。挑选过程中可以利用透光灯照射，通过光线检测内部结构，剔除有血斑、气室异常等缺陷的种蛋。通过严格的选蛋程序，最大程度地保证入孵蛋的质量，使孵化过程中的成活率和出雏率得到有效提升。

（4）入孵前预热。在正式入孵之前，种蛋需要进行预热处理，以适应孵化器的温度环境并使胚胎提前适应发育条件。预热通常在孵化室内进行，将种蛋逐步加热至孵化温度。这一过程的时间通常控制在6～12 h，具体时间视存储温度而定。通过预热可以避免孵化初期因温差过大而产生的应激反应。预热不仅能够激活胚胎的活性，还能使蛋壳内的微生物因温度上升而活跃，便于在孵化器内进一步消毒处理。科学的预热操作能够使种蛋更快地进入稳定的孵化状态，有助于提升胚胎的活力，为接下来的孵化过程奠定良好基础。

照蛋落盘。孵化至18 d时照蛋，拣出无精蛋和死精蛋，并记录数据。受精种蛋落盘后放入相应的出雏机中，根据种蛋发育及受精率情况设置出雏器运行程序，并跟踪记录出雏机运行参数。

5.3.11.4　孵化管理技术

（1）孵化前期管理技术。在孵化的前期，管理的重点在于为胚胎的初期发育创造良好的温度、湿度和通风条件，以确保胚胎健康发育。通风在孵化前期尤为重要，确保胚胎获得适当的氧气，排出少量的二氧化碳。此阶段还需进行每日的翻蛋操作，以防止胚胎与蛋壳粘连，确保均匀受热。通过定期的照蛋操作，可以检查胚胎发育是否正常，及时剔除不合格种蛋。良好的孵化前期管理为后期胚胎的正常生长奠定基础，提高整体孵化效果。

（2）孵化后期管理技术。进入孵化后期，胚胎的新陈代谢逐渐增强，对温度、湿度和氧气的需求有所增加。此阶段的温度适当降低至37.0℃，以适应胚胎活跃的代谢状态，湿度则逐渐升高至65%～70%，以软化蛋壳，方便雏鸡顺利破壳。此时应加强通风，确保有足够的氧气供应，排出多余的二氧化碳，避免胚胎因缺氧而窒息。孵化后期无须频繁翻蛋，但需继续照蛋检查。

（3）出雏期管理技术。在出雏期，即雏鸡破壳的关键时刻，孵化管理的重点是维持稳定的温湿度和适度的通风。较高的湿度有助于蛋壳的进一步软化，使雏鸡更容易破壳而出。孵化器内的温度需要略微降低至36.5～37.0℃，保持适当的空气流通，保证氧气充足，以帮助雏鸡适应孵化器外的环境。出雏后，雏鸡需及时转移到温暖、干燥的保育室，防止因温湿度突变而导致体质虚弱。孵化器在出雏后需要进行彻底的清洁和消毒，消除病菌并为下一批孵化提供卫生的环境。

（4）提高孵化质量的新技术。

①蛋壳表面温度实时监测并自动优化孵化温度。由于种蛋的大小、存储时间等不同，种蛋的产热量也不同。实时监测蛋壳表面的实际温度，可实现孵化机内温度精准调节，有利于提高孵化质量。Petersime大箱体孵化器采用Ovo-Scan系统实时监测种蛋的蛋壳表面温度数据。每台孵化器设有3个Ovo-Scan蛋壳温度监测器（图5-11），分别放置于16层蛋车的3层、9层、14层位置，每个监测位置有4个红外传感器，测量4枚种蛋的蛋壳温度。通过计算蛋壳表面平均温度自动调整孵化器内加热、降温、通风等参数，为整个孵化过程提供更精准的环境控制，提高孵化质量。

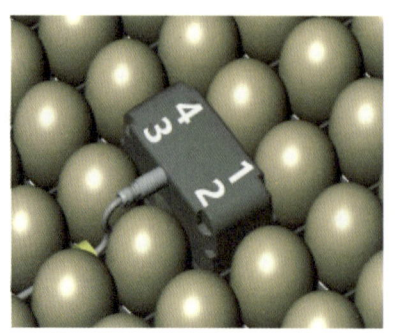

图5-11　蛋壳温度监测（来自Petersime说明书）

②同步出雏（SH表）。CO_2浓度对胚胎发育具有显著的影响，调控孵化机内CO_2含量有利于调节胚胎发育进程，提高胚胎发育整齐度。依此原理，Petersime开发出同步出雏Synchro hatch监测表（SH表）并应用于出雏阶段（图5-12），可提高出雏的同步性，出雏均匀整齐、出雏持续时间可缩短约30%，且可提高孵化率和健雏率，降低出壳一周龄内的死淘率。

图5-12　Synchro hatch表监测情况（来自Petersime说明书）

5.3.11.5　孵化效果和检查分析

孵化效果和检查分析主要包括孵化率分析、雏鸡质量检查、胚胎死亡情况分析和孵化器设备监测等几个关键方面。通过对这些指标的检查和分析，可以评估孵化的整体效果，及时发现并改进孵化过程中可能存在的问题。

（1）孵化率分析。孵化率是衡量孵化效果的重要指标，包括受精率、孵化率和出雏率三个主要参数。受精率是指种蛋中胚胎受精的比例，直接影响孵化率；孵化率则是指发育正常的胚胎中能够顺利孵化出雏鸡的比例；出雏率表示实际出壳的雏鸡数占总种蛋数的比例。孵化率分析可以帮助管理者了解种蛋质量、孵化条件控制等对孵化过程的影响。通过统计这些数据，可以判断孵化过程是否达到理想水平，并发现需要改进的环节，从而提升孵化效果。

（2）雏鸡质量检查。出壳后通常通过观察雏鸡的活力、体重、羽毛状况、脐带闭合情况等方面对雏鸡进行评估。健康的雏鸡应具有活跃的反应、适中的体重、光滑的羽毛和良好的脐带闭合，表明孵化过程中的温度、湿度和营养供给均达到标准。质量较差的雏鸡通常表现为体重偏轻、羽毛稀疏或脐带闭合不良，可能由孵化过程中环境控制不当或种蛋质量问题引起。

（3）胚胎死亡情况分析。在孵化过程中，胚胎死亡是难以避免的现象，其原因可能涉及受精不良、温湿度控制不当、种蛋质量差或通风不良等多种因素。胚胎死亡情况分析可以通过照蛋观察和出雏后的剖检进行。根据胚胎死亡的时间和特征，可大致判断出现问题的阶段：早期死亡可能与种蛋存储或孵化初期的温湿度问题有关，中期死亡可能因翻蛋不当或营养供给不足，而后期死亡常因氧气不足或孵化温湿度失控引起。通过分析胚胎死亡的具体原因，孵化管理人员可有针对性地改进孵化条件，以减少胚胎死亡率。

（4）孵化器设备监测与维护。孵化器设备监测包括温度、湿度和通风系统的稳定性检查。设备的温湿度控制系统需要定期校准，以确保孵化条件符合标准；通风系统需保持畅通，避免氧气不足或二氧化碳积累；翻蛋装置也需保持正常工作，以确保蛋的均匀受热。孵化过程中的温湿度波动或设备故障会对胚胎发育产生严重影响，因此孵化器设备的定期维护和监测是确保孵化成功的关键环节。

5.3.11.6 雏鸡的雌雄鉴别

翻肛鉴别是一种通过观察雏鸡泄殖腔内部形态来判断性别的方法，常用于鸡、鸭等家禽的性别区分。通过轻轻翻开雏鸡的泄殖腔，观察是否存在微小的性腺突起来判断性别。一般来说，雄性雏鸡的泄殖腔内具有明显的小突起，而雌性雏鸡则无此特征。翻肛鉴别准确率较高，且适用范围广，但对操作技术的要求较高，需要经过专门训练才能有效执行。该方法对操作人员的熟练度要求高，适合在大型养殖场或种禽生产中使用。

伴性遗传鉴别是利用性别与特定遗传特征相关联的规律，通过观察雏鸡体貌特征来判断性别的方法。在许多家禽品种中，伴性遗传基因决定了雏鸡的羽色或羽速等外观特征。具体来说，一些伴性遗传性状仅在雌性或雄性雏鸡中表现出来。伴性遗传鉴别具有非侵入性、操作简便的优势，特别适用于选育中伴性基因表现明确的鸡种。然而，该方法仅适用于具备明确伴性遗传特征的家禽群体。

羽速和羽色鉴别是利用雏鸡出壳后羽毛生长速度和颜色来区分性别的鉴别方法。在特定品种中，雄性和雌性雏鸡的羽速不同。羽速鉴别方法不需特殊设备，操作便捷，适合大规模雏鸡的性别区分。

5.3.12 档案管理和生产成绩评价

在种鸡饲养的全过程中，均应做好详细的档案记录，包括存栏数、采食量、死淘情况、免疫、分群、称重、转群、保健、产蛋率、蛋重、种蛋合格率、孵化率等指标。种鸡场可设计个性化的生产报表，通过对整个批次种鸡的生产数据统计分析，评价饲养效果和生产成绩，总结经验和教训，为今后饲养提供技术参考。

在生产成绩评价时，重点关注种鸡质量控制是否到位，生产成本是否节省等指标，良好的生产成绩可参考表5-11。

表5-11 种鸡关键节点管理内容或目标

周龄（周）	管理内容、目标
1	刺激食欲，快速开饮和开食，7日龄体重达到初始体重的4.5倍
4	平均体重达标；第一次分群调整均匀度
9	平均体重达标；第二次分群调整均匀度
19	平均体重达标；均匀度控制良好，19周开始逐渐换成预产期饲料
22	鸡群发育良好，见蛋，逐渐换成产蛋期饲料，并开始增加光照的时间
25	产蛋率达5%
29	进入产蛋高峰期
产蛋高峰期之后	通过减料控制体重增长和蛋重，产蛋性能符合品种标准，种蛋合格率高，受精率和孵化率良好
65	种鸡淘汰

5.4 商品代白羽肉鸡立体养殖技术

目前我国白羽肉鸡的主流养殖模式是立体笼养，立体笼养占比超过85%，饲养周期短，40日龄左右出栏，出栏体重2.8 kg以上，料重比低至1.40∶1左右，成活率达98%以上，平均欧洲效益指数450以上。如此高水平的生产性能，离不开饲养管理技术的进步。本节以三层立体笼养为例，系统阐述白羽肉鸡的饲养管理技术。

5.4.1 鸡场选址、布局和养殖设施

5.4.1.1 选址

鸡场选址应符合本地区农牧业生产发展总体规划、土地利用发展规划、城乡建设发展规划和环境保护规划的要求。根据经营方式、规模、生产特点、工厂化程度等基本特点，从鸡场的位置、占地面积、地形地势、土质、水源以及气候特点等方面进行全面考虑。鸡场选址的基本条件是三通一平：即通水、通电、通路和建筑地面平整。同时满足动物福利相关的要求：建在地势高且干燥、向阳、利于通风，距离屠宰场和饲料厂20～50 km，距居民点3～5 km，最好能位于居民区主导风向的下风向处。与其他养殖

场之间的距离应不少于1 000~1 500 m。最为理想的建场地址为国土部门确认的非基本农田或林地、山坡地等，鸡场相对独立，有天然屏障。

5.4.1.2 场区布局

遵循"节约用地、管理方便、安全生产、利于防疫"，从净区向污区不可逆走向的原则。养殖场四周设置封闭围墙，场区门口有防疫重地警示标识，严禁外来人员进入。养殖场入口处设有配套的消毒设施，如车辆轮胎消毒池、车辆与人员专用雾化消毒通道、人员脚踏消毒池等。

功能区设置。场区设置生活区、辅助生产区、生产区、无害化处理区等功能区。各功能区布局符合生物安全要求，做到界限明显，运行利于防疫。

生活管理区。生活管理区位于常年主导风向的上风向、地势较高处，设立门卫、办公、生活、生活辅助设施，与生产区间隔10 m以上。

辅助生产区。位于生活管理区的下风向，紧靠生产区，设立生产区办公室、药品储备室、供水、供电、供暖等配套辅助设施。

生产区。生产区位于生活管理区和辅助生产区的下风向，入口设人员消毒室或消毒通道，配有更衣室、洗澡间与消毒设施，做到布局规范、功能界限明显；每栋鸡舍门口配有人员出入鞋底消毒设施。

无害化处理区。无害化处理区应位于生产区的下风向，与生产区的距离不小于50 m，并设置单独通道。无害化处理区设立死鸡处理、污水沉淀池等其他废弃物安全处理场所。粪便要及时运送到处理场所，做到日产日清，按《畜禽粪便无害化处理技术规范》（NY/T 1168—2006）规定执行。废弃物处理设施，按《畜禽养殖业污染物排放标准》（GB 18596—2001）等规定执行。

5.4.1.3 鸡舍建筑与设计

可以大幅度提高单位建筑面积的饲养密度，饲养量可提高2倍以上。笼养模式便于实现喂料、饮水、清粪、出栏等自动化操作，减少了饲养人员劳动强度，降低了管理成本。鸡只不与粪便接触，球虫等疾病减少，成活率明显提高。鸡舍建筑与设计原则应遵循国家相关法律法规、相关标准规定，满足动物福利相关的要求。鸡舍内设施应使用无毒无害的材料，舍内的电器设备、电线、电缆应符合相关规范，且有防护措施，防止鸡只接近和啮齿类动物的啃咬。目前立体笼养有三层笼养、四层笼养和八层笼养等，其中三层立体笼养是一种主流的饲养模式。三层立体养殖单栋鸡舍长度80~85 m，宽度16~16.5 m，舍内通道宽度0.9~1.1 m。屋檐高不低于3.3 m，屋脊高不低于4.5 m。排风口设置在鸡舍末端山墙，进风小窗设置在侧墙上，距离屋檐下30~40 cm为宜。适宜饲养规模为3万~3.5万只。

5.4.1.4 养殖设施设备

饮水系统。根据养殖规模配备供水设施，包括水源、蓄水池和泵房，水源水质达到NY 5027—2008的要求。采用全自动饮水系统，确保提供充足稳定的饮水。水质不达标的，可选择安装水净化装置。

喂料系统。采用自动喂料系统，包括料仓、饲料输送系统、饲喂器具等。

清粪系统。采用自动清粪系统，包括纵向清粪、横向清粪、斜向清粪系统，设备系统由塑料（PP）传送带、驱动电机、辊轴、控制器组成。

通风系统。鸡舍采用负压式通风。通风系统包括控制器、风机、通风小窗、导流板等，鸡舍内配备温度探头、湿度探头、CO_2探头、负压表。安装数智化的自动环境控制设备，根据鸡舍温度设置不同级别的风机控制进行自动或定时开启。进风口采用两边侧窗加鸡舍前窗进风，屋顶配有进风口，满足进风面积需求。前窗增加散热器，在外界温度低的情况下，保证进入鸡舍的冷风加热到20℃以上。

控温系统。养殖场配备控温系统，选用的控温系统应高效、节能，符合环保要求。养殖场采用供热系统和降温系统进行控温。鸡舍供暖采用地暖+前窗散热器供温相结合的方式满足鸡舍不同季节的供温需求。供热配套系统主要包括控制器、配套锅炉、循环水泵、管道、分水器、散热器与地暖管。条件允许的可采用空气能供暖设备。管道、分水器把热水送到地面地暖管，放热后再循环回锅炉加热，水损失减少时软化水通过水箱自动补加，地暖本身发热均匀，热能由下而上均匀恒流，形成梯度温差。散热器通过风扇将热量吹到鸡舍。

降温系统。夏季全部采用湿帘降温，包括控制器、湿帘、循环水泵、管道、导流板与风机等设施；鸡舍里面还安装喷雾加湿设备，在最热的季节配合湿帘降温。鸡舍外面前端设有蓄水池，以供夏天湿帘降温用，水循环使用，节省用水。

照明系统。照明控制系统包括灯光定时控制仪和调光器。可根据需要设定光照强度和照明时间以及间歇次数；照明光源采用LED灯或LED灯带。

清洗系统。采用自动控制器系统、自动高压清洗系统，配备有高压泵、高压输送管路、快速接头、压力罐等设施。由专业的清洗人员清洗。在规定的时间内清洗干净，最后质检人员、兽医及场里管理者三方共同检查评分，给予考核。

环境控制系统。环境控制系统由强电控制箱和环境控制器组成，可根据需要设定舍内温度，自动控制风机和湿帘的运行。

其他辅助设施。根据养殖规模配备专线供电设施，包括控制器、变压器和配电房，并有配套发电机组。自备电源的供电量应高出全场电力负荷的20%。场内应配备基本的通话和数据传输网络，提供有线和无线双路网络。养殖场舍内安装与使用抑尘网，对养殖过程中产生的羽毛与粉尘进行拦截、消毒清理。

5.4.2 饲料与饮水管理

5.4.2.1 饲料与饲喂管理

合理配制全价颗粒饲料，满足肉鸡不同生长阶段的营养需求。同时，注意饲料的品质和卫生，避免饲料霉变和污染。饲料质量符合NY 5032—2006和GB 13078—2017的要求。不添加国家相关法规禁用的抗生素以及化学合成类药物。

饲粮营养水平参考NY/T 33—2004中"肉鸡的营养需要"或相应品种饲养管理手册的营养建议量设置。白羽肉鸡绿色立体养殖配合饲料推荐营养标准见表5-12。

表5-12 白羽肉鸡立体养殖配合饲料推荐营养标准

项目	适用日龄		
	前期料0~20日龄	中期料21~34日龄	后期料35日龄~出栏
能量（RPAN）	2 950~3 000	3 000~3 050	3 050~3 100
粗蛋白质（%）≥	21.5	20.5	22
赖氨酸（%）≥	1.1	1.0	0.9
粗脂肪（%）≥	2.5	3.0	3.0
粗纤维（%）≤	6.0	7.0	7.0
灰分（%）≤	8.0	8.0	8.0
钙（%）	0.8~1.2	0.7~1.2	0.6~1.2
总磷（%）≥	0.5~0.75	0.4~0.7	0.35~0.65
食盐（%）	0.30~0.80	0.30~0.80	0.30~0.80

注：引自NY 5032—2006和GB 13078—2017。

饲料原料和质量符合农业部公告第1773号《饲料原料目录》《饲料和饲料添加剂管理条例》《饲料添加剂安全使用规范》《饲料添加剂品种目录（2013）》（农业农村部公告第356号）规定。选择高能量、高蛋白质的全价颗粒饲料，以保证肉鸡的营养充足。

根据白羽肉鸡生长特点，把肉鸡饲料划分为三个型号，分别为前期料、中期料、后期料，三种饲料主要营养成分和颗粒大小有所差异。

提供质地良好的颗粒破碎料或颗粒料不仅能最大程度地降低鸡只采食所消耗的热能，而且会减少鸡只在采食过程中产生热量。如果饲料营养水平适当、营养平衡良好，而且所使用的原料消化率高，就会有助于减少热应激的影响。质地良好的饲料形状能改善饲料的适口性，有利于鸡只在较凉快的时间段内补偿性地提高饲料采食量。炎热季节，某些情况下可以补充一定的脂肪（和碳水化合物相比）来提高饲料的能量水平，用于减少饲料热能的转化过程，对肉鸡生产有一定益处。

使用自动供料设备喂料,并提供足够的采食位置。采用定时加料方式,保证鸡只自由采食。喂料原则为少喂勤添。具体情况可根据料盘存料情况确定。建议加料次数见表5-13。

表5-13 加料次数

日龄（d）	加料次数
0～3	人工洒料,6～8次
4～30	自动加料4～5次
31～出栏	自动加料4次

饲料应存放于清洁、凉爽和通风处。请勿将饲料存放于鸡舍内的高温条件下,否则会造成饲料中营养成分的损失。

5.4.2.2 水源质量与饮水管理

饮用水质量应符合GB 5749—2022的规定。采取自由饮水方式供水,使用乳头式饮水器供水,保证肉鸡能够健康、自由饮水。饮水乳头配置足够,确保每只鸡能达到充足的饮水量,同时,确保乳头不漏水。随着鸡日龄增长,根据鸡体型的大小适时、合理调整水线高度。饮水中不添加抗生素以及化学合成类药物,通过使用酸化剂、微生态制剂等绿色保健型制剂,维护肠道健康。在条件允许的前提下,饮水设施应定期清洗、消毒；消毒药物选择符合《中华人民共和国兽药典》规定的高效、无毒、无残留的消毒剂。

保持真空饮水器水平。随着雏鸡的生长,及时清理真空饮水器,以保证饮水卫生,3~4 d撤除饮水器。在使用真空饮水器的同时使用水线饮水。饲养期的工作量比较大,早用水线既可以降低工人的劳动强度,还能保证饮水卫生。根据雏鸡的生长日龄和生长状况,及时调整好水线的高度,以鸡只站立自然伸颈饮水为宜(图5-13)。

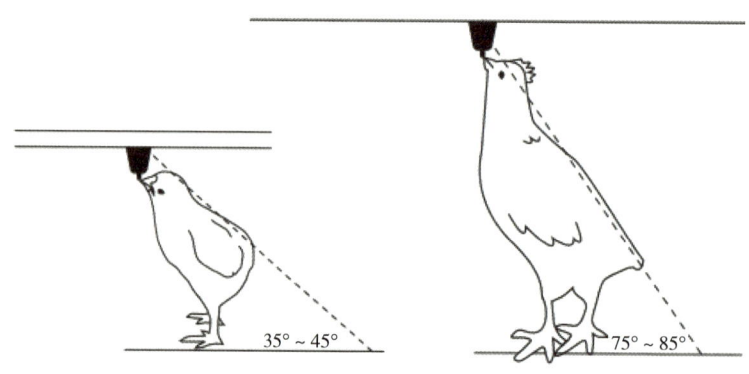

图5-13 饮水高度示意图（来源于AA饲养管理手册）

要保持水线的水平状态，水线乳头应竖直向下，随着日龄的增长，要逐渐上调水线至乳头的高度。一般情况下，一周龄以内小鸡的背部与地面成35º～45º，一周龄以上的鸡，鸡的背部与地面成75º～85º，这种情况小鸡就能轻松喝到水。应经常检查水线乳头的压力大小和供水情况，避免水压过高、过低、堵塞、无水以及漏水的情况出现。水箱储水量应为24 h最大需求量为宜，14～15℃时为理想水温，太冷或太热鸡群饮水量会减少甚至不饮水。应定期冲洗消毒水线。冲洗时，要保持一定的水流压力和水流速度以保证冲洗效果。热应激期间，较凉的、低盐分的饮用水是最重要的营养。无论是通过饮水还是通过饲料，策略性地为鸡群补充维生素和电解质都有利于鸡只应对各种环境方面的应激。

肉鸡每采食1 kg饲料，需要饮水2～3 L。气温越高，饮水量也会增多。表5-14是每1 000只鸡每日大约所需饮水量。在进行饮水免疫时，疫苗饮水量可参考为日饮水量的1/5。

表5-14 肉鸡日均饮水量　　　　　　　　　　　　　　　单位：L/1 000只

周龄（周）	温度		
	10℃	21℃	32℃
1	23	30	38
2	49	60	102
3	61	91	208
4	91	121	272
5	113	155	333
6	140	185	390
7	174	216	428

注：引自《AA饲养管理手册》。

笼养鸡水线管理尤其重要，需要根据水表读数每天统计饮水量，并计算出料水比，通过饮水的异常能反映出很多鸡舍管理问题。水线冲洗消毒是重点，需要每周冲洗一次，水线对鸡群均匀度的影响非常大，鸡饮水少，采食量就降低，比如可以用过氧化氢等消毒剂对水线进行定期消毒。鸡理想的饮水温度是10～15℃，超过30℃鸡饮水量开始下降，超过40℃鸡拒绝饮水。水线高度也要随着鸡日龄增加而不断升高（表5-15）。水压越大洒水越多，水压太小不能给鸡提供足够的饮水。水压可以参考以下标准：1周龄为20 mL/min；6周龄最小出水量为60 mL/min，最大出水量为80 mL/min。测定出水量的方法：用手按住乳头计算流出的水量，通用计算公式：需要出水量=周龄×7+35（mL/min）。

表5-15 不同日龄鸡的水线高度

日龄（d）	1	5	9	13	17	23	25	27	29	31	33	35	37	39
高度（cm）	9	15	19	22	26	30	31	32	33	35	36	37	38	39

注：引自《肉鸡场执业兽医工作手册》。

5.4.3 鸡舍环境的基本要求

5.4.3.1 温度控制

温度关系到肉鸡的健康生长和饲料利用率。温度过低,雏鸡卵黄吸收不良,消化不良,引起呼吸道疾病,降低饲料报酬,增加胸腿病发生率;温度过高,鸡只采食量减少,饮水过多,生长缓慢。温度不稳定,容易引起小鸡发病,特别是在春秋季节,温度控制不好,将会造成疫病流行。不同日龄肉鸡温度控制参数详见表5-16。

表5-16 不同日龄的肉鸡温度控制参数　　　　　　　　　　　　　　　单位:℃

季节	第2周	第3周	第4周	第5周	第6周	第6周后
冬春季	31~28	28~26	26~24	24~22	22~21	21~20
夏秋季	31~28	28~26	26~24	24~22	22~21	21~20

注:引自《肉鸡场执业兽医工作手册》。

温度传感器(温度探头)悬挂位置:远离热源,如果温度探头放置过于靠前,鸡舍前面是低温区,探头显示的温度低于鸡舍实际温度,结果会导致鸡舍通风过小,鸡长得偏小;如果探头位置靠中间放,或者过于靠后,由于鸡舍后端是高温区,这时候探头显示的温度就比鸡舍实际温度偏高,鸡舍通风就会偏大,导致鸡群受凉。鸡舍内的温差是不可避免的,因此温度探头是准星,放在正确的位置,及时反映鸡舍真实温度,显得尤其重要,要经常校正其准确性(图5-14)。

裸露在笼具外面(不正确)

捆绑在笼具水线上(不正确)

固定在鸡舍中间中层笼外(正确)

图5-14 温度探头的正确悬挂位置(许传田　提供)

温度是否适宜，不能只看温度计，要看鸡群的分布状态是否均匀，要看鸡群是否在鸡舍提供的环境内感觉舒适为准，即看鸡施温。通过观察雏鸡动态表现，就知道雏鸡实际感受到的温度是否适宜，从而及时采取措施，经常保持温度适宜。当雏鸡表现活泼好动，羽毛光顺，食欲良好，饮水正常，休息时安静无声或者偶尔发出悠闲的叫声，体态自然、分布均匀并不扎堆时，表明雏鸡所处的环境温度是适宜的。如果雏鸡密集成堆地挤在热源附近或某一角落，羽毛竖立，缩头闭目，不大活动，夜间睡眠不稳，常常发出连续的唧唧叫声，表明温度偏低，应立即驱散集堆雏鸡，迅速升温保暖。若是雏鸡远离热源，张口喘气，两翅张开，频频喝水，吃料减少，表明温度偏高。此时雏鸡虚弱，应注意采取缓和措施，慢慢降低温度，但要防止降温过猛，引起雏鸡感冒。不同温度环境下小鸡在笼子里的分布趋势见图5-15。

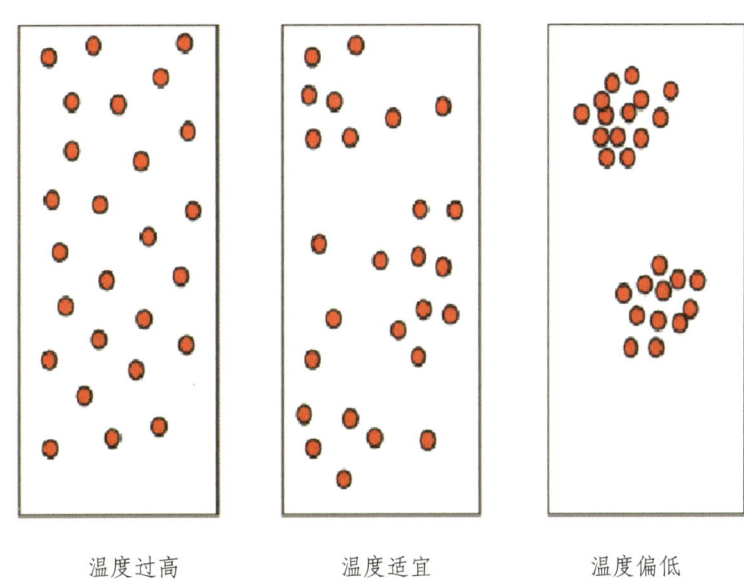

温度过高　　　　　温度适宜　　　　　温度偏低

图5-15　不同温度下小鸡的分布趋势（引自《AA饲养管理手册》）

育雏期间每天必须合理降温，如果一直高温，雏鸡对高温产生依赖性，生长后期一旦降温幅度偏大，鸡很难适应，容易造成冷应激。如果鸡群前期（3周龄之前）一直在高温环境中生长，导致不能正常脱温，后期（5周龄左右）会出现以下临床症状：成活率较低，采食量偏低（每只鸡每天采食量不到100 g），体重低于1.5 kg；鸡舍温度稍有降低鸡群就变得不活跃，稍微有点风鸡就出现呼吸道症状，出现呼吸道症状就更不敢降温了。所以前期温度控制不当，会导致后期体重不达标。

5.4.3.2　湿度管理

雏鸡对湿度很敏感，湿度过低，空气干燥会引起尘埃飞扬（尘埃上一般都有细菌、病毒附着），飞扬的尘埃进入上呼吸道会引发呼吸系统疾病，还会引起鸡只脱水

（尤其是一周龄内的雏鸡），导致上呼吸道黏膜干燥，天然屏障作用降低，易引起雏鸡的脱水、消化不良、身体瘦弱、均匀度差，并诱发呼吸道疾病；湿度过高，不利于羽毛生长，易繁殖病菌和球虫等。相对湿度为65%~75%，高温季节的湿度不低于40%，冬季湿度不超过80%，特别注意避免高温高湿对鸡造成的危害。入雏时相对湿度达到70%以上。整个过程最好控制在55%~70%。

如果鸡舍湿度过低，要及时增加湿度。可以在进鸡前两天，不间断地对地面、墙壁洒水加湿。用喷雾器对墙壁、风道等进行人工加湿；热风炉风道加湿，雾线加湿（少量、注意水温）安装专用加湿设备。

如果湿度过高，要采取措施降低湿度。及时清除粪便有利于降低空气湿度。鸡粪含水量高（约为85%），积在鸡舍内易使湿度增大，须及时清理，夏季最好每天清理两次。通过加大通风量，加大舍内空气流动，及时带走水汽可降低湿度。外界空气湿度较高时，需停止湿帘的使用。夏季应适当降低鸡的饲养密度，有利于控制鸡舍湿度。另外，要加强鸡舍管理，如防止鸡舍漏雨、及时维修不良饮水器具防止漏水等。

5.4.3.3 光照控制

科学光照程序可预防7~21日龄体重超标，减少死淘、猝死、腿病和尖峰死亡综合征。限光的目的是控制鸡的生长速度，防止鸡因过速增长而发生腿病、腹水症、猝死症等。

白羽肉鸡的光照程序可参考表5-17。体重达到160 g以后或达到初生重的4倍以上开始限光，将光照强度调整到5~10 lx。执行光照程序，要固定关灯时间，通过不断调整开灯时间来调节光照时间。鸡舍内各处的光照强度应该均匀一致。因为母鸡需要更长的采食时间，公母分养时，母鸡的光照时间比公鸡长2 h为宜。

表5-17　推荐光照程序

日龄（d）	光照时间（h）	光照强度（lx）
0~3	24	20~60
4~7	23	20~60
8~34	18	5~10
35	19	5~10
36	20	5~10
37	21	5~10
38	22	5~10
39	23	5~10
40~41	23	5~10

5.4.3.4 空气质量

鸡舍空气质量。鸡舍空气污染严重影响鸡群健康和饲料转化率。空气质量和饲料转化率呈正相关。空气质量越好，饲料转化率也就越高。建议用仪器来监测空气质量（表5-18）。

表5-18 鸡舍空气对肉鸡造成的影响

项目	鸡舍空气污染对肉鸡造成的主要影响
氨气	氨气浓度在20 mg/kg以上，人的嗅觉可以感觉到 大于10 mg/kg将损害肺的表面 大于20 mg/kg将易于感染呼吸道疾病 大于50 mg/kg将降低肉鸡的生长速度
二氧化碳	大于0.35%会造成腹水症。含量再增高对肉鸡是致命的
一氧化碳	100 mg/kg将造成肉鸡缺氧。含量再增高对肉鸡是致命的
尘埃	损害肉鸡的呼吸道。增加其他疾病的感染机会
湿度	温度不同对肉鸡的影响程度不同。当温度高于29℃，相对湿度大于7%时，将影响肉鸡的生长速度

注：引自《肉鸡疫病关键技术解析》。

氨气（NH_3）和二氧化碳（CO_2）浓度对鸡群健康有着重要影响，二者浓度过高都会引起鸡群不适，轻则导致鸡饲料转化率降低，重则诱发鸡患上呼吸道疾病发生。

地面养殖模式，鸡舍氨气浓度要低于20 mg/kg；网上平养模式，鸡舍氨气浓度要低于15 mg/kg（清粪不低于9次）；立体笼养模式，鸡舍氨气浓度低于5 mg/kg（清粪不低于11次）。

CO_2浓度没有引起肉鸡养殖场足够重视，这也是鸡舍管理失误较多的地方。据文献报道，CO_2浓度超过2 000 mg/kg就会引起鸡免疫抑制。由于CO_2无色无味，人的器官很难感受到，如果饲养员夜间在鸡舍里感到胸闷气喘，这时候CO_2浓度已经到了5 000 mg/kg以上了，CO_2浓度对肉鸡饲料转化率的影响非常大。

5.4.3.5 饲养密度管理

合理的饲养密度有利于肉鸡生长发育，保证提供鸡的正常活动、休息、采食和饮水所需空间。饲养密度过大将降低生长速度、成活率、垫料质量和胴体质量。饲养密度由目标体重、屠宰日龄、气候和季节、通风系统等多种因素决定。目标体重大、屠宰日龄大、夏季炎热天气、通风系统差等情况，饲养密度应适当降低；反之密度可适当增大。立体笼养不同日龄下的饲养密度见表5-19。

如果鸡群过分拥挤，容易造成舍内空气污浊（有害气体浓度太大，氧气缺乏）、垫料过于潮湿、卫生状况差等，易引发多种疾病。

表5-19 立体笼养不同日龄下的饲养密度　　　　　　　　　　　单位：只/m²

季节	1~5 d	6~12 d	1~21 d	2~34 d	35~42 d
夏季	55	30	20	14	12
冬季	55	30	22	16	14
春秋	55	30	21	15	13

注：引自《肉鸡场执业兽医工作手册》。

5.4.3.6 生物安全环境

疫苗免疫是目前规模化养殖场防控肉鸡重大疫病的一项有效措施，疫苗免疫效果直接影响肉鸡抵抗疾病的能力，因此做好肉鸡免疫是鸡场管理的一项重要工作。白羽肉鸡生长周期短，常发的疫病主要有低致病性禽流感、传染性支气管炎、鸡新城疫、传染性法氏囊炎、腺病毒等。鸡场要根据当地疫病流行情况，制定适合自己的免疫程序，疫苗选择国内外知名厂家的疫苗，确保疫苗品质。参考免疫程序见表5-20。

表5-20 推荐免疫程序（许传田　提供）

日龄（d）	疫苗	使用方法	备注
7	新流法腺四联灭活苗	皮下注射	如养殖周期超过3个月，建议2个月后加强免疫1次
	新支二联活苗	点眼、滴鼻	如果当地鸡传染性支气管炎疫情严重，在1日龄喷雾鸡传染性支气管炎活苗，鸡传染性支气管炎疫苗含有QX毒株
21	新流二联活苗	2倍量饮水	

日常卫生保健可从以下方面抓起。环境严格消毒，给鸡营造一个安全的生活空间。免疫前后使用中药或者生物制剂调理鸡群，消除鸡只亚健康状态，保证疫苗接种后获得良好的免疫力；合理使用微生态产品或者酸化剂调节鸡肠道菌群平衡，保证鸡群肠道吸收率，从而提高饲料转化率；科学合理地使用抗生素等药物，降低抗生素对鸡内脏的代谢压力和中毒程度。

5.4.4　进鸡前的准备

5.4.4.1　选择优质鸡苗

尽量订购可靠品种、可靠公司的鸡苗。应从具有"种畜禽生产经营许可证"和

"动物防疫条件合格证"等资质的种鸡场引进,并且在孵化厅接种了相关疫苗。坚持整场全进全出,每个鸡舍引进来源于同一种鸡场、同一批次、同一品种的健康鸡苗。

优质鸡苗是取得良好养殖成绩的关键之一,调查发现因鸡苗不健康因素导致养殖失败案例至少有10%。优质鸡苗应符合以下标准:鸡苗重不低于40 g,均匀度良好,无缺陷和残缺,活跃,叫声清脆洪亮,无细菌感染,腹部柔软有韧性,脐部愈合良好,跗关节无肿胀或红色,第一周死亡率应低于1%。

选购鸡苗的时候,要注意以下几种质量不好的鸡苗。一是所谓的打针鸡苗,是指父母代鸡场在孵化厂给1日龄鸡苗注射抗生素产品,让公司出售的商品鸡苗在一周左右不表现腹泻和呼吸道症状,来掩盖鸡苗存在的一些问题。这种鸡苗7日龄以内死淘率等指标正常,到了10~13日龄,突然大群发病,以气囊炎为主;打针用的药品为利高霉素或者丁胺、头孢,这几种药品都会诱发鸡肾损伤,因此打针鸡苗在临床上出现鸡糊屁股的较多,往往被误诊成肠炎进行治疗,导致机体脱水;这种鸡苗导致整个饲养期死淘率高,生产性能不达标,给养殖场带来巨大经济损失。二是种鸡感染了淋巴白血病、传染性法氏囊炎、病毒性关节炎、滑液囊支原体、包涵体肝炎、马立克病、传染性贫血等垂直传播性疾病,商品鸡苗往往会表现以下临床特征:5日龄内出现呼吸道病的鸡占5%~10%,严重者出现咳、甩鼻、伸脖子喘等症状;养殖场需要连续2个疗程以上的用药进行对症治疗,而且治疗效果不佳。种鸡感染垂直传播疾病,商品鸡疫苗免疫效果较差,鸡长势缓慢,部分鸡成为僵鸡,而且比正常鸡更容易感染禽流感、鸡新城疫、鸡传染性支气管炎等疾病;垂直传染性疾病感染的鸡苗刚开始死淘率也不高,在20日龄左右开始死淘增加,剖检症状以大肠杆菌和气囊炎为主。三是种蛋保存和孵化环节消毒不彻底,鸡苗受到葡萄球菌、伤寒沙门氏菌、大肠杆菌等病原微生物感染,临床表现为脐炎,在4~7日龄死淘较多,最好的办法就是提前淘汰弱雏,及时止损。

5.4.4.2 鸡舍空栏期管理

空舍期是指自鸡群淘汰之日起2~3周时间的鸡舍进鸡准备期。空舍期间的管理主要包括鸡粪清理、鸡舍冲洗、消毒以及养殖设备清理和维护等工作。把鸡舍卫生清理干净,充分消毒,保证鸡舍是一个没有传染病病原的干净环境。对所用设备及部件进行维护与保养,保证设备在饲养周期之内都能够正常运行。

鸡舍整理:鸡群出栏后,及时整理清洁饲养设备。清完鸡粪后,可地面洒水或利用舍内喷雾加湿系统,彻底清扫舍内灰尘、剩余鸡粪及鸡毛。

鸡舍周边卫生:舍内打扫干净之后,清理鸡舍外围杂草,保证鸡舍两边3 m范围内无杂草,同时清理鸡舍两侧排水沟。

鸡舍冲洗:冲洗鸡舍及设备,喷枪最低压力为250~300 Psi(1.72~2.07 MPa),用3%火碱溶液消毒地面(笼养鸡舍要避免喷洒到鸡笼)。鸡舍冲洗后必须做到所有建筑物和设备表面及缝隙无鸡粪、无鸡毛及灰尘。

第一次消毒：鸡舍地面用福尔马林按20%的浓度喷洒消毒。鸡舍周围和道路用2%~5%的火碱溶液或20%福尔马林消毒，检查投药点并增添鼠药。

设备维护：安装准备育雏设备，各种设备必须先消毒后入舍。安装结束后，检查调试各种设备，确保其正常。

空舍第二次消毒：用3倍剂量的福尔马林熏蒸消毒整个鸡舍（即每立方米空间使用21 g高锰酸钾、42 mL福尔马林和42 mL水），或用15%的福尔马林高压喷洒垫料和鸡舍的方式消毒鸡舍。密闭3 d后，动保中心采样化验进行冲洗消毒质量检查评估，验收合格后方可准备进鸡，否则再次消毒后验收，直至合格。进鸡前要确保空舍7 d以上，如开启鸡舍到进鸡时间超过10 d，要用消毒药再次消毒。

5.4.4.3 入雏前准备

入雏前再次检查所用设备及部件的维护与保养情况，育雏舍要求有利于防疫、保温性能良好、不透风、不漏雨、不潮湿，墙壁无缝隙，门窗严密，地面等无鼠洞。设备的准备和维修主要包括取暖、供料、供水等设备检查。密闭性差的鸡舍应提前对舍内墙角、门窗等缝隙透风处进行检查，对透风处进行单独处理，防止贼风。

按照防疫程序准备相关疫苗和药品，及免疫所需的辅助用品，疫苗如鸡新城疫疫苗、鸡传染性法氏囊疫苗、鸡传染性支气管炎疫苗等；药品如预防大肠杆菌和沙门氏菌、慢性呼吸道病等的有效药品；消毒药品如火碱、高锰酸钾、甲醛、含碘制剂、季铵盐类、酚制剂。

操作间、走道中物品摆放整齐，将垫料扫平、扫匀。将主料线及辅料线上各部件安装好，将水线调低，进鸡前2 h把接水杯都打满水。开启供料系统，将饲料打入舍内。

鸡舍要提前加温，冬季应提前48 h、夏季24 h，确保雏鸡入舍时，环境温度达33~35℃，鸡笼钢丝的内部温度也应达到28~30℃或以上，防止鸡的脚趾受凉。同时保持空气相对湿度65%~70%，开启最小通风量，保持空气清新，灯光调至明亮级别。

5.4.5 饲养管理要点

5.4.5.1 重视出壳第一周的管理

（1）核实鸡的数量。根据发票数量，清点总箱数，核实是否与供应商提供的数量一致。尽快将雏鸡小心地移出运雏车，并按正确的盒数将雏鸡平均放置于育雏笼内。抽查10箱，称重并记录，将记录结果作为7日龄体重达标与否的参考数据。如果整个鸡场饲养有不同来源的雏鸡，尽可能将相同来源的种雏安排在同一栋饲养，并依据雏鸡的生长发育情况适时调整饲养方案，提高出栏时的均匀度。

（2）尽快开饮。雏鸡出壳后，因呼吸和排粪等损失大量的水分，使体重不断下降，急需补充水分。雏鸡对水的需要比吃料更重要。因此尽快教会雏鸡饮水是提高育雏成活和培育壮雏的关键措施之一。雏鸡的第一次饮水叫初饮。初饮最好在出壳后24 h内进行，雏鸡饮用水应清洁卫生、接近常温，没有有害微生物，饮水中可加入5%葡萄糖、赐益、拜固舒、水合维他等，增强抵抗力。初饮有促进肠道蠕动、吸收残留卵黄、排除胎粪、增进食欲的作用。初饮后，不应再断水，因为育雏温度高，雏鸡容易脱水，所以要避免其引起脱水。在第一天必须保证每只鸡都饮到水。

（3）及早开食。雏鸡第一次喂料称为开食。在雏鸡充分饮水后即可开食，开食时间不能过晚，甚至尽量提前，否则雏鸡消耗体力过多，影响生长发育。开食时可以把饲料放在开食盘、小料桶或塑料布上饲喂，也可直接使用料线。为了让小鸡吃料均匀，肉鸡1～4日龄可以增加开食盘，根据笼子面积大小，在每个笼子里面增加1～2个开食盘，在开食盘里面添加饲料，4～5日龄以后，逐渐撤出开食盘。开食的饲料，一般为破碎的颗粒状配合饲料，初次喂料可将饲料均匀地撒在饲料盘中或牛皮纸上，让雏鸡自由采食，小鸡有模仿性，只要有几只先开食，其余的就会跟着吃料。每次吃料不宜过多，以吃尽为好。注意少喂勤添，添加次数逐渐减少。前期每次喂八成饱，因幼雏贪吃，容易采食过量，引起消化不良，食欲减退，造成消化道疾病。在料槽充足、每只鸡都能同时采食的情况下，每次大约采食45 min。

在雏鸡的第二次饮水和采食结束后，可以逐栏逐只检查雏鸡的嗉囊情况，将其中未能有效饮水和采食的雏鸡挑出，并集中起来给予特殊照顾，逐只教鸡喝水并引导采食，这样有助于提高鸡群整体的均匀度和成活率。进鸡后48 h之内应该对雏鸡进行多次嗉囊饱满度的评估，并根据饱满度评价检查温度和水位是否合适，进鸡48 h应该保证100%的雏鸡的嗉囊都有饲料和饮水，进鸡后不同时间点嗉囊饱满度的标准见表5-21和图5-16。

表5-21 嗉囊饱满度的标准

雏鸡入舍检查嗉囊的时间（h）	嗉囊有足够饲料的雏鸡比例（%）
2	≥75
8	≥80
12	≥85
24	≥95
48	100

注：引自《AA饲养管理手册》。

图5-16　雏鸡嗉囊饱满度对比，左边饱满度良好，右边饱满度差（引自《AA饲养管理手册》）

（4）确保第一周末体重达标。肉鸡7日龄体重必须达到初生重的4～5倍（至185～190 g），如果7日龄体重达不到这个标准说明饲养管理不合格。育雏体重每增加1 g，出栏体重增加6.7 g，这就是所谓的"周末定终身"。

5.4.5.2　日常管理要点

（1）日常巡检。观察鸡群是日常巡检的重要内容。通过观察鸡群，一是可促进鸡舍环境及时改善，避免环境不良所造成的应激；二是可尽量发现疾病的前兆，以便早防治。鸡群观察，在养殖过程中强化对鸡群的观察、记录和分析有助于做到防患于未然，同时有助于对发现的问题及时解决和排除，也是饲养管理的重要内容之一。通过观察肉鸡的肢体语言和鸡舍环境变化可以知道肉鸡的状态和鸡舍环境的优劣，这项工作是养殖户的必修课程之一。养殖者日常巡视的主要内容包括肉鸡的肢体姿势、鸡舍粪便、环境控制设备的运行状况。通过日常巡视可以提前发现问题，及时改正管理错误，真正做到防患于未然。日常巡检主要从以下方面入手。

一看：看精神状态，健康的鸡群反应敏感而整齐，看到人、听到动静，就会齐刷刷地抬起头来甚至整体站立，开动副料线以后鸡食欲强烈。当鸡群发病的时候，往往反应迟钝而不整齐，部分病鸡可能闭眼、呆立、俯卧、出现神经症状等，甚至对供料也没有多大的反应。观察鸡是否处于舒坦状态，从而判断鸡舍环控是否合理。看外观，观察鸡的头、眼、羽毛、脚趾等部位是否异常，健康的鸡应是无肿头、眼睛明亮有神、羽毛生长进程正常、脚趾有光泽。看粪便，在光线暗的情况下要借助于手电筒，粪便的颜色（红色、酱色、黄绿色、草绿色、灰色、白色等）、硬度（成型粪便、稀薄料粪、水样粪便等）是否异常，通过仔细观察可以发现和帮助确诊新城疫、传染性法氏囊炎、消化不良、球虫病、大肠杆菌病、沙门氏菌病等疾病。看鸡笼内是否有死鸡，及时拣出死鸡，发现特别弱小的及时淘汰，特别是发现鸡苗质量不佳时，建议第一周内加大弱鸡的淘汰比例。

二听：倾听鸡发出的声音，重点是听呼吸声，判断是否有异常的气喘、呼噜、咳嗷、甩头、尖叫等声音。还要倾听鸡舍设备设施运行的声音是否正常。

三闻：闻鸡舍内的气味，可帮助判断舍内空气质量，及时调节通风。

四查：查询各项生产记录和报表，了解采食量、饮水量、死淘、生长发育等数据是否正常。

（2）扩群。立体养殖过程中，肉鸡扩群有两种方案：一次完成扩群和两次完成扩群。一次扩群是在7日龄免疫后，把中层笼的1/3数量肉鸡转移到上层笼，1/3的肉鸡转移到下层笼，这种方法可以提高肉鸡的均匀度，但是对鸡笼有要求，下层和上层的笼子料槽挡板的孔间距不能太大，以防小鸡漏出，而且鸡舍通风管理不当，容易造成小鸡受到冷应激。

两次扩群，是扩群分两次完成，第一次是在7日龄免疫后，把中层笼1/3的肉鸡转移到上层笼子，中层笼子剩下2/3的肉鸡，再过一周左右，再把中层笼50%肉鸡转移到下层笼子，该方法对肉鸡均匀度有一定影响，但是可以降低通风不当对鸡造成的冷应激。

鸡场要根据具体情况选择适合自己的扩群方法，无论哪种扩群方案，扩群之前都要提前一天，提高鸡舍温度0.7~1.2℃。并且在水中加入一些抗应激药物，如多维素、赐益、水合维他、拜固舒等。阴雨天气以及气候剧烈变化天气尽量不要扩群，避免给小鸡造成大的应激。

（3）换料。肉鸡1~20日龄使用前期料，21~34日龄使用中期料，35日龄后使用后期料。为了降低换料对鸡群产生的应激，一般分三次完成，第一次换30%的新料，第二次换70%的新料，第三次完全换成新料。

（4）体重监测。商品肉鸡一般是每个周龄末在每栋鸡舍中选择鸡舍前、中、后的中层笼、上层笼、下层笼中随机抽取200只鸡，计算平均体重，分析该周龄肉鸡体重是否符合正常标准，如果体重不达标，可以考虑鸡舍通风是否偏小，鸡舍温度是否偏高等因素。如果鸡群平均体重超过标准体重太多，特别是3周龄内的肉鸡，可以适当限料，因为这个阶段体重过大会影响肉鸡生长发育，后期快速生长阶段容易出现猝死等症状。快大型白羽肉鸡不同周龄参考体重见表5-22。

表5-22　快大型白羽肉鸡不同周龄参考体重

周龄（周）	体重（g）
1	180~210
2	490~510
3	950~1 100
4	1 500~1 600
5	2 000~2 100
6	2 500~2 800

（5）特别注意鸡舍的通风。空气环境是立体笼养日常管理的核心内容，而空气质量和通风管理密切相关，因此可以这样说，加强通风管理、实现精准通风是贯穿整个饲养期的核心。饲养人员要认识鸡的舒坦状态，即鸡群分布较均匀、不扎堆、不靠笼边、无明显张口呼吸、神态自然，表明鸡处于体感温度舒适的范围内，从调节鸡舍内热气来说，通风是恰当的。要做到鸡舍内通风相对均匀，避免较大的通风死角，这一点可从鸡舍进风口设计上来优化。冬季小窗通风时，要注意屋顶的平滑性，保证进入的冷风能顺着屋顶流向鸡舍的中央，在上方三角区内和舍内暖空气充分混合，并保证空气的落点恰当，为了避免冷空气直接落于鸡群头部，上层鸡笼的顶部应铺一层塑料膜隔挡。可以作烟雾试验，来帮助饲养人员看清空气在鸡舍内的流动情况，以便及时做出相应调整，保障合适的气流和通风效果（图5-17）。

图5-17 鸡舍烟雾试验（刘启坡 提供）

每一栋鸡舍都是独特的，即使同一个养殖场两栋看似结构相同的鸡舍，其通风调控的细节参数也可能是不一样的，因此通风管理要针对具体鸡舍具体情况具体分析执行，切勿完全照抄照搬别的鸡舍的模式参数，而是应该掌握精准通风的理念，以鸡群舒坦状态表现为参照，以CO_2浓度控制在2 000～5 000 mg/kg为标准，以通风循环控制为抓手，以烟雾试验来纠正冷风落点、通风死角等，做到随机应变。

（6）出栏前一周管理。该阶段要重点关注肠道方面疫病防控和做好突发事件预警。根据和屠宰场签订的合同内容，结合养殖场实际情况，确定什么时候出栏，出栏前合理用药，确保屠宰后的鸡肉产品安全、无药残。

5.4.6 出栏管理

5.4.6.1 出栏前的准备

修整鸡舍入口处和鸡场内的道路，确保运鸡车辆出入畅通。检查运鸡车淋水时（夏天）所用的冲水管（直径2.0 cm蛇皮塑料管），是否有漏水、是否安装方便。鸡舍前后大门固定并可完全打开。拆下料位传感器、温度探头、湿度探头，存放于操作间，以备用。

肉鸡出栏前适当地断食和断水是提高一级品率的重要因素。从断食到屠宰以12~14 h为最好，如果这段时间少于8 h，一部分鸡的嗉囊里仍存留食物或肠管充满粪便，当拉嗉囊或掏内脏时，极易拉破而污染屠体，这也是鸡产品微生物检验中出现大肠杆菌的主要原因。如果这段时间超过16 h，又会因鸡空腹时间过长，导致肌肉中的水分转入消化道。要根据不同的季节掌握断食的时间，在炎热的季节断食时间需适当延长。

屠宰前应断水4 h左右。宰前断水时间过短，鸡在运输过程中会排泄过多的水分湿透羽毛，在冬季可使鸡冻死率上升，也可能因羽毛结冰，在浸烫时很难掌握水温，脱毛困难，甚至局部残留羽毛。宰前断水时间过长（尤其在夏季），会使鸡脱水、血液黏稠，宰杀放血不良，影响屠体品质。实践中，应根据季节采取适宜的断水时间，而且要和断食时间协调结合，断食后一段时间内要给足量的饮水，促进嗉囊中的食物能够进入下段消化道，如果断食后饮水不足，可出现嗉囊食物干燥成团的现象，拉嗉囊时易污染屠体。

5.4.6.2 抓鸡和运输

抓鸡时，要小心地抓住鸡的两只小腿或者用双手紧贴着鸡体环抱住鸡的翅膀，这样将减少鸡的痛苦和损伤。不能抓鸡的脖子或者翅膀。抓鸡动作应轻柔，防止与鸡笼发生刮擦与磕碰而造成伤残率和次品率增加。装鸡笼应一致，每个鸡笼装鸡数量要一样，保持笼内合理的密度，密度过大会导致鸡过热和痛苦，增加死淘率以及屠宰时更高的次品率，密度过小会导致鸡只在运输过程中不稳固而增加损伤。

运输活鸡出县境的车辆，在运输前和使用后要经兽医卫生检疫部门用消毒液彻底消毒，并出具消毒证明。运输车辆内的小环境与外界的温湿度不同，必要时应使用通风和额外的加热/冷却系统。在炎热季节装载肉鸡，要考虑使用风扇以保持空气在鸡筐或自动装机车之间循环流动。每两层鸡筐之间至少应保持10 cm的间距，或者装载时在鸡筐间有规律地加入空筐以促进空气流动。当运输车停靠时，鸡筐内温度很快就会变得过热，特别是在炎热季节或者车上没有通风系统时。装载完毕后应尽快安排车辆启程，运输途中，司机尽量不休息或者休息时间要短。寒冷季节，装载时应采取遮盖措施以尽可能减少运输途中的风冷应激。要经常检查鸡的舒适度。

到达屠宰场，运鸡车应停在遮阳棚下，并将影响通风的帆布除去，尽快完成卸货，如果耽搁，则需要使用辅助通风系统。

5.4.7 生物安全

养殖场生物安全是指将可引起传播的传染性疾病、寄生虫和害虫等排除在外的安全措施。包括在防止有害生物进入（或存活）和感染（或危害），良好饲育禽群方面所应采取的一切措施。这些有害生物包括：病毒、细菌、真菌、原虫、寄生虫、昆虫、啮齿动物和野生鸟类等。鸡场的生物安全管理措施应符合《中华人民共和国动物防疫法》规定要求。

5.4.7.1 隔离管理

人员隔离管理。场区采取全进全出管理模式。工作人员禁止到疫区。有鸡期间谢绝外来人员进入，全部采用封闭式管理。特殊情况下，入场人员需采取严格的隔离消毒措施，经消毒通道进入。

车辆隔离管理。养殖场使用车辆尽量固定。外部车辆不得进入场区。所有车辆原则上不得进入场区。特殊情况下，本场车辆进出需经过严格的火碱池轮胎消毒与车体雾化消毒，并严禁司机下车。

物资隔离管理。所有的入场物资需采取喷洒或熏蒸消毒方式进行彻底消毒。

生产区隔离管理。外来人员不得进入场区。饲养员进入生产区前，需进行淋浴和消毒，更换消毒过的工作服与鞋帽，经消毒通道进入生产区。饲养员上班期间，做到定舍定岗，不能随意串栋或走出生产区。每天穿过的工作服要统一浸泡消毒。

5.4.7.2 消毒管理

消毒药品应符合NY 5035—2001的规定。定期、定时、定点对车辆、道路、场地、鸡舍等进行消毒。

车辆消毒。大门入口配有运输车辆消毒池，消毒池与门同宽，长度大于车轮胎周长，池内药液液面深度不低于20 cm。运送雏鸡和饲料的车辆每次进场还须对车体进行喷洒消毒。

道路消毒。场区周围的道路每周清扫消毒一次；场内净道每周喷洒消毒；污道每天喷洒消毒；鸡舍周围的道路每天清扫，并用消毒液进行喷洒消毒。

场地消毒。场内的垃圾、杂草等废弃物应及时清除，在场外进行无害化处理，堆放过垃圾的场地应定期进行喷洒消毒。

人员消毒。进入生产区的工作人员应先洗澡、更换消毒好的工作服、鞋、帽，然后沿净道到达鸡舍。工作服每天清洗、消毒。每栋鸡舍门口设消毒池，工作人员进出鸡舍时必须脚踩消毒池消毒。

鸡舍消毒。鸡舍内要定期进行带鸡喷雾消毒；在鸡群免疫的前一天、当天和后一天停止消毒。鸡舍门口脚踏消毒盆的容量和位置要合适。容量小了，消毒液很容易变脏而失去效果；位置要放在进出鸡舍便于踩踏的地方。消毒盆要及时更换消毒液以保证其消毒效果。必须保证人员踩踏时双脚均能踏进消毒盆内，消毒液面要能没过鞋面。

所有人员、车辆和物品只能在经过有效的消毒程序后才能进入鸡场或鸡舍，以确保鸡场的生物安全和鸡的健康。

5.4.7.3 疫病防治管理

依照《中华人民共和国动物防疫法》及配套法规的要求，结合当地的实际情况，制定疫病监测方案和疾病预防方案。贯彻"预防为主，防重于治"的原则，采用免疫和用药相结合的方式进行疫病防治。发生疑似传染病时应立即向当地主管部门报告，并及时隔离、诊断。确诊发生国家或地方政府规定应采取扑杀措施的疫病时，应配合当地兽医行政主管部门，对本场实施严格封锁、扑杀和彻底消毒等措施。

5.4.7.4 用药管理

任何原因添加至饲料中的药物，必须在屠宰前停留足够的时间以排除肉品中的药物残留。出栏计划前3 d，对鸡群采样检测相关药物残留情况，合格方可出栏，不合格则延后出栏。

5.4.7.5 废弃物及病死鸡的无害化处理

养殖场污水和污染物排放按GB 8978—1996和GB 18596—2001的要求排放。养殖过程中产生的废弃物，如鸡粪、污水等，通过集成粪污收集和资源化利用技术进行合理的无害化处理。残、死鸡无害化处理按《病死及病害动物无害化处理技术规范》（农医发〔2017〕25号）及当地政府主管部门的规定执行。死淘鸡存放处保持清洁，每天拉走后马上清理消毒污染的场地和器具。

5.4.8 提高肉鸡养殖效率的关键点

影响白羽肉鸡养殖效率的因素很多。肉鸡养殖欧洲效益指数（European Performance Index，EPI）是生产上广为认可的反映肉鸡养殖效率的指数，计算公式为EPI=（出栏体重×成活率）/（料重比×出栏日龄）×10 000，可以看出，该指数是对肉鸡出栏日龄、出栏体重、成活率、料重比四个生产指标的综合反映。在出栏日固定的前提下，体重越大，死亡率、料重比越低，欧洲效益指数值越高。就中国笼养白羽肉鸡来看，EPI低于450为养殖效率一般水平，EPI为450～500为较理想水平，500以上为较高水平。为了取得较高的EPI，可从以下方面发力。

选购优良品种的优质鸡苗，做好卫生防疫、免疫接种，防止鸡群生病。一周之内，尤其是3日龄前，淘汰弱雏是提高成活率的有效办法。

同样需要选购优质鸡苗，使用优质饲料并科学饲喂，提供合理的鸡舍温度和空气质量环境，保证全程无忧生长。

优化饲料配方，使饲料的实际营养水平更贴近肉鸡不同阶段的营养需要，采取一切办法减少饲料浪费，观察鸡粪，如发现有"过料"现象，立即查明原因进行干预。生产中可以适当使用相关动保产品，预防性开展肠道保健，提高肠道对营养物质的吸收效率，从而提高饲料转化效率。

肉鸡生产过程中应激因子很多，常见的应激因子有热、冷、噪声、免疫、疾病等，饲养人员应认真观察鸡群，及早采取措施，以减少应激造成的不良后果。

5.4.9 档案管理与分析

按照农业农村部《畜禽标识和养殖档案管理办法》的规定建立和管理养殖档案。养殖档案的生产记录内容包括进雏时间、数量、鸡苗来源、免疫、用药、死淘、投入品的使用等生产记录。记录保存期为三年以上。

养殖档案的记录，越详细越好，每批鸡出栏后，可以根据这一批的出栏指标，对照养殖过程中的一些关键的饲养管理点，特别是通风模式的改变，进行复盘，及时总结饲养过程的成功经验和失败教训。经过无数次的成功和失败的数据分析，找到失败的原因，修正养殖过程中的错误，才能不断提高鸡舍管理水平，提高养殖效益。

5.5 小型白羽肉鸡的饲养管理技术

山东省农业科学院家禽研究所于1988年8月17日建立起以快大型肉鸡父母代父系公鸡作父本、高产褐壳蛋鸡商品代作母本，杂交配套生产小型肉鸡的制种模式，命名为817肉鸡，又称为肉杂鸡。817肉鸡的年出栏量逐年增加，产业规模持续扩大，中国畜牧业协会禽业分会2012年发布中国禽业发展热点报告，在《肉杂鸡（817小型肉鸡）养殖形势调研报告》中指出，817小型肉鸡目前已经完全可以作为肉鸡业的一个细分市场而存在，进一步确立了其在肉鸡品种结构中的地位。中国畜牧业协会禽业分会2018年开始817肉鸡生产监测，817肉鸡成为与白羽肉鸡、黄羽肉鸡并列的品种类型之一。沃德168（WOD168）、益生909（YS909）分别于2018年和2021年通过国家畜禽遗传资源委员会审定。近2年亦有其他品种在中试推广，这些品种均是借鉴817肉鸡的制种模式进行的有益探索，与817肉鸡具有类似的体型外貌特征和生产性能，业界把这些品种（配套系）统称为小型白羽肉鸡。

小型白羽肉鸡规格多、饲养周期跨度大。按出栏体重分为大规格、中规格和小规格三种类型。大规格出栏体重为1.2~1.6 kg，南方新开拓冰鲜鸡市场甚至超过1.8 kg，产品类型为冰鲜或者冷冻白条鸡（在全净膛的基础上保留头和脚）；中规格体重为0.9~1.2 kg，产品主要为白条鸡、中装鸡（在全净膛的基础上保留头），小规格体重为0.50~0.89 kg，产品主要为西装鸡（在全净膛的基础上去除脖子并开胸）。由于市场需求规格多，体重差异大，出栏时间从28~56日龄不等，商品肉鸡养殖企业（场、户）

根据产品要求选择适宜的出栏时间。与白羽肉鸡相比，小型白羽肉鸡生长速度较慢，出栏体重较小，出栏时间跨度大，在饲养管理上不能完全照搬白羽肉鸡，这里重点介绍小型白羽肉鸡个性化的要求。

5.5.1 鸡苗要求

因制种方案不同，小型白羽肉鸡苗初生重有一定差异，一般在35～42 g，不同来源的雏鸡初生重与出栏体重无必然关系，所以购买鸡苗时，不用过多关心鸡苗的初生重大小，而要更多关注雏鸡体重的均匀度，尽可能购买均匀度高的鸡苗。购买鸡苗时，要了解其生产性能参数，索要其生长发育标准和饲养管理手册。

优质鸡苗应符合以下要求：来源于严格的生物安全防控体系，疾病净化程度高；绒毛洁净有光泽，无粘毛，活泼好动，两脚站立稳健，叫声洪亮；雏鸡对光的反应敏捷，脐带愈合良好、干燥、钉脐不超过小米粒大小；腹部被绒毛所覆盖，蛋黄吸收良好，腹部大小适中，体形匀称，不干瘪或臃肿，显得"水灵"；鸡苗均匀度高，无歪爪、歪脖等残次；胫和趾部湿润鲜艳有光泽，跗关节处皮肤无明显红肿，雏鸡站立稳当。

5.5.2 饲养方式

小型白羽肉鸡采用地面平养、网上平养和立体养殖均可，但因为立体养殖成本低、质量好，故而当前基本采用笼养，地面平养和网上平养越来越少。笼养首选重叠式鸡笼，5～6列，3～4层较为常见，配套自动喂料、自动饮水、自动清粪、自动环控等系统，一栋鸡舍饲养3万～5万只为宜。从性价比角度看，每只鸡位总投资40～50元较为适宜。

5.5.3 饲料营养

小型白羽肉鸡的饲养期一般划分为3个阶段，0～20 d为前期，21～42 d为中期，43 d以后为后期。但是在某些特殊情况下，需要提前出栏，则中后期的时间长短有所变化。不同饲养阶段，肉鸡对饲料营养水平的要求是有差异的，详见表5-23。

表5-23 小型白羽肉鸡生长阶段划分和饲料营养

阶段	前期 （0～20 d）	中期 （21～42 d）	后期 （43 d以后）
粗蛋白质（%）	21	19	18
禽代谢能（kcal/kg）	2 950	3 050	3 150
钙（%）	1	0.88	0.79
可利用磷（%）	0.48	0.44	0.395
赖氨酸（%）	1.35	1.25	1.07

（续表）

阶段	前期 （0~20 d）	中期 （21~42 d）	后期 （43 d以后）
蛋氨酸（%）	0.54	0.52	0.47
蛋+胱氨酸（%）	1.02	0.99	0.89

5.5.4 免疫程序

根据本场的实际情况，制定适合本场的免疫程序。表5-24推荐的免疫程序适用于饲养周期为50 d左右的小型白羽肉鸡，若提前出栏，最后一次免疫可以省去。

表5-24 参考免疫程序

日龄（d）	疫苗种类	免疫方式
1	新支二联	喷雾
	新流法腺	颈部注射
7	新支二联	饮水
21	新城疫Ⅳ系	饮水
35	新城疫Ⅳ系	饮水

5.5.5 温度、湿度要求

进鸡前2 d对鸡舍进行预温，检查鸡舍内的升温情况，鸡笼底网片温度达到30~31℃、笼内空气温度达到33~36℃为宜。育雏第一周温度要控制在34~36℃，以后每周温度递减2~3℃直到23~25℃为止。遵循看鸡施温的原则，即根据雏鸡分布状态、神情动作来判断温度是否合适，及时调整。过早脱温会增加饲料消耗，使鸡群羽毛生长旺盛而长肉率减缓。

1~3 d相对湿度要求70%，4~7 d为60%，7 d以后相对湿度应控制在50%~55%，有利于控制呼吸道疾病、防止脱水干爪的发生，第一周的相对湿度过低会影响以后的均匀度和生产成绩。

5.5.6 通风换气

通风不良是百病之源，要保持舍内空气清新。1~14 d雏鸡产热小于散热，一般采取最小通风，要求低风速，以保温为主，兼顾通风。雏鸡10 d后随着饮水和采食量的增加，排泄物也随之增多，有害气体（如氨气和硫化氢等）浓度增高。如果不及时解决，易发生呼吸道、消化道等疾病，严重时引起死亡。15~25 d鸡群产热约等于散热，要求稍微有点风，选择时控加温控，第3周应增加通风量，此阶段通风换气尤为关键，适当地通风换气，通风前要升高舍温1~2℃后再打开通风口。28 d到出栏，以通风为主保温为辅，白天选择温控，晚间选择温控加时控，通风孔可以不关。

5.5.7 分群与密度

按照笼底面积计算，1周龄以每平方米50~60只、2~3周龄为30~40只、出栏时按照每平方米笼底面积活鸡总重量40 kg来折算只数。同时要保证每只鸡的料位和水位充足，避免鸡只抢水争料、以强欺弱造成鸡群体重不均。若密度过大，严重影响中后期的增重，生长发育受影响，甚至易诱发疾病。

若是四层笼养，雏鸡第一天入舍时，通常放置于第三层（从下往上数），9~10日龄第一次分笼，18~19日龄第二次分笼，分笼时间最好在鸡高温阶段吃完饲料1 h以后，关闭部分光照，分笼后将鸡舍温度提高1~1.5℃，防止密度下降鸡群体感偏凉而引发呼吸道疾病。

5.5.8 光照要求

根据小型白羽肉鸡的生长发育特点，推荐光照程序见表5-25。

表5-25 小型白羽肉鸡推荐光照程序

日龄（d）	光照时间（h）	光照强度（lx）
0~3	24	50
4~7	23	30~40
8~28	21	20
29~38	22	20
39~出栏	23~24	20

5.6 人工智能在肉鸡养殖中的应用

在肉鸡养殖的各个环节中，人工智能可以发挥重要的作用，能够节约人工成本、提高养殖效率和质量。但是人工智能在实际场景中的应用也存在一定局限性，例如一些人工智能算法高度依赖数据的质量，如果肉鸡养殖数据出现缺失、错误，将导致错误的判别或决策；肉鸡养殖环境调控是一项复杂的工程问题，需要考虑多种变量的影响，除了鸡舍内本身的环境，还需要考虑地域环境的影响，随着季节、气候等因素的变化而变化，人工智能应用要提高肉鸡养殖应用过程中的适应性和灵活性，需要提前考虑每项潜在变量因素的影响；尽管人工智能可以开展模式识别与预测，但在涉及动物健康、疾病诊断与治疗方面，仍无法完全替代兽医的专业知识和判断，应该谨慎地审视与验证人工智能在实际养殖场景中的作用。

5.6.1 人工智能可应用的环节及解决的问题

5.6.1.1 肉鸡养殖环境监测

在肉鸡养殖过程中，养殖环境的监测是确保肉鸡健康生长的基础。通过安装温度传感器、湿度传感器、光照传感器、风速传感器、负压传感器、空气质量传感器以及用于监测肉鸡养殖环境各项气体浓度等监测设备，可以实时监测鸡舍内的温度、湿度、光照、氨气、二氧化碳、风速、PM1.0、PM2.5、PM10、TSP等关键指标。这些设备采用物联网NB-IoT、CAT1、LORA、4G/5G等协议将养殖环境监测数据上传至云端或本地监测与控制系统，为环境的精准控制提供决策依据。

目前有很多学者利用相关的传感器设备及设备厂商的研发成果在实际肉鸡养殖环境中得到应用，例如依托于天津农学院的农业农村部智慧养殖重点实验室，针对肉鸡养殖环境，自主研发了养殖环境智能监测终端，该监测终端不仅实现了鸡舍内环境信息的实时准确监测，而且通过多种无线协议上传云端，便于后期养殖环境与生产性能的大数据分析，该智能物联网监测终端已在国内多个肉鸡养殖基地应用，基于物联网养殖环境智能监测设备如图5-18所示。

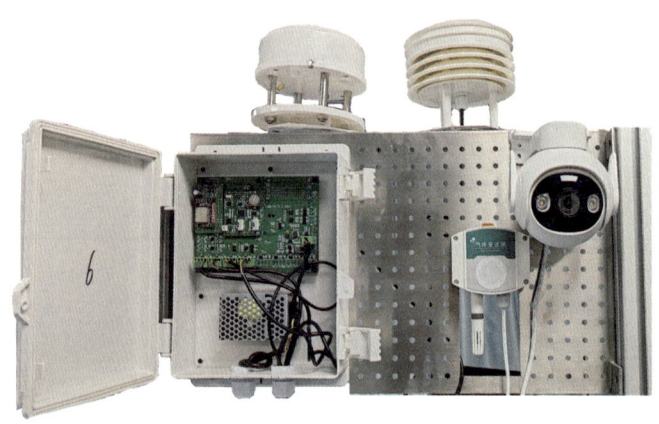

图5-18　肉鸡养殖环境智能监测终端（陈长喜　提供）

尽管国内取得了一些成果，但传感器在实际肉鸡养殖中的应用仍存在着数据精度与稳定性、使用寿命、数据传输可靠性、产品兼容性、设备维护与更新等方面的问题；

此外，鸡舍内的粉尘、湿度会对传感器造成一定影响，可能导致监测数据的不准确，影响传感器的使用寿命；数据传输的可靠性可能受到网络信号、设备故障等因素的影响；不同的设备厂商提供的传感器设备和环境监控云平台也可能存在兼容性问题，导致数据无法有效集成和管理；设备需要定期维护和更新以保持其性能，这使得养殖者面临设备维护和更新困难的问题。

5.6.1.2 肉鸡本体状态与行为的智能监测

（1）死亡肉鸡检测与取出。肉鸡集约化生产过程中，机械化和半自动化的养殖模式已经基本实现；但是，大部分的肉鸡养鸡场还仅仅依靠人的肉眼和经验对鸡的死亡或者健康状态进行判断，人工检测耗时、主观性强、劳动强度大；如果死亡肉鸡不及时处理，则会出现腐败及自溶现象，产生大量的细菌，伴随恶臭，还会极大地增加其他肉鸡的患病或死亡风险。通过采集死亡肉鸡图像，分析其鸡冠、鸡眼、翅膀、羽毛、鸡爪、整体重心轮廓等特征，对图像进行标注，采用人工智能深度学习网络，引入Ghost轻量级结构及注意力机制，构建轻量级肉鸡死亡状态检测网络，通过训练学习得到肉鸡死亡状态检测的推理模型，借助巡检机器人即可实时检测死亡肉鸡并报告其所在位置，通过人工或借助巡检机器人机械手取出死亡肉鸡。

（2）行为识别。肉鸡行为识别在实际肉鸡养殖中具有显著的应用价值，能够实时、准确地监测肉鸡的各种行为模式，如采食、饮水、行走、张嘴等，进而评估其健康状况和舒适度。在笼养肉鸡的养殖环境中，通过安装可见光、微光、红外、深度图像等传感器，利用图像识别或机器学习技术，实现对肉鸡行为的实时监测。这种技术能够识别肉鸡的各种行为，目前大多采用深度学习识别采食、饮水、行走、张嘴等，从而为养殖者提供观察依据。其具体主要流程：首先，需要前期收集大量的肉鸡行为图像数据，这些数据涵盖不同光照条件、不同时间段、不同行为类型等多个维度，以确保模型的泛化能力；将收集到的图像数据进行标注，即人为地识别并标记出图像中肉鸡的各种行为。其次，需要搭建深度学习模型，深度学习模型通常由多层的卷积神经网络层组成，能够自动学习图像中的特征，并根据这些特征开展行为识别。接着，将标注好的图像数据输入深度学习模型中，通过多次迭代训练，让模型逐渐学习到肉鸡行为的特征，在训练过程中，还需要不断调整模型的参数，以优化模型的性能。再次，训练完成后，需要使用一部分未参与训练的图像数据对模型进行验证，验证的目的是评估模型的识别准确率、召回率等指标，以确保模型在实际应用中能够准确地识别出肉鸡的行为，根据验证结果，可以对模型进一步优化，调整模型的结构、参数或引入新的技术来提高识别准确率；最后，经过优化后的模型可以部署到养殖环境中，实现对肉鸡行为的实时监测。

目前，国内白羽肉鸡饲养的主流方式是采用多层笼养技术，这种技术能有效利用空间，提高饲养密度。然而，相较于国外广泛采用的平养技术，多层笼养在监测与识别肉鸡行为时面临一些独特的挑战。首先，受多层笼养设备设计的影响，不同观测点位的光照条件往往不均匀。这种光照条件的不一致性给图像识别和机器学习技术的应用带来了一定挑战。其次，同一笼里的肉鸡之间容易互相遮挡，特别是在饲养密度较高的情况下。这种遮挡不仅影响图像采集的完整性，还可能导致某些肉鸡的行为被忽视或误判，从而降低了行为识别的准确性。在各项研究中，虽然多层笼养技术配合各种传感器和图像识别技术展现出了不错的成果，但在实际养殖环境的商业化应用中，这些技术仍面临一些局限性。例如，深度图像传感器在复杂环境中的表现往往无法达到理想效果（如错检或漏检），尤其是在光照条件不均匀或肉鸡互相遮挡的情况下。最后，这些先进的人工智能装备通常成本较高，可能会增加企业的经济负担。因此，在实际应用中，需要综合考虑各方面因素，选择合适的传感器和技术方案，以确保监测结果的准确性、可靠性和性价比。

（3）肉鸡体表温度监测。在肉鸡养殖中，实时监测肉鸡体表温度对于预防疾病、提高养殖效益具有重要意义。通过非接触式红外测温技术，养殖人员可以及时发现体温异常的肉鸡，并采取相应的处理措施，从而有效减少疾病的发生和传播。该技术还可以帮助养殖人员了解肉鸡的生理状态，为饲养管理提供科学依据。

红外测温仪的工作原理是基于红外辐射原理，即任何物体都会发出与其温度相关的红外辐射。红外测温仪通过接收肉鸡体表发出的红外辐射，并将其转化为电信号，对肉鸡的体表温度进行监测，该方法的优点是非接触性，不需要与肉鸡接触即可进行体温检测，不仅减少测量过程中对肉鸡的应激反应，还能保证测量过程的安全性和可控性，同时也减少了人工成本。在多层笼养环境中，由于肉鸡之间存在互相遮挡，传统接触式测温方法可能会受到限制，而非接触式红外测温技术能弥补不足。国家肉鸡产业技术体系的专家团队通过人工智能模型还可预测肉鸡的体感温度，为进一步评估肉鸡舒适度与环境控制打下了坚实基础。

非接触式红外测温技术在肉鸡养殖实际应用中仍然存在一些问题和局限性，例如红外测温仪虽然可以非接触地测量肉鸡体表的温度，但由于肉鸡的体表温度受到多种因素影响，可能导致测量结果与真实体温存在偏差；红外测温设备的精度和准确度受到其性能的限制，不同型号的红外测温仪在测量精度上可能存在差异，高质量的红外测温仪设备通常成本较高，对于中小型养殖企业来说可能存在一定的经济压力；在多层笼养环境中，不同笼层之间的光照不同导致肉鸡体表温度也可能存在差异。

（4）体重监测。在养殖场中，肉鸡称重是一个重要的环节，它有助于监控肉鸡的生长情况、调整饲养策略以及确保肉鸡的出栏体重符合市场要求。利用自动称重系统能实时监测肉鸡的体重变化。通过安装电子秤和自动识别装置，可以在肉鸡经过时自动测量其体重，并将数据发送到监测系统。通过分析体重数据，可以了解肉鸡的生长发育情况，为饲养管理提供依据。

利用物联网技术的智能化笼养肉鸡称重系统，整合了电子秤、读卡器，为肉鸡称重带来了前所未有的便利和准确性。电子秤作为核心部件，不仅精准地测量肉鸡的重量，而且内置了物联网传输模块，能够实现称量数据的无线实时传输。RFID（Radio Frequency Identification）的应用实现了与肉鸡的身份信息识别系统的联动。当肉鸡称重时，RFID读卡器会读取其身份信息，并与电子秤称量的重量数据进行匹配，实现肉鸡体重数据的精准记录和管理。

养殖户可以实时获取肉鸡的体重数据，并通过云平台或手机App进行远程监控和管理。这不仅提高了肉鸡养殖的智能化水平，也使得养殖过程更加便捷和高效。同时，体重数据的集成和管理也为养殖者提供了科学的决策依据，有助于优化养殖方案，提高养殖效益。

（5）肉鸡声音诊断。肉鸡的声音可以反映其健康状况和情绪状态。通过声音识别技术，可以分析肉鸡的叫声，判断是否生病或受到惊吓，对于识别肉鸡疾病、异常具有一定辅助作用，这种方法可以帮助饲养员及时发现异常情况，并采取措施解决问题。例如咕咕声、异常的怪叫声（呼吸道积黏液）是新城疫、传染性喉支气管炎、禽霍乱、鸡痘、鸡传染性鼻炎、禽流感等疾病症状，通过收集和分析肉鸡的音频数据，可以识别肉鸡非健康的声音。

通常在特定位置安装声音采集设备，实时采集音频信息，对声音进行预处理，包括预加重、去噪、滤波、分帧加窗、端点检测等，提取音频的声学特征信息，根据具体需求确定是否对特征进行降维处理，利用机器学习、深度学习等人工智能模型对采集的目标声音进行识别与分类。

在肉鸡集约化饲养过程中，由于受设备、鸡群进食、其他声音的干扰，通过音频并不容易实现肉鸡个体的疾病、饮食、行为等检测，但该项技术可以作为辅助应用。

（6）粪便监测。在肉鸡养殖过程中，粪便监测是评估肉鸡健康状况的重要手段。通过观察和分析肉鸡粪便的性状、颜色和气味等信息，养殖人员可以初步判断肉鸡是否生病或受到感染。然而，传统的粪便监测方法依赖于人工观察，存在主观性强、效率低、准确性不高等问题。为了解决这些问题，引入人工智能算法进行自动化粪便监测成为一个可行的解决方案。有科研工作者利用图像识别或深度学习技术开展鸡粪识别研究，取得了一定的进展，但是在实际养殖环境中，粪带位于鸡笼下方位置，空间较窄且光线较暗，这使得直接使用可见光传感器进行识别变得困难，因此应该考虑多光谱成像技术和气味传感器等替代方案。

5.6.1.3 肉鸡疾病诊断专家系统

肉鸡疾病诊断专家系统将现代兽医的研究成果与计算机技术相结合，为肉鸡疾病的诊断提供了科学、准确、高效的方法，该系统通过收集和分析大量临床样本数据、专家经验和书本知识，对疾病信息和症状信息进行分值量化，找出症状与疾病之间的统计规律，确定出经验公式，并据此得出诊断结果。

通过物联网设备实时收集养殖环境数据、肉鸡生理数据以及临床症状信息；利用大数据技术和人工智能算法对收集到的数据进行清洗、整合和分析，提取有价值的信息和规律，结合畜禽养殖专家的经验知识和历史病例数据，构建丰富的畜禽养殖知识库，为诊断提供科学依据；基于概率统计方法、模糊数学理论和灰色系统理论，对肉鸡的疾病信息进行综合判断，得出准确的诊断结果。

肉鸡疾病诊断专家系统将在一定程度上提高基层兽医的临床诊断水平，同时减轻诊断工作量，减少误诊和漏诊的情况，为肉鸡养殖业的发展提供强有力的保障。该系统还能帮助饲养员了解肉鸡的健康状况，制定科学合理的饲养管理方案，提高肉鸡的生产效率和产品质量。

5.6.1.4 肉鸡养殖数据通信技术

肉鸡养殖数据通信技术是支撑现代养殖管理的重要基础，它确保了养殖环境数据、肉鸡生理数据等信息的实时传输与处理。从技术分类上包括无线物联网技术、局域网（LAN）、广域网（WAN）技术等。无线物联网技术包括低功耗蓝牙、ZigBee、Wi-Fi、NB-IoT和LoRa等技术，将肉鸡养殖的全过程监测数据与互联网相连接，实时采集养殖场环境数据（如温度、湿度、二氧化碳、光照等），为养殖管理者提供准确的数据支持。局域网、广域网用于实现养殖场内部以及养殖场与外部的信息交换和通信。

由于养殖场环境复杂，通常国内一些养殖企业将养殖场区建设在人迹较少的山上，可能存在网络信号覆盖不全或信号干扰等问题，导致设备无法正常连接到服务器，进而影响通信和数据传输；物联网设备和无线通信设备可能因老化、损坏或操作不当等原因出现故障，导致通信中断或数据丢失；环控设备固件版本不兼容可能导致通信故障，需要定期检查和更新固件以确保设备的正常运行，这些都是肉鸡养殖数据通信技术面临的一些实际问题。

5.6.1.5 智能巡检机器人

养殖环境监测与肉鸡本体监测需要将智能化的监测设备放置于肉鸡养殖舍的固定位置，这导致不能很好地监测养殖舍不同位置养殖环境的均匀性或不同位置肉鸡的可见光、红外、声音等多模状态，这就需要研发巡检机器人技术，将养殖环境监测与肉鸡本体监测人工智能模型集成，以实现不同位置养殖环境与肉鸡本体状态的自动检测。

肉鸡养殖巡检机器人是一种高度集成的智能自动化设备，它融合了自主导航、环境监测、图像识别、音频识别、自主充电以及无线通信等多项技术，肉鸡巡检机器人对于推动肉鸡养殖业的无人化管理与可持续发展具有重要意义。

巡检机器人已被广泛应用于多个行业，但在肉鸡养殖这一特定领域，其应用环境尤为复杂。国内多采用多层笼养技术，而国外则更倾向于平养方式。这两种不同的养殖方式导致了巡检机器人在设计上存在着显著差异。为了更有效地适应国内的肉鸡饲养环境，设计一款智能巡检机器人显得尤为重要。该智能巡检机器人不仅需要具备自主导航能力，支持在多层笼养环境中稳定、准确巡检，而且需要具有环境监测功能，能够实时监测鸡舍内的温度、湿度、有害气体等；此外，要利用图像识别和音频识别技术应及时发现异常情况，如行为异常、声音异常、死鸡等；还应支持长时间稳定运行，并实现自主充电；无线通信技术应使机器人能够实时与服务器进行数据传输和通信，确保信息的及时性和准确性。

在设计一款符合国内肉鸡饲养环境的智能巡检机器人时，确实需要全面考虑技术的适用性、养殖环境的复杂性和特殊性，以及如何实现无人化管理与可持续发展，从而推动肉鸡养殖业的整体进步。国家肉鸡产业技术体系、天津农学院在这方面已经取得了一定的成果，已经成功推出了三代机器人产品。新一代机器人具备自主导航、环境监测、图像识别、自主充电、无线通信等功能，为肉鸡养殖业的智能化管理提供了有力支撑。

肉鸡养殖环境的复杂性使得这项工作的任务依然任重道远，多层笼养的环境特点、肉鸡习性、养殖过程中可能出现的各种异常情况等，都需要机器人具备高度的智能化和适应能力。因此，未来的研发工作需要更加深入了解养殖环境，不断优化机器人的设计，提高实用性和稳定性。智能巡检机器人的研发和应用不仅是一个技术问题，更是一个系统工程，它涉及人工智能、养殖技术、信息技术、机械设计、自动控制等多个领域的知识和技术。因此需要加强跨领域的合作与交流，共同推动肉鸡养殖产业的智能化升级，国内同行需砥砺前行，积极参与到智能巡检机器人的研发和应用中来，只有大家共同努力，才能推动肉鸡养殖产业的可持续发展，为我国的农业现代化贡献力量。

5.6.1.6 肉鸡养殖环境智能控制

（1）养殖环境控制设备。在肉鸡养殖场环控设备领域，青岛大牧人机械股份有限公司、山东兴瑞达智能设备有限公司、山东锐明智能科技有限公司、青岛安易敏电气有限公司都有应用于市场的环控产品。以某肉鸡养殖场为例，该场采用了大牧人的肉鸡养殖环境控制系统，通过该系统，养殖场依据温度、湿度、光照等环境参数，来对风机、小窗、湿帘的控制，进而实现对鸡舍内温度、湿度、光照等环境参数的自动调节与控制。经过实际应用，该系统显著提高了肉鸡的生长速度和健康水平，降低了疾病发生率，同时节省了能源和成本。

当前的肉鸡养殖舍环境控制设备多采用485串行或CAN总线来对养殖舍各组风机、小窗、湿帘、加热装置等进行控制，基本实现了自动化的本地控制，但此种养殖环境控制方式有两种弊端，一是养殖小区的生产性能取决于养殖小区场长的经验，二是各养殖栋舍巡检还需要人工巡检操作，养殖人员的责任心决定了养殖性能，导致即使是同一养殖小区不同养殖栋舍生产性能不同，无法实现标准化生产。

物联网智能控制设备采用4G/5G与远程的消息队列遥测传输协议（Message Queuing Telemetry Transport，MQTT）云平台通信，该设备还需要集成控制芯片与多路继电器以实现对养殖舍风机、小窗、湿帘、加热装置进行控制。国家肉鸡产业技术体系研发的远程控制设备如图5-19所示。

图5-19　物联网智能控制设备（陈长喜　提供）

（2）肉鸡养殖环境智能控制模型。当前的控制系统能够自动感知环境变化，智能调节养殖环境参数，实现自动控制，对于提高管理效率、保障肉鸡处于最佳生长状态，具有重要作用；但智能化程度、远程控制方面还有待于进一步提高，亟须基于端、边、网、云、智架构，能根据养殖舍外部气象数据、养殖舍内部环境监测数据、养殖舍结构数据、肉鸡品种与日龄以及肉鸡本体状态的实时监测状态（如张嘴率、聚群等）以实现智能化控制。目前，国家肉鸡产业技术体系研发了此种模式的控制模型。肉鸡养殖环境远程智能化监测与控制实施架构如图5-20所示。

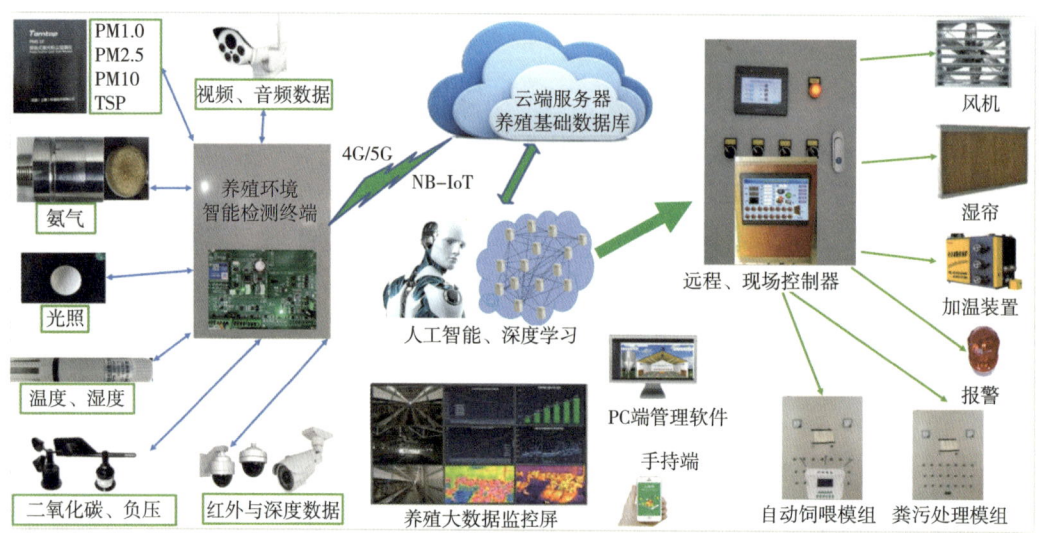

图5-20　肉鸡养殖环境远程智能化监测与控制实施架构（陈长喜　提供）

（3）肉鸡养殖环境控制系统。肉鸡养殖环境控制系统是一个集环境数据采集、智能分析与控制于一体的现代化管理系统，该系统实现对肉鸡养殖环境的精准调控，以确保肉鸡在最佳的生长环境中生长，对提高养殖效益具有重要意义。

控制系统基于传感器实时监测鸡舍内的温度、湿度、光照、空气质量等环境参数，通过有线或无线方式传输到控制中心，进行集中处理和分析，控制中心对采集到的环境数据进行处理，根据预设的养殖环境标准，自动调节相关设备（如风机、湿帘、加热器、照明设备等），以维持鸡舍内环境的稳定与适宜。

5.6.1.7　肉鸡养殖监控与预警大数据平台

肉鸡养殖监控与预警大数据平台是一个集成化、智能化的数据分析和管理系统，它在现代养殖管理中发挥着重要作用，通过集成各种传感器和监测系统，实现对养殖环境、肉鸡个体和群体监测等数据的实时收集，包括温度、湿度、光照、有害气体、通风情况、饲料消耗、饮水情况、肉鸡体重等数据，并运用大数据技术和人工智能算法进行深度分析和处理，为饲养员提供决策支持，实现最优化养殖。

该平台通过物联网设备实时收集养殖过程中的各种数据，运用大数据技术和人工智能算法对收集到的数据进行深度分析和处理。基于数据分析结果，为饲养员提供科学的饲养管理建议，包括饲料配方调整、投喂量控制、养殖环境优化等，它能够实时监测养殖环境参数和肉鸡生长情况，一旦发现异常情况，立即发出预警并提示饲养员采取相应措施。

随着物联网、大数据、人工智能等技术的不断发展，肉鸡养殖监控与预警大数据平台将更加智能化、精准化、高效化。未来，该平台将与云计算、区块链等新技术相结合，实现养殖数据的实时共享与追溯，为肉鸡养殖业的可持续发展提供有力支撑。国家肉鸡产业技术体系的肉鸡养殖环境监控与预警平台如图5-21至图5-23所示。

图5-21　肉鸡养殖监控与预警大数据平台首页（陈长喜　提供）

图5-22 肉鸡养殖监控与预警大数据平台后台管理（陈长喜 提供）

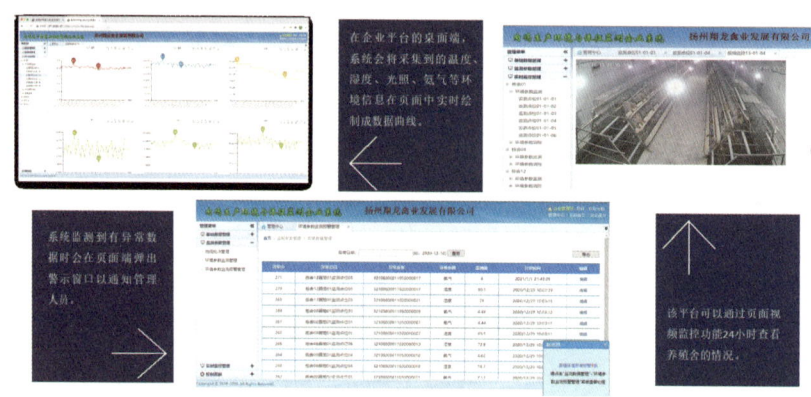

图5-23 肉鸡养殖监控与预警大数据平台可视化与预警信息（陈长喜 提供）

5.6.2 人工智能在肉鸡养殖中应用的效果及发展趋势

通过自动化养殖过程，如自动饮水喂料、自动清粪、自动环境控制等，人工智能可以显著减少人工操作，降低人力成本；人工智能的预测功能可以帮助养殖者提前预估产量，并根据所测数据调整养殖策略和方案，从而提高养殖效率；通过精确的环境控制和疾病预警，人工智能可以确保肉鸡在最佳的生长环境中成长，降低疾病发生率，提高肉鸡质量。

随着技术的不断进步，未来肉鸡养殖将朝着更高程度的智能化、自动化、集约化方向不断发展。例如，通过智能识别、物联网等技术，实现对肉鸡生长状态、健康状况的实时监测与控制，以及环境参数的自动调节。智能巡检机器人、自动饮水喂料系统、自动清粪系统、自动环境控制系统等采用人工智能方法将进一步普及和优化，减少人工干预，提高养殖效率。通过大数据、肉鸡疾病诊断专家系统的分析和预测，能够优化养殖结构，提高肉鸡产品的品质和安全性，满足市场对高品质鸡肉的需求。

5　白羽肉鸡高效养殖技术

人工智能依赖于大量的数据采集、处理与分析，但肉鸡养殖数据的可靠性和安全性是通信系统、大数据平台系统发展过程中需解决的问题之一，数据发生错误与缺失会影响养鸡效率、生产安全等；肉鸡养殖需要复杂的环境控制系统、养殖人员的经验来确保养鸡环境达到最佳，但影响最佳环境状态的控制的变量有很多，受自身养鸡舍的硬件设备、材质影响，也受高温、低温、阴雨等天气情况及地域情况的影响，导致人工智能在实际应用场景适应性不足，在人工智能的实际应用中应多考虑变量参数；人工智能技术成熟度与成本之间存在矛盾，人工智能在肉鸡养殖领域的应用还处于不断探索和完善阶段，技术成熟度有待提高，而肉鸡养殖的单体利润率较低，价格受市场影响较明显，因此高成本也是制约人工智能在肉鸡养殖业广泛应用的一个重要因素；相比于人工智能在其他行业的应用，在肉鸡养殖领域的应用面临人才短缺和技术引进困难的问题，由于人才短缺，一些先进的技术并未被引入肉鸡养殖领域，需要加强相关技术的培训和引进，培养更多的专业人才，推动人工智能在肉鸡养殖领域的广泛应用；国内多层笼养技术解决了空间问题，但也面临密集饲养、清洁和安全问题，如何保障养殖动物的福利是人工智能在肉鸡养殖需要关注的一个重要问题。

5.7　肉鸡生产典型案例

5.7.1　连栋鸡舍、鸡粪等废弃物综合利用

山东民和牧业股份有限公司（以下简称"民和公司"）始建于1985年，是农业产业化国家重点龙头企业，国内白羽肉种鸡行业首家上市公司。以父母代肉种鸡饲养、商品代肉鸡苗和鸡肉产品生产销售为核心，集肉鸡养殖、屠宰加工、熟食预制菜生产、有机废弃物资源化开发利用于一体，形成了一条较为完善的循环产业链，实现了自动化、智能化、集约化生产。公司年粪污沼气发电3 000万kW·h，年沼气提纯生物天然气1 500万m³，年产固态生物有机肥5万t、有机水溶肥16万t。

5.7.1.1　父母代肉种鸡连体楼宇式养殖模式

（1）父母代肉种鸡连体楼宇式养殖场。每个父母代肉种鸡楼房养殖场（图5-24）采用钢结构与混凝土相结合的建造方式，分上下两层完全独立的空间，每层分为4个独立的鸡舍单元，每个单体楼房建筑分为8栋独立的鸡舍，每栋鸡舍采用3列6层笼布局，单栋饲养量1.3万套父母代肉种鸡，单场饲养规模为10.4万套。养殖场采用2层楼宇式6层层叠式笼养结构全封闭养殖模式（图5-25），鸡舍内安装有喂料、饮水、清粪、集蛋、环境控制等配套自动化设施，并配套建有相关防疫和污水处理设施。每栋单独的进风系统与密闭的排污系统设计，确保各栋之间达到较高标准的生物安全隔离级别。

图5-24　父母代肉种鸡连体楼宇式养殖场
（民和公司　提供）

图5-25　六层层叠式笼养种鸡
（民和公司　提供）

（2）连体楼宇式养殖模式的核心技术。鸡舍环境调控技术：通过传感器和自动化设备，精确控制温度、湿度、光照、通风，为鸡群创造稳定、适宜于各楼层的饲养环境条件。而通风是连体楼宇式养殖模式舍内环境控制最为重要的技术措施，确保通风系统的均匀性和有效性，避免出现局部通风不良，解决好上下层温差的问题，尽量把层间温差控制在1℃以内。

生物安全防控体系：建立严格的消毒、防疫和疾病监测机制，实行"全进全出"，加强生物安全措施，防止疫病在楼层间传播。从管理理念、生产细节等层面构建有效的生物安全体系。

精准饲喂系统：利用自动化设备实现精准定量投喂，确保饲料的高效利用和减少浪费。

应急备用设备保障体系：连体楼宇式养殖属于高度集约的养殖模式，该养殖模式自动化程度高，对电的依赖性强，养殖场需匹配有效的发电机，以防突发情况影响养殖。

粪水处理与资源化利用技术：按照"减量化、无害化、资源化"原则，及时处理养殖过程中产生的粪便和污水，实现环保达标排放或资源化利用，避免对环境造成污染。

信息化管理系统：对养殖过程中的数据进行采集、分析和处理，及时发现问题并预警，实现养殖的精细化管理和决策优化。

上述核心技术的综合应用，使得楼宇式养殖能够提高土地利用率、养殖效率和产品质量，同时降低环境污染和疾病风险。

5.7.1.2　商品肉鸡8层立体养殖鸡舍创新设计

（1）养殖场基本情况。民和公司现有白羽肉鸡8层创新养殖场9个，所有养殖场均位于胶东半岛最北端蓬莱区境内,均背离主要交通干线,天然屏障条件优越,冬无严寒,夏无酷暑,温暖湿润,具有良好的饲养条件。民和公司肉鸡养殖基地,自养肉鸡年出栏3 000多万只。现以1个8层立体养殖场举例说明(图5-26)。

图5-26 肉鸡养殖场全景(民和公司 提供)

每个养殖场总建筑面积11 000 m²,其中鸡舍总建筑面积10 000 m²,共6栋鸡舍。单栋单批鸡可饲养11.4万只,人均饲养量达5.7万只,全场一批鸡可饲养68.5万只,全年可出栏6个批次,综合年可出栏商品肉鸡360万只,单位建筑面积年饲养量可达360只/m²,每平方米年可产1 t鸡肉。

(2)8层立体养殖鸡舍创新设计。场址选择符合GB/T 20014.6—2013和NY/T 388—1999的规定,满足动物福利相关的要求。建在地势高且干燥、向阳、利于通风的地方,距离居民区和交通干线1 000 m以上,距离屠宰场、化工厂和养殖区1 000 m以上,距离无害化处理厂等污染源2 000 m以上。

鸡舍建筑采用密闭式结构,做到水泥硬化地面、屋顶和墙壁材料保温隔热(屋顶可铺设太阳能板,如图5-27所示,且地面和墙壁应易于清扫和消毒。8层立体养殖单栋鸡舍长度不超过100 m,宽度不超过17 m,舍内通道宽度0.9~1.1 m。屋檐高不低于8.5 m,屋脊高不低于9.5 m。排风口设置在鸡舍末端山墙,进风小窗设置在侧墙上,距离地面高度不低于7.7 m。每个区建设6栋8层立体养殖鸡舍,通过封闭夹道相连,夹道宽2 m,高度与鸡舍齐平,夹道顶棚安装有多个进风孔,外界风通过进风口进到夹道,再从夹道内侧窗进入鸡舍,两个鸡舍共用1个夹道,设有夹道门,可以出入,方便调节夹道通风口的大小(图5-28)。

图5-27 鸡舍屋顶铺设太阳能板发电（民和公司 提供）

图5-28 鸡舍内景一角（民和公司 提供）

（3）8层立体养殖创新鸡舍的生产成绩。8层立体养殖创新鸡舍的生产成绩见表5-26。从实际养殖成绩来看，欧洲效益指数为490以上，达到较高的生产水平。

表5-26 8层立体养殖创新鸡舍的生产成绩

批次	场别	雏鸡入舍时间	饲养天数（d）	成活率（%）	出栏平均体重（g）	料重比	欧洲效益指数
645批	商品5场	2024年2月16日	40	97.5	2 913	1.45:1	490
646批	商品3场	2024年2月22日	40	97.11	2 905	1.395:1	506

5.7.1.3 鸡粪沼气发电

（1）鸡粪沼气发电工程。民和公司3MW特大型鸡粪沼气发电并网工程（图5-29）于2009年投产运行，成功克服了纯鸡粪物料高浓度氨氮抑制厌氧发酵产沼气的世界性技术难题。工程可集中处理母公司养殖场300万只鸡每天产生的300 t鸡粪、300 t污水，日产沼气30 000 m³，日发电并网60 000 kW·h，年发电并网2 200万kW·h，工程已连续15年全天候高效稳定运行，已作为中国唯一沼气项目代表，在国际能源署官方网站发布。同时该项目于2009年4月在联合国注册成功为CDM（清洁发展机制）项目，为国内农业领域首个成功交易CDM项目，经世界银行进行国际碳交易，累计获CDM碳减排收益约4 000万元。

图5-29　山东民和牧业股份有限公司3 MW特大型鸡粪沼气发电并网工程（民和公司　提供）

（2）鸡粪沼气发电工艺。公司养殖场粪便、冲刷污水采用"原料分散收集-集中沼气处理-沼气发电-沼液肥料化利用"的粪污集中处理模式，通过山东民和牧业股份有限公司3 MW特大型鸡粪沼气发电并网工程实现粪污高效资源化利用。

鸡粪沼气发电工艺流程如图5-30所示。公司养殖场产生的冲刷污水通过管道输送至工程集水池，粪便通过专用密封车运输至工程匀浆池，粪便与污水在匀浆池进行搅拌混合，去除鸡毛、铁丝等杂物，匀浆后的粪污泵入水解池内，水解池温度控制在25～30℃，水解2～4 d，利用水解池内微生物将大分子有机物分解为小分子有机物，同时可起到沉砂除杂的作用。之后水解液泵入CSTR二级厌氧发酵罐中，发酵温度控制在中温35～38℃，发酵停留期30～40 d，发酵物料在厌氧发酵罐中被微生物分解产生沼气，沼气中的甲烷含量为60%～65%。沼气通过沼气管路集中进入沼气脱硫塔内脱硫净化，去除沼气中的H_2S，脱硫净化后的沼气进入双膜干式贮气柜中暂存。贮气柜中的沼气在进入热电联产发电机组进行发电前，需要先经过沼气脱水、除杂、升压等预处理工艺，以达到发电机组的进气需求。发电机组产生的全部电能均并入国家电网，发电机组发电过程中产生的机组余热经高效回收与利用,以蒸汽或热水形式,为厌氧发酵系统进行增温和保温,保障厌氧发酵系统常年35～38℃的增温保温需求,使厌氧发酵系统无须消耗其他任何形式的能源。厌氧发酵罐内发酵残余物经固液分离机进行固液分离,分离出的液体为沼液,经沼液池暂存,作为液体有机肥料,分离出的固体残渣为沼渣,可进一步经堆肥处理,制备固体有机肥料。

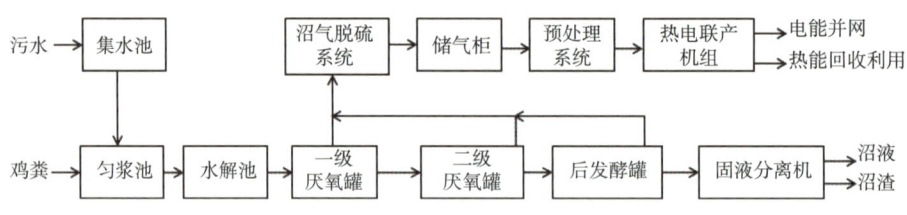

图5-30　山东民和牧业股份有限公司鸡粪沼气发电工艺流程图

5.7.2　全产业链一体化生产

　　福建圣农集团有限公司(简称"圣农集团")创始于1983年。2021年圣农集团自主培育的白羽肉鸡新品种"圣泽901"获得农业农村部颁发的畜禽新品种证书。圣农集团建立起了全球最完整配套的白羽肉鸡"自育—自繁—自养—自宰—深加工"的绿色循环经济产业链(图5-31),产业链向上延伸至白羽肉鸡的育种研发,向下延伸至鸡肉产品深加工和各类配套产业,形成了"一主两副"的绿色循环经济产业链:围绕鸡肉,形成自主育种、孵化、种鸡养殖、饲料加工、肉鸡养殖、肉鸡加工、食品深加工的核心产业链;围绕核心产业链,打造兽药疫苗、冷链物流、饲料/宠物食品蛋白、鸡油鸡精鸡骨粉提炼、宠物食品原料供应的第一副业链;以废弃余料转化为目的,形成光伏发电、鸡粪生物质发电、有机肥制造的第二副业链,真正实现了"零废弃、零排放、零污染",从而走出了一条优质、高效、安全、生态、可持续发展的现代肉鸡产业化之路。

图5-31　圣农集团白羽肉鸡产业链

5.7.2.1 白羽肉鸡地面平养

（1）鸡场和鸡舍。圣农集团的所有商品代肉鸡养殖场，均是自行投资建设并独立经营的，目前有数百个现代化规模肉鸡场，分布在福建省南平市光泽县、浦城县和政和县各个乡镇，鸡场坐落在群山环绕之中，环境优美，气候适宜。

单个标准商品肉鸡场的规模为每批次饲养30万～40万只，由10～13栋密闭式保温鸡舍组成，每栋鸡舍规格长120 m，宽16 m，檐高2.7 m。图5-32为圣农集团商品肉鸡场鸟瞰图。采用地面平养方式（图5-33），地面垫料使用的是稻谷壳。每栋鸡舍内配置有4条料线（约620个料盘），每50～60只鸡配一个料盘，育雏期采食面积应大于整个育雏面积的1/3。每栋配置6条水线（约2 800个饮水乳头），前期25～30只鸡配一个饮水乳头、中后期每12～14只鸡配一个饮水乳头。水源是地下水，场内自配深井和无塔供水系统。供暖采用天然气，鸡舍内配备天然气直燃机，每栋鸡舍8台，折算成每栋供热能力约为400 kW。鸡舍配有智能环控系统和光照调节系统。对鸡舍不同日龄的光照、风机运行、进风口开闭、水帘降温、加热器等实行预先设置和自动控制。

图5-32　圣农集团商品肉鸡场

图5-33　圣农集团地面平养鸡舍

以订单需求为导向，出栏体重一般需求为2.3~2.5 kg，"圣泽901"饲养36~37日龄即可达到。上下两批鸡间的空舍期约10 d，年出栏7批次以上。出栏时鸡的饲养密度约16只/m²，每栋单批次饲养约3万只，单栋年出栏肉鸡20万只左右。每个鸡场配备员工8~9人，人均饲养量约3.5万只。

（2）获得良好生产性能的基本要素与实践。要获得最佳生产性能，从开始直至出栏结束，鸡场管理者都需要关注饲料及营养、水质及饮水卫生、温度和鸡舍环境、生物安全、数据记录等基本的养殖要素。

从进鸡到出栏，共饲喂了4个不同料号的饲料，1~10 d饲喂的是开口料，11~20 d饲喂的是前期料，21~30 d饲喂的是中期料，31 d后饲喂的是育肥料。这些料号的饲料的营养指标、工艺要求根据不同阶段的鸡只特点而有所不同。一般来说，越早期的饲料粗蛋白质含量越高，能量值越低，后期料则相反。鸡只的生长速度和料重比好坏，很大程度上是由饲料决定的。因此，饲料的质量和营养指标鸡场要特别关注。

肉鸡一生的饮水量大概是所摄入饲料量的2倍，例如，如果一只鸡总采食量4 kg，则饮水量约8 L。因此，水也是鸡的最重要营养物质。水质和饮水卫生就显得非常重要了。每年鸡场都会对水源水质进行至少一次全项目的检测，确认水源的理化指标、微生物指标、毒性物质等是否符合肉鸡生产要求。鸡场每批鸡进鸡前、饲养过程中也会安排对储水池、水管系统、鸡舍水线末端进行水质检测，以便确认饮水的消毒效果或消毒剂残留，确保饲养水质安全。鸡舍水线由于经常混饮一些富营养的物质（如维生素、预防或治疗药物等），很容易在水线管道内壁形成生物膜，给鸡群健康造成伤害，因此，整个饲养期内鸡场会定期冲洗水线，或使用酸化剂浸泡水线，以消除生物膜并维持水线卫生。

温度是饲养过程中最重要的环境因素，鸡群受到最多的伤害往往不是冷应激而是热应激。鸡只的体感温度受气温、风速、湿度、日龄大小、密度等诸多因素影响，这些因素的综合作用与体感温度有一定对应关系。同时，这些因素也是鸡场调节温度达到舒适养鸡的重要手段和工具。例如鸡舍温度高于鸡群所需温度时，可以通过增加风机台数提高鸡背风速来实现有效降温的目的，虽然此时看起来舍内温度并没有下降，但鸡的体感温度发生了明显变化。湿度和空气质量是鸡舍环境的另一个关键因素。尤其是寒冷季节，通风量很少，很容易发生空气质量不达标的情况，氨气超标会造成严重健康问题。平养的垫料是现场容易被忽视的环境因素之一。保持垫料干燥、松散，需要从进鸡第一天做起。正确和足够的通风是保持垫料干燥的最经济方式。更换或中途补充垫料作为一种补救措施也常被鸡场采用。民间有句俗话：鸡场养鸡养的实际就是鸡舍环境，鸡舍环境好了，鸡就养好了。

（3）养殖效果评价。饲养人员要将生产过程和日常管理记录下来，方便评价养殖效果、进行鸡场追溯、管理复盘。数据本身既是鸡场的管理工具，也是鸡场经营的重要资源，鸡场尽量保留各项过程记录。

圣农集团通过对"圣泽901"肉鸡的饲养实践，进一步验证了该品种的肉鸡在各项性能指标方面都非常均衡（表5-27），生长速度快、料重比低，且抗病力较强，适合全产业链企业规模化养殖。为了最大程度地发挥品种遗传潜力，对肉鸡养殖场的管理者来说，就要在饲养过程中的各个环节都做得更细致精准，对饲料、饮水及环境的要求也更高，不能粗放，否则，将无法体现该品种的真正价值。

表5-27 圣农集团下的鸡场多批次养殖成绩

进鸡只数（只）	出栏日龄（d）	成活率（%）	出栏重（kg）	料重比	欧洲效益指数
312 010	36.6	97.60	2.28	1.54∶1	395
366 848	37.7	93.18	2.57	1.58∶1	403
427 973	37.6	93.51	2.56	1.57∶1	407
366 905	37.8	94.24	2.60	1.55∶1	420
366 895	37.8	94.60	2.53	1.55∶1	407
366 883	38.0	94.84	2.56	1.55∶1	412
366 874	37.9	95.09	2.59	1.53∶1	424
438 453	36.8	95.58	2.43	1.54∶1	410
301 702	37.9	95.58	2.59	1.52∶1	428
368 065	37.0	94.22	2.54	1.53∶1	422

5.7.2.2 利用鸡粪资源生物质发电

圣农集团建设了2×12 MW生物质发电机组项目（图5-34）。该工程采用循环流化床锅炉燃烧具有自脱硫效应的鸡粪和谷壳混合物，同步装设烟气脱硫脱硝装置；采用高效布袋除尘器减少烟尘排放；两台炉合用一根高100 m的烟囱将烟气引入较高的大气层扩散稀释，尽量降低空气污染物的落地浓度，使得SO_2排放量、NO_x排放浓度、烟尘排放浓度均能满足国标的要求，同时装设烟气连续监测系统，强化环境监测管理。通过对电厂污水、废水经集中处理达标后回收复用，无污水、废水排放，不会影响受纳水体的水域功能。在系统设置上为固体废弃物（灰渣、脱水石膏）综合利用创造条件。在总平面布置上优化并考虑适当的工程措施以降低噪声污染，可使该工程建成后所有环保指标符合国家要求。运行效果如下：

图5-34 圣农集团2×12 MW生物质发电机组

（1）该项目利用鸡粪和谷壳混合物燃烧发电，每年消耗鸡粪和谷壳混合物约27.63万t，相当于节省约9.15万t标准煤，缓解能源短缺问题。

（2）利用生物质能发电有利于保护当地环境，可以解决鸡粪堆积问题。利用生物质能——鸡粪和谷壳混合物燃烧发电，既能变废为宝，又能解决鸡粪堆放对当地环境造成严重影响，同时燃烧后的灰渣还可以作为有机肥厂的原料，形成产业链，实现资源的综合、高效、循环利用，具有较高的经济效益和环保效益。

（3）生物质能发电可减少燃煤SO_2的排放。与燃煤供热机组相比，该项目利用生物质能发电可以大量减少SO_2的排放。同时，机组每年可向圣农发展所属企业提供约726 180 GJ的热量，相当于替代四台10 t/h燃煤供热锅炉，能削减现有的工业SO_2排放量。

（4）该项目可满足光泽县经济持续快速发展的用电需要。目前光泽电网主要以福建省网供电为主。随着光泽县内大型企业的发展壮大，特别是福建圣农集团旗下公司的建成投产，光泽县的负荷电量将有较快的增长。建成投产后每年可向光泽电网提供约1.28亿kW·h的电量（年利用小时数为6 500 h），该项目投产能在一定程度上缓解"十四五"期间光泽县快速增长的电力需求。

（5）按照国家及福建省发改委的统计口径，鸡粪生物质发电属于废弃物再利用，不纳入能源消费总量；该项目的年能源净产出量为40 336 tce，是一项节能工程，项目对该地区的节能减排工作具有良好的促进作用，不会对当地能源消费产生不良影响。

该项目在运行6 500 h、含税供热150元/t、含税售电0.75元/(kW·h)、含税燃料220元/t的条件下测算项目财务收益。项目收入主要来源于发电、供热的销售收入；成本包括燃料费、水费、折旧费、修理费、材料费、职工工资及福利费、保险费、其他费用

5 白羽肉鸡高效养殖技术

及利息支出等。项目长期贷款部分按等额本金方式偿还，贷款期限设定为15年（含建设期，宽限期2年），机组投产后贷款利息计入当年财务费用，工程施工期间不还本付息。

从影响财务收益因素分析来看，燃料价格对项目资本金内部收益率影响最大、发电量和总投资次之，供热量的影响最小。在燃料价格±10%变化范围内，项目资本金内部收益率为2.67%~14.44%，当燃料价格上涨10%时，项目资本金内部收益率低于银行长期贷款利率4.75%，燃料价格上涨是项目能否保持收益的较大风险因素。

该项目静态投资为32 983万元，静态单位投资13 743元/kW；工程动态投资为33 877万元，动态单位投资14 115元/kW，与火电工程限额设计参考造价指标（2017年水平）相比，投资水平较合理。该项目通过工程财务评价，以该工程上网电价（含税）750元/（MW·h），测算出该项目投资内部收益率（所得税前）为7.44%，项目投产后具有较强的盈利能力。

5.7.3 信息化、智能化应用

思玛特（北京）食品有限公司（简称"思玛特"）与峪口禽业同属其母公司北京沃德辰龙生物科技股份有限公司，总投资4.5亿元建设思玛特肉鸡产业园。产业园占地面积1 100亩①，已建成4个标准化商品代肉鸡养殖场和1个商品肉鸡屠宰场，商品肉鸡采用立体平养方式饲养。

5.7.3.1 立体平养鸡场基本概况

该案例的立体平养鸡场位于山东省菏泽市成武县和德州市平原县，有4个标准化养殖场区，84栋鸡舍，每栋鸡舍存栏6万~8万只，年出栏规模最多可达4 000万只。

每个标准化养殖场区建有20~24栋鸡舍，鸡舍长101 m，宽16 m，屋脊高6 m，鸡舍配备先进的立体平养系统，包括笼架系统、喂料系统、饮水系统、光照系统、供暖系统、通风系统、清粪系统和物联网八大系统。

笼架系统，采用7列4层立体平养鸡笼，整体笼高2.6 m，每层高60 cm，鸡笼长1.25 m，宽1 m，鸡群活动、采食面积充足，出栏时每平方米肉鸡重量为28 kg，符合中国福利养殖要求。

喂料系统，每栋配备20 t容量的料塔，舍内采用大型车机械喂料，喂料均匀，并且可以实现自动喂料、故障报警等功能。

饮水系统，采用密闭式水线，鸡只饮水充足、卫生，水压稳定，可以记录每天的饮水量，并实时传输到平台，方便查看和分析问题。

光照系统，每栋设计上下层灯带，光照均匀，通过设定光照程序，可以实现自动

---

① 1亩约为667 m²，全书同。

开关灯和光照强度的灵活调整。

供暖设备，供热源为空气能，节能环保，全年取暖费约0.15元/只，比使用天然气降低50%以上；舍内供暖可以实现分区自动供暖，保证鸡舍温度均匀。

通风系统，每栋鸡舍包括192个进风小窗，26个风机，130 m^2湿帘，随温度变化自动开启不同级别，实现鸡舍空气清新、温度稳定。

清粪系统，采用先进的干清粪工艺，做到每天出粪，鸡粪通过传送带传输到场区外，粪车不进场，避免鸡粪交叉污染。

物联网系统，可以将鸡舍每时每刻的环控参数、设备运行情况、采食饮水信息等传送到平台上，便于管理人员统一管理，可以和手机实时联网，并有异常报警功能。

5.7.3.2 创新应用福利养殖技术体系

立体平养鸡舍设计的核心主要是考虑肉鸡福利，在饲养管理上，给鸡群提供"十大福利"，即"五不打扰"和"五星服务"（图5-35）。

图5-35 立体平养福利养殖鸡舍（来自思玛特公司）

养殖期间不免疫，即雏鸡1日龄在孵化厂进行1次必要免疫，在饲养期间不再进行任何免疫，降低免疫对鸡只的应激。实现养殖期间不免疫，需要做到四点：种源纯净母抗高，种鸡品种纯正、抗病力强、垂直传疾病净化彻底，提高母源抗体高度，延长母源抗体保护期；4A级雏鸡品质好，雏鸡品种一致、健康水平一致、雏鸡大小一致、抗体水平一致；免疫质量高、效果好，筛选优质、高效1日龄疫苗，做到"免疫率、有效率、准确率"3个100%；完善生物安全体系，采取"全封闭式"管理，控制"五项传播途径"，落实各项生物安全防控措施。

养殖期间不投药。实现养殖期间不投药分三步走：第一步，出栏检测无药残，养殖期间根据实际情况投药，但是出栏时药残标准在国家标准范围之内；第二步，不投治疗性药物，养殖期间做好疾病预防控制工作，鸡群健康状况良好，全程不发生呼吸道、消化道等疾病；第三步，不投预防性药物，落实生物安全体系和五星服务，为鸡群全程提供安全、舒适的环境。

养殖期间不带鸡消毒。实现养殖期间不带鸡消毒需要做好两方面保障工作。一是基地实行"全进全出"生产模式，空舍期间严格遵循"移、扫、冲、烧、干、整、喷、熏"八步流程，彻底清洁消毒；二是养殖期间对饲料、饮水和鸡舍定期进行微生物监测，微生物控制在标准范围之内（表5-28至表5-30）。空场结束后，对空场结果进行检查打分，感官检查占70%，微生物检查占30%。综合评分≥90，达到进鸡标准后，方可进鸡。

表5-28 物体表面菌落参考标准

级别	优	良	中	差
细菌总数（CFU/cm^2）	0~100	101~500	501~1 000	1 000以上
沙门氏菌（CFU/cm^2）	不得检出			

表5-29 饮水微生物检测标准

级别	细菌总数（CFU/mL）	大肠杆菌数（CFU/mL）	沙门氏菌数（CFU/mL）
优	0~9	不得检出	不得检出
良	10~1 000		
中	1 001~10 000		
差	100 001以上		

表5-30 成品料检测参考标准

项目	检测标准			
	细菌总数（CFU/g）	霉菌总数（CFU/g）	大肠杆菌（CFU/g）	沙门氏菌（CFU/g）
配合饲料	$<1.5\times10^5$	$<0.45\times10^5$	$<2.0\times10^3$	不得检出

养殖期间不进行分群操作。进鸡时直接将鸡装入四层笼，养殖期间不再进行分群操作。需要做到两点：一是在底层安装暖气管，确保鸡舍上下温差在1℃、前后温差2℃范围之内；二是在鸡笼上下安装灯带，确保下层光照达标，上、中、下层光照强度相差不超过5 lx，保证鸡舍不同位置光照强度一致性。

实现自动出栏。与设备厂联合研究，开发1套全自动出鸡系统，实现出鸡过程全自动化，节约劳动力，降低劳动强度，提高肉鸡合格率。避免因抓鸡对鸡只造成的惊吓、骨折等伤害，最大程度提高鸡群福利水平。

料新鲜的控制要点包括精营养（研发适合肉鸡不同品种、不同性别、不同生理阶段、不同季节的营养需求的营养配方）、严质量（原料、生产过程和成品加强管理，确保全程可控、可追溯）、快周转（根据需求制订生产计划，确保饲料合理的贮存时间）和细饲喂（制定适宜的喂料次数、厚度、运料次数和周期，保证鸡群采食充足、饲料新鲜、鸡只采食方便）。

采用全封闭供水线路，多层过滤，并定期进行水质监测与微生物监测，给鸡群提供符合标准的清洁饮水。

水清澈的控制要点包括水源清（选择优质水源、加强水质检测）和水线净（空舍期间水线消毒并排空，进雏前对舍内饮水微生物进行检测，饲养期间每周至少清洗1次饮水过滤设备）。

以鸡的体感温度为核心，根据不同日龄鸡群生理特性及需要制定相应的温控程序，通过精准的环控设备，实现鸡群温度适宜。

温度适宜控制要点包括生理上适宜（为鸡群提供适宜的体感温度）、空间上均匀（鸡舍前、中、后小于2℃，上、中、下层间温差小于1℃）和时间上稳定（1 d内体感温度变化小于2℃）。

通过智能的通风系统和科学的饲养管理，保证通风有效性，鸡舍无通风死角，使鸡群生活的环境保持空气清新，满足每只鸡$0.4 \sim 0.6 \, m^3/(kg \cdot h)$最小呼吸量要求。

空气清新的控制要点包括控通风（做好通风量与鸡群需求匹配、风机数量与通风量匹配、进风口面积和风机数量匹配）、控源头（及时清粪、避免水线漏水）和控卫生（及时有效地做好鸡舍卫生、加湿降尘）。

通过智能的光照设备，满足鸡群不同阶段的光照需求，保证上、中、下层光照强度均匀，光照程序满足肉鸡生长需求，实现鸡群健康生长。其控制要点包括光照强度分布均匀、制定适宜光照程序和定期监测光照强度。

5.7.3.3 信息化、智能化应用

联合科研院校、设备厂共同开发基于物联网感知技术及自动化设备控制技术的规模化鸡场物联网自动化设备控制及环境控制系统，实现自动化控制、精准采集生产过程中的相关信息，并通过传感设备将获取的海量信息传输到智能化操作终端进行融合、处理，实现生产过程环境控制的自动化、数字化、精准化和智能化。图5-36为思玛特公司的自动化智能化鸡舍示意图。

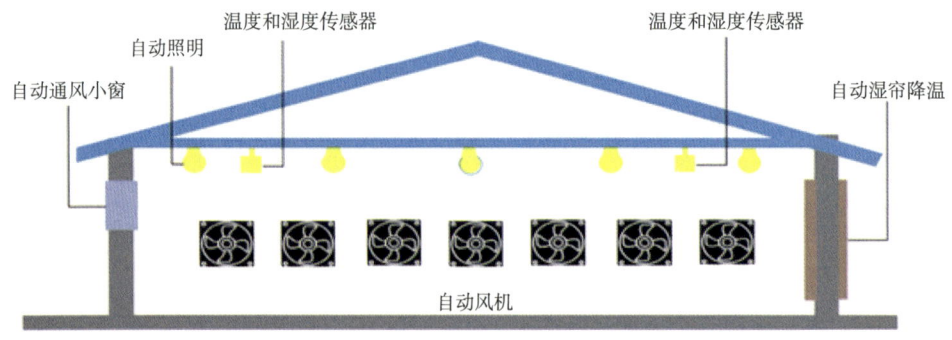

图5-36 自动化智能化鸡舍示意图（来自思玛特）

温度采集传感器。每栋鸡舍安装7个温度传感器，其中1个用于记录舍外温度，6个用于记录舍内前中后和鸡舍两侧温度；控制器根据计算的平均温度和目标温度对比，按照设定原则，适时调整鸡舍通风量、供暖、湿帘降温的启动时间、频率；并通过前中后温度变化进行分区供暖控制。

湿度传感器。每栋鸡舍安装1个湿度传感器，用于鸡舍湿度的实时采集。系统可以根据采集到的湿度和目标湿度对比，如果实际湿度低于目标湿度，系统可以自动降低通风量，实际湿度高于目标湿度时，系统可以自动增加通风量。

二氧化碳传感器。每栋鸡舍安装1个二氧化碳传感器，用于实时采集鸡舍二氧化碳的含量，系统将实际二氧化碳含量和目标含量进行对比，自动调整通风量，保证鸡舍空气的清新。

负压传感器。每栋鸡舍控制器内安装1个负压传感器，通过内外两根气管，实时记录鸡舍负压数据，通过和目标负压对比，自动调整鸡舍通风小窗、保温板的比例。

脉冲水表。在鸡舍上水端安装脉冲水表，可以实时采集饮水量，并将每天的饮水量数据记录到平台，可以随时将数据导出进行对比分析。

供暖自动化。每栋鸡舍供暖设备分为前、中、后三区控制，某一区域温度低于标准时，自动启动暖风设备，为该区域加热，直至温度超过目标温度。

风机自动化。可以将16台风机编制成22组风机，每组风机对应相应的排风量，根据不同排风量带来的风冷参数，设定各组风机温差，在鸡舍温度达到该温差时自动启动该组风机；另外为了实现通风的均匀性可以轮换启动风机；风机启动后，系统面板会显示每小时的通风量及体感温度。

通风小窗自动化。鸡舍通风小窗分为四组，左右各两组，由四个推杆电机控制，可以同时启动，也可以分组启动。通风小窗有两种自动控制模式，即按照比例控制和按照负压控制。按照比例控制，在不同风机编组后面设置打开的比例，风机启动时窗户自动开启到相应比例；负压控制，设定好目标负压，风机启动后鸡舍产生负压，控制器自动调整窗户开启的大小，达到目标负压值。

照明自动化。可以实现照明时间和强度的自动化，在控制面板上设置好不同日龄的开关灯时间和功率的比例，从而实现照明的自动化控制。

制冷自动化。鸡舍在前面和侧面分别有三组湿帘，通过开启水泵电机调整湿帘上水量，实现湿帘降温的目标；湿帘控制有三种控制模式，即时间控制、温度控制、自动控制。时间控制，设定好启停周期，湿帘电机按照设定好的周期启动；温度控制，设定好启停温度，当鸡舍达到设定温度时，湿帘电机正常启动；自动控制，设定好启动温度和启停周期，湿帘可以根据温度超过目标幅度自动调整上水时间和上水量。

5.7.3.4 养殖成效

通过对该案例鸡场前期多批次生产性能进行统计分析,其养殖成效见表5-31,综合性能良好,经济效益显著。

表5-31 肉鸡WOD168生长性能

日龄(d)	出栏体重(kg)	成活率(%)	料重比
28	0.8	>99.0	1.41∶1
35	1.1	>99.0	1.55∶1
42	1.5	>99.0	1.63∶1
49	1.8	>98.5	1.78∶1

本章主要编写人员: 姜润深 曹顶国 陈长喜 李冬立 马 腾
孙宪法 徐 彬 许传田 肖 凡 张柏林

主要参考文献

戴聪,2020. 笼位、密度及中后期限饲对笼养肉鸡生产性能的影响. 合肥:安徽农业大学.

董耀宗,2022. 阶梯笼雏鸡舍夏冬季热环境CFD模拟与效果测试分析. 重庆:西南大学.

黎鸿彬,彭运智,李耿强,等,2024. 光因素在集约化家禽生产中的应用研究进展. 中国畜牧杂志(5):50-55.

厉秀梅,2018. 饲养密度与偏热环境对肉鸡骨骼和肌肉生长、氧化及肠道形态的影响. 北京:中国农业科学院.

马慧慧,魏凤仙,徐彬,等,2017. 慢性氨气应激对肉鸡的损伤及缓解机制研究. 中国畜牧兽医学会. 中国畜牧兽医学会2017年学术年会论文集.

潘爱銮,申杰,杨延林,等,2021. 白羽肉鸡养殖精细化通风技术. 湖北农业科学,60(S2):346-349.

沈杰,吴洪,杨海明,等,2024. 饲养密度对笼养白羽肉鸡生长性能、羽毛评分、血清生化和免疫指标的影响. 中国家禽,46(8):86-92.

孙亚波,王亚,萨仁娜,等,2018. 舍内空气质量对肉鸡健康影响的研究进展. 动物营养学报,30(4):1230-1237.

陶秀萍,夏东,李如治,1997. 热应激对鸡免疫应答的影响. 中国家禽(6):5-7.

魏凤仙,徐彬,萨仁娜,等,2012. 不同湿度和氨水平对肉仔鸡抗氧化性能及肉品质的影响. 畜牧兽医学报,43(10):1573-1581.

魏凤仙，胡骁飞，徐彬，等，2012. 不同饲养密度对肉鸡免疫器官指数及淋巴细胞转化率的影响//中国畜牧兽医学会动物营养学分会. 中国畜牧兽医学会动物营养学分会第十一次全国动物营养学术研讨会论文集.

周莹，彭骞骞，张敏红，等，2015. 相对湿度对间歇性偏热环境下肉鸡体温、酸碱平衡及生产性能的影响. 动物营养学报，27（12）：3726-3735.

邹强强，王铁良，孟维爽，等，2022. 饲养密度对叠层笼养白羽肉鸡生长性能、血液生化指标以及经济效益的影响. 畜牧与兽医，54（9）：38-42.

ZHOU Y，LIU Q X，LI X M, et al.，2020. Effects of ammonia exposure on growth performance and cytokines in the serum, trachea, and ileum of broilers. Poultry Science，99（5）：2485-2493.

ZHANG M，ZHAO X，et al.，2021. Ammonia exposure induced intestinal inflammation injury mediated by intestinal microbiota in broiler chickens via TLR4/TNF-á signaling pathway. Ecotoxicology and Environmental Safety，226：112832.

ZHOU Y，XU B，WANG L，et al.，2024. Effects of inhaled fine particulate matter on the lung injury as well as gut microbiota in broilers. Poultry Science，103（4）：103426.

6 白羽肉鸡疫病高效防控

我国白羽肉鸡养殖集约化程度非常高，随着立体笼养技术的发展与逐渐普及，肉鸡养殖单栋鸡舍饲养量从1万~2万只提高至3万~6万只，单人饲养量从0.5万只增加到最高10万只，养殖水平得到了飞速发展。但由于养殖密度大，随之带来的问题是疫病防控难度也增加。除了做好场区生物安全管理外，还应做好各种疫病的防控。据不完全统计，对家禽造成危害的疫病已达80多种，而主要以传染病居多，占禽病总数的75%以上，我国每年因各类禽病导致家禽的死亡率可高达15%~20%，经济损失达数百亿元。禽流感等呼吸道病由于其暴发突然，传播迅速，对养禽业造成巨大的经济损失，新的流感病毒在自然界中仍不断出现，时刻可能引发新的疫情或公共卫生危机。例如近些年发生的H7N9流感病毒以及最近在美国出现的奶牛感染H5N1禽流感等，对养禽业及人民生命健康构成了极为严重的威胁。除流感之外的禽呼吸系统疫病包括传染性支气管炎、新城疫、传染性喉气管炎，其流行趋势明显，危害严重；损害家禽免疫系统的免疫抑制性疾病如传染性法氏囊病、马立克氏病、病毒性关节炎等，使得家禽免疫功能及抵抗力下降，对禽流感等疫苗接种反应能力降低、对环境病原易感性增高。这些病原常常混合感染，使禽病防控形势更加复杂和严峻，给养禽业造成致命损害，同时也严重威胁公共卫生安全；大肠杆菌病、球虫病等常见细菌和寄生虫病也是危害家禽养殖的重要疫病，常导致肠炎、腿病等，易产生耐药性以及多病原混合感染；禽白血病、鸡白痢、禽支原体病等垂直传播疫病常发，不仅影响种鸡的生产性能，还会将病原体传播给后代鸡群，致使后代弱雏量和死淘率增加，以及后代鸡群生长缓慢、饲料转化率和生产性能降低，严重威胁家禽种源的安全。

6.1 生物安全管理

生物安全是国家安全的重要组成部分，2021年4月《中华人民共和国生物安全法》正式开始施行，其中包含防控动物疫情、应对微生物耐药等部分。随着白羽肉鸡产业规模化、集约化和现代化发展，养殖场出现了疾病种类多、变异多、诊断难以及过度

6 白羽肉鸡疫病高效防控

免疫、过度投药等问题，疫情防控和食品安全等问题日益显著。为保障鸡群健康和食品安全，白羽肉鸡生物安全管理至关重要。

6.1.1 生物安全政策、法规

广义的生物安全涉及生物技术研发与应用对自然环境和人体健康造成的影响，以及采取的预防与调控措施。在畜牧业中，生物安全特指在饲养过程中采用多种措施防止病原体侵害畜禽和人类。其重要性主要体现在两个方面：一是避免养殖场外界的病原体进入养殖场或畜禽群中，维护家禽体质健康；二是病原体已经出现在养殖场时，避免其在群体内迅速扩散或传播到其他区域（薛杨和俞晗之，2022）。

狭义的生物安全是一个多层面的疾病防控体系，包括排除可传播传染性疾病、寄生虫和害虫的有效安全措施。控制病原微生物、昆虫、野鸟和啮齿动物的侵害，确保鸡群具备良好的群体免疫水平，在优质的饲养管理和科学的营养供给下，使鸡群充分发挥其遗传潜力。

生物安全管理体系是贯彻落实国家中长期动物疫病防治规划的迫切要求，是养殖企业降低防控成本、提高防控质量和增强企业竞争力的有效手段，是促进畜牧业健康发展、维护畜产品质量安全和公共卫生安全的重要保障。白羽肉鸡生物安全管理是保障动物疫病防控和净化效果的重要措施。良好的生物安全管理能够阻断病原微生物传入畜禽养殖场或在场内传播，大幅减少甚至消灭场区环境中病原微生物的虫卵的数量，避免畜禽早期感染，提高免疫成功率，降低动物疫病发病概率，减少抗生素使用。同时，完善生物安全防护设备设施、加强饲养管理、执行严格的消毒程序并规范无害化处理程序，是动物疫病净化场净化效果的保障。

制定生物安全管理相关的生物安全政策、法规的主要目的是保护动物健康和公共卫生安全。农业农村部、国家卫生健康委员会等部门联合发布的《中华人民共和国动物防疫法》《动物防疫条件审查办法》等一系列法律法规明确了生物安全的定义、监管职责和防疫措施。国家明确疫病、疫区、高风险区域等定义，便于制定相应的防控措施；对畜禽、饲料、养殖环境、人员、运输和屠宰等各个环节进行严格控制和管理，以防止疾病、寄生虫和有害生物传入、传出养殖场，确保畜禽健康和生产安全。这些政策的制定对实现《国家中长期动物疫病防治规划（2012—2020年）》中动物疫病防治以及消灭计划提供了重要支撑。

农业农村部针对生物安全也制定和出台了一系列的标准政策。20世纪90年代中期，我国启动加入世界贸易组织（WTO）准备工作，为了与WTO发布的《实施卫生与植物卫生措施协议》（SPS协议）接轨，2010年农业部发布"肉禽无规定动物疫病生物安全隔离区现场评审表""生物安全区评估申请书（基本样式）"。2020年《中华人民共和国生物安全法》的颁布，使生物安全法律规范体系得到进一步完善，为安全规范发展提供正确导向。

6.1.2 生物安全体系建设

在符合国家有关法律法规、标准的基础上，为确保白羽肉鸡生产生物安全管理体系制定的全面性、科学性、先进性、实用性，规模化肉鸡场生物安全管理体系需要重点围绕组织体系管理、制度体系管理、疫病防控技术体系管理3个方面进行建设（图6-1）。规模化肉鸡养殖场生物安全体系建设参考标准的制定，为养殖企业进一步建立完善生物安全体系提供了思路和理论依据，为进一步加强养殖企业的疫病综合防控能力指明方向，保障产品质量安全和公共卫生安全，对我国白羽肉鸡养殖行业的发展起到积极的促进作用。

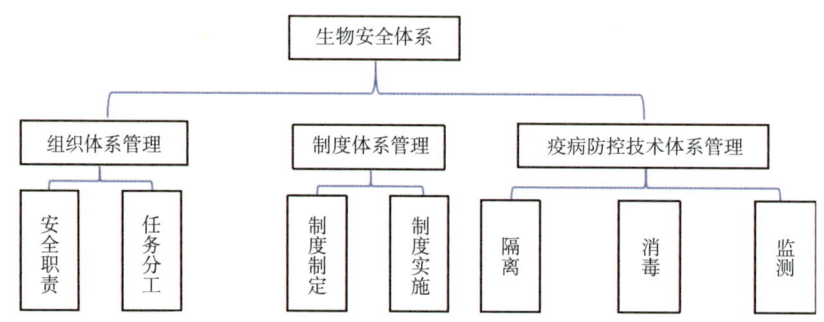

图6-1 白羽肉鸡生物安全体系建设的参考标准示意图

生物安全组织体系管理是确保生物安全体系有效运行的关键。养殖场需要建立完善的生物安全组织架构，明确各级别的生物安全职责和任务分工。在企业层面，需设立专门的生物安全部门，负责制定生物安全规程并监督其执行，确保所有员工了解和遵守国家生物安全相关政策和法规。该部门还需负责各防疫单元全进全出、鸡群流动、生物安全落地等内容的过程监督与结果评估。同时应配备专门的生物安全员，负责日常的防疫工作，如监测鸡群健康状况、执行消毒程序等。

生物安全制度体系管理是生物安全体系的重要组成部分，包括制定和实施生物安全管理制度、疫病防控制度、消毒制度等。这些制度需要根据养殖场的具体情况进行细化，以确保每一项措施都能得到有效执行。例如，企业可以制定《生物安全操作手册》，详细规定从鸡苗采购到饲养、屠宰、加工全流程每一个环节的生物安全操作规程和注意事项。

疫病防控技术体系管理是确保生物安全体系有效性的重要保障，涉及疫病隔离、消毒、监测等多个方面。其中横向隔离、纵向隔离是切断传播途径的重要措施，将可能携带病原体的鸡只与健康鸡群分开，防止交叉感染。企业需要根据不同病原体和环境条件选择最合适的消毒方式,以确保消毒效果的最大化。同时,企业还需要定期对疫病进行监测评估,以便及时发现潜在的疾病风险。

总的来说,生物安全体系建设是一个系统工程,需要养殖企业全面考虑和规划。建立和完善生物安全体系,不仅可以保护鸡只健康,提高生产效率,还能确保鸡肉产品的安全,保护消费者的健康。因此,养殖企业应当重视生物安全体系建设,不断提升生物安全水平。

6.1.3 制度管理和人员培训

制度管理和人员培训是提高白羽肉鸡生物安全的重要手段,制度管理是通过制定明确的政策和程序,确保养殖过程中的鸡群健康及养殖场的可持续发展。人员培训是提高生物安全意识的关键,企业应定期组织生物安全培训,提高员工的生物安全知识和操作技能。

6.1.3.1 制度管理

《中华人民共和国动物防疫法》规定,养殖企业必须建立健全的生物安全管理制度,并落实各项防疫措施,以防止动物疫病的发生和传播。对于白羽肉鸡养殖企业,制定完善的生物安全管理制度至关重要。这些制度主要包括记录和档案管理制度、投入品管理制度、消毒制度及无害化处理制度等。

(1)记录和档案管理制度。每批鸡都应有相关的记录,建立健全养殖档案、防疫档案,其内容包括但不限于:品种、数量、鸡只来源和去向及进出场日期;饲料、饲料添加剂和兽药等投入品的来源、名称、使用对象、时间和用量;检疫、免疫接种、消毒情况、实验室检测及其结果;发病数、病死数及发病死亡原因;无害化处理等。所有记录应在清群后至少保存2年。

(2)投入品管理制度。饲料原料和饲料添加剂等应符合《无公害食品 畜禽饲料和饲料添加剂使用准则》(NY 5032—2006)的有关规定。对采购的饲料原料、饲料添加剂、添加剂预混合饲料和用于饲料添加剂生产的原料应进行查验并做好采购记录,记录保存期限不少于3年。禁止采购国务院农业行政主管部门公布的饲料原料目录、饲料添加剂品种目录和药物饲料添加剂、抗球虫和中药类药物饲料添加剂品种以外的任何物质用于生产饲料,禁止在产蛋期饲料中添加抗生素。

兽药应符合《无公害农产品 兽药使用准则》(NY/T 5030—2016)的相关规定。采购农业农村部批准使用的用于预防、治疗、诊断动物疫病的疫苗、消毒药、抗生素等。在符合要求的特定条件下运输,依据不同产品保存要求进行保存,并定时监测、记录、审查。禁止使用人用药和国家规定的禁用药物。兽药使用应由执业兽医师开具处方后,严格按照兽药标签和说明书用药;产蛋期使用治疗药物需注意休药期不应少于国家

规定的时间，休药期间产品不能作为食用鲜蛋出售。

（3）消毒管理制度。为有效切断病原传播，应建立消毒管理制度，制订符合本场实际的消毒计划、方案和操作规程。对鸡群、人员、车辆、物品、环境等以及发生疫病时不同环节的消毒应遵循《畜禽养殖场消毒技术》（NY/T 3075—2017）的有关规定。

（4）无害化处理制度。对病死或不明原因死亡鸡只应进行无害化处理，具体操作方式按《病死及病害动物无害化处理技术规范》执行。可根据本场的实际情况配套建设无害化处理设施，并制定无害化处理制度。

采用堆肥发酵等方式对粪污进行无害化处理，粪便处理及粪便处理后的利用应符合《畜禽粪便无害化处理技术规范》（GB/T 36195—2018）和（NY/T 1168—2006）的要求。污水处理及排放应符合《畜禽养殖业水污染物排放标准》（GB 18596—2001）有关规定。应对病鸡污染的垫料、饲料等进行无害化处理，对生活垃圾、普通垫料、医疗废弃物、残留饲料等废弃物进行分类，并存放在指定位置。采用煮沸、焚烧、消毒后深埋等方式进行无害化处理。

通过制定和实施生物安全制度管理措施，养殖场可以有效预防和控制白羽肉鸡养殖过程中的疾病传播，保障鸡群健康，提高生产效率，确保食品安全。

6.1.3.2 人员培训

人员培训是提高生物安全意识的重要方法。企业应定期组织生物安全培训，提高员工对生物安全的认识，并提升员工的操作技能。培训内容应包括但不限于生物安全政策、法规、防疫措施、消毒技术等，以使员工能够全面了解生物安全的重要性和具体的操作方法。

根据养殖场的实际情况和人员的岗位要求，明确培训目标。通过培训，使生物安全人员掌握生物安全基本知识、养殖技术、疫病防控等方面的专业技能，提高其解决实际问题的能力。

根据生物安全内容，编写包括生物安全基本知识、养殖技术、疫病防控等方面具有针对性和实用性的培训教材。养殖场应建立健全生物安全培训、考核标准，培训计划应满足养殖场生物安全人员的实际需求。同时对员工需要进行定期理论和实操考核，并对生物安全人员的培训、考核情况进行记录，并归档。

根据培训内容和受训人员的特点，选择合适的培训方式，如集中授课、技能实践、案例分析、研讨交流等。多种培训方式相结合，有助于增强培训效果。

通过各种渠道，加强对养殖场生物安全人员培训工作的宣传，提高养殖人员对生物安全的认识，营造良好的培训氛围。

通过制定完善的生物安全管理制度，并进行定期的人员培训，企业可以确保员工对生物安全有深入的理解和正确的操作技能，这也为企业建立起一个完备的生物安全体系提供人员和管理支撑。

6.1.4 白羽肉鸡生物安全关键控制点

生物安全关键控制点包括隔离消毒、五项传播途径和污物处理三方面，其中五项传播途径主要包括鸡与鸡、人与鸡、物品与鸡、空气与鸡和动物与鸡。

6.1.4.1 隔离、消毒

隔离是阻断病原通过各种途径侵入鸡群的最有效的措施，按照作用的不同可以分为横向隔离和纵向隔离。横向隔离主要阻断养殖场与外界、不同养殖场之间和同一养殖场不同防疫区之间的水平传播。重点是做好各项传播途径的隔离。纵向隔离是指同一防疫区内不同批次鸡群之间的隔离措施，重点做好养殖场的全进全出。使同一场内或同一小区内的鸡只日龄接近，统一进鸡，统一淘汰，然后对场区与栋舍进行彻底清扫、冲洗、消毒，并空场一段时间后再进新鸡。

消毒是通过物理、生物和化学的消毒方法，消除、减少外环境和内环境中病原微生物的数量，延缓其繁殖速度，从而将微生物数量控制在不引起鸡群发病的范围之内。物理消毒是通过改变环境因素（如温度、压力等），使微生物的细胞壁或蛋白质发生变化，从而达到杀灭微生物的目的。化学消毒是通过化学合成药物与病原微生物的直接接触，将病原菌杀灭（表6-1）。生物消毒是通过微生物发酵产生的大量热量（70℃以上）杀死病毒、细菌（芽孢除外）、寄生虫卵等。

表6-1 不同化学消毒药使用范围

种类	产品	效果	特点	细菌	病毒	真菌	适用范围
醛	戊二醛 甲醛	高效	抗有机物干扰，杀菌慢，用量大，毒性大	有	有	有	种蛋空舍
强酸/碱	火碱	高效	腐蚀性强	有	有	有	消毒池外环境
氧化剂	过氧乙酸	高效	受有机物干扰强，腐蚀性强，不稳定	有	有	有	洗澡间解剖室
卤素类	氯制剂	高效	受有机物干扰大	有	有	有	饮水、种蛋
	碘制剂	中效	受有机物干扰大，杀菌快，低刺激	有	有	有	带鸡
季铵盐类	季铵盐	低效	抗有机物干扰，杀菌快，用量小，低刺激，安全	有	有	有	内外环境均可

在养殖过程中，隔离和消毒需要通过鸡与鸡、人与鸡、物品与鸡、空气与鸡、动物与鸡的有效管理来落地。

6.1.4.2 鸡与鸡

鸡与鸡之间的接触是养殖场生物安全最关键的控制点。养殖过程中，应该尽量避免鸡与鸡之间的直接接触，以减少病原体的传播。特别是在空场、引种、转群和处理病死禽时，应该采取适当的措施，以防止病原体的传播。

在空场期间做好内、外环境的消毒。内环境消毒应注意饮水管的卫生，可以采取先用除垢剂除垢之后再用消毒液浸泡的方式，根据饮水管的干净程度可适当延长浸泡的时间，直到微生物检测合格。舍内、工作间以及休息间要进行熏蒸消毒，保证空场期间、下批鸡群到来之前舍内微生物不超标。外环境做到彻底清理场区内的野草、垃圾和上批鸡饲养期间的遗留物，然后进行消毒。

在引进新鸡只时采取种源评估、隔离观察、疫苗接种、消毒管理、疾病监测等一系列措施，确保引进的鸡只健康、无病原体，防止疾病传播到现有的养殖场。同时隔离区和正常生产区应保持距离，避免交叉感染。

在转群前，需制订合理的转群计划，做到对即将转入的鸡舍或养殖区进行彻底的清洁和消毒。同时对转群鸡只进行健康检查，确保无疾病风险。在转群过程中，尽量避免突然的声音或动作引起鸡只应激，同时做好人员防护和卫生，防止交叉感染。转群后，应做好鸡群观察（食欲、饮水和行为等），加强监测，确保鸡只平稳转群。

在养殖过程中需采取对病死禽进行处理和消杀等一系列措施。合理的病死禽管理对于预防疾病传播、保护鸡群健康以及提高养殖场生物安全至关重要。

日常巡查中发现病死禽后，应立即将其进行密封处理并从鸡舍或养殖区中移除，在处理过程中，养殖人员应穿防护服和佩戴手套，确保自身安全。及时对病死禽所在位置和附近环境如笼具、料槽等进行消毒。

将病死禽单独存放在密封的专用冷藏设备中，避免病原体传播。对病死禽的数量、发现时间、位置和处理方式等进行详细记录。病死禽的处理应遵循当地法律法规和相关规定，通常包括焚烧、掩埋、堆肥等无害化处理方式。如果选择掩埋，需确保掩埋场远离水源，并进行适当的消毒和密封处理。

在处理病死禽后，对处理场所、工具和设备进行彻底清洁和消毒，确保环境卫生。

对病死禽的数量和原因进行分析，及时采取预防措施，减少后续禽类的死亡。加强鸡群的健康监测和预防措施，如疫苗接种和饲养管理等。

6.1.4.3 人与鸡

人与鸡之间的接触是仅次于鸡与鸡的关键控制点之一。在养殖过程中，人与鸡之间的直接接触应做好防护，以减少病原体的传播。重点关注栋舍人员、免疫人员、监测人员、清粪人员、其他外来人员等，应采取适当的隔离、消毒措施，如单独隔离、穿防护服、戴手套和口罩等。

为更好地培养生物安全意识，需要定期对栋舍人员、免疫人员、监测人员、清粪、维修人员进行生物安全知识、专业技能培训，确保他们了解正确的操作流程，使他们在工作中遵循相关规程。对外来人员进行生物安全教育，确保他们进入养殖场时，能够严格遵循进场生物安全各项要求（图6-2）。

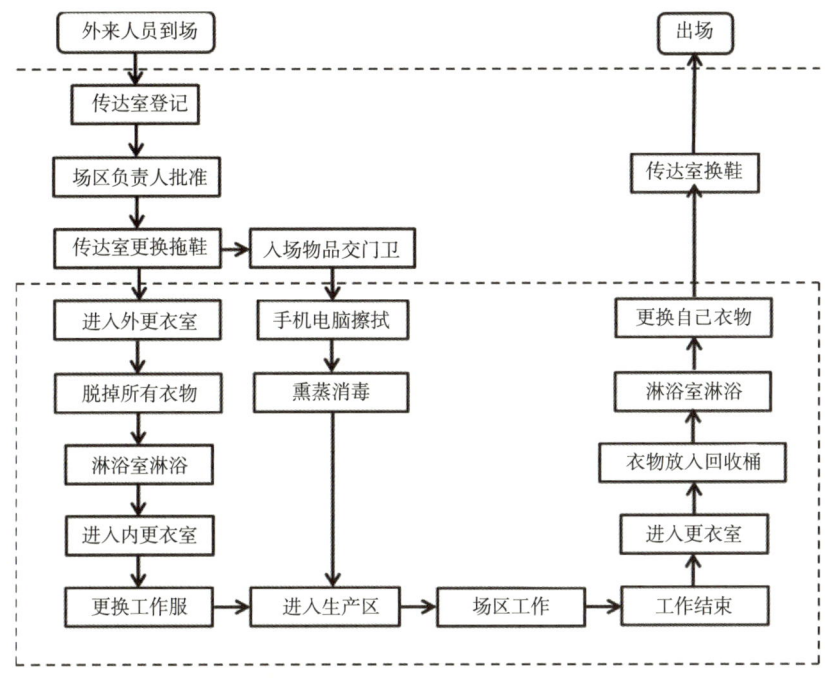

图6-2　入场消毒流程

限制进入鸡舍的人员数量，只允许必要的栋舍人员进入；维修人员申请进入时，应做好入舍消毒，进行工作时，应尽量避免与鸡只直接接触。维修人员如需接触鸡只，应遵循卫生和防护措施。禁止访客或外来人员进入栋舍。

定期监测员工的健康状况，确保员工无传染性疾病。对员工的出入记录、工作区域和接触情况进行详细记录，确保管理的可追溯性。对外来人员的身份、访问目的和访问时间等进行详细登记和记录。

员工进入场区工作需进行全面的消毒、洗澡并更换防护用品，免疫人员、监测人员、清粪人员、外来人员等进入生产区需根据场区等级、疫病防护等级隔离48 h及以上。针对维修人员，需根据维修工作的性质和位置，进行区域划分和隔离。

在进入鸡舍前，人员应进行手部和鞋底消毒，更换清洁的舍内工作服和鞋。并做到每天更换工作服和鞋套，保持个人卫生。

栋舍人员、免疫人员、监测人员、清粪人员、维修人员需制定合理的工作流程，避免员工在工作中对鸡群造成不必要的干扰或应激。在工作过程中，如发现异常情况（如鸡群健康问题），相关工作人员应及时报告并采取相应防护措施。

6.1.4.4 物品与鸡

为有效切断疾病在物品与鸡之间的传播，避免由于物品消毒不彻底而将外界的病原带入鸡舍内，造成疾病散播，在养殖过程中，应该尽量避免人用物品、鸡用物品及设备物品与鸡之间的直接接触，以减少病原体的传播。

禁止携带食品和生活用品进入场区，手机、钥匙等随身携带物品应消毒后方可带入鸡舍，但只能随身携带，且必须在休息室或离开鸡舍时才能使用。生活和劳保用品推荐每周统一集中采购、消毒，并经检查合格后，方可带入生产区。

兽药、疫苗、消毒药、免疫设备等统一消毒处理，带入鸡舍前要进行二次熏蒸消毒处理（活苗除外）才能带入鸡舍。

鸡只用水要做到水源水安全、可靠，避免使用受到污染风险的地表水源。定期对饮水设施进行消杀，定期对水质进行细菌、重金属、化学物质等的检测，确保符合饮用水标准。

饲料原料来源合法合规，不含有害物质和污染。饲料应储存在干燥、通风、阴凉的环境中，防止霉菌和病原体滋生。储存区域应设置防鼠、防鸟等措施，防止害虫、鼠类和鸟类接触饲料。料塔、饲料槽、喂食器等存储、饲喂设施需定期清洗和消毒，防止交叉感染。

肉种鸡场的蛋托必须在蛋库熏蒸消毒后方可运往鸡舍，塑料蛋托和纸质蛋托在进入鸡舍前都要经过二次消毒处理。肉种鸡场每天输精使用的滴头、试管、包装盒等器械，由洗涤室分栋舍进行清洗、消毒后方可使用。在使用前，所有输精器械都必须进行熏蒸消毒20~30 min，输精过程中必须保证一只鸡使用一个滴头。使用后单独放置并处理。

设备物品管理是指对养殖场内的设施设备进行维护和保养，对养殖场的设施设备（鸡舍的通风、照明、供水、供暖、清洁和消毒设备）需进行定期检查和维护，以确保其正常运行。在定期检查和维护时，需做到检修设施清洁、定期消毒、避免交叉感染。

鸡舍内使用的清洁物品、消毒泵、消毒管等工具，须经熏蒸消毒后才能带入鸡舍。钳子、螺丝、螺母等零件维修工具及材料用具必须经过喷洒或熏蒸消毒后才能带入鸡舍。

6.1.4.5 空气与鸡

空气与鸡之间的接触是仅次于物品与鸡的关键控制点。在养殖过程中，空气质量对鸡只的健康至关重要。切断空气传播途径，可避免由于内外环境消毒不彻底而将外界的病原带入鸡舍内而造成的疾病散播。

（1）科学选择通风方式。在鸡群养殖场的通风管理中，主要采用自然通风和机械通风两种方式。对于大规模集约化养殖场来说，单纯依靠自然通风往往无法满足理想的通风需求，特别是在夏季和秋季高温高湿的环境中，自然通风难以有效降低鸡舍内的温度。因此，机械通风成为更有效的选择。机械通风系统可分为正压、负压和零压三种类型，其中负压通风因其高效性而被广泛采用，尽管正压和零压通风的使用频率较低。理想的通风目标是在鸡舍内维持适宜的温度和湿度，确保氧气充足，空气质量优良。一般而言，鸡舍内的温度应控制在20~24℃，且昼夜温差不应超过5℃。

同时要定期检查和维护通风设备，包括风机、通风管道、过滤网等，清洁和更换过滤网，防止灰尘和病原体积累，确保空气质量。

（2）内环境的卫生及消毒。内环境的关键控制点就是舍内空气质量，包括有害气体的含量、空气中细菌的含量及空气粉尘含量。每天按照一周清扫计划进行清扫，保证鸡舍清洁；加强鸡舍内的通风管理，保证鸡舍内空气质量达标；制定带鸡环境消杀方案，包括消毒剂选择、浓度和使用频率等。根据不同区域和用途，选择合适的消毒剂和消毒方法。

（3）外环境的卫生及消毒。抓住几个关键点的控制，即净道、污道、鸡舍周围、进风口及出风口的卫生及消毒效果。

制定合理消毒路线：按照污染程度由低到高的顺序进行，具体如下。

净道—进风口—鸡舍周围—出风口—污道；消毒车从污道进行消毒后还要进行消毒车自身的消毒。各场区根据场区的具体布局进行合理设置消毒路线。

消毒时间：上班前、下班后30 min必须进行人员消毒通道的消毒。其他部分时间各场区自定。

（4）空气质量监测。定期监测鸡舍内的空气质量，包括氧气浓度、二氧化碳浓度、氨气等，当监测到空气质量不符合标准时，及时调整通风系统。定期监测空气中细菌含量，当监测到空气中细菌超标时，需及时做好环境卫生消杀工作。

6.1.4.6 动物与鸡

为降低其他动物对养殖场威胁，降低其作为病原体传播媒介的风险，在饲养过程中，应该尽量避免其他动物（鸟、鼠、猫和狗等）与鸡之间的直接接触，以减少病原体的传播。

场区内禁止种植高大绿植（2 m以上），栋舍间设置驱鸟器、网罩等设施，杜绝鸟类在场区、栋舍内栖息。同时注意场区内料间、料塔、料车卫生，严禁饲料外露。如有饲料外露情况及时清理干净，生产区内禁止种植谷类植物（图6-3、图6-4）。

图6-3 料塔下部增加纱网防护（刘爱巧 摄）

图6-4 侧窗安装防鸟网（刘爱巧 摄）

注意场区、鸡舍、粪道、厕所、蛋库、伙房餐厅、垃圾场卫生，在窗户、粪沟出口等加上防护网，请专门灭蝇人员定期喷洒灭蚊蝇药物进行杀灭。

场区内安装防鼠板、防鼠门等，防止鼠类进入鸡舍和饲料储存区域。每季度或每批鸡结束后由专业灭鼠公司人员进行统一定期灭鼠，场区指定负责人定期巡查，发现猫和老鼠时，随时联系相关人员，进行控制。

场区内禁止养狗，用防护栅栏、门禁等措施防止猫、狗等动物进入场区。

6.1.4.7 污物处理

养殖过程中产生的废弃物要严格按照国家相关规定进行合理收集和处理，特别需要对病死禽、污物、污水、医疗废弃物、其他生活垃圾等采取有效措施，确保污物得到无害化处理，防止对环境和人类健康造成影响。

（1）病死禽处理。养殖场需及时对病死禽进行妥善处理，避免长时间暴露在鸡舍或养殖场中。严格执行国家关于动物防疫的相关规定和环保要求，选择如焚烧、掩埋或化制等处理方法。处理病死禽和废弃物时，操作人员应佩戴个人防护装备，以避免直接接触病死禽或废弃物，防止交叉感染。

（2）污物的处理。养殖过程中产生的粪便、垫料、羽毛等废弃物在收集和存储时需避免废弃物散落或泄漏，确保储存容器的密封性和卫生。同时要选择合适的废弃物处理方法，如堆肥、焚烧或掩埋。废弃物处理场所要远离养殖区，防止二次污染。粪便含有大量的病原体和寄生虫卵，处理时，养殖场通常采用发酵、堆肥等方式对粪便进行无害化处理，处理后的粪便可以作为有机肥料使用（图6-5）。

图6-5　粪便进行无害化处理（刘爱巧　摄）

（3）污水的处理。养殖场的污水主要来源于产生的粪尿污水和生活污水等，其中含有大量的腐殖质有机质，比如磷和氮等，需要经过处理后才能排放，以避免污染生态环境。

污水处理方法包括物理、化学和生物处理等。物理处理主要是通过沉淀、过滤等方法去除污水中的悬浮物和大部分有机物；化学处理则是通过添加化学药剂，如酸碱、消毒剂等，对污水中的病原体和有害物质进行杀灭和去除；生物处理则是利用微生物的代谢作用，将污水中的有机物转化为无害物质。养殖人员需要结合养殖场的具体情况做好分类管理。

（4）医疗废弃物。医疗废弃物包括注射器、针头、口罩、手套等。这些废弃物需要与生活垃圾严格分开，并进行高温蒸汽灭菌或者化学消毒处理。在处理过程中，要确保废弃物不会刺破包装袋，造成交叉污染。

（5）餐饮垃圾及其他生活垃圾。员工餐饮活动中产生的垃圾及其他生活垃圾（塑料袋、纸盒等），需要使用密闭的专用垃圾容器收集，避免垃圾散落和暴露，防止吸引害虫和其他动物。要与可回收物、有害垃圾等分开存储和处理。在处理垃圾后，对处理区域和容器进行清洁和消毒。使用适当的消毒剂，确保病原体被彻底杀灭，维护养殖场的生物安全水平。

6.1.5　案例

完善的生物安全管理措施不仅对维护鸡群的健康至关重要，而且对于保障公众食品安全具有不可或缺的作用。若隔离措施和消毒工作不到位，将导致消毒效果不佳，病原体传播加速，进而危害鸡只的健康。在疾病防控和治疗阶段，抗生素的不当使用不仅可能使鸡只对药物产生抗药性，还可能造成鸡肉及其制品中残留抗生素，进而对人类健康构成威胁。

6.1.5.1 未形成严格的消毒制度

鸡场消毒制度是保障鸡肉产品质量和安全的重要环节。目前，我国鸡场消毒制度存在以下一些问题。

消毒频率不足。未能按照规定的标准程序进行定期消毒，增加了病原体在鸡场内的存活和传播风险。

消毒方法单一。过多依赖化学消毒剂，容易导致病原体产生耐药性，降低消毒效果。

消毒措施不规范。消毒剂浓度不准确、消毒时间不足等问题普遍存在，影响了实际的消毒效果。

与百毒杀和聚维酮碘相比，使用含80~100 mg/L有效氯的微酸性电解水对层叠式笼养肉鸡舍进行喷雾消毒的效果较好，且有效氯浓度为100 mg/L、喷嘴直径为60 μm、喷雾5 min后开启风机的情况下杀菌率可达到70.2%（陈永亮等，2022）。研究发现，不同消毒剂在不同消毒频率下对水线的消毒效果不尽相同，与过硫酸氢钾相比，采用三氯异氰脲酸粉连续浸泡4次后消毒效果好（陈丽珠等，2021）。由此可见，鸡场对消毒剂的选择、消毒频率及消毒剂的使用方法是消毒效果的保证。

6.1.5.2 抗生素滥用

规模化养鸡场由于鸡密度高、环境条件相对封闭，容易造成禽流感、大肠杆菌病、鸡白痢、沙门氏菌病等疾病的传播。病原种类较多，且多数还存在混合感染，疾病的传播、发病在所难免。

为了增加产量和防止疾病的传播，抗生素的过度使用显著提升了细菌对抗生素的耐药性风险。2017年，对四川地区的大肠杆菌进行了抗生素耐药性的深入研究，结果显示，大肠杆菌呈现出了严重的多重耐药现象。研究中最常见的菌株能够抵抗多达10种抗生素，占比达到15.89%，而一些菌株甚至对13种抗生素具有耐药性（岳秀英等，2017）。同年，对湖北省的鸡肉和鸡蛋进行了多组分抗生素残留的分析，结果显示在2016—2019年，鸡肉样品的抗生素年度检出率分别为9.76%、16.67%、38.14%和4.08%（肖永华等，2022）。但2019年，对陕西省329份市售鸡肉和鸡蛋中的四环素类抗生素残留进行了调查，其中164份鸡肉样品检测出四环素类抗生素，检出率为33.5%，超标率为1.22%（刘孟文等，2019）。尽管抗生素在一定程度上降低了疾病的发生率，但其滥用给兽医科学带来了严峻挑战，同时也对人类健康构成了严重威胁。

6.2 呼吸道疫病防控

鸡呼吸道疫病是指病原体或非病原体等致病因子侵袭或对鸡造成应激，损害鸡呼吸系统，致使鸡出现呼吸困难等临床症状的一类疾病。其潜在因素是病毒性和细菌性疾病，诱发因素有气温骤变、有害气体超标以及防疫应激等。

6.2.1 禽流感

禽流感（Avian influenza，AI）是由禽流感病毒（Avian influenza virus，AIV）引起的多种禽类疾病综合征，其临床表现多样，轻者为无临床症状的隐性感染，稍重者出现呼吸道疾病和产蛋下降，重者则表现为死亡率达100%的严重全身性疾病。高致病性禽流感（Highly pathogenic avian influenza，HPAI）均是由H5和/或H7亚型高致病性禽流感病毒（Highly pathogenic avian influenza virus，HPAIV）引起的，鸡和火鸡等家禽感染HPAIV后死亡率高达100%，HPAI暴发不仅给养禽业造成巨大的经济损失（2020年以来全球扑杀和死亡禽鸟3.11亿只），而且具有十分重要的公共卫生意义，被世界动物卫生组织（WOAH）列为须通报的动物疫病之一，是我国禽病中唯一的一类动物疫病。H9亚型等低致病性禽流感病毒（LPAIV）引起的低致病性禽流感（LPAI），该病因其在鸡群中广泛存在，当感染鸡有细菌或其他病毒混合或继发感染时，可造成较严重损害甚至死亡，同样是危害养禽业的重要疫病之一。

6.2.1.1 病原概述

AIV属于正黏病毒科，A（甲）型流感病毒属。典型的禽流感病毒粒子呈球状，病毒粒子的直径为80~120 nm；少数呈丝状体。AIV基因组由8条单股负链RNA（核糖核酸）片段组成，长度在890~2 341个核苷酸之间，根据其编码的主要蛋白依次命名为聚合酶碱性蛋白2（PB2）、聚合酶碱性蛋白1（PB1）、聚合酶酸性蛋白（PA）、血凝素（HA）、核蛋白（NP）、神经氨酸酶（NA）、基质蛋白（M）和非结构蛋白（NS）。

HA和NA是AIV的2个表面糖蛋白，目前已知AIV有16种HA亚型（H1~H16），有9种NA亚型（N1~N9），理论上任何1种HA亚型均可与NA亚型组合。我国H1~H14亚型AI均有过报道。HA是AIV与免疫原性和致病性均密切相关的蛋白。NA蛋白也具有一定的免疫原性，但其免疫原性较弱。

HA能凝集鸡等多种动物的红细胞，抗HA抗体能阻止病毒的血凝作用，因此，AIV能用血凝（HA）和血凝抑制（HI）试验进行检测和鉴定。

AIV能在鸡胚或细胞上生长，因而可以用鸡胚或细胞进行样品的病毒分离培养，或者生产制备疫苗或检测试剂的病毒液。但是，在鸡胚上，HPAIV和LPAIV均能良好生长；而在细胞上，LPAIV一般需要添加外源性胰酶才能生长良好。

AIV对环境的抵抗力相对较弱，非等渗环境、高热、低pH值及干燥条件均可使病毒灭活。病毒在-70℃稳定，冻干可保存数年。56℃ 30 min可使病毒灭活。因带有囊膜，一般消毒剂对病毒均有作用。

6.2.1.2 流行特点

AI最早于1878年发生于意大利。当前AIV在全球广泛分布，除南极洲仅有企鹅感染AIV的血清学证据外，其他各洲均有AIV分离的报道。水生鸟类是AIV的自然宿主，当前已从13个目的90多种鸟类中分离到AIV。各种家禽均能感染AIV，鸡和火鸡的临床症状以及病死率一般高于鸭和鹅等水禽；也有禽源流感病毒跨越宿主，感染哺乳动物和人的报道。

AI一年四季均可发生，但以冬季和春季发病严重。各种日龄的鸡和火鸡均易感，但以产蛋高峰期的鸡以及40日龄左右的肉鸡较常发生。

病禽和带毒禽是主要的传染源。健康禽多通过接触感染禽的分泌物与排泄物、带毒昆虫，以及被病毒污染的饲料、水、设备、笼具、衣物或运输车辆等被感染；AIV也可通过气溶胶及飞沫等传播。

野鸟，特别是迁徙的候鸟，在AI的远距离传播和扩散中起重要作用。多数情况下，野鸟通过直接接触或污染水源等先将病毒传给鸭和鹅等水禽，再传给鸡；也多次出现过鸡和火鸡等HPAI疫情直接由野鸟引起的案例。

6.2.1.3 诊断

通过流行特点、临床表现和剖检变化可以作出初步诊断，确切诊断需在实验室进行。

AI潜伏期、临床症状和剖检变化与病毒致病性、感染量、感染途径、宿主种类、日龄，以及是否有并发/继发感染、获得性免疫和环境等多种因素有关。病鸡精神沉郁，有呼吸道症状，蛋禽产蛋下降及蛋的品质下降，排黄白色或绿色稀便等。HPAI发病率高，死淘率突然增加；颜面和肉髯水肿；鸡冠和肉髯发绀，有的呈紫黑色，有时有坏死，一般尖部更明显（图6-6A）；眼结膜发红；脚鳞或有出血（图6-6B）；有共济失调等神经症状，发病后期较明显。剖检变化可见喉头和气管黏膜重度充血、出血，有时有黏液（图6-6C）；肺充血、出血、水肿。卵巢及输卵管、卵泡充血、出血、萎缩、破裂，有的可见"卵黄性腹膜炎"。HPAI可见心冠脂肪及心内膜、心外膜出血，有时可见心肌白色条纹状坏死（图6-6D）；腺胃黏膜上常有大量脓性分泌物，一般腺胃乳头以及腺胃与肌胃交界处可见出血，有的肌胃也能见到出血（图6-6E）；胰腺常有灰白色坏死点或坏死灶；肾脏肿大，有时有尿酸盐沉积；消化道黏膜常见广泛出血，尤其是盲肠扁桃体和十二指肠黏膜常见严重出血（图6-6F）。

A—鸡冠和肉髯发绀；B—脚磷出血；C—气管出血，有的有黏液；D—心冠脂肪出血；
E—腺胃乳头及腺胃和肌胃交界处出血；F—肠道广泛出血。

图6-6 禽流感典型症状和剖检病变（田国彬 摄）

当前，一些成熟的AIV实验室检测技术已经在AI诊断中应用，如AIV分离鉴定、HA-HI试验、琼脂凝胶扩散试验（AGID）、酶联免疫吸附试验（ELISA）、病毒中和试验（VNT）、免疫荧光法（IF）、反转录聚合酶链式反应（RT-PCR）、实时荧光RT-PCR和免疫胶体金技术（ICG）等；微流控芯片技术、质谱技术以及一些新的分子生物学检测方法正在研究或已初步验证，如环介导等温扩增（LAMP）、固相环介导等温扩增（SP-LAMP）、连接酶链反应（LCR）、基于核酸序列的扩增（NASBA）、微滴式数字PCR（ddPCR）、RNAscope原位杂交和多重实时荧光RT-PCR等。现行国家标准《高致病性禽流感诊断技术》（GB/T 18936—2020）推荐禽流感实验室诊断技术包括病毒分离鉴定、HA-HI试验、RT-PCR和实时荧光RT-PCR等（王秀荣等，2020）。需要注意有关HPAIV的试验活动必须经农业农村部批准，且必须在有资质的生物安全防护三级实验室（P3实验室）中进行。

6.2.1.4 防控技术

防控AI的综合措施总体上可以概括为"细巡查、严免疫、防野鸟、勤消毒、重保暖、适通风、精饲养、强应急和严处置"。

我国HPAI防控采取强制免疫与扑杀相结合的综合防控措施，一旦怀疑发生HPAI，应立即向当地畜牧兽医主管部门或动物疫病防控等部门报告，及时采取有效措施，防止病原扩散。我国HPAI防控成效举世瞩目，主要得益于我国的HPAI防控政策和安全有效的疫苗等，做好免疫工作是防控AI的重中之重（Shi et al.，2023）。AIV自身特性决定了其容易变异，变异方式有抗原漂移（Antigenic drift）和抗原转变（Antigenic shift）两种。当疫苗对流行病毒不能完全有效保护时，需及时更新疫苗种毒，以确保疫苗的有效性（曾显营等，2023）。当前我国HPAI免疫主要使用重组禽流感病毒H5+H7三价灭活疫苗，该类疫苗主要产生体液免疫；另有一种批准使用的是禽流感-新城疫重组二联活疫苗，该疫苗是一种活载体疫苗，主要产生细胞免疫和黏膜免疫反应。灭活疫苗和活载体疫苗均具有良好的安全性和免疫效力，二者配合使用效果更好，能增强对AIV不同毒株的交叉免疫能力。当前，全球首个禽用DNA疫苗——禽流感DNA疫苗（H5亚型，

pH5-GD）已经获得一类新兽药证书，并已经完成种毒更新。一些亚单位疫苗和新型载体疫苗如火鸡疱疹病毒（HVT）、马立克氏病病毒（MDV）、法氏囊病毒（IBD）载体疫苗正在研发。

H9亚型AI发病后可以采取一些对症治疗措施，但目前仍缺乏允许在家禽中使用的特效药物。主要依靠免疫预防，但由于H9亚型AIV经呼吸道传播的能力非常强，因此仅用灭活疫苗几乎不能阻止病毒感染和排泄，目前正在进行活载体疫苗研究；同时应采取一切措施减少合并感染和继发感染，降低其危害。

需要根据肉鸡和种鸡的饲养期以及当地疾病的流行状况等，与相关疾病统筹考虑，制定合理的免疫程序，按推荐程序免疫。

6.2.2 新城疫

新城疫（Newcastle disease，ND）是由ND强毒引起的一种急性、高度接触性传染病，也称亚洲鸡瘟、伪鸡瘟。1926年，ND首先在印度尼西亚出现；首次分离到病毒的时间是1927年，由于病毒是Doyle在英国的新城（Newcastle）分离，因此将该病毒定名为新城疫病毒（Newcastle disease virus，NDV）。我国于1935年首次发现有ND（当时称"鸡瘟"）流行，但到1948年才得以证实。NDV可导致家禽的高死亡率和严重的呼吸系统、胃肠道、神经系统、生殖系统和免疫系统的组织损伤。ND临床上主要特征为呼吸困难和严重下痢等，剖检常见黏膜和浆膜广泛出血，病程稍长的一般伴有神经症状。ND被世界动物卫生组织列为须通报的动物疫病之一，我国将其列为二类动物疫病。未免疫鸡死亡率高达100%，是危害养禽业的重要疫病之一。

6.2.2.1 病原概述

按照国际病毒分类委员会（ICTV）2019年的分类，NDV为副黏病毒科禽腮腺炎病毒亚科正禽腮腺炎病毒属禽腮腺炎病毒1型（Avian orthoavulavirus 1）病毒，此前称为禽副黏病毒1型（APMV-1）。NDV基因为不分节段的单股负链RNA病毒，病毒粒子形态接近于环形，依次排列着核蛋白（NP）、磷蛋白（P）、基质蛋白（M）、融合蛋白（F）、血凝素-神经氨酸酶蛋白（HN）和大蛋白（L）6种蛋白基因。其中F蛋白主要在病毒的穿入、细胞融合、溶血等过程发挥作用，可诱导机体产生中和抗体，也是决定NDV毒株毒力的主要基因。HN蛋白可诱导机体产生血凝抑制抗体和中和抗体，是主要的免疫原。

NDV只有一个血清型，根据F基因序列差异，将其分为Class Ⅰ和Class Ⅱ两大类，其中Class Ⅰ类病毒大多为弱毒，Class Ⅱ类病毒又可分为21个基因型，鸡中流行的主要为Ⅶ型。

6 白羽肉鸡疫病高效防控

NDV能在鸡胚和多种细胞上培养生长，因此可用鸡胚或细胞分离培养病毒和生产疫苗。NDV具有血凝活性，可用血凝（HA）和血凝抑制（HI）试验进行鉴定。

NDV对乙醚、氯仿等有机溶剂敏感，常用的消毒剂如2%氢氧化钠、1%来苏儿、70%酒精及5%漂白粉等经20~30 min即可将NDV杀死。NDV对pH值稳定，pH值为3~10不被破坏。

6.2.2.2 流行特点

ND在全球广泛分布。NDV宿主广泛，目前至少有236种家禽和野鸟感染NDV，不同品种的禽易感性存在差异，其中鸡和火鸡易感，危害严重。NDV能感染各年龄段的肉鸡，当前我国普遍用ND疫苗进行免疫，大规模的ND疫情得到了有效控制，但非典型ND时有发生。

病禽和带毒禽是主要的传染源。NDV主要通过呼吸道和消化道传播，被污染的饲料、水、蛋托（箱）、昆虫、带毒飞禽及车辆、人员等均可成为主要的传播媒介。一年四季均可发生，但春秋季多发。

6.2.2.3 诊断

通过流行特点、临床症状和剖检病变可以作出初步诊断，确切诊断需要在实验室中进行。

ND临床上有多种表现形式。最急性型ND常突然发病，多见于流行初期和雏鸡，常见不到特征性临床症状而迅速死亡。急性型病例，通常病鸡高度沉郁，食欲减退或废绝；产蛋急剧下降，产软壳蛋或沙壳蛋等，有的甚至停产；病鸡呼吸困难，常引头伸颈，张口呼吸，常听见咳嗽、尖叫声或发出"咯咯"的喘鸣声；嗉囊内经常见到充满液体，倒提时常有大量酸臭液体从口内流出；拉黄白色稀便或黄绿色稀便，有时可见粪便中混有少量蛋清样排泄物或血液；常发生于小鸡，病死率高。亚急性型或慢性型初期临床症状与急性型相似，随后症状渐轻，常表现出多种形式的神经症状，反复发作（图6-7A）；多发于流行后期的成年鸡，病死率较低。非典型ND多发于免疫鸡群，发病率和病死率较低，仅表现呼吸道和/或消化道症状，有的产蛋鸡群仅表现产蛋下降。剖检变化可见全身黏膜和浆膜出血，以呼吸道和消化道最为严重。鼻窦、喉头和气管黏膜充血、出血（图6-7B）。十二指肠和直肠黏膜出血，泄殖腔黏膜出血，有的可见纤维素性坏死病变（图6-7C）。腺胃黏膜和乳头水肿、出血，或有溃疡和坏死（图6-7D）。盲肠扁桃体肿大、出血、坏死。脑膜常见出血和充血心冠脂肪有针尖大小的出血点。产蛋鸡的输卵管和卵泡显著充血或出血，常见卵泡破裂后卵黄流入腹腔引起卵黄性腹膜炎（图6-7E）。

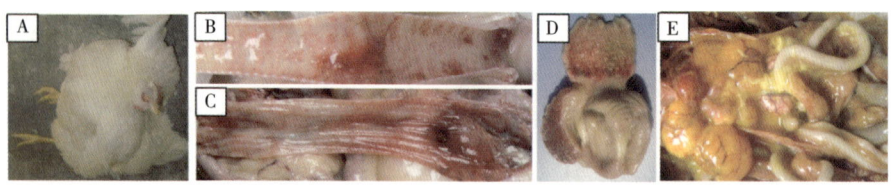

A—神经症状；B—喉头和气管充血、出血，有的有黏液；C—肠道出血；
D—腺胃黏膜和乳头水肿、出血；E—卵泡充血、液化、破裂。

图6-7　新城疫典型症状和剖检病变（田国彬　摄）

病毒分离与鉴定是常用的实验室检测方法，分离病毒后需要进行致病性测定，当病毒脑内接种致病指数（ICPI）≥0.7时，视为发生了ND；ND强毒的试验活动需报省农业农村部门备案，且需要在P3实验室中进行。HA-HI试验既可用于NDV的鉴定，也常用于检测ND疫苗的免疫抗体。此外，还可以通过RT-PCR和实时荧光RT-PCR检测病原来进行诊断。有关方法的详细操作可按照国家标准《新城疫诊断技术》（GB/T 16550—2020）进行。新城疫血清学检测比较成熟的技术还有ELISA和VN等。另外，还有区分ND强弱毒株的胶体金免疫层析抗原检测试纸和抗体阻断试纸检测方法和CRISPR-Cas13a即时检测方法。

6.2.2.4　防控技术

防控措施主要有两个方面：一是禽场有良好的生物安全设施，同时加强饲养管理，采取严格的生物安全措施，防止NDV强毒进入禽群；二是对易感禽进行免疫接种，提高禽群的特异性免疫力。

在欧美等发达国家，除严格的发病后的扑杀措施外，有的不允许使用任何ND疫苗，有的只允许使用ND灭活疫苗，有的虽然允许使用活疫苗但其必须是毒力很低的弱毒或无毒力的。

中国的ND防控措施是生物安全与疫苗免疫并重，同时注重健康养殖和环境控制等，本节重点讲述ND疫苗和免疫防控。ND疫苗分为灭活疫苗和活疫苗两大类，这两类疫苗在白羽商品肉鸡和种鸡中均普遍应用。应根据本场鸡强毒感染风险大小、母源抗体高低、饲养管理制度和是否存在其他病原体感染等多种因素来制订合理免疫程序。一些载体疫苗（如鸡痘病毒载体、HVT载体、NDV载体疫苗）、亚单位疫苗、病毒样颗粒疫苗、区分感染与免疫（DIVA）疫苗以及ND疫苗免疫调节剂等，已相对研发成熟或正在研发之中。

ND灭活疫苗一般采用自然弱毒株、人工致弱或基因重组弱毒株接种鸡胚或细胞，获得大量病毒液并灭活后，辅以一定的佐剂制备而成。灭活疫苗主要依靠疫苗中的抗原成分刺激机体产生体液免疫应答来发挥免疫作用，受母源抗体干扰小，产生抗体高且持续时间长，但其细胞免疫和局部黏膜免疫作用有限，且产生免疫应答时间晚。当前ND单苗和与其他疫病相结合的多联灭活苗有几十种，免疫效果常取决于抗原含量、佐剂的种类和品质以及疫苗与流行毒株的匹配性等。

ND活疫苗免疫后在体内增殖，刺激机体产生细胞免疫、局部黏膜免疫和体液免疫，产生免疫应答时间早，但其抗体效价低，免疫期短，受母源抗体影响较大。ND活疫苗毒株的种类较多，有Ⅱ系HB1株、Ⅲ系F株、Ⅳ系Lasota株、Clone30（克隆30）株、V4株（含V4/HB92克隆株）、N79株、VH株和VG/GA株等。活疫苗可通过滴鼻、点眼、喷雾、饮水和注射等多种途径进行免疫，易吸收、无残留，比灭活疫苗应激反应小。

临床上，一般均将ND灭活疫苗和活疫苗配合使用，使机体同时获得良好的体液免疫、细胞免疫和局部黏膜免疫反应，从而更好地预防ND的发生。

一旦怀疑发生ND疫情，应立即向当地畜牧兽医主管部门或动物疫病防控等部门报告，及时采取相应措施。

6.2.3 传染性支气管炎

传染性支气管炎（Infectious bronchitis，IB）是由禽冠状病毒科的传染性支气管炎病毒（Infectious bronchitis virus，IBV）引起的一种主要感染鸡的病毒性传染病。该病可导致鸡呈现急性上呼吸道疾病、产蛋量下降、蛋品质降低以及肾炎，对养鸡业造成巨大危害。近年来，在火鸡、雉鸡、鹅、鸽子和鸭中也可分离到与传染性支气管炎病毒同属的禽冠状病毒。1930年在美国北达科他州首先发现了IB，1931年由Schalk和Hawn首次报道，1936年Beach和Schalm确定了该病的病原，1937年Beaudette和Hudson首次利用鸡胚培养传代成功分离病毒，1962年Winterfield和Hitchner发现了肾病变型IB。我国于1972年在广东首先报道了IB的存在，1982年首次报道我国肾型IB的发生。该病目前呈世界性分布，对我国养鸡产业也造成了巨大经济损失。

6.2.3.1 病原概述

IBV属于冠状病毒科冠状病毒亚科γ-冠状病毒的成员，冠状病毒科包括冠状病毒亚科和凸隆病毒亚科两个亚科，冠状病毒亚科中有α-冠状病毒、β-冠状病毒、δ-冠状病毒和γ-冠状病毒4类。α-冠状病毒和β-冠状病毒主要感染哺乳动物，δ-冠状病毒主要来源于野生鸟类，γ-冠状病毒包括IBV、火鸡冠状病毒以及从雉鸡、鹅、鸽子和鸭中分离出来的冠状病毒（Martinez，2019）。IBV为圆形或多边形的囊膜病毒，直径约为120 nm，表面有长约20 nm的棒状或杆状纤突，使病毒具有"皇冠"状外观，因此被称为冠状病毒。病毒基因组为单股正链RNA，长为27.5～28 kb，基因组具有5′端帽子和3′端尾部。病毒粒子由纤突蛋白（S）、膜糖蛋白（M）、核衣壳蛋白（N）和小膜蛋白（E）

4种结构蛋白组成（Cavanagh，2005）。

IBV为囊膜病毒，对乙醚、50%氯仿和0.1%脱氧胆酸钠敏感，普通消毒剂就能杀灭IBV，终浓度为0.05%或0.1%的β-丙内酯（BPL）及0.1%的福尔马林可灭活IBV。有机材料可降低消毒剂的消毒效果，消毒时应冲洗干净消毒区域，并按照消毒剂的推荐浓度使用。IBV不耐热，在56℃条件下作用15 min即可灭活，但对含有其他蛋白的病毒样本进行灭活时应在60℃条件下处理30 min以上才能使病毒完全失活。

IBV可用9～11日龄SPF鸡胚进行分离，病毒也可以在鸡胚肾细胞（CEK）、鸡肾细胞（CK）和鸡胚肝细胞（CEL）上生长，并可引起胞质融合，形成合胞体等病变（De Wit，2000）。IBV具有多种血清型和基因型，对IBV进行鉴别和分类的方法有很多，其中基于血清型和S1蛋白序列进行基因型分类是对病毒株分类最常用的方法（Valastro et al.，2016）。血清型分类涉及制备中和抗体对病毒进行中和试验，而基因型分类涉及S1蛋白的序列测定。

6.2.3.2 流行特点

IB呈世界性分布，除南极洲以外的各大洲都发现了许多种血清型和基因型病毒。鸡是IBV的自然宿主，但不是唯一宿主。该病一年四季均可流行，但以冬春季节发病较多，骤冷骤热、饲养密度大、通风不良等因素都会促进该病的发生。IBV传染性强，潜伏期短，易感鸡可在感染病毒24～48 h内出现症状。不同日龄的鸡对IBV均易感但以雏鸡病情最为严重，感染后通常引起死亡。随着日龄的增大，鸡对IB感染所致肾脏病理损伤、输卵管病变以及死亡情况越来越轻微。该病主要通过呼吸道和泄殖腔排毒，经空气或污染的饲料、器具等媒介传播。目前该病暂无通过垂直传播的证据。

近年来，IB在白羽肉鸡商品鸡和种鸡中时有发生，主要流行呼吸型和肾型，继发感染大肠杆菌、支原体，也可能与非典型新城疫病毒、低致病性禽流感病毒等混合感染，流行毒株以QX型和GVI为主。

6.2.3.3 诊断

根据流行病学特点、临床症状和病理变化可作出IB的初步诊断，确诊需借助实验室检测方法。白羽雏鸡感染IB的非特征性呼吸道症状是喘气、打喷嚏、气管啰音和流鼻液等，也可见眼睛流泪、鼻窦肿胀。6周龄以上的鸡症状通常不太明显。鸡群感染肾脏病变型IBV后，可能在发病初期出现呼吸道症状，此后呼吸道症状减少并转为精神沉郁、下痢等临床症状，饮水量和死亡率增加。白羽肉种鸡感染IBV后可能不表现呼吸道症状或呼吸道症状轻微，但母鸡产蛋量明显下降，蛋壳质地变差，软壳蛋、畸形蛋和粗壳蛋增多。剖检病鸡可见气管、鼻腔和鼻窦中有浆液性、卡他性或干酪样的渗出物。急性感染病鸡的气囊内存在泡沫样物质，气囊也可能呈现混浊或含有黄色干酪样渗出物。在大

6 白羽肉鸡疫病高效防控

支气管周围可见肺炎病变区。肾病变型毒株感染后可引起肾脏肿大，颜色发白，肾小管和输尿管有尿酸盐沉积。实验室常用诊断方法包括血清学方法和分子生物学方法，如病毒分离、VNT、ELISA、RT-PCR和荧光定量RT-PCR等。配对检测急性发病和康复期的血清可以有效地验证特异性的免疫反应，帮助确诊是否为IBV感染（Martinez，2019）。

6.2.3.4 防控技术

预防白羽肉鸡发生IB应主要从改善饲养管理和兽医卫生条件、减少对鸡群不利的应激因素，以及加强免疫接种等综合防控措施方面入手。理想的管理方法包括严格的隔离措施、较高的生物安全管理措施和全进全出措施，以及保持对鸡舍的清洁和消毒，对鸡舍或垫料所接触的设施设备进行清洁和消毒，及时处理鸡舍粪便，控制其他病原的继发感染或混合感染。

疫苗免疫是防控IB的重要措施。活疫苗和灭活疫苗是IB免疫接种的主要疫苗，其中活疫苗一般用于白羽肉鸡的免疫以及白羽肉种鸡的首免。可采用Mass血清型的弱毒疫苗来控制IB。H_{120}株毒力较弱，主要用于免疫3~4周龄以内的雏鸡，H_{52}株则主要用于加强免疫。此外，临床使用的弱毒疫苗还有LX4血清型的LDT3-A株。因IBV变异较快，所以用疫苗前必须掌握当地流行的病毒血清型，并使用与当地流行毒株抗原性一致的疫苗品系，这样才能达到有效的免疫预防目的。

该病高发地区或流行季节，可将首免提前到1日龄，二免改在10~18日龄进行。种鸡群应每隔2~3个月用H_{52}株苗喷雾或饮水免疫。在一些疫情比较严重的地区也可采用不同血清型的疫苗联合使用。接种疫苗后要仔细观察，若出现气囊炎症状或病变，可使用广谱抗生素进行治疗。

6.2.4 传染性喉气管炎

鸡传染性喉气管炎（Infectious laryngotracheitis，ILT）是鸡的一种急性病毒性呼吸道传染病。该病典型急性病例以引起鸡只严重呼吸困难、咳出带血分泌物、产蛋量严重下降、鸡只大量死亡为特征；而相对温和型的ILT临床表现为黏液性气管炎、眼结膜炎和窦炎、增重减慢。目前该病在全球流行，对养鸡业危害较大（Gowthaman et al.，2020）。

6.2.4.1 病原概述

ILTV属于疱疹病毒科，病毒颗粒直径为190~250 nm，核衣壳外周有病毒囊膜包裹，对多种消毒剂易感；ILTV基因组为双链DNA，长度约155 kb，经单抗鉴定分析已至少识别出5种囊膜糖蛋白。

目前认为ILTV仅有一个血清型。尽管各ILTV毒株之间抗原性差异细微，但各毒株毒力可能明显不同，表现为对鸡胚及鸡的不同致病性。已经有鉴别ILTV野毒株和疫苗株的分子检测方法，例如基于DNA限制性内切酶分析和PCR等（Wu et al., 2022）。

ILTV的实验室宿主有鸡胚和多种禽类细胞（如鸡胚肝细胞、鸡胚肾细胞、鸡胚肺细胞、成纤维细胞、肺上皮细胞、鸭胚细胞等）。将ILTV分离株经绒毛尿囊膜途径接种10日龄鸡胚，初代鸡胚一般不会死亡，但随着鸡胚传代数增加，胚体矮小化，致鸡胚死亡时间随之缩短，并呈现一定特点，集中于接种后2～9 d内死亡。其鸡胚绒毛尿囊膜引起坏死和组织增生病灶，即痘斑（Wu et al., 2022）。

6.2.4.2 流行特点

鸡是ILT的主要自然宿主，不同品系的鸡均易感，其他禽鸟易感性相对低。虽然ILTV可感染不同日龄的鸡，但表现出特征性症状的主要是成年鸡。该病的主要传染源是患病鸡和带毒鸡；其主要的传播途径是呼吸道和眼睛。急性期病鸡的传播效果要明显强于亚临床感染鸡或康复带毒鸡。经污染的垫料、饲料、各种用具设备、饮水均可能成为机械传播源。该病不能经蛋垂直传播。

该病四季均可发生，潜伏期短，传播迅速，严重病例的感染率有90%～100%。最急性型ILT死亡率可达50%～70%，急性型病例死亡率为10%～30%不等，而慢性或温和型死亡率5%左右。该病的特征临床症状为呼吸困难、气喘、咳嗽，严重的会咳出含血的分泌物。种鸡群或蛋鸡群感染该病的后果是其产蛋率显著下降，严重可致完全停产。不同禽群感染该病的表现通常是有明显区别的，其总体发病率和死亡率受毒株毒力、发病年龄、有无应激、继发感染等因素影响。近几年来该病的"温和型"病例似有增多的趋势，其发病率和死亡率低于2%，患病鸡消瘦，病鸡患结膜炎、窦炎、黏液性气管炎等。

鸡群发病后可获得较强的保护力。ILTV主要存在于患病鸡的气管组织中，感染后可持续对外排毒6～8 d；其中有少部分感染鸡在康复后仍长期带毒排毒。因此该病常在局部地区呈地方性流行，难以根除。

6.2.4.3 诊断

可基于该病的特征性症状和病变作出初步诊断。对于急性型典型病例，其主要诊断依据包括严重呼吸困难、咳出带血黏液；喉头和气管黏膜肿胀、充血出血（图6-8A）；喉头气管内可见带血黏性分泌物或条状血凝块；中后期的病死鸡喉头和气管黏膜内附着纤维素性黄白色假膜（图6-8B）。对于温和型ILT，其主要诊断依据包括眼结膜充血水肿或浆液性结膜炎、眶下窦水肿、鼻腔有黏液。该病的鉴别诊断要区别于白喉型禽痘、新城疫、禽流感、曲霉菌感染、传染性支气管炎等。

目前已经建立的用于检测ILTV抗体的血清学方法有IFA、AGID、VNT和ELISA方法等；分子生物学方法有PCR、核酸探针技术和DNA酶切图谱分析等；另外，也可通过病毒分离培养进行病毒鉴定。

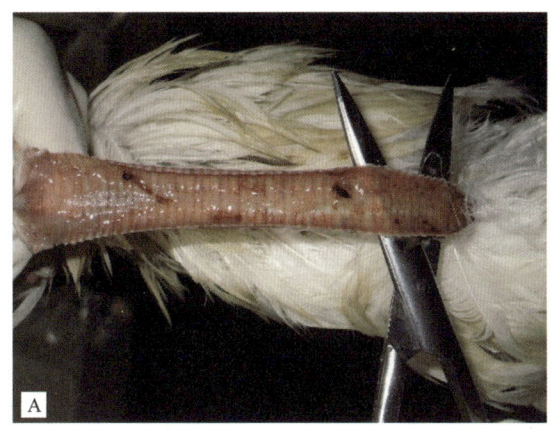 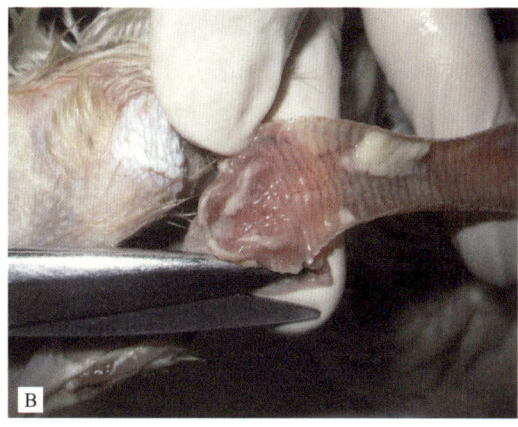

A—发病死亡鸡气管黏膜表面充血出血，有炎症分泌物，气管表面有血液凝集块；
B—死亡鸡喉头气管黏膜表面高度充血、出血，有较大黄白色纤维素性坏死干酪物。

图6-8 传染性喉气管炎典型剖检病变（张思远 摄）

6.2.4.4 防控技术

该病尚无特效的治疗方法。平常要做好卫生和生产管理及生物安全。一旦有鸡群感染发病后，除了做消炎止咳等对症疗法外，应选用适当抗菌药物预防或控制继发细菌感染。

对于鸡传染性喉气管炎的防控，除了平常的生物安全，全进全出是避免感染风险的有效措施。对风险或易感鸡群及时进行免疫接种是预防该病的最好方法，但使用必须谨慎评估使用的必要性以及免疫接种副反应的风险。有条件的禽场，应严格隔离康复鸡，或者及时将全部病愈鸡作淘汰处理。避免将免疫鸡和康复鸡与易感鸡混群饲养。

该病的主要预防措施是正确的免疫接种。要特别注意的是，非疫区或无该病毒感染风险地区，区域内从未发生过该病的鸡场可不接种疫苗，但在该病的疫区和受感染发病风险的地区，应进行疫苗的免疫接种。目前临床应用主要为减毒活疫苗和重组活载体疫苗两种。

ILTV减毒活疫苗，或称为弱毒疫苗。值得注意的是，鸡群接种ILT弱毒疫苗后通常会有一定的免疫应激反应，但是不同疫苗株的免疫副反应程度可能不同。有些免疫鸡呈现鼻炎或结膜炎；有些免疫鸡呈严重应激反应，甚至引起呼吸困难，致鸡只死亡；其剖检病变与自然病例相似。其原因可能有病毒从免疫鸡传播给非免疫鸡、病毒种毒致弱不够、有潜伏性感染、种毒传代过程中毒力返强等。考虑到有些ILTV疫苗毒株毒力仍偏强，容易在易感鸡中传代毒力返强而致易感鸡发病，因此应用这些疫苗时必须严格按其说明书进行操作（García，2017）。

重组活载体疫苗，指以鸡痘病毒（FPV）、MDV、HVT和NDV等为载体，表达

ILTV的一个或多个免疫原性基因（如*gB*、*gC*、*gD*、*gI*、*UL32*等），或者以ILTV为基因工程疫苗载体，插入表达其他禽类病原的一个或若干个免疫原基因，由此获得ILTV重组病毒疫苗（Ou and Giambrone，2012）。

免疫方法：疫区与受威胁区，用弱毒疫苗滴鼻、点眼免疫接种，也可用传染性喉气管炎-鸡痘二联活疫苗。首免为30～60日龄；二免为首免后6周左右；种鸡或蛋鸡可在开产前20～30 d再免疫一次。

6.2.5 禽偏肺病毒病

禽偏肺病毒（Avian metapneumovirus，aMPV）感染火鸡或鸡，可引起火鸡的鼻气管炎、肿头综合征和家禽的产蛋量下降。单一感染的死亡率低，而继发细菌感染时死亡率可达25%。该病自1999年被分离以来，在全世界除大洋洲以外的地区均被报道，对养殖业造成巨大的经济损失。

6.2.5.1 病原概述

aMPV属于副黏病毒科、肺病毒亚科、偏肺病毒属。偏肺病毒属包括禽偏肺病毒和人偏肺病毒。根据禽偏肺病毒附属蛋白基因的不同将其分为A、B、C和D四个亚型。

aMPV的基因组为一条连续不分节段的单股、负链RNA，长度大约为13.5 kb。它由8个基因组成，这些基因片段编码9种蛋白，此外，在这条RNA的3′末端，存在一个被称为Leader的区域，而在5′末端，则有一个被称为Trailer的区域。电镜下，负染的aMPV呈多形性，近似球形，直径为80～200 nm，偶尔见到直径为500 nm的病毒粒子，也可见到80～100 nm的病毒粒子。病毒表面的纤突13～15 nm，螺旋形核衣壳的直径大约为14 nm，螺旋距约7 nm（图6-9）。aMPV在蔗糖梯度中的浮密度是1.21 g/mL。

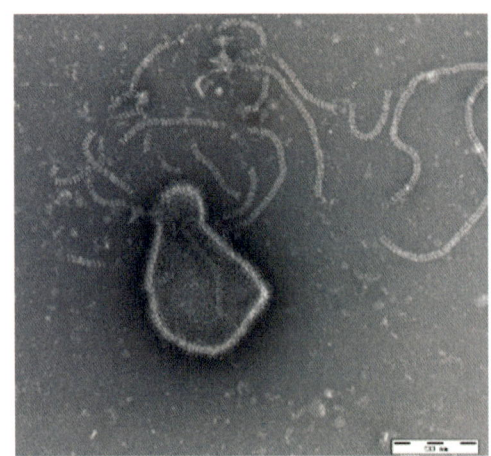
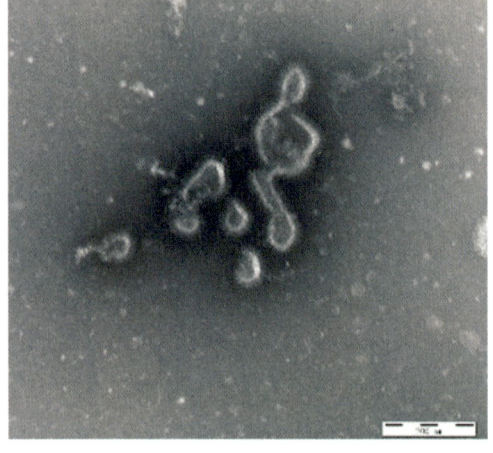

图6-9　aMPV的负染电镜观察（于蒙蒙，2019）

aMPV具有囊膜，对次氯酸钠、乙醇、碘类和酚类等脂溶性的消毒剂特别敏感。aMPV可稳定存在pH值为3.0~9.0的条件下。aMPV在4℃条件下可保存74 d，20℃条件下可以保存28 d，37℃可保存2 d，但在56℃条件下，30 min即可被灭活。

6.2.5.2 流行特点

aMPV的自然感染宿主是火鸡和鸡，各日龄的火鸡和鸡均易感aMPV。除此之外，研究发现珍珠鸡和雉鸡同样能感染aMPV，并展现出类似鼻气管炎和肿头综合征的临床特征。值得注意的是，像鸵鸟、麻雀、燕子及海鸥等野生迁徙的鸟类也是aMPV的潜在感染者，尽管它们在感染后并不表现出临床症状，但仍能携带并传播病毒。更为复杂的是，aMPV/C不仅限于感染禽类，还能感染小鼠，它可能是一种潜在的人畜共患病原体。

自1980年aMPV首次在南非被检测到后，aMPV迅速席卷了亚洲、南美洲、北美洲、欧洲和非洲等地多个家禽饲养密集的地区。aMPV/A和aMPV/B尤为普遍，它们的踪迹遍布全球，仅在加拿大、美国和澳大利亚鲜有发现；相比之下，aMPV/D亚型则较为罕见，目前仅法国有报告记录。aMPV感染禽类后，病毒在其鼻窦和鼻甲骨内的存活期限通常不超过6~7 d，这无疑增加了aMPV病毒检测、分离及鉴别的难度。

1999年，自首次从患有肿头综合征的鸡中分离出aMPV以来，陆续发现河南、江苏、河北、吉林、黑龙江和山东等地区的鸡群均普遍存在感染aMPV（郭龙宗和曲立新，2009；于蒙蒙等，2019）。另外，科宝肉鸡、黄羽肉鸡、特色蛋鸡和海兰蛋鸡等多个品种的鸡群也被aMPV感染，其中蛋用型鸡的感染率尤为突出，其血清阳性率甚至高达88.7%（张丹俊等，2017）。

6.2.5.3 诊断

首先通过临床诊断，aMPV的典型临床症状包括咳嗽、流鼻涕、下颌水肿、泡沫性结膜炎及眶下窦的肿胀。但这些症状与细菌、支原体及其他多种副黏病毒所引起的症状相似，难以仅凭临床表现区分。为此，需要借助分子生物学手段进行诊断。此外，科研人员已经开发出多种实验室检测方法，如IF、ELISA、RT-PCR、病毒中和试验（VNT）、免疫金染色技术、免疫过氧化物酶法（IP）、套式PCR和荧光定量RT-PCR等，以进一步区分和检测aMPV。

6.2.5.4 防控技术

疫苗接种是防控aMPV最经济且有效的措施。研究结果显示，aMPV/A及aMPV/B的疫苗有很好的交叉保护性，且对aMPV/C也起到一定的保护作用，但aMPV/C疫苗对aMPV/A和aMPV/B却无保护作用（Cook et al.，2000）。现在国外市场上已经有预防aMPV商品化的减毒活疫苗和灭活疫苗，也有基因工程苗的研究报道。目前，国产疫苗正在研制中。

6.3 免疫抑制病防控

禽免疫抑制病，尤其是病毒性免疫抑制病，是一类主要危害家禽免疫细胞、免疫器官的疫病。免疫抑制病的发生，常导致家禽机体免疫力降低，易发生继发感染、混合感染，导致死淘率升高，严重影响家禽的生产性能。本节主要介绍传染性法氏囊病、鸡马立克氏病、鸡传染性贫血病、病毒性关节炎、禽网状内皮组织增殖病和腺病毒病6种病毒性免疫抑制病的防控。

6.3.1 传染性法氏囊病

传染性法氏囊病（Infectious bursal disease，IBD）是由传染性法氏囊病病毒（Infectious bursal disease virus，IBDV）引起的鸡的一种重要的急性、高度接触性、致死性、免疫抑制性传染病。患病鸡呈现中枢免疫器官法氏囊急性损伤、B淋巴细胞坏死崩解以及严重免疫抑制，IBDV超强毒株（very virulent IBDV，vvIBDV）致死率高达60%以上，严重影响养禽业的健康发展。1957年最先报道于美国Gumboro地区的毒株被称为IBDV经典毒株（classic IBDV，cIBDV）。随后IBDV经多次变异，先后出现了变异株（variant IBDV，varIBDV）、超强毒株（vvIBDV），还有被人工驯化的作为疫苗株使用的弱毒株（attenuated IBDV，attIBDV）。IBDV于20世纪80年代末90年代初传入中国，以高致死率为主要特征的vvIBDV成为30余年来我国养禽业的重要威胁。2010年以来，引起非典型IBD的IBDV新型变异株（novel variant IBDV，nVarIBDV）在中国突然出现并大范围流行，造成了严重经济损失。

6.3.1.1 病原概述

IBDV属于双RNA病毒科禽双RNA病毒属。病毒粒子呈二十面体对称的球形，直径约60 nm，无囊膜；在感染细胞内常呈晶格状排列。

IBDV基因组为双股双节段RNA基因组，由A和B两个RNA节段组成，两个节段均包括5′非编码区、编码区和3′非编码区。A节段长约3.2 kb，编码VP2、VP3、VP4、VP5四种蛋白；B节段长约2.8 kb，编码VP1蛋白。

IBDV对乙醚、氯仿、吐温-80、紫外线、热等理化因素有相对较强的抵抗力。56℃处理3 h后IBDV毒价不受影响，56℃ 8 h、60℃ 90 min病毒不能被完全灭活，70℃ 30 min可灭活病毒。pH值为2、60 min，IBDV仍能存活；pH值为1、260 min可以灭活病毒。IBDV在鸡场的环境中有时能够存活超过120 d，在饲料、粪便和水中有时能存活超过50 d。

SPF鸡胚是培养IBDV的常用材料，一般通过绒毛尿囊膜途径接种9～11日龄鸡胚，培养3～7 d。IBDV野毒株可以感染法氏囊原代B淋巴细胞和传代B细胞系DT40。经体外盲传获得的IBDV细胞适应毒株可以在鸡胚成纤维细胞（CEF）、Vero、DF-1、MA-104和BGM-70等细胞中增殖。

IBDV有两个血清型（Ⅰ型和Ⅱ型），两者有很低的交叉保护。血清Ⅰ型毒株感染并造成鸡严重发病；血清Ⅱ型毒株源于火鸡，对鸡和火鸡均不致病。依据抗原性和致病性特征，血清Ⅰ型毒株又被分为IBDV经典毒株（cIBDV）、变异株（varIBDV）、超强毒株（vvIBDV），还有被人工驯化的作为疫苗株使用的弱毒株（attIBDV）。基于基因组双节段的基因分型方法，cIBDV、varIBDV、vvIDV和attIBDV可分别归类于A1B1、A2B1、A3B2/A3B3和A8B1基因型（Zhang et al.，2022）。

6.3.1.2 流行特点

IBDV主要对鸡有感染性，雏鸡最易感。鸡法氏囊B淋巴细胞是IBDV的主要靶细胞。IBDV感染后，在肠道相关巨噬细胞和淋巴细胞内复制，进入门脉循环，导致第一轮病毒血症；感染后4 h，盲肠巨噬细胞和淋巴细胞内可检测到病毒抗原；感染后5 h，病毒可抵达肝脏；感染后11 h，病毒可抵达法氏囊；随后导致第二轮病毒血症，病毒随之进入其他组织器官。IBDV可存在于除脑以外的绝大多数组织器官中，以法氏囊中病毒含量最高。炎症是IBDV致病的重要病理过程，起始于法氏囊炎症损伤的全身性炎症风暴是vvIBDV致死鸡的重要原因。IBDV也可感染火鸡、鸭等家禽以及野鸟，但通常不引起临床发病。

1957年最早出现的cIBDV以法氏囊炎性水肿和免疫抑制为特征，但致死率较低，使用疫苗可以很好地控制该病。1985年北美洲出现的varIBDV具有很强的免疫抑制性，并能逃避传统疫苗的保护。1989年在欧洲突然出现并迅速席卷全球的vvIBDV能引起更强的致病性、更高的致死率、更能够突破传统疫苗的保护。20世纪10年代中期以来，不直接致死鸡的非典型IBD在我国广泛流行。2017年，非典型IBD的病原被鉴定为一种基因型不同于早期varIBDV（A2aB1、A2bB1、A2cB1）的nvarIBDV（A2dB1）（Wang et al.，2021）。nvarIBDV对商品肉鸡、商品蛋鸡以及黄羽肉鸡均能感染，可对中枢免疫器官法氏囊以及B淋巴细胞造成急性严重损伤，导致鸡群严重免疫抑制，干扰禽流感、新城疫等疫苗的免疫效果。nvarIBDV可使感染鸡的增重等生产性能显著下滑，其感染能使商品肉鸡出栏时体重减轻15%以上。nvarIBDV能够在一定程度上逃逸现有疫苗的免疫保护，这是其在免疫鸡群迅速蔓延的重要原因（Fan et al.，2020）。当前，中国IBDV多种毒株共存，持续流行的vvIBDV和新近出现的nvarIBDV成为两大优势流行毒株，是养禽业健康发展的重要威胁。据报道，nvarIBDV在日本、韩国、马来西亚，以及非洲的埃及和南美洲的阿根廷也已开始流行。当前，非典型IBD也是欧洲养禽业的主要威胁，其病原是IBDV节段重配毒株。

6.3.1.3 诊断

IBDV感染后2 d即开始发病，3～5 d为发病或死亡高峰期。IBD病鸡剖检的眼观典型病变为法氏囊水肿、发炎、萎缩、出血等；显微病理变化为法氏囊滤泡结构被破坏，B细胞崩解坏死。通常基于流行病学、临床症状、剖检变化等特征，可进行IBD的初步诊断。

IBD的实验室诊断，通过对法氏囊组织的RT-PCR、荧光定量RT-PCR来进行；进一步的测序分析可用于IBDV的准确分类和基因分型。琼脂扩散试验、ELISA、血清中和试验等血清学方法也常被用于IBD的诊断。IBDV野毒株通常不适应CEF或DF-1等细胞，其分离鉴定可通过绒毛尿囊膜途径接种9～11日龄鸡胚进行，也可通过点眼滴鼻途径接种2～3周龄SPF鸡的方式进行。

6.3.1.4 防控技术

疫苗免疫是防控IBD的重要措施。目前应用较多的弱毒活疫苗或减毒活疫苗，是通过在鸡胚或细胞上盲传驯化培育的。另外，灭活疫苗、免疫复合物疫苗、活载体疫苗、基因工程亚单位疫苗也应用较广。免疫母鸡的抗体可以通过卵黄转移给后代。这些有母源抗体的雏鸡在孵出后可以受到2～3周的保护。雏鸡接种活疫苗时应考虑母源抗体的影响。现有疫苗对vvIBDV具有良好的免疫保护效果，但新出现的nvarIBDV则发生了免疫逃逸。除了疫苗免疫，科学而严格的生物安全措施对疫病的防控也非常重要。

6.3.2 鸡马立克氏病

6.3.2.1 病原概述

鸡马立克氏病（Marek's disease，MD）是一种在鸡群中广泛流行的高度传染性疾病。其主要临床特征包括淋巴细胞肿瘤、免疫抑制和麻痹等。该病由马立克病毒（Marek's disease virus，MDV）引起，MDV属于疱疹病毒科、α-疱疹病毒亚科、马立克病毒属。在病毒分类上，马立克病毒属被分为三个不同的血清型，分别为MDV血清1型（MDV-1）、MDV血清2型（MDV-2）、MDV血清3型（MDV-3或火鸡疱疹病毒HVT），另外，根据MDV-1毒株临床致病性的不同，又分为温和型毒株（mMDV）、强毒型毒株（vMDV）、超强毒型毒株（vvMDV）、特超强型毒株（vv+MDV）。MDV-2型主要来源于鸡群，是一种非致瘤病毒，目前没有发现其具有致病性。MDV-3型，火鸡疱疹病毒HVT的分离株，属于非致瘤病毒，对鸡也没有致病性，早期MD疫苗的制备策略主要源于此。一般情况下所描述的MDV指的是对鸡具有致病性的MDV-1。

MDV是一种囊膜病毒，其病毒粒子具有囊膜结构，呈现典型疱疹病毒粒子形态，病毒核衣壳（呈对称正十二面体对称结构）包裹着MDV线性双股DNA，外围结构依次为病毒内膜蛋白、外膜蛋白、囊膜蛋白。一般情况下，附着在宿主细胞核膜上的MDV大多没有囊膜结构即病毒的裸露态，此时的病毒粒子直径为85～100 nm，而带有完整囊膜结构的病毒粒子直径为150～160 nm。此外，存在于羽囊上皮细胞或羽髓中的带有囊膜的病毒粒子直径为273～400 nm，成熟的病毒粒子可以随着羽毛角质细胞脱落而释放，具有高度传染性，这种游离的病毒对周围环境有着很强的抵抗力，在室温下仍可保持4～8个月的感染能力，4℃条件下可存活至少10年。

6.3.2.2　流行特点

MDV主要的易感宿主是鸡，有时鹌鹑和山鸡也有发病。近年来，法国、以色列陆续报道商品火鸡暴发MD，且死亡率高达16.5%～80%，这可能是由于MDV毒力增强，也可能是由于MDV基因组变异使其宿主范围扩大的结果，MDV是火鸡业面临的一个新问题。病鸡和带毒鸡毛囊上皮细胞可产生大量的具有囊膜的完整的病毒粒子，脱离细胞排至外界，污染环境。因此，脱落的角化毛囊上皮、毛屑和鸡舍中的灰尘是最重要的传染源。另外，病鸡和带毒鸡的分泌物、排泄物也具有传染性。MDV的传播途径主要是水平传播，既可以通过直接接触，也可以通过间接接触，如被污染的设备、饲料、饮水等。病毒在羽囊上皮细胞中复制后，随着羽毛和皮屑的脱落，通过空气中的尘埃，经呼吸道进入易感鸡的体内，或者通过消化道途径传播。然而，MD并不通过垂直传播，不会从感染的母鸡传给其后代。

近年来，MDV的进化具有明显的地域特征，我国分离株的进化速率显著快于欧洲分离株，大多数遗传突变发生在我国分离株中，我国已经出现了流行毒株之间、疫苗株与流行毒株之间的重组现象，新型重组毒株表现为强毒力，对鸡的免疫器官造成显著损伤，造成鸡群的严重免疫抑制，导致的混合感染、继发感染及鸡群免疫失败现象增多（Zhang et al., 2022）。

6.3.2.3　诊断

临床诊断：在鸡群健康监测中，观察到鸡只出现急剧的体重下降、行动不便，甚至出现双腿分开的"劈叉"现象，以及皮肤上的异常结节或视力受损等症状时，这些均可作为MD初步诊断依据。MD的临床表现多样，依据受影响的器官和组织，可分为内脏型、神经型、皮肤型和眼型四大类。内脏型MD的特征在于多个内脏器官如肝脏、性腺、脾脏、肾脏、肺部、腺胃、心脏等出现淋巴瘤。神经型MD则以外周神经的异常肿胀为特点，这种肿胀通常使得神经的横纹难以辨认。皮肤型MD较为罕见，其特征在于皮肤毛囊中心区域形成半球形的肿瘤结节，且表面覆盖有鳞片状的棕色痂皮。

实验室诊断：实验室诊断MD能够进一步确诊该病。病毒分离技术通过接种病鸡细胞至易感细胞培养中，观察蚀斑形成，并通过免疫荧光染色进行病毒鉴定。血清学检测利用间接免疫荧光试验、免疫过氧化酶试验、琼脂扩散试验和酶联免疫吸附试验等方法，以识别病毒抗原。分子生物学检测，尤其是PCR技术，通过特异性引物扩增MDV基因序列，鉴别不同毒株的MDV DNA，而DNA探针技术则用于MDV DNA的鉴定和感染细胞的定位。此外，通过病理组织形态学观察识别肿瘤细胞的特征，为确诊提供决定性证据。外周血淋巴细胞的端粒酶活性检测为恶性肿瘤的生物学指标提供了新的视角。这些综合技术的应用，为MD的诊断提供了全面而准确的科学基础。

6.3.2.4 防控技术

疫苗在MD的防控中发挥了至关重要的作用。我国自1978年引进MDV-3即火鸡疱疹病毒（HVT）疫苗以来，陆续研制和应用新的疫苗株（图6-10）。我国自主知识产权的MDV-1高效疫苗株814株是中国农业科学院哈尔滨兽医研究所在20世纪80年代，从健康鸡群分离并经多种细胞驯化培育成功的自然弱毒株。它具有高免疫效力，能够有效抵抗不同毒力的MDV野毒攻击，且不受母源抗体的干扰。CVI988/Rispens疫苗株最初仅在荷兰使用，直到1990年后才得到更广泛应用。二价和三价疫苗是MD疫苗的重要组成部分，它们结合了两种或三种不同类型的MDV毒株，以提供更早、更广泛的保护。目前，814株和CVI988/Rispens株疫苗及它们分别与HVT组成二价苗仍在我国广泛使用。

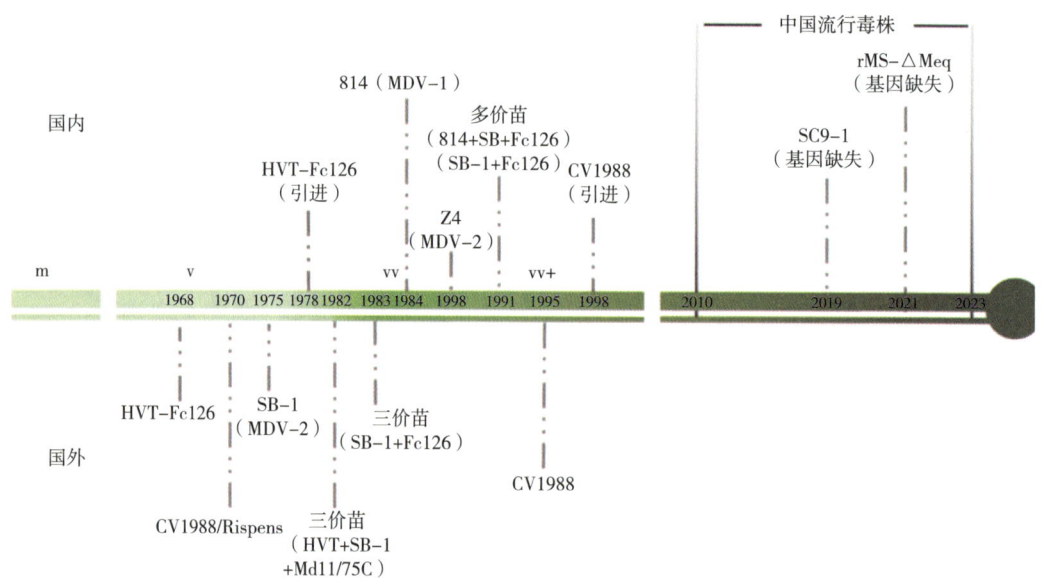

图6-10　MD疫苗研制进展（葛成菲等，2023）

随着疫苗的普遍使用以及家禽养殖业集约化，MDV毒力不断进化。我国MD疫苗免疫失败现象常有发生。因此，我国科学家基于我国MDV流行情况，通过基因工程技术敲除流行毒株中的毒力基因，研制出了鸡马立克氏病基因缺失疫苗。山东农业大学等单位研制了鸡马立克氏病基因缺失疫苗（SC9-1株）。中国农业科学院哈尔滨兽医研究所等单位研制了鸡马立克氏病活疫苗（rMDV-MS-△meq株），该基因缺失疫苗对MDV强毒、超强毒和特超强毒MDV，以及具有新致病特征的流行毒株，都显示出了高保护效力。该疫苗的研制成功为MD的综合防控提供了重要的技术支撑和保障。

MD的有效防控策略也依赖于综合的生物安全和隔离措施，这些措施包括实施严格的清洁消毒程序、新引进鸡只的隔离观察、全进全出制度的执行、空气过滤与通风系统的优化、雏鸡早期感染的避免、定期的鸡群健康监测和MDV检测、科学的疫苗接种计划、抗病品种的选育，以及对养殖人员进行专业培训。这些措施的执行，旨在减少病毒的传播途径，提高鸡群对MDV的抵抗力，及时发现和隔离感染源，从而降低MD的发病率和死亡率，保障肉鸡养殖业的稳定和可持续发展。

6.3.3 鸡传染性贫血病

鸡传染性贫血病（Chicken Infectious Anemia，CIA）是由鸡传染性贫血病毒（Chicken infectious anemia virus，CIAV）引起雏鸡的一种病毒性传染病，CIA是一种以全身淋巴组织萎缩和再生障碍性贫血为主要特征的免疫抑制性疾病，感染CIAV易导致鸡群免疫抑制，并易引发其他病原的感染对养禽业造成巨大危害。1979年首次在日本发现CIAV，后来在德国、美国、澳大利亚等多个国家分别分离到CIAV。我国在1992年首次在肉鸡群中分离报道CIAV，目前呈世界性分布，已成为养禽业一个严重的经济问题。

6.3.3.1 病原概述

CIAV为圆环病毒科、圆环病毒属，与猪圆环病毒为同一科。CIAV没有囊膜、核衣壳呈二十面体对称，病毒粒子平均直径为25.0~26.5 nm。病毒核衣壳由32个形态亚单位构成，展现出5次、3次、2次轴的典型对称性。在负染电镜下，可以识别出两种病毒粒子。Ⅰ型粒子表现为三重对称结构，形态为六边形，中心部位凹陷，周围环绕着六个相邻的空心圆，这些圆的圆心间距为7.5 nm，共同构成一个规则的网络表面。而Ⅱ型粒子则具有五重对称性，由10个平坦的表面突起组成，形似齿轮状图案。

CIAV病毒粒子在氯化铯（CsCl）中的浮力密度有两种报道，分别是1.33~1.34 g/mL和1.35~1.37 g/mL；在等密度蔗糖梯度中的沉降系数约为91 S。CIAV是一种闭合环状负链DNA病毒，其基因组是已知病毒中最小的。基因组中存在4个或5个DR结构，导致CIAV基因组全长有两种，分别为2 298 bp和2 319 bp。大多数CIAV含有4个DR结构，并包含一段12 bp的插入片段。研究表明，Cux-1株在MSB1细胞上连续传30~40代后，可能会获得第5个DR结构，该结构位于12 bp插入片段的上游，因此普遍认为第5个DR结构是CIAV为了适应细胞繁殖而发生的突变。CIAV的形态结构大多相似，但在DNA序列中存在一些微小的差异，且CIAV具有较强的保守性。CIAV基因组包括3个ORF，分别为VP1、VP2、VP3，大小分别为1 350 bp、651 bp和366 bp。其中VP2与VP3完全重叠，VP2与VP1部分重叠。

6.3.3.2 流行特点

CIAV病毒的传播方式包括水平传播和垂直传播两种。垂直传播是该疾病传播的重要途径，感染的公鸡可以通过该途径传播病毒给胚胎。在实验条件下，感染的母鸡在感染后8～14 d可通过鸡胚传播病毒，而在自然条件下，鸡群在感染3～6周内可发生垂直传播。水平传播主要通过粪便进行排毒，也可以通过羽毛、口腔污染等途径将病毒传播到周围环境中，研究表明CIAV对1日龄SPF鸡致病性强，感染后可导致鸡死亡、胸腺萎缩和/或贫血等症状，对28日龄SPF鸡致病性明显减弱；接种和同居感染后均经呼吸道和消化道排毒，可诱导同居接触感染鸡发病甚至死亡，表明CIAV具有较强的水平传播能力。近年也有20周龄及以上鸡群出现严重发病的报道（胡明雪，2024）。感染的鸡群特别容易发生继发性感染，例如继发鸡马立克氏病、禽白血病以及其他免疫抑制病毒感染（图6-11）（李岳等，2020）。同时，如果疫苗生产过程中使用了被CIAV污染的SPF鸡胚，CIAV就有可能通过这些受污染的禽用弱毒疫苗传播。目前，已有报道指出在禽用弱毒疫苗中检测到了CIAV的存在。近几年的流行病学研究显示，我国鸡群中CIAV检出率逐年上升，给家禽业构成了严峻的挑战。流行病学调查结果还表明，CIAV在中国各类鸡群中普遍存在，包括蛋鸡、肉鸡和地方品种鸡；甚至在某些哺乳动物的粪便样本中也检测到了CIAV的核酸，这提示我们需关注哺乳动物可能成为携带和传播该病原体的媒介。

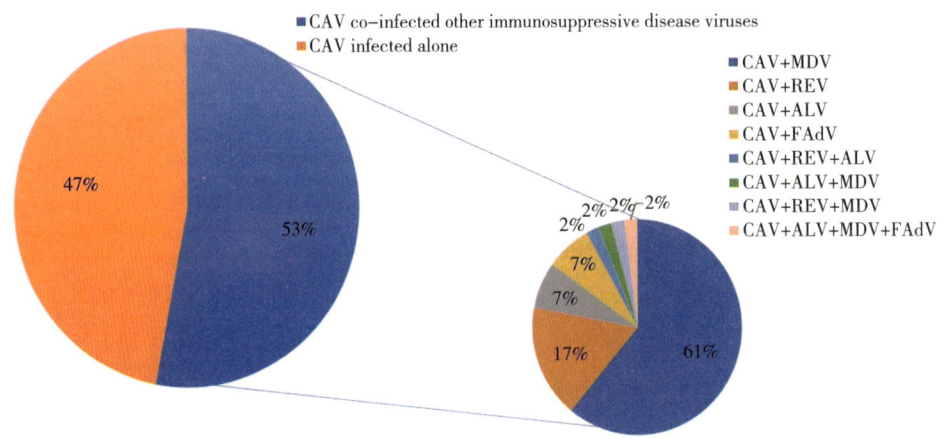

图6-11　CIAV与其他免疫抑制病病毒混合感染情况（李岳等，2020）

6.3.3.3 诊断

根据发病鸡的贫血、发育受阻等临床症状及胸腺萎缩，骨髓萎缩、呈脂肪色等典型病理变化可作出CIA的初步诊断，确切诊断需借助实验室检测方法。

实验室常用的诊断方法包括：血清学方法和分子生物学技术。血清学方法中，ELISA是一种常用的实验室诊断技术，它涉及从鸡群中采集血样，分离血清，并使用商品化的CIAV抗体检测试剂盒进行ELISA检测。这种方法能大规模、快速、相对准确地判断鸡群是否感染或曾感染过CIAV，但它的局限在于无法确定鸡群处于感染的早期还是晚期，或者是否已经康复，适用于早期诊断。分子生物学技术，如PCR和荧光定量PCR检测方法，与传统检测方法相比，具有更高的特异性和灵敏度，被广泛应用于临床及病毒分离样品的检测。病毒分离：肝脏含有高滴度的CIAV，是病原检测的最好材料，处理后可直接通过PCR检测，或接种雏鸡、鸡胚或细胞培养物进行病毒分离鉴定（崔现兰等，1992）。

6.3.3.4　防控技术

该病目前尚无特异的治疗方法。这种疾病还没有特定的治疗手段。国际上有两种商品化的活疫苗：一种是从鸡胚中生产的、具有一定毒力的CIAV活疫苗，可以通过饮水免疫的方式对种鸡在13~15周龄进行免疫，从而有效预防子代发病。需要注意的是，这种疫苗不宜在产蛋前3~4周内接种，以免通过种蛋传播病毒；另一种是减毒的CIAV活疫苗，可以通过肌内注射、皮下注射或翅膀注射的方式对种鸡进行免疫，这种疫苗被证明是非常有效的。

预防白羽肉鸡发生CIA应加强常规检疫。由于感染鸡经呼吸道和消化道排毒，可以通过PCR检测鸡群咽拭子和肛拭子的CIAV，防止从外引入带毒鸡而将该病传入健康鸡群。应重视鸡群的日常饲养管理及兽医卫生措施，减少对鸡群不利的应激因素，及时处理鸡舍粪便，对鸡舍垫料所接触的设施设备进行清洁和消毒，控制其他病原的继发感染或混合感染，要从加强免疫接种等综合防控措施方面入手。

6.3.4　病毒性关节炎

病毒性关节炎（AVA）主要由禽呼肠孤病毒（Avian Reovirus，ARV）感染引起，不同品种（肉鸡、蛋鸡等）和日龄（1~6周龄）鸡只均可感染发病，临床主要表现为精神沉郁、缩头呆立、跛行、关节肿胀、少数鸡关节不能运动等，严重影响家禽养殖业的健康发展。1957年研究人员首次在患有关节炎的病鸡中分离到该病毒，我国于1985年以来已在多个省、自治区、直辖市发现和分离鉴定出该病毒。近几年流行病毒学调查发现，我国ARV感染呈加剧之势，感染范围广泛，流行毒株存在遗传多样性和多毒株共存的流行特点。目前尚无针对ARV的特效药物，在养禽业中，应用最有效且最广泛的预防ARV感染的方法是接种疫苗。

6.3.4.1　病原概述

ARV属于呼肠孤病毒科，正呼肠孤病毒属成员，完整的病毒粒子是一个70~80 nm

的二十面体、具有双层外衣壳且无囊膜的病毒；基因组为分节段的双链RNA（dsRNA），由大小不同的3个大节段（L）、3个中等节段（M）和4个小节段（S）共10个节段组成，包含12个开放读码框架，共编码8种结构蛋白（λA、λB、λC、μA、μB、σA、σB和σC）和4种非结构蛋白（μNS、P10、P17和σNS）。

ARV为无囊膜病毒，对脂溶剂和洗涤剂有抗性。ARV对热具有抵抗力，但紫外线照射、酒精溶液、低浓度的有机碘和过氧化氢溶液可以杀灭病毒。

ARV通常通过鸡胚进行分离鉴定，也可在原代鸡胚细胞（鸡胚成纤维细胞等）以及部分细胞系（DF-1、LMH等）中培养增殖，ARV感染后细胞形成明显的拉网，发生巨融合形成合胞体。目前可利用血清学方法对ARV进行分类，或根据对鸡的致病性进行分群，凭借中和试验可将ARV分为11个血清型，由于不同毒株间交叉反应严重，因此有些群只能作为亚型而不能作为独立血清型。而依据ARV基因组中最易突变的σC基因序列，可将ARV不同毒株划分为6个基因型分别为基因Ⅰ型、基因Ⅱ型、基因Ⅲ型、基因Ⅳ型、基因Ⅴ型和基因Ⅵ型（Zhang et al., 2019）。

6.3.4.2 流行特点

近年来，ARV分布极广，世界各地均有ARV感染的病例，感染范围波及美洲（美国等）、欧洲（荷兰等）、亚洲（日本等）、非洲（突尼斯等）、大洋洲（澳大利亚等）五大洲，ARV影响范围波及各种禽类物种，在肉鸡、蛋鸡、火鸡、鸭、鹅、鸽子、鹦鹉、野生鸟类等体内均检测分离到ARV。ARV的传播方式既可通过水平传播也可通过垂直传播。

ARV自1957年首次被报道，于1985年在我国被发现和分离，至2006年已在我国普遍流行（崔治中等，2006）。ARV感染逐渐形成遗传多样性和多毒株共存的流行特点。20世纪90年代通过对我国分离的ARV毒株测序分析发现流行毒株多为基因Ⅰ型和Ⅱ型。2012—2016年发现我国ARV流行毒株多为基因Ⅰ型和Ⅲ型。2020年，Mirbagheri等从伊朗首次发现新流行的ARV基因Ⅰ亚型毒株，其氨基酸序列与基因Ⅰ型差别较大。2019—2022年流行病学调查发现我国鸡群也存在ARV基因Ⅰ亚型毒株感染（刘芮，2023），截至目前，ARV基因Ⅰ型、基因Ⅱ型、基因Ⅲ型、基因Ⅳ型和基因Ⅴ型毒株在我国均有流行。

6.3.4.3 诊断

根据发病特点、临床症状及病理变化作出诊断，主要表现为病鸡关节肿大，受害部位是跖伸肌腱和趾屈肌腱，心肌纤维之间有异嗜细胞浸润等。但由于临床上的细菌或者支原体感染引起的临床症状与之比较类似，给确诊带来困难，一般需要结合实验室检测手段进行确诊。

依据血清学检查方法，如中和试验、ELISA等检测ARV的特异性抗体；依据分子生物学检测方法，如RT-PCR、荧光定量RT-PCR等检测病毒核酸；还可利用鸡胚成纤维细胞或鸡胚肝细胞进行病毒分离检测；综合利用以上实验室诊断手段进行确诊。

6.3.4.4 防控技术

目前疫苗接种是防控ARV感染最有效的方法。目前常用的ARV疫苗主要有弱毒疫苗、灭活疫苗等。对于易感的鸡场和鸡群，初次免疫时使用弱毒活疫苗，后期使用灭活疫苗加强免疫，可有效降低ARV的传播。然而目前商品化弱毒活疫苗（如S1133毒株、2177毒株、ZJS毒株等）和灭活疫苗（如AV2311毒株、1733毒株、2408毒株等）使用毒株均为ARV基因Ⅰ型毒株，对ARV其他基因型的保护效果较差，不能抵御免疫鸡群中其他基因型毒株的流行。

中国农业科学院哈尔滨兽医研究所对ARV进行持续流行病学调查，结果发现我国ARV流行毒株具有遗传多样性和多基因型（基因Ⅰ型、基因Ⅱ型、基因Ⅲ型、基因Ⅳ型和基因Ⅴ型）毒株共存的流行特点，且现有市售疫苗仅能对流行毒株提供有限保护（图6-12）。基因工程疫苗可同时表达多种抗原，可作为防控ARV多基因型共流行的

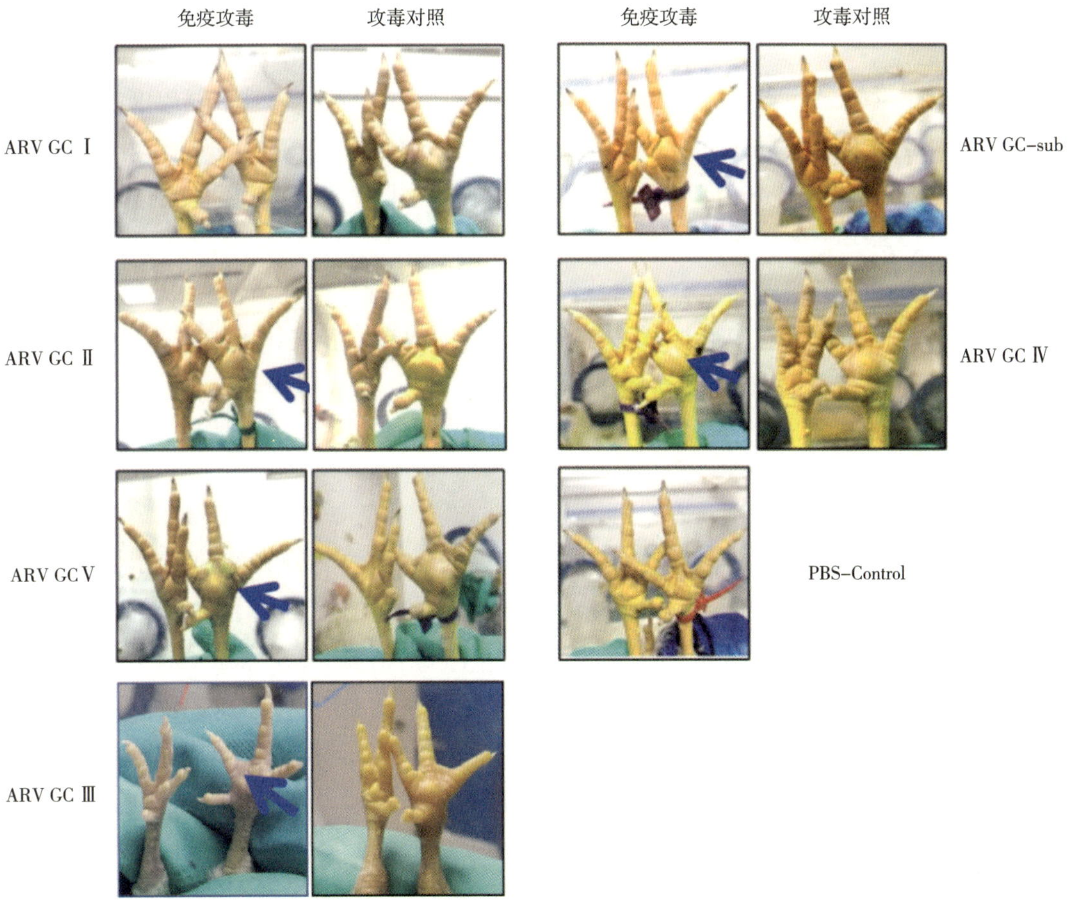

图6-12 ARV流行毒株攻毒后免疫组和攻毒对照组鸡爪病变情况（刘芮，2023）

方式之一。可诱导机体产生中和抗体的σB和σC蛋白可作为ARV基因工程疫苗的最佳抗原，然而其诱导的中和抗体对ARV不同基因型毒株的交叉中和效果仍需要进一步深入研究，因此对于ARV多基因型毒株共流行的防控难题仍需继续探索和攻克。

6.3.5 禽网状内皮组织增殖病

禽网状内皮组织增殖病（Reticuloendotheliosis，RE）的病原是禽网状内皮组织增殖病病毒（Reticuloendotheliosis virus，REV），其主要临床表现包括矮小综合征以及慢性淋巴瘤等。REV属于一种反转录病毒，其宿主广，包括鸡、鸭、火鸡、鹅等家禽，也可感染野生鸟类。该病对养鸡业的危害主要表现为间接性，即REV感染引起鸡的免疫抑制，从而降低其他疫苗的免疫效果，并且容易引起混合或继发感染。矮小综合征常与使用被REV污染的禽类活疫苗有关。自然发生的RE病变常与马立克氏病（MD）、禽白血病（AL）等肿瘤性疫病相混淆，需要结合流行病学、病理组织学观察、病毒分离鉴定等实验室技术进行鉴别诊断。白羽肉鸡生产企业要加强REV感染水平监测，避免不同品种家禽混养，切实做好防鸟和灭蚊等措施，确保不使用污染REV的疫苗。

6.3.5.1 病原概述

REV属于反转录病毒科，病毒粒子呈球形，有囊膜，直径约100 nm。REV对脂溶性有机溶剂敏感，5%氯仿即可使其灭活；不耐酸（pH=3.0）；对紫外线辐射不敏感；对热敏感，56℃维持30 min即可灭活病毒。REV分为非缺陷型毒株和复制缺陷型毒株（REV-T）；前者生产上多见，其基因组长度约9.0 kb。不同REV分离株的致病性和复制能力上存在一定差异，所有分离株都属于一个血清型，但已有亚型差异（Nair et al., 2019）。REV可以在鸡胚成纤维细胞、DF-1细胞和鸭胚成纤维细胞等禽类细胞中繁殖，也能在大鼠肾细胞等哺乳动物细胞中生长。

6.3.5.2 流行特点

REV的自然宿主包括鸡、鸭、鹅、火鸡、野鸡、雉鸡、鹌鹑、孔雀和草原鸡等多数禽类，几乎不在非禽类体内复制。REV传播途径多样。REV可通过具有持续性病毒血症的耐受性感染母鸡垂直传播给雏鸡，但是其垂直传播的感染率较低。REV可以通过与受感染的禽类及其分泌物、排泄物和其他体液（包括精液），以及被污染的垫料、饲料等密切接触而进行水平传播。蚊子和螨虫等其他吸血昆虫也能传播REV。活疫苗污染是导致REV传播的重要方式，如被REV污染的禽痘疫苗、马立克病疫苗、鸡新城疫疫苗和鸡传染性支气管炎疫苗等都可以引起大范围的人工传播。血清学调查表明，有相当部分白羽肉鸡群有REV感染。

6.3.5.3 诊断

REV感染的症状主要表现为矮小综合征和慢性肿瘤等。前者的患病禽类发育迟缓、苍白瘦弱、羽毛异常、体重显著降低（图6-13）；后者往往病程长、发展缓慢，主要表现为淋巴瘤。鉴于RE的临床症状和病理表现往往不典型，且易与鸡马立克氏病和禽白血病相混淆，因此该病诊断时要基于流行病学特征、症状、病理变化和组织学观察，最好能从自然病例中分离到REV。因REV感染的病毒血症通常是低滴度且一过性的，因此出现明显病变的禽类是分离病毒的良好材料。REV可以通过病料组织悬液、全血、血浆、脾细胞、白细胞等分离获得。目前病毒分离常用细胞为DF-1和CEF。REV接种细胞后难以产生明显的细胞病变，要结合分子检测技术（如PCR、荧光定量PCR、等温扩增技术）和血清学方法（病毒中和试验、间接免疫荧光）等进行确诊。REV基因组相对保守，可利用其 *LTR*、*gag*、*pol*和 *env*基因的保守区域，设计PCR或荧光定量特异性引物，以检测MDV和禽痘等疫苗毒或野毒中REV污染情况（Li et al., 2020）。

图6-13　矮小综合征临床表现（辛朝安　摄）

6.3.5.4 防控技术

首先要重视和升级生物安全体系建设，选址要尽量远离其他禽场，远离塘池湖泊，建设封闭式鸡舍，加挂防鸟网或配置驱鸟设施，清除周边的杂草、水源，种植驱蚊植物；设置灭蚊灯，安装纱窗扇，进门处悬挂防蚊帘子；采取及时打扫鸡舍环境、清除鸡粪等措施。避免同场有不同禽种的家禽混养或接近。加强禽场内外的环境卫生控制，严格控制通过蚊和螨等吸血昆虫传播；注射免疫时应注意勤换针头。

阻断经REV污染疫苗（如禽痘疫苗、马立克氏病疫苗、新支二联苗、传染法氏囊病疫苗）传播是非常值得重视的问题。美国、日本、中国和欧洲的一些国家和地区都有

REV污染疫苗并引起巨大损失的报道。因此有条件的家禽生产企业在采购活疫苗时，尤其是马立克氏病活疫苗、新支二联活疫苗、传染性法氏囊病疫苗以及禽痘活疫苗等产品时要慎重，尽量选择可靠的、无污染史的生物制品企业；家禽生产企业在使用每批次活疫苗前最好用可靠的方法（如荧光定量PCR、核酸斑点杂交等）进行检测，可以自行检测或者请第三方实验室进行检测，确认阴性后方可使用。

虽然REV感染普遍存在于世界各地的多种家禽和野鸟中并造成一定的损失，但是该病目前没有商品化的疫苗。该病目前也没有特效药物，不适合进行药物预防。有研究表明，母源抗体能够有效保护雏鸡免受不同REV毒株攻击。虽然该病未被列入国家种禽场重点疫病净化名录，但仍然是商业种禽场、SPF鸡场和兽用生物制品企业高度关注的重要疫病。目前认为用ELISA方法检测蛋清中的REV抗原或者用分子方法检测血液样品，淘汰阳性母鸡，以阻断垂直传播是防治该病的可选方法，但这种方法不如净化禽白血病有效。通过升级生物安全体系、采购优质活疫苗、强化活疫苗免疫前外源病原污染检测、加强蚊子等吸血昆虫控制是目前规模化种禽场净化REV的最主要策略。

6.3.6 腺病毒病

禽腺病毒（Fowl adenovirus，FAdV）病暴发可造成家禽生产性能（如产蛋等）变差和生长迟缓，甚至导致家禽的大量死亡，对家禽业造成重大经济损失。自1949年首次被发现以来，FAdV在世界范围内广泛流行并持续威胁家禽健康。

6.3.6.1 病原概述

早期，FAdV被分为三个亚群，Ⅰ、Ⅱ和Ⅲ亚群。Ⅰ亚群FAdV主要引起以包涵体肝炎（Inclusion body hepatitis，IBH）为主要特征的疾病，包含了大部分禽类中分离到的腺病毒。Ⅱ亚群FAdV主要引起火鸡出血性肠炎、雉鸡大理石脾病和鸡脾肿大病。Ⅲ亚群主要包括产蛋下降综合征病毒（Egg drop syndrome virus，EDSV）。随后，ICTV将3个亚群依次归属为禽腺病毒属、唾液酸酶腺病毒属和腺胸腺病毒属（Benkő et al.，2022）。

基于病毒基因组限制性内切酶图谱，可将FAdV分为A、B、C、D和E 5个种；依据血清交叉中和反应，FAdV可分为12个血清型：FAdV-1~7，8a，8b，9~11。病毒颗粒呈二十面体对称结构，无囊膜，直径70~90 nm。构成病毒外壳的蛋白有3种，纤突蛋白（Fiber）、六邻体蛋白（Hexon）和五邻体蛋白（Penton）。Fiber蛋白连接在Penton蛋白上，禽腺病毒属的FAdV每个Penton蛋白上连接有两个Fiber蛋白，而唾液酸酶腺病毒属和腺胸腺病毒属的FAdV每个Penton上仅连接1个Fiber蛋白。FAdV的基因组为线性双链DNA，3个属的FAdV的基因组长度有差异，禽腺病毒属的FAdV基因组长度45 kb左右，腺胸腺病毒属的EDSV的基因组大小为33.2 kb，而唾液酸酶腺病毒属的FAdV的基因组最小约26 kb。

FAdV对乙醚、乙醇、醋酸、苯酚、氯仿和胰酶都有一定的抵抗力，但是它们在丙酮中不能保持活性，而在浓度为0.1%的甲醛中则迅速被灭活。该病毒的最适宜pH值是5~6，当pH值低于2或大于10时，病毒在该环境中不稳定。

6.3.6.2 流行特点

早期，人们认为FAdVs的临床感染是由于其他原发病毒性疾病引起禽类免疫抑制后产生的机会性继发感染的结果。在后续的研究中越来越多的证据表明，在没有其他病毒参与的情况下，FAdVs可作为原发病原体感染鸟类（Mo et al., 2021）。FAdV可以通过多种途径进行传播。感染鸡泄殖腔排毒量较高，导致粪便中病毒量较大，可通过气溶胶或者污染的食物和水源进行"粪—口"方式的水平传播。FAdV也可以通过受精卵进行垂直传播，而且其可以在雏鸟中潜伏感染一段时间后再被激活（Mo et al., 2021）。另外，一些免疫抑制病毒（如鸡传染性贫血病毒等）的感染可以降低禽群的免疫力，促进FAdV的传播。FAdV自然感染的潜伏期较短，一般为24~48 h。

FAdV首次报道于1949年的南非地区，随后在世界范围内广泛流行，持续威胁全世界养禽业（Mo, 2021）。IBH的案例于1963年在美国首次报道，主要在2~3周龄的肉鸡和部分25~27周龄的蛋鸡中传播，其与5个种的多个血清型腺病毒的感染有关。一般3~4 d出现死亡高峰，第5天停止，少数持续2~3周，死亡率可以高达30%。1987年，巴基斯坦Angara Goth的肉鸡饲养场首次被报道了肝炎-心包积液综合征（Hepatitis-hydropericardium syndrome，HHS）的案例，后来，在全球大部分国家均有该病的报道。鸡群一般在3周龄开始出现死亡，随后有4~8 d的死亡高峰，死亡率在20%~80%。近年来，FAdV感染鸭、鹌鹑、鸽子、火鸡等病例陆续被报道，FAdV感染宿主范围的变化可能与FAdV发生重组和变异相关，也有研究人员认为野鸟在传播过程中扮演着中间宿主的角色（Li et al., 2017）。

6.3.6.3 诊断

IBH的特点是突然死亡，病变如肝变大、苍白和肝细胞内嗜碱性核内包涵体。HHS通常由FAdV-4（C种）引起，感染的禽类在心包囊内积聚淡黄色的渗出物，并伴有肾病和肝脏病变（图6-14）。部分腺病毒感染还引起腺病毒性肌胃糜烂（Adenoviral gizzard erosion，AGE），其特征是肌胃出现炎症和溃疡等病变。

病毒分离是FAdV诊断的标准方法。SPF鸡胚或鸡肝癌细胞系（LMH细胞）可用于FAdV的分离。临床上采集的FAdV阳性样品（组织或拭子）制备成悬液，加入适量抗生素。处理好的样品接种LMH细胞或经尿囊腔途径接种5~7日龄的SPF鸡胚。接种后的LMH细胞在3~5 d出现病变，包括细胞变圆、脱落，部分细胞出现包涵体；接种后的

SPF鸡胚在2~10 d出现死亡，感染的鸡胚生长停滞，肝脏出现坏死灶、脂肪变性和肝细胞内包涵体病变等。利用抗体中和试验或特异性PCR可鉴定FAdV的增殖情况。禽腺病毒的诊断还可通过血清学相关技术快速诊断，但有时难以甄别发病鸡群或免疫鸡群。

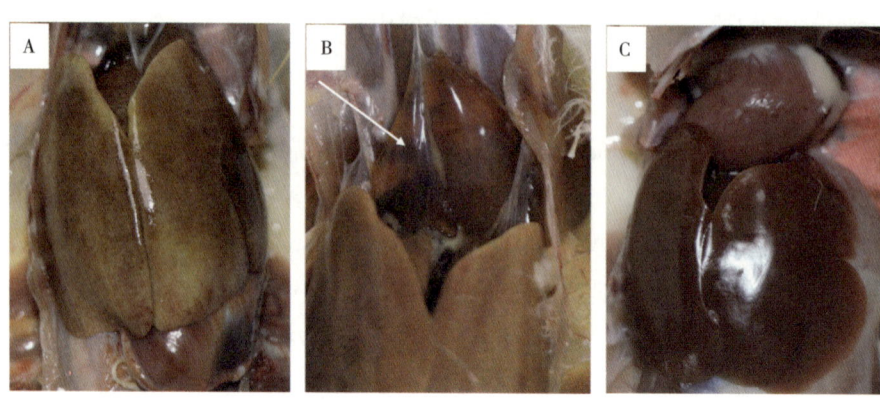

A—肝脏肿大变黄和出血；B—心包积液；C—正常组织。
图6-14 禽腺病毒感染后心脏和肝脏组织病变（罗青平 摄）

6.3.6.4 防控技术

该病的防控主要依赖生物安全管控和接种疫苗预防。该病毒可用0.2%的甲醛和0.5%的戊二醛进行灭活，做好进入人员、工具、饲料的管理是FAdV防控的重要环节；另外，做好野鸟等动物的隔离工作，可防止病毒从野鸟向家禽传播；"粪—口"传播是FAdV传播的重要方式，做好养殖场粪污的清理工作也非常重要。疫苗接种是防控FAdV最经济和最有效的手段。目前正在研发的疫苗有灭活疫苗、减毒活苗、亚单位基因工程疫苗。母源抗体可以给雏鸡提供一段时期的保护，防止出壳后空窗期时感染病毒，在预防疾病中起着重要作用，因此需要做好种鸡的疫苗免疫工作。由于FAdV可通过鸡胚垂直传播，所以种禽的净化是防控该病又一关键点。

6.4 细菌病和寄生虫病防控

鸡细菌病和寄生虫病是指由病原性细菌或寄生虫引起的疾病，对白羽肉鸡具有较高的感染率和致病性，影响白羽肉鸡养殖业的发展。鸡细菌病种类复杂，血清型众多，易产生耐药性以及多病原混合感染。鸡寄生虫病种类繁多，潜伏期长，感染性强。

6.4.1 禽大肠杆菌病

禽大肠杆菌（*Escherichia coli*）是一种革兰氏阴性兼性厌氧杆状细菌，广泛分布于自然环境中，是一种重要的人畜共患病原菌之一。可引起各种日龄段的禽类原发和继发感染，主要病理表现为卵黄性腹膜炎、卵黄囊炎和脐炎、肝周炎、心包炎等病变，给养殖业和公共卫生带来重大威胁。

6.4.1.1 病原概述

1885年，德国微生物学家Theodor Escherich在研究婴儿肠道微生物时发现了一株生长快速的菌株，最初命名为Bacterium coli commune，后以其发现者命名为*Escherichia coli*（*E.coli*，大肠杆菌），对禽类主要表现为气囊炎、心包炎、肝周炎等病变特征。大肠杆菌是肠杆菌科埃希氏菌属，需氧或兼性厌氧的革兰氏阴性菌，能运动，周生鞭毛长短不一，直径约1 μm，无芽孢。在琼脂平板上于37℃培养24 h后，即可长成1~3 mm的菌落，菌落表面平滑，边缘整齐。

大肠杆菌包括人或动物的共生型大肠杆菌和致病性大肠杆菌，致病性大肠杆菌根据其作用（肠内或肠外）部位又可分为*InPEC*和*ExPEC*两大类。其中*ExPEC*是导致禽致病性大肠杆菌病、尿道炎、新生儿脑膜炎、腹膜炎的病原。而*InPEC*主要导致产生肠毒素stx的腹泻、产志贺毒素的肠道出血性症状。

6.4.1.2 流行特点

大肠杆菌病是一种条件性致病菌，尤其在通风换气不良、环境不卫生、温度湿度异常、饲养密度过大、饲料霉变、球虫感染、疫苗免疫程序不完善等的养殖场，更易导致禽类原发和继发感染禽大肠杆菌。具体表现为污染的大肠杆菌随粪便排出体外，随着垫料、饲料、水源和空气等通过呼吸道和消化道进行传播。而当禽群的免疫力降低时，病菌就会侵害机体组织引起大肠杆菌病。该病发生没有明显的季节性特点，但在气温较低的冬季更易发，且鸡、鸭、鹅、鸽子等各种禽类均易感大肠杆菌病。此外，该病常与其他病毒性疫病如禽流感、禽腺病毒病等混合感染禽类，增加了临床上疫病防控的难度，并使养殖场禽类的病死率升高。通过研究大肠杆菌的流行病学特点，如传染源、传播途径、易感动物、区域分布、季节等，可对畜禽大肠杆菌病的防控提出科学有效的建议，对保障动物性食品安全具有重要意义。

6.4.1.3 诊断

结合临床表现及剖检结果可初步确定病死鸡是否感染禽大肠杆菌病，临床表现为零星死鸡、糊肛、食欲减退等症状，剖检可见以下症状。

大肠杆菌败血症病鸡在1~2 d内死亡，剖检时症状不典型，有时可见肠管充盈、肿胀及出血、脱肛等症状。

肝周炎可见肝脏肿大、出血、肝脏表面黄白色纤维素性的薄膜。

气囊炎表现为气囊混浊、增厚，有时可伴有干酪样渗出物。

纤维素性心包炎表现为心包膜包裹有纤维素性渗出物。

基于临床诊断中的结果，对疑似禽大肠杆菌病的样品进行实验室检测。如鉴别培养基进行鉴定，大肠杆菌判定标准：培养基鉴定，如在伊红亚甲蓝培养基上可见有黑色或紫黑色带金属光泽的菌落；生物学鉴定，IMViC（吲哚-甲基红-二乙酰-柠檬酸盐）试验分别为++--；表型鉴定法，革兰氏染色镜检可见粉红色短杆状单个或多个排列的菌体；分子生物学鉴定法包括PCR、荧光定量PCR和高通量测序技术等方法，根据特定基因如APEC中 *iroN*、*iss*、*iutA*、*ompT* 和 *hlyF* 的有无及Ct值等判定禽群是否感染禽大肠杆菌。

6.4.1.4 防控技术

严把引种关，在引种前一定要确保鸡群背景清晰，最好进行禽流感、禽白血病、鸡传染性支气管炎、滑液囊支原体等疫病的检测，只有阴性鸡才可引入。

加强种蛋及孵化管理，做好鸡舍消毒，提高生物安全水平。

平时做好鸡群的免疫防控及生物安全，防止因禽流感、禽腺病毒病、支原体病等疫病的流行而造成的大肠杆菌病继发感染。

全进全出、严格淘汰病死鸡、重视日常管理。

药物预防。治疗鸡大肠杆菌病主要以抗生素为主，如新霉素、安普霉素、强力霉素、氟苯尼考等拌料或饮水，连用4~5 d。头孢类药物也有较好的治疗效果。0.01%~0.02%氟甲砜霉素拌料，连用3~5 d。喹诺酮类环丙沙星0.01%饮水，连用4~5 d。有条件的养殖场可选用中草药、益生菌、噬菌体等进行治疗，替代抗生素的使用，同时应该严格控制休药期。

6.4.2 肠炎沙门氏菌

肠炎沙门氏菌（*Salmonella enteritidis*）是一种重要的人畜共患病原菌。幼禽感染多呈急性和亚急性病程，有较高发病率和致死率；成年或未成年禽则多为慢性或隐性感染，没有明显的发病症状和死亡现象，但感染造成的肉制品和蛋类污染与人类沙门氏菌病的暴发密切相关，具有重要的公共卫生意义。

6.4.2.1 病原概述

肠炎沙门氏菌属于肠杆菌科沙门氏菌属，是平直、不形成芽孢、周身有鞭毛、能运动的杆菌，革兰氏染色呈阴性。肠炎沙门氏菌为兼性厌氧菌，在有氧和无氧条件下都能良好生长，最佳生长温度为37℃，最佳pH值为7.0，营养需求简单，在能提供碳源和氮源的绝大多数培养基上均能生长。在固体培养基上形成无色半透明，圆形且边缘平滑，稍隆起且有光泽，直径为2~4 mm的菌落。

肠炎沙门氏菌可以在洁净完好的鸡蛋中存在，且蛋在烹饪过程中，当部分卵黄为液体时，肠炎沙门氏菌仍能在其中存活。同时，肠炎沙门氏菌对外界环境的抵抗力较强，气溶胶中肠炎沙门氏菌可大量存活数小时，且能在低水分的环境中存活并产生丝状体。但肠炎沙门氏菌对热较敏感，55℃ 1 h、60℃ 15～30 min，或100℃ 1 min即可被杀死。在饲料热处理时，加入丙酸可增强对其杀灭作用。γ射线、紫外线等射线或过氧乙酸、醋酸等化学消毒剂能够减少家禽胴体、蛋制品、生蛋及禽饲料中沙门氏菌污染，但不能完全消除。

6.4.2.2 流行特点

作为一种人畜共患病原菌，肠炎沙门氏菌因其独特的流行传播方式——通过受污染的鸡蛋传播，而成为公众关注的热点。目前，肠炎沙门氏菌在各种禽群中都已发现其存在，种蛋污染可导致高的死胚率，刚孵出的雏鸡对其高度敏感，通常还未见到症状前就快速死亡。其易感性和致死率随着日龄的增加而下降。除某些肠炎沙门氏菌感染能引起厌食、腹泻和减蛋外，成年禽感染后通常不引起临床发病，但其生产的被沙门氏菌污染的蛋具有公共卫生意义。沙门氏菌引发的食物中毒事件在细菌性食物中毒事件中占70%～80%。其中肠炎沙门氏菌引起的病例数在沙门氏菌感染病例数中占40%～60%（Pearce et al.，2018），且鸡蛋及其制品涉及最多。在我国，禽肉及其制品的沙门氏菌污染也较严重，文献报道部分省份禽肉产品中沙门氏菌的总体检出率高达26.4%，其中肠炎沙门氏菌居首位（32.9%）。

肠炎沙门氏菌在产卵前就能进入蛋内，经卵垂直传播；同时，能够在群内或群间水平传播。随着雏鸡破壳而出，沙门氏菌被释放入空气，并随污染的绒毛和其他孵化碎屑在孵化器内循环传播。孵化后24 h内水平接触感染的雏鸡，粪便中肠炎沙门氏菌的排菌时间至少持续28周。鸡可以通过口服、泄殖腔、气管内、鼻腔、眼睛和气囊途径感染肠炎沙门氏菌。污染的饲料（特别是含动物蛋白的饲料）、饮水及空气等都可传播肠炎沙门氏菌。肉鸡舍现存的或饲养期间通过传播媒介传入鸡舍的肠炎沙门氏菌比来源于孵化器的更可能出现在加工的胴体上。此外，肉鸡屠宰前断料也会增加嗉囊的沙门氏菌污染。

6.4.2.3 诊断

肠炎沙门氏菌感染的典型症状包括渐进性嗜睡、羽毛粗乱、厌食和消瘦，常见严重的水样腹泻、糊肛，偶尔引起瞎眼和跛行。通过临床症状可初步诊断，但确诊需要做病原的分离鉴定。平板凝集试验和ELISA方法检测特异性抗体可用作感染鸡的初步快速筛查。

肠炎沙门氏菌分离鉴定的具体步骤可参考行业标准NY/T 4146—2022。为鉴定禽群的肠炎沙门氏菌感染，在样品采集时，需注意采集各种来源的样品，包括组织、蛋和禽舍环境。采集组织样品时，回肠末端、盲肠、盲肠扁桃体和盲肠内容物是分离沙门氏菌的最常选择的部位。使用血清检测时需注意，组织中沙门氏菌被清除或粪便停止排菌后，血清中抗体通常还能在很长时间内维持在可检测的水平。因此，血清阳性结果必须通过细菌学培养进行确诊。

6.4.2.4 防控技术

管理措施：在源头上要建立无病原菌的种鸡群，养殖过程中严格贯彻落实强制的生物安全措施，只用颗粒料或不含动物蛋白的饲料，饮水必须确保纯净；使用药物、竞争性排斥微生物制剂或疫苗免疫降低禽对沙门氏菌的易感性；同时定期对禽群及环境中的肠炎沙门氏菌进行监测。

竞争排斥：即给家禽使用益生菌等培养物，以减少病原在肠道定植。方法包括：嗉囊管饲法、肛门给药、全身喷洒或喷雾、在饮水或饲料中添加冻干胶囊。饲喂时添加甘露糖、多聚果糖等碳水化合物或甲酸、丙酸等，也能减少病原菌的定植。

疫苗免疫：灭活疫苗、活疫苗和亚单位疫苗都具有有效的保护效果，其中活疫苗的保护性免疫反应更强，持续时间也更长。但任何疫苗都不能完全保护禽群免受肠炎沙门氏菌感染，断料或断水及环境应激也会降低其免疫效果。因此，与竞争性排斥一样，疫苗免疫可作为降低感染风险综合措施中的重要组成部分。

治疗：规范使用可注射的抗生素，如庆大霉素和壮观霉素对控制肠炎沙门氏菌有效。用恩诺沙星治疗后再通过竞争排斥培养物恢复正常的保护性微生物菌群，可以降低肉种鸡及其环境中沙门氏菌分离率。除抗生素外，许多中草药制剂如白头翁、杨树花、黄连等也在肠炎沙门氏菌感染的治疗中有所应用。

6.4.3 葡萄球菌病

葡萄球菌病是由致病性葡萄球菌引起的急性败血症或慢性细菌性传染病，常见的主要是金黄色葡萄球菌（*Staphylococcus aureus*）感染，所有的禽种都可感染。在临床上，鸡葡萄球菌病常表现为多种症状，如股骨头坏死、关节炎、腱鞘炎、脚垫炎，也会表现出脐炎和败血症等，但在临床上前几种情况更加明显或更容易被发现或重视。该菌发病机制尚不完全清楚，但感染的途径一般认为与肠道、呼吸道黏膜损伤，以及外伤或鸡群处于免疫抑制、亚健康状态有关。目前无有效预防的疫苗，只能通过强化管理、药物预防、抗生素治疗等措施防控。

6.4.3.1 葡萄球菌

葡萄球菌隶属于葡萄球菌科，是其中最重要的属，约有45个种和42个亚种，通过经典的分离方法可分为金黄色葡萄球菌、白色葡萄球菌、柠檬色葡萄球菌。典型的致病性葡萄球菌是金黄葡萄球菌，其为革兰氏阳性菌，呈球形，直径为0.7~1 μm，金黄葡萄球菌的直径一般小于白葡萄球菌；常单个、成对或葡萄状排列，无鞭毛，无芽孢，有的形成荚膜或黏液层。

健康家禽的皮肤和鼻孔能分离到种类繁多的葡萄球菌，但在存在化脓病变的关节、腱鞘、肌肉等部位分离的病原菌以金黄葡萄球菌为主。葡萄球菌的分离、培养比较简单，在普通固体培养基上生长良好，24 h内可以形成圆形的光滑菌落，直径1~3 mm，致病性金黄葡萄球菌在培养24 h以上时，在培养基上呈现淡橘黄色菌落，培养时间过长时可呈革兰氏阴性反应。

金黄色葡萄球菌为需氧、兼性厌氧菌，呈β溶血，通常表现为凝固酶、过氧化氢酶和明胶酶阳性，能发酵葡萄糖和甘露醇。也可以通过生化鉴定、自动微生物鉴别系统或基因水平检测进行分类。

通过消毒措施可减少传播，特别是对于屡次连续发生的鸡场，空舍阶段大环境的消毒清除对葡萄球菌的防控极其重要。葡萄球菌是抵抗力最强的无芽孢细菌，在固体培养基和渗出物中可长期存活。对干燥、热（50℃ 30 min）、9%氯化钠都有较强的抵抗力，反复冻融30次仍能存活，70℃加热1 h或80℃加热30 min才能杀死。在消毒剂中，石炭酸消毒效果较好，3%~5%石炭酸消毒10~15 min、70%乙醇则需要数分钟，过氧乙酸、含氯、醛制剂等也有较好的消毒效果，在生产中应用广泛。

6.4.3.2 流行特点

葡萄球菌在环境中广泛存在，是家禽皮肤和黏膜的正常菌系，也是家禽孵化、饲养或加工环境中常见的微生物，大多数葡萄球菌被认为是正常菌群。但有一些葡萄球菌，特别是金黄色葡萄球菌具有潜在的致病性，可通过皮肤或黏膜进入机体引起疾病。

金黄色葡萄球菌的致病机理虽未完全清楚，但要发生感染则必须突破宿主的天然防御机制，主要是皮肤损伤或黏膜发炎及局部性感染。在生产中比较常见的是皮肤外伤、以球虫肠炎为代表的肠道黏膜损伤、鸡群发生免疫抑制。雏鸡进行剪趾、断喙或去冠、打翅号等可引发外伤的操作时，若存在污染或消毒不当，可引发葡萄球菌感染，细菌从外伤部位感染入血，之后进入关节、骨骼等部位定植。刚出壳的雏鸡脐部开口感染可引发脐炎，但常导致急性死亡主。

葡萄球菌的感染日龄，在临床上具有明显关节炎、脚垫炎、腱鞘炎临床症状的，商品鸡一般最早在20~30 d，而种鸡一般在4~5周后。该病在育成期也经常存在，但经常与鸡传染性贫血、传染性法氏囊病发生混合感染，以及球虫导致慢性肠炎具有直接相关性。育成期鸡群如发生了由葡萄球菌引起的腿病，往往波及整个产蛋期，更多表现出趾部、脚垫的肿胀化脓。

鸡只感染后表现为羽毛杂乱，一条或两条腿跛行，一侧或双翅下垂，不愿行走，蹲坐，不愿或不能站立，一般可见跗关节肿大，也有部分病例表现为趾部或者膝关节肿大。感染败血性葡萄球菌等的葡萄球菌病，除非在生产环境、孵化环境中存在大量的细菌污染或免疫接种操作出现严重失误，否则其发病率和死亡率通常较低。

6.4.3.3 诊断

鸡葡萄球菌病可以根据发病日龄、临床特点和剖检变化作出初步诊断。

该病临床病变主要以急性败血症、雏鸡脐炎、各种关节炎为主。典型的剖检症状有胸囊部位、下腹部皮下有黄色渗出液体，病程长时为胸囊囊肿（图6-15）；股骨头坏死，严重时有黄色干酪样化脓（图6-16）；跗关节肿大，皮下淡黄色胶冻样液体渗出，关节腔内有黄色脓性渗出液（图6-17至图6-19）；趾部关节肿大，内有黄色脓性液体或干酪样渗出（图6-20）；膝关节一般不会表现肿大，但部分鸡会在关节内存在黄色化脓现象。在关节部位的葡萄球菌感染，长时间慢性感染后会波及到肌肉，在肌肉内表现出黄色干酪样脓性物。该病在临床上应注意与大肠杆菌、绿脓杆菌、鼻气管鸟疫杆菌、病毒性关节炎等导致的腿病病变相区别，特别是葡萄球菌感染时皮下表现出更多的黄色胶冻样渗出。

实验室细菌分离是确诊该病的主要方法，主要是将关节渗出物、吸收不良的卵接种到普通琼脂培养基，或者也可以接种至5%绵羊血液琼脂平板和高盐甘露醇琼脂上进行细菌分离培养。部分情况下葡萄球菌感染会导致肝脏坏死，也可从肝脏分离，但相比关节部位分离，分离成功率较低。所分离得到的葡萄球菌的毒力和致病性强弱，即是否为致病的金黄色葡萄球菌，尚需进行下列试验方可确定。

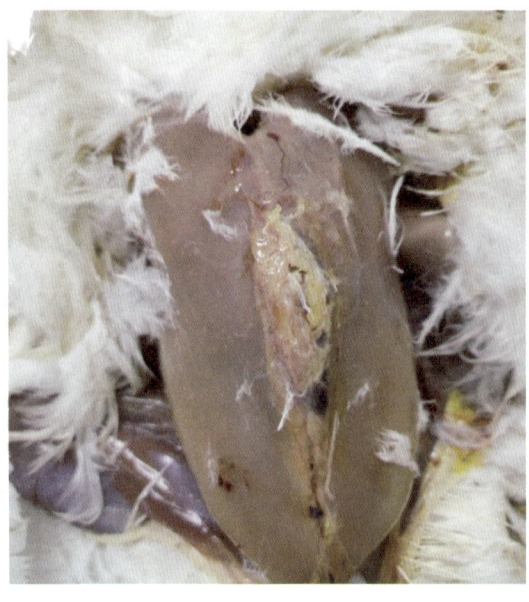

图6-15 胸囊囊肿（郭龙宗 摄）

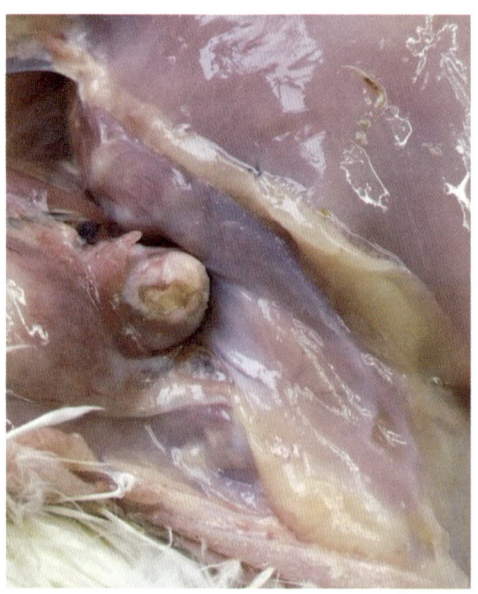

图6-16 股骨头干酪样坏死（郭龙宗 摄）

6 白羽肉鸡疫病高效防控

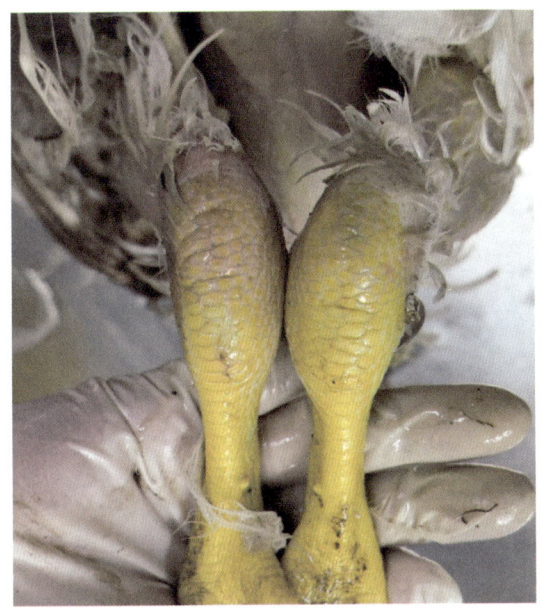

图6-17 跗关节肿大（郭龙宗 摄）

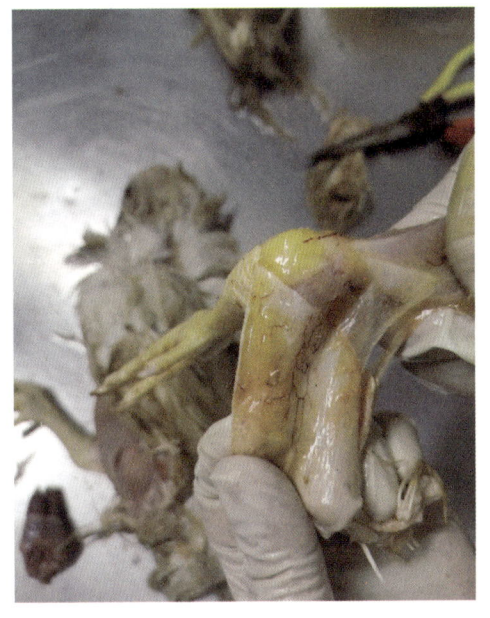

图6-18 跗关节皮下黄色胶冻样渗出
（郭龙宗 摄）

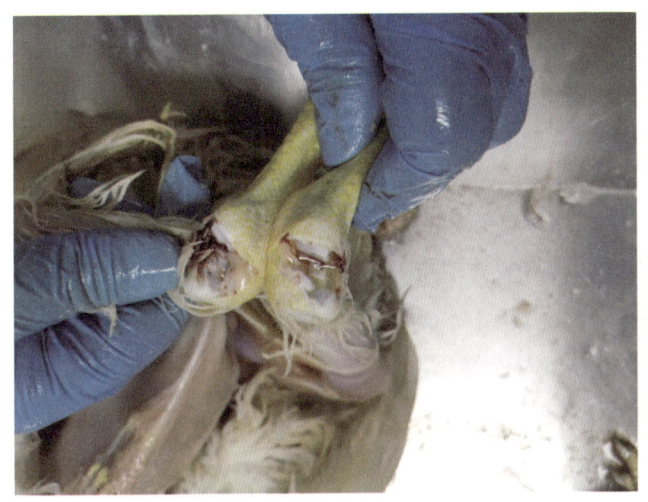

图6-19 关节内黄色脓液（郭龙宗 摄）

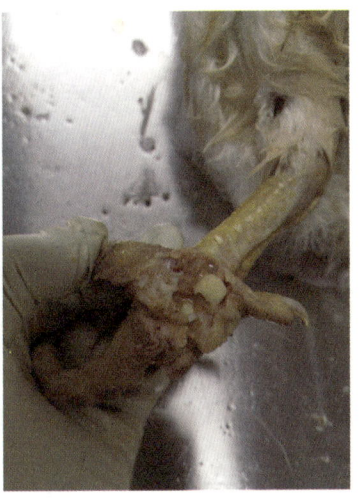

图6-20 趾部黄色脓性渗出
（郭龙宗 摄）

菌落颜色：致病菌的菌落为金黄色。

凝固酶试验：致病菌多为阳性。

溶血试验：溶血者多为致病菌。

6.4.3.4 防控技术

葡萄球菌病无法使用疫苗进行预防，只能通过加强饲养管理和采取抗生素治疗。能够减少宿主防御机制损害的管理措施都可以有效预防葡萄球菌病，减少创伤可以预防感染，饲养中要注意消除家禽饲养环境中划破或刺伤脚部的尖锐物质，如木片、锯齿状石块、金属边；保证垫料的质量可以减少脚垫溃疡；加强孵化室的管理和卫生，孵化器和出雏器细菌过多会导致刚出壳的雏鸡发生死亡和慢性感染；预防传染性法氏囊病病毒和鸡传染性贫血病毒的早期感染，也有助于预防葡萄球菌病。关注肠道健康，减少球虫肠道慢性损伤也尤为重要。

由于金黄色葡萄球菌对抗生素普遍具有耐药性，所以治疗之前须进行抗生素敏感试验，选择有效的敏感药物进行全群治疗。有效的治疗药物包括青霉素、链霉素、四环素、红霉素、新霉素、磺胺类药、林可霉素和大观霉素。

6.4.4 坏死性肠炎

坏死性肠炎（Necrotic enteritis，NE）是由产气荚膜梭菌（*Clostridium perfringens*, CP）感染禽类后引起的细菌性传染病，1961年首次在英国发现，目前在世界范围内均有报道。该病一般可分为急性临床型或亚临床型，其中急性临床型的显著特征为高达50%的致死率，同时表现有精神委顿、食欲不振、脱水、嗜睡、羽毛凌乱、腹痛腹泻、呼吸困难等临床症状；而亚临床型则会降低感染家禽对日粮的消化吸收效率、饲料转化率，最终影响生产性能。通过接种疫苗、控制易感因素、饲喂益生产品、调整饲料成分结构等措施对该病能够起到防控作用。

6.4.4.1 病原概述

产气荚膜梭菌最早于1891年从人类腐尸分离得到，为专性厌氧的革兰氏阳性菌，呈单个、成对或短链状排列，无鞭毛。Cp多数能够形成荚膜和芽孢，具有较强的生物被膜形成能力，因此与破伤风梭菌相比对游离氧具有较强的抵抗力，在空气中暴露1 h仍可存活，而在环境适宜的条件下20 min内就能重新恢复生长繁殖。菌株对培养基的营养要求并不严格，在牛乳培养基中会出现特征性的"暴烈发酵"。菌株基因组大小为2.9~4.1 Mb，包括2 600~3 600个基因（其中12.6%为核心基因），部分菌株间存在基因水平转移（Gohari et al., 2021）。

Cp对宿主的致病力主要来源于其产生的多种毒素和酶，通过多种分子机制引起细胞凋亡、坏死、溶血等多种病变（Navarro et al., 2018）。根据产生毒素类型的不同，可将其分为A、B、C、D、E、F、G七个毒素型，其中G型产气荚膜梭菌主要引起坏死性肠炎，5%~10%的A型产气荚膜梭菌在形成芽孢时还能产生引起人员食物中毒的肠毒素。NetB毒素和TpeL毒素也是引起和加重NE的重要毒力因子，毒素活性与菌株毒力呈正相关。除此之外，利用多位点序列分型技术（Multilocus sequence typing，MLST）也能基于管家基因将产气荚膜梭菌分为不同的ST型，其中ST-31可能与坏死性肠炎高度相关。

6.4.4.2 流行特点

Cp广泛存在于自然界，在饲养环境的土壤、水和饲料中普遍存在，同时也是一种肠道常在菌，在健康家禽肠道内容物中的Cp检出阳性率可达75%～95%，野鸟粪便中也能检出较高的载菌量。在孵化厂的幼雏体内就已经能检测发现Cp的定植，并在整个生产过程中发生水平传播。但Cp属于机会致病菌，肠道中较高的载菌量一般不能单独引发NE，还需要一种或几种易感因素的协调作用（Prescott et al.，2016），如由球虫感染导致的肠道黏膜损伤、不易消化的饲料结构等，最终在易感因素影响下大量增殖并产生毒素，最终引起NE。

我国流行的Cp主要为A型，不同日龄鸡均可发生严重的NE，其中多发于2～6周龄的雏鸡，在夏季潮湿环境中有更高的发病率和更严重的临床症状。在停止将抗生素作为促生长饲料添加剂的国家和地区，NE的发病率有所升高。

6.4.4.3 诊断

鸡群的发病情况、临床症状和剖检病变均能作为诊断的参考依据。NE的典型病变多数发生于小肠，病变肠段肠壁变薄、易碎、肠腔内充满气体，肠黏膜出现出血和坏死，部分急性死亡的幼雏剖检在肝脏可见绿色斑块和坏死灶。

除上述症状和病变外，确诊NE还需要进行一系列实验室诊断，从病原分离、毒素检测和毒素毒力检测几个方面进行综合判断。在病原分离方面，Cp可用FTG、TSC和血琼脂培养基进行分离培养，辅以PCR、革兰氏染色等方法进行验证。除用于快速筛查的ELISA双夹心法和用于分型鉴定的脉冲场凝胶电泳分型（PFGE）方法外，也可以运用16S rRNA测序、荧光定量PCR、LAMP等分子生物学方法对目标样品中所含的毒素进行检测，为NE提供早期诊断依据。

6.4.4.4 防控技术

NE的治疗和防控手段包括饲喂抗生素、接种疫苗、添加饲喂益生菌和益生元产品、调整日粮结构等。

Cp对氨基糖苷类、磺胺类等临床常用抗生素具备较强的耐药性，四环素耐药性基因的检出率可达75%，甚至多数菌株均表现为多重耐药，但仍有抗生素能够对NE起到一定治疗作用。泰乐菌素、维吉尼亚霉素在治疗过程中都能够降低动物体内的产气荚膜梭菌载菌量，具有抗球虫作用的莫能菌素和盐霉素也能够通过拮抗球虫、减轻肠道损伤情况，从而间接降低NE的致死率。除抗生素以外，黄连解毒汤等中药能够抑制Cp的生长、调整宿主免疫能力，具有预防作用。

接种疫苗能够诱导机体产生一定水平的抗体滴度，而较高的抗体滴度水平能够降低鸡群的致死率。目前产气荚膜梭菌的疫苗研发方向包括类毒素疫苗、亚单位疫苗和活载体疫苗，全球唯一的禽用商品化疫苗为美国Huvepharma公司生产的沙门氏菌活载体疫苗，其他相关疫苗仍处于实验室研发阶段。在防控过程中，应在进行流行病学调查的前提下，确认疫区主要流行株，再据此选择合适的疫苗进行接种。除针对Cp进行疫苗接种外，为鸡群接种球虫疫苗、使用抗球虫药物也能在一定程度上间接预防NE。

在日粮中添加适量的益生菌和益生元产品不仅能够抑制Cp的定植和持续感染，同时能够改善宿主肠道菌群。另外，通过为新生幼雏口服健康成年鸡的消化道内容物上清液，在幼雏体内建立成熟的微生物群落，从而对致病菌形成竞争性排斥。用竞争性排斥培养物处理能够延迟鸡群肠道病变的出现、降低NE发病率，同时提升最后的屠宰产量。

饲料的成分和形式也对NE的发病率有极大的影响，做好饲料组分的调配可能是最具经济效益的防控措施。减少饲料中黑麦、小麦、大麦、鱼粉等难以消化的水溶性非淀粉多糖能够降低肠道内容物的黏度，也可降低NE的发病率。

6.4.5 传染性鼻炎

传染性鼻炎（Infectious Coryza，IC）是由副鸡禽杆菌（*Avibacterium paragallinarum*，Apg）引起鸡的急性上呼吸道疫病，是危害养鸡业的一种重要的呼吸道疫病，我国将其列为三类动物疫病。

6.4.5.1 病原概述

副鸡禽杆菌是一种属于巴氏杆菌科、禽杆菌属的革兰氏阴性短杆菌。无鞭毛，无运动性，大多数毒力菌株有荚膜。副鸡禽杆菌为兼性厌氧菌，在含5% CO_2 的环境下生长较好。副鸡禽杆菌的生长对营养的要求苛刻，体外培养一般使用胰酪大豆胨琼脂培养基（TSA）加血清，体外培养还需要添加烟酰胺腺嘌呤二核苷酸（NAD），但也存在非NAD依赖型的菌株。副鸡禽杆菌生长较缓慢，在固体培养基上生长24 h形成圆形、半透明、针尖大小的菌落。NAD依赖型菌株在与金黄色葡萄球菌交叉划线培养时，还可观察到"卫星现象"。

副鸡禽杆菌对理化因素抵抗力较弱，生长的最佳pH值为6.9~7.6。对外界温度的变化也比较敏感，在体外死亡很快，含有该菌的病料在4℃保存2~3 d就会死亡，所以临床采集的病料要尽快进行细菌的分离。

目前，副鸡禽杆菌的血清学分型的方法有平板凝集法、血凝抑制法和聚合酶链式反应-限制性片段长度多态性法（PCR-RFLP）。利用平板凝集方法将其分为A、B、C三个血清型。Blackall等（1990）用透明质酸酶处理细菌细胞的方法表达血凝（HA）活性，将Apg分为Ⅰ、Ⅱ、Ⅲ三个血清群，9个血清型（A1、A2、A3、A4、B1、C1、C2、C3和C4）。PCR-RFLP针对*htmp210*基因将Apg分为3个血清型（Sakamoto et al.，

6 白羽肉鸡疫病高效防控

2012）。目前使用最广泛的仍是Page法。

6.4.5.2 流行特点

该病的潜伏期较短、发病急且传染性强，但病死率低。一年四季均可发生，季节交替时多发。鸡是副鸡禽杆菌的自然宿主，各日龄的鸡均易感染，也有鹅、鹌鹑等感染发病的报道（卢玉葵等，2023）。副鸡禽杆菌的主要传染源是病鸡和无症状感染鸡群，可通过飞沫、尘埃经呼吸道传播，也可通过受污染的饮水和饲料经消化道传染。

我国关于副鸡禽杆菌的最早的报道是1987年。我国的早期流行血清型为A型和C型，且以A型为主。2003年首次证实我国有B型感染的报道，逐渐成为主要血清型，近些年流行病学调查结果显示，B型的流行率有所下降（刘栋辉等，2022）。目前我国多个地区的发病率呈上升趋势，A、B、C三个血清型均有，且不同地区流行血清型不同。

6.4.5.3 诊断

感染副鸡禽杆菌的典型症状为鼻腔、鼻窦和眼结膜发炎，面部和眶下窦肿胀，流泪、流涕。病鸡感染早期的症状为体温升高，精神沉郁，饮水和采食量下降。随着病情发展，病鸡面部肿胀，眼部出现结膜炎和有脓性渗出物；同时出现混有泡沫的浆液性或者黏液性鼻液，并在鼻孔处形成黄色结痂；咽喉部浮肿并发出啰音，伴有张口呼吸和甩头动作。

传染性鼻炎的诊断通过病原学和血清学方法检测。病原学方法主要是细菌的分离与鉴定，血清学方法主要是血清平板凝集试验和血清抑制试验。具体检测方法参考农业行业标准《鸡传染性鼻炎诊断技术》（NY/T 538—2015）。

6.4.5.4 防控技术

传染性鼻炎的防控主要依赖疫苗预防和药物治疗。目前的疫苗有单价灭活苗、二价灭活苗、三价灭活苗和与其他病原的联苗，尚无基因工程疫苗。发病时可结合病原的血清型，进行紧急接种，但细菌灭活苗导致的机体副作用应引起注意。由于目前细菌对抗生素的耐药性较常见，临床上使用抗生素进行治疗时，应根据分离株药敏试验结果确定用药方案，包括用量以及给药时间。并且要注意穿梭用药和轮换用药，避免进一步诱导细菌耐药性的产生，给该病的治疗增加难度。

6.4.6 鸡球虫病

由艾美耳球虫引起的鸡球虫病（Coccidiosis）是家禽生产的重要威胁，损害鸡群健康且影响经济效益。增重减缓、料比增加以及发病率上升是最大的成本组成部分。艾美耳球虫感染导致肠道微生态失调，影响微生物组结构，还可以影响食源性病原的携带，包括鼠伤寒沙门氏菌和空肠弯曲杆菌。艾美耳球虫感染也被公认为是由产气荚膜梭菌引起的坏死性肠炎的主要风险因素，据保守估计，球虫病给全球家禽行业造成的经济损失超过30亿美元。除了疫病带来的直接损失外，随之而来的腹泻还降低了垫料质量，导致脚垫炎，并对鸡群整体福利和技术绩效产生负面影响。鉴于对使用抗球虫药物的担忧，寄生虫广泛的耐药性，对可用于肉鸡、蛋鸡和种鸡疫苗的需求以及消费者对健康食品的高度关注，都凸显了对新的防控策略的迫切需求。

6.4.6.1 病原概述

目前全球已报道的鸡球虫病有13种，我国发现有9种，其中7种较为常见，在流行率、致病性、肠内感染部位和卵囊形态等方面均有不同。柔嫩艾美耳球虫寄生在盲肠，导致盲肠肿大、出血、肠壁增厚，肠内有干酪样肠芯。毒害艾美耳球虫主要感染小肠中段，引起肠胀气，比正常肠道体积肿大2~3倍，黏膜有出血点、白点和坏死。巨型艾美耳球虫可感染整个小肠，使肠壁增厚，肠内可见渗出物和瘀斑。堆型艾美耳球虫主要感染小肠前段部位，引起肠壁增厚，有卡他性渗出物，肠黏膜呈"阶梯状"白色条带。布氏艾美耳球虫主要寄生在回肠后端、直肠和泄殖腔，引起黏液性、出血性肠炎，凝固型坏死。和缓艾美耳球虫主要感染小肠前段，肠内可见黏液性物质，病变程度较轻。早熟艾美耳球虫主要在小肠前段，肠内有黏液性渗出物，病变程度较轻。

鸡球虫病通常表现为出血性病变，一般由柔嫩艾美耳球虫、毒害艾美耳球虫和布氏艾美耳球虫引起，吸收不良性病变则由堆型艾美耳球虫、巨型艾美耳球虫、和缓艾美耳球虫、早熟艾美耳球虫引起。柔嫩艾美耳球虫、毒害艾美耳球虫致病性最强，堆型艾美耳球虫、巨型艾美耳球虫、柔嫩艾美耳球虫流行最普遍。

6.4.6.2 流行特点

鸡球虫病一年四季均可发生，可感染不同日龄、不同品种的鸡。艾美耳球虫在鸡肠道黏膜上皮细胞内寄生。病鸡排出带有球虫卵囊的粪便后，污染饲料、地面、鸡笼、饲喂工具，通过昆虫、鼠类传播给鸡群。此外，鸡舍环境潮湿、营养物质缺乏等都可使健康鸡群发生球虫病，且球虫卵囊对消毒剂抵抗力较强，温度达80℃以上才能杀灭卵囊。

该病临床症状一般分为急性型和慢性型两种。急性型多发于1~2月龄雏鸡，雏鸡感染球虫后出现精神不振、消瘦贫血、闭目呆立、羽毛松乱，肌肉和鸡冠颜色苍白，以及腹泻，喜饮水等症状，致死率高达80%，病程持续时间短。慢性型多发生于4~6月龄成年鸡，病鸡排出面条样粪便，间歇性腹泻，食欲下降，生长缓慢，体形消瘦，粪便呈粉红色或暗红色，产蛋量减少，致死率不高，但免疫力低下易继发其他疫病且病程持续时间长。

6.4.6.3 诊断

临床中,单一种类的艾美耳球虫感染较少,多以混合感染的形式存在。鸡球虫病的诊断可根据流行病学特点、临床症状、病理剖检变化,结合卵囊检查结果进行综合诊断。现场观察鸡群粪便的颜色及形态,血便、番茄样便普遍具有示病意义,发生球虫病的鸡舍往往会出现肉腥味。对发病或病死鸡剖检,十二指肠、空肠、回肠等浆膜面出现针尖状白色坏死点、出血点、出血斑,空、回肠管显著扩张,肠黏膜增厚、有出血点、出血斑以及盲肠膨大出血等可作出初步诊断。确诊可以采取球虫卵囊检查法,取新鲜粪便或肠内容物,加入适量饱和盐水,搅拌后用120目铜筛过滤,取滤液置于显微镜下观察到球虫卵囊即可确诊。

6.4.6.4 防控技术

艾美耳球虫病的有效防控对于现代养鸡生产系统非常重要。除了良好的生产管理外,也需要使用常规的化学药物或疫苗接种来预防。因此,目前鸡球虫病的防控采用的是饲料中添加抗球虫药物和疫苗免疫相结合的策略。

抗球虫药物主要有3类,聚醚类离子载体抗生素、化学合成类药物和中草药制剂。聚醚类离子载体抗生素,如盐霉素、莫能菌素、马杜霉素等,主要作用于无性生殖阶段,耐药性产生速度较慢。化学合成类药物主要是通过抑制球虫不同生长时期达到杀虫的效果。吡啶类药物对孢子生殖和裂殖生殖效果较好,但产生耐药性速度较快;磺胺类药物主要对无性生殖阶段有效,但毒性较大、易产生药物残留;三嗪类药物地克珠利、妥曲珠利等对各种生殖阶段均有抑制作用,但随着用药过度,其对卵囊的杀灭作用减弱。因此,轮换用药和穿梭用药是当前养禽生产采取的预防措施,数据显示,盐霉素、尼卡巴嗪具有提高生产成绩的作用。天然提取物具有抗炎、抗氧化活性,在刺激机体免疫及修复细胞损伤方面发挥巨大作用,目前此类新型产品(包括益生菌、植物提取物和真菌提取物)以饲料添加剂形式使用为鸡球虫病的防控带来了新的思路。

目前在生产中应用的商品化疫苗主要是球虫活疫苗,利用球虫疫苗的低水平感染,使肉鸡对二次球虫感染产生一定程度保护性免疫。目前国内已上市的鸡球虫活疫苗有三价活疫苗和四价活疫苗,鸡球虫病四价活疫苗含有柔嫩艾美耳球虫、毒害艾美耳球虫、巨型艾美耳球虫和堆型艾美耳球虫四种球虫免疫原,已被应用于预防商品肉鸡及小范围区域的种鸡与蛋鸡的球虫病。

6.5 种源疫病防控

肉鸡种源病主要指经蛋媒传播性疾病,也称为垂直传播病,严重威胁家禽种源的安全,种源疫病是家禽育种过程中必须净化的疫病。肉种鸡群感染种源疫病,不仅自身产蛋率会明显降低，死亡率升高，而且还会将病原体传播给子代鸡群，致使子代弱雏量和死淘率增加，以及子代鸡群生长缓慢、饲料转化率和生产性能降低，危害非常严重。肉种鸡场常见的种源疫病包括：禽白血病、鸡白痢、禽支原体病等。这些疫病主要通过种群净化来防控。

国家高度重视种业安全，把种业安全提升到关系国家安全的战略高度，而动物疫病净化是保证种源安全的重要途径。疫病净化是以清除和消灭传染源、维持动物个体和群体健康为目的。2012年，国务院发布《国家中长期动物疫病防治规划（2012—2020年）》，提出要逐步实现我国重点动物疫病从有效控制向净化消灭转变，标志着动物疫病净化开始成为我国动物疫病防控工作的重点内容之一。2013年，中国动物疫病预防控制中心开始实施《规模化养殖场主要动物疫病净化和无害化排放技术集成与示范》项目，提出了我国开展动物疫病净化工作的整体思路。在《全国肉鸡遗传改良计划（2014—2025年）》中明确指出，要加强肉鸡种源垂直传播疫病净化，重点净化以鸡白痢沙门氏菌病、禽白血病等为主的肉鸡种源垂直传播疫病。2021年5月开始实施的修订版《中华人民共和国动物防疫法》正式明确了动物疫病净化的法律地位，这标志着动物疫病净化、消灭已经成为动物疫病防治工作的核心内容。农业农村部在2021年10月出台了《农业农村部关于推进动物疫病净化工作的意见》，进一步明确提出了深入开展动物疫病净化工作的要求，这标志着全国动物疫病净化工作将进入快速推进发展和长效机制建设实施阶段。该意见指出，力争通过5年时间，在全国建成一批高水平的动物疫病净化场，80%的国家畜禽核心育种场（站、基地）通过省级或国家级动物疫病净化场评估；建立动物疫病净化场分级评估管理制度，构建多种疫病净化模式，健全多方合作、协同推进的动物疫病净化机制；其中涉及禽病的是禽白血病、禽沙门氏菌病等垂直传播性家禽种源疫病，净化工作要取得明显成效。

2015年中国动物疫病预防控制中心开始实施动物疫病净化示范场评估工作，截至2024年，多家白羽肉鸡育种企业通过评审，成为禽白血病、鸡白痢国家级净化场。2024年开始，支原体病也正式纳入净化疫病的名单里，也标志着禽白血病、鸡白痢、禽支原体病三大种源疫病防控受到国家的高度重视，为我国种源疫病的有效预防与净化提供了强有力的政策和技术支撑。

6.5.1 禽白血病

禽白血病（Avian leukosis virus，ALV）是由禽白血病病毒、禽肉瘤病毒引起的多种肿瘤性疾病的统称，在自然条件下以淋巴白血病最为常见。禽白血病分为外源性和内源性，外源性ALV具有致病性，内源性ALV一般不致病或致病性很低。禽白血病病毒流行广泛，在世界各地均有检出。尽管随着各地净化计划的实施，目前商品种鸡群中外源性ALV的流行率已得到控制。然而，仍然可在部分鸡群中检测出ALV的存在。目前针对禽白血病尚无有效的治疗措施，只能淘汰ALV感染阳性鸡，因此ALV的流行严重影响我国家禽种源安全。

6.5.1.1 病原概述

ALV属于反转录病毒科，α反转录病毒属。病毒粒子近似球形，直径80～120 nm。由外部的囊膜和内部的电子致密的核心构成。核心直径35～45 nm，位于病毒粒子的中央。病毒RNA基因组的结构基因顺序从5′端到3′端为gag-pol-env。其中gag基因编码多种非糖基化蛋白质，包括ALV群特异性抗原p27。Env基因编码两种糖蛋白，包括决定ALV亚群特异性的gp85和跨膜蛋白gp37。病毒识别宿主细胞的特异性及病毒中和反应主要与囊膜蛋白gp85有关。根据gp85的特性，迄今为止，将ALV分为A、B、C、D、E、F、G、H、I、J和K共11个亚群。不同鸟类可能感染不同亚群ALV，但目前自然感染鸡群的只有A、B、C、D、E、J和K这7个亚群。

6.5.1.2 流行特点

鸡是ALV最主要的自然宿主，因此也是自然发生禽白血病的最主要动物。此外，从少数其他鸟类如野鸡等也可检测到ALV的序列。ALV作为逆转录病毒，其基因组在流行过程中容易发生变异，其中gp85是ALV基因组上最容易发生变异的基因，它是决定ALV亚群的基础。J亚群ALV与其他亚群ALV gp85的同源性很低，只有30%～40%。ALV-J主要引起感染肉鸡的骨髓样细胞瘤，与其他亚群ALV相比，具有更强的传播性及致病性。1999年，我国首次从大型肉种鸡场和商品代肉鸡群中分离出ALV-J毒株YZ9901和SD9902，这也标志着ALV-J正式传入我国（杜岩等，2000）。随着ALV-J的流行与传播，从2004年开始，陆续出现了ALV-J在我国商品蛋鸡和地方品种鸡感染的报道，我国麻鸡、黄羽肉鸡、芦花鸡、五华鸡相继报道了ALV-J的感染（Xu et al.，2004）。这表明，ALV-J的宿主范围逐步扩大，从最初感染肉鸡到如今感染商品蛋鸡和我国地方品种鸡。2008年以来，ALV-J诱发的髓细胞样肿瘤在全国各地蛋鸡、黄羽鸡等鸡群暴发，患病鸡除了临床表现常见的骨髓样细胞瘤外，还出现了大量血管瘤病变的病例，这表明，ALV-J的致病性也在逐步增强。2018年，我国在已净化的进口白羽肉鸡中再次发现了ALV-J（Ma et al.，2020），该次禽白血病疫情发病率高、范围广，导致种蛋不能孵化，使大量肉种鸡被淘汰，是近年来我国白羽肉鸡发病最严重的一次，给我国净化防控带来新的挑战。

ALV主要传播途径是垂直传播，即通过感染的鸡胚从母鸡传递给下一代鸡（图6-21）。这种传播方式使得病毒能够在鸡群中迅速蔓延。除此之外，健康鸡在与先天感染且处于免疫耐受的鸡只密切接触时，也存在间接感染的风险。由于禽白血病病毒对热的耐受性较差，在外界环境中的存活时间较短，因此，通过间接接触传播的可能性相对较低。这为控制和预防病毒的传播提供了一定的便利。尽管如此，养殖者仍需采取有效的生物安全措施，以减少病毒通过直接接触传播的风险，确保鸡群的健康。

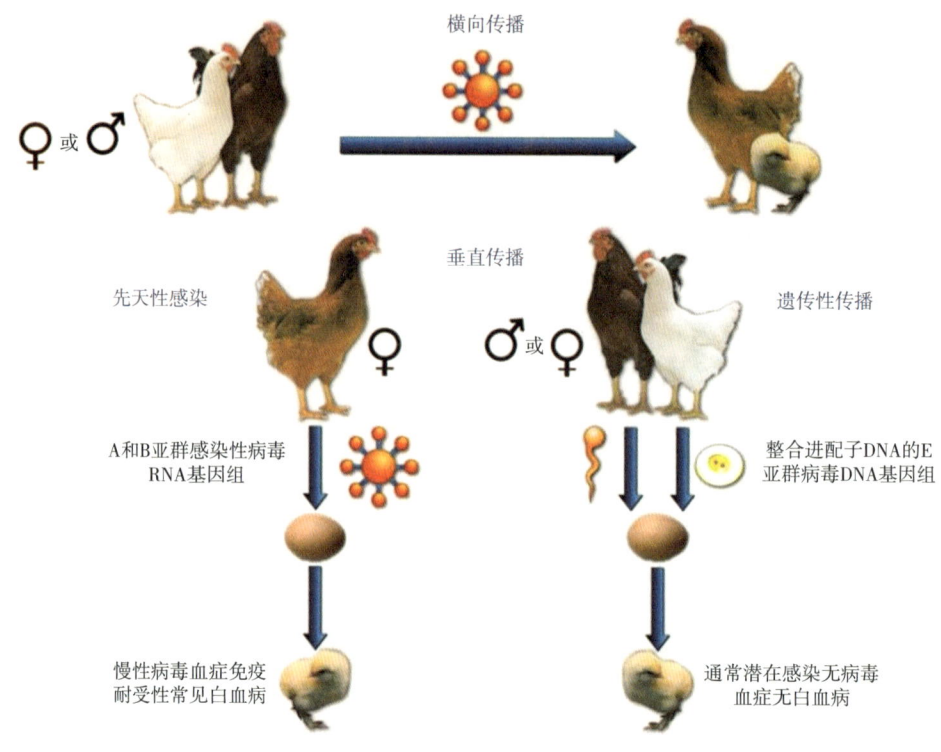

图6-21　ALV传播模式（Payne and Nair，2012）

6.5.1.3　诊断

鸡在感染禽白血病病毒后，大多数只表现出非特异性临床症状，如食欲减退、腹泻、水肿、蛋鸡产蛋性能下降等。部分患病鸡可表现为不同类型的肿瘤，通过尸体剖检及其病理组织学变化，通常可初步诊断，但其易与马立克氏病、禽网状内皮组织增殖病混淆，因此，对禽白血病的诊断需要进行病毒的分离及鉴定。

ALV的抗原检测是评估鸡群是否遭受外源性ALV感染的重要技术手段。常用的检测方法包括使用ELISA检测试剂盒或胶体金检测试纸条，这些工具可以直接对鸡的胎粪、蛋清、血浆等样品进行快速检测。此外，病毒分离试验也是判断鸡是否感染ALV的金标准，通过将待检样品接种到敏感的雏鸡、鸡胚或鸡胚成纤维细胞培养物中，可以进行病毒的分离。其中，鸡胚成纤维细胞是病毒分离最常用的细胞类型。分离后的细胞培养物可以通过ELISA或间接免疫荧光试验（IFA）等方法检测病毒蛋白，以确定是否存在ALV感染。市场上的ELISA检测试剂盒通常通过检测病毒的衣壳蛋白p27来进行，由于该蛋白在不同亚群和毒株之间具有高度保守性，因此这些试剂盒能够确定是否分离到病毒，但无法区分不同亚群的ALV。而利用特异性单抗或不同亚群ALV的单因子血清，通过IFA可以初步鉴定病毒的亚群，并判断是否分离到病毒。然而，为了准确确定病毒亚群的种类，还需要进行进一步的测序分析。

另外，分子生物学方法也是确定样本中是否存在ALV的重要手段，包括普通PCR、RT-PCR和loop-PCR等，它们能够直接检测样本中是否存在ALV的基因组。

ALV抗体检测是评估鸡群是否遭受外源性ALV感染的关键技术之一。通过血清学检测方法，可以有效评估鸡群的感染状态。目前，已有专门针对ALV-A/B和ALV-J的抗体ELISA检测试剂盒，这些试剂盒能够提供快速、准确的检测结果。此外，间接免疫荧光试验（IFA）也是一种常用的检测手段，通过使用已知感染ALV-A/B或ALV-J的DF-1细胞作为抗原，可以检测样本鸡血清中是否含有相应的抗体。

6.5.1.4　防控技术

目前，该病尚无有效的治疗措施，主要依靠净化，加强检疫、淘汰阳性鸡，建立无禽白血病的种鸡群。同时加强饲养管理，避免使用被ALV污染的疫苗。

（1）引进种鸡时进行严格的ALV检疫。在种鸡引入的过程中，进行严格的ALV检疫是至关重要的。从育种的角度出发，引入来自不同来源的种鸡对于维持种群的遗传多样性具有重要意义。然而，这也带来了潜在的疾病传播风险。因此，在引进到鸡场之前，必须对选定的候选鸡群进行最严格的ALV检测。这种检测不应是一次性的，而是一个持续的过程，至少应持续到性成熟并开始产蛋的阶段。此外，为了降低ALV水平传播的风险，不同来源的种蛋在孵化和出雏时必须严格分开处理。共用同一孵化设施可能会由于直接或间接接触导致病毒传播。因此，确保不同种蛋的隔离孵化是预防疾病传播的关键措施。除了孵化过程中的隔离，不同来源的种鸡群舍也应保持足够的距离，以避免潜在的交叉感染。同一种群不同代次的种鸡也应实行隔场饲养，这有助于控制病毒在鸡群中的传播，并为及时发现和隔离感染个体提供条件。

（2）加强鸡舍的生物安全管理。种鸡场的生物安全措施对于防控ALV至关重要。首先，种鸡场的鸡舍应实现完全封闭，以减少病原体的水平传播风险。尽管ALV主要通过垂直传播，但水平传播的可能性依然存在，因此，种鸡场需要维持高标准的隔离环境。这包括严格控制人员和物料的进出，防止可能携带ALV的野鸟侵入，确保鸡场的生物安全。

在疫苗使用方面，种鸡群所用的所有疫苗必须确保无外源性ALV污染。使用受污染的疫苗可能导致鸡群携带并传播ALV，特别是那些使用鸡胚或鸡胚来源细胞生产的弱毒疫苗。为了避免这种情况，必须对每种弱毒疫苗的每个批次进行严格检测。由于没有任何单一的检测方法可以保证100%的可靠性，因此，采用两种或两种以上的检测方法可以显著提高检测的准确性和可靠性。这种综合检测策略有助于确保疫苗的安全性，从而有效控制禽白血病的传播，保护种鸡群的健康。

（3）持续进行净化工作。在不同养鸡场的禽白血病净化工作中，虽然不存在一个统一的标准化方案，但所有有效的净化策略都必须围绕两个核心因素来设计。首先，必须在每个世代中尽可能地检测并淘汰携带外源性ALV的鸡只。其次，需要增加检测的频次，因为没有任何单一的检测方法能够一次性识别出所有带毒的鸡只，且不同检测方法得出的结果也可能存在差异。为了最大化提高从每个世代鸡群中淘汰感染鸡只的比率，同时考虑到检测的成本和效率，建议根据鸡只性器官发育的成熟过程，将种鸡的检测分为四个阶段。在每个阶段，逐一进行检测并淘汰那些检测结果呈阳性的鸡只（表6-2）。

表6-2 禽白血病净化技术方案

阶段	样品	检测方法	采样范围
1日龄	胎粪	p27 ELISA	全群
10~15周龄	全群血浆	病毒分离	全群
24~36周龄	母鸡蛋清	p27 ELISA	全群
	公鸡血浆	病毒分离	
32~36周龄	母鸡蛋清	p27 ELISA	全群
	公鸡血浆	病毒分离	

（4）其他可能的辅助手段。目前，没有疫苗能够完全预防ALV的感染，一些灭活疫苗和亚单位疫苗能够诱导鸡体产生一定水平的抗体，尽管这些抗体并不能完全保护鸡群免受ALV的侵害。此外，一些具有抗反转录酶活性的药物已被证实对ALV-J引起的病毒血症的发生和持续时间有一定的抑制效果。然而，无论是疫苗还是药物，它们在鸡群净化过程中只能作为辅助手段。对于已经感染禽白血病的病鸡或鸡群，这些措施并不能逆转已经发生的疾病过程。

6.5.2 鸡白痢

鸡白痢（Pullorum disease，PD）是主要由鸡白痢沙门氏菌（*Salmonella pullorum*）引起的一种急性传染病，在19世纪末期被发现，以败血症和慢性隐性感染为主要特征，多发于2~3周龄的雏鸡，死亡率高；成年鸡无明显病变，多数呈隐性感染，属于二类动物疫病。通过鸡胚垂直传播是鸡白痢沙门氏菌在禽群中的重要传播方式，因此对种鸡群实施沙门氏菌净化是当前最为有效的防控方法。

6.5.2.1 病原概述

鸡白痢沙门氏菌属于肠杆菌科，呈革兰氏染色阴性、不形成芽孢。其形态与同科的大多数菌属相似，呈两端稍圆的细长杆菌形态（0.3~1.5）μm×（1.0~2.5）μm，电镜下多为单个存在，有少量2个及2个以上连在一起。鸡白痢沙门氏菌无运动性，然而在特殊的固体培养基上可以产生鞭毛，表现出运动性。

鸡白痢沙门氏菌在牛肉汤或其他营养培养基上生长较好。属于需氧或兼性厌氧菌，最适宜的培养温度为37℃，在普通营养肉汤琼脂上生长呈半透明状，在SS琼脂上呈现出透明状，偶见透明中间带小黑点，为细菌生长过程中产生硫化氢与培养基反应所导致；在XLT4琼脂上呈现出亮绿色，与禽伤寒沙门氏菌相比生长速度稍慢，可能是其多种氨基酸利用率较低的缘故。鸡白痢沙门氏菌可以发酵葡萄糖、半乳糖、阿拉伯糖、鼠李糖、甘露醇、木糖和甘露糖，产酸、产气或不产气。不能发酵乳糖、蔗糖和水杨苷。不发酵或偶尔发酵麦芽糖。与伤寒沙门氏菌相比不发酵卫矛醇，这是鉴定鸡白痢与禽伤寒的重要生化指标，除此之外，能使鸟氨酸迅速脱羧也是鸡白痢沙门氏菌区别于禽伤寒沙门氏菌的特点。

鸡白痢沙门氏菌含有O抗原O1、O9、O12，据报道，根据血清学检测，O12抗原存在变异，包含$O12_1$、$O12_2$、$O12_3$，不同菌株的O12抗原亚型存在较大差异，其中富含$O12_1$和$O12_3$的菌株被归类为标准型，而富含$O12_1$和$O12_2$的菌株被归类为变异型。为了准确区分分离株抗原的组成，往往需要对单个菌落进行多次传代和大量的鉴定。大多数分离株在人工培养基上传代的时候趋于稳定，但仍然存在已鉴定表型的菌株在传代过程中出现O12抗原变异的现象。据报道，鸡白痢沙门氏菌分离株以标准型为主，变异型呈现出降低的趋势。

6.5.2.2 流行特点

鸡白痢在全球多地流行，特别是发展中国家与欠发达国家，能引起禽类特异性败血症（家禽和其他生产物种，包括鹌鹑、鸭子、孔雀和珍珠鸡等），在世界许多地区仍然具有重大经济意义。鸡是鸡白痢沙门氏菌的自然宿主之一，不同品种的鸡对鸡白痢的易感性也存在较大的差异。其中体重较轻的鸡（白来航）对鸡白痢的抵抗能力强于重型鸡。

鸡白痢造成死亡主要限于2~3周龄的雏鸡，急性感染会导致雏鸡的败血症，造成严重的全身损害，死亡率高达50%~100%。同时该病也能与其他疾病协同作用，当带菌成年鸡处于亚健康状态时，其产蛋量及后代孵化率降低。与大多数细菌感染一样，鸡白痢可通过多种方式传播。带菌的禽类是该病传播与蔓延的重要因素，不仅能通过水平传播感染周围的种群，还可以通过种蛋进行垂直传播感染下一代。垂直传播的原因有两种，一是种蛋经过雌性泄殖腔排出时受到污染，二是卵泡在排出前在生殖道内已经受到鸡白痢沙门氏菌的污染。除此之外鸡白痢沙门氏菌还能通过蛋壳进入蛋内或通过受污染的水线与饲料进行传播。

鸡白痢发病率通常比死亡率高得多，发病率和死亡率与年龄、品种、管理方式、混合感染等诸多因素相关。死亡率最高可以达到100%。损失最大的通常发生在孵化后的第二周内，第三、第四周时较少出现死亡。雏鸡感染白痢后，其受运输造成的应激导致的死亡率往往高于同舍饲养的雏鸡。

6.5.2.3 诊断

鸡白痢确诊需要做鸡白痢沙门氏菌的分离鉴定，但是可以根据病鸡的临床症状、死亡率与病理变化作出初步诊断。

感染的雏鸡表现出嗜睡、虚弱、食欲下降、肛门周围出现大量白色或灰褐色的粪便附着。部分雏鸡孵出后5~10 d才开始出现糊肛等症状，早期表现为精神沉郁，喜爱聚团，翅膀下垂等异常症状，同时由于感染导致肺部产生大量病变，造成雏鸡气喘、呼吸困难等症状，该状态下通常死亡高峰多发于2~3周龄。最急性的病例往往表现为突然死亡而没有病变产生。急性感染可见肝脾肿大充血，肝脏病理切片可见2~4 mm的坏死灶。病程较长的雏鸡卵黄吸收不良，剖检可见直肠末端堵塞等症状（图6-22）。

 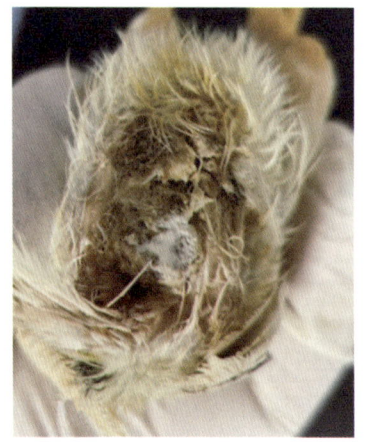 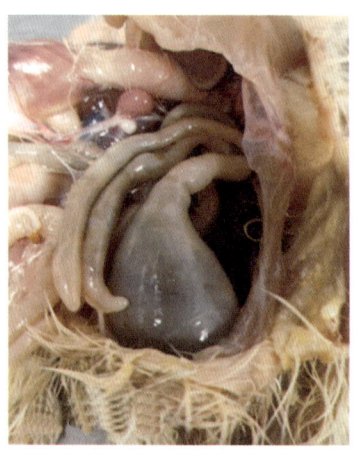

白色稀便　　　　　　　　　　糊肛　　　　　　　　　　直肠堵塞

图6-22　鸡白痢临床症状（罗青平　摄）

成年鸡感染后没有明显症状产生，所以不能完全依赖于其临床表现作为诊断依据。鸡群急性感染暴发时初期往往表现为采食量突然下降、精神萎靡、羽毛蓬松等症状。同时根据感染程度的差异，还可出现产蛋率下降、受精及孵化率骤减等症状。感染初期（2~3 d）呈现体温升高的现象，严重的4 d内就会出现死亡。育成鸡较少发生白痢感染，感染鸡主要表现为厌食、精神萎靡与脱水等症状。部分病鸡剖检可见输卵管含有油性干酪样物质渗出，严重的形成腹水，产生腹腔与脏器粘连，同时某些病例中出现心包炎、包积液等症状；公鸡睾丸可见白色坏死灶或结节。

病原分离鉴定。急性鸡白痢以全身性感染为特点，从病鸡的大多数组织中均能分离到病原菌。一般肝脏与脾脏中的病菌较为单一，是分离鸡白痢沙门氏菌的首选器官。成年鸡中若生殖器产生病变，睾丸和卵巢也可作为病菌分离的器官。通过抗体检测等血清学鉴定的慢性感染病鸡分菌较为困难，需要对所有组织器官进行全面的细菌分离培养。鸡白痢沙门氏菌在SS琼脂上生长呈现出细小光滑、半透明的菌落，可以借助生化反应进行鉴定，反应结果见表6-3。进一步的菌株确定需要借助现代分子生物学手段，根据鸡白痢沙门氏菌特异性基因*glgc*设计引物进行PCR鉴定。

表6-3 鸡白痢沙门氏菌的生化反应

反应种类或特性	鸡白痢沙门氏菌	反应种类或特性	鸡白痢沙门氏菌
乳糖	不发酵	卫矛醇	发酵不产气
葡萄糖	发酵不产气	鸟氨酸	不发酵
甘露醇	发酵不产气	吲哚	不产生
麦芽糖	发酵不产气	尿素	不水解
蔗糖	不发酵	运动等力	不运动

血清学鉴定方面，可以借助常量试管凝集试验（TA）、快速血清试验（RS）、染色抗原全血试验（WB）等方法，但是最常用的作为现场与实验室诊断的血清学方法为平板凝集试验。平板凝集试验需借助平板凝集染色抗原，该抗原为采用鸡白痢标准株（O1、O9、O12$_3$）与变异株（O1、O9、O12$_2$）混合制备而成，可同时检出感染鸡白痢与鸡伤寒的鸡。

6.5.2.4 防控技术

对鸡群实施净化并完善防治措施是根除白痢的关键。只要建立起来无鸡白痢的种群，并将其饲养于不与鸡白痢病鸡产生直接或间接接触的环境中就能很好地防控鸡白痢。

生产管理。大多数传染病的管理措施在鸡白痢防控上同样适用，能有效防止外来鸡白痢沙门氏菌的传入。主要包含如下几个方面：饲养密度要适中，不可过密，不同日龄的鸡群应该分开饲喂，同时不与其他禽类混合饲养。引进新鸡群与种蛋时应确保无鸡白痢感染，最好单独饲养一段时间进行观察，确保没有问题之后再进行混群。鸡笼的安装与排布应该方便消毒，定期对鸡舍与用具进行消毒。采用严格的生物安全措施，减少外界鸡白痢沙门氏菌传入的风险。禽舍应设立纱窗、门帘等防护设施，防止外来鸟类、老鼠与野猫等闯入，同时也能在一定程度上防止昆虫传播。水线料线应该定期消毒清洗，适当饮用含氯的水。

抗生素治疗。抗生素在临床鸡白痢感染治疗上有着明显的效果。有报道指出多种抗生素包含多种磺胺类、四环素与氨基糖苷类抗生素治疗过后能有效地减少鸡白痢感染的病死率，但是药物治疗难以彻底根除禽群的患病鸡。另外，抗生素也不能随意滥用，例如磺胺类药物会一定程度上抑制生长，影响鸡的食欲，减少饲料与水的摄入，降低产蛋量。同时滥用抗生素会导致其他耐药菌的产生，加大鸡群二次感染其他病的风险，应当根据现场分菌的结果，结合药敏试验适当选择抗生素。除了常规抗生素外，许多中草药与制剂如黄连、金银花、白头翁等在鸡白痢沙门氏菌感染中均有所应用。

免疫接种。通过接种疫苗来预防鸡白痢感染的研究国内外均有报道，其间经历了灭活苗；自然突变、诱导突变和以基因工程手段构建基因缺失弱毒苗等阶段。国内研究学者发现鸡白痢沙门氏菌的表面O抗原多糖（LPS）是其重要的保护性抗原，可以同时激活细胞免疫与体液免疫。因此，基于LPS制备的亚单位疫苗在未来或可投入使用。目前市场上的许多商品鸡品种已经根除了鸡白痢，因存在毒力返强的风险，美国等国家已经禁用了弱毒疫苗。因此，高效疫苗仍有待开发。

6.5.2.5 净化程序

种鸡场鸡白痢沙门氏菌净化程序包括鸡白痢阳性鸡淘汰、净化鸡群生物安全措施和净化效果评估三阶段。

（1）鸡白痢阳性鸡淘汰。鸡白痢病原检测主要对3～8日龄雏鸡、90～120日龄青年鸡和120日龄以后的种鸡开展。对检测结果为阳性鸡只进行淘汰和无害化处理，同时对阳性鸡所在栋舍按照GB/T 25886—2010要求进行消毒。对检测为阴性的鸡只按照生物安全措施进行饲养。

3～8日龄雏鸡主要采集泄殖腔拭子样品，每10只鸡的样品混合为1份进行鸡白痢病原检测。检测方法按照6.5.2.3的方法进行鸡白痢沙门氏菌的分离或进行实时荧光定量PCR检测，引物序列及探针见表6-4（GB/T 43173—2023）。任何一种方法检测出的鸡白痢沙门氏菌病原或抗体阳性样品，采用相同方法对所检样品的每一只鸡进行复检。

90～120日龄青年鸡采集全血或血清样品，每10只鸡的样品混合为1份进行鸡白痢病原检测。采集的全血或血清样品，采用平板凝集试验检测鸡白痢沙门氏菌抗体。采集鸡泄殖腔拭子样品，进行鸡白痢沙门氏菌的分离或进行实时荧光定量PCR检测（表6-4）。任何一种方法检测出的鸡白痢沙门氏菌病原或抗体阳性样品，采用相同方法对所检样品的每一只鸡进行复检。

种鸡群120日龄后，每间隔3个月，按照20%比例采集全血或血清样品进行鸡白痢沙门氏菌抗体检测。或按照20%的比例采集泄殖腔样品，每10只鸡泄殖腔拭子样品混合为1份进行鸡白痢沙门氏菌病原检测。若样品阳性率超过0.2%，则采用相同方法增加全群普检1次。

表6-4 鸡白痢沙门氏菌实时荧光定量PCR引物序列

名称	引物序列	片段	荧光标记探针
SEP1-Forword	5′-CCCGGATTGGACCTCAAGTG-3′		5′6-FAM
SEP1-Reverse	5′-ATGTTACGGGACGAGTGGGT-3′	98 bp	
SEP1-Probe	5′-ACGCACAATCACTGTGCGACCATCCGG-3′		3′BHQ1

（2）净化鸡群生物安全措施。种鸡场同一品种鸡执行全进全出制度。不同来源的种蛋在孵化和出雏之时分开，避免与其他鸡群（特别是非净化鸡群）同时孵化和出雏，防止孵化交叉感染。一个鸡场在同一时期只能饲养同一来源的种鸡。饲养已经净化的品系时，避免不同品种或不同来源的种鸡在同一鸡场饲养而发生交叉感染。

开展本场投入品（饲料、饮水、疫苗等）的沙门氏菌检测，避免外来病原传入风险。鸡白痢阴性群的工作人员、物品、用具、设备等均需固定化，避免其他鸡群的工作人员进入已实施净化的鸡群中工作。

做好养殖环境及饲喂各环节的消毒处理工作。引进雏鸡前对鸡舍及周边环境进行全面消毒，消毒后采集鸡舍内墙角、鸡笼、地面、墙面等拭子样品对鸡白痢沙门氏菌进行检测，确保鸡舍环境无鸡白痢沙门氏菌污染。每月采用沉降法对鸡舍空气中细菌总数进行检测，根据测定结果制定消毒程序，并按照GB/T 25886—2010进行消毒。鸡场饮水也应进行净化处理，可采用酸化剂（酸性电解水等）进行饮水消毒，使饮水达到GB 5749—2022要求。每3个月按照GB/T 5750.2—2023的规定进行鸡场饮水样品采集，进行沙门氏菌病原检测，确保水中无鸡白痢沙门氏菌污染。鸡场饲料储运过程需实现全封闭。饲料中沙门氏菌检测应按照GB/T 13091—2018的规定进行，检测不合格原料和成品不应使用。鸡场鸡粪每天进行清理，地面平养垫料及时翻耙，避免潮湿或结块。粪便的无害化处理应符合GB/T 36195—2018的规定。每周对鸡舍内和鸡舍尾端粉尘进行清理。以上操作应进行记录，每月进行1次统计分析，且保存记录应不少于3年。

（3）净化效果评估。90日龄以内鸡只采集300份泄殖腔拭子，超过90日龄鸡只采集300份血清样品或300份泄殖腔拭子样品。进行沙门氏菌分离与实时荧光定量PCR检测或抗体检测。当检测结果不一致时，以实时荧光定量PCR检测方法为准。曾祖代、祖代种鸡场鸡白痢沙门氏菌病原或抗体阳性率低于0.2%，父母代鸡场鸡白痢沙门氏菌病原或抗体阳性率低于0.5%，且公鸡鸡白痢沙门氏菌病原或抗体阳性率为0，种鸡场连续2年以上无鸡白痢临床病例，即认为该场达到鸡白痢沙门氏菌净化状态。

6.5.3 禽支原体病

禽支原体病由多种致病性支原体引起,其中危害最为严重的是鸡毒支原体(*Mycoplasma gallisepticum*, MG)和滑液囊支原体(*Mycoplasma synoviae*, MS)。MG和MS通过空气和接触污染物进行水平传播,通过输卵管、种蛋和精液进行垂直传播,一旦感染终身携带。MG和MS引起家禽慢性呼吸道感染,增加了其他病原微生物的混合或继发感染,包括流感病毒、传染性支气管炎病毒和大肠杆菌等,导致更严重的呼吸道症状或全身症状,使得家禽的发病率和死亡率呈上升趋势,给家禽养殖业造成巨大经济损失。

6.5.3.1 病原概述

MG、MS均属于柔膜体纲、支原体目、支原体科、支原体属成员,是能够在体外增殖的最小原核生物,直径为0.1~0.4 μm,革兰氏染色呈阴性,形态呈球状、丝状等多种形态。MG和MS基因组较小,G+C含量低,缺少合成必需氨基酸和生长因子的基因,因此在体外培养需要加入半胱氨酸、精氨酸、NAD和动物血清等。支原体不含细胞壁,对外界环境及理化因素抵抗力弱,在紫外线照射半小时即可丧失活性,大部分消毒剂均可将其杀死,温度高于39℃即可灭活,4℃条件下可存活1周左右,冻干条件下可保存10年以上(张磊,2012)。

6.5.3.2 流行特点

MG和MS对各种日龄的鸡和火鸡均易感。MG和MS在澳大利亚、南美洲、欧洲、亚洲和非洲等均有报道,但是分布范围呈现点状分布,少见大规模暴发。随着我国家禽养殖业的发展,MS的感染率也在逐渐增加。流行病学调查显示,我国多数省份鸡群MS的阳性率非常高,有的高达80.99%(Xue et al.,2017)。在过去数十年里,MS对家禽养殖业的影响已逐渐超过MG。

6.5.3.3 诊断

支原体的诊断主要依赖实验室检测手段,包括支原体的分离鉴定、基于聚合酶链式反应的DNA检测方法、血清学方法监测鸡群血清抗体。

病原的分离鉴定:病原的分离鉴定是支原体病诊断的金标准,也是最可靠的方法。但由于支原体对外界环境敏感、对培养基的营养要求高,且生长周期长等特点,使得支原体的分离率不高(丁美娟,2013)。

血清学诊断方法:有几种血清学检测方法可用于检测MG或MS抗体,最常用的是快速平板凝集试验(SPA)、血凝抑制(HI)试验和ELISA。SPA针对特异性免疫蛋白IgM,可对早期感染进行诊断,该方法操作简便快捷,敏感性高,但也存在一定的假阳性。不过,郭婷婷等(2023)对MS快速平板凝集试验方法进行了优化,大大提高了MS

6 白羽肉鸡疫病高效防控

抗体检测的准确性。HI针对的是血清中的IgG，可检测血清中的抗体效价。ELISA检测方法的特异性更强、灵敏度更高，但该方法无法区分疫苗株与野毒株感染，目前市面上有商品化的支原体ELISA检测试剂盒。

分子生物学方法：用于支原体检测的分子生物学方法有SDS聚丙烯酰胺凝胶电泳、PCR、荧光定量PCR、DNA指纹分析、环介导等温扩增等，其中PCR方法使用最为广泛，是检测临床样本中支原体基因组的重要手段。针对MG $mgC2$ 和MS $vlhA$ 基因的PCR检测方法已经成熟并广泛使用。

6.5.3.4 防控技术

抗生素治疗是缓解禽支原体感染最为有效的策略之一。支原体缺乏细胞壁和叶酸合成途径，对靶向肽聚糖的抗菌药物具有天然的耐药性，如β-内酰胺类、糖肽类和磷霉素类；对靶向叶酸合成途径的磺胺类抗菌药物也具有耐药性；除以上药物以外，多黏菌素、萘啶酸、利福平以及一些恶唑烷酮类药物，如利奈唑胺等对支原体也无效。兽医临床上常用的药物有氟喹诺酮类和大环内酯类。

由于抗生素的使用需要严格把控，且药物治疗不能根治支原体病，因此疫苗免疫成为支原体防控的另一有效策略。疫苗研究主要集中在活疫苗、灭活苗、基因工程亚单位疫苗。

MG和MS活疫苗的研究。MG活疫苗株主要包括F株、ts-11株、6/85株，研究表明ts-11和6/85可以对MG强毒株感染提供保护，这种作用在气管和气囊中有效，在肺中无效。MG疫苗的免疫效果也受到鸡年龄、给药途径和剂量影响。澳大利亚生物制品有限公司研发的MS-H弱毒活疫苗已在我国被批准上市，建议MS-H活疫苗的最佳免疫时间为5周龄之前，且推荐使用滴鼻、点眼的方式。研究表明该疫苗通过竞争性抑制致病菌株在气管和气囊上定植来降低MS的感染，具有安全性高的特点（Feberwee et al., 2017）。

MG和MS灭活疫苗的研发。MG和MS灭活苗能够刺激机体产生免疫应答，具有较好的攻毒保护效果，对强毒感染后动物的排毒起到一定抑制作用（姜肖军等，2024）。

MG和MS亚单位疫苗的研发。与传统疫苗相比，基因工程亚单位疫苗具有抗原纯净、精准激活机体免疫力、毒副反应小等优点，是未来疫苗研发的新方向。由于支原体缺乏细胞壁，基因工程亚单位疫苗的研发主要聚焦在膜蛋白上。已有报道通过双向电泳和质谱技术对支原体的分泌蛋白进行了结构功能分析，为MS亚单位疫苗靶标抗原的筛选提供了候选蛋白（Rebollo et al., 2012）。目前研发的亚单位疫苗虽不能防止MS感染定植，却能够显著减轻MS感染引起的病变，为控制MS感染导致的临床病变提供有效策略。此外，也有以G的TM-1蛋白为靶标，研制MG重组腺病毒载体疫苗，该重组疫苗对MG感染具有一定的保护作用（Zhang et al., 2018）。

MG和MS的净化方案均是从饲养期结束时开始大量采集样本，并在生产期扑杀阳性鸡群，最终实现鸡群的支原体净化。选择无支原体的健康鸡群，切断支原体的传播和流行，是实现支原体净化的根本解决方式。

建立健康鸡群。首先需要保证引进的雏鸡不携带支原体；其次在引进鸡苗前的5 d，对鸡舍内设备、用具和环境进行彻底消毒，并甲醛密闭熏蒸进行环境消毒；引进鸡苗后，对鸡舍进行连续几天的带鸡消毒。

阻断横向传播。为了避免支原体在鸡群中横向传播，可采取分群饲养的策略，坚持"全进全出"，免疫时使用背景清楚的疫苗。同时，要做好鸡群的日常管理工作，利用仪器实时监测，保证环境中的温度和湿度维持在适宜水平；尽可能减少环境应激因素，保持良好稳定的环境。饲喂方面，在饮水中添加一定的维生素和葡萄糖。通过这些措施，为易感动物提供充分的保护，保证鸡群对支原体有高水平抵抗力。

6.5.4 案例

6.5.4.1 案例一：鸡白痢净化

通过了解鸡群健康状态和疫病带菌情况，考虑净化目标、净化成本、净化技术等因素，可制定适合于肉种鸡场实际情况的科学合理的净化方案，其中包括持续优化的种源净化和完善的生物安全配套管理两个方面。

（1）持续优化的种源净化。

①净化标准。参照《种鸡场禽白血病、鸡白痢净化要求》（T/CVMA 49—2020）、《种鸡场鸡白痢沙门氏菌净化规程》（GB/T 43173—2023），祖代以上养殖场检测阳性率低于0.2%。父母代养殖场检测阳性率低于0.5%。通过持续的净化检测，可结合实际情况适当提高净化标准。

②检测方法。鸡群鸡白痢沙门氏菌检测方法参考《鸡伤寒和鸡白痢诊断技术》（NY/T 536—2017），按其操作标准开展血清平板凝集检测。

沙门氏菌病原检测方法参考《鸡伤寒和鸡白痢诊断技术》（NY/T 536—2017）和地方标准《种鸡场鸡白痢沙门氏菌净化技术规范》（DB 51/T 2665—2019），按其操作技术规范开展检测。

③鸡白痢净化检测程序。血清检测净化程序：鸡群开产产蛋率达30%时和留种前，2次对鸡群进行平板凝集全群普检。如果阳性比例超标检出，则在1个月后进行第二次普检，直至无阳性鸡检出；当阳性率控制在标准范围内时，公鸡每月普测，母鸡每月抽测10%，一旦阳性超标则全群普检。

病原检测程序：为监控鸡群净化效果，在转群前、开产阶段和留种前进行沙门氏菌病原分离检测，采集鸡群肛拭子样品进行病原分离培养，若检出阳性则淘汰种鸡，同时需对全群进行病原普检；为有效评估下一代鸡群的健康状况，对1日龄雏鸡和死胚进

6 白羽肉鸡疫病高效防控

行沙门氏菌病原分离检测。

（2）完善的生物安全配套管理。

笼养模式虽然能降低疾病的水平传播速度，但生物安全管理不容忽视，沙门氏菌可通过鸡、蛋、环境导致任何品种和各阶段日龄的鸡发生感染。为维持鸡白痢的净化效果，须严格落实生物安全防控工作。

孵化环节，孵化前对入孵种蛋进行挑选，将附着粪便的种蛋进行剔除，对合格鸡蛋进行熏蒸消毒，杀灭种蛋表面的沙门氏菌；孵化期间温度升高有利于沙门氏菌的繁殖，为避免出雏期间的污染，可选择纸袋入孵的方式，出雏时，工作人员用消毒药液定期洗手消毒。

饲养环节，以清除病原为核心，按照全进全出的饲养模式，空场达标后方能进鸡，养殖中与鸡只接触的饲料、饮水、环境等不得检出沙门氏菌，同时对检出鸡白痢的鸡只须立即密封淘汰，并对鸡只所在笼具和周围笼具进行全面消毒。

外环境的控制，通过配套窗纱、挡鼠板、驱鸟器等硬件设施并定期排查，严格控制螨虫、老鼠、蚊蝇、鸟类对沙门氏菌水平传播的风险。

6.5.4.2 案例二：禽白血病净化

（1）持续优化的种源净化。

①净化标准。参照《原种鸡群禽白血病净化检测规程》（GB/T 36873—2018）、《种鸡场禽白血病、鸡白痢净化要求》（T/CVMA 49—2020），禽白血病蛋清病原检测阳性率为0%。

②净化方法及程序。1日龄胎粪检测：通过1日龄胎粪病原普测，可以及时淘汰阳性鸡，避免雏鸡间的水平传播。将检测净化流程标准化，确保雏鸡在出雏4 h内运送到雏场，降低雏鸡间水平传播的风险。

开产蛋清检测：由于开产应激会导致排毒增多，使得该阶段成为一个排毒高峰期，可取开产前3枚蛋清混合检测，淘汰阳性种蛋对应鸡只。

留种前蛋清检测：由于禽白血病具有通过种蛋传播的特点，在留种之前必须进行检测且及时淘汰阳性鸡，避免阳性鸡种蛋进入孵化环节、导致病毒扩散到下一代。因此，留种前取3枚鸡蛋蛋清混合检测，淘汰阳性种蛋对应鸡只。

病毒分离检测：为避免公鸡垂直传播禽白血病及输精造成母鸡感染禽白血病，公鸡在开产和留种前采用病毒分离方法进行禽白血病分离培养检测，淘汰病毒分离阳性鸡。

（2）完善的生物安全配套管理。

①孵化环节。种蛋的运输，需采用专车运输，以确保种蛋的安全和卫生；种蛋进入蛋库存放要进行严格的熏蒸消毒。孵化前核心群种蛋单家系单独挑选、码放种蛋；孵化期间孵化厅、孵化器和出雏器做到专一专用。核心群种蛋落盘须按照家系用纸袋落

盘。出雏前2 d，将出雏场地及各种用具清洗干净后再用消毒液彻底消毒。所有人员进入孵化厅须严格落实洗澡、更衣、消毒工作。特别是出雏期间，一个家系在出雏完，员工须对手部进行彻底消毒，减少因人员操作造成的水平传播（图6-23）。

图6-23　孵化环节生物安全控制（刘爱巧　摄）

②养殖环节。养殖环节因周期较长，与鸡只接触的细节（如饲料、笼具隔离、免疫、疫苗等）管理较多，成为防控的难点。

笼具方面，核心群育雏期间笼具需要做到单家系饲养，通过在笼具间添加隔板的方式将家系间进行隔离，做到只闻其声不见鸡的效果；育成后期采用单笼饲养的方式，减少水平传播风险（图6-24）。

疫苗方面，禽用活疫苗多由细胞、SPF鸡胚等生产，容易造成外源病毒污染，鸡群免疫后将会感染外源性病毒，因此需要对每批使用的活疫苗开展外源病毒检测。另外，免疫时可选用无针孔注射器，可极大地降低交叉污染的风险。

图6-24　育雏单家系、育成后期单笼饲养（刘爱巧　摄）

6.5.4.3 案例三：雏鸡胎粪禽白血病检测

根据白羽肉鸡育种方式的特点，通过本底调查，了解鸡群健康状况和禽白血病感染情况，考虑饲养模式、育种规模、净化目标、净化成本、净化技术等因素，制定适合于短时大规模胎粪样品检测方案。

（1）胎粪检测标准。参照《禽白血病净化技术规范》（T/CVMA 1—2018），胎粪样品禽白血病病毒p27抗原检测阳性率0%，根据情况可适当提高淘汰鸡判定标准。

（2）检测方法。检测方法参考《禽白血病诊断技术》（GB/T 26436—2010）和《禽白血病病毒p27抗原酶联免疫吸附试验方法》（NY/T 680—2003），按其操作标准开展胎粪样品禽白血病病毒p27抗原检测。

（3）胎粪检测程序。样品采集：按照全同胞对2 mL离心管高压灭菌和编号，加入0.5 mL 0.9%生理盐水，按要求逐只采集胎粪。对于采不出胎粪或样品含量不合格的鸡，用蘸湿0.9%生理盐水的棉签头插入肛门内旋转采集胎粪，采好后折断棉签柄把棉签头放在离心管的内液面以下。

流水线式胎粪检测程序：根据预估胎粪样品数提前分组（按照1 h内采集的样品数进行分组），一组样品视为一个循环，每个循环间隔1 h，孵化厂采集出来一个循环的样品后，即按照禽白血病病毒p27抗原ELISA方法进行检测，每个循环以此类推进行检测。

结果反馈和阳性鸡淘汰：每个循环检测结果出来以后，随即筛选出阳性鸡，发送至孵化厅，由孵化厅根据编号找到阳性鸡所在全同胞，淘汰全同胞。

6.6 免疫防控新技术

疫苗接种仍然是当下防控白羽肉鸡传染性疾病的最主要手段之一，筛选恰当的疫苗毒株、制定合理的免疫程序、正确规范的免疫操作是保证免疫效果的关键因素，在操作时要根据具体的疫苗产品选择适当的免疫接种途径。免疫后应加强免疫效果的监测，这是养殖企业检测疫苗有效性的最佳手段，检测手段和评判标准要根据具体的疫苗和病原体的致病情况来定。免疫后如果发生该病，要进行免疫失败原因分析，找到具体发病因素，避免再次发病。

6.6.1 白羽肉鸡免疫技术

6.6.1.1 孵化厂免疫

6.6.1.1.1 胚内免疫

胚内接种可在种蛋转盘阶段实施，马立克氏病或各种马立克氏病病毒载体疫苗通常可通过该途径接种，免疫试验结果显示胚内免疫产生保护力的时间比出雏后免疫早且可节省更多劳动力和时间（Li et al.，2023）。虽然胚内接种具有较多优势，但如果在具体操作中控制不当，非但不能获得益处，相反很可能遭受损失，所以开展胚内接种应注意以下方面。

必须确保正确的接种部位和接种时间，保证25%~75%的疫苗接种到胚体的颈部和肩部。不同的孵化设备、参数设定以及种蛋周龄会影响胚蛋孵化程度以及孵化均匀度，进而影响接种部位。所以必须根据实际情况在理论接种窗口范围内确定最佳接种时间。

胚内接种针头必须严格消毒。现有的胚内接种设备都自带自动消毒功能，确保接种过程中的针头消毒切实有效。

疫苗必须正确安全地配制和输送。确保疫苗输送管路畅通，剂量准确。

孵化厂的生物安全水平必须符合胚内接种的要求。在开展胚内接种免疫之前，需对孵化厂内与胚内接种有关的各个环节进行微生物检测。

6.6.1.1.2　1日龄喷雾免疫

孵化厂通常采用专用设备进行喷雾，每批雏鸡放入后启动装置实施喷雾。该方法一般用于新城疫、传染性支气管炎和球虫疫苗免疫，其原理仿效点眼免疫，部分疫苗毒株也可以经口感染。雾滴大小非常重要，只要雾滴在100~150 μm，喷雾免疫的效果一般都比较好；小的雾滴直径不超过20 μm，可能会进入鸡的下呼吸道，则可能会引起严重的疫苗不良反应。湿度大小对免疫效果也有影响，如果湿度过低可能会导致雾滴过小。

6.6.1.1.3　1日龄皮下注射免疫

自动免疫注射器在世界上许多地方都使用，用于颈部皮下接种。一般每小时可免疫1 600~2 000只雏鸡。在使用过程中需要特别注意定期更换针头，因为钝针或弯针可能对雏鸡造成不必要的伤害。操作人员还需要警惕不当的注射位置可能造成的颈部肌肉或颈椎损伤。为了检查免疫操作是否到位，通常会在疫苗中添加无害的染料，这样可以通过观察皮下组织的着色情况来评估注射的准确性。在日常工作中应定期进行抽检，仔细检查皮下着色的均匀性来评估接种质量，操作者操作太快是造成漏免最常见的原因之一。

油乳剂灭活疫苗也可以在孵化厂进行1日龄颈背部皮下注射免疫，如果同批雏鸡免疫过马立克氏病疫苗，需要间隔2 h以上再进行灭活疫苗的免疫。

6.6.1.2　养殖场免疫

6.6.1.2.1　饮水免疫

饮水免疫是一种实用且经济的免疫方式，但影响因素较多，需要严格把控各个环节。首先应使用清洁适温的水，确保水质不含任何可能灭活疫苗病毒或细菌的物质。为了保护疫苗效价，饮水中应加入0.1%~0.3%的脱脂乳或山梨糖醇。饮水器的数量和分布也至关重要，必须确保2/3以上禽只能同时饮水，这样才能保证群体均匀摄入足量疫苗。为了使疫苗在1~2 h内被充分利用，接种前通常需要停水2~4 h。夏季天气炎热时，饮水免疫最好在早上完成，这样可以减少应激反应。

6.6.1.2.2 点眼、滴鼻

点眼、滴鼻的免疫途径接种效果确切可靠，对于预防呼吸道疾病尤其有效。然而，该方法需要投入较多人力资源，且可能引起短期应激反应。如果操作不够规范，很难达到预期的免疫效果。

稀释液最好使用经过验证的生理盐水或专用稀释液，应避免随意添加抗生素或其他化学制剂。稀释量的准确性至关重要，建议事先测试滴管或针头的滴数标准，据此精确计算实际所需用量。

滴注疫苗后应给予适当时间让禽只充分吸收，确认吸收后再将其放回群体。在操作过程中要注意区分已接种和未接种群体，防止重复接种或遗漏。为了最大程度减轻应激反应，建议在夜间弱光条件下进行操作，或在白天采取适当的遮光措施。

6.6.1.2.3 肌内或皮下注射免疫

肌内或皮下注射免疫接种方式虽然操作较为耗时，但具有剂量准确、效果可靠的优势。在实施过程中需要注意以下几点。

使用连续注射器时要定期校准实际注射量，避免因器械磨损导致剂量偏差。所有注射用具必须经过严格的消毒灭菌处理。在选择注射部位时，皮下注射应选择颈部背侧区域，而肌内注射的部位一般选在胸肌或肩关节附近的肌肉丰满处。

操作时需特别注意针头的方向和插入深度。在进行颈部皮下注射时，针头方向应向后向下，保持与颈部轴线基本平行。胸部肌内注射时，针头方向应与胸骨大致平行，雏鸡插入深度控制在0.5~1 cm，较大日龄的禽只可适当增加到1~2 cm。推注完成后要缓慢拔针，防止疫苗回流。

接种顺序应该按照禽群健康状况分批进行，优先从健康群开始，再接种假定健康鸡群，最后接种有病的鸡群。为了防止交叉感染，抽取疫苗和注射操作必须使用不同的针头，同时要格外注意操作过程中的卫生防护措施染，避免交叉感染（Xu et al., 2021）。

6.6.1.2.4 喷雾免疫

喷雾免疫技术可以显著节省大量的劳力，操作得当时效果良好，特别适合对呼吸

道有亲嗜性疫苗的接种。但这种方式容易引起应激反应，可能诱发慢性呼吸道疾病，因此需要特别注意操作规范。

在实施喷雾免疫之前，必须对设备性能进行全面测试，包括确定适宜的雾滴大小、稀释液用量、操作高度和移动速度等关键参数。只有在这些参数都达到标准要求的情况下，才能开始正式操作。

疫苗稀释时应使用无菌生理盐水或专门的稀释液，严禁使用自来水等不合格稀释液。具体用量需要根据设备类型和禽群饲养密度来确定，必须严格遵照说明书的要求执行。

严格控制雾滴的大小尤为关键，雏鸡使用时雾滴的直径应控制在30～100 μm范围内，成年禽只则应控制在5～30 μm范围。实施喷雾时要关闭鸡舍的门窗和通风设备，待喷雾20～30 min后再恢复正常。操作环境的温度要适宜，相对湿度最好保持在70%左右。喷雾时喷头要保持在禽群上方50～80 cm的高度，确保均匀覆盖。为预防慢性呼吸道病，喷雾前后几天内可在饲料或饮水中添加抗菌药物。

6.6.1.2.5 翼膜刺种免疫

翼膜刺种免疫主要应用于鸡痘疫苗的接种工作。具体操作是将每1 000羽份疫苗用25 mL生理盐水稀释，使用专门的接种针具蘸取适量稀释液，在翅膀内侧无血管区域进行穿刺。操作人员必须严格保证每次都蘸取足量疫苗，确保每只禽只都得到有效接种。实施过程中应当避免对翼膜血管的损伤。

6.6.2 疫苗选择原则

疫苗选择时应遵守安全、有效的原则，兼顾便利与成本的因素。选择疫苗时常应考虑以下因素：

选择疫苗毒（菌）株的血清型、亚型或毒株时需要与当地流行株匹配。选择疫苗剂型时需要考虑疫苗的免疫机制及相应病原体的致病机制等，选择适当的剂型，包括活疫苗与灭活疫苗的选择、水剂与油乳剂的使用时机，以及细胞结合型与非细胞结合型疫苗的适用场景。此外，还需要严格评估生产厂家的资质条件、疫苗的给药途径适用性、不同疫苗之间的配伍禁忌等因素。对于同一种疫苗，应当遵循由弱毒株到强毒株、先使用活疫苗后再使用灭活疫苗的基本原则。

6.6.3 免疫效果监测

免疫效果监测一般采用血清学方法检测，包括但不限于红细胞凝集抑制试验、琼脂扩散试验、病毒中和试验和ELISA等技术手段。在采样方案设计时，通常按照群体总数（栏、舍）的2%比例抽样，且样本量不得少于30份，以确保统计学意义。首次检测通常安排在免疫后14～21 d进行，后续每隔1～3个月进行一次跟踪检测。

由于目前业内尚未形成统一的抗体滴度标准,建议养殖场结合自身情况和历史数据,为主要传染病设定合理的最低抗体要求。在评估过程中,既要关注群体抗体滴度的几何平均值,也要重点关注低于保护性水平的个体比例。即使群体平均滴度比较高,但如果存在显著比例的个体未达到临界保护滴度,也应当及时进行补充免疫。

6.6.4 疫苗使用注意事项及免疫失败原因分析

免疫失败是指在完成疫苗接种后,禽群仍然出现相应疾病的情况。免疫失败的原因往往比较复杂,需要从多个角度进行分析。

疫苗质量方面的问题,可能表现为效价不达标、冻干工艺不完善、密封性能存在缺陷、乳化状态不稳定或佐剂颗粒过粗等情况。此外,在运输和储存环节中的温度控制不当、反复冻融及超过有效期使用等因素都可能导致疫苗失效。

疫苗选择方面的失误,这往往源于对疾病的诊断不够准确,或者所选疫苗与实际流行毒株的血清型不匹配等原因。

免疫程序设计的不合理性,这主要表现在未能充分考虑疾病的发病日龄、疫苗的种类及剂型,抗体维持时间等关键因素。科学的免疫程序应当建立在对这些要素深入了解的基础上。

稀释环节的失误也是常见原因之一。例如使用的稀释液不当,未考虑稀释液的酸碱度及必须成分等都可能影响疫苗的活性。有时因工作人员操作失误,导致稀释液量的计算或称量差错,致使稀释液量偏大;而对于一些需用液氮罐低温保存的疫苗,如不严格按规程稀释,会严重破坏疫苗质量;从稀释后到免疫接种之间的时间太长。在稀释液中加入抗生素或其他化学药物虽对疫苗病毒无直接杀灭作用,但是随着pH值、离子浓度、渗透压的改变,也可能会影响疫苗病毒活性(蒋迪等,2019)。

给药途径的选择不当也会降低免疫效果,因为每种疫苗都有其最适宜的接种途径,盲目改变可能会显著降低免疫效果。例如传染性喉气管炎疫苗和传染性支气管炎疫苗如果使用饮水免疫或者肌内注射免疫,效果都不太理想。

饮水免疫时,饮水的质量、数量、饮水器的分布和卫生等未达标准要求。喷雾免疫时,气雾的大小、喷雾高度或速度不恰当,环境和气流条件也不符合要求。滴眼、滴鼻免疫时,操作不当,导致疫苗未完全进入眼睛或鼻腔。注射时,如注射部位不当、针头过粗,会造成疫苗液外溢;或将疫苗注射到错误部位,如胸腔、腹腔等。连续注射器的定量控制失灵,导致注射剂量不足。

在接种病毒疫苗期间使用抗病毒药物可能影响疫苗的免疫效果。

当禽只感染了某些免疫抑制性病毒(如鸡传染性贫血病毒或鸡传染性法氏囊病病毒)时,即使接种了疫苗也可能无法建立理想的免疫保护。

幼龄禽只由于免疫器官发育尚未完善，同样可能出现免疫应答不足的情况。

随着病原的不断进化，超强毒株或新型血清型的出现也可能突破常规疫苗的防护屏障，这需要养殖场及时更新免疫策略以应对新的挑战。

6.6.5 免疫程序制定及免疫减负

6.6.5.1 免疫程序的制定

制定免疫方案时需要综合考虑多个要素，包括接种时机的选择、疫苗品种的确定、生产厂家的筛选、给药剂量的优化以及免疫途径的确定等。没有一种通用的免疫方案，简单套用他人的经验往往难以取得理想效果。

科学的做法应当是在现代免疫学理论指导下，充分结合养殖场的实际情况，吸收借鉴成功经验，通过持续的抗体水平监测，逐步建立和完善适合本场特点的免疫体系。这个过程需要不断地实践和调整。

种鸡和肉鸡因为用途及饲养周期不同，免疫时考虑的侧重点不同，种鸡免疫时除了要考虑种鸡本身的健康问题外，还要考虑垂直传播性疾病的问题及高母源抗体对后代的健康保护问题，因为种鸡饲养周期长，传染性支气管炎、新城疫、禽流感等疫苗要多次进行免疫，为保护商品肉鸡，病毒性脑脊髓炎、传染性贫血等垂直性传播疾病的疫苗种鸡也应进行免疫，为提高商品后代传染性法氏囊母源抗体，种鸡开产前及过了产蛋高峰应进行传染性法氏囊病油乳剂灭活疫苗的免疫。白羽肉鸡因饲养周期短，一些鸡群大日龄才可能发生的疾病一般不需要考虑免疫，像传染性鼻炎等疾病。考虑油乳剂疫苗吸收需要时间，需要进行免疫的疫苗尽可能早进行免疫（表6-5至表6-7）。

表6-5 白羽商品肉鸡参考免疫程序

日龄（d）	疫苗名称	剂量	免疫方法
1	HVT+VP2基因工程疫苗	1头份	孵化厂颈部皮下注射
1	新支二联活疫苗	1头份	孵化厂喷雾
1	新流法三联灭活疫苗	0.2 mL	颈部皮下注射
7	新支二联活疫苗	1头份	喷雾
21	新支二联活疫苗	1头份	喷雾

表6-6 小型白羽肉鸡商品鸡免疫程序

日龄（d）	疫苗名称	剂量	免疫方法
1	新支二联活疫苗	1羽份	喷雾
1	新流法腺灭活疫苗	0.2 mL	颈部皮下注射

（续表）

日龄（d）	疫苗名称	剂量	免疫方法
7	新支二联活疫苗	1羽份	饮水
21	新城疫Ⅳ系活疫苗	1羽份	饮水
35	新城疫Ⅳ系活疫苗	1羽份	饮水

注：1. 在腺病毒感染压力低的区域，新流法腺也可以更换为新流法，以提高法氏囊的免疫效果，小型白羽肉鸡面临法氏囊的感染压力较大。

2. 新城疫感染压力低的区域或季节，35日龄的新城疫免疫可以不做。

表6-7　白羽肉种鸡参考免疫程序

日龄（d）	免疫项目	免疫方法	剂量
1	马立克活苗（MD）	注射	1羽份
1	新城疫、传染性支气管炎二联活疫苗（ND-IB）	喷雾	1羽份
6	病毒性关节炎油苗（REO）	注射	0.3 mL
10	传染性支气管炎活疫苗（LDT-3株）+新城疫、传染性支气管炎二联活疫苗（ND-IB）	点眼	1羽份
15	禽流感病毒（H5+H7）三价灭活疫苗	注射	0.5 mL
18	传染性支气管炎二联活疫苗（ND-IB）	点眼	1羽份
21	新支流灭活疫苗（ND+IB+H9）	注射	0.5 mL
21	鸡痘灭活疫苗（POX）	刺种	1.2羽份
30	鸡毒支原体灭活疫苗（MG）	注射	0.5 mL
40	鸡传染性鼻炎灭活疫苗（IC）	注射	0.3 mL
45	禽流感病毒（H5+H7）三价灭活疫苗	注射	0.5 mL
55	病毒性关节炎油苗（REO）	注射	0.5 mL
60	鸡新城疫病毒、禽流感病毒（H9亚型）二联灭活疫苗（ND-H9）	注射	0.5 mL
65	传染性支气管炎二联活疫苗（ND-IB）	喷雾	2羽份
75	鸡传染性喉气管炎活疫苗（ILT）	点眼	1羽份
95	鸡传染性鼻炎灭活疫苗（IC）	注射	0.5 mL
110	禽流感病毒（H5+H7）三价灭活疫苗	注射	0.5 mL
112	新城疫、传染性支气管炎二联活疫苗（ND-IB）	喷雾	2羽份
120	鸡新城疫病毒、禽流感病毒（H9亚型）二联灭活疫苗（ND-H9）	注射	0.7 mL
130	鸡毒支原体灭活疫苗（MG）	注射	0.5 mL
140	禽脑脊髓炎灭活疫苗（AE）	注射	0.5 mL
155	鸡新城疫、传染性支气管炎、减蛋综合征三联灭活疫苗（ND-IB-EDS）	注射	0.5 mL

（续表）

日龄（d）	免疫项目	免疫方法	剂量
160	病毒性关节炎油苗（REO）	注射	0.7 mL
165	新流法鸡新城疫病毒、禽流感病毒（H9亚型）、传染性法氏囊基因工程三联灭活疫苗（ND-H9-IBD）	注射	0.7 mL
172	新城疫、传染性支气管炎二联活疫苗（ND-IB）（结合抗体）	喷雾	2羽份
180	禽流感病毒（H5+H7）三价灭活疫苗	注射	0.7 mL

6.6.5.2 免疫减负

随着白羽肉鸡产业集约化程度的提高，应充分认识到免疫次数不是越多越好，免疫只是防控疾病的手段之一，最主要的是加强生物安全管理，过度依靠免疫不能解决疾病问题。在加强生物安全管理的基础上，可以使用联苗，实现一针防多病的目的。目前多联疫苗的研发已取得重要进展，例如，针对H5禽流感和新城疫这两种严重的家禽传染病（Ge et al.，2007），我国已经成功研发并应用了重组二联活疫苗。这种疫苗不仅能有效预防两种疾病，还具有显著的社会、经济和环境效益。此外，针对水禽的禽流感重组鸭瘟病毒载体活疫苗也获得了新兽药证书，这将有助于养殖户降低成本，减少用药量，提高养殖效益（Chen et al.，2019）。另外，以火鸡疱疹病毒（HVT）为载体表达外源基因的多联疫苗也已得到广泛的报道和应用。比如以HVT为载体表达IBDV VP2蛋白的重组病毒（rHVT-IBD）疫苗已得到广泛的应用，在IBD的防控方面发挥了重要作用。已报道的还有共同表达NDV F蛋白和IBDV VP2蛋白的重组HVT病毒（HVT-ND-IBD）（Zhang et al.，2024），以及共同表达IBDV VP2蛋白和H9 HA蛋白的重组HVT病毒（HVT-VP2-HA）。这些以病毒载体研制的多联疫苗的上市，将在减负、促进养殖业可持续发展方面发挥更加重要的作用。

本章主要编写人员：高玉龙　曹伟胜　刘大伟　罗青平　田国彬　周红波
　　　　　　　　　　郭龙宗　刘爱巧　肖　凡

主要参考文献

陈丽珠，卞红春，陈静华，等，2021. 不同消毒剂及频率对蛋鸡场水线消毒效果观察. 中国畜禽种业，17（11）：69-71.

陈永亮，吕颜枝，杨海明，2022. 微酸性电解水对层叠式笼养肉鸡舍的喷雾消毒效果研究. 中国家禽，44（4）：65-68.

崔现兰，辜桂香，吴东来，等，1992. 鸡传染性贫血病病毒的鉴定. 中国畜禽传染病（6）：3-5.

崔治中，孟珊珊，姜世金，等，2006. 我国白羽肉用型鸡群中CAV、REV和REO感染状况的血清学调查. 畜牧兽医学报（2）：152-157.

丁美娟，2013. 鸡滑液囊支原体的分离鉴定及部分生物学特性研究. 南京：南京农业大学.

杜岩，崔治中，秦爱建，等，2000. 鸡的J亚群白血病病毒的分离及部分序列比较. 病毒学报（4）：57-62.

葛成菲，陆杭琼，刘长军，2023. 鸡马立克病病毒的进化及疫苗研究进展. 中国科学：生命科学，53（12）：1722-1732.

郭龙宗，曲立新，2009. 种鸡禽肺病毒感染的血清学调查. 中国畜牧兽医，36（4）：149-150.

胡明雪，2024. CAV 2020—2023年流行毒株的分离鉴定及鸡胚适应毒株培育和药物对其防治. 长春：吉林农业大学.

姜肖军，郭亚男，何生虎，2024. 鸡滑液囊支原体灭活疫苗的制备及其免疫保护效果研究. 家畜生态学报，45（1）：78-81.

蒋迪，李诗雯，周汝鹏，2019. 家禽免疫接种的方式及注意事项. 畜牧兽医科技信息（12）：151.

李岳，闫娜娜，刘爱晶，等，2020. 中国部分地区鸡传染性贫血流行病学调查及病原分离鉴定. 中国预防兽医学报，42（8）：760-765.

刘栋辉，郭梦娇，张昊，等，2022. 副鸡禽杆菌研究进展. 动物医学进展，43（7）：95-98.

刘孟文，杨欢欢，赵一鹏，等，2019. 陕西省329份市售鸡肉和鸡蛋中四环素类抗生素残留调查. 现代预防医学，46（17）：3131-3133.

刘芮，2023. 2019—2022年禽呼肠孤病毒流行毒株的分离及弱毒疫苗株培育. 北京：中国农业科学院.

MARTINE B，2019. 禽病手册. 7版. 北京：中国农业大学出版社.

卢玉葵，刘佳琪，钟嘉诚，等，2023. 鹅源副鸡禽杆菌的分离鉴定及致病性研究. 中国畜牧兽医，50（6）：2562-2572.

全国动物卫生标准化技术委员会，2020. 高致病性禽流感诊断技术：GB/T 18936—2020. 北京：中国标准出版社.

肖永华，革丽亚，梁高道，等，2022. 湖北省鸡肉和鸡蛋中多组分抗生素残留分析. 中国食品卫生杂志，34（2）：292-296.

薛杨，俞晗之，2020. 前沿生物技术发展的安全威胁：应对与展望. 国际安全研究，38（4）：136-156.

于蒙蒙，2019. B亚型禽偏肺病毒的分离鉴定及致病性研究. 北京：中国农业科学院.

岳秀英，葛荣，吴晓岚，等，2017. 四川省猪、鸡源大肠杆菌对抗生素耐药性研究. 中国兽医杂志，53（1）：93-95.

曾显营，田国彬，陈化兰，2023. 中国H5/H7亚型禽流感疫苗研制和应用进展. 中国科学：生命科学，53（12）：1700-1712.

张丹俊，戴银，赵瑞宏，等，2017. 安徽省部分地区鸡群禽偏肺病毒感染的血清学调查. 动物医学进展，38（2）：126-129.

张磊，2012. 鸡毒支原体JN株的分离鉴定及PCR检测方法的建立. 泰安：山东农业大学.

BENKŐ M，AOKI K，ARNBERG N，et al.，2022. ICTV virus taxonomy profile：adenoviridae. Journal General Virology，103（3）：1721.

BLACKALL P J，EAVES L E，ROGERS D G，1990. Proposal of a new serovar and altered nomenclature for *Haemophilus paragallinarum* in the Kume hemagglutinin scheme. Journal of Clinical Microbiology，28（6）：1185-1187.

CAVANAGH D，2005. Coronaviruses in poultry and other birds. Avian Pathology，34（6）：439-448.

CHEN P，DING L，JIANG Y，et al.，2019. Protective efficacy in farmed ducks of a duck enteritis virus-vectored vaccine against H5N1，H5N6，and H5N8 avian influenza viruses. Vaccine，37（40）：5925-5929.

COOK J，CHESHER J，ORTHEL F，et al.，2000. Avian pneumovirus infection of laying hens：experimental studies. Avian Pathology，29（6）：545-556.

DE WIT J，2000. Detection of infectious bronchitis virus. Avian Pathology，29（2）：71-93.

FAN L，WU T，WANG Y，et al.，2020. Novel variants of infectious bursal disease virus can severely damage the bursa of fabricius of immunized chickens. Veterinary Microbiology，240：108507.

FEBERWEE A，DIJKMAN R，KLINKENBERG D，et al.，2017. Quantification of the horizontal transmission of Mycoplasma synoviae in non-vaccinated and MS-H-vaccinated layers. Avian Pathology，46：346-358.

GARCÍA M et al.，2017. Current and future vaccines and vaccination strategies against infectious laryngotracheitis（ILT）respiratory disease of poultry. Veterinary Microbiology，206：157-162.

GE J, DENG G, WEN Z, et al., 2007. Newcastle disease virus-based live attenuated vaccine completely protects chickens and mice from lethal challenge of homologous and heterologous H5N1 avian influenza viruses. Journal Virology, 81（1）: 150-158.

GOHARI I M, NAVARRO M A, LI J H, et al., 2021. Pathogenicity and virulence of Clostridium perfringens. Virulence, 12（1）: 723-753.

GOWTHAMAN V, KUMAR S, KOUL M, et al., 2020. Infectious laryngotracheitis: Etiology, epidemiology, pathobiology, and advances in diagnosis and control-a comprehensive review. Veterinary Quarterly, 40（1）: 140-161.

LI P H, ZHENG P P, ZHANG T F, et al., 2017. Fowl adenovirus serotype 4: Epidemiology, pathogenesis, diagnostic detection, and vaccine strategies. Poultry Science, 96（8）: 2630-2640.

LI X, LIU X, CUI L, et al., 2023. How to break through the bottlenecks of in ovo vaccination in poultry farming. Vaccines（Basel）, 12（1）: 48.

LI X, ZHANG K, PEI Y, et al., 2020. Development and application of an MRT-qPCR assay for detecting coinfection of six vertically transmitted or immunosuppressive avian viruses. Frontiers in Microbiology, 11: 1581.

MA M, YU M, CHANG F, et al., 2020. Molecular characterization of avian leukosis virus subgroup J in Chinese local chickens between 2013 and 2018. Poultry Science, 99（11）: 5286-5296.

MO J, 2021. Historical investigation of fowl adenovirus outbreaks in Republic of Korea from 2007 to 2021: a comprehensive review. Viruses, 13（11）: 2256.

NAIR V, GIMENO I, DUNN J, et al., 2019. Neoplastic diseases. Hoboken, N J, USA: Diseases of Poultry: 548-715.

NAVARRO M, MCCLANE B, UZAL F, 2018. Mechanisms of action and cell death associated with clostridium perfringens toxins. Toxins, 10（5）: 212.

OU S, GIAMBRONE J, 2012. Infectious laryngotracheitis virus in chickens. World Journal Virology, 1（5）: 142-149.

PAYNE LN, NAIR V, 2012. The long view: 40 years of avian leukosis research. Avian Pathology, 41（1）: 9-11.

PEARCE M E, ALIKHAN N F, DALLMAN T J, et al., 2018. Comparative analysis of core genome MLST and SNP typing within a European *Salmonella* serovar Enteritidis outbreak. International Journal Food Microbiology, 274: 1-11.

PRESCOTT J F, PARREIRA V R, GOHARI I M, et al., 2016. The pathogenesis of necrotic enteritis in chickens: what we know and what we need to know: a review. Avian Pathology, 45（3）: 288-294.

REBOLLO COUTO M S, KLEIN C S, VOSS-RECH D, et al., 2012. Extracellular Proteins of Mycoplasma synoviae. ISRN Veterinary Science, 2012: 802308.

SAKAMOTO R, KINO Y, SAKAGUCHI M, 2012. Development of a multiplex PCR and PCR-RFLP method for serotyping of *Avibacterium paragallinarum*. Journal Veterinary Medical Science, 74（2）: 271-273.

SHI J, ZENG X, CUI P, et al., 2023. Alarming situation of emerging H5 and H7 avian influenza and effective control strategies. Emerging Microbes & Infections, 12（1）: 2155072.

VALASTRO V, HOLMES E, BRITTON P, et al., 2016. S1 gene-based phylogeny of infectious bronchitis virus: An attempt to harmonize virus classification. Infections Genetice Evolution, 39: 349-364.

WANG Y, FAN L, JIANG N, et al., 2021. An improved scheme for infectious bursal disease virus genotype classification based on both genome-segments A and B. JIA, 20（5）: 1372-1381.

WU M, ZHANG Z, SU X, et al., 2022. Biological characteristics of infectious laryngotracheitis viruses isolated in China. Viruses, 14（6）: 1200.

XU B, DONG W, YU C, et al., 2004. Occurrence of avian leukosis virus subgroup J in commercial layer flocks in China. Avian Pathology, 33（1）: 13-17.

XU W, HU S, 2021. Administration of infectious bursal disease vaccine in Houhai acupoint promotes robust immune responses in chickens. Research Veterinary Science, 42: 149-153.

XUE J, XU M Y, MA Z J, et al., 2017. Serological investigation of Mycoplasma synoviae infection in China from 2010 to 2015. Poultry Science, 96: 3109-3112.

ZHANG D, LONG Y, LI M, et al., 2018. Development and evaluation of novel recombinant adenovirus-based vaccine candidates for infectious bronchitis virus and Mycoplasma gallisepticum in chickens. Avian Pathology, 47: 213-222.

ZHANG J F, SHANG K, KIM S W, et al., 2024. Simultaneous construction strategy using two types of fluorescent markers for HVT vector vaccine against infectious bursal disease and H9N2 avian influenza virus by NHEJ-CRISPR/Cas9. Frontiers Veterinary Science, 11: 1385958.

ZHANG W, WANG X, GAO Y, et al., 2022. The over-40-years-epidemic of infectious bursal disease virus in China. Viruses, 14（10）: 2253.

ZHANG X H, LEI X D, MA L F, et al., 2019. Genetic and pathogenic characteristics of newly emerging avian reovirus from infected chickens with clinical arthritis in China. Poultry Science, 98: 5321-5329.

ZHANG Y, LAN X, WANG Y, et al., 2022. Emerging natural recombinant Marek's disease virus between vaccine and virulence strains and their pathogenicity. Transboundary and Emerging Diseases, 69 (5): e1702-e1709.

7 白羽肉鸡精深加工与预制菜发展

7.1 肌肉品质

随着全球人口的增长和消费者对高品质蛋白质需求的不断增加,白羽肉鸡作为世界范围内广泛饲养的商业化肉鸡品种,其肌肉品质的研究日益受到重视。白羽肉鸡以其生长速度快、饲料转化率高、产肉性能优良等特点,在全球肉鸡产业中占据重要地位。然而,随着人们生活水平的提高和健康意识的增强,消费者对鸡肉产品的要求已不再仅仅局限于产量和价格,而是更加侧重其营养价值和加工品质。因此,需深入研究白羽肉鸡肌肉的营养品质与加工品质。

7.1.1 白羽肉鸡肌肉营养品质

营养品质是指食品中所含的营养成分对人体营养需要的满足程度和适应性。它不仅关注营养成分的种类和含量,还涉及这些成分在人体内的吸收、利用以及可能产生的生理效应。营养品质是评价食品优劣的重要指标之一,对于保障人体健康具有重要意义。在我国,鸡肉作为一种重要的肉类产品,其受欢迎程度仅次于猪肉,因其具有低脂高蛋白的优质特性而广受消费者青睐,显示出巨大的市场发展潜力(表7-1)。

表7-1 不同动物性食品每100 g肉中一般营养成分含量(杨月欣,2019)

名称	食部(%)	水分(g)	能量(kcal)	蛋白质(g)	脂肪(g)	碳水化合物(g)	胆固醇(mg)	灰分(g)
鸡肉	63	70.5	145	20.3	6.7	0.9	106	1.1
鸭肉	68	63.9	240	15.5	19.7	0.2	94	0.7
鹅肉	63	61.4	251	17.9	19.9	0	74	0.8
猪肉	91	54.9	331	15.1	30.1	0	86	0.8
牛肉	100	69.8	160	20	8.7	0.5	58	1.1
羊肉	100	72.5	139	18.5	6.5	1.6	82	1

7.1.1.1 维生素和矿物质

肉鸡肌肉中富含维生素A、维生素D、维生素E、维生素K以及B族维生素等多种脂溶性和水溶性维生素，这些维生素在维持视力、促进骨骼健康、抗氧化、调节能量代谢等方面发挥着重要作用。维生素主要来源于白羽肉鸡所食用的饲料，并通过其消化系统吸收进入体内。在烹饪过程中，部分水溶性维生素可能会流失，因此合理的烹饪方式对于保留维生素至关重要。同时，肉鸡富含钙、磷、铁、锌、镁等多种矿物质，这些矿物质是构成骨骼、牙齿、血液等组织的重要成分，同时也是多种酶和激素的活性中心。矿物质的吸收和利用受到多种因素的影响，如年龄、性别、生理状态以及食物中其他成分的影响。表7-2和表7-3分别展示了不同动物性食品每100 g肉中的维生素和矿物质含量。

表7-2　不同动物性食品每100 g肉中维生素含量（杨月欣，2019）

名称	食部（%）	总维生素A（μgRAE）	视黄醇（μg）	硫胺素（mg）	核黄素（mg）	烟酸（mg）	维生素C（mg）	维生素E（mg）
鸡肉	63	92	92	0.06	0.07	7.54	*Tr	1.34
鸭肉	68	52	52	0.08	0.22	4.2	Tr	0.27
鹅肉	63	42	42	0.07	0.23	4.9	Tr	0.22
猪肉	91	15	15	0.3	0.13	4.1	Tr	0.67
牛肉	100	3	3	0.04	0.11	4.15	Tr	0.68
羊肉	100	8	8	0.07	0.16	4.41	Tr	0.48

注：*Tr代表低于检测限；Tr表示低于定量限。

表7-3　不同动物性食品每100 g肉中矿物质含量（杨月欣，2019）

名称	食部（%）	钙（mg）	磷（mg）	钾（mg）	钠（mg）	镁（mg）	铁（mg）	锌（mg）	硒（mg）	铜（mg）	锰（mg）
鸡肉	63	13	166	249	62.8	22	1.8	1.46	11.92	0.09	0.05
鸭肉	68	6	122	191	69	14	2.2	1.33	12.25	0.21	0.06
鹅肉	63	4	144	232	58.8	18	3.8	1.36	17.68	0.43	0.04
猪肉	91	6	121	218	56.8	16	1.3	1.78	7.9	0.12	0.03
牛肉	100	5	182	212	64.1	22	1.8	4.7	3.15	0.05	0.03
羊肉	100	16	161	300	89.9	23	3.9	3.52	5.95	0.13	0.06

7.1.1.2 氨基酸

肌肉中蛋白质含量是衡量肉品营养价值的重要指标之一。一般而言，蛋白质含量越高，鸡肉的营养价值就越高。此外，蛋白质的营养评价核心在于其氨基酸构成的多元性、各氨基酸的数量配比及其分布比例。作为一种高质量的蛋白质来源，鸡肉所含的蛋白质结构高度契合人体自身蛋白质的组成，不仅包含了大量人体必需的氨基酸成分，还表现出良好的生物利用率。这些必需氨基酸，如异亮氨酸、亮氨酸及缬氨酸等，对于人体的正常生理机能、组织修复及免疫系统功能至关重要（尚柯等，2017）。鸡肉中的总游离氨基酸组分是衡量营养价值的重要指标之一，总游离氨基酸的含量越高，营养价值就越高。

不同品种之间的氨基酸含量具有显著差异，这可能是形成不同品种鸡肉独特风味差异的主要原因之一。游离氨基酸被认为（尤其是谷氨酸和天门冬氨酸）被认为是对鲜味贡献最大的物质之一，被诸多研究证明可增强食品鲜味的味精的主要成分就是谷氨酸钠。由于鸡肉多种特征香味呈味物大多来源于游离氨基酸参与的美拉德反应，因此氨基酸含量的差异可能是形成不同鸡肉风味的原因之一。肌苷酸是鸡肉中重要的风味物质，不同品种、不同饲养条件以及屠宰后的鸡肉状态，都在很大程度上影响肌苷酸含量。总氨基酸含量可评价鸡肉的营养价值高低，必需氨基酸含量体现对人体营养健康的重要性，而鲜味氨基酸则代表了鸡肉风味品质的优劣。鸡肉的风味主要取决于鲜味氨基酸含量的高低，其中谷氨酸是含量最高的，也是最主要的提鲜物质（沈啸等，2021）。

表7-4 不同动物性食品每100 g肉中的氨基酸含量（杨月欣，2019）　　　　单位：mg

名称	鸡肉（食部63%）	鸭肉（食部68%）	鹅肉（食部63%）	猪肉（食部91%）	牛肉（食部100%）	羊肉（食部100%）
异亮氨酸	866	673	764	632	850	835
亮氨酸	1 620	1 242	1 390	1 221	1 563	1 541
赖氨酸	1 760	1 289	1 420	1 322	1 722	1 713
蛋氨酸	428	319	379	347	248	389
胱氨酸	291	210	484	207	265	257
苯丙氨酸	706	623	711	611	789	755
酪氨酸	648	613	604	595	671	693
苏氨酸	882	687	742	704	893	932
色氨酸	206	213	222	125	125	143
缬氨酸	912	766	864	727	936	992
精氨酸	1 350	932	1 140	1 012	1 262	1 225
组氨酸	583	432	523	563	692	556
丙氨酸	1 197	905	1 120	914	1 152	1 248
天冬氨酸	1 845	1 372	1 520	1 380	1 725	1 832
谷氨酸	3 080	2 395	2 500	2 280	2 832	2 974

（续表）

名称	鸡肉 （食部63%）	鸭肉 （食部68%）	鹅肉 （食部63%）	猪肉 （食部91%）	牛肉 （食部100%）	羊肉 （食部100%）
甘氨酸	926	795	1 140	776	988	1 026
脯氨酸	944	732	848	653	754	852
丝氨酸	868	575	718	639	790	768

7.1.1.3 脂肪酸

动物体内的脂类构成以甘油三酯为主，并含有微量胆固醇成分。甘油三酯由甘油骨架与脂肪酸链构成，其中，多不饱和脂肪酸（PUFA）在肉类风味形成过程中扮演着关键前体角色。在肉类风味贡献方面，瘦肉组织赋予了肉汤独特的香气特征，而脂类则决定了不同肉类的特征风味轮廓。鸡肉中含有的脂肪酸主要为油酸、棕榈酸、亚油酸、硬脂酸、花生四烯酸及十五碳一烯酸，合计占比超过鸡肉中总脂肪酸含量的82%，是鸡肉脂肪酸的主要组成部分。值得注意的是，不饱和脂肪酸（UFA）在这一体系中占据主导地位，占比超过63%，其余脂肪酸的含量则相对较低。然而，不同品种间的脂肪酸相对含量存在差异，品种成为影响肌肉脂肪酸物理化学特性的关键因素之一。在评估鸡肉营养价值时，必需脂肪酸（EFA）的含量是一个重要指标。亚油酸、亚麻酸及花生四烯酸不仅是风味形成的重要前体物质，也是动物体内不可或缺的EFA。EFA是指那些体内无法自行合成，必须通过食物摄取，或通过体内特定前体物质转化而来的脂肪酸，它们对维持机体正常功能与健康状态至关重要。EFA不仅是动物细胞结构的组成部分，还参与线粒体及细胞膜磷脂的合成，促进脂质代谢，并且是合成前列腺素的关键前体。此外，EFA与胆固醇的代谢密切相关，两者结合后才能有效在体内转运，否则可能导致动脉粥样硬化等病理状况的发生。表7-5总结了不同动物性食品中脂肪酸类别含量对比。PUFA与EFA在人体营养中占据着不可或缺的地位，PUFA展现出显著的健康益处，包括中和自由基、优化血液流变特性及微循环系统、提高人体血液中高密度脂蛋白含量，同时有效降低人体血液胆固醇水平（周英焕等，2024）。另外，EFA作为构成组织细胞的关键成分，展现出卓越的保健功能，尤其在预防心血管病变方面效果显著，并能积极影响胆固醇的代谢过程。EFA不仅可以调节营养物质消化和代谢，也可调节炎症因子、缓解炎症反应，同时增强免疫应答，对病原微生物等异物进行清除，进而促进机体健康，是人体生长发育的必需物质（李涛等，2024）。在烹调家禽的过程中，风味的产生源自多种因素的相互作用，其中包括糖与氨基酸的反应、脂质经历的热氧化过程以及硫胺素的降解。此外，家禽体内独特的脂类和脂肪含量，在与气味成分结合后，共同形成了禽肉特有风味。

表7-5　不同动物性食品中脂肪酸类别含量对比（杨月欣，2019）　　　　单位：%

名称	饱和脂肪酸	单不饱和脂肪酸	多不饱和脂肪酸	未知
鸡肉	34.6	41.3	24.9	0.0
鸭肉	30.2	50.0	19.5	0.3
鹅肉	29.3	54.0	16.4	0.3
猪肉	40.4	49.9	7.9	1.8
牛肉	51.7	44.3	3.7	0.3
羊肉	56.8	32.5	10.7	0.0

7.1.1.4　白羽肉鸡和黄羽肉鸡营养成分比较

白羽肉鸡和黄羽肉鸡有着不同的饲养方式和饲料营养需求，其肌肉营养品质上存在一些显著的差异。两者在饲料要求上基本相同，都需要高蛋白、高能量的饲料。但在黄羽肉鸡的生长后期，需要更高能量的饲料以满足其对脂肪的利用能力。黄羽肉鸡生长速度较慢、增重慢、生长周期长，这种较慢的生长速度使得黄羽肉鸡的肉质细腻、口感鲜美，含有较高的游离氨基酸、IMF和PUFA等风味物质。相比之下，白羽肉鸡生长速度较快，体重增长快且体型较大，这可能导致其肉质在口感和风味上相对较为一般。表7-6列举了三个不同品种肉鸡的鸡胸肉中脂肪酸类别含量的详细对比数据。

表7-6　不同品种鸡胸肉中脂肪酸类别含量对比（杨月欣，2019）　　　　单位：g

名称	脂肪	总脂肪酸	SFA	MUFA	PUFA
鸡胸肉（华都）	1.4	1.3	0.4	0.6	0.3
鸡胸肉（肉鸡）	1.8	1.6	0.6	0.8	0.2
鸡胸肉（土鸡）	1.7	1.5	0.5	0.8	0.2

研究发现，黄羽肉鸡多数品系的肌肽、还原糖和α-生育酚含量相对较高，而胆固醇水平则低于白羽肉鸡（Ali et al.，2019）。如表7-7和表7-8所示，各种氨基酸含量在清远麻鸡的胸肌中均显著高于其他品种；隐性白羽肉鸡和安卡鸡的胸肌饱和脂肪酸含量较高，而隐性白羽肉鸡和北京油鸡的胸肌EFA含量较高。此外，隐性白羽肉鸡的胸肌PUFA含量也是最高的。在对比不同饲养周期时，隐性白羽肉鸡在9周龄时，其胸肌的非必需氨基酸、鲜味氨基酸、饱和脂肪酸和EFA含量均显著高于17周龄时，而其体重、胸肌pH值和胸肌肌间脂肪含量则相对较低。从营养角度看，9周龄出栏的相较于17周龄的更具优势。

表7-7　不同品种肉鸡氨基酸含量比较（巨晓军等，2018）　　　　　　　　　　　　　　　　单位：g/kg

项目	隐性白羽肉鸡	安卡鸡	文昌鸡	北京油鸡	清远麻鸡
赖氨酸	1.37 ± 0.26	1.28 ± 0.11	1.27 ± 0.26	1.34 ± 0.22	1.30 ± 0.28
亮氨酸	0.25 ± 0.18	0.18 ± 0.04	0.19 ± 0.05	0.21 ± 0.05	0.30 ± 0.08
苏氨酸	0.30 ± 0.06	0.27 ± 0.06	0.26 ± 0.05	0.29 ± 0.07	0.43 ± 0.10
缬氨酸	0.20 ± 0.06	0.15 ± 0.03	0.20 ± 0.03	0.20 ± 0.04	0.25 ± 0.05
蛋氨酸	0.13 ± 0.06	0.10 ± 0.02	0.12 ± 0.02	0.13 ± 0.02	0.15 ± 0.03
异亮氨酸	0.11 ± 0.06	0.09 ± 0.02	0.08 ± 0.02	0.10+0.03	0.15 ± 0.04
苯丙氨酸	0.26 ± 0.23	0.17 ± 0.05	0.18 ± 0.06	0.22 ± 0.05	0.29 ± 0.06
精氨酸	0.20 ± 0.16	0.14 ± 0.04	0.16 ± 0.05	0.18 ± 0.05	0.26 ± 0.07
组氨酸	0.07 ± 0.02	0.06 ± 0.04	0.09 ± 0.05	0.09 ± 0.03	0.18 ± 0.08
天冬氨酸	0.13 ± 0.05	0.10 ± 0.03	0.10 ± 0.02	0.12 ± 0.03	0.23 ± 0.06
丝氨酸	0.23 ± 0.05	0.21 ± 0.04	0.20 ± 0.03	0.23 ± 0.04	0.32 ± 0.06
甘氨酸	0.12 ± 0.02	0.11 ± 0.03	0.09 ± 0.03	0.11 ± 0.03	0.16 ± 0.04
谷氨酸	0.37 ± 0.09	0.34 ± 0.07	0.39 ± 0.07	0.43 ± 0.09	0.49 ± 0.10
酪氨酸	0.21 ± 0.18	0.14 ± 0.03	0.16 ± 0.05	0.18 ± 0.03	0.20 ± 0.04
丙氨酸	0.30 ± 0.09	0.24 ± 0.06	0.22 ± 0.05	0.26 ± 0.06	0.34 ± 0.07
必需氨基酸	2.89 ± 0.99	2.41 ± 0.37	2.54 ± 0.45	2.75 ± 0.43	3.31 ± 0.58
非必需氨基酸	1.35 ± 0.45	1.13 ± 0.23	1.16 ± 0.22	1.33 ± 0.26	1.76 ± 0.35
甜味氨基酸	2.31 ± 0.41	2.08 ± 0.29	2.04 ± 0.34	2.23 ± 0.31	2.54 ± 0.45
鲜味氨基酸	1.15 ± 0.29	0.99 ± 0.21	1.00 ± 0.18	1.15 ± 0.23	1.54 ± 0.31
总氨基酸	4.24 ± 1.43	3.48 ± 0.74	3.71 ± 0.64	4.08 ± 0.07	5.07 ± 0.90

表7-8　不同品种肉鸡脂肪酸含量比较（巨晓军等，2018）　　　　　　　　　　　　　　　　单位：%

项目	隐性白羽肉鸡	安卡鸡	文昌鸡	北京油鸡	清远麻鸡
肉豆蔻酸	0.67 ± 0.25	0.64 ± 0.20	0.55 ± 0.12	0.41 ± 0.07	0.27 ± 0.06
硬脂酸	8.66 ± 0.96	8.88 ± 0.84	9.21 ± 1.21	8.62 ± 1.34	5.73 ± 0.84
棕榈酸	22.17 ± 1.04	22.83 ± 1.14	22.18 ± 1.96	20.80 ± 1.11	14.30 ± 1.01
棕榈油酸	3.26 ± 0.92	3.63 ± 0.96	2.56 ± 0.96	2.16 ± 0.71	1.49 ± 0.47
硬脂酸	8.66 ± 0.96	8.88 ± 0.84	9.21 ± 1.21	8.62 ± 1.34	5.73 ± 0.84
油酸	29.45 ± 3.08	29.66 ± 2.92	27.69 ± 4.98	28.17 ± 3.42	21.22 ± 3.70
亚麻酸	1.13 ± 0.52	0.94 ± 0.25	0.85 ± 0.13	0.88 ± 0.17	0.37 ± 0.14
亚油酸	18.50 ± 1.56	17.40 ± 1.19	16.54 ± 2.41	17.94 ± 2.63	12.83 ± 1.87
二十二碳四烯酸	1.37 ± 0.55	1.36 ± 0.46	1.23 ± 0.47	1.11 ± 0.32	0.74 ± 0.29

（续表）

项目	隐性白羽肉鸡	安卡鸡	文昌鸡	北京油鸡	清远麻鸡
二十二碳六烯酸	1.16 ± 0.93	1.05 ± 0.41	2.49 ± 0.75	2.45 ± 0.82	0.72 ± 0.28
必需脂肪酸	20.79 ± 1.49	19.36 ± 1.20	19.87 ± 2.17	21.28 ± 2.35	13.89 ± 1.89
饱和脂肪酸	23.68 ± 1.32	23.84 ± 1.23	22.74 ± 1.95	21.22 ± 1.14	15.36 ± 1.06
不饱和脂肪酸	54.87 ± 3.98	54.00 ± 3.62	51.30 ± 5.09	52.71 ± 4.53	37.35 ± 3.94

对比分析泰和乌鸡、杂交乌鸡和市售白羽肉鸡的基本营养成分、脂质组成、氨基酸含量以及11种微量矿物质元素，研究结果显示，泰和乌鸡肌肉的水分含量高于其他两个品种（尚柯等，2017）。在粗蛋白质含量方面，杂交乌鸡公鸡的肌肉含量高于其他两个品种，而母鸡则低于其他品种。值得注意的是，泰和乌鸡的粗脂肪含量明显低于杂交乌鸡和市售白羽肉鸡。同时，泰和乌鸡的总胆固醇含量也显著低于其他两个品种。在游离脂肪酸含量方面，泰和乌鸡与杂交乌鸡均相较于市售白羽肉鸡呈现出显著较高的水平。尽管这三个品种的鸡肉在总氨基酸、必需氨基酸和鲜味氨基酸含量上并未展现显著差异，但泰和乌鸡和杂交乌鸡在铁、铜、铬、硒等微量矿物质元素含量上均显著高于白羽肉鸡。

为了探究商品土鸡、散养土鸡、商品肉鸡和淘汰蛋鸡肉的营养价值，Ramalingam等分析了各组样本的胸肌和腿肌的营养成分和蛋白质品质，通过成年公鸡的饲养试验，研究了鸡肉蛋白质品质生物学价值、消化率和净蛋白质利用率。胆固醇含量在商品肉鸡和商品土鸡中显著低于淘汰蛋鸡。淘汰蛋鸡组的消化率、生物学价值和净蛋白质利用率显著低于其他组。商品肉鸡的生物学价值和净蛋白质利用率极显著高于其他三组。腿肉的脂肪和胆固醇含量极显著高于胸肉。结果表明，商品肉鸡肉的营养价值总体上优于商品土鸡肉、散养土鸡肉和淘汰蛋鸡肉（Ramalingam et al.，2020）。

总的来说，白羽肉鸡和黄羽肉鸡在肌肉营养品质方面确实存在显著的差异。白羽肉鸡的快速生长特性，使其在肉鸡产业中占有重要地位，为市场提供了大量的优质肉类产品。相对而言，黄羽肉鸡则以其独特的肉质细腻、口感鲜美以及出色的抗病能力而受到消费者的特别喜爱。黄羽肉鸡多数品系的肌肽、还原糖和α-生育酚含量相对较高，而胆固醇水平则低于白羽肉鸡。白羽肉鸡适合追求高蛋白质、高营养价值的消费者，同时也是规模化养殖的优选品种。而黄羽肉鸡则更适合追求独特口感和健康需求的消费者，也适合在注重传统风味和营养品质的市场中推广。两种肉鸡品种各具特色、各有优势，共同构成了丰富多样的肉鸡市场。

白羽肉鸡和黄羽肉鸡在肌肉营养品质上的差异为消费者提供了更多的选择空间，同时也推动了肉鸡产业的多样化和持续发展。在未来的研究和实践中，期待进一步挖掘

7 白羽肉鸡精深加工与预制菜发展

这两种肉鸡品种的潜力,为消费者带来更加健康的鸡肉产品。

7.1.2 白羽肉鸡肌肉加工品质评价

白羽肉鸡肌肉的加工品质直接影响消费者的购买欲望和生产商的效益。其中,保水性、嫩度和色泽是评估白羽肉鸡加工品质优劣的关键指标。白羽肉鸡的保水性变化在生产阶段会影响出品率,在销售阶段会影响消费者的选择。尽管白羽肉鸡相关的产品非常侧重于嫩度的改善,但嫩度提高过度会使鸡肉口感变差,降低产品的吸引力。相比于其他评判标准,色泽的变化则更为直观。

7.1.2.1 保水性

在禽类工业中,原料肉的保水性是极为重要的指标,直接反映了肉的质量,比如滴水损失、贮藏损失、蒸煮损失、腌制液吸收率。肌肉的保水能力与肉的来源、部位、组织结构、屠宰方式等有关。正常白羽肉鸡肌肉的滴水损失为0.93%~7.60%,贮藏损失为0.57%~4.12%,蒸煮损失为11.89%~27.80%,解冻损失为4.88%~7.14%,腌渍液吸收量为10.60%~13.15%。肌肉保水性影响肉的嫩度、出品率以及风味等品质,同时对肉的加工性能影响较大,进而给肉类加工企业产生了一定的经济效益影响。

肉的保水性,也被称为肉的持水能力或者持水性。当肌肉遭受外力影响的时候,像在加热、加压、腌制、冷冻/解冻等加工或者贮藏的状况下,肌肉具备保持自身水分的能力,这种能力被称为肉的保水性。肌肉中的水以三种形式存在,分别是自由水、不易流动水和结合水。不易流动水大多存在于纤丝、肌原纤维及膜之间,通常肌肉的持水能力主要就是指这部分水的保持能力,而这种能力主要由蛋白质所带静电荷的多少和肌原纤维蛋白质的网络结构所决定。

肌肉中结缔组织含量与分布也影响肉的品质,结缔组织具有保护肌纤维的作用,同时具有把肌肉功能传递到肌腱和骨骼的功能。有研究表明,在肌纤维间以及肌束周围,结缔组织会形成致密程度各异的鞘膜,这种鞘膜在某种程度上能够阻止肌肉中水分蒸发以及汁液外渗,进而使得肌肉的持水能力增强。影响肌肉持水能力的因素主要包括动物因素(如品种、日龄等)、尸僵与肉的成熟过程,同时加热、无机盐、pH值等因素也会导致肌肉持水力产生差异,而加工手段(如pH值、磷酸盐)对肌肉持水能力影响较大,其中pH值对肌肉的持水能力有所影响,而这影响的本质则是蛋白质分子的静电荷效应。

在白羽肉鸡宰后24 h,肌肉的pH值为5.71~6.52。肌肉的pH值接近蛋白质的等电点(pH值为5.5左右)时,静电荷数最低,此时肌肉的持水能力最低。对肌肉持水能力影响较大的无机盐主要包括磷酸盐(如六偏磷酸钠、三聚磷酸钠、焦磷酸钠)等,适量添加磷酸盐能够提高肌肉的持水能力。家禽肌肉的保水能力会受到诸多因素的影响,例如家禽的品种、性别、日龄以及肌肉部位等。尸僵和成熟对肌肉的保水能力也有影响，屠宰1~2 h的肉，其保水能力最高；而处于尸僵阶段时，禽肉的保水能力却跌至最低水平；等到了成熟阶段时，肌肉的保水能力又会有所提高。在对禽肉进行加热的时候，肉的保水能力会明显降低，并且加热的温度越高，其肌肉的保水能力下降就越发明显。在加工过程中，仍存在诸多因素会对肉及其制品的保水能力产生不同程度的影响，诸如滚揉、斩拌、添加乳化剂、冷冻等操作。

7.1.2.2 嫩度

肉的嫩度主要通过嫩度仪以切割肌纤维阻力的大小来判断。影响肌肉嫩度的因素有很多，比如肉鸡的品种、日龄、屠宰方式、吊挂方式、肌肉的部位、肌肉的组织结构、尸僵和成熟、温度、热处理等。肌肉中脂肪组织主要分布在肌纤维和肌束之间，而沉积的脂肪融化能够使得肉质多汁、鲜嫩，这可能是由于脂肪组织能够切断肌纤维束等结构间的交联结构，有利于剪切过程中肌纤维的断裂；同时，脂肪的凝固增加肌肉的紧实性。正常肌肉的硬度为13.22~128.23 N，弹性为0.53~0.93 cm，内聚性为0.47~0.82，黏着性为10.48~46.43 N/cm^2，咀嚼性为9.72~42.55 N/cm，恢复性为0.18~0.26。

肌肉的嫩度测定值还受到待测肉样的形状、尺寸、设备类型和灵敏度等影响。受加工和饲养条件影响，肌肉生长发生异常，呈现不同类型、不同程度的变化，这就导致了肌肉的质地发生改变。提高肌肉嫩度主要与肌原纤维结构和胶原纤维的降解直接相关。通常，击打、吊挂、组织粉碎等方式破坏肌肉组织结构和结缔组织，或者采用酒、醋、盐以及酶类物质浸渍等方式实现肌肉的嫩化。剪切试验显示，白羽肉鸡的新鲜肌肉的剪切力为7.57~17.60 N，经过蒸煮后肌肉的剪切力为17.76~24.58 N。

7.1.2.3 色泽

肉的色泽是反映微生物学和肌肉生理生化变化的外观指标，是评定肌肉外观的关键指标之一，其主要受到肌肉中肌红蛋白的含量和外界光照的程度和强度的影响。同时，肉的色泽可被用于估测肉的深加工产品品质和肉的功能属性。刚屠宰后，新鲜肉中缺乏氧气，肉中的肌红蛋白与氧气结合之处被水分子取代后，肌肉就会变成暗红色。一旦肌肉被切开，其切面肌肉便与空气中的氧气直接接触，加快了氧合肌红蛋白形成的速度，肌肉也因此呈现出诱人的鲜红色。随着时间推移，之前形成的氧合肌红蛋白会慢慢氧化，逐渐变为变性肌红蛋白，最终使得肌肉组织呈现棕褐色色泽。肉的色泽测定通常采用色度仪、白度计、双束扫描分光仪等仪器设备，常用亮度值（L^*值）、红度值（a^*）、黄度值（b^*）、白度值及a^*/b^*值（红色密度值）表示所测量肉的色泽，这些色泽指标中最常用的是L^*值，L^*值越小则表明肉色越暗。白羽肉鸡肌肉的亮度值L^*一般为49.54~62.65，红度值a^*为-1.20~2.08，黄度值b^*为2.70~13.00。

7.1.3 异质肉的品质特征

受类PSE肌病、WB肌病和SM肌病等影响，肌肉的持水能力呈不同程度的变化。在这些白羽肉鸡的鸡肉中，绝大多数类PSE肉、木质化肉的滴水损失、贮藏损失、蒸煮损失、解冻损失增加，而腌渍液吸收量明显降低；白条纹肉的滴水损失相对较低，蒸煮损失高达37.10%，腌渍液吸收量高达9.33%，明显高于木质化肉的腌渍液吸收量。SM肉的组织特征与白条纹肉、木质化肉的组织学结构特征相似，且伴有典型的纤维束的分离以及肌间结缔组织的渐进性降解，其滴水损失和蒸煮损失显著高于正常肉。相比之下，DFD（dark，firm，dry）肉的蒸煮损失低于正常肉，如表7-9所示。

表7-9 异质肉肌肉的保水性　　　　　　　　　　　　　　　　单位：%

项目	正常肉	类PSE肉	白条纹肉	木质化肉	SM肉	DFD肉
滴水损失	0.93~7.60	3.01	0.72	1.19~8.70	9.49	—
贮藏损失	0.57~4.12	—	1.97~2.11	0.82~6.10	—	—
蒸煮损失	5.09~27.80	9.28~13.10	14.84~37.10	21.83~34.80	26.90	3.09
解冻损失	4.88~7.14	9.50	2.98~3.43	7.53~9.42	—	—
腌渍液吸收	10.60~13.15	—	7.20~9.33	6.30~6.94	—	—

受加工和饲养条件影响，肌肉生长发生异常，呈现不同类型、不同程度的变化，这就导致了肌肉的质地发生改变。如表7-10所示，一般情况下，中等和严重白条纹肉、木质化肉的异常区域的硬度、黏着性、咀嚼性明显高于正常肉，类PSE肉的质地变化趋势与白条纹肉和木质化肉质地变化趋势相反，DFD肉的质地与正常肉比较相近。就木质化肉而言，异常区域发生硬化导致质地改变，而非异常区域的肌肉质地尚能够保持正常，但因贮藏过程中汁液损失而发生硬度降低现象，只有少量严重木质化肉能够在贮藏48 h以上仍可以保持硬挺的组织状态；木质化肉存在伴随异常特征，如木质化伴随白条纹肉、木质化伴随淤血点肉等情况。

表7-10 异质肉肌肉的质地

质地	正常肉	类PSE肉	白条纹肉	木质化肉	DFD肉
硬度（N）	13.22~128.23	11.14~52.42	107.09~137.43	58.35~128.90	15.45
弹性（cm）	0.53~0.93	0.74~0.91	0.59~0.67	0.57~0.92	0.96
内聚性	0.47~0.82	0.39~0.79	0.39~0.47	0.38~0.68	0.82
黏着性（N/cm²）	10.48~46.43	8.68	43.21~64.25	27.55~55.54	12.47
咀嚼性（N/cm）	9.72~42.55	7.92~19.11	27.06~43.06	17.14~41.62	11.82
恢复性	0.18~0.26	0.13~0.19	0.19~0.21	0.15~0.23	—

7.2 屠宰、分割与贮运技术

在保证动物福利的前提下，经过科学的宰前管理，运用现代屠宰加工技术对待宰肉禽进行屠宰加工。图7-1为白羽肉鸡屠宰与分割的一般工艺流程，主要包括吊挂、击昏、宰杀、沥血、浸烫、脱毛、整理、取内脏、预冷、分割及包装入库等工艺过程。本节将以该流程为主线，通过相关技术、设备及工艺参数的应用，对现代白羽肉鸡屠宰与分割进行详细阐述。

图7-1　白羽肉鸡屠宰与分割的基本工艺流程图

7.2.1　白羽肉鸡宰前管理技术及设备

对鸡肉品质产生影响的宰前因素可以分为长期和短期两类。长期性的宰前因素主要涵盖鸡的品种和养殖过程控制，例如基因、生理、营养、管理和疾病。短期影响因素是指在肉鸡屠宰前24 h内的一系列操作，包括候宰（禁食、断水、抓捕）、运输、静养、装卸、挂鸡。虽然和养殖过程的长期影响相比，宰前过程的时间相对较短，但因为宰前过程对于肉鸡来说处于陌生环境，易引起其应激，并带来明显的胴体损伤和隐性的宰后肉品质下降。以显性损失为例，不合理的宰前管理造成的典型伤害包括瘀伤、骨头断裂和移位。

瘀伤的视觉体现为组织变色，这种变色是由于外力在向皮下组织传递的过程中，皮肤的细胞和血管破裂后几秒钟内就会发生。禽类最容易发生瘀伤的部位是胸部、翅膀和腿部。除了显性的损失之外，不适宜的宰前管理会使得肉鸡的代谢发生显著改变，进而造成宰后肉色、保水性、质地的不良变化，所以宰前管理和宰后肉的品质保证密切相关。如图7-2所示，宰前管理包含了禁食、捕获、运输、静养、卸载、检疫等各个环节的规范化管理，它是实现品质控制以及动物福利的关键环节，显著影响着宰后鸡肉的品质。下面将从禁食和捕获、运输和静养、卸载和检疫几方面的技术与设备进行介绍。

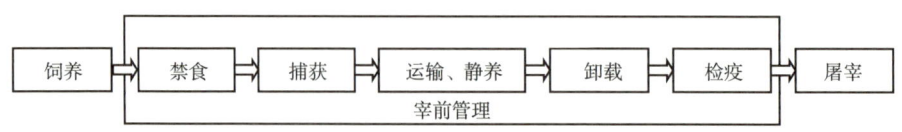

图7-2　宰前管理示意图

7.2.1.1 禁食和捕获技术与设备

肉禽宰前禁食是指在肉禽宰杀前一段时间内，供水和供料装置应在鸡装载前移除或升起，从而停止一切日粮及辅助营养的供应。一般肉鸡禁食时间以6~12 h为宜，这个时间是肉鸡从养殖场喂水但不喂食开始，以及后续的运禽车装载时间、运输时间，直至在屠宰场的静养/等待时间的总和。

禁食的益处在于使肉鸡排空其肠道内容物，尽量避免宰前饲料的浪费，减少消化道内食物的残留量；降低掏脏时内脏破裂情况出现的概率；削减因肠道破裂而使粪便或食糜污染胴体的可能性；减少肉禽胴体与人畜共患病原菌（如李氏杆菌、沙门氏菌等）接触的机会。在高温环境下，短时间禁食能够降低肉禽体内物质代谢产生的体增热，这对减轻热应激给肉禽造成的危害大有帮助，从而提高肉禽的存活率。在禁食期间，禁食时间要掌握适当，太短不能达到禁食的目的，如果鸡仅在加工前4~6 h才禁食的话，在屠宰过程中如电击晕/刺激（造成肌肉收缩）导致肠道内容物泄露到胴体上的概率会增高；禁食时间过长则容易造成体重减轻；而且肠道强度下降会增加净膛时破裂的概率，出现胆汁污染胴体等问题。

影响禁食效果的因素有：饲养管理，例如禁食前最后一次喂食饲料的时间和数量；光照和栏舍，光照（持续时间和强度）和栏舍的情况影响肉鸡的活动。肉鸡的活动影响食物的消化，有研究发现禁食2 h后，黑暗环境下的肉鸡，胃肠道内容物显著多于光照下肉鸡的胃肠道内容物；环境温度，在天气寒冷时，饲养间温度低于15.5℃也会使得消化道内容物在消化道内停留时间延长。

禁食的同时要给予肉鸡适量的饮水。一方面，宰前饮水可以稀释血液，更有利于放血，能够更好地减少因放血不彻底造成肉鸡胴体淤血点（斑）的产生；另一方面，肉鸡是没有汗腺的，高温引发的应激极易致使它们中暑，甚至死亡，而宰前适量饮水利于肉鸡散热。宰前让肉鸡饮水，能够推动其机体的部分热量顺着消化道和尿液排出体外，如此一来就会降低禽体温度，进而减少或者避免高温应激反应。但并不是在宰前的所有时间都推荐饮水，在肉鸡倒挂放血时，为了避免含水分过多的胃内容物从食道流出污染胴体，一般在屠宰之前1~3 h要停止饮水。

为降低鸡肉品质裂变程度，捕获肉鸡时应尽量避免肉鸡过度应激。为防止肉鸡品质下降，需要建立明确的指导方案并由养殖人员、抓鸡管理人员和加工人员共同贯彻执行，并及时对新的抓鸡工人进行规范性操作的培训。在国外肉鸡产业上主要使用的机械抓捕系统有传送带式和触手式两种。传送带式的肉鸡机械抓捕过程为：肉鸡被移动到鸡舍中的某一块区域，配置有装载设备的拖拉机开入鸡舍，装载器的装置底部缓慢向鸡移动，肉鸡自行站上装置底部的传送带或者由长橡胶棒将鸡引导至传送带，随后传送带将鸡输送至装笼系统中；该设备安装有模块化系统和/或计数器，因此每个鸡笼都会装载预期质量/数量的鸡；当一个模块装满后会自动后移，另一个模块跟上继续装填，每小时可以装载10 000只鸡。

7.2.1.2 运输和静养技术与设备

宰前运输在肉鸡宰前管理中占据着重要的地位，并且是致使肉鸡鸡体出现损伤的高频环节。所谓运输损伤，主要说的是肉鸡在运输期间发生的物理性损伤，例如擦伤、断骨等，甚至使鸡体患病、鸡的死亡。运输应激的综合作用（如热、加速、噪声和混群）会对鸡造成轻微到严重不适，甚至导致鸡的死亡。国外有关报道指出，运输所造成肉鸡的死亡率为0.05%~0.57%，损伤率甚至可以达到25%。在装笼、装车、运输以及卸车的流程当中，肉鸡往往会经受强烈的应激反应，从而遭受诸多伤害。以运输应激为例，这种情况常常是由肉鸡在运输途中长时间的颠簸、环境（诸如温度、湿度之类）的改变，还有禁食禁水等因素所引发的。此时，动物的机体出于本能，会作出防御性和适应性的反应，主要表现为性情变得急躁不安，呼吸急促，心跳骤然加速，体内大量的水分以及其他营养物质被消耗殆尽，最终对动物的免疫水平产生影响，宰后肉品的品质也受到波及。利用行为和生理反应（心率、血浆皮质酮水平和强直静止）来反映运输过程发生在鸡体上的应激情况发现，鸡经过运输后血浆皮质酮水平升高，这反映出下丘脑-腺垂体-肾上腺皮质轴的激活。这与观察到的嗜异细胞：淋巴细胞比例升高相吻合。也有报道表明运输应激会造成组织损伤，这与血液中酶活（肌细胞内如肌酸激酶）增加直接相关。因此应该控制运输距离和时间，尽量避免远途运输，运输时间不宜>4 h。

当肉鸡从养殖基地运输到屠宰场时，不管运用何种运载工具，都需依据运载工具的载重量，还有每一层肉鸡的数量与重量，来确定运载空间所需的分层数和堆叠笼数。目前，国内应用的禽笼主要有两种形式，方笼和元宝笼。方笼有两种规格：750 mm×550 mm×270 mm，800 mm×600 mm×300 mm。元宝笼外形尺寸为760 mm×550 mm×310 mm。运输笼应满足下列条件：完整无破损，笼盖无缺失，与肉鸡接触的表面无锋利边缘或突起；规格与被运输鸡群的种类和大小相匹配；笼高以肉鸡站立时，头部不触碰笼顶为宜。装载密度应综合考虑运输笼规格和承重、肉鸡种类和大小、环境温度、运输持续时间等因素，通常情况下测算可选择下列任一方法：目测法，以鸡群能正常站立或蹲伏，不互相叠加并有适当间距为宜；面积法，通过测量运输笼底部面积，计算每羽肉鸡的空间需求；载重法，通过测量运输笼底部面积，计算每平方米承载肉鸡的质量。白羽肉鸡装载密度宜<57 kg/m^2，冬季以及鸡个体较小时可以适当提高装载密度。鸡笼的清洗也非常重要，因为笼子是禽类发生微生物交叉污染的重要原因。研究人员以携带阴性弯曲杆菌的鸡群为研究对象，将这些鸡装入刚刚装载过弯曲杆菌阳性鸡的鸡笼中进

行运输。运输后进行屠宰去毛并进行检测，结果是50%的脱羽胴体弯曲杆菌属数量都达到可检出水平。因此合理应用清洗系统十分有益，在清洗过程中要充分去除笼子上残留的粪便等物质，从而降低肉鸡微生物交叉污染的概率。

宰前运输过程中，温度过高或过低都会造成肉鸡应激，一般来说，热应激引起的肉鸡运输后死亡和宰后肉品质损失更大。按一只2 kg的鸡平均代谢速率为15 W，蒸发水10.5 g/h计算，6 000只鸡将会产生90 kW的热量以及63 kg/h的代谢水，这些热量和水分如果没有通风来驱散，其带来的热刺激将进一步增加水蒸发（鸡的急促呼吸），造成恶性高热的反复循环。热应激发生在通风不良的区域。通过描绘卡车的状态，可以找出问题区域并提供更多均一的状态。运输车不同部位的温度差异显著，同时运输车后部的温度最高。造成这样的结果可能是车前部由于遮挡物较少，风速较大，从而能适当地降低温度；由于中部及后部鸡笼等遮挡物逐渐增加，导致通风不良。目前解决办法为：运输过程中持续监测可以进一步帮助维持理想温度，因为车内状态在整个途中都会发生改变（如风向、车速和休息期间）；另外，一些卡车在运输过程中在关键点安装风扇，可以将空气导向特定区域，这可以结合监测系统来降低/消除微环境的高温问题。不同季节要注意温度控制，预防应激。在寒冷季节，运输过程中的肉鸡会相互拥挤取暖；为避免部分肉鸡因挤压过度致死，应对肉鸡采取保暖措施，将车盖起来。在炎热季节，要把已出栏禽舍的窗口及时封闭，并对已装车的鸡只及时采取洒水等防暑降温措施。鸡只装载上车后，一定要保持车辆运行状态，这样禽笼间空气才能流通，从而防止热量蓄积，造成肉鸡死亡。除了温度外，湿度控制对缓解肉鸡宰前运输的应激也很重要。这是因为随着相对湿度的增加，在一个恒定的温度，鸡体通过喘气散热将变得很困难，因而将感知到较高的体温（鸡没有汗腺）。因此，运禽车要保持充足的通风，以降低水蒸气负荷。

运输中应平稳驾驶，不宜急刹车或突然加速，以防止运输车过度颠簸或倾斜，并将噪声降至最低。肉鸡运输到屠宰企业后应停于待宰棚下，如不能及时宰杀，应在通风良好、温湿度适宜的待宰区等待。待宰区应配备防止阳光直射或恶劣天气的防护设施，降低鸡群的应激反应。夏季待宰区应通风，必要时采用喷淋降温并采取相应保护措施保证肉鸡处于通风和适宜温度的候宰环境下。推荐运输和静养时间搭配如下：运输时长为0.5~2 h，静养时长不超过2 h；当运输时长达到3~5 h，静养时长为2 h左右；而运输时长达到5 h以上，则活禽的静养时间为1 h左右。对于夏季经过高温运输后的肉鸡，可采取通风与喷淋相结合的静养方式，来尽快缓解肉鸡的热应激从而减少宰后肉品质的下降。具体的硬件配置和操作请见本章节案例分享部分。

7.2.1.3 卸载和检疫技术与设备

运输人员抵达目的地后，需将随车携带的"出县境动物检疫合格证明""动物产地检疫合格证明""动物及动物产品运载工具消毒证明"以及"非疫区证明"等相关材料交予当地动物检疫部门开展复检工作。复检合格后便可卸载运输的肉禽。因卡车与安放禽笼点的垂直距离与水平距离的远近，会使卸载环节可能成为禽体发生擦伤、骨折等损伤的来源，故尽量减少卡车与卸禽点的垂直距离和水平距离以减少这类损伤。卸载可以使用自动化方式或者人工方式。自动化卸载的优点是效率高，但要求鸡笼规格、肉鸡个体大小和数量的规格一致。人工卸载时，鸡笼（箱）应平稳卸下，避免抛扔、翻倒或掉落，导致肉鸡不必要的应激、受伤或死亡。在卸车之前，先把踏板搭好，缓慢地卸载肉鸡，避免强拉、硬推、乱摔等剧烈操作，这些操作可能引发外伤事故。不当的人工卸载同样也会导致禽体的损伤，因此对卸载人员进行适当的培训和监督是最大程度减少损坏的关键。卸载后按照规定要求处理货车上的肉鸡粪便等污物，并对肉鸡接触过的所有设备进行清洗、消毒、无害化处理。

为确保鸡肉产品的质量与卫生状况，防范禽类疾病的传播，那些即将被宰杀的肉鸡在屠宰之前都得接受检验与检查。唯有检验合格的肉鸡才被允许进入屠宰场地；而那些疑似患病或者存在严重异常的肉鸡，则被严令禁止即刻屠宰，这是为了避免宰后出现交叉污染从而对肉的品质产生不良影响。

（1）检验步骤和程序。出栏前2～3 d，由质监部门抽血样进行化验，检测鸡群抗体水平的高低及离散度，了解鸡群的健康状态，确保检查没有问题后再运至屠宰场屠宰。当屠宰肉禽由产地运到屠宰加工企业以后，运输人员在卸货之前必须向兽医检验人员出示三证（检疫证、用药卡、免疫证）和饲养日记，供兽医检验人员检查有关证件的有效性，拒收无证者运输的肉禽。兽医检验人员还得对肉鸡的种类以及只数进行核对，同时要知晓产地是否存在疫情，以及途中有没有病死的情况。经过初步视检和调查了解，认为基本合格时，允许卸下赶入预检圈。病禽或疑似病禽赶入隔离圈，按《肉品卫生检验试行规程》中有关规定处理。

（2）检验方法。多采用群体检查和个体检查相结合的办法。其具体做法可归纳为动、静、食三个观察环节和看、听、摸、检四个要领。工作人员首先要从大群中挑出有病或不正常的肉鸡，再逐只检查肉鸡的实际状况，必要时应用免疫学诊断和病原学诊断的方法处理肉鸡。一般情况下，禽类的宰前检验以群体检查为主，并辅以个体检查。

在按批进行检验的时候，如果工作人员察觉到有肉鸡存在可疑或者异常的情况，那就得逐只进行检查。对于那些异常的肉鸡，要采取分开圈养放置的措施。轻度异常的肉鸡，可以等到正常肉鸡屠宰工作全部完成之后再进行加工处理。而被工作人员判定为健康的肉鸡，则应该迅速地进行屠宰。以下这些状态的肉鸡会被判定为异常鸡：呈现麻痹状态的、处于濒死状态的、身形消瘦的、腹部胀满的、眼睛和鼻孔有分泌物的、肉冠呈现苍白、青色、紫红色或者干燥的、下痢或者肛门四周的羽毛附着大量排泄物的。对于存在挫伤、翅骨骨折、胸胖（也就是胸部水肿导致局部肥厚、发硬）、胸部水肿、畸形、撕裂、变色等情况的肉鸡，要降低其等级，并且对病禽、死禽进行无害化处理。

（3）宰前检疫后的处理。经宰前检疫发现高致病性禽流感、鸡新城疫，运用密闭的运输工具，将同群肉鸡运输至动物防疫监督部门所指定的地点，而后采用不放血的方式对其全部扑杀。这些肉鸡的尸体，均依照《病害动物和病害动物产品生物安全处理规程》（GB 16548—2006）来处理，同时要对肉鸡存放之处以及屠宰场所进行严格的消毒工作。需严格实行相关的防疫措施，并且马上向当地的畜牧兽医行政管理部门报告疫情情况。

肉鸡若患有其他疫病，则需采取急宰措施。在处理时，除了要把病变部分剔除并销毁之外，其余部分应按照《病害动物和病害动物产品生物安全处理规程》（GB 16548—2006）规定的方法来处理。

凡被判定为急宰的肉鸡，都要把宰前检疫报告单的结果及时告知检疫人员，以便在对同群肉禽宰后检验时能综合判定并予以处理。而对于判定为健康的肉鸡，宰前检疫人员在其被送宰之前，应当出具准宰通知书。

7.2.2 白羽肉鸡屠宰与分割技术及设备

在保证动物福利的前提下，经过科学的宰前管理，运用现代屠宰加工技术对待宰肉鸡进行屠宰加工。白羽肉鸡屠宰与分割的一般工艺流程主要包括击晕、放血、浸烫、脱毛、自动化掏膛、预冷、分割及包装入库等工艺过程。

7.2.2.1 击晕

宰前击晕是指通过人为或机器的方式损伤动物脑部，使其处于无意识的昏迷状态直至死亡，能够减少肉鸡的宰前应激反应，有助于提高肉质，改善动物福利。若不进行击晕直接屠宰，肉鸡神经则会受到惊恐、紧张、愤怒和痛苦等一系列刺激，容易引起内脏的收缩，导致血液剧烈集流于肌肉内，造成放血不完全，降低肉质，且不符合肉鸡的人道屠宰要求。规模化白羽肉鸡加工产业中多使用水浴电击晕和气体击晕两种击晕方式。

（1）电击晕。电击晕就是使足够的电流通过动物体内，使其发生心室颤动和脑部癫痫，令大脑丧失正常功能并使动物即刻丧失意识（电麻），从而在死亡前无法感知疼痛。

头胸电击晕是目前肉鸡屠宰中应用的主要电击晕方式，通过水浴电麻实现，又称水浴电击晕。肉鸡倒挂在配有金属挂钩的移动链条上，通过通电的水槽装置，电流通过鸡体向上流过金属挂钩，使鸡的心脏骤停并失去意识，导致不可逆转的昏迷。

影响电击晕的参数主要包括电流、电阻、电压、频率、链条速度、水浴槽长度等，适当的电击晕参数能够减轻肉鸡胴体损伤、提高放血率、改善肉质。电击晕槽的长度要根据生产链传动速度确定，但必须保证电击晕时间控制在6~9 s，通过每只鸡的电流强度至少达到120 mA。若电击晕槽内水的导电性较差，可以通过添加食盐增加其导电性，食盐浓度控制在0.08%~0.12%。频率不同击晕效果不同，相同电压下，频率越高、击晕效果越好。电击晕槽上方链条轨道须带弧度，确保体重不一致的肉鸡的头部均能有效得到电击晕。

目前，主要通过人工检测肉鸡的击晕状态，但人工视觉判定具有较强的主观性，判定效果由判定人员的感官和经验决定，检测速度较慢。与人工检验相比，机器视觉技术具有速度快、无损性、成本低等优点。据报道，采用基于快速区域的卷积神经网络（Faster-RCNN）的肉鸡击晕状态检测法可以准确识别屠宰加工中肉鸡的击晕状态。

（2）气体击晕。气体击晕是将肉鸡放置在密闭的受控混合气体环境中进行，如操作得当，鸡只不会在放血之前或放血期间恢复意识，可减少由于宰前挂鸡引发剧烈应激造成鸡胴体的损伤，常采用二氧化碳、氩气、氮气等气体击晕肉鸡。1950年首次应用于肉鸡的屠宰，但由于设备费用较为昂贵及其对肉质的影响仍有待研究等问题，该技术在肉鸡屠宰行业中一直未得到广泛使用。

7.2.2.2 放血

致昏后宰杀工人需要对肉鸡进行及时宰杀放血。宰杀前应抽查鸡是否丧失意识。致昏到宰杀的间隔时间宜控制在30 s以内，确保完成宰杀放血前鸡只不会苏醒为宜。放血工艺一般包括人工放血和机械放血，当前我国主要采用人工放血。

（1）人工放血。宰杀、沥血应符合GB/T 19478—2018的要求，刺杀必须要做到快速割断颈动脉和颈静脉，保证有效沥血。宰杀工人按标准要求站位，宰杀时一手握住鸡头，一手执刀于下颌骨处颈部单侧下刀（在鸡耳朵上方1 cm下刀），下刀时要稳、准，保证气管、食管完好，血管已切断。宰杀工具要轮换消毒。鸡只在烫毛之前在暗室空挂沥血，空挂沥血时间宜在3~5 min。沥血时间过短，血沥不净，影响肉质；时间过长，对脱羽不利，且引起失重，降低出肉率。每一车鸡，安排专人检查一遍放血间有无落地毛鸡，将落地的鸡及时挂到链条上。刀口控制在1~1.5 cm；放血不良率不得超过0.3‰；鸡头颜色正常，无1 cm^2 以上的淤血现象。为了最大程度地减轻肉鸡的应激反应，放血车间也应将光线条件纳入考量范围，紫光或者蓝光是最为理想的选择。

（2）自动放血。在致昏肉鸡后几秒内，肉鸡被输送至切割机上自动放血。肉鸡经传动链条和旋转滚轮使肉垂和颈部下皮被固定，并引导头部进入切割机，使其与刀片位置相吻合。随后，切割机中的刀片开始旋转，从而切断肉鸡的颈动脉和颈静脉。绝大多数切割机在肉鸡经过刀片时旋转头部将其左右血管都切断。颈部切割完成后（致昏后7~10 s内），需在2~3 min完成沥血，肉鸡放血量为其总血量的30%~50%时，就满足致使脑功能衰竭进而死亡的条件。血液在从活体重量到冷却后胴体重量的损失中，占比约为4%。

7.2.2.3 浸烫

在自然状态下，毛囊中的羽毛是极难去除的。为了能让羽毛变得松动，从而易于拔除，这就需要把胴体浸泡到热水里，让固定羽毛的蛋白质发生变性。目前，吊挂式自动浸烫机是常用的设备，它是借助机械、气流或者二者的双重搅拌作用，迫使禽体浸没于热水之中，高流速的烫毛水从出口逆流至入口可以对禽体表面进行较好地冲洗，可以溶解颗粒物，而且更好地减少毛皮的细菌数量。时间和温度是浸烫工艺的两个重要工艺参数，一般烫毛工艺可分为软烫毛和硬烫毛两种。软烫毛为温度53.5℃持续120 s，这种方法不会损害外层皮肤和角质层，可保持皮肤光滑，黄色色素层完好。硬烫毛温度为62~64℃，烫毛时间为45 s，这种方式能够使胴体表皮松弛，更利于去除羽毛，但对于胴体表皮颜色稳定性不利。蒸汽喷淋浸烫既能防止禽体出现交叉感染的情况，又能够大幅提升设备的节能环保性，是浸烫设备发展的一大趋势。

7.2.2.4 脱毛

脱毛的目的在于去除烫毛之后已经松动的羽毛，脱毛器是由成排能够伸缩的旋转橡胶棒群所构成的。这些橡胶棒会高速旋转，在与鸡胴体相互摩擦的时候，把松动的羽毛剥除掉。旋转着的橡胶棒群能够接触到胴体的各个不同部位，从而将其羽毛脱净。橡胶棒若与鸡体贴合得过于紧密，很可能致使大腿和胸部的皮肤破裂，而且还会造成翅膀、腿部以及肋骨断裂；橡胶棒与鸡体接触过松易导致羽毛不能充分去除。目前，国内的企业大多采用卧式滚筒脱羽机与立式转盘脱羽机相组合的方式，这样的组合能够确保较高的脱羽率，并且可以减少禽体的破损率。

7.2.2.5 自动化掏膛

掏膛是肉鸡屠宰加工中重要的中间环节，取出的内脏主要有肌胃、肝脏、肠、胰腺、胆等。可食用内脏约占胴体产量的7%，而不可食用内脏约占胴体产量的3%。人工掏膛方式主要是多人依次分工完成各个内脏的摘取，严重限制了屠宰加工过程的工作效率；而规模化白羽肉鸡屠宰加工中掏膛环节已基本实现全自动化，每小时处理量过万只。目前，荷兰Meyn公司、丹麦Linco Food System公司和荷兰Marel Stork Poultry Processing公司等开发的自动掏膛系统，虽然结构各不相同，但它们有着共同的设计理念。这个理念就是把肉鸡悬挂在同步链接输送机上，然后采用组合式凸轮机械手当作末端执行器,来控制空间凸轮驱动各个单机,以高效地完成掏膛作业。

图7-3所示的设备为国内艾斯克机电股份有限公司产品,它借助高架线回转轮和驱动装置来实现控制,掏膛机械手与内脏转挂协同运作。此装置配备了32个掏膛手,能够依据肉禽胴体体型大小的差异,对掏膛轨迹进行微量调整,其产能每小时可达12 000只以上。这一设备的掏膛机械手运用的是夹取和扒取相结合的结构,也就是说,当掏膛机械手深入腹腔顶端之后,扒取部分会紧紧挨着内脏,而夹持部件则会夹紧食管,随后整个机械手退回取出内脏。

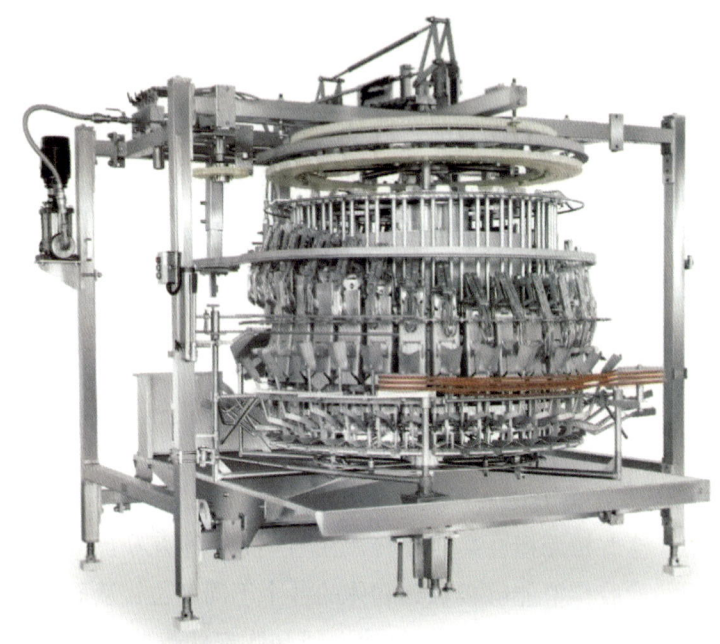

图7-3 我国肉鸡自动掏脏机(艾斯克机电股份有限公司 提供)

切肛:自动切肛机用于切下鸡体肛部,为自动扩肛和自动掏脏做准备。鸡体在通过自动切肛机的过程中,肛部被顺利切下并拉出,挂在禽体的背部。自动切肛机采用了在线调节技术、切肛刀同步控制技术、肛部真空吸附定位等多项技术。最大单线产量达到12 000只/h,可切重量范围为2.20~2.80 kg,切肛准确,鸡体损失小,避免交叉污染。

扩肛:自动扩肛机用于切开鸡体从肛门到腹腔的外皮,使鸡体下腹部充分打开,为自动掏脏工序作好准备。自动扩肛机由掏膛高架线驱动,扩肛刀可以在线调节,以适应不同大小的个体。

掏脏:自动掏脏机用于自动掏取内脏,实现内脏包与鸡体在线自动分离,内脏被自动转挂到内脏高架输送线上。自动掏脏机由高架线回转轮和辅助驱动装置驱动运行;掏膛机和内脏转挂输送机同步运行,内脏被自动转挂到内脏高架输送线上;配置特殊的

7　白羽肉鸡精深加工与预制菜发展

在线内外CIP冲洗系统，易于清洗，提高夹持率。在线变轨调节系统，可以微量调节掏脏轨迹轮局部运行轨迹，以适应不同大小的鸡体。

去嗉囊：自动绞嗉囊机用于去除胴体内部嗉囊、食管及气管。由掏膛高架输送线驱动回转轮组合以带动绞嗉机构沿迹轮进行上下及周向运动，并且在绞刀进入禽体时自身进行旋转，使嗉囊、食管及气管完全被绞出。绞嗉机构从禽体内抽回之前，由尼龙刷清洗。每一周期结束以后，所有的与禽体接触的部位都经过清洗，以防止交叉感染。

吸肺：自动吸肺机由掏膛高架输送线驱动回转轮组合以带动吸肺机构沿轨迹轮进行上下及周向运动，并且在吸肺机构进入鸡体时自动吸出肺。在吸肺机周围设有多个吸肺机构，工作时胴体（背朝外）随高架线进入吸肺机内，旋转的吸肺机构进入禽体的腔内，清除肺。肺从吸管进入鸡肺暂存罐中。

胴体清洗：肉鸡掏膛后随高架输送线进入胴体内外清洗机，对胴体进行内部及外部的全面清洗。胴体内外清洗机无须其他动力传动，依高架线链条带动升降装置沿尼龙凸轮作上下往复运动。胴体清洗机中用的水和冷却介质为含有氯或其他批准使用的抑菌剂的水来漂洗胴体，以达到有效的清洗效果。此外，胴体内外清洗机采用过滤后的高压水通过特殊的喷头喷射成扇状及伞状的水流对禽胴体进行彻底的冲洗，使下一道工序预冷机内水质清洁得到保证，细菌指标显著下降。

7.2.2.6　预冷

预冷是冷却禽肉生产加工工艺中非常重要的环节，主要目的是减少微生物生长、保障食品安全以及延长货架期。常见的预冷方式有风冷、浸没式预冷（也就是水冷）、喷雾冷却、混合冷却，还有近些年兴起的新型冷却技术，如真空冷却等技术。预冷会对鸡肉的外观、风味以及肉质产生影响。

（1）水冷工艺。规模化肉鸡屠宰场大多采用螺旋预冷机，增加肉鸡和冷水的对流换热，螺旋桨的设计有利于水分的控制，喷射系统的设计分散鸡胴体，增加冷却槽的工作容积，有效地控制终温。虽然运行成本略高于池式预冷，但便于微生物控制，有利于保证肉质。为使鸡胴体的冷却中心温度达到4℃，选择合适的冷却时间也非常重要。预冷一般可分前、中、后三道工序。前池温度≤18℃、中池温度≤10℃、后池温度0~4℃，前池和中池次氯酸钠的浓度为50~100 mg/kg或二氧化氯5~10 mg/kg，后池不添加次氯酸钠或者二氧化氯，预冷总时间40 min以上。若工厂只有前池和后池两道工序，前预冷池温度≤10℃，后池温度0~4℃，前池次氯酸钠的浓度为50~100 mg/kg或者二氧化氯5~10 mg/kg，后池不添加次氯酸钠或者二氧化氯，预冷总时间40 min以上；预冷后胴体中心温度≤7℃。图7-4为三阶预冷池设备。

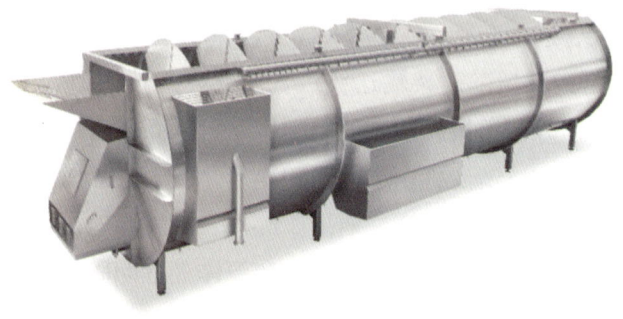

图7-4　三阶预冷池

（2）风冷工艺。风冷这种方式，是把悬挂在钩环上的胴体置于一个大房间里，这个房间中有循环的冷空气，胴体要在其中停留1～3 h。在这个过程中，借助蒸汽冷却与冷空气流吹动双重作用，来降低鸡胴体的中心温度。风冷所采用的冷却介质就是冷空气，冷空气会吹过待冷却物体的表面，并且在冷却间里高速循环。空气的导热系数比水小很多，因此风冷的降温速度跟水冷相比要更慢一些，而且风冷需要的空间更大，耗费的能量也更多。同时，风冷的速度还会受到冷却间的风速、温度、胴体的包装方式以及胴体吊挂方式等诸多因素的影响。国内较少采用风冷的方式冷却鸡胴体。鸡胴体使用风冷方式时，始终在高架输送链条上运行，为了加快冷却并防止水分流失，胴体在进入冷却机时暴露在极冷的空气（-8～-6℃）中，而出口处的温度为-4～-1℃，为了节省占地面积，可以多层（2层或3层）悬挂。在肉鸡屠宰过程中，要是采用风冷方式来冷却鸡胴体，则胴体的重量就会减少，这无疑会造成直接的经济损失。风冷应当与喷雾冷却或者浸没式冷却（水冷）相结合，最大程度地减少由于热量散失而造成的鸡胴体重量下降，并且控制因为空气与鸡胴体接触，促使鸡皮中的色素或者脂肪氧化所产生深色物质而加深胴体颜色。

7.2.2.7 分割

鸡胴体分割是指经屠宰、放血、去除羽毛的鸡胴体被去除头、爪以及内脏后的整个躯体进行分割，能够有效提高鸡肉商品价值（附加值）。我国已颁布了鸡、鸭胴体分割标准，并对胴体分割工艺进行了规定。另外，联合国欧盟经济委员会（UN/ECE）颁布的胴体标准为全球肉类市场提供了胴体分割及分割产品描述标准。本部分将介绍国内大型肉鸡屠宰加工企业肉鸡胴体分割工艺和UN/ECE禽肉质量标准中胴体分割标准及产品。

（1）鸡胴体人工分割工艺。

挂鸡：将预冷后的胴体挂在链条上，要求挂鸡脖，鸡胴体腹部朝向操作人员。

开胸、开裆：操作人员站于鸡胸前方，左手拇指按压右侧胸皮并稍稍拉紧，其余四指握住鸡的右腿（琵琶腿下部）以固定鸡身。右手持刀，沿着龙骨的一侧或者两侧轻柔地将鸡胸对称划开，注意不可伤及大胸、小胸和软骨。左手握住右腿（琵琶腿下部），先划开左裆，接着划开右裆，顺着胸下部与腿内侧连接处下刀划开，把裆皮划开。

划背：操作人员站在鸡的背面，左手扶着鸡的左腿（在膝关节部位），右手持刀，从鸡背脖根的左侧下刀，把与脖根相连的皮划开，笔直地划向鸡尾部，划的时候深度要到脊背，但不能把鸡尾划破。操作人员再用双手的大拇指顶住鸡两腿的髋关节处，其余四指放在两腿内侧，接着用力把腿往后掰，直至髋关节脱臼，随后一只手抓住双腿，另一只手顺着腰部环切一刀。

割腿：操作人员站在鸡背的前方，左手将鸡的右腿提起，右手握刀，在腿与鸡体相连的腰眼肉处下刀，朝着里侧流畅地切向髋关节，然后顺势用刀尖环绕髋关节一圈，把关节韧带切断。紧接着，将刀紧紧靠着髋关节下方的坐骨向下划动，与此同时，左手猛地用力一撕，将腿撕下，保证鸡尾完好无损，从而让腿与鸡体顺利分离。左腿的切割方式与右腿一样。

割翅：左手紧紧握住左翅的根部，右手则拿起刀，利落地将脖根与胸肩相连之处的皮彻底地切开。随后，用刀尖顺着锁骨轻轻划下，顺势把肩关节的韧带切断（注意不能伤到翅根关节部位）。接着，让刀沿着肩胛骨划动，切开肩肉，此时左手猛地用力向下撕扯翅膀，使翅膀与鸡体分离开。割右翅的方法和割左翅的方法一样。

划小胸：左手紧紧握住鸡架的背部，右手拿起划胸器，紧紧地贴着胸骨嵴的两侧向下划动，一直划到软骨的2/3处，从而让胸骨嵴和小胸分离开来，注意要轻用力，不能划伤小胸、软骨。

撕小胸：左手紧紧握住鸡背的上部，右手则拿起弯嘴钳，稳稳地夹住小胸筋头，然后顺势把小胸撕下来。

撕中肉：左手握住鸡背上部，右手拿弯嘴钳，从锁骨下部成半圆形割下，用右手拇指摁住中肉顺势撕下。

割软骨：左手握住鸡架，右手拿起刀，在红骨与软骨相连接的地方轻轻点上一刀。紧接着，右手的食指将胸软骨的下端朝着鸡的体内翻转过去，与此同时，拇指用力摁住软骨的上端，顺势把软骨撕下。

撕小肉：左手握住鸡架，右手拿住弯嘴钳，然后用钳子伸入腹腔夹住小肉筋头撕下（左右小肉）。

割腹膜肉：左手捏住腹膜肉，右手持刀将其割下（可根据客户的要求，决定是否割腹膜肉）。

砍鸡脖：左手轻轻扶住鸡架的两骨窝之处，右手稳稳地拿起刀来，然后沿着鸡脖与鸡架相连接的肩胛骨处，以倾斜45°的角度下刀，把鸡脖割下。

摘鸡架：用手拿住鸡架，迅速将鸡架上提，使鸡架脱离链条钩。

（2）鸡胴体分割产品。《鸡胴体分割》（GB/T 24864—2010）中对肉鸡加工企业鸡胴体分割产品进行了规定，胴体分为翅肉类、胸肉类和腿肉类。图7-5为UN/ECE鸡肉质量标准（ECE/TRADE/C/WP.7/2006/13）中鸡胴体分割产品代码、名称、分割方法及产品示意图。

翅肉类：整翅，在肱骨与喙状骨的连接处下刀切开，将筋腱切断，但要注意不能划破关节面，也不能伤到里脊。翅根（第一节翅），于肘关节处切断，此部分是从肩关节到肘关节这一段。翅中（第二节翅），在肘关节处切断，这部分为从肘关节到腕关节的那一段。翅尖（第三节翅），在腕关节处切断，从腕关节到翅尖这一整段便是翅尖。上半翅（"V"形翅），从肩关节到腕关节这一整段，它包含了第一节翅和第二节翅。下半翅，从肘关节到翅尖这一段，由第二节翅和第三节翅组成。

胸肉类：带皮大胸肉，沿着胸骨的两侧划开，把肩关节切断，然后将翅根连着胸肉朝着尾部撕下，再剪掉翅根部分，把多余的脂肪、肌膜修整干净，最终让胸皮肉的比例协调，没有淤血，也没有经过熟烫。去皮大胸肉，把带皮大胸肉的皮去掉。小胸肉（胸里脊），在鸡锁骨和喙状骨之间取下，且要求形状是完整的条形，既不能有破损，也不能被污染。带里脊大胸肉，包括去皮大胸肉和小胸肉。

腿肉类：全腿，沿着腹股沟把皮划开，然后将大腿朝着背侧的方向掰过去，切断髋关节和部分肌腱，在跗关节处切下鸡爪，让腿型保持完整，边缘显得整齐，腿皮也能很好地覆盖住。大腿，沿着膝关节将全腿切断，得到的便是髋关节和膝关节之间的部分。小腿，沿着膝关节把全腿切断，得到的是膝关节和跗关节之间的部分。去骨带皮鸡腿，沿着胫骨朝着股骨内侧划开，将膝关节切断，随后剔除股骨、胫骨以及腓骨，修整割除多余的皮、软骨与肌腱。去骨去皮鸡腿，将去骨带皮鸡腿上的皮去掉。

0101整鸡 Whole bird | 0102光鸡 Whole bird without gublets | 0103去翅去骨白条鸡 Boneless whole bird without wings and giblets | 0104长切白条鸡 Whole bird without giblets, with long-cut drumsticks

去头爪后的完整胴体。脖、肫、心、肝分割保留，油腺、尾可保留也可去除 | 头、爪、脖、肫、心、肝去除后的胴体。油腺、尾可保留也可去除 | 头、脖、翅、爪、肫、心、肝、油腺、尾全部去除后的胴体 | 头、脖、爪、肫、心、肝去除后的胴体，尾可以保留也可以去掉

0105半脖白条鸡 Whole bird without giblets, with half neck | 0106全脖白条鸡 Whole bird without giblets, with whole neck | 0107带头白条鸡 Whole bird without giblets, with head | 0108带头带爪白条鸡 Whole bird without giblets, with head and feet

头、半条鸡脖、爪、肫、心、肝去除后的胴体，油腺、尾可以保留也可以去掉 | 头、爪、肫、心、肝去除后的胴体，油腺、尾可以保留也可以去掉 | 爪、肫、心、肝去除后的胴体，油腺、尾可以保留也可以去掉 | 头、爪、胸、大腿、小腿、翅、背、腹脂均保留的完整胴体，油腺、尾可保留也可去除

  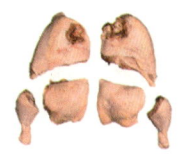 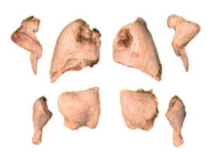

0201二分体 Two-piece cut-up | 0202四分体 Four-piece cut-up | 0203六分体 Six-piece cut-up | 0204旧八分体 Eight-piece cut-up, traditional

去除内脏的光鸡，从一端到另一端把胸、背均分成左右大小一样的两部分。油腺、尾、腹脂可保留也可去除 | 去除内脏的光鸡分割成2块带翅胸肉和2块腿肉，共4块。油腺、尾、腹脂可保留也可摘除 | 去除内脏的光鸡分割成2块带背和肋骨的胸肉、2块小腿、2块带背大腿，共6块，整翅去掉，油腺、尾、腹脂可保留也可摘除 | 去除内脏的光鸡分割成2块带背和肋骨的胸肉、2块小腿、2块带背大腿、2块整翅，共8块，油腺、尾、腹脂可保留也可摘除

图7-5 UN/ECE鸡胴体分割产品示意图

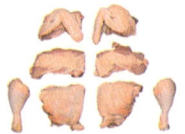
0205新八分体
Eight-piece cut-up, non-traditional

根据商家或消费者习惯将去除内脏的光鸡分割成需要的8块，油腺、尾、腹脂可保留也可摘除

0206旧九分体
Nine-piece cut-up, traditional

去除内脏的光鸡分割成1块带锁骨的胸肉、2块带背和肋骨的胸肉、2块小腿、2块带背大腿、2块整翅，共9块，油腺、尾、腹脂可保留也可摘除

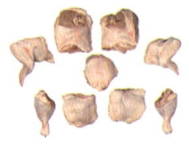
0207新九分体
Nine-piece cut-up, country-cut

去除内脏的光鸡分割成1块后胸、2块前胸、2块小腿、2块带背大腿、2块整翅，共9块，油腺、尾、腹脂可保留也可摘除

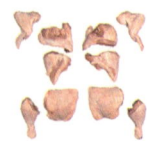
0208十分体
Ten-piece cut-up

去除内脏的光鸡带背和肋骨的胸肉平分成4块、2块小腿、2块带背大腿、2块整翅，共10块，油腺、尾、腹脂可保留也可摘除

0301前二分体
Front half

去除内脏的光鸡沿股骨上面的髂骨处垂直骨干向后胸腹处切开，取上半部分。包括全部的胸肉、胸肉相邻处的背肉、整翅

0302去翅前二分体
Front half without wings

去除内脏的光鸡沿股骨上面的髂骨处垂直骨干向后胸腹处切开，取上半部分，切除整翅。包括全部的胸肉、胸肉相邻处的背肉

0401后二分体
Back half

去除内脏的光鸡沿股骨上面的髂骨处垂直骨干向后胸腹处切开，取下半部分。包括相邻背、连接处腹脂和尾。油腺可以保留也可以切除

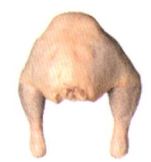
0402去尾后二分体
Back half without tail

去除内脏的光鸡沿股骨上面的髂骨处垂直骨干向后胸腹处切开，取下半部分。包括相邻背、连接处腹脂，去除鸡尾

0501前四分体
Breast quarter

前二分体沿胸骨、后背分割成大小一样的两部分，是带一个翅和部分背的半胸

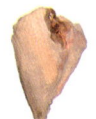
0502去翅前四分体
Split breast with back portion

去翅前二分体沿胸骨、后背分割成大小一样的两部分，是带部分背的半胸

0601去背去肋鸡全胸
Whole breast with ribs and tenderloins

在椎骨和胸骨的连接处切割去翅前二分体，取胸部，去掉脖和背，是包括肋条肉和里脊肉的全胸

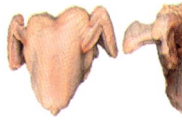
0602去背带肋带翅鸡全胸
Bone-in whole breast with ribs and wings

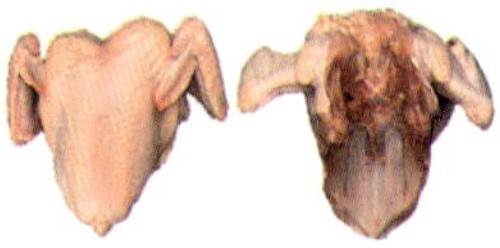

在椎骨和胸骨的连接处切割前二分体，取胸部，去掉脖和背，是包括肋骨、里脊肉和整翅的全胸

图7-5 （续）

0603带肋条肉去里脊无骨鸡全胸 Boneless whole breast with rib meat, without tenderloins	0604带里脊无骨鸡全胸 Boneless whole breast with tenderloins	0605去里脊无骨鸡全胸 Boneless whole breast without tenderloins	0701去背去翅前四分体 Bone-in split breast with ribs
在椎骨和胸骨的连接处切割去翅前二分体，取胸部，背、里脊、鸡脖表皮、骨头去除	在椎骨和胸骨的连接处切割去翅前二分体，取胸部，背、肋条肉、鸡脖表皮、骨头去除	在椎骨和胸骨的连接处切割前二分体，取胸部，背、肋条肉、里脊、鸡脖表皮、骨头去除	沿去背去翅全胸胸骨中线分割成大小一样的两部分，包括一半的肋条肉、一半的里脊肉和一半的胸骨

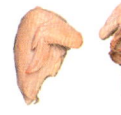   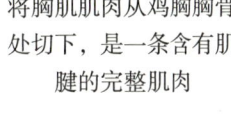

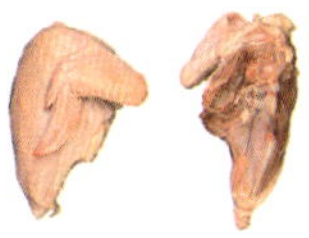

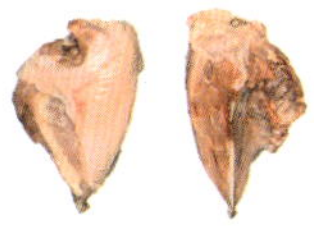

0702去背带翅前四分体 Bone-in split breast with ribs and wing	0703去背带翅根前四分体 Boneless split breast without rib meat	0704去背去翅无骨前四分体 Partially boneless split breast with rib meat and first segment wing	0801里脊 Tenderloin (inner fillet, tender, small fillet)
沿去背带翅全胸胸骨中线分割成大小一样的两部分，包括一半的肋条肉、一半的里脊肉、一根整翅和一半的胸骨	沿去背带翅全胸胸骨中线分割成大小一样的两部分，肋条肉和骨全部剔除，里脊可以保留也可以去除	沿去背带翅全胸胸骨中线分割成大小一样的两部分，第2、3节翅和胸骨剔除，包括肋条肉的一半和第1节翅	将胸肌肌肉从鸡胸胸骨处切下，是一条含有肌腱的完整肌肉

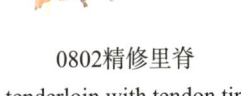   

0802精修里脊 tenderloin with tendon tip off	0901后四分体 Leg with back portion (leg quarter)	0902去尾后四分体 Leg with back portion, without tail (leg quarter without tail)	0903去尾去腹脂后四分体 Leg with back portion, without tail and abdominal fat (leg quarter without tail and abdominal fat)
将胸肌肌肉从鸡胸胸骨处切下，肌腱也切除，是一条不包括肌腱的完整肌肉	沿脊椎中线向后二分体分割成大小一样的两部分，包括小腿、大腿及其相邻的背、腹脂和尾	沿脊椎中线向后二分体分割成大小一样的两部分，去除尾部，包括小腿、大腿及其相邻的背、腹脂	沿脊椎中线向后二分体分割成大小一样的两部分，去除尾部和腹脂，包括小腿、大腿及其相邻的背

图7-5 （续）

0904长切大、小腿 Long-cut drumstick and thigh portion with back（long-cut drum and thigh portion）	1001（短切）全腿 Whole leg（short-cut leg）	1002带腹脂全腿 Whole leg with abdominal fat（half saddle without back）	1003长切全腿 Whole leg, long-cut（long-cut leg）
去尾后四分体在髁骨处平行于脊柱面切割大腿，包括两部分：连接部分大腿肉的小腿、连接腹脂和部分背的大腿	在股骨和盆骨连接处分割后二分体，取腿，腹脂、背去除，表皮可修剪也可不修剪，包括完整的大腿和小腿	在股骨和盆骨连接处分割后二分体，取腿去背，包括完整的大腿和小腿及其覆盖上面的脂肪和表皮	将去除内脏的光鸡沿股骨上面的髂骨处垂直脊椎向后胸腹处切开，将腿在股骨和盆骨连接处切下，并切掉足刺以下的爪。包括大腿、小腿和部分胫骨

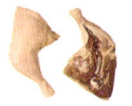   

1004斜切全腿 Whole leg with thigh/drumstick incision（short-cut sujiire）	1005斜切长切全腿 Whole leg, long-cut with thigh/drumstick incision（long-cut sujiire）	1101大腿 Thigh	1102带背大腿 Bone-in thigh with back portion（thigh quarter）
在股骨和盆腔连接处分割后二分体，取腿去背，并剪修表皮。沿大腿骨、小腿骨走向划下切口。包括大腿和小腿	在股骨和盆腔连接处分割后二分体，取腿去背，并切掉跗关节以下2 cm左右的爪，沿大腿骨、小腿骨走向划下切口。包括大腿、小腿和部分胫骨	在全腿胫骨和股骨连接处切开，去掉小腿、膝盖骨。包括大腿及其表皮，连接于髂骨的肉可以保留也可以切除	在后四分体胫骨和股骨连接处切开，去掉小腿、膝盖骨、腹脂。包括大腿、相邻的背和脂肪。油腺、尾、连接于髂骨的肉可以保留也可以切除

1103精修无骨大腿 Boneless thigh, trimmed	1104方切无骨大腿 Boneless thigh, squared	1105精修方形无骨大腿 Boneless thigh, trimmed and squared	1201小腿 Drumstick（drum）
在全腿胫骨和股骨连接处切开，小腿、膝盖骨、股骨、所有可见脂肪全部切除，连接于髂骨的肉可以保留也可以切除	在全腿胫骨和股骨连接处切开，小腿、膝盖骨、股骨、连接于髂骨的肉全部切除，再切成方形	在全腿胫骨和股骨连接处切开，小腿、膝盖骨、股骨、连接于髂骨的肉全部切除，精修后切成方形	在全腿胫骨和股骨连接处切开，去掉大腿，包括胫骨、股骨、膝盖骨及其相连的肌肉

图7-5　（续）

7 白羽肉鸡精深加工与预制菜发展

1202斜切小腿
Slant-cut drumstick
（drum portion）

全腿从小腿胫骨处开始，穿过胫骨和股骨结合处切下，大腿和小腿一侧的鸡肉切掉。包括胫骨、腓骨、膝盖骨及与其连接的肌肉

1301全翅
Whole wing

在去除内脏的光鸡骨干和肱骨连接处切下，包括含有肱骨的第1节翅、含有尺骨的第2节翅、含有掌骨和趾骨的第3节翅

1302 "V" 形翅
First and second segment wing（v-wing）

在全翅第2节翅和第3节翅连接处切下，去掉第3节翅，包括含有肱骨的第1节翅、含有尺骨的第2节翅

1303上半翅
Second and third segment wing（2-joint wing, wing portion）

在全翅第1节翅和第2节翅连接处切下，去掉第1节翅，包括含有尺骨的第2节翅、含有掌骨和趾骨的第3节翅

1304翅根
First segment wing（wing drummette）

在全翅第1节翅和第2节翅连接处切下，去掉第2、第3节翅，包括起连接胴体和翅膀的肱骨

1305翅尖
Second segment wing（wing flat, mid-joint）

在全翅第1节翅和第2节翅连接处、第2鸡翅和第3节翅连接处切下，去掉第1、第3节翅

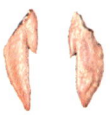

1306翅中
Third segment wing（wing tip, flipper）

在全翅第2节翅和第3节翅连接处切下，去掉第1、第2节翅

1401去皮背骨架
Stripped lower back

沿盆骨将大腿从后二分体切下，包括后脊椎、髂骨、盆骨及其肌肉，去掉表皮，尾、腹脂、肾、卵巢可以保留也可以切除

1402后背
Lower back

在后二分体股骨和盆骨连接处切下，去掉腿，包括后脊椎、髂骨、盆骨及其肌肉和表皮。尾、腹脂、肾、卵巢可以保留也可以切除

1403前背
Upper back

沿去翅前二分体两侧割去胸肉和椎骨，包括脊椎上部分及其肌肉和表皮

1404全背
Whole back

先将去除内脏的光鸡垂直鸡脖脊椎处切下，在平行于骨干和盆腔骨两侧，从椎骨向髂骨切下。包括所有的骨干、髂骨、盆腔骨及肌肉和表皮。尾、腹脂、肾、卵巢可以保留也可以切除

1501鸡脖
Neck

从肩关节处切下，去掉头，包括骨头、肌肉和表皮

图7-5 （续）

（3）白羽肉鸡自动化胴体识别和分割技术。自动化胴体识别技术是当前白羽肉鸡屠宰产业中的一项重要技术，是实现分割流程自动化的前提。其基本工作原理是基于机器视觉和机器学习技术，使用工业相机辅以3D激光相机对肉鸡胴体图像进行采集，通过背光、前景光、后景光工位视觉采集系统实现对肉鸡胴体的全覆盖。采用基于全局RGB阈值分割提取图像特征参数的方法，并结合主成分分析、算法和支持向量机模型进行分类识别，可以快速、准确识别肉鸡胴体上的断翅、断腿、淤血等损伤，并进行在线剔除。此外，自动化胴体识别技术结合在线自动称重系统可有效对肉鸡胴体进行分级，从而满足后端自动化分割要求。

白羽肉鸡自动化分割装备在现代肉鸡加工产业中扮演着至关重要的角色。自动化分割技术不仅可以提高生产效率，降低人力成本，而且可以提升产品分割的精确度和一致性，进而提高产品的市场竞争力。自动化分割系统可将鸡胴体自动分割成全腿、全翅、三节翅、胸肉等多个部位，可实现对传统手工分割流水线员工全替代，分割效率高达8 000只/h以上。荷兰MEYN公司、Marel Stork Poultry Processing公司和丹麦LINCO FOOD SYSTEM等公司在白羽肉鸡自动化分割装备领域处于领先地位。

7.2.3 白羽肉鸡生鲜产品包装与贮运技术

白羽肉鸡生鲜产品的销售以冻品和冰鲜产品为主，因生鲜产品禁止添加防腐剂，优质安全生鲜白羽肉鸡的生产主要通过屠宰加工过程中对鸡胴体表面微生物的减菌控制、贮藏和运输过程中选择有效的包装方式及贮运技术以延长货架期。

7.2.3.1 屠宰过程减菌技术

目前，大多数白羽肉鸡屠宰加工企业在预冷工艺中将鸡胴体浸入次氯酸钠溶液中进行减菌处理。在浸泡过程中，容易造成血水和脂肪等有机物的积累及胴体间的交叉污染，显著降低了次氯酸钠的减菌效果。美国和欧盟国家多采用喷淋的方式进行胴体减菌。最近研究发现，一定浓度的次氯酸钠能与鸡肉中的游离氨基酸反应生成强致癌性的氨基脲，带来食品安全问题。研究也发现一些常见的食源性致病菌菌株，如沙门氏菌和李斯特氏菌等，已对次氯酸钠产生了抗性。随着生活水平的提高，安全、高效、天然的减菌剂将具有广阔的市场前景。

近年来，微酸性电解水和臭氧气泡水也开始应用在白羽肉鸡屠宰加工中，用于鸡胴体的表面减菌。微酸性电解水经2%~6%的稀盐酸溶液电解生产，pH值为5.0~6.5，有效氯浓度在10~30 mg/kg，并且具有较高的氧化还原电位。较低的pH值和较高的氧化还原电位值可对细菌细胞膜的电位造成影响，使其通透性发生变化，进而破坏代谢酶和正常代谢过程，致使细菌凋亡。微酸性电解水的含氯杀菌成分主要包括次氯酸分子（HClO）、次氯酸根（ClO$^-$）和氯气（Cl$_2$）等。当前研究表明微酸性电解水起杀菌作用的主要成分是HClO，在相同浓度下其杀菌效果为ClO^-的80~150倍。使用不同有效氯浓度的电解水对鸡肉进行一定时间的浸泡和清洗，能够显著减少其表面的大肠杆菌、单核细胞增生李斯特氏菌以及肠溶性链球菌等病原菌的总数。同样地，将其用于设备表面喷洒处理，也能够使表面总需氧菌、葡萄球菌和大肠菌群数量显著降低。臭氧气泡水通过将臭氧气体溶解在水中形成的臭氧水，以气泡形式应用于清洗、预冷等工艺中。臭氧是一种强氧化剂，能够破坏微生物的细胞壁、细胞膜和内部成分，如蛋白质和核酸，从而达到杀菌效果。臭氧气泡水中的臭氧通过与微生物直接接触，释放出氧化性自由基（如·OH），导致微生物死亡。革兰氏阴性菌如肠杆菌、假单胞菌等白羽肉鸡优势腐败菌的外膜更容易被臭氧的氧化作用破坏，因此臭氧气泡水更适用于白羽肉鸡表面减菌。

7.2.3.2 包装技术

白羽肉鸡生鲜产品的包装主要包括托盘包装、气调包装、真空包装和活性包装等形式。

（1）托盘包装。托盘包装是目前超市常用的一种包装方式，利用包装膜直接覆盖托盘，包装膜内的气体未进行任何置换。肉制品保鲜中托盘材料主要以聚苯乙烯为主，包装膜主要采用PE或PVE膜。托盘包装比较简单，能将冷鲜鸡肉与外界环境有效隔离，防止产品二次污染。但也因为无气体置换，冷鲜鸡肉携带的微生物在贮运、销售过程中易大量繁殖，保鲜效果不理想。

（2）气调包装。除了托盘包装，气调包装也是现阶段商超常用的冷鲜鸡肉保鲜方法，尤其在国外。气调包装是将包装盒中的空气置换成O_2、CO_2、N_2或它们的混合气体，以改变肉制品的色泽，并抑制微生物生长而延长产品货架期。适当浓度的O_2能与肌肉中的肌红蛋白反应生成氧合肌红蛋白，保持肉的鲜红色，因此含氧包装主要用于红肉如牛肉的包装保鲜中，在冷鲜鸡肉保鲜中不太常见。CO也可以维持肉品的颜色，因为其可以与肌红蛋白形成碳氧肌红蛋白，但CO具有潜在毒性，因此多数国家禁止使用。白羽肉鸡对肉红度的要求不高，对白羽肉鸡来说，O_2控制是抑制微生物生长和氧化反应的最主要途径。冷鲜白羽肉鸡气调包装中常用CO_2和N_2来置换空气，一方面，CO_2具有较高的水溶性和脂溶性，溶解后会形成HCO_3^-和H^+，H^+进入细胞后，可以降低胞内pH值并裂解细胞，并且造成胞内大分子性质改变，从而抑制微生物的生长。另一方面，N_2是一种惰性气体，不与肉类产品发生化学反应，置换氧气后，因为环境中氧气的缺乏，好氧菌的生长代谢受到抑制，并且可以防止肉品的脂肪氧化和酸败。但如果CO_2比例太高易导致包装盒塌陷，影响消费者的购买欲，而N_2在这一过程中起到平衡或缓冲的作用，可有效避免由于CO_2溶解导致的包装盒塌陷问题。研究表明20%~40%的CO_2包装方式对冷鲜鸡优势腐败菌的抑制效果较好，而且包装盒的塌陷程度也在可接受的范围之内。

影响气调包装保鲜效果和内外气体交换的关键因素主要为包装材料的组成成分和阻

隔性等。气调包装的关键是采用阻隔性较好的薄膜材料包括聚乙烯膜、聚丙烯膜、聚醚醚酮膜（PEEK）、乙烯-乙烯醇共聚物（EVOH）膜等防止气体的泄漏和交换。冷鲜鸡肉贮藏后期优势菌属主要为希瓦氏菌属、不动杆菌属、环丝菌属和假单胞菌属。通过研究不同包装方式对冷鲜鸡优势菌群的影响，发现气调包装对假单胞菌属有较好的抑制效果，对希瓦氏菌等兼性厌氧菌抑制效果不佳。不同CO_2浓度对冷鲜鸡肉中荧光假单胞菌有抑制作用，随着CO_2浓度的升高，荧光假单胞菌总数显著下降（张新笑等，2018）。

充氮包装是全部用N_2置换空气，也是冷鲜鸡贮藏保鲜常用的包装方式之一。N_2价格低于CO_2，企业投入成本也会较低，有研究表明，纯N_2包装对假单胞菌的生长及挥发性盐基氮的抑制作用弱于CO_2气调包装的效果，但对希瓦氏菌属的抑制效果要强于CO_2气调包装。

（3）真空包装。真空包装是采用高阻隔性复合包装材料，采用抽真空的方式，去除肉周围的空气，抑制需氧微生物的繁殖及脂肪和蛋白的氧化，延长肉制品的货架期，是白羽肉鸡冻品/冷鲜品常用的包装技术之一。真空包装技术主要包括真空热收缩包装、真空贴体包装和真空热成型包装三种方式，其中真空热成型包装是利用薄膜经加热可再次软化的性能，借助薄膜两面压力的作用，达到真空包装的要求，主要应用于异形肉类如鸡肉肠等的包装。而真空收缩包装和真空贴体包装是冷鲜鸡肉常用的保鲜方式。真空收缩包装是真空密封后利用热水的收缩作用，使包装膜与肉块紧密贴合，可以保持冷鲜鸡原有的形状。真空收缩包装常用的阻隔材料为多层共挤出聚偏二氯乙烯（PVDC）高阻隔薄膜。真空贴体包装是将冷鲜鸡放置在托盘上，然后利用加热和抽真空的作用，将薄膜包裹在鸡肉表面的包装方式。因冷鲜鸡肉处于真空环境下，真空包装贮藏后期，好氧菌不动杆菌属、环丝菌属呈明显下降趋势。与托盘包装相比，真空包装能抑制冷鲜鸡贮藏期间微生物的繁殖、挥发性盐基氮和硫代巴比妥酸（TBA）的上升，因此高阻隔真空包装能较好地保持冷鲜鸡在贮藏期间的品质，延长冷鲜鸡肉货架期。

（4）活性包装。活性包装是通过在包装材料中添加活性成分，控制包装内部环境，延长食品的保质期。活性包装主要包括抗菌活性包装和抗氧化活性包装。抗菌活性包装通过在包装材料中添加抗菌剂抑制或杀灭细菌，延长冷鲜鸡肉的保质期。抗菌剂可以是天然来源（如柠檬酸、肉桂油）或合成化合物（如纳米银、氯己定）。抗菌活性包装能够显著提高食品安全性，减少细菌污染风险，但抗菌剂的稳定性和迁移性需谨慎控制，避免影响食品质量。抗氧化活性包装主要是通过添加抗氧化剂（如维生素C、天然植物提取物等）或吸氧剂，来延缓冷鲜鸡肉中脂肪和其他成分的氧化。其优点是能够显著延长冷鲜鸡肉的货架期，保持其新鲜度。同抗菌活性包装一样，抗氧化剂的释放和作用速度也需要精确控制，否则可能导致食品变质或口感受损。例如负载丁香酚的、牛至精油、姜黄素等天然活性物质的抗菌活性薄膜，在保证良好的稳定性、耐水性能、机械性能和阻隔性能的前提下，能够有效延长冷鲜鸡肉的保质期。

纳米复合包装是利用纳米技术，将纳米级材料（如纳米银、纳米氧化锌等）与传统包装材料复合，形成具有优异性能的包装。纳米复合包装具有更好的机械强度、阻隔性能和抗菌性能，能有效延长冷鲜鸡肉的保质期。但其缺点在于制备难度较大，成本较高。此外，纳米材料的安全性问题需要进一步研究。

可食用性膜是由天然成分（如蛋白质、多糖、脂质等）制成的薄膜，可直接食用或生物降解。可食用性膜主要包括蛋白质基膜、多糖基膜和脂质基膜等。其优点是环保、可食用、可降解，对环境友好。可食用性膜可以保持冷鲜鸡肉的湿度和新鲜度，同时降低细菌感染风险。但缺点是其机械性能较弱，可能不适合长期贮藏或运输过程中的高强度操作。利用含有阿魏精油、乳酸链球菌素和氯化钠的海藻酸钠食用涂层包裹冷藏鸡胸肉，可以有效抑制脂质氧化，控制微生物生长，延缓鸡肉腐败（Panahi and Mohsenzadeh，2022）。

7.2.3.3 贮运技术

白羽肉鸡屠宰后，产品主要以冻品或冰鲜产品为主，其屠宰后整鸡与分割品的快速冷却技术、贮运过程中冰温保鲜技术、冷链物流的监控及品质质量安全检测对白羽肉鸡冻品或冰鲜产品的保鲜至关重要。

（1）快速冷冻技术。为了保持肉鸡的新鲜度和质量，加工后的冻品应在最短的时间内迅速降低胴体温度至其冻结点以下，使胴体中的水分在内部热量外散的过程中形成合理的微小冰晶体，避免对细胞组织造成严重破坏，从而保存鸡肉的原汁与香味，并延长其保鲜期限。屠宰后的白羽肉鸡先经过预冷，使肉体温度降至3~5℃。整鸡或分割品进入速冻库速冻，速冻库温度通常为-35~-23℃，空气湿度维持在85%~90%，当胴体中心温度降至-18~-15℃时，转移至冷库，冷库温度为-20~-18℃。白羽肉鸡冻品在冷库中可以保藏6~10个月。除了速冻库速冻外，目前白羽肉鸡的速冻也常采用螺旋速冻的方式进行速冻，螺旋速冻是利用螺旋式传送带缓慢将预冷后的鸡胴体送到超低温环境中，利用蒸发器和制冷剂实现鸡胴体表面和内部的快速冷却。与速冻库相比，螺旋速冻能实现快速、均匀和高效的冷冻。螺旋速冻机主要包括单螺旋速冻机和双螺旋单冻机，单螺旋速冻机主要利用单个螺旋输送器输送鸡胴体，并实现热量的转移，而双螺旋单冻机则是通过两个相邻的螺旋器实现鸡胴体的冷却，因此，双螺旋速冻机效率更高，速冻效果更好，更适合大型白羽肉鸡屠宰加工生产厂家。

（2）冰温保鲜技术。冰温保鲜技术是一种将冷鲜鸡肉贮藏在冰温带（0℃至冻结点的温度范围）的贮藏保鲜技术。其原理是用接近冰点的低温环境来减缓微生物的生长和酶的活动。同时，由于鸡肉的温度在冻结点以上，细胞组织并不会被冰晶体破坏，因此冰温保鲜技术在延长食品货架期的同时可以保持冷鲜鸡肉的质量和新鲜度。此外，相比于冷冻保存，冰温保鲜所需能耗更小，节约了资源并降低了成本。

鉴于冰温保鲜技术的优越性，目前已有研究使用冰温保鲜技术用于冷鲜鸡的贮藏保鲜。研究表明，-1.5℃冰温贮藏保鲜期可达16 d，比4℃冷藏多出8 d，并且冰温贮藏鸡胸肉各项肉的品质指标明显优于4℃冷藏。将鸡胸肉用复合保鲜剂（24%蔗糖、18%氯化钠、0.3‰甘草抗氧化剂和0.18‰迷迭香提取物）处理2 h后再放置于-0.5℃±0.5℃下冰温贮藏，鸡胸肉的保鲜期达到了16 d。综上所述，冷鲜鸡的冰温贮藏温度在-1.5～-0.5℃，冷鲜鸡肉冰温贮藏的保鲜期在15～16 d。相比较4℃冷藏，冰温贮藏的保鲜时间更长，同时肉的品质更好（周志扬等，2020）。此外，由于冰温带温差较小，温控设备温度不稳定可能会导致冷鲜鸡反复冻融使肉质变差，使用盐类、糖类等添加剂可以有效降低冷鲜鸡肉的冰点，扩大冰温带温度范围，使冰温贮藏更加稳定。

冰温保鲜技术通常与多种包装方式结合使用，以提高食品的保鲜效果，其中包括气调包装。冰温保鲜技术通过低温的作用抑制内源酶的活性和微生物的繁殖，而气调保鲜通过营造厌氧环境的条件进一步抑制微生物活动。二者协同作用可以显著减少冷鲜鸡肉的营养流失和品质下降，增加冷鲜鸡的保鲜效果。

（3）冷链物流技术。冷链物流技术是指在整个供应链中采用温控设备和管理方法，保持冷鲜鸡肉在从生产地到消费者手中的整个过程中的低温状态，确保冷鲜鸡肉在运输、贮存和分销过程中保持新鲜和安全。

仓储物流数字化监控在现代物流管理中扮演着重要角色。通过利用先进的传感器、监控系统和云计算技术，数字化监控可以实现对仓储环境、货物追踪、安全监控、运输监控以及数据分析的全面监测和管理。通过实时监测冷链环境的温湿度等参数，数字化监控系统能有效延长冷鲜鸡肉的保质期，确保冷鲜鸡肉在适宜温度下贮存和运输。此外，追溯和质量保障对于冷鲜鸡肉的安全至关重要。利用数字化监控系统可实现商品追踪和管理，保障食品安全与可追溯性。仓储物流数字化监控在冷鲜鸡肉保鲜中的应用有效提升了保鲜水平和商品质量，加强了食品安全管理，提高了整体供应链效率。因此，冷鲜鸡肉保鲜领域使用仓储物流数字化监控技术对提升行业安全性、可靠性和可追溯性具有重要意义。

数字化冷链立体仓库是冷链物流中的重要环节，通常由复杂的输送系统、调度系统、自动存储和检索系统组成。它可以在相对较小的占地面积内实现高密度存储，并有助于高效、有序地存储和检索货物。这有助于企业降低存储成本、提高效率、加强库存控制以及优化物流和供应链运营。相较于传统立体冷库，数字化立体冷库采用先进的温控技术和自动化系统，能够实现对温度和湿度的精准控制，确保冷鲜鸡肉在最佳的环境条件下存储，有效延长其保质期。此外，数字化立体冷库配备了传感器和监控系统，可实时监测仓库内的温度、湿度等参数，通过云端监控系统进行远程监控和管理，提高管理效率和准确性。数字化立体冷库还配备有自动控制系统，实现对温湿度的自动调节，减少了人为操作的错误和风险，提升了工作效率和稳定性。最重要的是，数字化立体冷库在节能和环保方面表现更为突出，通过优化能耗管理和温度控制，降低了能源消耗与运输成本，减少了环境对生态系统的负面影响。因此，综合来看，数字化立体冷库更能够满足现代冷鲜鸡肉保鲜需求，为冷鲜鸡肉保鲜提供了更智能、精确和环保的解决方案。

（4）品质无损检测技术。生产端冷鲜鸡肉关键品质的监控及检测应贯穿生产、贮运整个阶段，尤其贮运过程中冷鲜鸡肉新鲜度的检测更为重要。传统的品质评价主要以感官、理化和微生物检测为主，操作烦琐，试验周期长，难以满足实际生产的需要。在这种情形下，无损检测技术以其快速、无损化的特点得到迅速推广。无损检测主要利用声、光、电、磁等特性来判断肉品的品质，包括可见/近红外光谱、射频识别、核磁共振、电子鼻、电子舌等。其中高光谱成像技术作为一种新兴的检测技术，在食品安全检测领域发展迅速。高光谱技术兼具光谱和图像分辨能力，通过光谱数据分析样品的品质数据，根据光谱与品质指标之间的数学关系，实现定量检测；采用强大的图像处理功能，将高光谱图像与光谱数据进行对应，生成品质数据的可视化图，实现可视化表达。近几年，该技术已成功应用到生鲜肉品质与安全检测中。应用长波近红外高光谱成像技术，分析0～4℃条件下冷藏0～7 d的鸡肉硫代巴比妥酸（TBA）的定量检测，并根据最优波长构建了鸡肉TBA值的GFS-RC-PLSR模型，预测结果理想（王魏，2020）。除此之外，近红外高光谱技术在冷鲜鸡肉滴水损失率、嫩度、pH值、色泽及嗜冷优势腐败菌等方面的预测也应用广泛。

新鲜度指示包装是一种智能包装技术，它通过内置的指示剂或传感器，监测食品在贮存和销售过程中的环境变化，并将这些变化转化为可视化的物理信号，从而直观地反映食品的新鲜程度。通过持续监测环境条件或食品成分，这些指示包装系统能够及时发现食品变质或污染等潜在问题，这种实时信息能够确保食品质量，减少食物浪费并提高食品安全性。冷鲜鸡在储存过程中，由于微生物的代谢和营养物质的分解会产生乙醇、有机酸、挥发性盐基氮、生物胺、二氧化碳、硫化物等物质。这些代谢产物会与包装中的指示剂发生反应，导致指示剂的颜色、透明度或其他物理性质发生变化。新鲜度指示包装中常用的指示剂包括pH敏感指示剂、气体敏感指示剂以及化学反应颜色变化指示剂。鸡肉贮藏过程中产生的有机酸、挥发性盐基氮等物质会导致包装内环境的pH值变化，pH敏感指示剂能够感知这种变化而改变颜色，从而反映食品的新鲜度。常用的pH敏感指示剂包括合成指示剂（如溴百里酚蓝、甲酚红、甲基红、溴甲酚紫等）和天然指示剂（如花青素、姜黄素等）。微生物代谢会产生二氧化碳、二甲胺等气体，气体敏感指示剂能够监测包装内气体的变化，并通过颜色变化来反映鸡肉的新鲜度。化学反应指示剂与鸡肉腐败过程中产生的特定化学物质（如生物胺、硫化物等）发生反应，导致颜色变化。以真空包装冷鲜鸡渗出液中的标志性代谢物生物胺（BAs）为检测对象，研发了一种可用于真空包装冷鲜鸡新鲜度检测的指示膜。随着贮藏时间的增加，指示膜呈现出黄色到棕色的颜色变化，可进行真空包装冷鲜鸡新鲜度的实时检测（Yu et al., 2023）（图7-6）。

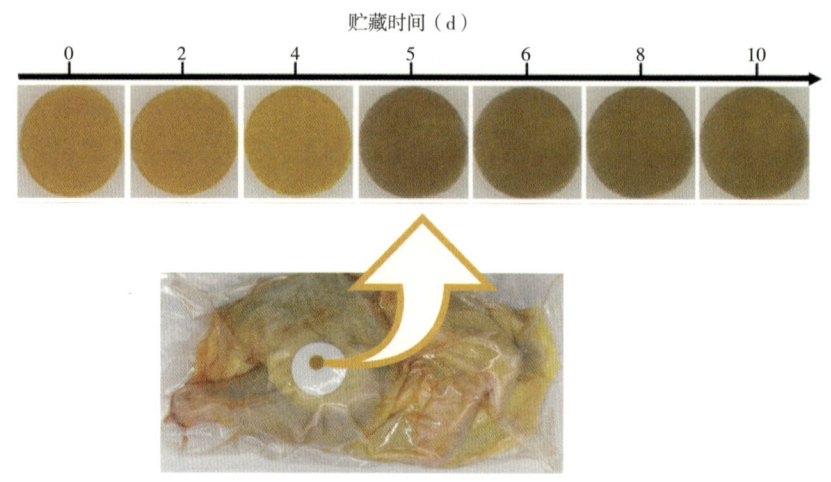

图7-6 新鲜度指示标签随着贮藏时间的颜色变化

7.3 生鲜产品质量安全检测

随着国民人均收入的稳步提升，消费者对日常所需肉制品的数量与质量均有明显的提升要求。在这一背景下，白羽肉鸡生鲜产品凭借其独特的营养价值，成为人们摄取优质蛋白的重要来源之一。然而，与此相关的食品安全问题也日益凸显，成为影响白羽肉鸡生鲜产品市场健康发展的关键因素。其中，兽药残留超标、致病菌污染以及菌落数超标等问题尤为突出。这些问题不仅直接威胁到消费者的健康安全，也对白羽肉鸡生鲜产品市场的信誉和可持续发展造成了严重的影响。

7.3.1 白羽肉鸡生鲜产品中兽药残留检测技术

在畜禽养殖领域，针对白羽肉鸡的疾病防控，兽药的应用构成了不可或缺的一环，旨在维护鸡群的健康生长状态。然而，随着市场对白羽肉鸡生鲜制品需求的持续攀升，一些养殖企业，特别是小型养殖场，出于盈利目的，可能忽视休药期规定，擅自调整用药方案，或在饲料中违规增加药物剂量，从而加剧了兽药残留超标的严峻问题。

根据农业农村部《2024年畜禽产品兽药残留监控计划》，其中关于鸡肉中的检测项目主要有酰胺醇类、四环素类+磺胺类+氟喹诺酮类、大环内酯类和林可胺类、硝基呋喃类代谢物、硝基咪唑类以及抗球虫药，这也正是白羽肉鸡在生产过程中最常使用和残留超标的几类药物。

如表7-11所示，为保障公众健康免受动物源性食品中兽药残留的影响，中国、美国、日本、欧盟以及国际食品法典委员会等多个国家、地区和组织均已制定并实施了一系列标准，明确规定了各类药物在不同动物种类及其组织中的最高残留限量，这些规定对保障食品安全、促进畜牧产业发展和国际贸易的开展具有重要意义。

表7-11 不同药物在鸡肉产品中的最大残留限量及国标检测方法

药物种类	化合物名称	靶组织	最大残留限量（μg/kg）	国标检测方法
酰胺醇类	氯霉素	—	ND	GB 31658.20—2022
	甲砜霉素	肌肉	50	
		皮脂	50	
		肝	50	
		肾	50	
	氟苯尼考+氟苯尼考胺	肌肉	100	
		皮脂	200	
		肝	2 500	
		肾	750	
四环素类	四环素/金霉素/土霉素	肌肉	200	GB 31658.17—2021
		肝	600	
		肾	1 200	
	多西环素	肌肉	100	
		皮脂	300	
		肝	300	
		肾	600	
磺胺类	磺胺二甲嘧啶	肌肉	100	
		脂肪	100	
		肝	100	
		肾	100	
	磺胺嘧啶/磺胺甲噁唑/磺胺噻唑/磺胺间甲氧嘧啶/磺胺对甲氧嘧啶/酞磺胺噻唑/磺胺氯哒嗪	肌肉	100	
		脂肪	100	
		肝	100	
		肾	100	

（续表）

药物种类	化合物名称	靶组织	最大残留限量（μg/kg）	国标检测方法
喹诺酮类	噁喹酸	肌肉	100	GB 31658.17—2021
		脂肪	50	
		肝	150	
		肾	150	
	氟甲喹	肌肉	500	
		皮脂	1 000	
		肝	500	
		肾	3 000	
	恩诺沙星/环丙沙星	肌肉	100	
		皮脂	100	
		肝	200	
		肾	300	
	二氟沙星	肌肉	300	
		皮脂	400	
		肝	1 900	
		肾	600	
	达氟沙星	肌肉	200	
		脂肪	100	
		肝	400	
		肾	400	
	氧氟沙星	—	ND	
	培氟沙星	—	ND	
	洛美沙星	—	ND	
	诺氟沙星	—	ND	
大环内酯类	红霉素	肌肉	100	GB/T 20762—2006
		脂肪	100	
		肝	100	
		肾	100	
	吉他霉素	肌肉	200	
		肝	200	
		肾	200	
		可食下水	200	

（续表）

药物种类	化合物名称	靶组织	最大残留限量（μg/kg）	国标检测方法
大环内酯类	泰乐菌素	肌肉	100	GB/T 20762—2006
		脂肪	100	
		肝	100	
		肾	100	
	替米考星	肌肉	150	
		皮脂	250	
		肝	2 400	
		肾	600	
林可胺类	林可霉素	肌肉	200	
		脂肪	100	
		肝	500	
		肾	500	
硝基呋喃类代谢物	氨基唑烷酮	—	ND	GB/T 21311—2007
	甲基吗啉氨基唑烷酮	—	ND	
	氨基乙内酰脲	—	ND	
	氨基脲	—	ND	
硝基咪唑类	甲硝唑	—	ND	GB 31658.23—2022 GB/T 21318—2007
	羟基甲硝唑	—	ND	
	地美硝唑	—	ND	
	羟基地美硝唑	—	ND	
抗球虫药	常山酮	肌肉	100	GB 31613.5—2022
		皮脂	200	
		肝	130	
	氯苯胍	皮脂	200	
		可食组织	100	
	盐霉素	肌肉	600	
		皮脂	1 200	
		肝	1 800	
	莫能菌素	肌肉	10	
		脂肪	100	
		肝	10	
		肾	10	

（续表）

药物种类	化合物名称	靶组织	最大残留限量（μg/kg）	国标检测方法
抗球虫药	甲基盐霉素	肌肉	15	GB 31613.5—2022
		皮脂	50	
		肝	50	
		肾	15	
	马度米星铵	肌肉	240	
		脂肪	480	
		皮	480	
		肝	720	
	地克珠利	肌肉	500	GB 29701—2013
		皮脂	1 000	
		肝	3 000	
		肾	2 000	
	尼卡巴嗪（二硝基苯脲）	肌肉	200	GB 29690—2013
		皮脂	200	
		肝	200	
		肾	200	

注：ND为不得检出。

7.3.1.1　出口产品标准对比

根据《中华人民共和国海关总署令》，从事出口食品生产的企业有责任确保其产品满足进口国或地区设定的标准或合同中的具体要求。若中国参与的国际条约、协定中有特殊规定，企业亦需遵循这些国际准则。在进口国或地区未设定标准、合同无相关要求，且中国参与的国际条约、协定也未涉及的情况下，出口食品生产企业则需确保其产品符合中国的食品安全国家标准。由于不同的国家和地区的最大残留限量标准有所差异，在白羽肉鸡生产过程中根据标准科学、健康养殖，了解各国的最大残留限量规定对于产品的进出口贸易极为重要。

日本是我国鸡肉最主要的出口国家。日本对我国出口白羽鸡肉产品的详细规定值得重点关注。

（1）日本。通过与日本关于禽类产品中兽药最大残留限量标准的对比发现（表7-12），其中规定基本一致的兽药共有11种，中国严于日本的有7种，分别为阿维拉霉素、达氟沙星、尼卡巴嗪、沙拉沙星、红霉素、林可霉素和托曲珠利，日本严于中国的有12种，分别为阿莫西林、氨苄西林、氨丙啉、癸氧喹酯、二硝托胺、盐霉素、赛杜霉素、螺旋霉素、甲砜霉素、替米考星、乙氧酰胺苯甲酯和泰乐菌素。

表7-12　中国与日本禽类产品中兽药最大残留限量标准对比　　　　　单位：mg/kg

药物名称	中国	日本
氯唑西林	肌肉、脂、肝、肾：0.3	肌肉、脂、肝、肾：0.3
地克珠利	肌肉：0.5；肝：3；肾：2	肌肉：0.5；脂：1；肝：3；肾：2
二氟沙星	肌肉：0.3；皮脂：0.4；肝：1.9；肾：0.6	肌肉：0.3；脂：0.4；肝：2；肾：0.6
苯唑西林	肌肉、脂、肝、肾：0.3	肌肉、脂、肝、肾：0.3
氯苯胍	皮脂：0.2；其他可食组织：0.1	肌肉：0.1
大观霉素	肌肉：0.5；脂、肝：2；肾：5	肌肉：0.5；脂：0.3；肝：0.7；肾：2
泰妙菌素	肌肉、皮脂：0.1；肝：1	肌肉、脂、肾：0.1；肝：0.6
甲氧苄啶	肌肉、皮脂、肝、肾：0.05	肌肉、脂、肝、肾：0.05
杆菌肽	可食组织：0.5	肌肉、脂、肝、肾：0.5
新霉素	肌肉、脂：0.5；肝：5.5；肾：9	肌肉、脂、肝：0.5；肾：8
哌嗪	—	肌肉、脂、肝、肾：0.1
阿莫西林	肌肉、脂、肝、肾：0.05	肌肉、脂、肝、肾：0.02
氨苄西林	肌肉、脂、肝、肾：0.05	肌肉、脂、肾：0.02；肝：0.03
氨丙啉	肌肉：0.5；肝、肾：1	肌肉、脂、肝、肾：0.03
癸氧喹酯	肌肉：1；可食组织：2	肌肉、肝、肾：0.1；脂：2
二硝托胺	肌：3；脂：2	肌肉、肝：0.1；脂：2；肾：6
盐霉素	肌肉：0.6；皮脂：1.2；肝：1.8	肌肉：0.1；脂：0.5；肝、肾：0.3
赛杜霉素	肌肉：0.13；肝：0.4	肌肉：0.09；脂：0.5；肝、肾：0.2
螺旋霉素	肌肉：0.2；脂：0.3；肝：0.6；肾：0.8	肌肉：0.1；脂、肝、肾：1
甲砜霉素	肌肉、肝、肾、皮脂：0.05	肌肉、肾：0.02；脂：0.04；肝：0.05
替米考星	肌肉：0.15；皮脂：0.25；肝：2.4；肾：0.6	肌肉：0.08；脂：1；肝、肾：0.3
乙氧酰胺苯甲酯	肌肉：0.5；肝、肾：1.5	肌肉、脂、肝、肾：0.04
泰乐菌素	肌肉、脂、肝、肾：0.1	肌肉、脂、肝、肾：0.04
阿维拉霉素	肌肉、皮脂、肾：0.2；肝：0.3	肌肉、脂、肝、肾：0.03
达氟沙星	肌肉：0.2；脂：0.1；肝、肾：0.4	肌肉：0.2；脂：0.1；肝、肾：0.4
尼卡巴嗪	肌肉、肝、肾、皮脂：0.2	肌肉、脂、肝、肾：0.5
沙拉沙星	肌肉：0.01；脂：0.02；肝、肾：0.08	可食用内脏：0.08
红霉素	肌肉、脂、肝、肾：0.1	肌肉、脂、肝、肾：0.05
林可霉素	肝、肾：0.5；肌肉：0.2；脂：0.1	肌肉：0.2；脂：0.3；肝、肾：0.5
托曲珠利	肌肉：0.1；皮脂：0.2；肝：0.6；肾：0.4	肌肉：0.9；脂：0.2；肝、肾：2

自2004年我国暴发高致病性禽流感后,日本停止从中国进口冷冻生鲜禽肉,但允许进口热加工禽肉产品。日本对我国出口熟制鸡肉产品的管理非常严格,从生产、加工、检验、运输各环节均有详细规定。《中华人民共和国向日本出口热加工禽肉及其产品的卫生要求》详细规定了热处理的标准,以确保出口禽肉的安全。水煮、蒸或油炸,中心温度需达到70℃或以上,并保持至少1 min。若采用其他热处理方式,则禽肉及其产品的中心温度需达到70℃或更高,并保持至少30 min。

(2)欧盟。对比中国与欧盟关于禽肉产品中兽药残留最高限量标准,双方23种兽药的规定保持一致。其中,中国在红霉素与沙拉沙星两种兽药上的限量标准较欧盟更为严格。相反,对于维吉尼亚霉素、土霉素、金霉素、四环素、林可霉素、氟苯达唑、氟甲喹、大观霉素、拉沙洛西、新霉素及替米考星等兽药,中国的限量标准则相对欧盟较为宽松。

(3)美国。对比中美两国在禽类产品中兽药最大残留限量标准,共有11种兽药的规定趋于一致。具体而言,中国在尼卡巴嗪、新霉素、奥芬达唑及其同类药物芬苯达唑、土霉素及其相关药物四环素和金霉素、泰乐菌素、黏菌素、甲基盐霉素以及盐霉素8种兽药上的限量标准严于美国。相反,中国在红霉素、大观霉素、链霉素和马度米星铵这4种兽药上的限量标准则相对美国较为宽松。

7.3.1.2　白羽肉鸡生鲜产品兽药残留检测技术的进展与应用

白羽肉鸡生鲜产品主要包括肌肉、肝脏、肾脏和脂肪等,这些样品中的蛋白质或脂肪含量较高,在检测过程中会对目标物的萃取净化造成干扰,因此,选择适宜的样品前处理方法对残留药物的定性和定量至关重要。目前,国内外对白羽肉鸡生鲜产品中抗生素残留检测方法主要有超/高效液相色谱法(U/HPLC)、超高效液相色谱-串联质谱法(U/HPLC-MS/MS)、气相色谱-串联质谱法(GC-MS/MS)、酶联免疫吸附法(ELISA)、胶体金免疫测定法(GIA)和传感器法等,应用最广泛的是U/HPLC-MS/MS。该技术结合了色谱的卓越分离能力和质谱的强大、准确的定性检测能力,使得在复杂的样品基质中能够准确识别并定量检测各类兽药残留。此外,快检技术也得到了迅猛的发展,各种新型材料的创新应用起到了关键作用,不仅提升了检测效率,还增强了检测灵敏度。特别是ELISA、GIA以及传感器技术等这些快检方法通过新材料的应用,不断突破传统检测的局限,使得现场快速、准确地检测各类目标物质成为可能。这些技术的进步不仅为食品安全、环境监测等领域提供了有力支持,也推动了相关产业的持续发展。

(1)酰胺醇类。《食品安全国家标准　动物性食品中酰胺醇类药物及其代谢物残留量的测定　液相色谱-串联质谱法》(GB 31658.20—2022)规定了包括肌肉、肝脏、肾脏和脂肪在内的白羽肉鸡生鲜产品中氯霉素、甲砜霉素、氟苯尼考和氟苯尼考胺的检测方法。样品经氨化乙酸乙酯溶液提取，正己烷脱脂，吹干后用甲醇溶液复溶，过滤膜后用超高效液相色谱-串联质谱（UPLC-MS/MS）测定。UPLC-MS/MS具有高灵敏度、高准确度、高通量等优势被广泛应用于兽药残留的检测中。此外，免疫分析法、拉曼光谱法和传感器法也被应用到鸡肉中酰胺醇类药物的检测。

（2）四环素类+磺胺类+氟喹诺酮类。《食品安全国家标准 动物性食品中四环素类、磺胺类和喹诺酮类药物残留量的测定 液相色谱-串联质谱法》（GB 31658.17—2021）规定鸡肌肉、肝脏和肾脏组织中四环素类、磺胺类和喹诺酮类药物残留量的测定方法。样品经Na_2EDTA-McIlvaine缓冲液提取，硫酸盐缓冲液重复提取，HLB固相萃取柱净化，氮气吹干，复溶过滤膜后上机测定。该方法操作简便，灵敏度和准确度高，检测时间短且稳定性好，可用于白羽肉鸡生鲜产品中多兽药残留的高通量快速检测。

（3）大环内酯类和林可胺类。根据《畜禽肉中林可霉素、竹桃霉素、红霉素、替米考星、泰乐菌素、克林霉素、螺旋霉素、吉他霉素、交沙霉素残留量的测定 液相色谱-串联质谱法》（GB/T 20762—2006），在鸡肉样品中加入乙腈、氯化钠和正己烷，振荡后吸取中间乙腈层氮气吹干。用磷酸盐缓冲溶液分两次溶解残液之后通过HLB固相萃取柱净化，复溶过滤膜后供HPLC-MS/MS测定。该方法满足兽药残留实验室质量控制规范要求，但是灵敏度有待提高。

（4）硝基呋喃类代谢物。鉴于硝基呋喃类药物的光敏感性和快速代谢特性，其代谢物能够在长时间内保持稳定，故常通过检测代谢物残留水平来评估硝基呋喃类药物的使用状况。由于硝基呋喃类代谢物极性较高，在采用反相固相萃取等预处理手段进行分离时，需先对样品进行衍生化处理。此过程通常使用如2-硝基苯甲醛等衍生剂，将代谢物中的—NH_2基团转化为硝基苯基团，从而改变其化学结构，优化在色谱分析中的保留特性和峰形表现。在与质谱联用进行检测时，衍生化处理能够提升离子的电离效率及碎片离子的特征性，进而增强检测的灵敏度与特异性。根据《动物源性食品中硝基呋喃类药物代谢物残留量检测方法 高效液相色谱-串联质谱法》（GB/T 21311—2007），鸡肌肉和内脏样品经50%甲醇水溶液提取，0.2 mol/L盐酸重复提取，衍生后经乙酸乙酯提取，乙腈饱和的正己烷两次除脂后供HPLC-MS/MS测定。

（5）硝基咪唑类。《食品安全国家标准 动物性食品中硝基咪唑类药物残留量的测定 液相色谱-串联质谱法》（GB 31658.23—2022）规定鸡肌肉和肝肾组织中硝基咪唑类药物检测的UPLC-MS/MS方法。试样经乙酸乙酯重复提取一次，收集上清液氮气吹干。经除脂后经固相萃取柱净化，过滤膜后供UPLC-MS/MS测定。在优化条件下，该方法有良好的稳定性和回收率。

（6）抗球虫药。根据《食品安全国家标准 鸡可食性组织中抗球虫药物残留量的测定 液相色谱-串联质谱》（GB 31613.5—2022），在样品中加入胰蛋白酶和水，

40℃水浴过夜酶解。加入10%碳酸钠溶液和乙酸乙酯，离心后取上清液，重复提取1次。将2次提取液，用乙酸乙酯稀释后取2 mL提取液氮气吹干，加乙腈和水混匀后过固相萃取柱净化，氮气吹干后复溶过滤膜供UPLC-MS/MS测定。该方法方便快捷，适用于禽肉中抗球虫药残留的检测分析。

表7-13详细对比肉鸡产品中不同种类兽药残留的多种检测方法及其灵敏度，展示了当前科学研究中用于检测酰胺醇类、四环素类、磺胺类、喹诺酮类、大环内酯类、林可胺类、硝基呋喃类、硝基咪唑类药物以及抗球虫药物等兽药残留的多种先进技术。不同方法展现出了不同的检测灵敏度，满足了不同兽药残留检测的需求。数据来源于多个国家标准和研究论文，体现了当前兽药残留检测技术的多样性和不断进步。

表7-13 肉鸡产品中不同种类兽药残留检测方法对比

药物种类	检测方法	灵敏度	数据来源
酰胺醇类	UPLC-MS/MS	LOD：0.1~0.5 μg/kg	GB 31658.20—2022
	UPLC-MS/MS	LOD：0.05~0.10 μg/kg	张苏珍等，2024
	GC-MS/MS	LOD：5 μg/kg	张丽萍等，2020
	化学发光酶免疫分析	LOD：0.453~0.526 ng/mL	Tao等，2020
	化学发光免疫分析	LOD：0.001 μg/kg	陶晓奇，2014
	化学发光免疫分析	LOD：1.18~1.63 μg/kg	陶晓奇，2014
	荧光探针法	LOD：0.098 μmol/L	Sadeghi等，2019
	表面增强拉曼光谱	LOD：0.223 nmol/L	Li等，2020
四环素类、磺胺类和喹诺酮类	UPLC-MS/MS	LOD：2 μg/kg	GB 31658.17—2021
	UPLC-MS/MS	LOD：0.1~0.16 μg/kg	Lu等，2019
	UPLC-MS/MS	LOD：2.5 μg/kg	张崇威等，2020
	双通道UPLC-FLD	LOD：0.1~13.1 μg/kg	He等，2022
	胶体金免疫层析	LOD：35~100 μg/kg	贾先春等，2024
大环内酯类和林可胺类	HPLC-MS/MS	LOD：1 μg/kg	GB/T 20762—2006
	HPLC-MS/MS	LOD：0.3~2 μg/kg	Zhang等，2018
	HPLC-PDAD	LOD：5.37~55.4 μg/kg	Oyedeji等，2021
	HPLC-MS/MS	LOQ：1~10 μg/kg	朱效博等，2022
	UPLC-MS/MS	LOD：0.1 μg/kg	贾琳斐等，2022
	UPLC-MS/MS	LOQ：1 μg/kg	魏莉莉等，2023
硝基呋喃类药物代谢物	HPLC-MS/MS	LOQ：0.5 μg/kg	GB/T 21311—2007
	UPLC-MS/MS	LOD：0.1~0.5 μg/kg	Lv等，2021
	UPLC-MS/MS	LOQ：0.25 μg/kg	廖妍俨等，2016
	UPLC-MS/MS	LOD：0.005~0.01 μg/kg	华正罡等，2014

（续表）

药物种类	检测方法	灵敏度	数据来源
硝基呋喃类药物代谢物	免疫层析试纸条	目视LOD：10 ng/mL	Xie等，2019
	荧光免疫层析试纸法	目视LOD：10 ng/mL	Xie等，2017
	表面增强拉曼光谱	LOD：0.1～2 mg/L	郭红青，2019
	表面增强拉曼光谱	LOD：0.37 nmol/L	Bi等，2022
硝基咪唑类	UPLC-MS/MS	LOD：0.5 μg/kg	GB 31658.23—2022
	UPLC-MS/MS	LOD：1～15 ng/mL	张瑜等，2020
	UPLC-MS/MS	LOD：0.07～0.1 μg/kg	李祥波等，2021
	UPLC-MS/MS	LOD：1 μg/kg	汪琼等，2023
	酶联免疫分析技术	—	张弛等，2016
	HPLC-PDAD	—	An等，2022
抗球虫药	UPLC-MS/MS	LOD：5 μg/kg	GB 31613.5—2022
	UPLC-MS/MS	LOQ：5.05 μg/mL	Cheng等，2023
	UPLC-MS/MS	LOD：1～3 μg/kg	Rydchuk等，2023
	HPLC-MS/MS	LOD：0.1～0.3 μg/kg	An等，2024
	化学发光免疫分析法	LOD：0.02 μg/kg	Li等，2020
	免疫层析法	LOD：2.5 μg/kg	Liu等，2020
	免疫层析试纸条	LOD：10 μg/kg	Xu等，2020
	ic-ELISA	IC_{50}：3.5～4.1 ng/mL	Chen等，2021
	免疫磁珠ic-ELISA法	LOD：6.31 μg/kg	Huang等，2021
	ic-ELISA和免疫层析试纸条	IC_{50}：0.927 ng/mL	Lin等，2021
	ic-ELISA	IC_{50}：0.825 ng/mL	Shen等，2022
	胶体金免疫层析法	LOD：0.14 μg/kg	Chao等，2020

7.3.2　白羽肉鸡生鲜产品中常见致病菌检测技术

白羽肉鸡作为现代畜牧业的重要组成部分，其生鲜产品的安全与品质直接关系到广大消费者的身体健康和社会的稳定发展。然而，随着白羽肉鸡养殖规模的扩大和产业链的不断延伸，白羽肉鸡生鲜产品中致病菌的污染问题日益凸显，尤其是沙门氏菌、单核细胞增生李斯特氏菌、金黄色葡萄球菌和致泻大肠埃希氏菌。由于这些病菌原本就广泛存在于环境、动物、人体和各种食物中，因此在养殖过程中以及生鲜产品的生产、包装、运输和销售等过程中都可能发生细菌污染。

这些致病菌的存在不仅可能导致食品中毒事件，还可能引发严重的公共卫生问题。针对食源性致病菌，我国已出台多项食品及生产检验标准。2021年，国家食品安全风险评估中心根据《中华人民共和国食品安全法》的要求，进一步完善了我国食品安全国家标准体系，并于2021年发布《食品安全国家标准　预包装食品中致病菌限量》（GB 29921—2021），它是《食品安全国家标准　食品中致病菌限量》（GB 29921—2013）标准的修订版，规定了各类食品中沙门氏菌、单核细胞增生李斯特氏菌、金黄色葡萄球菌和致泻大肠埃希氏菌等致病菌的限量要求。

7.3.2.1　鸡肉产品出口的各国标准与出口流程

出口企业还需遵循进口国家（地区）的相关法律法规和标准。欧盟对允许进口的热加工禽肉有严格的产地限制和注册要求，允许出口欧盟的热加工禽肉仅限于特定省份，且提供原料的生产企业需要获得注册资格。表7-14为美国、欧盟、澳大利亚、英国、日本和韩国进口鸡肉中沙门氏菌、大肠埃希氏菌、单核细胞增生李斯特氏菌和金黄色葡萄球菌的限量要求。

表7-14　不同国家和地区进口鸡肉中常见致病菌的限量要求

地区/国家	沙门氏菌	大肠埃希氏菌	单核细胞增生李斯特氏菌	金黄色葡萄球菌
美国	不得检出	100 CFU/g	不得检出	100 CFU/g
欧盟	不得检出	100 CFU/g	100 CFU/25 g	100 CFU/g
澳大利亚	不得检出	100 CFU/g	不得检出	100 CFU/g
英国	不得检出	100 CFU/g	100 CFU/25 g	100 CFU/g
日本	不得检出	100 CFU/g	不得检出	100 CFU/g
韩国	不得检出	100 CFU/g	100 CFU/25 g	100 CFU/g

国内企业应严格遵守出口流程，主要有以下步骤。确认准入要求：出口商在出口前需通过客户问询、海关总署网站查询、所在地海关业务咨询等方式确认拟出口国家（地区）的准入要求和注册要求。申请注册：符合注册要求的出口生产企业需完成相关手续，包括出口食品生产企业备案、建立可追溯的食品安全卫生控制体系等。产品检测：出口前需对鸡肉产品进行全面的检测，确保符合进口国家（地区）的食品安全标准。出口申报：在提交出口申报之前，出口商或其指定代理需向产地海关提出监管申请，海关在接收申请后，将依据相关法律法规进行现场核查及监督抽样检验。证书出具：若产品经评估符合标准，海关将签发检验检疫合格证书，从而允许产品出口。

7.3.2.2　白羽肉鸡产品中食源性致病菌检测技术的进展与应用

白羽肉鸡生鲜产品中食源性致病菌超标不仅会影响鸡肉的品质和安全性，还给消费者的健康带来了潜在风险。为保障广大消费者的身体健康和生命安全，加强对白羽肉鸡鸡生鲜产品中食源性致病菌的检测与控制至关重要。传统的检测方法依靠革兰氏染色和培养，并结合生化鉴定和血清型鉴定，此类方法应用范围广、准确率高、检测成本低。

近年来，随着学科交叉融合的日益加深以及材料科学技术的迅猛发展，食源性致病菌的快速检测领域迎来了技术革新的浪潮。这一变革旨在高效应对市场对于即时、准确检测能力的迫切需求，同时确保在突发公共卫生事件与安全危机中能够迅速响应并有效处理。在这一背景下，多种先进的分析检测技术被创新性地综合运用，共同构建起一个多元化、高效能的检测体系。

免疫学检测技术凭借其高度特异性和敏感性，在食源性致病菌的快速筛查中占据了重要地位。该技术通过特异性抗体与抗原的相互作用，实现对目标病原体的精准识别，为食品安全提供了坚实的保障。同时，分子生物学检测技术的飞速发展，尤其是PNA（特异性肽核酸）探针的应用，以其独特的序列识别能力和高亲和力，进一步提升检测的精确度和效率。PNA探针能够直接与目标DNA或RNA序列结合，无须复杂的预处理步骤，从而简化检测流程。新兴的检测技术如RPA（重组酶聚合酶扩增技术）和LAMP（环介导等温扩增）以其独特的优势在快速检测领域崭露头角。RPA技术凭借其等温扩增的特点，简化了试验条件，降低了对设备的要求，特别适用于现场快速检测；而LAMP技术则以其高灵敏度、高特异性及操作简便等特性，在病原体快速检测中展现了广阔的应用前景。CRISPR/Cas12a系统作为基因编辑领域的明星技术，其在检测领域的应用也取得了显著进展。该系统通过特异性切割目标DNA并触发信号放大的机制，实现对极低浓度病原体的超灵敏检测，为食品安全检测提供新的思路和方法。

这些先进检测技术的综合运用，不仅满足了市场对食源性致病菌快速检测的需求，也为应对突发公共卫生事件和安全挑战提供强有力的技术保障。未来，随着技术的不断发展和完善，这些检测技术将在食品安全、公共卫生等领域发挥更加重要的作用。

（1）沙门氏菌。根据《食品安全国家标准 食品微生物学检验 沙门氏菌检验》（GB 4789.4—2016），培养沙门氏菌检测需要经过预增菌、增菌、分离、生化试验、血清学鉴定等步骤。称取样品置于BPW（缓冲蛋白胨水）无菌均质杯内均质后培养。取1 mL样品转种于TTB（四硫磺酸钠亮绿培养基）内培养。另取1 mL转种于SC（亚硒酸盐胱氨酸增菌培养基）内培养。分别取增菌液1环，划线接种培养后观察各个平板上生长的菌落，挑取2个以上典型或可疑菌落，接种三糖铁琼脂培养，也可在初步判断结果后从营养琼脂平板上挑取可疑菌落接种培养，判定结果。排除自凝集反应后进行血清学鉴定。根据血清学分型鉴定的结果，按照有关沙门氏菌属抗原表判定菌型，综合以上生化试验和血清学鉴定的结果，报告样品中的检测结果。

（2）单核细胞增生李斯特氏菌。根据《食品安全国家标准 食品微生物学检验 单核细胞增生李斯特氏菌检验》（GB 4789.30—2016）中的平板计数法，称取样品放入盛有BPW的均质袋中均质，吸取样品液注入装有BPW的无菌试管中混匀后制成1∶100的样品液，之后制备10倍系列稀释样品匀液。根据对样品污染状况的估计，选择2~3个适宜连续稀释度的样品匀液，每个稀释度的样品匀液接种后分别加入3块李斯特氏菌显色平板，涂布后将平板静置，查看李斯特氏菌显色平板上的菌落特征，选择有典型单核细胞增生李斯特氏菌菌落的平板，计数典型菌落数。从典型菌落中任选5个菌落分别进行鉴定。根据分析所得数据，应报告样品中每克所含单核细胞增生李斯特氏菌的数量，以CFU/g为单位进行表示，若T值为0，则以小于1乘以最低稀释倍数报告。

（3）金黄色葡萄球菌。根据《食品安全国家标准 食品微生物学检验 金黄色葡萄球菌检验》（GB 4789.10—2016）中的平板计数法，称取样品置于盛有磷酸盐缓冲液的无菌均质杯内均质，取样品匀液1 mL注于盛有9 mL磷酸盐缓冲液的无菌试管中混匀，制成1∶100的样品匀液，按以上操作程序，制备10倍系列稀释样品匀液。根据对样品污染状况的估计，选择2~3个适宜稀释度的样品匀液，在进行10倍递增稀释的同时，吸取样品匀液接种到3块Baird-Parker平板，涂布后静置，等样品匀液吸收后翻转平板，倒置后再培养。金黄色葡萄球菌在Baird-Parker平板上呈圆形、表面光滑、凸起、湿润、菌落直径为2~3 mm，颜色呈灰黑色至黑色，有光泽，常有浅色（非白色）的边缘，周围绕以不透明圈（沉淀），其外常有清晰带。当用接种针触及菌落时具有黄油样黏稠感。有时可见到不分解脂肪的菌株，除没有不透明圈和清晰带外，其他外观基本相同。选取展现出典型金黄色葡萄球菌菌落特征的平板，且要求在同一稀释度下，3个平板上的菌落总数介于20~200 CFU。随后，对这些平板上的典型菌落进行计数，并从中至少挑选5个疑似菌落进行进一步的鉴定。鉴定步骤包括进行染色显微镜检查、血浆凝固酶试验，并在血平板上进行划线接种以观察菌落的形态特征。最终，根据所得数据计算出每克样品中的金黄色葡萄球菌数量，以CFU/g为单位进行报告。若计算得到的T值为0，则报告结果应小于最低稀释倍数乘以1。

（4）大肠埃希氏菌。根据《食品安全国家标准 食品微生物学检验 大肠菌群计数》（GB 4789.3—2016）中的MPN法，首先，将样品称重后加入含有磷酸盐缓冲液或生理盐水的无菌均质杯中，进行均质化处理，以获得1∶10比例的样品匀液。针对每个样品，选择3个合适的连续稀释度的匀液，每个稀释度分别接种至3支月桂基硫酸盐胰蛋白胨（LST）肉汤培养基中培养，随后观察各管是否有气泡生成。对于产生气泡的LST管，需进一步进行复发酵试验；而未见气泡生成的管则判定为大肠菌群阴性。其次，从产生气泡的LST管中吸取培养物，接种至煌绿乳糖胆盐肉汤（BGLB）管中继续培养，并观察其产气情况。若BGLB管中出现产气现象，则记为大肠菌群阳性管。最后，根据确认的大肠菌群阳性BGLB管数，参考MPN表，计算出每克样品中的大肠菌群MPN值，并据此进行报告。

7 白羽肉鸡精深加工与预制菜发展

表7-15详细对比了四种常见食源性致病菌（沙门氏菌、单核细胞增生李斯特氏菌、金黄色葡萄球菌、大肠埃希氏菌）的多种检测方法及其对应的检出限，这些检测方法涵盖了分子生物学、生物化学、纳米技术以及传感器技术等前沿领域。通过对比不同检测方法的检出限，可以直观地了解各种技术在灵敏度上的差异，为食品安全检测提供科学依据。

表7-15 肉鸡产品中4种食源性致病菌不同检测方法对比

致病菌	检测方法	检出限	数据来源
沙门氏菌	PNA	100 CFU/mL	杨彤等，2020
	mPCR	$10^3 \sim 10^4$ CFU/mL	Tao等，2020
	闭塞传感器针检测	15 CFU/mL	Tarokh等，2021
	RPA	3 CFU/mL	Li等，2021
	LAMP结合CRISPR/Cas12a	118 pg/μL	Luo等，2022
	mPCR	10 pg/μL	Boukharouba等，2022
	qPCR	10^4 copies/μL	王华健等，2022
	PCR	10 CFU/mL	祝长青，2022
	磁弛豫免疫传感器	50 CFU/mL	Dong等，2024
	LAMP结合SYBR Green I	934 pg/μL	
	LAMP结合铜纳米簇	756 pg/μL	罗依宁，2024
	LAMP结合CRISPR/Cas12a系统	118 pg/μL	
	PCR	0.078 ng/μL	牛灵玥等，2023
单核细胞增生李斯特氏菌	RPA结合测流层析试纸	15 CFU/mL	Du等，2018
	mPCR	$10^3 \sim 10^4$ CFU/mL	Tao等，2020
	分子信号适配体生物传感器开关系统	5 CFU/mL	Cui等，2022
	SERS	6 cells/mL	Cheng等，2021
	RPA-Cas12a反应平台	10 CFU/mL	Tian等，2021
	IMS结合实时qPCR	132 CFU/g	Fan等，2022
	mPCR	$10^3 \sim 10^4$ CFU/mL	Li等，2021
	LAMP	275 CFU/g	Busch等，2022
	噬菌体P100结合生物传感器，显色反应	8.4 CFU/mL	Zolti等，2022
	噬菌体尾丝蛋白结合纳米酶，显色反应	10 CFU/mL	Pan等，2023
	qPCR	10^4 copies/μL	王华健等，2022

（续表）

致病菌	检测方法	检出限	数据来源
金黄色葡萄球菌	免疫层析试纸	10^3 CFU/mL	Nagasawa等，2020
	mPCR	$10^3 \sim 10^4$ CFU/mL	Tao等，2020
	PCR结合Cas13a	1 CFU/mL	Zhou等，2020
	LAMP	5.4 copies/μL	Xiong等，2020
	抗原-抗体免疫	—	Cui等，2021
	LAMP	15 ng/μL	Hassan等，2022
	适配体生物传感器	25 CFU/mL	Zhao等，2022
	LAMP	56 CFU/mL	邹作成等，2023
	纳米材料结合探针	10 CFU/mL	姚硕，2023
	快速检测试纸条	10^4 CFU/mL	李磊等，2023
	SERS	<6 cells/mL	Cheng等，2021
大肠埃希氏菌	实时荧光定量-LAMP	3.5 CFU/g	赵远洋等，2019
	实时荧光RPA	10^3 CFU/mL	刘婧文等，2020
	电子鼻上的气体传感器阵列系统	—	Astuti等，2021
	qPCR	800 CFU/mL	侯炜辰等，2023
	胶体金免疫层析快速检测试纸	10^4 CFU/mL	王晓芳等，2023
	比色免疫传感器	10 CFU/mL	于松玲，2023
	电化学生物传感器	5.02 CFU/mL	Cui等，2024
	免疫磁珠结合PCR	—	朱炳华，2024
	光电化学噬菌体传感器	56 CFU/mL	Zhao等，2024
	特异性银纳米颗粒结合LSPR生物传感器	0.47 CFU/mL	Mahmudin等，2024
	PCR	0.78 ng/μL	牛灵玥等，2023
	LAMP结合特异性靶向切割的CRISPR	430 CFU/mL	胡志群，2024
	qPCR	10^4 copies/μL	王华健等，2022
	mPCR	10 pg/μL	Boukharouba等，2022
	mPCR	$10^3 \sim 10^4$ CFU/mL	Tao等，2020

7.3.3　新的检测方法和未来可能新增指标

在食品安全领域不断迈向精细化与科学化的进程中，随着对食品安全复杂性的认识日益加深，食品安全监管能力持续提升。新的检测方法也会被相应开发，综合来看，以下技术可能会被更加全面的开发应用。多样化的血清型检测，利用下一代测序

（NGS）和分析技术，进行深度血清分型，识别和追踪食源性致病菌血清型的变化。能够检测出更多种类的血清型，提高检测的全面性和准确性，有助于追踪传播源和识别潜在食品安全风险。快速鉴定和药敏试验，结合分子生物学和生物信息学技术，实现沙门氏菌的快速鉴定和药敏试验，为临床治疗和食品安全控制提供及时、准确的指导。结合物联网和大数据技术，建立沙门氏菌实时监测系统，实现对食品生产、加工、流通等环节的实时监控和预警，提高食品安全管理水平。

食源性致病菌未来可能新增的检测指标，结合当前科技发展趋势和食品安全领域的实际需求，可以归纳如下几个方向。

7.3.3.1 基于分子生物学的精准鉴定与分型

高分辨率血清型鉴定。利用下一代测序（NGS）和全基因组测序（WGS）技术，实现沙门氏菌、大肠杆菌等食源性致病菌的高分辨率血清型鉴定，能够识别出更细微的遗传差异，有助于追踪疫情源头和评估传播风险。

基因型与表型关联分析。通过WGS数据，建立致病菌基因型与致病性、耐药性表型之间的关联，预测菌株的潜在危害，为临床治疗和食品安全控制提供科学依据。

7.3.3.2 新型检测技术的应用

纳米技术与生物传感器。结合纳米颗粒、量子点等新材料，开发高灵敏度、高特异性的生物传感器，实现对食源性致病菌的快速、现场检测。例如，利用纳米金颗粒的表面增强拉曼散射效应，提高检测信号的强度。

PCR及其衍生技术。进一步发展多重PCR、荧光定量RT-PCR、LAMP等分子生物学检测技术，提高检测通量、缩短检测时间，并实现对多种致病菌的同时检测。

7.3.3.3 毒素与代谢产物的检测

毒素精准定量。采用高灵敏度质谱分析技术（如LC-MS/MS），对沙门氏菌、金黄色葡萄球菌等致病菌产生的毒素进行精准定量，评估其毒性水平和健康风险。

代谢产物指纹图谱。建立致病菌代谢产物的指纹图谱数据库，通过比对分析快速识别食品中的致病菌种类及其活性状态。

7.3.3.4 耐药性检测

耐药基因筛查。针对食源性致病菌中常见的耐药基因进行筛查，评估菌株的耐药性水平，指导临床用药和食品安全控制。

全基因组耐药性分析。结合WGS数据，全面分析致病菌的耐药基因型，预测其对不同抗生素的敏感性，为精准治疗提供支持。

7.3.3.5 环境适应性与生存能力评估

压力耐受性检测。评估致病菌在不同环境条件下的生存能力和适应性，如低温、干燥、高盐等极端环境，为食品安全控制提供参考。

生物膜形成能力检测。检测致病菌在食品接触表面形成生物膜的能力，生物膜是致病菌在食品加工环境中持久存在的重要原因之一，检测其对于控制食品污染具有重要意义。

7.3.3.6 综合风险评估指标

多因素综合评估模型。结合致病菌的种类、数量、毒性、耐药性、环境适应性等多个因素，建立综合风险评估模型，对食品中致病菌的潜在危害进行全面评估。

食源性致病菌未来可能新增的检测指标将更加注重精准性、快速性和全面性，借助先进的科学技术手段不断提升食品安全检测的能力和水平。新的检测方法和未来可能新增的检测指标不断推动着食源性致病菌检测技术的发展，提高检测的灵敏度、特异性和速度，为食品安全控制提供有力的技术支持。

7.4 深加工技术与预制菜开发

7.4.1 白羽肉鸡调理产品加工技术

7.4.1.1 白羽肉鸡冷冻调理产品的分类

根据热加工程度，白羽肉鸡冷冻调理产品一般可分为三大类：

（1）完全生制冷冻调理白羽肉鸡冷冻调理产品。将白羽肉鸡整鸡或分割后的白羽肉鸡分割品（鸡胸、鸡腿等）经解冻、修整、粗加工（切丁、切丝、切片、绞肉等）、调制入味（静止腌制、滚揉、斩拌、搅拌）、成型（裹粉裹浆、穿串等），不经加热直接速冻的调理产品，如奥尔良烤鸡胚、骨肉相连、鸡块、鸡肉串、无骨鸡柳等。

（2）加热后部分熟制的速冻调理白羽肉鸡冷冻调理产品。这种调理产品与完全生制冷冻产品的区别在于：它在速冻前经过热加工至部分熟制，然后经冷却、速冻的调理产品。如鸡肉饼、鸡米花等。

（3）完全加热熟制的白羽肉鸡冷冻调理产品。速冻前经过热加工至产品完全熟制，然后经冷却、速冻的调理产品。此产品即使完全熟制，使用前仍需加热食用。如鸡肉肠、亲亲肠等。

7.4.1.2 常用加工技术

（1）切丁（片、丝）。部分非重组类鸡肉调理肉制品（如鸡里脊串、骨肉相连

7 白羽肉鸡精深加工与预制菜发展

等）需要先将原料肉进行切丁（片、丝），然后进行调制。切丁（片、丝），顾名思义，就是根据工艺需求对原料肉进行切割。常用的切丁机一般有2副"十"字交叉的刀栅，分别从横向、纵向2个方向进行切割，得到横截面为正方形的肉条。再通过径向的一把转动的斩刀将长条形肉斩成正方形肉丁。更换不同规格的"十"字刀栅，同时调节斩刀的参数，可得到不同大小的肉丁。

（2）绞碎。肉的粉碎包括绞肉和斩拌。使用斩拌机或绞碎机对原料肉进行斩拌或绞碎可以破坏肌外膜层，增大肉的表面积，从而有利于蛋白质的提取。蛋白质不充分提取，加热时小肉块就黏结性差，将导致产品组织结构不均匀。

绞肉，就是借助绞肉机把肌肉组织或者脂肪切碎，使其成为各种不同尺寸的颗粒状态。这一工艺可消除原料肉种类不同、软硬不同、肌纤维粗细不同等缺陷。绞肉机可分为鲜肉绞肉机与冻肉绞肉机这两类，它们二者之间的主要差别就在于绞肉螺杆有所不同，其中鲜肉绞肉机还能够将肉组织里的筋腱剔出。

斩拌指用斩拌机，通过刀片的高速转动，同时添加食用盐、磷酸盐，提取肉中的盐溶性蛋白，乳化脂肪，形成稳定的水包油体系。高速斩拌过程中，需加入冰片降温，防止高温使蛋白提前变性。斩拌使原料肉馅产生黏着性，加热后可形成网状凝胶结构，将水保持在凝胶网络内。斩拌机一般由斩刀系统、转盘锅系统、进料提升系统、出料系统4部分组成。刀片有多种类型，适用于不同的产品类型。K-型刀适用于高速斩拌，生产精细肉糜；B型刀适用于干香肠类产品的制作，而E型刀为通用型的斩拌。部分大型斩拌机具有真空斩拌功能，可有效减少重组类型的调理肉制品内部气孔。

（3）搅拌。搅拌是将绞制后的呈颗粒状态的原料肉与食用盐、磷酸盐、香辛料等添加物混合均匀并提取盐溶性蛋白的过程。本工艺是通过搅拌机来实现的。常采用真空式搅拌来除去混合肉馅时产生的气泡。这种机械不具备切碎功能，不过却能够弥补绞肉机与斩拌机的不足之处。搅拌机有不同构造，适用于不同产品。桨叶型搅拌机是一种底部装有特殊机械构造的设备，此构造为两根平行的轴，并且这两根轴的旋转方向是相反的，而桨状叶片就稳稳地固定在这旋转轴之上。叶片与轴之间呢，大致形成45°的夹角，借助轴承的旋转之力，腔内的肉块便能够前前后后、上上下下地运动起来。再看位于两端的叶片，它们与船形槽壁相接的那一端呈直角形状，这个独特的形状可是有着大作用的，它能够把被挤到槽壁边上的肉轻松地铲起来，然后再送到槽的中央区域。如此这般往复不断地运行操作，肉料和添加的辅料就能够被混合得十分均匀，进而达到各种各样肉制品加工工艺的要求。

（4）滚揉。滚揉是利用物理性冲击的原理，滚揉机内部叶片带动肉块在滚揉桶内上下翻动，相互撞击，或从高处落下，形成摔打，达到按摩、腌制的加工过程。真空滚揉可使肉块均匀吸收盐水，加速盐溶性蛋白的析出，提高产品保水性，增强产品出品

· 473 ·

率。大部分滚揉机内部有桨，部分滚揉桶内壁有夹层，以便在滚揉时使用制冷剂（如丙二醇）冷却产品。物料添加到滚揉桶后，密封住加料口，通过真空泵获得真空度，滚揉时可增加盐水的吸收率。为保证最好的增重量和品质，一般装满滚揉机容量的1/2或2/3。滚揉机的桨叶有多种类型，导致肉块运动不同。

（5）成型。成型是将经过搅拌、斩拌或滚揉等工艺处理的产品制作多种形状或多种形式产品的加工过程。通过成型可得到如矩形、三角形、圆形的不同形状的产品，或肉饼、肉丸、肉条、肉串等不同形式的产品。

肉温太高，肉糜过软，成型时就不能得到预期的形状。成型的肉块若不易脱模，会导致产品形状不规则且易碎。因为在-2.2℃以上时，肉表面是湿润的。肉温太低，成型制品会破碎。因此，配方中肉的温度要降至-3.3~-2.2℃。

成型机可用来制作重组型调理肉制品。物料通过提升机进入成型机料斗，肉糜被压入模具中，形成模具所具有的产品形状。模板内充满物料后被推出，压冲装置会把成型肉推送到传送带上；脱模可分为机械冲压脱模和压缩空气喷吹脱模。脱模结束后底部模板会再次收回，再次进行物料填充。压冲装置每次压冲前都会喷水，便于脱模。

不同的产品成型要求不同。如肉丸、汉堡肉饼是一次成型，而鸡块则是经过成型后还需要进入下一道工序——裹涂。

（6）裹涂。裹涂是在成型后的肉块表面进行裹粉、上浆，从而赋予产品诱人外观，保持产品水分从而增加产品出品率，改善产品品质。裹涂常见的方式有裹底粉、上浆裹糊、裹面包糠3个部分，也可通过这3种方式形成不同的组合工艺。例如裹底粉、上浆裹糊、裹面包糠；上浆裹糊、裹面包糠；裹底粉、上浆裹糊、再裹粉、再裹浆、裹面包糠；上浆裹糊、裹粉、上浆裹糊。

一般情况下，非成型制品如裹面包糠鸡排的制作采用裹底粉、上浆裹糊、裹面包糠三步裹涂工艺，而成型制品如炸鸡块则采用上浆裹糊、裹面包糠这样的二步裹涂工艺。

①裹底粉。裹底粉就是在产品表面撒上一层薄薄的面粉，对具有湿性或油性表面的制品有着重要的作用，其目的是改善浆糊的黏着力。底粉中通常有面粉、饼干粉、调味料、香辛料，有时还含有蛋白质（鸡蛋白、麦谷蛋白）、食用改性淀粉。底粉是肉和浆糊的界面层，底粉在裹涂层中占很小比例，裹底粉后产品能增重3%~6%。

裹粉机通常有撒粉式裹粉机和滚筒式裹粉机。撒粉式裹粉机由于对产品影响较小，适用于成型式产品（如成型鸡块）的裹粉，而滚筒式裹粉机由于机械运动较剧烈，仅适用于整块肉或分割肉（如裹粉炸鸡腿）产品的裹粉。

产品经过裹底粉后，通过机器上的风力系统或者振动筛将多余的粉料从产品上除去，过多的底粉将会给下一步的裹浆工艺带来问题。

②上浆裹糊。上浆裹糊是调理肉制品常见的一道工序，浆糊连接底粉和裹糠，对产品的质地、外观和风味有着重要的影响。上浆裹糊是在产品的表面裹上一层面糊，油炸或烘烤后使得产品获得金黄色的色泽及松脆的口感。根据产品裹糊量的多少（上浓浆、上薄浆），可使产品增重10%~18%。

浆糊可分为酵母发酵类浆糊和不发酵类浆糊。浆糊成分多样，一般由玉米粉、小麦粉、淀粉、蛋白质、香辛料、调味料（粉末或乳化精油状）、发酵物、稳定剂（如胶体）、着色剂等组成。高发酵浆糊在加热时，浆糊会膨起，产品组织像蛋糕一样蓬松松软。低发酵的浆糊则可使产品具有凸起的外观和响脆的质感。未经酵母发酵的黏性面糊通常结合面包糠使用，增加产品风味，改善产品质构。黏性面糊黏度可任意调制使用。挂糊设备一般有静态浸没挂糊系统和动态溢流挂糊系统。静态浸没挂糊适用于各种黏度的面糊，而动态溢流挂糊仅适用于中低黏度面糊。

③裹面包糠。部分产品需要在上浆裹糊的基础上，再在产品表面裹上一层面包糠，使产品油炸或烘烤后获得相应色泽、口感及风味。裹糠率指产品裹面包糠的量。面包糠颗粒的大小和挂糊的厚度影响裹糠率。粗面包糠比细面包糠裹糠率高，但是细面包糠比粗面包糠在产品表面分布更加均匀；厚而黏性高的浆糊比薄而黏性低的浆糊会裹上更多的面包糠。经过裹面包糠工艺后，产品一般可增重10%~15%。

根据面包糠的尺寸、形状、质地、颜色及风味不同，一般可分为美式面包糠、日式面包糠、饼干粉面包糠和面粉面包糠。

美式面包糠含有经酵母发酵面团而制成面包的内部和表面面包糠，因此外观深浅不一，其颗粒大小各有差别。美式面包糠质地松脆，价格适中。日式面包糠由无壳面包制成，其特点是色泽均匀（白色），形状修长而中空，质地较轻，口感较脆。饼干粉由面粉和水制成，是一种细扁、紧致的面包糠，且成本较低。细饼干粉可用做底粉，粗饼干粉可用作面包糠。面粉面包糠是一种普遍使用的面包糠，赋予产品片状的外观，常与香辛料等其他成分混合使用。

裹面包糠机分别从底面和上表面对产品进行裹糠。产品底面在运动的面包糠床上实现裹糠，而上表面则是通过料斗中撒落的面包糠覆盖，面包糠厚度可进行人工调节。随后产品经过压力滚轮，压力滚轮施加的压力可使面包糠良好嵌入进浆糊中。产品表面多余的面包糠被风刀吹走，汇集在一起参与下一个循环的裹面包糠工艺。根据面包糠的粗细，裹面包糠机可分为细面包糠裹糠机和粗面包糠裹糠机。经过裹涂工艺的产品将进入热加工阶段。

（7）热加工。成型调理肉制品一般都需要加热，从而赋予产品味道、口感、外观等重要品质。热加工一般包括油炸、烘烤、蒸煮等操作。

油炸是调理肉制品最普遍的一种热加工方法，它是裹涂类产品，尤其是发酵类浆糊裹涂后的必要工艺。油炸可起到固定产品形状、改善产品外观风味、增加裹涂产品重量从而增加出品率等作用。油炸可分为瞬间油炸和完全油炸。生产预制品类肉制品（部分加热熟制）产品时，采用瞬间油炸；生产全熟制品（加热完全熟制）时，采用完全油炸。根据完全油炸的工艺要求，一般可分为三阶段，油温呈现"弓"形分布。第一阶段，油温要高，使产品表面迅速固化，减少水分损失；第二阶段，油温要降低，在内部熟化的同时又防止表面碳化；第三阶段，提高油炸温度，从而降低产品含油量，增加产品香味和脆度。油炸一般可使酥皮变成金黄色，也可能会因面包糠的不同而有其他颜色。油炸设备一般采用连续式油炸机，传送带承载着制品浸入热油池中加热。油炸机的加热方式一般有导热油加热、电加热、高温蒸汽加热及燃气加热。

烘烤是一种全熟的热加工方法，可降低产品中的油脂含量。为了取得像油炸法产品那种颜色金黄且质地较脆的品质，烘烤法往往和瞬时油炸组合使用，在烘烤前或烘烤后进行瞬时油炸工艺。预油炸可固定裹涂层，赋予产品较好的颜色、风味，从而使烘烤类产品具有一些油炸制品的特性。主要的烘烤设备有热风螺旋式烘烤炉、热风烘烤隧道、无油烘烤机等。

蒸煮是一种全熟制品熟化的热加工单元，它在蒸煮设备内，通过热蒸汽介质传热，将产品蒸煮至熟的操作。蒸煮适用于蒸煮虾、肉饼、鸡胸肉等产品，也适用于蒸煮浅炸的非裹涂产品。主要蒸煮设备有蒸汽蒸煮隧道和螺旋式蒸煮炉等。

7.4.1.3 典型产品加工工艺

（1）鸡肉排。鸡肉排采用鸡腿碎肉为原料，经过解冻、预处理、绞制、搅拌、腌制、成型、速冻等工艺制作而成的一种速冻调理肉制品。鸡排烤制或油炸后，外焦里嫩，鲜香多汁，深受消费者的喜爱。

解冻：原料肉采用空气自然解冻，原料肉的中心温度达-2℃时解冻结束。

预处理：去除原料肉中可能存在的淋巴、碎骨、软骨、淤血、毛发等杂质。

绞制：鸡碎肉用孔径8 mm孔板绞制。

拌料：根据配方按比例将绞制后的原料肉与辅料放入搅拌机中，搅拌15 min，待肉料呈黏稠状即可。

腌制：将肉料装盘上架推入腌制库中腌制，腌制时间24~48 h。

成型：搅拌后的肉料经汉堡成型机成型，成型缺损或变形的半成品要重新回料成型，然后挂浆、裹糠。

速冻：将成型肉排送入螺旋速冻机，速冻机温度≤-35℃，速冻后冻品中心温度达-18℃以下。

包装：采用白色塑料袋包装。装袋封口后的产品经金属探测仪检测后装箱。

（2）鸡米花。鸡米花采用鸡腿肉为原料，经过切丁、解冻、滚揉、裹浆、裹粉、预炸、速冻、包装等工艺制成的一种速冻调理肉制品。鸡米花形状美观，可油炸食用。

切丁：将鸡腿肉温度控制在-10～-5℃，切丁成3～4 cm见方的小块。

解冻：采用空气自然解冻，解冻时中心温度0～5℃。

滚揉：采用真空滚揉机。将冰水、辅料及鸡肉丁依次加入滚揉机中。滚揉机设定值如下：真空度-0.085 MPa，转速8 r/min，滚揉30 min。

裹浆：将滚揉好的鸡腿肉丁在预先调好的淀粉浆中裹浆，浆温控制在10℃以下。

裹粉：先撒干粉，两手下抄再上提，轻压1～2下，重复动作4～6下，均匀分开肉丁。抖掉多余的粉，并随时更换新粉，保持粉的干燥。

预炸：将裹粉后的产品放入油炸锅或油炸机中预炸。油炸温度为185℃，油炸时间30 s。

速冻：将预炸后的鸡米花送入螺旋速冻机，速冻机温度≤-35℃，速冻后冻品中心温度达-18℃以下。

包装：采用预印彩色塑料袋包装。装袋封口后的产品经金属探测仪检测后装箱。

7.4.2　白羽肉鸡重组与乳化产品加工技术

7.4.2.1　重组与乳化产品品质形成机理

白羽肉鸡常被用作早餐肠、烤肠、鸡肉丸等重组及乳化类产品的原料。经典重组与乳化肉制品是由乳化肉糜加工制备而成的。乳化肉糜属于水包油体系，在加热过程中，蛋白质包裹的脂肪油滴均匀镶嵌在肌肉蛋白凝胶矩阵网络中，最终形成美味、多汁且口感润滑的乳化肉制品。乳化类肉制品的品质直接由肌肉蛋白的凝胶及乳化特性所决定。

（1）肌肉凝胶特性。肌肉加工过程中，肌原纤维蛋白等盐溶蛋白能够在一定盐浓度下，经由腌制、滚揉、斩拌等工艺从肌肉组织中充分溶出，从而在加热过程中通过热诱导变性-聚集-交联构建成为具有一定黏弹性的三维网络矩阵结构。这类蛋白凝胶中可以存续大量水分。重组肉制品熟制过程即肌肉蛋白的凝胶形成过程。

除肌原纤维蛋白外，肌浆蛋白和结缔组织蛋白在肉制品凝胶形成过程中也发挥了一定作用。其中，肌浆蛋白因自身无法形成凝胶结构，可能阻碍肌原纤维蛋白正常的凝胶行为，从而降低肉制品的凝胶品质。但也有研究认为，肌浆蛋白的添加可能有助于形成更好的凝胶质构。结缔组织蛋白在长时间高湿度高温加热条件下后能够水解形成胶原蛋白，有助于提升凝胶强度。

（2）肌肉乳化特性。乳化是指将一种液体以微小液滴均匀地分散到另一种与之互不相溶的液体中的过程。在乳化类肉制品中，分散在体系之中的疏水油脂为分散相或非连续相，承载分散相的盐溶蛋白溶液为连续相。乳化油滴由界面蛋白膜层和连续相凝胶矩阵共同稳定。在肉制品乳化过程中，油滴表面形成一层厚度达到数十纳米的蛋白层，即界面蛋白膜。界面蛋白膜通过提供静电斥力和空间阻力避免油滴之间融合聚集。肌肉蛋白，尤其是肌原纤维蛋白能够稳定油滴的重要原因在于，其具有较高的乳化活性，主要体现为均匀的亲水/疏水基团分布、较高的柔韧性，以及在界面上改变自身结构以形成稳定界面网络结构的能力。

在水/油界面上，肌肉蛋白乳化界面层的形成可以分为三个阶段：一是扩散，即蛋白质从连续相扩散至水油界面；二是界面吸附，当扩散至界面上后，蛋白质会抵抗切向剪切，以此来阻止液滴膨胀破裂。在这个阶段，蛋白质分子结构产生变化，体系的自由能随之降低。三是蛋白质分子在界面处进行结构重排、交联并固化，从而形成膜，这层膜能够防止液滴出现絮凝现象。这个时候，界面网络结构就形成了，疏水基团被充分暴露出来，蛋白质分子间的相互作用也进一步增强。

值得注意的是，乳化界面层并非一个单层膜，而是由许多层不同蛋白质结构构成。最内层紧靠脂肪油滴，可能是由肌球蛋白单分子层构成的；第二层结合在内层蛋白之外，两层蛋白膜密度和组成接近；第三层在第二层之外，为一层较厚且分散性较强的稳定蛋白膜结构。

7.4.2.2 健康化改造新技术

（1）降脂新工艺。市售乳化肉制品中脂肪含量通常达到30%及以上，油脂含量低于该值时乳化产品的品质下降。为降低重组及乳化鸡肉制品中的饱和脂肪酸含量，增强加工产品的健康属性，可以采用脂肪替代物或脂肪类似物对动物油脂进行替代。这样不仅可以减少肉制品中的脂肪含量，还可以通过改善多不饱和脂肪酸（PUFA）/饱和脂肪酸（SFA）比率、ω-6/ω-3脂肪酸比率等脂肪酸组成，改善色泽、汁液保持性和弹性等理化特性，以及风味、消费者接受度等感官属性以提升肉品质。目前，动物脂肪替代物可以分为两类：一类是只含有蛋白质、碳水化合物或脂质大分子的单一替代物；另一类是由两种或两种以上大分子组成的复合基质脂肪替代品。

多糖基脂肪替代物。淀粉、纤维素、阿拉伯胶和果胶等植物多糖通常直接被添加到熏煮香肠类产品中以替代动物脂肪，替代比例介于25%~35%。应用多糖替代物能在维持产品硬度等理化特性的前提下，降低肉制品中的总脂肪、总蛋白、能量值，同时提高水分和膳食纤维含量。然而，其对产品中的脂肪酸比例优化没有贡献，带来的风味损失也较为显著。

植物油脂肪替代物。葵花籽油、亚麻籽油、大豆油、橄榄油和奇亚籽油等植物油往往通过直接添加、有机凝胶化、酯交换和结构化乳液等手段替代肉制品中的动物脂肪，其中油凝胶化是最常采用的策略。油凝胶以半固态植物油为特征，具有液态疏水相，通常由三维有机凝胶网络固定。油凝胶可以很好地模拟动物油脂的感官属性并具有一定热可逆性，从而在肉制品中得到广泛应用。植物油脂肪替代物替代动物脂肪的比例介于25%~100%。用油凝胶替代动物脂肪可以显著丰富肉制品中的单不饱和脂肪酸和/或多不饱和脂肪酸，减少饱和脂肪酸含量，从而增加肉制品健康属性。

预乳化植物油。植物油通常以预乳化液的形式与蛋白质和/或多糖一起作为脂肪替代物进行应用。在乳化过程中，蛋白质或多糖吸附在油/水界面上，形成弹性界面膜，该膜可以保护油滴免受碰撞和氧化，从而提高最终产品的稳定性。此外，在加工过程中，油滴通过界面层与肌原纤维蛋白等大分子相互作用聚集，并形成3D凝胶网络，从而有助于改善硬度、咀嚼性、弹性等质地特性。

复合基质脂肪替代物。结合使用两种或以上的替代成分（如蛋白质和多糖）来替代动物脂肪，可以在一定程度上协同补偿单一基质脂肪替代的不足。

（2）降盐新工艺。氯化钠，或称为食盐，堪称肉制品里应用最为广泛的添加剂之一。它既能提升食物的风味，又具备防腐的功能，还能维持肉制品的加工品质。钠摄入过多和高血压的发生有相关性，而高血压可是导致中风以及心血管疾病患者早逝的一个已知风险因素。因此，世界卫生组织（WHO）建议成年人每日摄入的钠应少于2 000 mg，或者相当于5 g的食盐。因此，新型重组肉制品开发过程中，需要通过多种途径降低产品中的盐含量。

肉制品中常用的钠盐替代物有氯化钾、氯化镁、氯化钙以及其他钾盐等。其中，氯化钾是最广泛使用的钠盐替代品，可显著减少钠含量，但由于其苦味，使用量需限制。碳酸钾或柠檬酸钾等钾盐也可作为钠盐的部分替代品。

咸味肽是一类具有特定咸味的低聚肽，它们在低盐肉制品调味中起到重要作用。一些含精氨酸（Arg）的二肽，例如Arg-Pro、Arg-Ala、Ala-Arg、Arg-Gly、Arg-Ser、Arg-Val和Arg-Met，都可以作为咸味增强剂。咸味肽可以通过不同的方法制备，包括酶解和微生物发酵等。

降低肉制品中钠盐含量不仅会导致风味丧失，还可能导致产品质地下降。利用转谷氨酰胺酶等蛋白酶能够催化肌肉蛋白质分子之间形成共价键，增强肉制品中蛋白质的凝胶能力、持水性以及内聚力，从而减少对食盐和磷酸盐等传统品质改良剂的依赖。

7.4.2.3 典型产品加工工艺

（1）上校鸡块。上校鸡块（Colonel's Chicken），名称来源于肯德基的创始人哈兰德·桑德斯上校（Colonel Harland Sanders）。它源自美国肯德基（KFC），是由鸡肉制成的小块，通常经过斩碎、腌制、裹粉、油炸等工序制作而成。上校鸡块的口感外酥里嫩，味道鲜美。肯德基上校鸡块以其独特的11种香料和秘制调料配方而闻名，这种配方至今仍是肯德基的核心商业机密之一。此外，其通常搭配各种酱料食用，如番茄酱、甜辣酱、烧烤酱等，增加了其风味的多样性。

原料漂洗：洗净鸡胸肉后，将其自动切分成均匀片状。

斩碎静置：斩拌时应遵照纯肉斩拌后加调料斩拌的原则依次按序进行斩拌，使得鸡肉形成碎肉状态，注意不要过度斩拌形成肉泥，之后放入低温间静置使体系均匀稳定。

加入模具：将斩好的肉碎倒入方形容器内成型。

上浆裹粉：将成型后的鸡肉泥放入浆中，使其均匀地挂上一层浆，再放入粉中沾上薄薄一层粉后取出。

油炸：采用油炸锅进行油炸，油温控制在170~180℃，炸40 s后捞出，将油温升至190℃后放入复炸30 s，至外表金黄、内部熟嫩为止。

冷却包装：油炸后沥油冷却，待充分预冷后包装。

（2）鸡肉早餐肠。鸡肉早餐肠选用去骨的鸡胸肉和鸡皮作为主要原料，经过筛选、斩拌、混合，再通过灌肠、蒸制、冷却、包装和灭菌等一系列工艺流程制成。其营养丰富、口感细腻、味道顺滑，而且食用方便，符合现代休闲肉制品发展趋势。

选料：所选用的冻鸡胸肉与鸡皮必须是合格的，要通过检验检疫，达到卫生标准，而且不应该存在异味。

解冻：将鸡肉与鸡皮平放在解冻架车上，运用空气自然解冻法来解冻。要把解冻温度控制在15℃以内，解冻时长为18~24 h。当中心温度达到-2~2℃的时候，解冻就可以结束了。

斩拌：在斩拌机中投入去皮鸡胸肉，同时加入复合磷酸盐、食盐、亚硝酸盐以及洋葱等辅料。开始的时候以低速进行斩拌，接着把1/2的冰水加入其中，然后切换为高速斩拌。当肉的温度达到4~5℃时，将鸡皮放入并持续斩拌。等到肉温升至7~8℃，再加入玉米淀粉、大豆分离蛋白、卡拉胶、色素以及剩余的冰水，继续高速斩拌。当温度又一次达到7~8℃时，加入香辛料等辅料，斩拌直至均匀，而后便可出机，斩拌完成后的肉温不得高于12℃。

灌肠：真空连续灌装机能够实现自动打卡灌装，其选用直径为22 mm的胶原蛋白肠衣来进行连续自动扭结灌装，所灌装的长度处于8~9 cm。在灌装的时候，要求做到没有气泡、不存在散结的情况，而且要均匀、饱满。当产品挂杆的时候，需要排列得均匀一些，肠体距离地面的高度不可低于20 cm。

熟化：先在50~60℃的温度下干燥30 min，接着于78℃进行40 min的蒸煮，最终放置在65℃干燥3 min。

杀菌与冷却：运用自动杀菌釜灭菌，在90℃的温度下保持30 min。当杀菌流程结束的时候，立即用自来水对肉肠产品进行冷却，一直到肉肠的中心温度下降到10℃以内，就能够出锅了，在冷却完毕之后要及时送往冷却间进行散热。

（3）鸡肉贡丸。贡丸是一种中式传统民间美食，属于肉糜类制品。其不仅口感滑嫩弹脆、爽滑鲜香，而且具有营养、便携、多场景适应性强等优点，深受消费者喜爱。传统贡丸制品主要以新鲜（或冷冻）猪肉为原料，逐渐发展为如今的牛肉、鸡肉等多原料系列产品。随着中式丸类产品加工生产线的自动化、智能化程度大幅提升，目前贡丸类产品已可以实现机械化作业。

原料预处理：将鸡胸肉在流水环境下解冻至表面温度升至0℃。充分解冻有利于在斩拌过程中，盐溶性蛋白质与氯化钠和磷酸盐的充分反应，从而赋予最终产品更佳的弹性和脆性。

斩拌：斩拌分为三个阶段，先为瘦肉糜斩拌，需要把处于半解冻状态的瘦肉糜斩拌成细小块；之后加入氯化钠、磷酸盐等盐及香辛料后继续斩拌，使得盐溶蛋白充分溶出；最后添加背膘后进行斩拌，让盐溶蛋白充分乳化脂肪，最终形成黏稠的乳化肉糜。

水煮定型：在50~60℃条件下初步煮制，使得肉丸初步成型，之后进行高温煮制。

熟制：熟制条件通常为85~95℃，熟化时间不宜过长，否则会导致产品质地下降。

冷却及速冻：产品熟制后应当在4℃环境下初步冷却后进入速冻环节。速冻时应当注意冻结效率，避免表面冰晶升华导致的干耗。

包装：包装环节应注意清洁卫生，避免造成污染。

7.4.3 白羽肉鸡中式菜肴预制加工技术及产品

预制菜来源于传统饮食文化，本质上为中餐工业化产物。鸡肉作为中餐的主要肉类原料，加工历史悠久，形成了各种具有当地传统的特色菜肴。起初，鸡肉菜肴均以当地饲养的地方黄羽肉鸡为原料。随着20世纪80年代白羽肉鸡引入中国后，因其饲养成本低和肉质细嫩的优点，被广泛用于制作宫保鸡丁、辣子鸡以及凤爪、卤鸡腿、鸡胸肉等酱卤制品。随着以817肉鸡为代表的小型白羽肉鸡培育成功，德州扒鸡等四大烧鸡也逐渐用其作为生产原料。2020年新冠疫情暴发，预制菜的兴起使得猪肚鸡、豉油鸡、炒鸡杂等越来越多的中式菜肴也开始使用白羽肉鸡作为鸡肉原料。未来随着品质保真技术以及中餐专用装备的不断突破，将更有利于白羽肉鸡在中式菜肴中的应用。

7.4.3.1 预制菜产业

预制菜是以农产品为原辅料经现代食品加工手段形成的成品或半成品菜肴，本质为菜肴的个性化烹调向食品工业的跨越。按照加工程度和食用方便性来分，预制菜可大致分为即食、即热、即烹和即配四类。预制菜起源于20世纪60年代的美国，在美国开始实现商业化经营。20世纪80年代成熟于日本，20世纪70~80年代在日本高速发展，保持每年20%以上的增速。20世纪90年代，随着麦当劳紧随肯德基在深圳开设大陆首店，作为其配套的净菜加工开始出现；2000年前后，麦当劳专为大陆顾客研发的麦辣鸡腿堡和麦辣鸡翅备受喜爱，使加工预制调理肉等半成品菜的工厂不断涌现，但因受行业整体发展较为缓慢；2014年前后，外卖平台快速发展料理包市场，预制菜行业在B端（企业）步入放量期；截至2020年，新冠疫情导致预制菜需求激增，C端（消费者）迎来消费加速期。据统计，2023年中国预制菜市场规模为5 165亿元，同比增长23.1%。

预制菜产业被资本预测为下一个万亿级蓝海市场，不仅能够满足现代生活对便捷高效饮食的需求，而且能够使得餐饮企业提供多元选择推动其转型升级。但随后"预制菜进校园""劣质槽头肉"等社会热点问题频出，预制菜产业需要加强食品安全监管。2024年，市场监管总局等六部门发布《关于加强预制菜食品安全监管 促进产业高质量发展的通知》（国市监食生发〔2024〕27号），旨在进一步强化预制菜食品安全监管，促进预制菜产业健康发展。通知指出预制菜也称预制菜肴，是以一种或多种食用农产品及其制品为原料，使用或不使用调味料等辅料，不添加防腐剂，经工业化预加工（如搅拌、腌制、滚揉、成型、炒、炸、烤、煮、蒸等）制成，配以或不配以调味料包，符合产品标签标明的贮存、运输及销售条件，加热或熟制后方可食用的预包装菜肴，不包括主食类食品，如速冻面米食品、方便食品、盒饭、盖浇饭、馒头、糕点、肉夹馍、面包、汉堡、三明治、披萨等。虽然上述通知规定了预制菜的范围，但是由于缺乏国家标准以及难以认定，所以下文中所介绍的典型产品仍包含即食、即热、即烹和即配四类预制菜。

7.4.3.2 加工共性技术

（1）解冻。解冻是将冷冻食品从低温状态恢复到食用温度的过程，通常需要采取适当的方法，以确保食品质量和食品安全。

空气解冻法是采用湿热的空气作为加热的介质，将要解冻的食品物料置于热空气中进行加热升温解冻。空气的温度不同，物料的解冻速率也不同，0～4℃的空气为缓慢解冻，20～25℃则可以达到较快速的解冻。由于空气的比热容和导热率都不大，在空气中解冻的速率不高。在空气中混入水蒸气可以提高空气的相对湿度，改善其传热性能，提高解冻的速率，还可以减少食品物料表面的水分蒸发，解冻时的空气可以是静止的。也可以采用鼓风。采用高湿空气解冻时，空气的湿度一般不低于98%，空气的温度可以在-3～20℃的范围，空气的流速一般为3 m/s。但使用高温空气时，应注意防止空气中的水分在食品物料表面冷凝析出。

水和盐水解冻都属于液体解冻法。由于水的传热特性比空气好。食品物料在水或盐水中的解冻速率要比在空气中快很多。类似液体冻结时的情况，液体解冻也可以采用浸渍或喷淋的形式进行。水或盐水可以直接和食品物料接触，但应以不影响食品物料的品质为宗旨，否则食品物料应有包装等形式的保护。水或盐水的温度一般在4～20℃，盐水一般为食盐水，盐的浓度一般为4%～5%，盐水解冻主要用于海产品。

超声波解冻是利用频率大于20 kHz的高频声波热效应来达到解冻的效果。其常用频率为28 kHz、45 kHz和100 kHz，超声功率在150～300 W条件下解冻时间明显短于空气解冻和水解冻，但是目前所应用的超声设备噪声较大，严重影响操作人员的身心健康。

高压静电场解冻是对待解冻食品施加直流高电压，通过影响水分子，将冰晶微小化，从而实现快速解冻。此外高压静电场还能电离出臭氧和自由基，与微生物发生反应，导致微生物死亡，在加速解冻的同时还能抑制微生物生长。但是高压静电场设备成本高、能耗大，且存在着火灾隐患，所以目前实际应用较少。

介电解冻是利用水分子在电场的作用下高速运动产生的热量来解冻，分为微波解冻和射频解冻，微波可用频率为915 MHz和2 450 MHz，射频可用频率为13.56 MHz、27.12 MHz和40.68 MHz。目前在整块肉中应用广泛，30 min内中心温度即可达-5℃。但其也存在边缘效应问题，边缘温度较中心高，易出现过热发黑的情况。

欧姆解冻又称电阻解冻，将待解冻食品看作为电阻，通电后产热从而达到解冻的效果，其具有解冻快和能量利用率高的优点。但由于食品一般为非均质，导致各部位产热不一致，如何保证电流均匀成为解决问题的关键。

高压辅助解冻是一种利用超高压力下改变物质性质的快速解冻技术。在200 MPa的高压下，水的相变温度降至-18℃以下，冰晶迅速变小融化，减少解冻过程的时间和能耗。

（2）腌制。腌制是白羽肉鸡预制菜加工过程中重要处理方式，可以改善其风味、嫩度和保水性。目前腌制方法大致可分为干腌、湿腌、混合腌制以及注射腌制。

干腌是一种将腌制剂直接擦在肉的表面上，然后一层层堆起来的腌制方法。干腌时因食盐溶解需吸收热量，故降低食品温度，天气暖热时干腌有着降温抑菌的作用。干腌腌制的产品风味好、腌腊味足，是传统腌腊肉制品最常用的腌制方法。但是干腌费工费时且产品盐分不均匀，同时由于暴露在空气中，表面会失水变色，影响产品外观。

湿腌即盐水腌制，是一种将肉浸泡在腌制剂中的腌制方法。其可以使肉中的盐分均匀分布，且不会造成水分大量流失，同时腌制时间相较于干腌略短。但其也存在需要配制腌制液和腌制剂用量远大于干腌的问题。

混合腌制法是采用干腌法和湿腌法相结合的一种腌制方法。在混合腌制过程中，可能会先对肉类进行湿腌处理，然后再进行干腌，或者先进行干腌后进行湿腌。混合腌制集合了干腌和湿腌的优点，可以提供良好的色泽、适中的咸度、较少的营养损失。但其生产工艺复杂和生产周期长。

注射腌制也称盐水注射，即直接将腌制液或盐水通过针头注入肌肉中的腌制方法。其又分为单针头和多针头注射法两种，目前多针头注射法使用较广。通过注射腌制，不仅可以增加出品率，还能使盐水均匀分布，促进肌原纤维蛋白渗出，产品嫩度显著提高，并改善颜色、层次和纹理等。可以预先计算各种添加剂的添加量，制造出添加剂更均匀分布的产品，可以利用多种添加剂，提高制品的出品率，还可以节省人力。但因吸水较多，熟制时水分损失较多，且食材本味不浓。

（3）熟化。热处理是最常见的肉制品熟化加工方法，可以起到杀菌，改善肉制品质地、口感和风味的作用。肉制品在热加工过程中，其口感、外观都会发生变化。

油炸即食材在热油中断生定型的一种烹饪方法，其既可断生制熟后直接食用，也可表面上色定型，为下一步熟化做准备。传统油炸（纯油油炸）在油炸过程中油温一般保持在150℃以上，油很快就会氧化变质，存在安全隐患。而水油混合式油炸工艺是指在锅中同时加入水和油，由于密度不同，形成油上水下的情况，在油层中部加热即可。具有限位控制、分区控温、自动过滤、自我洁净的优点。低温油炸是在真空环境中，降低水的沸点，使食材中水分在低温下即可顺利蒸发的一种加工方式。其温度低、营养成分损失少；水分蒸发快，干燥时间短；对食品具有膨化效果，提高产品的复水性；油脂的劣化速度慢、油耗少，市场前景广阔。

炒制是中式烹调最基本的技术之一，也是应用范围最大、分支较多的烹调技法。它是将小型原料放入少量油的热锅里，以旺火迅速翻拌、调味、勾芡，使原料快速成熟的一种烹调方法。目前工业化加工往往使用行星搅拌炒锅，蒸汽、电、天然气等均可作为热源，通过搅拌器的不规则运动实现搅拌无死角。此外，该设备还可配备自动装卸装置，在预制菜行业应用前景广阔。

蒸烤是一种烹饪方法，结合了蒸和烤两种烹饪技术。在蒸烤过程中，食物首先通过蒸汽进行烹饪，然后通过高温烘烤以达到理想的口感和外观。这种方法可以使食物外层酥脆，内层保持多汁和嫩滑。

蒸箱部分利用底部的超大加热盘，通过隐形导流管将水箱中的水引流至加热盘内，加热盘不断升温，将水加热至沸腾，产生高温水蒸汽，在箱体内弥漫，渗入食物中使食物熟透。烤功能则通过内腔发热器件通过对流、辐射方式烘烤食物外表，由外及内加工食物，达到烘烤效果。

煮制是将食物及其他原料放置水中或汤中，大火煮沸，再中小火熟化的一种烹饪方法。适用于体小、质软类的原料。所制食品口味清鲜、美味，是一种健康的饮食方式。

鸡肉菜肴质感以鲜嫩、软嫩或酥嫩为主，多带汤汁，通常不勾芡，少数以薄芡增稠，属半汤型，口味清鲜，部分醇厚。通过控制火候与汤汁配比，既保留肉质细腻口感，又凸显原汤鲜香特质，形成"汤肉交融"的独特风味体系。

烟熏是利用可燃物燃烧产生的烟雾对食材进行熏制的一种烹饪方法。其水分流失较多，有利于在云贵川等潮湿气候下肉类食品的长期保存。目前最常用的为液熏法，是指将烟熏液通过不同的方法加入待烟熏处理的食品中，使其具备烟熏风味和烟熏色泽。

常用的液熏方法主要有：喷雾法、浸渍法、涂抹法、注射法、混合法和置入法等。

杀菌即杀灭食品中细菌达到贮藏目的的一种加工方法。过去由于冷链技术落后，杀菌工艺往往采用高温高压杀菌，虽然可在常温下长期保存，但产品的口感和风味遭到很大的破坏，与未杀菌的产品差异显著。近年来，随着非热加工技术的不断成熟，高压脉冲电场、微波、低温等离子体、辐照和超高压技术已在杀菌工艺上应用推广。

高压脉冲电场杀菌是将食品放置在电极间的瞬间高压电场下的一种杀菌方法。其通过破坏细胞膜实现杀菌保鲜的效果。高压脉冲电场杀菌的优点是产热小，对功能性成分和风味影响小。其缺点是杀菌效果有限，且设备成本高昂，仍需进一步研究。

微波杀菌是利用电磁波的热效应和非热效应，对食品产生杀菌作用。微波杀菌的优点是穿透力强，食品内外同步升温，故升温快、杀菌时间短、产品无异味。其缺点是不同产品与微波的强度及处理时间较难控制，易产生产品爆袋或杀菌不完全，因此对微波设备及操作要求很高。

低温等离子体是将食品放置在低温等离子体环境或低温等离子体环境下的一种杀菌方法，通过高压放电形成等离子体、臭氧和自由基对微生物生理活动进行破坏，从而达到杀菌的目的。其优点是不产热，对营养成分不造成损失。但是其存在杀菌效果有限且氧化程度不容易控制的缺点。

辐照杀菌技术是利用辐射源所放射出来的电子束或γ射线的能量，对食品产生杀菌作用。由于辐射不会使食品内部升温，所以又被称为"冷巴氏杀菌法"。其优点是杀菌效果好、营养损失小。缺点是辐射剂量过高会产生辐照味，同时存在消费者对于辐射产品的恐惧。

超高压杀菌是将食品放置在100～1 000 MPa压力下的杀菌方法。其通过破坏细胞膜和抑制蛋白内源酶的活性，实现杀菌保鲜的效果。超高压杀菌可改善杀菌过程极易出现的嫩度下降、风味丢失和色泽劣变的问题。但是其也存在难以连续化生产，生产效率低的问题。

7.4.4 典型产品加工工艺

白羽肉鸡相关的预制菜种类多、需求大，涉及多种复杂的加工工艺。本节将有关白羽肉鸡的典型预制菜产品分成以下三类，包括传统典型、现行典型和未来可开发产品，便于读者的阅读和选择。

7.4.4.1 传统典型产品

（1）烧鸡。烧鸡形成于清朝年间，是我国传统酱卤肉制品，其主要特点是产品酥润，风味浓郁，几乎在我国各地均有生产，如道口烧鸡、德州扒鸡、符离集烧鸡和沟帮子烧鸡。20世纪90年代因扒鸡专用品种——小型白羽肉鸡的培育成功，烧鸡生产企业纷纷采用其作为原料。目前随着我国冷链物流系统的完善和消费者对产品品质的需求，大部分烧鸡产品已由高温杀菌转为中低温杀菌，以改善其口感差和风味不足的缺点。

造型：将鸡爪插入腹腔中，两只翅膀经脖颈由嘴中交错而出。

腌制：将配好的香辛料用纱布包好放入锅内，加入一定量水煮沸，然后在料液中加入原料重量的3%食盐。待料液冷却后放入造型好的鸡，0～4℃腌制16～20 h。

油炸：将原料浸没在饴糖液中，饴糖液配方为饴糖：水=2:3，稍沥干后放入油炸机进行油炸。油炸温度为160～170℃，油炸时间为1～2 min。

配料：按规定的工艺配方分别加入水、食用盐、酱油、味精、香辛料等调制卤汤，煮沸后转80～85℃煮10～20 min。卤汤可重复使用。

卤制：将沥干后的原料放入卤汤中，煮沸后转80～85℃煮20 min，停止加热后继续焖20 min。

杀菌：将内包装好的产品放入锅内进行巴氏杀菌，温度85℃，时间为30～40 min。

贮运：贮运过程温度保持在0～4℃。

（2）宫保鸡丁。宫保鸡丁是一道闻名中外的特色传统名菜，也是适合用白羽肉鸡为原料的传统菜肴。其主要食材包括鸡丁、干辣椒、花生米等，以其入口鲜辣、鸡肉的鲜嫩配合花生的香脆而广受大众欢迎。

切块：鸡脯肉用刀拍松，划"十"字花刀，便于入味成熟，再切成1.5 cm^3的肉丁。干辣椒切成2 cm的节。姜葱蒜切成指甲片。

上浆：切好的鸡丁、食盐、料酒、酱油、湿淀粉拌匀上劲，腌制5 min。

滑油：码味上浆腌制的鸡丁在油锅中滑油至断生。

炒制：中低油温下干辣椒节、花椒，炒香成棕红色，再下姜片、蒜片、葱丁、滑油鸡丁炒香。

勾芡：食盐、白糖、醋、酱油、味精、湿淀粉、鲜汤调成芡汁。放入芡汁至收汁亮油，下花生米炒匀即可。

（3）川香辣子鸡。辣子鸡是一道经典的中国家常菜，主要原料为鸡胸肉，可选用鸡腿、鸡翅等分割品切块，经油爆后，加入姜块、盐、花椒、干辣椒等炒制而成。辣子鸡因各地的不同制作方法也有不同的特色，深受各地人民的喜爱。此菜成菜色泽棕红油亮，麻辣味浓。

腌制：在鸡块中加入食盐、料酒等，腌制10～20 min。

炸制：将油温加热至170℃以上，倒入鸡块炸至表面起壳，捞出后复炸，至表面呈金黄色。

炒制：锅中留有底油，加入辣椒、花椒、大蒜头等炒香，再加入炸好的鸡块，最后加入蚝油、酱油等煸炒入味。

（4）泡椒凤爪。泡椒凤爪是一道美味的凉菜，以其酸爽的口感和清新的风味而受到消费者的喜爱。根据消费者喜好，后续延伸开发柠檬、百香果、藤椒等口味。其中柠檬凤爪以白羽肉鸡鸡爪为主要原料，配以柠檬、蒜、辣椒等，通过将鸡爪煮熟后加入柠檬、蒜、辣椒等调料，搅拌均匀后放入冰箱冷藏，让柠檬的酸味和清香融入鸡爪中，使鸡爪更加美味可口。

解冻：将冷冻原料解冻至0～4℃，多采用0～4℃空气解冻方式，也可以采用水解冻和常温空气解冻方式。

煮制：将沥干后的原料放入水中，煮沸后转90～95℃煮10 min。

冷却：将煮制好的产品捞出进行冷却。宜采用冰水冷却，也可是常温水。

配料：按规定的工艺配方分别加入水、食用盐、糖、酱油、味精、香辛料等调制卤汤，煮沸后转80～85℃煮10～20 min。冷却后加入柠檬片、小米椒。

浸泡：将冷却后的原料放入卤汤中，0～4℃浸泡16～20 h。

包装：按规格要求称取沥干后的原料和卤汤，装袋封口或气调包装。

贮运：贮运过程温度保持在0～4℃。

7.4.4.2 现行典型产品

（1）猪肚鸡。猪肚鸡是一道广受欢迎的粤菜，近年来随着预制菜市场的兴起，猪肚鸡预制菜也成为消费者的一种选择。其以猪肚和鸡肉等主要食材，配以调味料和汤底，消费者购买后只需进行简单的加热或烹饪即可享用。

切块、切条：将鸡体切成3 cm×3 cm的小块，猪肚切成7 cm×1 cm的小条。

焯水：将切好的猪肚和鸡块一起焯水，煮出血沫捞出备用。

翻炒：将锅烧热，放入油和生姜爆香，放入猪肚和鸡块翻炒，直至表面微黄。

炖煮：加入适量水、盐、味精、白胡椒粉等，煮沸后转90～95℃煮45～60 min。

速冻：将包装好的产品放入速冻库，直至产品中心温度达到指定值。

贮运：贮运过程温度保持在-18℃以下。

（2）炒鸡杂。鸡杂包括鸡心、鸡肝、鸡肠和鸡胗等，鲜美可口，且富含维生素A、B族维生素、维生素C、维生素E等维生素和钙、磷、铁、镁等矿物质。常见做法以炒制为主，口味偏酸辣。

预处理：将鸡心破开，去除血块、脂肪和血管；去除鸡肝上残留的鸡胆和胆汁；去除鸡胗上残留的脂肪和内金；去除鸡肠上残留的脂肪和杂质。鸡心、鸡胗切成厚度不超过1 cm的薄片，鸡肝切成2 cm×2 cm小块，鸡肠切成长度不超过3 cm小条。清水冲洗3次以上。

腌制：将料酒、酱油、食盐、姜丝等与鸡杂拌匀，腌制15 min。

炒制：将锅洗净盛适量油烧到七成热时，放入蒜末、姜末、泡椒、酸豆角炒香。

再放入鸡杂和辣椒，加蚝油、盐、糖、醋、水淀粉炒制入味即可。

（3）大盘鸡。尤以新疆沙湾大盘鸡最为出名，2018年被评为新疆十大经典名菜。其用鸡肉和马铃薯炒制和炖煮而成，搭配或不搭配面条食用。

切块：将鸡体切成3~4 cm见方的肉块，马铃薯切成4~5 cm见方大块，青椒切成方片。

炒制：将鸡块放入油锅中炒至上色，再加入花椒、食盐、酱油等调味料，炒香入味。炖煮：加入马铃薯块，再加入适量的水，煮沸后转小火直至鸡块和马铃薯块熟化，最后加入青椒片，翻炒均匀即可。

（4）豉油鸡。豉油鸡又称酱油鸡，是广东省的一道传统名菜，其用料和做法简单，色泽鲜亮，鸡肉嫩滑，味道鲜美，可选用小型白羽肉鸡为原料进行制作。

原料验收：对原料整鸡进行来料检测，并确认无疫菌且肉质新鲜，冰鲜原料储存温度控制在0~5℃，冷冻原料储存温度控制在-18~-15℃。

预处理：将冷冻原料置于解冻间，解冻至肉中心温度0~4℃。去除残存的毛根，剪除尾巴，清理腹腔内残留的脏器。流水清洗，洗净原料表面的血污和油脂，确保清洗干净。

腌制：整鸡应尽快放入10%盐水中腌制，腌制温度必须在0~4℃，腌制时间18~24 h。

调卤：采用筒骨、鸡爪、鸡架及碎排骨等熬制高汤，再依次加入老抽、豉油鸡汁、冰糖、麦芽糖、红曲粉、生抽后煮沸即可。

煮制：将腌制后的整鸡放入煮沸后的卤汤中，煮沸后保持微沸状态15 min。

冷却：取出整鸡，与卤汤一同速冷至常温。

浸泡：将整鸡再放入卤汤浸泡2 h。

包装：取出整鸡后真空包装即可。

（5）椒麻鸡。椒麻鸡是一道新疆名菜，主材料是鸡肉，主要烹饪工艺是煮。成品麻醇咸鲜，质地软嫩，清爽可口。

腌制：用食盐和花椒粉涂抹整鸡全身，食盐为鸡重的5%，腌制30~45 min。

卤制：将花椒、葱、辣椒加入水中，煮沸后加入整鸡，再次煮沸后转小火直至鸡肉熟化，鸡汤倒出备用。

冷却：捞出后放入冷水或冰水冷却。

手撕：将冷却好的整鸡撕成小条。

调味：油热后加入花椒、藤椒和辣椒，炒香后倒入鸡汤，加入适量食盐、蚝油、酱油等调味料即可。

拌料：将手撕好的鸡肉条和调味汁搅拌均匀，再加入洋葱丝、葱丝即可。

7.4.4.3 未来可开发产品

（1）芙蓉鸡片。芙蓉鸡片是一道鲁菜名菜，成名后淮扬菜、川菜等菜系都有该菜品。其源自川菜"吃鸡不见鸡"的烹饪理念，后传入清宫廷，由各方厨师学去。相传芙蓉鸡片曾是京城八大楼之首东兴楼的拿手菜之一，民国散文家梁实秋在《雅舍谈吃》中曾专为东兴楼的芙蓉鸡片写过一篇文章。芙蓉鸡片通常都是以鸡胸肉、鸡蛋等食材制作而成。成菜后，肉片色泽洁白，软嫩滑香，形如芙蓉。

预处理：将鸡胸肉切成小条，去除脂肪和筋膜。

斩拌：将鸡肉条斩拌成肉泥。

打制：搅打蛋清，将鸡茸倒入搅打后的蛋清，将鸡茸、蛋清、清汤、盐搅打成鸡泥糊，过滤。

过油：热锅凉油，油温烧至80～100℃，将鸡泥糊直接倒入热油中，瞬间爆开，捞出来用温水涮去多余的油分。

烧制：锅中留少许底油，烧热放入豌豆苗、冬菇片略煸炒。依次加入鸡清汤、盐、糖、味精，用水淀粉勾芡，放入芙蓉鸡片，翻炒几下即可。

（2）红酒鸡。红酒烩鸡起源于法国勃艮第地区，中华人民共和国成立后引入国内，通过厨师的改良成为国宴菜，深受柬埔寨前国王诺罗敦·西哈努克的喜爱。其菜肴引入后就采用白羽肉鸡为原料，经炖煮即可。

炖煮：锅中倒入食用油和黄油，放入葱姜煸炒，倒入鸡块、黄酒、红酒、盐、糖、酱油、鸡汤，小火炖煮40 min。

收汁：加入口蘑、红酒，大火收汁即可。

7.5 副产物高值化利用

白羽肉鸡副产物占比约30%，富含营养与功能组分，2023年我国白羽肉鸡副产物总量约为375万t，充分挖掘利润率较高的成分有利于白羽肉鸡的可持续发展和产业增值。其中，血液蛋白中的活性肽、血红素，内脏中的胆汁酸、胆色素、蛋白及活性肽等是目前产业中附加值较高的产品。此外，一些新型的白羽肉鸡副产物利用方式也正在蓬勃发展，例如白羽肉鸡羽毛球的开发利用。现有的白羽肉鸡副产物高值化加工技术、装备及其产品水平仍然较低，需进一步研究。

7.5.1 白羽肉鸡血液的开发与利用

血液占白羽肉鸡质量的4%～6%，血液资源非常丰富，每年屠宰场收集白羽肉鸡鸡血产量将近300万t，作为屠宰加工的副产物，鸡血含有多种生物活性物质，具有很高的应用潜力和商业价值。

7.5.1.1 血液的组成与性质

血液是由血浆和血细胞组成，其中血浆含有电解质、白蛋白、球蛋白、纤维蛋白原等，约占血液总量的65%；血细胞由白细胞、红细胞、凝血细胞组成，约占血液总量的35%，但其蛋白含量占全血的90%以上。虽然鸡血与其他血液组成相似，但仍有差异：鸡血的红细胞中含有细胞核、呈椭圆形，且无血小板。

鸡血中富含蛋白质、矿物质、微量元素，营养非常丰富，且必需氨基酸含量高。新鲜鸡血中蛋白质含量接近10%，其中血浆蛋白约占8%；鸡血中含有8种必需氨基酸超过氨基酸总量的40%，必需氨基酸含量高于全蛋和人乳，尤其是赖氨酸的含量高达9%；鸡血中的铁含量高，每100 g血的铁含量超过40 mg，主要以血红素铁的形式存在，铁含量是瘦牛肉和瘦羊肉的15倍和20倍。血红素铁作为补铁制剂兼具吸收率高的特点，能显著改善因吸收障碍性缺铁及饮食中缺铁而引起的缺铁性贫血，是制备补铁剂的优质原料。

鸡血的功能活性物质具有调节免疫、抗氧化等作用。其中，提取的超氧化物歧化酶（SOD）具有抵御自由基、防辐射、抗衰等功效，在食品、化妆品及临床上均有广泛应用。肉鸡血液蛋白中还含有免疫球蛋白、凝血酶、抑菌肽等。

7.5.1.2 血液中功能成分的加工方法

血液中的功能成分众多，部分加工方法存在一定的相似性，以珠蛋白肽、免疫球蛋白、SOD、血红素为例进行说明。

（1）珠蛋白肽。鸡血红蛋白由珠蛋白和血红素组成，血红蛋白经过水解、脱色、纯化等处理后可得到珠蛋白肽。

①珠蛋白肽的制备方法。血红蛋白水解或降解后可提取珠蛋白肽，制备方法主要有水解法和发酵法。

酸水解法、碱水解法和酶解法是主要的水解方法，酸水解法及碱水解法方法简单、价格低廉，但该技术中水解度难控制，蛋白质和氨基酸会受到不同程度的破坏，营养成分降低，使用相对较少。酶解法是最常见的蛋白水解法，通常以水解度、活性指标或多肽得率为指标，先通过单因素试验对蛋白酶的种类、底物浓度、酶解时间、蛋白酶的添加量、酶解温度、pH值进行分析，筛选合适的因素进一步优化提取工艺的方法来进行。

微生物发酵法是利用发酵过程中分泌的酶对鸡血红蛋白进行酶解，生成血红素和珠蛋白肽。不仅需要对发酵条件和发酵产物进行分析，还需要首先筛选、鉴定菌株，与酶解法相比，它具有成本低、蛋白酶产量高等优点；但是有的菌株在发酵过程中可能会产生预期外对机体有害的产物，并且生产过程中活性物质难以有效控制，故较少应用于实际生产中。

②粗肽的脱色。血红蛋白水解液中除含有珠蛋白外,还含有血红素易使产品变色,因此需采用方法进行脱色处理。常见的脱色方法包括物理脱色法、有机溶剂萃取法、吸附脱色法、氧化脱色法等。

物理脱色法是利用脂肪、蛋白质等介质包埋,存在脂肪用量大、不稳定等缺点;有机溶剂萃取法是指血红蛋白酶解后,利用有机溶剂对酶解产物中的血红素和其他物质的溶解性不同进行分离,虽脱色效果良好,但有机溶剂用量较大;吸附脱色法是利用活性炭、羧甲基淀粉、海藻酸钠等吸附剂吸附血红素,使之与珠蛋白肽分离而脱色;氧化脱色法是采用过氧化氢、过氧化氢酶等进行脱色;实际应用中常会采用两种或两种以上脱色方法结合使用,以满足脱色需求。

③珠蛋白肽的分离纯化。血红蛋白酶解、脱色后,还含有其他杂质,可采用超滤、层析、离子交换色谱、反相高效液相色谱等方法进行分离纯化。超滤法方便快捷,但易发生结垢和膜堵塞等问题。层析法是根据不同分子质量的多肽在层析柱中的洗脱时间不同,将多肽进行分离,分离条件温和、结果重现性好、样品回收率高、设备简单,但复杂成分的肽及分子量相近的物质无法靠单一柱分离。离子交换色谱适用于分离带阴离子或阳离子的多肽,但是该方法选择性较差,分离纯化不彻底。反向高效液相色谱法的回收率高、重复性好、操作简单,常和其他方法配合使用,但是对于同分异构体无法分离。由于多肽片段具有一定的相似性,单一的分离方法很难达到理想的分离纯化效果,实际应用中往往采用多种方法结合进行分离纯化(图7-7)。

图7-7 血红蛋白肽现代化生产线(河北菁瑞源生物科技有限公司 提供)

(2)免疫球蛋白。免疫球蛋白Ig是指能与相应的抗原发生特异性结合且具有抗体活性的球蛋白,主要存在于体液、血液、淋巴细胞膜中,是血液中较丰富的蛋白质,在血浆蛋白中含量最高的类型是IgG,约占Ig的75%。

①免疫球蛋白的提取技术。随着科学技术的发展,IgG的分离技术日渐深入,目前工业上应用的方法有盐析法、层析法、反胶束萃取、超滤、有机溶剂沉淀法等。

常用的盐析法有$FeCl_3$沉淀法、多聚磷酸钠絮凝法、饱和硫酸铵分步沉淀法等,其中硫酸铵沉淀是最普遍使用的盐析方法。目前工业化生产IgG产品的方法主要是硫酸铵盐析法。其工艺路线如下：新鲜鸡血加入适量的抗凝剂，离心后，收集上层血浆，血浆经PBS缓冲液稀释、饱和硫酸铵分步沉降、离心后，收集沉淀，再通过超滤除杂、浓缩、干燥，制备IgG成品。

层析法：种类繁多，其中亲和层析法具有纯度高、速度快、特异性强的特点，但也存在在线清洗困难、价格昂贵、重复使用率低等缺点。反胶束萃取法具有萃取效率高、条件温和、操作简单等特点，但需要使用大量有机溶剂，对环境不友好。超滤法则是利用截留分子量进行分离，适合工业化生产，但是分离后目标蛋白纯度不高。有机溶剂沉淀法中，低温乙醇沉淀法在生产中应用最为广泛。

②免疫球蛋白的测定。从动物血液中提取IgG时，会不可避免地掺杂其他的杂蛋白，因此IgG含量的测定是检测提取效果的一个重要指标。目前测定IgG的方法较多，常用的两种方法为ELISA和SDS-PAGE电泳。

ELISA是利用IgG与酶复合物结合时生成的有色物质，会在490 nm处有最大吸光度而进行检测的方法。SDS-PAGE电泳是利用IgG和其他蛋白分子量的不同，根据电泳迁移率不同，与蛋白质标准样品进行对比，分析出IgG条带。

（3）SOD。SOD是一种亲水性蛋白质，具有良好的溶解性，其作用底物是生物体内的自由基，能将自由基维持在正常生理水平，阻止机体过氧化，是一种重要的抗氧化剂。SOD主要存在于血细胞中，因此在分离出血球后，使细胞膜破碎，常用的方法包括物理法、化学法、机械法、酶溶法等。

物理法包括利用冻融法、水溶胀法、超声波破碎法等，分别通过反复低温冷冻、加水使细胞溶胀、超声波破碎的方法使细胞膜破碎；化学法是采用各种化学试剂与细胞膜作用，改变细胞膜的通透性或者结构的方法。常用的化学试剂包括有机溶剂丙酮、氯仿、丁醇等，以及Triton、Tween等表面活性剂；机械法是通过搅拌、匀浆等处理对细胞膜进行剪切的方法；酶溶法是利用添加生物酶使细胞膜消化溶解，常用的酶有溶菌酶、葡聚糖酶、蛋白酶等。

（4）血红素。血红素是机体内重要的卟啉化合物，因卟啉环中心含有亚铁离子，可以携带氧气分子，从而可以实现氧的运输和交换，促进红细胞成熟。此外，血红素还可作为机体多种蛋白及酶的辅基（血红蛋白、肌红蛋白、细胞色素P450等），影响蛋白和酶的功能活性。饲料级血红素含量在5%～10%，价格在28 000～60 000元/t。此外，血红素在医药领域发挥着重要的作用，可作为药物用于治疗缺铁性贫血、疟原虫和铅中毒，还可作为多种卟啉类药物的前体物质，在肿瘤、癌症等重症的诊断和治疗方面发挥作用，其血红素含量在50%～90%，价格在400万～500万元/t。但目前产业上，对血红素的绿色高效纯化技术还未得到很好的解决（图7-8）。

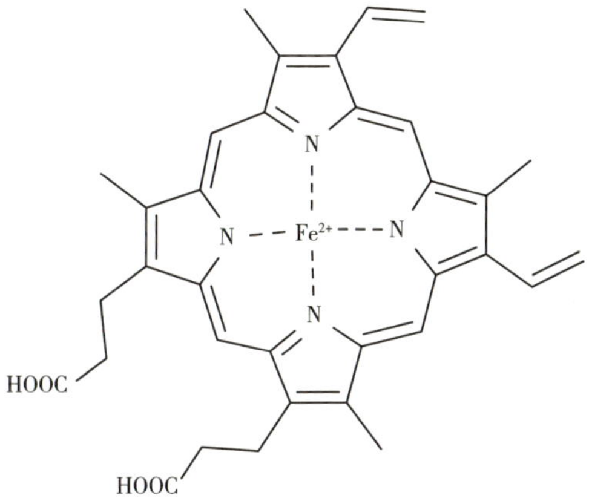

图7-8 血红素分子结构式

血红素主要依赖于从动物源血液中获取,通过有效拆分珠蛋白和血红素,再用溶剂对血红素进行提取、重结晶、洗涤等,获得高纯度血红素。以猪、牛等畜类血液作为原料开发的提取方法取得了一些进展,如冰醋酸法、酸性丙酮法、表面活性剂等利用溶剂、提取温度等因素对血红素和蛋白溶解的差异,从而实现血红素的提取;而羧甲基纤维素法则是通过材料对血红素进行吸附,从而达到分离的目的,酶法是通过水解蛋白,降低底物分子量,从而提高血红素纯度。相比畜血,鸡血为主的禽血中血红素提取研究相对较少,主要为酶法、酸性丙酮法,此外,低共熔溶剂法是目前常用的绿色高效的提取方法,低共熔溶剂通过氢键供体和氢键受体以适当配比且在适当条件下混匀制备的均匀溶液,具有原料易得、制备方法简单、不易挥发、热稳定性高、结构可设计性、可生物降解等优点,已在提取分离、食品分析、污水处理、气体吸附、生物催化、有机合成及医药系统等方面发挥重要作用,有望应用于血红素等生物活性物质的分离纯化中。

7.5.1.3 血液制品

血液制品目前以血豆腐、血粉、血球粉、血浆蛋白粉等初级加工产品为主,因此充分利用血液开发深加工产品,用作食品补充剂、着色剂、保健品、化妆品等方面,不仅可提高血液的利用价值,还能产生一定的经济、社会效益。

(1) 食品补充剂。

铁补充剂:缺铁性贫血可通过膳食进行补充,欧洲食品安全局提出将血红素铁作为食品补充剂,因此,食品中添加血红素铁提高铁的吸收受到广泛关注,相关产品已上市。我国相关产品主要包括饼干、面条、米粉、酱油等食品,国际市场上还有糖果、海带制品、饮料、调味料等产品。

替代蛋白质:鸡血中富含人体必需的氨基酸和蛋白质,可有效缓解我国乃至世界上蛋白资源匮乏问题,目前应用最广泛的是利用血浆蛋白替代。鸡血浆蛋白具有较高的脂肪结合能力和持水特性，在肉制品加工中可被用来改善肉制品的口感和结构；另外，血浆蛋白具有极好的起泡能力，故在焙烤业中，可减少鸡蛋的用量，节约成本。还可添加至糕点、乳酪等产品中，不仅使用安全，而且可有效提高食品中蛋白含量。

（2）食品着色剂。国内外常用的红色素主要是辣椒红色素、红曲红、硝酸盐、亚硝酸盐，都具有一定的优缺点。辣椒红和红曲红都是色泽鲜艳的天然色素，不含对人体有害的化学成分，颜色相对稳定。辣椒红适用于制作红油、汤底、卤水。红曲红广泛用于啤酒、酱油等酿造中。其中辣椒红的耐光性、耐热性较差，而红曲红生产成本较高、耐光性较差。硝酸盐和亚硝酸盐在肉制品中不仅可用作着色剂，还有抑菌、赋香的作用，但是二者都有转变成强致癌物亚硝胺的可能。而从血液中提取亚硝基血红蛋白，可满足人们对肉色的要求，能从根本上解决肉制品的护色这一世界性难题，实现肉制品的低硝化、无硝化，且能提供优质蛋白，降低生产成本。

（3）功能特性应用。利用血液成分进行提取分离、纯化获得功能成分，用于功能食品、保健品、生物制剂的原料和配料中，具有提高免疫力、降血压、补充铁剂等方面的功效，部分应用案例如下。

血液中提取的SOD具有抗氧化、抗辐射、抗炎等作用，能有效防止皮肤衰老，具有祛斑、防晒、预防皮肤炎症的作用，在化妆品领域被成功应用。SOD提取液经处理后配合其他营养物质后可直接使用；SOD的性质比较稳定，在室温储藏SOD活性仍可长期维持。

饲用血粉是市场上常见的血液产品，是以新鲜血液为原料，经过发酵或离心、干燥等简单处理之后得到的产品，包括血粉、血浆蛋白粉、血球粉。根据加工方式和加工程度又可分为发酵血粉、膨化血粉、水解血粉等。这些血粉的粗蛋白质和氨基酸含量高，配合其他原料使用可替代鱼粉或豆粕等（表7-16）。

表7-16 血液成分功能特性应用

成分	应用	作用
金属离子结合活性肽	功能食品强化剂	提高金属离子的吸收
ACE抑制肽	降血压药或抗高血压功能食品	降血压
抗氧化肽	抗氧化功能食品	提高免疫力、抗氧化
免疫球蛋白	免疫活性添加剂、生物医药、功能食品添加剂	提高免疫力和抗病能力，减少病毒对免疫系统的损伤
血红素	功能食品强化剂、医药	强化补充铁的吸收；治疗缺铁性贫血等及作用
氨基酸	氨基酸补充剂	补充营养
SOD	食品、医药、生物化学	食品抗氧化剂、抗衰老、美容
凝血酶/纤维蛋白源	医药	具备止血、修复损伤组织

随着产业和技术的不断发展，血液加工也向多元化和高附加值方向发展。例如血浆蛋白，不仅可用作蛋白原料、营养补充剂，尤其还具有较好的乳化性，可用于肉糜类产品中提高产品的弹性、保水性；还可进一步提取制备具有免疫调节、抗菌、抗氧化等作用的生物活性物质，用于饲料、化工、食品等领域。

7.5.2 白羽肉鸡内脏的开发与利用

7.5.2.1 鸡胆的加工

鸡胆是我国传统中药材，具有清热解毒、清肝明目、清肺化痰等功效。其中，鸡胆汁常被用来治疗呼吸系统疾病，用于上呼吸道感染和急、慢性支气管炎引起的咳嗽等病症。此外，鸡胆汁还具有抗炎、护肝利胆、促进消化等作用。

鸡胆主要用于生产医药级的鹅去氧胆酸和胆酸，剩下的胆汁酸类成分作为功能性饲料添加剂，生产中鸡源粗胆汁酸的得率约为25%、鹅去氧胆酸的得率约为11%、胆酸的得率约为3%以及剩余的复合胆汁酸约为11%。鹅去氧胆酸（≥98%）、胆酸（≥98%）和胆汁酸饲料添加剂（≥50%）分别为750元/kg、1 100元/kg和70元/kg。

（1）鸡胆汁的功能成分。鸡胆汁的主要成分是胆汁酸类物质，此外，它还包含了脂质、胆色素、黏性蛋白、矿物质、氨基酸，以及包括常量和微量元素在内的多种元素。且与其他动物胆汁酸相比，鸡胆汁酸成分组成相对简单，主要含有鹅去氧胆酸（CDCA，图7-9）、胆酸（CA）和别胆酸等胆汁酸，其中CDCA含量较高，可占鸡总胆汁酸的80%，相对于其他动物胆易得到纯度较高的CDCA。此外，由于目前鸡养殖的规模化和屠宰集中化程度较高，方便鸡胆汁的规模收集，鸡胆汁已成为提取CDCA的主要来源。

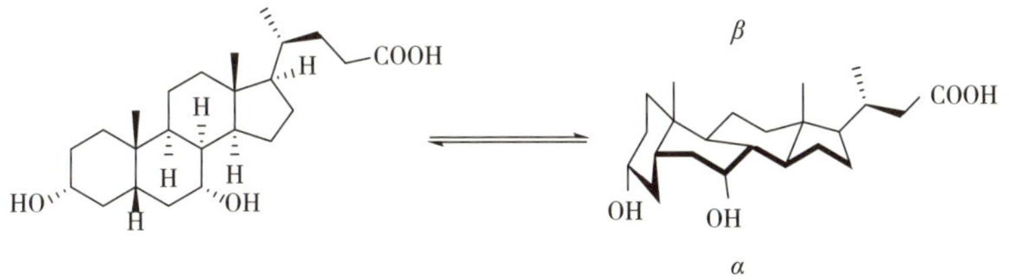

图7-9 鹅去氧胆酸结构示意图

（2）鸡胆汁酸的提制工艺。胆汁酸结构如图7-10所示，胆汁酸在体内存在两种形式：游离态和结合态。游离态胆汁酸主要包括胆酸（CA）、熊去氧胆酸（UDCA）和鹅去氧胆酸（CDCA）等。而结合态胆汁酸则进一步分为两类：一类是与牛磺酸结合的胆汁酸，另一类是与甘氨酸结合的胆汁酸。在甘氨酸结合胆汁酸中，发现有甘氨胆酸（GCA）和甘氨鹅去氧胆酸（GCDCA）等；而在牛磺酸结合胆汁酸中，则包括牛磺胆酸（TCA）和牛磺鹅去氧胆酸（TCDCA）等。在鸡胆汁酸实际生产中一般将结合型胆汁酸游离出来进行提制。目前可将鸡胆汁制备的有效方法主要有皂化法和酶法。

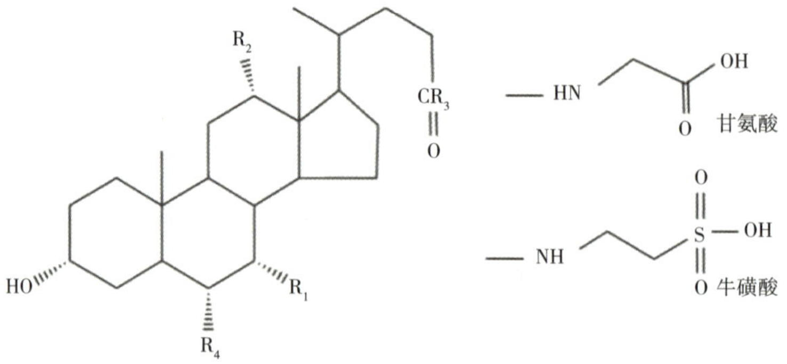

图7-10 胆汁酸类化学结构

①皂化法工艺。

皂化：在鸡胆汁中加入氢氧化钠（胆汁：氢氧化钠为10∶1，w/w），在110℃下皂化约22 h。

沉淀：皂化后冷却至30℃，加酸调和、搅拌、过滤。

脱脂：加入四倍量石油醚（脱脂的）加热，沸腾回流。

过滤：抽滤得固体。

干燥：固体干燥得到鸡胆汁酸。

②酶法工艺。取鸡胆汁，用盐酸调节pH值，加入胆盐水解酶、再加入等体积丁酯，于水浴下搅拌5 h至酶反应完全，静置分层取丁酯层，使用碱液萃取，下层溶液使用盐酸调pH值进行酸沉，离心后取沉淀层水洗两次，干燥得鸡胆汁酸。

在胆汁酸实际生产中一般使用皂化法将结合型胆汁酸游离出来进行提制，该方法工艺虽简单，但工艺过程中需在高温、高压条件下使用强碱长时间进行反应，设备要求较高且污染环境，此外，所得产物含量较低，并且需使用大量有机试剂进行纯化。酶法条件温和、节能环保以及副产物少等优点已成为研究热点和加工趋势。酶法有望推动胆汁酸生产的现代化，实现鸡胆汁绿色高效提制。

（3）胆汁酸提制工艺。从动物胆汁中提取CDCA的方法包括：有机溶剂萃取法、沉淀法、树脂法和超临界萃取法等。

①有机溶剂萃取法。早期，通过有机溶剂萃取的方法从动物胆汁中提取鹅去氧胆酸，传统上最早使用的有机试剂是乙醇，后来常使用氯仿、乙酸乙酯等其他有机试剂。有机溶剂萃取技术简单，便于操作，但过程中需要消耗大量有机溶剂，易造成环境压力。

②沉淀法。用沉淀法提取CDCA时，最初使用的是钡盐沉淀，鸡胆汁在经过氢氧化钠皂化、盐酸酸化、有机试剂除杂、钡盐沉淀、重结晶等过程可制备高纯度CDCA，纯度高达98.2%。但是钡盐含有毒性，对人体有害，不宜大规模生产使用，因此后期多使用钙盐沉淀。沉淀法操作过程步骤较多，耗时长，产品得率降低，还需要做出相应改善

以适应工业生产实际。

③树脂法。树脂法对环境友好、成本低且可重复使用,适合大规模应用,具有可观的经济效益,非常适合工业化生产。采用氢氧化钠皂化、氯化钙沉淀、碳酸钠萃取得到游离型胆汁酸,再经大孔树脂分离纯化CDCA,可得到纯度达99%的CDCA。

④超临界萃取法。超临界流体萃取技术能够选择性地提升CDCA的溶解度,这有助于清除鸡胆汁中的脂肪酸等杂质,进而达到提取和分离胆汁酸的目的。超临界萃取技术在提取CDCA的过程中避免了有机溶剂的使用,这不仅确保了最终产品中无有机溶剂残留,也减轻了对环境的负担。

⑤化学合成。动物胆汁中胆汁酸类成分复杂,不同动物胆汁其胆汁酸种类及含量不同,由于胆汁酸类成分结构性质相近,分离提纯较为困难,因此早期的高纯度鹅去氧胆酸主要是通过化学合成的方法制备的,用于合成鹅去氧胆酸的原料有胆酸、猪去氧胆酸等。常用的合成鹅去氧胆酸方法有两种,一种是将12位羰基还原,另一种是将C11烯烃加氢制得。

有机溶剂萃取法、沉淀法和化学合成法在实际应用过程中可能会产生溶剂残留和毒性产物产成等问题,有机试剂的使用也会造成环境压力,需进一步改进以适应大规模工业化生产。超临界萃取法和树脂法对环境更友好,经济效益更可观,工业化生产更具有优势。动物胆汁中提取CDCA受到动物胆汁原料的影响,以鸡胆汁为原料更容易获得高纯度的CDCA,具有较高应用价值。伴随着当前技术的持续发展,超滤法、离子交换树脂法、高效液相色谱及毛细管电泳等分离方法为CDCA的精确定量提供了可靠的保证,传统方法与现代技术的有机结合,相互补充,从而得到更加有效和方便的提取工艺。

7.5.2.2 鸡肝的加工

由于目前对鸡肝的结构特征和加工特性研究较少,鸡肝多数以冻品直销或简单加工成初级饲料,只有少部分新鲜鸡肝被加工成卤味鸡肝、麻辣鸡肝、孜然鸡肝和鸡肝酱等鸡肝类食品,因此鸡肝通常被作为一种低值原料而未被高值化开发利用,造成大量优质蛋白、脂质、矿物元素等天然资源的浪费。

(1)鸡肝的生产现状。鸡肝占每羽鸡体重的2.0%~2.5%,我国鸡肝产量已达100余万t。随着养鸡数量的增加,鸡肝的总产量将会继续增大,鸡肝富含优质蛋白质、脂肪等营养物质,但目前我国鸡肝的深加工程度仍较低,亟须对鸡肝进行加工利用。

(2)鸡肝的营养成分。鸡肝中含有丰富的蛋白质,其氨基酸比例平衡,含有人体必需的8种氨基酸,丰富的脂肪酸且磷脂含量高,富含多种维生素、铁、硒、胆固醇和各种生物活性酶等人体所需的营养成分,鸡肝是补血食品中最常用的食物之一,对维持正常生长和生殖机能、保护眼睛、维持健康的肤色以及皮肤健美都具有重要意义。

(3)鸡肝的应用。研究人员对鸡肝活性肽进行抗氧化性研究,表明7种活性肽对超氧阴离子、羟自由基、DPPH自由基均具有较好的抗氧化作用。因此，使用鸡肝蛋白制备高效抗氧化剂用于食品防腐具有深远意义，在食品工业中具有重要的应用价值。

从鸡肝中提取肝脏蛋白，沉淀物经冷冻干燥或喷雾干燥后制备成鸡肝蛋白粉。利用现代加工工艺将鸡肝加工成蛋白含量高、必需氨基酸平衡的动物蛋白饲料是解决畜牧业蛋白饲料短缺的重要途径。另外，将鸡肝蛋白粉通过生物酶解联合美拉德反应制备宠物食品调味剂，已广泛应用在宠物食品行业，为鸡肝蛋白的高值化提供了有效途径（图7-11）。

图7-11　鸡肝蛋白宠物食品调味剂的生产流程图

鸡肝具有补肝、防止眼睛疲劳、治疗视力衰退等功能。以鸡肝为原料研发具备缓解视觉疲劳等功能性食品的报道较多。近年来国内研究者开发了诸多鸡肝功能性食品，如鸡肝补肝明目膨化鱼片干、明目鸡肝口服液等。目前对鸡肝功能性食品的研究水平仍较低，没有进一步研究其功能因子结构及作用机理。因此迫切需要提高鸡肝功能性食品的研究水平。

将鸡肝制作成宠物食品调味品等添加剂，可使鸡肝增值达4倍以上，显著提高了鸡肝的附加值，有利于肉鸡屠宰与加工企业的健康可持续发展。

7.5.2.3　鸡肠

鸡肠通常作为食品加工、饲料加工或功能产品的原料，拥有独特的价值和广泛的应用。鸡肠富含蛋白质、脂肪、矿物质和维生素等多种营养成分，这些营养物质在人或动物体内发挥着重要作用，如促进新陈代谢、增强免疫力等。通过适当的加工和处理，鸡肠可以被制作成各种美味的食品，如炒鸡肠、卤鸡肠、麻辣鸡肠等。鸡肠还可以作为蛋白质来源被充分利用。例如，可以制作鸡肠粉或鸡肠油作为饲料添加剂使用。此外，鸡肠还具有一定的药用价值，通过加工可用于生物医药领域。

（1）鸡肠在饲料上的应用。鸡肠富含蛋白质和微量元素，特别是钙和铁，能为动物提供重要的营养成分。在饲料生产中，可将鸡肠制作成鸡肠粉或鸡肠油，以提高其利用价值和降低成本。鸡肠粉和鸡肠油更易被动物消化吸收，且可作为饲料中的蛋白质、脂肪和微量元素来源。

鸡肠的饲料加工主要包括以下步骤：

原料准备：收集新鲜的鸡肠，并进行初步的清洗和处理，以去除其中的杂质和有害物质。

油脂分离：鸡肠中含有较高的油脂，需要通过蒸汽加热等方式将其分离出来，以便后续加工。油脂的分离可以有效提高饲料的品质和利用价值。

烘干和粉碎：将分离油脂后的鸡肠进行烘干处理，去除其中的水分，粉碎，使其成为适合饲料生产的颗粒状物质。烘干和粉碎的过程可以有效提高饲料的消化率和利用率。

配料和混合：将粉碎后的鸡肠与其他饲料原料进行混合，如玉米粉、豆粕、蛋白等，根据需要进行比例调整，确保饲料的营养均衡和适口性。

成型和包装：将混合后的饲料进行成型处理，如压制成颗粒状，然后进行包装，以便储存和运输。

在鸡肠饲料加工过程中，要严格控制加工温度和时间，避免对饲料营养成分的破坏和损失。同时，对于分离出来的油脂，也需要进行安全处理，避免对环境造成污染。

鸡肠的饲料加工需经过多个步骤的处理和加工，以确保饲料的品质和利用价值。通过合理的加工方法和配方控制，可将鸡肠转化为一种营养丰富、易于消化吸收的饲料，为养殖业提供一定的效益和资源利用价值。然而，使用鸡肠作为饲料也存在一些缺点，如过多地使用可能导致动物消化不良、产生异味等问题。因此，在饲料配方中需要适当控制鸡肠的比例，同时采取一些处理方法来缓解这些问题，如将鸡肠混合其他饲料使用、加热或蒸煮等。

总之，鸡肠作为一种饲料具有一定的潜力和利用价值，但在使用过程中需注意其缺点和限制，并采取相应的处理方法和配方控制，以确保动物的健康和生长。

（2）鸡肠在生物医药上的应用。鸡肠中含有多种生物活性物质，如血管活性肠肽、胆囊收缩素、蛙皮素、胰高糖素以及P物质等。因此可以通过加工提取这些功能成分，用于开发具有特定功能的食品或药物，可提高鸡肠的附加值，对充分开发利用资源、变废为宝、促进环保具有积极的意义。

鸡肠肽的提取工艺是一个相对复杂的过程，涉及多个步骤和参数。

原料准备：选择新鲜的鸡肠作为原料，确保其在储存和运输过程中保持适当的条件。将鸡肠剪成适当的段，以便后续的提取过程。

去杂去粪便：将鸡肠放入清洁水中进行挤压和漂洗，以去除其中的杂质和粪便。这一步骤的目的是获得相对纯净的肠料。

酶解：将清洁后的肠料放入酶解锅中，加入适量的水和蛋白水解酶。通过加热到一定温度，使酶与肠料发生反应，将蛋白质水解成小肽和氨基酸。酶解的关键参数包括酶的种类、剂量、反应温度、时间、水分含量和pH值等。

去污和分离：在酶解完成后，通过一定的方法去除反应产物中的杂质和污染物。然后，将反应产物进行分离，以获得含有鸡肠肽的溶液。

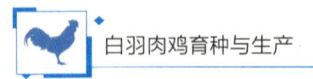

加酸调pH值：向分离后的溶液中加入适量的有机酸，调节溶液的pH值。这一步骤有助于进一步纯化鸡肠肽，并提高其稳定性和保存性。

浓缩和杀菌：将调节pH值后的溶液进行浓缩，以去除多余的水分。然后，通过蒸煮或其他方法进行杀菌处理，以确保鸡肠肽的卫生安全。

包装和密封：将浓缩和杀菌后的鸡肠肽进行包装和密封，以便储存和运输。包装材料应具有良好的密封性和阻隔性能，以保持鸡肠肽的质量和稳定性。

7.5.3 白羽肉鸡脂的开发与利用

鸡脂富含人类生长发育所必需的营养物质，不饱和脂肪酸含量远高于猪、牛、羊等其他动物油脂。此外，鸡油具有浓郁的脂香味，深受消费者青睐。与其他动物的脂肪相比，白羽肉鸡脂肪副产物开发程度相对较低。鉴于鸡脂的营养价值较高且具有独特风味，鸡脂的加工技术也越来越受到重视。

7.5.3.1 鸡油的化学成分

鸡油富含多种营养成分，包括脂肪酸、维生素、磷脂、胆固醇及蛋白质。在这些成分中，脂肪酸不仅占据主导地位，还对鸡油的风味产生显著影响。鸡油的主要特征脂肪酸为油酸、亚油酸、棕榈油酸、花生四烯酸、棕榈酸、硬脂酸和肉豆蔻酸等。鸡油中的脂肪酸组成主要以不饱和脂肪酸为主，约占63.17%，饱和脂肪酸约占36.83%。且饱和脂肪酸主要以棕榈酸和硬脂酸为主，含量都超过10%，不饱和脂肪酸主要以单不饱和脂肪酸为主，油酸和亚油酸含量均超过20%。相比其他动物油的饱和脂肪酸含量较低，和米糠油的脂肪酸成分相近（表7-17）。

表7-17 常见动物油脂肪酸组成　　　　　　　　　　　　单位：%

类别	饱和脂肪酸含量	单不饱和脂肪酸含量	多不饱和脂肪酸含量
深海鱼油	27	24	49
鸡油	32	50	18
猪油	38	48	14
羊油	53	35	12
牛油	52	43	5

大量研究发现，不同产地、不同品种、不同日龄的鸡所提炼出的鸡油的脂肪酸组成也会有所不同。采用气质联用分析法对不同鸡种的鸡板油脂肪酸组成进行分析，结果表明，鸡种产地不同，脂肪酸组成及含量也会有所不同但差异较小。并且研究还发现随着鸡日龄的增加，脂肪酸种类不会发生改变，但含量产生变化，饱和脂肪酸含量上升，

不饱和脂肪酸含量下降,结果见表7-18和表7-19。

表7-18 不同品种鸡板油的脂肪酸组成　　　　　　　　　　　　　　单位:%

饱和脂肪酸	白羽肉鸡	黄羽肉鸡	不饱和脂肪酸	白羽肉鸡	黄羽肉鸡
月桂酸	1.28	—	棕榈油酸	8.75	2.95
肉豆蔻酸	1.58	—	油酸	40.84	32.32
十五酸	—	0.1	二十碳烯酸	—	0.62
棕榈酸	27.7	27.75	亚油酸	15.35	23.66
十七酸	—	0.25	亚麻酸	—	1.19
硬脂酸	4.5	11.01	—	—	—
花生酸	—	0.15			
合计	35.06	39.26	合计	64.94	60.74

注:"—"表示未检出。

表7-19 不同产地鸡板油的脂肪酸组成　　　　　　　　　　　　　　单位:%

饱和脂肪酸	山东	广东	不饱和脂肪酸	山东	广东
月桂酸	—	1.28	棕榈油酸	6.64	8.75
肉豆蔻酸	0.51	1.58	油酸	44.46	40.84
十五酸	0.06	—	二十碳烯酸	0.37	—
棕榈酸	24.43	27.7	亚油酸	16.55	15.35
十七酸	0.12	—	亚麻酸	0.52	—
硬脂酸	6.22	4.5	十六碳二烯酸	0.13	—
花生酸	—	—			
合计	31.34	35.06	合计	68.67	64.94

注:"—"表示未检出。

在加工过程中,鸡油的脂肪酸组成及理化性质也会产生变化,加工过程中鸡油的脂肪酸种类没有明显变化,含量上则有所变化,整体香气得到提升,其中理化指标均在国家标准范围之内,结果见表7-20。

表7-20 加工过程中主要香气成分比较

物质名称	气味阈值(mg/kg)	挥发性有机物含量(峰面积)					
		融化	炼制	油水分离	沸炼	过滤	成品
丙醇	0.12	8 588	2 970	12 910	6 882	11 830	20 732
乙酸甲酯	5.98	85 613	11 873	24 568	11 257	15 823	27 891

（续表）

物质名称	气味阈值（mg/kg）	挥发性有机物含量（峰面积）					
		融化	炼制	油水分离	沸炼	过滤	成品
己烷	12.48	13 227	11 896	10 891	947	1 109	1 696
乙酸乙丙酯	5.75	1 130	977	898	—		
3-甲基丁醛	0.10	948	320	509	395	1 434	2 139
2,3-戊二酮	0.02	2 751	1 845	2 632	1 926	2 506	3 930
己醇	13.59	5 688	4 925	5 988	4 672	4 137	6 012

注："—"表示未检出。

7.5.3.2 鸡油提取工艺

从鸡油中提取油脂，可以采用多种方法，例如熬炼、化学溶剂提取、微波技术、酶解技术以及超临界萃取法。

（1）熬制法。熬制法根据加工过程中有无添加水或者水蒸气的情况分为干法熬制和湿法熬制。生产流程包括以下步骤：先准备原料，然后进行切割，接着清洗，随后绞成碎末，之后进行熬煮，接着过滤，然后让混合物沉淀，最后进行精炼。

干法熬制时一般需要较高的温度。因为没有加水，有利于熬制结束时的分离过滤。成品鸡油往往酸价较低，拥有较好的品质，且熬制设备简单方便。毛油得率为60%~70%。酸价和丙二醛皆在国家标准范围之内。湿法熬制根据压力的不同可以分为常压湿法熬制、低压湿法熬制和高压湿法熬制三种。常压湿法熬制是在容器敞口状态下进行加热，将鸡板油直接与水接触。低压湿法熬制是通过向锅内通热蒸汽来排出空气进行加热。高压湿法熬制是利用密闭容器中的加压蒸汽提升锅内压力并进行加热。

（2）微波法。微波加热的主要特性为选择性加热、加热效率高、速度快、时间短。微波法提取鸡油的工艺条件如下：功率密度为2.73 W/g，提取时间为11.3 min，此条件下鸡油得率为84.28%。通过比较微波法与干法熬制及湿法熬制等方法提制鸡油，发现微波法所需时间更短，鸡油提取率更高，品质更优，对于油脂提取非常有意义。因此在工业提取油脂过程中使用微波技术，是一个值得深入探究的思路。

（3）溶剂法。溶剂法常用的有机溶剂为乙醚、石油醚、氯仿、正己烷、丙酮等。采用溶剂法提取油脂，企业可以减少设备需求和降低初始投资，因此这种方法较容易被接受。然而，这种方法耗时较长，操作复杂，且有机溶剂可能存在残留和难以回收的问题。因此，开发新型溶剂和改进工艺流程对于解决溶剂法的缺陷至关重要。

（4）水酶法。油脂的水酶法提取工艺包括以下环节：原料的预处理、粉碎、温度和pH值的调节、酶解、灭酶、破乳、离心和油脂收集。水酶法提取条件温和，并且油脂品质高。水酶法在提取动物油脂应用方面比较广泛，提取率可达到90%以上。水酶法工艺中关键在于酶的选择、酶解参数的设置。如王庆玲等选择碱性蛋白酶提制猪油，提取率达到96.82%，且与传统的熬制法相比，所得猪油品质更优。

水酶法是一种安全、节能和环保的新型油脂提取技术。并且在不改变其脂肪酸组成成分的情况下，能保证油脂的高品质，避免了油脂的深加工过程。但是酶制剂价格偏高导致的成本问题使其还不能在工业生产中大规模应用。不过随着科学的发展，越来越多的辅助手段开始联合，各取所长，水酶法在工业生产中有一定的开发潜力。

（5）超临界流体萃取技术。超临界流体具有良好的溶剂特性，可作为溶剂进行萃取。在超临界状态下，将超临界流体与待提取的物质接触，使其有选择性地把目标组分萃取出来。超临界流体萃取技术具有许多优点，如通过在接近室温的环境中，并在CO_2气体的保护下进行提取，可以有效地保护热敏性成分，防止其氧化和挥发。此外，超临界流体萃取技术相比传统提取方法具有提取率高、时间短、工艺简单和无溶剂残留的优点，但成本相对较高。例如，超临界CO_2萃取技术可从鸡肝中提取鸡油，提取过程中不引入有毒溶剂，是高效、环保的提取技术。

7.5.3.3 鸡油深加工技术

常规的鸡油提取过程会带入磷脂、蛋白质、色素等杂质成分，影响鸡油的品质。因此，需要通过脱酸、脱色、脱臭等工艺来进行精炼以便生产出高品质的鸡油。在精炼过程中，鸡油的香气不可避免的会有所损失，为了弥补流失的香气成分，增香技术的开发对于提升鸡油应用价值具有重要意义。

鸡油脱酸工艺。鸡油提取过程中在加热条件下会产生游离脂肪酸，游离脂肪酸相比甘油三酯更易氧化导致鸡油氧化腐败。脱酸的主要方法有酯化脱酸法、蒸馏脱酸法、溶剂脱酸法、中和脱酸法等。中和脱酸法应用最为普遍，中和脱酸法又称碱炼。在碱炼过程中，使用碱性物质来中和鸡油内的游离脂肪酸，而这一反应生成的皂角有助于吸附并去除某些杂质。其优点是毛油中绝大部分的游离脂肪酸都可以被碱中和。中和过程中产生的皂角为活性物质具有较强的吸附能力，可将其他杂质带入沉降物，有利于分离。

鸡油脱色工艺。纯净的甘油三酯液体时为无色，固体时为白色。但不同油脂含有不同类型及数量的色素，这些色素大多数是无毒的，但会影响油脂的外观。且在油脂储运过程中，部分色素降解产物对油脂氧化具有促进作用从而导致油脂的酸败。所以为了生产出高品质的油脂就需要进行脱色处理。脱色过程通常涉及添加中性或酸性的白土，或者结合活性炭作为复合吸附材料，以吸附色素及油脂分解产生的某些物质。

鸡油脱胶工艺。胶质在油脂中的存在会损害其稳定性及储存性能，并且在碱炼脱酸步骤中引发乳化，进而增加炼制损耗和碱的使用量，且后期烹饪过程中高温会导致磷脂等胶状物碳化从而影响油脂的外观，使人不易接受。通过脱胶处理不仅可减少油脂的损耗，提升油脂的氧化稳定性，还可获得有价值的副产物——磷脂。鸡油中主要含有磷脂和蛋白质等胶质，油脂脱胶技术包括水化、酸炼、膜过滤和酶法等多种方式。在油脂工业中，水化脱胶和酸炼脱胶是最常用的方法。对于那些含有较多磷脂或需要回收磷脂作为副产品的毛油，在脱酸步骤之前，通常会先进行水化脱胶。如果需要更高的脱胶效果，可能会采用酸炼脱胶，通常涉及使用磷酸或柠檬酸等酸性物质。

鸡油脱臭工艺。在油脂精炼过程中，蒸馏脱臭步骤对于增强油脂的烟点和优化其色泽与风味至关重要，并且它还能消除油脂中的有害物，如塑化剂、多环芳烃和真菌毒素。采用适宜精准的脱臭技术可提升油脂的品质。

鸡油分提工艺。动物油脂的熔点相比植物油较高，常温下通常呈固体状态，且动物油脂的饱和脂肪酸含量高，易引发高血脂、高血压等疾病，这些限制了动物油脂在食品工业上的应用。油脂分提工艺是根据油脂中的各种甘油三酯的熔点不同，把油脂分成在常温下保持固态、液态的油脂。主要方法分为干法分提、湿法分提、表面活性剂分提。其中干法分提应用最广泛，因为干法分提是一种纯物理方法，具有无溶剂和催化剂残留的优点，应用前景广阔。经过干法分提的油脂，可适应不同产品的加工需求。在贮藏稳定性方面，在相同贮藏时间内液态鸡油的过氧化值的增幅最大，固态鸡油增长最慢，液态鸡油的丙二醛含量变化小，固态鸡油变化明显。

增香技术。在精炼过程中油脂中的挥发性风味成分易造成大量损失，在实际生产中，通常使用的增香方法有添加香精、增加油脂量、酶解法、油渣法和发挥磷脂的增香潜力。其中，添加香精和增加油脂虽能弥补香气不足问题，但长期的食用添加香精的油脂，以及摄入过量的油脂都会对人体的健康造成安全风险。酶解法是通过对脂肪组织进行预处理，利用酶解液中产香前体物质充分发生美拉德反应形成香味浓郁的香味成分。油渣法增香是一种常用的增香方法，鸡油渣中含有大量的挥发性风味物质可补充鸡油在加工过程中损失的风味物质。因此相比之下酶解法和油渣法具有广阔的应用前景，它们具有增香潜力，对人体无害。

7.5.4 白羽肉鸡骨的开发与利用

鸡骨架占肉鸡总重的20%~25%，含有丰富的蛋白质（10%~17%）、骨胶、氨基酸、黏多糖、脂肪（5%~15%）等营养成分以及钙（1%~5%）、磷、铁、锌等微量元素，此外，鸡骨脂肪含量高达14.5%，是提取具有特殊优质香味骨油的原料。与畜类骨相比，鸡骨的灰分更低，但由于资金、技术等因素限制，大量的鸡骨未得到有效利用，多被加工成饲料、骨泥、骨粉等低附加值产品。随着对可持续、可再生蛋白质与脂肪需求的增加，副产物鸡骨的综合、高值化利用越来越受重视，见表7-21。

表7-21 畜禽鲜骨的营养成分   单位：%

项目	水分	蛋白质	脂肪	钙	灰分
牛骨	64.2	11.5	8.0	5.4	15.4
猪骨	62.7	12.0	9.6	3.1	11.0
羊骨	65.1	11.7	9.2	3.4	11.9
鸡骨	65.6	16.3	14.5	1.0	3.6

7.5.4.1 鸡骨的开发现状

20世纪80年代，我国开始重视鸡骨的综合利用，起步相对较晚。早期，我国鸡骨大多数被作为食物烹调辅助的基本原料，或被进一步加工为低值饲料或者农作物肥料，还有一部分被加工为可食用的骨胶、骨油和骨粉等产品。目前，我国对鸡骨的骨骼部位资源的利用已达90%，但在高效深度利用鸡骨的加工技术水平方面仍较落后。国内在鸡骨加工技术水平较高的是将其用于制备硫酸软骨素方面，部分高质量硫酸软骨素产品已出口至国外。另外，鸡骨油，又称为鸡骨脂，从鸡骨中提取分离得到的油脂。常温下为固态或半固态，相比植物油，鸡骨油具有特殊的鸡脂香味，可作为肉味调味料的增香成分。鸡骨脂肪提取量一般在8.6%~13.7%，但由于长期的片面认知和固有习惯等，大多数消费者对鸡骨的利用停留在做菜和熬汤，对鸡骨的深加工需进一步加强，因此，亟须构建和完善鸡骨标准化精深加工的技术体系。

7.5.4.2 鸡骨的加工方法

骨架中的有机成分主要是胶原蛋白，这是一种丰富的蛋白质，占骨骼有机质的90%以上。鸡骨中含量最高的无机盐是钙，磷与钙共同构成骨骼，骨膜是覆盖在骨表面的一层薄膜，含有血管和神经，对骨的生长和修复有重要作用。鸡骨中的营养成分对于人体健康也很重要，目前，国内外对鸡骨加工的方法主要有：蒸煮法、高温高压蒸煮法、低温冷冻粉碎法、化学水解法、酶水解法和微生物发酵法。

蒸煮法是将鸡骨清洗干净后，去除多余的肉和脂肪，可将较大的鸡骨砍成小块，以便于烹饪和提取风味。在常压下蒸煮较长时间以提取出浓郁的风味和胶原蛋白。通常运用蒸煮法对骨粉进行制备时，需将鸡骨上先进行洗净烘干、粉碎细化，最终得到干骨粉。此法不仅效率低，且水解不彻底，导致产品含量不够高。

高温高压蒸煮法是将绞碎的鸡骨放入高温高压锅中，加入柠檬酸作为水解剂，同时还可加入茶多酚等抗氧化物质，以优化提取效果，高温蒸煮2 h以上，直到骨组织酥软变成浓汤。高压蒸煮后，可通过冷冻的方式去除提取液中的油脂，使用胶体磨进一步处理提取液，以获得更细腻的质地，通过蝶式离心机等设备去除骨渣，得到较为纯净的鸡汤基料,将鸡汤基料浓缩至固形物含量约为20%,通过100目的过滤器进行过滤,以去除可能残留的杂质,最后,将浓缩后的鸡汤基料进行喷雾干燥,制成颗粒状的鸡精或鸡骨提取物。

鸡骨首先需要被冷冻至一定温度,使其组织结构变得脆弱。这一步骤是利用食品材料的低温脆性,即在低温下材料的延展性降低,变得更加易碎。在低温状态下,使用专门的冷冻粉碎设备对鸡骨进行粉碎。这种设备通常能够在低温环境中运行,以保持鸡骨的冷冻状态,防止其在粉碎过程中融化。低温粉碎可以减少营养成分的损失,因为低温条件可以减缓化学反应和酶活性,从而保持鸡骨中的营养成分不被破坏。冷冻粉碎的鸡骨粉末可被用于多种用途,包括作为饲料添加剂、宠物食品、肥料或进一步加工的原料。

化学水解法是利用强酸破坏骨胶原中的三螺旋结构,常用的水解剂包括盐酸、硫酸、磷酸、柠檬酸、醋酸和苹果酸。该法具有较高的水解度,可采用中性甲醛滴定法测定水解度(DH)。化学水解法最大的好处就是对鸡骨有较高的水解度。通过酸水解,可将骨钙转化为可溶性钙。但酸解法获得的可溶性钙在中性或碱性条件下溶解度不高,因此人体对其的吸收利用较低。

鸡骨酶水解法是一种利用酶制剂将鸡骨中的蛋白质分解成小分子肽和氨基酸的过程。酶水解法最大的优点是尽可能地保留了鸡骨中天然的各种营养成分。然而,酶解过程中需要精确控制反应条件,如温度、pH值和酶的用量,以优化水解度和氮回收率,这可能需要复杂的工艺控制。在某些条件下,酶解度和氮回收率可能不会达到预期效果,这可能影响产品的营养价值和风味。酶解后鸡骨的原始风味可能会发生变化。虽然酶解可以增加鲜味和甜味,但也可能导致苦味氨基酸的增加,这可能会影响最终产品的风味。

生物发酵法是利用微生物发酵技术促进骨泥中营养物质的释放。发酵过程中使用的菌种为枯草芽孢杆菌或地衣芽孢杆菌,这些菌种能够有效地分解鸡骨中的蛋白质,释放出抗氧化肽。发酵上清液经过滤膜分离和干燥后,可得到抗氧化肽粉,该方法具有工艺操作简单、条件温和、成本低等优点,并且提高了鸡骨的利用率。制备得到的抗氧化肽不仅能够清除ABTS自由基、DPPH自由基,尤其清除超氧阴离子能力也较好,适用于大规模产量化生产抗氧化肽。制备得到的抗氧化肽可用于食品、保健品、饲料添加剂、化妆品或抗氧化产品的制作中。

7.5.4.3 鸡骨产品的开发

目前,鸡骨产品的开发涉及多个方面,包括提取营养成分、制备食品添加剂和调味品等。

骨素是鸡骨先粗磨,在高温的条件下煮制,将不溶于水的物质先分离出来,再经精磨、生物酶水解和精炼等加工步骤制成,添加辅料后,喷雾干燥后最终制成骨素。鸡骨素作为一种天然、安全、高效的饲料添加剂，在饲料添加剂市场中具有竞争优势。它不仅能够满足动物在不同生长阶段的需求，提高饲料的利用率，降低养殖成本，还能改善动物的肉质，符合市场的需求。

骨多肽是骨素加工过程中产生的物质，肽的分子量分布以小于1 000 Da的肽段为主，营养价值高，含有丰富的鲜味氨基酸，许多生物活性肽可以直接通过小肠黏膜吸收，发挥营养价值，在疾病预防或治疗中发挥重要作用。胶原蛋白肽可刺激关节软骨形成Ⅱ型胶原蛋白等主要蛋白的表达，具有调节骨密度活性。骨多肽的开发涉及市场规模的增长、保健食品的应用、骨质疏松症的预防和治疗，以及科学研究等多个方面，显示出骨多肽在食品行业中的重要潜力和应用前景。

骨明胶是骨胶原蛋白在水解后提纯而获得的蛋白质制品，属于天然的高分子多肽聚合物，被广泛应用于食品、医药、化妆品等领域。在食品加工领域，骨明胶可作为乳化剂、澄清剂以及增稠剂，用于生产乳制品、糖果、汽水、果冻等。

优质的食用鸡骨油不仅可作为风味油料用于方便面的生产，还可作为工业用油，应用于生产甘油、硬脂酸或制造肥皂。

7.5.5 其他副产品

7.5.5.1 羽毛

（1）羽毛的组成成分及性质。羽毛中粗蛋白质的含量在80%以上，水分在10%以内，粗脂肪在5%左右，粗灰分在5%左右。同时，鸡羽毛中富含多种氨基酸，而蛋氨酸、组氨酸和赖氨酸等含量相对较低，属于不完全蛋白。由于角蛋白是典型的不溶性纤维状蛋白质，因此常用的胰蛋白酶、胃蛋白酶等很难将其酶解（图7-12）。

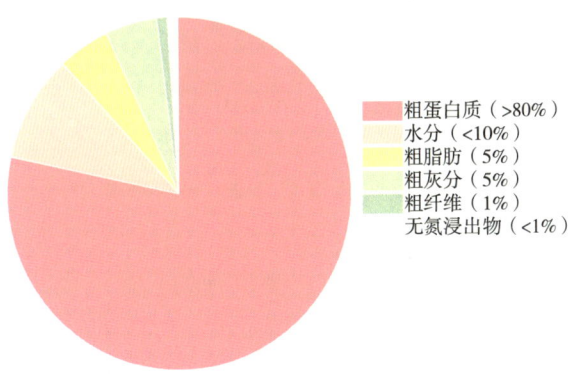

图7-12 羽毛的主要成分含量

（2）羽毛粉的制备工艺。目前，常用的方法主要有物理法、化学法和生物法，以及多种方法联用。

①高温高压水解法。该工艺是一种常见生物质转化技术，用于将复杂的有机物质分解为更容易被利用的氨基酸和多肽。

羽毛预处理：通常包括清洗、干燥等步骤，以去除杂质和水分，提高后续水解反应的效率。

水解反应：反应温度通常在150～250℃，压力在1～10 MPa，具体的参数取决于原料的性质和所需产物的要求。

分离和纯化：通常采用过滤、离心、蒸馏等技术分离产物的固体和液体部分，采用吸附、结晶、凝胶过滤等技术进行纯化。

②挤压膨化法。该方法是利用高剪切作用力处理羽毛，通过挤压和膨化处理，改变其结构和性质。

羽毛粉预处理：通常包括清洗、干燥和研磨等步骤，以去除杂质、降低水分含量。

挤压：在高压力下通过模具挤压成型。在强大压力作用下，分子之间产生较大摩擦力，形成较为致密的结构。

膨化：通过加热和快速减压，将其内部的水分蒸发并膨胀，形成大量气泡和孔隙结构。

干燥和冷却：采用空气流或真空干燥的方法，将水分蒸发掉，自然冷却至室温。

③化学法。该方法通常采用酸碱水解、氧化还原等化学反应对羽毛中的蛋白质等有机物进行分解和转化。

酸碱处理：在酸性和高温条件下，角蛋白被水解；碱性条件下，角蛋白的二硫键被破坏。

氧化还原反应：利用氧化剂或还原剂使其中的有机物质发生氧化还原反应，从而转化蛋白质、脂肪等有机物质。

④生物酶解法。利用中性或碱性条件下角蛋白酶能够转化羽毛中的角蛋白。

酶的选择：选择合适的角蛋白酶是该工艺的关键。

酶解反应：经过一定时间的温度控制和搅拌，使角蛋白充分酶解。

酶的去除和反应停止：采用热处理或添加酶抑制剂终止反应，以避免过度水解和产物的降解。

⑤微生物发酵法。该方法是利用微生物菌种的代谢活动，对角蛋白进行发酵处理，实现羽毛资源的有效利用。

微生物菌种选择：通常选择放线菌、枯草芽孢杆菌、腐生真菌等，这些微生物具有丰富的酶系可以降解角蛋白。

发酵培养：在适宜的温度、pH值、氧气和营养物质等条件下发酵培养。

（3）羽毛粉的应用。为响应我国豆粕减量替代行动，目前我国废弃羽毛主要用于羽毛粉的制备，并作为廉价的动物蛋白原料应用于家禽饲料中，以提高饲料的蛋白质含量，促进动物生长发育和提高生产性能。同时，其中含有大量的氮、磷等营养元素，因此可作为优质的有机肥料。通过与其他有机物质混合，可制成元素均衡的有机肥料。此外，经过物理化学或者生物酶解处理后的羽毛角蛋白，可以作为主要原料用于制造新型纸、纸质包装盒、热塑性膜、生物肥料等产品。除了羽毛粉的应用，一些性状较好的白羽肉鸡羽毛还被用于羽毛球的开发利用。市场上大部分的羽毛球采用鸭毛、鹅毛和人造毛，成本高于白羽肉鸡的羽毛。因此，未来该方向的开发利用可能是一种较为新兴的方式。

7.5.5.2 鸡皮

鸡皮含有丰富的胶原蛋白，在食品加工和医药领域有着广泛的应用。主要包括以下几个方面：作为食品加工原料，生产如鸡皮卷、鸡皮片、鸡皮脆片等产品；通过提取鸡皮油或鸡皮酱，生产食品调味料；经过加工成粉末或颗粒，用作动物饲料添加剂，可提高其营养价值。

目前我国大型肉鸡加工企业在肉鸡育种、孵育、养殖、屠宰、加工、肉品销售方面已形成了良好的产业链，但企业的主要精力仍在肉品生产上，副产物的加工利用带来的高利润率，引起了肉鸡龙头企业的重视与关注。目前，已有少部分高附加值产品进行产业化生产，如胆汁酸中的鹅去氧胆酸、血红素肽等产品，部分功能活性组分还需进一步研发肉鸡副产物专用高效生物酶、绿色提制与生物活性的标准化评价技术，该研究与开发应用将有利于屠宰产业"新质生产力"的培育与发展，推动肉鸡产业高质量、可持续发展。

7.5.5.2.1 案例1：肉鸡宰前雾化喷淋-立体通风静养技术

（1）技术概述。

①技术背景。夏季高温情况下的运输会造成肉鸡热应激，不利于宰后肌肉品质，甚至会产生以颜色发亮、质地发软、渗水严重为特征的异质鸡肉。现在的肉鸡加工企业在肉鸡宰前静养，一般采用水管打水或者侧面大风量风机吹风两种方法缓解热应激。但这两种方法都存在缺陷：水管打水使得局部冷水喷淋过多引起肉鸡冷刺激，而其余部位肉鸡得不到有效降温；风机侧面吹风也存在覆盖面积有限、风量不足的问题。国家肉鸡产业技术体系研发的雾化喷淋-立体通风设施和技术与上述两种传统方法相比，可快速有效地缓解肉鸡在夏季运输后的热应激情况，有利于保证宰后鸡肉的加工品质，改善水分流失和肉质变软的状况。该设施可利用现有的敞篷改造完成，无额外占地，不影响车流和人流的顺畅。

②技术模式。将风机（包括顶端抽风机和侧面轴流风机）和雾化喷头组合运用，

达到了雾化喷淋—立体通风—快速降温的效果；有效保证了宰后禽肉的加工品质，可快速有效地缓解肉鸡在夏季运输后的热应激情况，有利于保证宰后鸡肉的加工品质，改善水分流失和肉质变软的状况，为企业减少了损失。

③技术要点（性能参数）。室内型雾化喷淋-强制通风系统将侧向水雾喷淋（雾滴直径小于0.05 mm）与顶端强制对流（风量3 265 m³/h、时间10 min）相结合，降温均匀且热交换能力强，在短时间内（10 min）可使室内降低6～10℃，不影响后续屠宰的正常进程。

（2）实施地点。在江苏省东台市夏季进行。

（3）配套设施装备。

①雾化喷淋通风棚的设计。雾化喷淋通风棚的布局如图7-13所示：宽5 m，长12 m，高4.5 m，整个封闭环境的体积为270 m³。

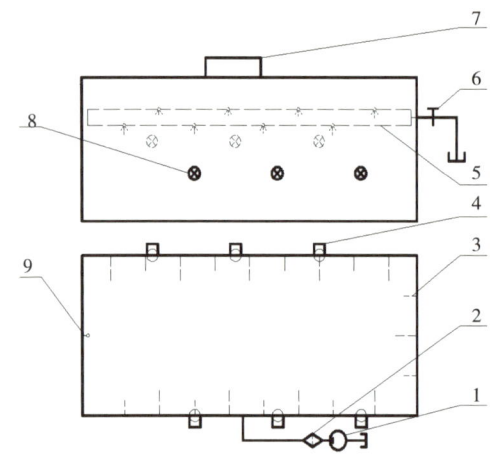

1—水泵；2—过滤器；3—雾化喷头；4、8—通风机；5—水管；6—压力调节阀；
7—抽风机；9—温度感应器。

图7-13　雾化喷淋通风棚设计图

②通风系统。通风系统由6个风机提供，风机的风量为3 265 m³/h，每面墙壁上分别有三个风机。每个风机都有防雨罩。雾化喷淋通风棚上有抽风机。

③雾化喷淋系统。雾化喷淋由高压水泵、压力控制阀、过滤器组成。每面墙壁都有6个雾化喷淋头，以确保喷出的水呈雾状，喷出水雾直径大约0.05 mm。

④工作单元。包括降温屋和降温装置，降温屋包括侧墙两面、后墙、屋顶和用于取代前墙的卷帘门；降温装置包括供水单元、喷淋-通风单元和电路单元；供水单元包括潜水泵、水管、高压泵和过滤器；喷淋-通风单元包括若干喷头和风机；风机包括抽风机和若干个轴流风机；电路单元包括配电箱和电线，装置参数见表7-22。

表7-22 雾化喷淋通风装置参数

名称	参数
轴流风机	直径：390 mm；额定功率：0.55 kW
抽风机	功率：0.75 kW
喷头	间距：2 300～2 700 mm
过滤器	材质为304不锈钢
高压泵	功率：1.5 kW；最高压：5 MPa

（4）工艺流程。

打开卷帘门，将满载笼装肉禽的卡车倒退进入降温屋，关闭卷帘门（图7-14）。

开启安装于屋顶的抽风机、安装于两面侧墙上的轴流风机和设置于水管上的喷头，进行喷淋-通风操作，喷淋-通风时间为8～12 min，完成喷淋-通风操作后，关闭抽风机、轴流风机和喷头。

图7-14 雾化喷淋-立体通风实景

再次打开卷帘门，卡车开出降温屋，在阳光照射不到的敞篷静养，静养时间为28～32 min，保证喷淋-通风时间与静养时间的总和为40 min，而后宰杀肉禽。

（5）典型案例。

肉鸡宰前雾化喷淋-立体通风静养技术，以江苏省盐城某公司为主体，对照1组为满载笼装肉鸡的卡车在同一敞篷静养40 min；对照2组为传统淋水吹风组，用自来水管自卡车顶端向鸡笼内淋同样多水量，同时用大风量风机2个在卡车中间部位吹风12 min，而后在敞篷静养28 min；以上三组肉鸡用同样工序宰杀，取胸肉测定其滴水损失和蒸煮损失；对照1组、对照2组和本发明组的滴水损失分别为3.75%、2.37%、1.86%，蒸煮损失分别为13.59%、12.11%、10.05%。可见运用本技术可以比对照1组、对照2组分别降低滴水损失1.89%和0.51%，分别降低蒸煮损失3.54%和2.06%，从而减少了企业的经济损失（图7-15）。

图7-15 雾化喷淋-立体通风设施铭牌

（6）取得成效。

夏季高温短途运输（45 min）造成27.33%的类PSE肉发生率，常规的静养使类PSE肉降低到20.67%，而雾化喷淋与通风可以使类PSE肉降低到11.33%。能够降低鸡胸肉的L^*值，提高pH_i（初始pH值）与pH_u（最终pH值），降低ΔpH，提高持水力，降低PSE肉发生率。

夏季高温运输后采用雾化喷淋和通风可以降低肉鸡血液中CORT、GLU含量以及CK、LDH酶活，能有效缓解运输和高温给肉鸡造成的应激，改善肉鸡福利。

7.5.5.2.2 案例2：生物酶法从鸡胆汁中提制鹅去氧胆酸的技术

（1）技术概述。

①技术背景。鸡胆作为鸡肉加工副产物是传统中药材，功效显著，用药历史悠久。胆汁酸作为动物胆汁的主要活性成分，应用广泛，市场需求量大，以牛胆为主导来源成本较高且不易收集，鸡胆已成为胆汁酸主要替代来源。在胆汁酸实际生产中通常使用皂化法将结合型水解成游离型进行提制，该方法虽然简单，但工艺需在高温高压条件下使用强碱进行长时间的反应且对环境不友好，另外，在纯化工艺中使用大量易燃易爆试剂存在安全风险，不能满足安全、节能、绿色环保发展要求。因此，急需一种安全、能耗低、环保的替换方法。生物学方法节能环保已成为研究热点和趋势。

②技术原理。鸡胆汁中的鹅去氧胆酸主要以牛磺型和甘氨型的结合胆盐形式存在，即牛磺鹅去氧胆酸和甘氨鹅去氧胆酸，在制备时需要将它们进行解离从而游离出来。胆盐水解酶（BSH），一种肠道菌群生长发育过程中产生的生物酶，可以特异性地将胆盐水解为游离型胆汁酸，因此可用于水解结合型胆盐（图7-16）。

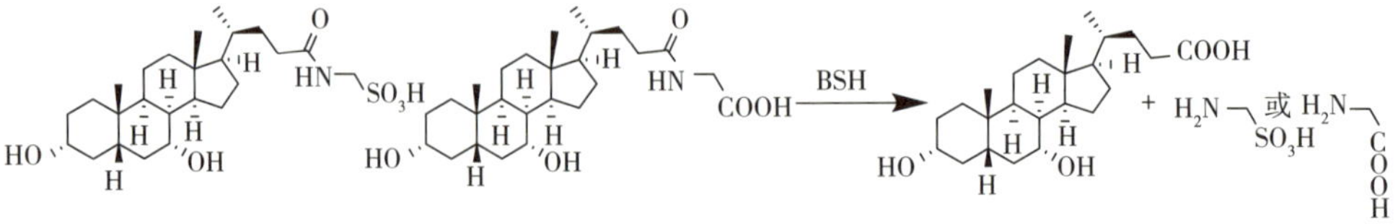

图7-16 胆盐水解酶水解胆盐的示意图

（2）技术工艺。

①提制工艺流程。

鸡胆汁的提取：首先取适量鸡胆，然后将其置于低温环境中使其冻结成块。接着，将冻结的鸡胆切成2~4 mm厚的片状，并放置在过滤网上。在室温下让鸡胆片自然解冻，以便胆汁流出，最后收集流出的胆汁（图7-17）。

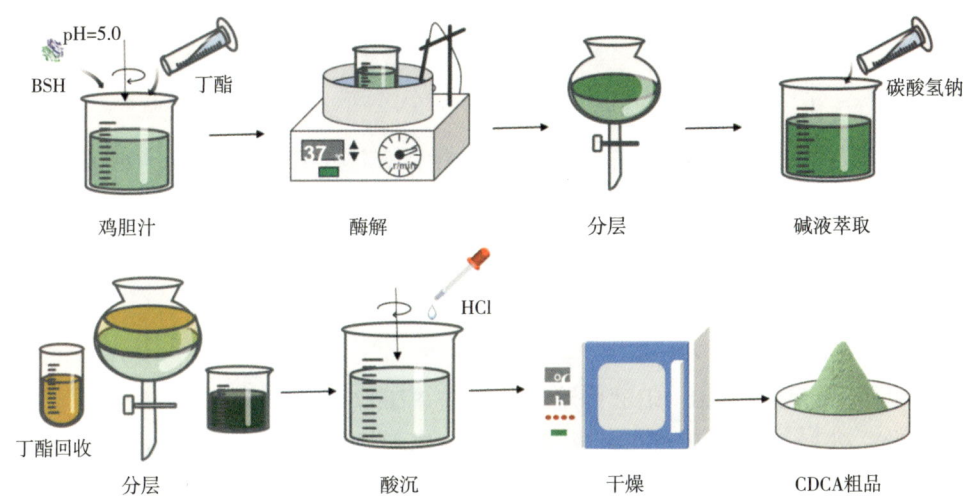

图7-17　提制鸡胆汁酸的酶法工艺

酶解：将胆汁灭酶处理，在胆汁中加入稀盐酸溶液调节胆汁pH值至5~6，然后向胆汁中加入胆盐水解酶和0.5~1.5倍体积的萃取剂，在30~40℃水浴条件下搅拌直至pH值不再变化则酶解完全。

静置分层：将酶解液置于分液装置中静置分层，并收集上层溶液。

碱液萃取：使用同体积的碱液萃取上层溶液，静置分层，取下层溶液。

酸沉：使用盐酸溶液酸化下层溶液使胆汁酸类物质沉淀。

干燥：酸沉后的沉淀使用过滤设备进行过滤，然后使用干燥设备进行干燥。

②关键酶的制备。

步骤一：表达载体的构建。

胆盐水解酶基因在大肠杆菌的重组表达：采用pET-（22b+）作为质粒，由美国生物技术信息中心（NCBI）的GenBank数据库中获得双歧杆菌胆盐水解酶的基因序列，引物设计，主要内容如下：以BSH基因序列为基础设计引物bshF、bshR，以合成的BSH基因为模板，利用PCR技术（具体条件为95℃预变性5 min，98℃变性10 s，57℃退火30 s，72℃延伸1 min，重复30次循环，以及68℃延伸10 min）来扩增目标基因。PCR产物经过凝胶回收后，与质粒一起被*Nde*Ⅰ和*Xho*Ⅰ酶切，然后通过连接酶将酶切后的片段连接到载体上。如图7-18构建的pET-22b（+）-BSH重组质粒所示。

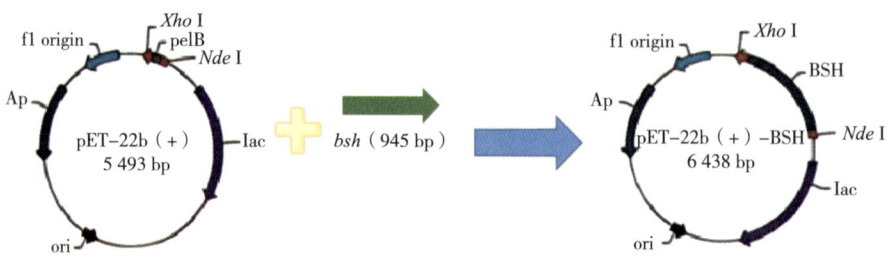

图7-18 构建pET-22b（+）-BSH重组质粒

步骤二：转化。

将连接液与大肠杆菌BL21感受态细胞混合，在冰上静置30 min，接着在42℃下进行90 s的热冲击，然后迅速进行2 min的冰浴。加入0.5 mL LB培养基后，在37℃、200 r/min条件下培养1 h，之后将细胞均匀涂布在LB固体培养基上，并在37℃条件下倒置培养过夜。

步骤三：诱导表达。

将单个菌落转移到5 mL LB液体培养基中，并在37℃、200 r/min的条件下进行培养以激活菌株。然后，将这些活化的菌液以2%的体积比接种到100 mL的LB液体培养基中，继续在37℃、200 r/min的条件下培养，直到菌液的OD600值介于0.6～0.8，取部分菌液作空白对照，其余加入终浓度1.0 mmol/L的IPTG进行低温（20℃）摇床培养28 h诱导表达，取样用于BSH酶活和SDS-PAGE分析（图7-19）。

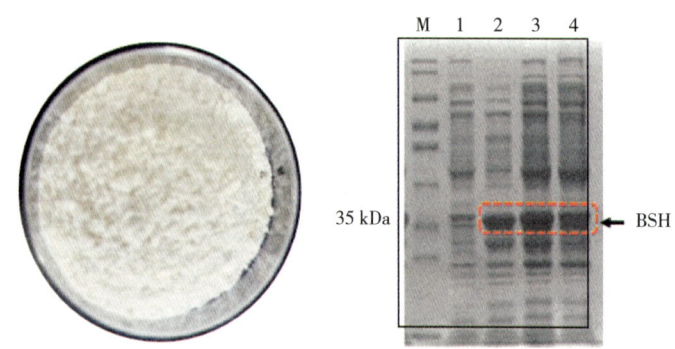

图7-19 重组表达的胆盐水解酶SDS-PAGE分析

a. HPLC-RI法测定鹅去氧胆酸含量。

色谱条件：本色谱分析采用Waters-C18色谱柱，柱尺寸为250 mm × 4.6 mm，填料粒度5 μm。流动相流速控制在1 mL/min，样品进样量20 μL，色谱柱温度保持在30℃，检测条件：示差折光检测器。流动相：A相0.1%甲酸水溶液与B相乙腈的比例为40∶60。

标准品溶液配制：精密称取100 mg CDCA标准品，加甲醇溶解，定容于10 mL容量瓶中得10 mg/mL母液，通过母液稀释配制成不同浓度的标准液。

供试品溶液配制：取干燥鸡胆汁酸粉末约50 mg置10 mL容量瓶中，先向样品中加入甲醇并超声处理2 min以助于溶解。然后，用甲醇将溶液定容至刻度线，并摇匀。过滤后，取滤液作为供试品溶液。在研究线性关系时，取20 μL标准品溶液进行色谱测定，以CDCA浓度作为横坐标，峰面积作为纵坐标，绘制曲线，并得出CDCA的回归方程（图7-20）。

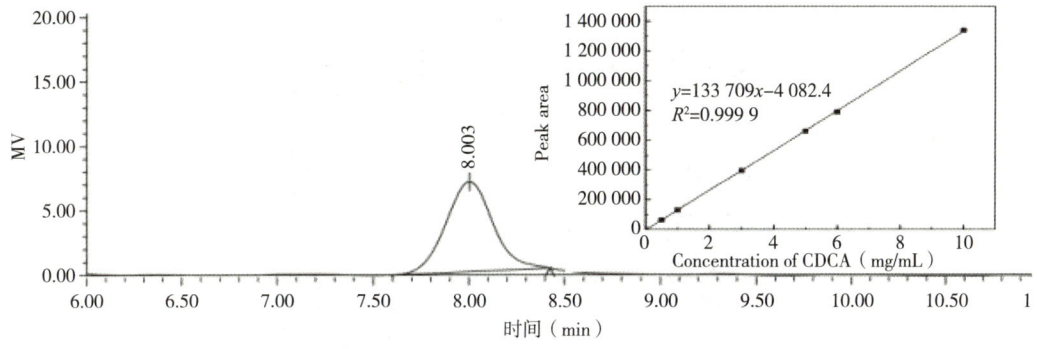

图7-20　鹅去氧胆酸的液相分析色谱图（HPLC-RI）

b. 薄层色谱分析。先用铅笔在薄层板一端1 cm处划一横线为起始线，将适量的鸡胆汁酸粉末溶解在甲醇中，接着使用0.05 mm直径的毛细管吸取溶液，并将其点在薄层色谱硅胶板上。之后，利用氯仿和甲醇以8∶1比例混合的展开剂进行色谱展开（图7-21）。

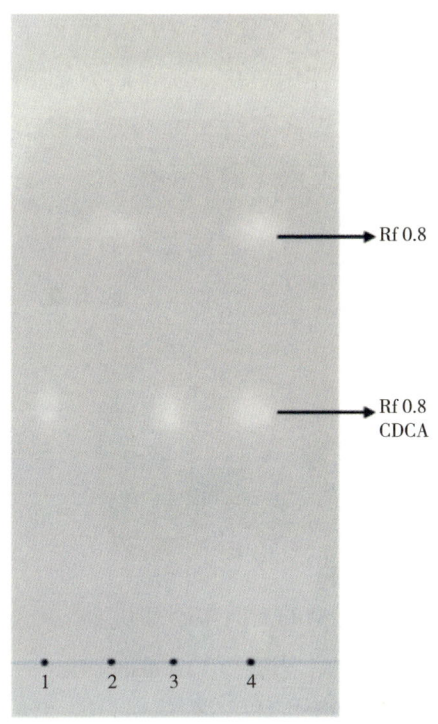

图7-21　酶法提制的鸡胆汁酸的薄层色谱分析图

（3）典型案例。生物酶法从鸡胆汁中提制鹅去氧胆酸的技术，以安徽科宝生物工程有限公司为主体，使用酶法工艺提取鹅去氧胆酸，双歧杆菌的活性胆汁盐水解酶（BSH）被异源表达和应用，其对GCDCA和TCDCA的活性分别为（4.96±0.32）U/mg和（3.07±0.031）U/mg，确定了提取CDCA的最佳催化条件为粗酶剂量0.04 g/g、pH值5.0和38℃（图7-22）。

图7-22　鹅去氧胆酸产品

（4）取得成效。通过酶法提制条件优化，CDCA的得率可达5.32%，与皂化法的得率相当，在鹅去氧胆酸的纯度上，使用皂化法所得鹅去氧胆酸的纯度为50%，而酶法工艺所得产物的纯度可达70%，纯度提高了约20%。该生产工艺可显著减少有机溶剂与酸碱试剂的用量，不仅节约成本，还有效保护了环境。

本章主要编写人员：王道营　王　鹏　谢恺舟　邢　通　张新笑

张玉龙　曾宪明　赵　雪　邹　烨

主要参考文献

郭红青，2019. 基于表面增强拉曼光谱的禽肉中硝基呋喃类代谢物残留的快速检测研究. 南昌：江西农业大学.

侯炜辰，叶柯，李洁，等，2023. 基于抗体-适配体夹心生物传感器检测大肠杆菌O157:H7. 生物技术通报，39（12）：81-89.

胡志群，2024. 应用LAMP-CRISPR方法检测致泻性大肠杆菌eaeA基因. 合肥：安徽农业大学.

华正罡，冯静，伊萍，2014. 超高效液相色谱-串联质谱法测定鸡肉中硝基呋喃类药物残留. 中国卫生检验杂志，24（11）：1556-1559.

贾琳斐，管理，贾润芳，等，2022. UPLC-MS法测定动物源性食品中12种大环内酯类抗生素残留量. 现代食品，28（6）：174-177.

贾先春，周嘉明，智军海，等，2024. 胶体金免疫层析法高通量测定动物肌肉组织中多兽药残留. 南京农业大学学报，47（5）：967-978.

巨晓军，束婧婷，章明，等，2018. 不同品种、饲养周期肉鸡肉品质和风味的比较分析. 动物营养学报，30（6）：2421-2430.

李磊，肖爽，甄思慧，等，2023. 基于核酸适配体的金黄色葡萄球菌快速检测试纸条的研制和应用. 中国畜牧兽医，50（11）：4577-4588.

李涛，许悦雯，何晓琳，等，2024. 必需脂肪酸的生物学功能及在羊生产中的应用研究进展. 中国畜牧杂志，60（6）：89-94.

李祥波，王亚会，2021. 基于HPLC-MS/MS的鸡肉中的硝基咪唑类药物残留检测方法的建立. 食品工业，42（2）：332-336.

廖妍俨，龙四红，孙棣，等，2016. UPLC-MS/MS法测定动物源性食品中硝基呋喃代谢物残留量. 粮食流通技术（16）：126-128.

刘婧文，凌莉，黄成栋，等，2020. 实时荧光重组酶聚合酶扩增检测大肠埃希氏菌O157. 食品安全质量检测学报，11（17）：6093-6103.

罗依宁，2024. 环介导等温扩增技术快速准确检测沙门氏菌方法的研究. 南昌：南昌大学.

牛灵玥，王慧，杨俊，等，2023. 产肠毒素大肠杆菌和沙门氏菌的多重PCR检测方法构建. 湖南畜牧兽医（6）：25-28.

尚柯，米思，李侠，等，2017. 泰和乌鸡、杂交乌鸡与市售白羽肉鸡的营养成分比较研究. 肉类研究，31（12）：11-16.

沈啸，樊艳凤，唐修君，等，2021. 不同生长速度肉鸡肌肉品质比较. 中国家禽，43（5）：8-13.

陶晓奇，2014. 动物性食品中酰胺醇类残留化学发光检测技术研究. 北京：中国农业大学.

汪琼，严付华，白祖海，等，2023. 液质联用法检测禽肉及禽蛋中硝基咪唑类残留量方法研究. 实用预防医学，30（7）：833-835.

王华健，张宁，杨威，等，2022. 3种食源性致病菌TaqMan多重荧光定量PCR检测方法的建立. 畜牧兽医学报，53（4）：1201-1209.

王魏，2020. 基于高分辨率光谱技术快速识别冷鲜肉品的脂肪氧化程度. 新乡：河南科技学院.

王晓芳，冯鑫，陈艳，等，2023. 大肠杆菌O157:H7胶体金免疫层析快速检测试纸条的研制. 生物化工，9（6）：108-112.

魏莉莉，程志，丁一，等，2023. 超高效液相色谱-串联质谱法同时测定畜禽肉中林可胺类和大环内酯类抗生素及其代谢物残留. 分析试验室，43（7）：1017-1023.

杨彤，吴姗，李可，等，2020. 肽核酸荧光原位杂交技术检测生肉中沙门氏菌方法的建立及应用. 中国预防兽医学报，42（6）：584-589.

杨月欣，2019. 中国食物成分表标准版. 6版. 北京：北京大学医学出版社.

姚硕，2023. 基于纳米生物材料的金黄色葡萄球菌检测方法研究. 长春：吉林大学.

于松玲，2023. 基于新型纳米复合材料及便携式血糖仪对大肠杆菌O157:H7检测方法的研究. 长春：吉林农业大学.

张弛，潘家荣，帅瑞琪，等，2016. 动物性食品中硝基咪唑类兽药多残留酶联免疫检测方法的建立. 核农学报，30（2）：323-331.

张崇威，吴志明，李华岑，等，2020. Captiva EMR-Lipid固相萃取/超高效液相色谱-串联质谱法快速筛查动物源食品中51种药物残留. 分析测试学报，39（2）：174-181.

张丽萍，孟蕾，张盼盼，等，2020. 鸡、猪组织中甲砜霉素、氟苯尼考、氟苯尼考胺残留量测定的GC-MS法建立. 中国兽药杂志，54（9）：33-40.

张苏珍，陶威，葛敏，等，2024. 鸡肉和鸡蛋中4种酰胺醇类药物残留的液相色谱-三重四级杆串联质谱分析. 现代农业科技（1）：159-163.

张新笑，章彬，卞欢，等，2018. 不同二氧化碳比例气调对冷鲜鸡肉中荧光假单胞菌的抑制作用. 食品科学，39（13）：266-271.

张瑜，王斌，牛记者，等，2020. 鸡肉中硝基咪唑类药物残留量检测. 肉类研究，34（10）：58-63.

赵远洋，王瑾，林丽萍，等，2019. 基于实时荧光环介导等温扩增快速检测鸡肉中的大肠杆菌O157:H. 中国食品学报，19（3）：281-288.

周英焕，刘小平，高玉云，等，2024. 多不饱和脂肪酸的生物学功能及其在畜禽生产中的应用研究进展. 中国畜牧杂志，60（6）：21-28.

周志扬，王启芝，唐承明，等，2020. 不同冰温贮藏条件对鸡肉贮藏期的影响. 肉类工业（8）：23-26.

朱炳华，2024. 食品微生物检验中大肠杆菌的快速检测方法研究. 现代食品，30（2）：196-198.

朱效博，武云龙，孙晓亮，等，2022. 液相色谱-串联质谱法同时检测鸡肉中61种抗菌药物. 中国动物检疫，39（3）：111-120.

祝长青，2022. 鸡肉中空肠弯曲菌和沙门氏菌的精准检验方法研究与应用. 南京：南京农业大学.

邹作成, 王西, 刘雪兰, 等, 2023. 基于 *nuc* 基因的环介导等温核酸扩增可视化技术检测食源性金黄色葡萄球菌. 中国动物传染病学报, 31（5）: 108-113.

ALI M, LEE S Y, PARK J Y, et al., 2019. Comparison of functional compounds and micronutrients of chicken breast meat by breeds. Food Science of Animal Resources, 39（4）: 632-642.

AN Y J, MENG X Y, LI S F, et al., 2022. Facile fabrication of tyrosine-functionalized hypercrosslinked polymer for sensitive determination of nitroimidazole antibiotics in honey and chicken muscle. Food Chemistry, 389: 133121.

AN Y X, PAN X D, CAI Z X, et al., 2024. Simultaneous analysis of nicarbazin, diclazuril, toltrazuril, and its two metabolites in chicken muscle and eggs by in-syringe dispersive solid-phase filter clean-up followed by liquid chromatography–tandem mass spectrometry. Foods, 13（5）: 754.

ASTUTI D S, TAMIMI M H, PRADHANA A S, et al., 2021. Gas sensor array to classify the chicken meat with *E. coli* contaminant by using random forest and support vector machine. Biosensors and Bioelectronics, 9: 100083.

BI S Y, SHAO D, YUAN Y, et al., 2022. Sensitive surface-enhanced Raman spectroscopy （SERS）determination of nitrofurazone by β-cyclodextrin-protected AuNPs/γ-Al$_2$O$_3$ nanoparticles. Food Chemistry, 370: 131059.

BOUKHAROUBA A, GONZÁLEZ A, GARCÍA-FERRÚS M, et al., 2022. Simultaneous detection of four main foodborne pathogens in ready-to-eat food by using a simple and rapid multiplex PCR（mPCR）assay. International Journal of Environmental Research and Public Health, 19（3）: 1031.

BUSCH A, BECKER A, SCHOTTE U, et al., 2022. Mpl-Gene-based loop-mediated isothermal amplification assay for specific and rapid detection of Listeria monocytogenes in various food samples. Foodborne Pathogens and Disease, 19（7）: 463-472.

CHAO M J, LIU L Q, SONG S S, et al., 2020. Development of a gold nanoparticle-based strip assay for detection of clopidol in the chicken. Food and Agricultural Immunology, 31（1）: 489-500.

CHEN Y X, ZHAO K X, HUANG J J, et al., 2021. Detection of salinomycin and lasalocid in chicken liver by icELISA based on functional bispecific single-chain antibody（scDb）and interpretation of molecular recognition mechanism. Analytical and Bioanalytical Chemistry, 413（28）: 7031-7041.

CHENG L, ZHAO J J, CHEN Y A, et al., 2023. Establishment of hlb-uplc-ms/ms method to determine hainanmycin sodium in chicken liver. Current Pharmaceutical Analysis, 19（4）: 324-329.

CHENG S, TU Z, ZHENG S, et al., 2021. An efficient SERSplatform for the ultrasensitive detection of Staphylococcus aureus and Listeria monocytogenes via wheat germ agglutinin-modified magnetic SERS substrate and streptavidin/aptamer co-functionalized SERStags. Analytica Chimica Acta, 1187: 339155.

CUI J W, ZHOU M J, LI Y, et al., 2021. A new optical fiber probebased quantum dots immunofluorescence biosensors in the detection of Staphylococcus aureus. Frontiers in Cellular and Infection Microbiology, 11: 665241.

CUI J, LUO Q, WEI C, et al., 2024. Electrochemical biosensing for E. coli detection based on triple helix DNA inhibition of CRISPR/Cas12a cleavage activity. Analytica Chimica Acta, 128（5）: 342028.

CUI L, CHANG W, WEI R, et al., 2022. Aptamer and Ru（bpy）32+ - AuNPs - based electrochemiluminescence biosensor for accurate detecting Listeria monocytogenes. Journal of Food Safety, 42（6）: e13008.

DONG Y Z, ZHAO J P, WU L, et al., 2024. Cu（Ⅱ）-induced magnetic resonance tuning and enhanced magnetic relaxation switching immunosensor for sensitive detection of chlorpyrifos and Salmonella. Food Chemistry, 446: 138847.

DU X J, ZANG Y X, LIU H B, et al., 2018. Recombinase polymerase amplification combined with lateral flow strip for Listeria monocytogenes detection in food. Journal of Food Science, 83（4）: 1041-1047.

FAN W, GAO X Y, LI H A, et al., 2022. Rapid and simultaneous detection of Salmonella spp., *Escherichia coli* O157: H7, and Listeria monocytogenes in meat using multiplex immunomagnetic separation and multiplex real-time PCR. European Food Research and Technology, 248（3）: 869-879.

HASSAN M, VITTAL R, RAJ J M, et al., 2022. Loop-mediated isothermal amplification （LAMP）: a sensitive molecular tool for detection of *Staphylococcus aureus* in meat and dairy product. Brazilian Journal of Microbiology, 53（1）: 341-347.

HE Z Y, GUO Y W, CHEN L, et al., 2022. Development of a UPLC-FLD method for quantitative analysis of three tetracyclines and two fluoroquinolones in chicken muscle. Journal of Food Composition and Analysis, 109: 104471.

HUANG J J, ZHAO K, LI M X, et al., 2021. Development of an immunomagnetic bead clean-up ELISA method for detection of maduramicin using single-chain antibody in chicken muscle. Food and Agricultural Immunology, 32（1）: 820-836.

LI F, YE Q, CHEN M, et al., 2021. Multiplex PCR for the identification of pathogenic Listeria in flammulina velutipes plant based on novel specific targets revealed by pan-genome analysis. Frontiers in Microbiology, 11: 634255.

LI X D, ZHOU H L, WANG L H, et al., 2023. SERS paper sensor based on three-dimensional ZnO@Ag nanoflowers assembling on polyester fiber membrane for rapid detection of florfenicol residues in chicken. Journal of Food Composition and Analysis（115）: 104911.

LI X M, Zheng T, XIE Y N, et al., 2021. Recombinase polymerase amplification coupled with a photosensitization colorimetric assay for fast *Salmonella* spp. testing. Analytical Chemistry, 93（16）: 6559-6566.

LI Y, WANG Y H, LI P P, et al., 2020. High efficient chemiluminescent immunoassays for the detection of diclazuril in chicken muscle based on biotin-streptavidin system. Food and Agricultural Immunology, 31（1）: 255-267.

LIN L, SONG S S, WU X L, et al., 2021. Determination of robenidine in shrimp and chicken samples using the indirect competitive enzyme-linked immunosorbent assay and immunochromatographic strip assay. The Analyst, 146（2）: 721-729.

LIU J, SONG S S, WU A H, et al., 2020. Development of a gold nanoparticle-based lateral-flow strip for the detection of dinitolmide in chicken tissue. Analytical Methods: Advancing Methods and Applications, 12（25）: 3210-3217.

LU Z L Z, DENG F F, HE R, et al., 2019. A pass-through solid-phase extraction clean-up method for the determination of 11 quinolone antibiotics in chicken meat and egg samples using ultra-performance liquid chromatography tandem mass spectrometry. Microchemical Journal, 151: 104213.

LUO Y N, SHAN S, WANG S L, et al., 2022. Accurate detection of Salmonella based on microfluidic chip to avoid aerosol contamination. Foods, 11（23）: 3887.

LV Z Z, LUO Z W, LU J Q, et al., 2021. Analysis of metabolites of nitrofuran antibiotics in animal-derived food by UPLC-MS/MS. International Food Research Journal, 28: 467-478.

MAHMUDIN L, WULANDANI R, RISWAN M, et al., 2024. Silver nanoparticles-based localized surface plasmon resonance biosensor for *Escherichia coli* detection. Spectrochimica Acta Part A, Molecular and Biomolecular Spectroscopy, 311: 123985.

NAGASAWA Y, KIKU Y, SUGAWARA K, et al., 2020. Rapid Staphylococcus aureus detection from clinical mastitis milk by colloidal gold nanoparticle-based immunochromatographic strips. Frontiers in Veterinary Science, 6: 504.

OYEDEJI A O, MSAGATI T A, WILLIAMS A B, et al., 2021. Detection and quantification of multiclass antibiotic residues in poultry products using solid-phase extraction and high-performance liquid chromatography with diode array detection. Heliyon, 7(12): e08469.

PAN X, SHI D, FU Z, et al., 2023. Rapid separation and detection of Listeria monocytogenes with the combination of phage tail fiber protein and vancomycin-magnetic nanozyme. Food Chemistry, 428: 136774.

PANAHI Z, MOHSENZADEH M, 2022. Sodium alginate edible coating containing Ferulago angulata (Schlecht.) Boiss essential oil, nisin, and NaCl: Its impact on microbial, chemical, and sensorial properties of refrigerated chicken breast. International Journal Food Microbiology, 380:109883.

RAMALINGAM S, KULKARNI V V, VASAN P, 2020. Comparative nutritive value of meat in commercial native chicken, backyard native chicken, commercial broiler and spent layer chicken. Journal of Meat Science, 15(2): 12-18.

RYDCHUK M, PLOTYTSIA S, ZASADNA Z, et al., 2023. Simple and efficient UPLC-ESI-MS/MS method for multi-residue analysis of 14 coccidiostatic agents in poultry liver and muscle tissues. Food Control, 152: 109815.

SADEGHI S, OLIEAEI S, 2019. Capped cadmium sulfide quantum dots with a new ionic liquid as a fluorescent probe for sensitive detection of florfenicol in meat samples. Spectrochimica Acta Part A: Molecular and Biomolecular Spectroscopy, 223: 117349.

SHEN H, ZHAO Q Q, CHEN B L, et al., 2022. Preparation and identification of an anti-nicarbazin monoclonal antibody and its application in the agriculture and food industries. Annals of Translational Medicine, 10(10): 557.

TAO J, LIU W W, DING W, et al., 2020. A multiplex PCR assay with a common primer for the detection of eleven foodborne pathogens. Journal of Food Science, 85(3): 744-754.

TAROKH A, PEBDENI A B, OTHMAN H O, et al., 2021. Sensitive colorimetric aptasensor based on g-C_3N_4@Cu_2O composites for detection of *Salmonella typhimurium* in food and water. Microchimica Acta, 188(3): 87.

TIAN Y, LIU T, LIU C, et al., 2021. An ultrasensitive and contamination-free on-site nucleic acid detection platform for Listeria monocytogene based on the CRISPR-Cas12a system combined with recombinase polymerase amplification. LWT-Food Science and Technology, 152: 112166.

XIE Y, WU J, SHI H X. et al., 2019. A fuorescent immunochromatographic strip using quantum dots for3-amino-5-methylmorpholino-2-oxazolidinone (AMOZ) detection in edible animal tissues. Food and Agricultural Immunology, 30 (1): 208-221.

XIE Y, ZHANG L, LE T, 2017. An immunochromatography test strip for rapid quantitative and sensitive detection of furazolidone metabolite 3amino-2-oxazolidinonein animal tissues. Food and Agricultural Immunology, 28 (3): 403-413.

XIONG J, HUANG B, XU J S, et al., 2020. A closed-tube loopmediated isothermal amplification assay for the visual detection of *Staphylococcus aureus*. Applied Biochemistry and Biotech-nology, 191 (1): 201-211.

XU X X, LIU L Q, WU X L, et al., 2020. Ultrasensitive immunochromatographic strips for fast screening of the nicarbazin marker in chicken breast and liver samples based on monoclonal antibodies. Analytical Methods, 12 (16): 2143-2151.

YU J, TIAN H, HUANG M X X, 2023. Facile synthesis of ag NP films via evaporation-induced self-assembly and the BA-sensing properties. Foods, 12 (6): 12865.

ZHANG M Y, LI E, SU Y J, et al., 2018. Quick multi-class determination of residues of antimicrobial veterinary drugs in animal muscle by LC-MS/MS. Molecules, 23 (7): 1736.

ZHAO W, ZHANG D, ZHOU T, et al., 2022. Aptamerconjugated magnetic Fe_3O_4@Au core-shell multifunctional nanoprobe: a three-in-one aptasensor for selective capture, sensitive SERS detection and efficient near-infrared light triggered photothermal therapy of *Staphylococcus aureus*. Sensors and Actuators B: Chemical, 350: 130879.

ZHAO Y, ZHU L, JIANG S, et al., 2024. A novel photoelectrochemical phage sensor based on WO_3/Bi_2S_3 for *Escherichia coli* detection. Colloids and Surfaces A: Physicochemical and Engineering Aspects, 686: 133392.

ZHOU J, YIN L, DONG Y, et al., 2020. CRISPR-Cas13a based bacterial detection platform: sensing pathogen *Staphylococcus aureus* in food samples. Analytica Chimica Acta, 1127: 225-233.

ZOLTI O, SUGANTHAN B, MAYNARD R K, et al., 2022. Electrochemical biosensor for rapid detection of *Listeria monocytogenes*. Journal of The Electrochemical Society, 169 (6): ARTN 067510.

8 白羽肉鸡产业经济

经过改革开放以来的持续发展，肉鸡养殖已经从家庭副业发展成为我国畜牧业的重要组成部分，肉鸡产业持续发展壮大，鸡肉已经成为我国第二大肉类产品，我国成为全球三大肉鸡主产国之一，肉鸡产业为优化城乡居民膳食结构、创造就业岗位和促进农民增收等作出重要贡献。

白羽肉鸡作为我国主要肉鸡品种之一，具有饲料转化率高、养殖粪污排放少、饲养周期短等高效绿色的显著特征，是低消耗、低污染、高产出的重要畜禽品种。而且，鸡肉作为白肉，相对于猪肉、牛肉、羊肉等红肉而言具有营养健康的显著特性。一直以来，白羽肉鸡规模化、标准化、设施化、产业化、现代化水平长期居肉鸡产业，乃至畜牧业前列。白羽肉鸡产业在国家粮食安全、肉类产品保供、健康中国建设，以及畜牧业实现现代化、绿色化发展等方面均具有重要意义。

8.1 国际肉鸡产业经济概况

8.1.1 国际肉鸡产业发展历史演变特征

国际肉鸡生产以白羽肉鸡生产为主。经过过去半个多世纪以来的快速发展，全球鸡肉产量显著增长，人均消费水平显著提升，鸡肉贸易量显著增加。

8.1.1.1 全球肉鸡生产持续增长，占肉类总产量比重跃至第一

1961—2022年全球鸡肉产量总体呈现出波动中显著增长趋势，增速明显高于同期全球猪肉、牛肉和羊肉。1961年全球鸡肉产量为755.54万t，2022年达到12 262.05万t，增长了15.23倍，年均增速4.67%。虽然进入21世纪以来，受全球金融危机、经济复苏乏力以及禽流感疫情等因素影响，近年来肉鸡产业增速有所趋缓，但一直是畜牧业中发展最快的产业。1961—2022年，全球猪肉、牛肉和羊肉产量分别增长了3.91倍、1.68倍和1.74倍，年均增速分别为2.64%、1.63%和1.67%，均明显低于鸡肉产量增速。此

8 白羽肉鸡产业经济

外，从全球范围来看，肉鸡在家禽生产中一直占绝对主导地位，1961年以来的半个多世纪，鸡肉产量占禽肉产量的比重一直保持在85%以上，近5年保持在88%左右，2022年为87.95%。

1961—2022年全球肉类产品结构出现重大调整，鸡肉作为产量增速最快的肉类，在肉类总产量中的占比大幅提升。总体来看，猪肉产量占比基本保持稳定，约占肉类总产量的1/3；牛肉和羊肉产量占比呈持续下降趋势，分别从1961年的40.30%和8.45%下降到2022年的21.33%和4.57%，其占比下降部分由鸡肉占比填补；1961年鸡肉在全球肉类产量中的占比为10.59%，2019年占比达到34.55%，超过猪肉占比，成为世界第一大肉类，2022年鸡肉比重为33.90%（表8-1）。

表8-1　1961—2022年全球肉类结构

年份	肉类产量（万t）	猪肉比重（%）	牛肉比重（%）	羊肉比重（%）	禽肉比重（%）	鸡肉比重（%）
1961	7 135.71	34.68	40.30	8.45	12.54	10.59
1970	10 066.18	35.56	39.40	6.79	15.00	13.05
1980	13 673.14	38.52	34.50	5.37	18.98	16.75
1990	17 948.65	38.83	30.81	5.40	22.84	19.73
2000	23 318.77	38.27	25.56	4.84	29.44	25.17
2010	29 578.89	36.57	23.25	4.58	33.58	29.50
2020	34 322.52	31.54	22.11	4.69	39.92	35.10
2021	35 739.19	33.86	21.48	4.58	38.61	33.68
2022	36 168.06	33.57	21.33	4.57	38.55	33.90

数据来源：FAOSTAT。

8.1.1.2　全球人均鸡肉消费水平大幅提升，各国消费水平存在较大差距

1961—2022年全球人均鸡肉消费水平大幅提升，从1961年的2.46 kg增长至2022年的15.57 kg。美国、巴西、欧盟和中国是全球四大主要消费国（地区），2022年上述四国（地区）鸡肉消费量占全球肉鸡消费量的比重为43.19%，人均鸡肉消费量分别为47.00 kg、46.66 kg、21.2 kg和15.90 kg。从全球范围来看，受经济发展水平、消费习惯等因素影响，各国鸡肉消费水平差异显著。无论从鸡肉消费的绝对量水平来看，还是从鸡肉消费量与经济发展水平的相对量水平来看，中国人均鸡肉消费量明显偏低。从目前可以获取的全球各国鸡肉消费数据来看，2022年中国人均肉鸡消费量与全球最大的肉鸡消费国美国相差31.10 kg，与位居全球第二大生产国和消费国之列的发展中国家巴西相差30.76 kg。此外，较为典型的草原畜牧业国家澳大利亚和新西兰人均鸡肉消费

量分别为50.07 kg和39.72 kg，亚洲国家中新加坡为44.98 kg、日本为28.05 kg、韩国为20.72 kg，均明显高于中国的人均鸡肉消费水平。

8.1.1.3 全球鸡肉贸易量大幅增长，以生鲜冷冻品为主

1961—2022年全球鸡肉出口贸易量持续增长，出口国集中、进口国分散。鸡肉是全球禽肉贸易的主要构成，占总禽肉贸易量的90%以上。1961年，全球鸡肉出口量28.14万t；2022年，增长到1 727.54万t，较1961年增长了60.39倍，年均增速达到6.98%。肉鸡出口集中度较高，进口市场相对分散，其中欧盟、巴西、美国是三大主要鸡肉出口国（地区），其出口总量占全球鸡肉出口总量的比重一直保持在75%以上；进口国年际间调整较大，其中欧盟和日本进口增长趋势相对稳定，且欧盟一直是全球第一大进口市场。

生鲜冷冻品在鸡肉贸易总量中占主要比重。鸡肉贸易产品包括生鲜冷冻品和熟制品两大类，生鲜冷冻品在全球鸡肉贸易中一直超过85%，2022年生鲜冷冻品出口占鸡肉出口总量的86.10%。与全球总体特征不同，受技术贸易壁垒等因素影响，中国鸡肉出口主要以熟制品为主，生鲜冷冻品较少，2022年中国出口鸡肉熟制品28.45万t，占其当年鸡肉出口总量的58.46%。此外，泰国和德国也是鸡肉熟制品出口量相对较多的国家，日本和英国是熟制品进口量相对较多的国家。

8.1.2 国际肉鸡产业发展趋势研判

未来，国际肉鸡产业发展进程中，鸡肉消费市场将进一步扩大，食品安全问题更加受到关注，疫病风险防控仍是重中之重，智能化进程加速发展，行业全球化趋势更加显著，动物福利重视程度日趋加强。

8.1.2.1 产品优势特征更加凸显，消费市场进一步扩大

营养、价格、便捷上的显著优势，使鸡肉在过去60多年来成为全球范围内最受欢迎的肉类食品之一，而且是消费量超过猪肉、牛肉的重要原因。随着经济的持续发展和生活水平的不断提升，消费者对肉类产品的关注逐步从早期的颜色、新鲜等外观属性转向营养健康等内在属性（Bernués et al.，2003；Denver et al.，2017；Grunert et al.，2018）。经过政府、行业协会、大型公司的大力宣传，欧美等发达国家对鸡肉的消费观相对成熟，且达成共识：鸡肉属于白肉类，具有高蛋白、低脂肪、低胆固醇、低热量的"一高三低"特征，比猪肉、牛肉、羊肉等红肉更加营养健康。此外，鸡肉因养殖环节饲料转化率高、生产成本低，因而具有显著的低价格优势，从而成为包括低收入阶层在内的更为广泛的消费群体有能力购买的肉类。近年来，在全球经济持续低迷的背景下，肉类消费更多地在向较低价格的鸡肉等动物蛋白倾斜（USDA，2024）。再者，鸡

8 白羽肉鸡产业经济

肉作为快餐、预制菜的重要原料之一，加工技术较为成熟，能够很好契合现代年轻人对食物便利化的需求。未来，营养健康、高性价比、快捷便利的产品特征仍将持续促进鸡肉产品消费潜力的进一步释放，全球肉类消费的存量和增量仍将持续向鸡肉倾斜。

8.1.2.2 减抗养殖行动渐进升级，食品安全备受关注

抗生素作为畜禽养殖中特殊的生产要素，其具有两方面的作用：一是预防和治疗，通过化解疫病风险使畜禽集约化规模化养殖成为可能；二是促生长，提高畜禽养殖的生产效率（Key and McBride，2014；Macdonald and Wang，2011；Finlay，2004）。抗生素的低水平的合理使用对推动畜牧业快速发展提供了重要助力。但是，抗生素的超剂量使用，会产生畜禽的耐药性、环境污染和产品质量安全风险等负外部性问题，影响人类和动物健康（Aidara-Kane et al.，2018；马文瑾等，2020）。尤其是近年来多次出现有关鸡肉产品抗生素残留的媒体报道，更增添了消费者的担忧。对食物健康和安全问题的关注是消费者对肉类态度改变的重要驱动因素（Verbeke and Viaene，1999）。从20世纪90年代开始，欧盟部分国家及美国开始全面调查畜禽养殖抗生素使用情况，肉鸡产业作为重点产业之一，被列入其中（Hirsch et al.，1999；Mathews，2001）。随着减抗、禁抗呼声日渐强烈，许多国家和地区显著降低了畜禽养殖过程中预防性抗生素的使用量。麦当劳、赛百味和肯德基等许多知名快餐品牌都加入了降低并直到不使用抗生素养殖的肉类原料加工餐厅食品的行列，并以此提升品牌竞争力。丹麦是全球首个禁止在饲料中使用抗生素的国家，其禁令1998年提出，2000年生效，随后欧盟于2006年全面禁止在饲料中使用抗生素，之后荷兰于2011年、美国于2017年、加拿大于2018年也分别相继实施了在饲料中禁止使用抗生素的政策。总体来看，世界范围内肉鸡减抗养殖行动在持续升级，持续加强畜牧业抗生素减量的实施力度是肉鸡产业发展过程中需要做出的长期应对。

8.1.2.3 禽流感全球大范围暴发，疫病风险防控是重中之重

2020年以来高致病性禽流感疫情在多个国家和地区暴发且有加剧趋势，尤其是欧洲和美洲地区疫情尤为严重。世界动物卫生组织发布信息显示，2022年全球60多个国家报告了H5N1禽流感疫情，疫情累计致使1.31亿只家禽死亡或被扑杀；2023年第一、二、四季度疫情态势较2022年同期明显加重，涉及区域范围扩大，欧洲、亚洲、南美洲、北美洲、非洲家禽产业均受到疫情冲击。动物疫情会直接给肉鸡产业造成巨大的经济损失，也会冲击产业正常的贸易秩序，疫病防控始终是肉鸡养殖的重中之重。尤其随着国内笼养模式的持续推广，集约化程度进一步提升，疫病风险防控责任更加重大。此外，动物疫病疫情还给人类健康带来潜在危害，构成公共卫生威胁。2023年7月，联合国粮食及农业组织（FAO）、世界卫生组织（WHO）和世界动物卫生组织（WOAH）

三家联合国机构联合发布公报，指出正在全球多地暴发的高致病性禽流感主要影响家禽、野鸟和一些哺乳动物，但仍对人类构成持续风险。根据世界动物卫生组织疫情发布信息，2024年除了家禽受高致病性禽流感疫情影响外，人、奶牛等哺乳动物感染高致病性禽流感案例不断增加。

8.1.2.4 智能化进程启动，生产效率和管理水平持续提升

数字化、智能化技术和设施应用正成为推动产业现代化发展的重要驱动力。早在20世纪70年代，机械化和自动化技术的推广应用推动了以美国为代表的现代肉鸡产业的快速发展；近年来，随着国际数字化、智能化科技的加快发展，其在肉鸡等畜禽产业中的应用不断深化，为生产和管理提供了更多的智能化解决方案。养殖环节通过环境智能监控系统、禽病智能诊断系统、光照智能监控技术、行为智能监视系统、体温智能监测系统、声音智能监听系统，以及健康巡检机器人等的综合应用，实现了"人养设备、设备养鸡"的高效管理和高效生产。屠宰加工环节，高端自动化加工生产线，包括掏膛线、分割线、胸肉剔骨机等的广泛应用，帮助屠宰加工厂最大程度地提高生产效率，最大程度地节约人工成本，确保产品质量和安全，并降低生产成本。例如，荷兰梅恩（Meyn）公司推出的15 000只/h的全自动肉鸡加工生产线，美国嘉吉（Cargill）公司推出的智能饲养（Feeding Intelligence）平台等。产业数字化、智能化是推动新质生产力快速发展的主要驱动因素，智能化养殖、智能化加工已成为畜牧业转型升级的重要方向，未来，随着物联网、大数据、云计算等技术的不断发展，智能化科技将更多赋能肉鸡产业，智能化养殖、智能化加工有望实现更高级别的自动化和智能化，将进一步推动肉鸡产业的转型升级，实现更高效、更环保的高质量发展。

8.1.2.5 行业全球化趋势显著，国际化运作和供应链整合快速发展

随着肉鸡产业规模和企业规模的扩张，全球化发展成为近年来全球肉鸡产业的一个显著特点。产业上游，通过兼并重组催生出大型专业化育种公司，目前白羽肉鸡主要育种资源和市场集中在德国EW集团下安伟捷集团（Aviagen）和美国泰森集团（Tyson）下科宝公司（Cobb），占全球白羽肉鸡种业市场的90%以上（王以中等，2022）。产业中游，巴西JBS公司在2009年收购了美国前三大鸡肉加工商之一皮尔格林公司（Pilgrim's Pride），这次收购具有全球影响力，使JBS一跃成为全球最大鸡肉生产商之一；美国肉鸡巨头泰森食品公司（Tyson Foods）在2014年收购了知名肉类加工和熟食公司希尔品牌公司（Hillshire Brands），这是泰森历史上最大的一次收购，通过此次收购泰森实现了产品组合多样化；美国嘉吉公司（Cargill）的欧洲家禽业务部在2018年完成了对波兰康斯堡公司（Konspol）的收购，收购项目涉及饲料厂、肉鸡加工厂，助力嘉吉在欧洲和全球扩大市场份额和提升竞争力。产业下游，全球最大跨国快餐连锁

8 白羽肉鸡产业经济

品牌麦当劳1955年在美国芝加哥创立，目前在全球布局了3万多家分店；全球规模最大的炸鸡快餐店之一派派思（Popeyes）1972年在美国新奥尔良创立，目前在全球开设了4 100多家门店。通过兼并、收购或合作，大型肉鸡企业扩展国际市场和生产基地，实现了跨国运营与供应链整合，国际化运作和供应链整合的趋势特征在未来仍将延续。

8.1.2.6　动物福利重视程度日趋加强，笼养与非笼养成为争议焦点

2000年以前，业内对肉鸡养殖过程动物福利的关注度相对不高，主要致力于实现"笼养"方式下增加密度的集约化养殖。发达国家特别是欧盟出现饲料安全和禽流感事件后，业内对养殖方式和动物福利方面的关注度逐步提升。欧盟2012年起禁止使用层架式笼养，认为非笼养（Cage Free）和放养（Range Free）方式能有效提高动物福利，减少动物疾病的发生和流行。世界农场动物福利协会（Compassion in World Farming）等非政府组织2017年在欧洲制定《更好的鸡肉承诺》（Better Chicken Commitment），也称为《欧洲肉鸡福利承诺》（European Chicken Commitment），提供一套全面的科学的标准以显著改善肉鸡福利。截至2023年末，欧盟和英国已经有380多家公司签署了该承诺，不仅包括肉鸡养殖企业，还包括销售终端。例如，英国超市巨头维特罗斯（Waitrose & Partners）承诺旗下品牌的新鲜和冷冻鸡肉，包括以鸡肉为原料的产品，将按照规定采用更高的福利标准；此外，玛莎百货（M&S）、联合利华（Unilever）、雀巢（Nestle）、达能（Danone）、埃里诺（Elior）等多家国际品牌公司也承诺在其供应链持续提升肉鸡福利。部分关于消费者层面的实证研究也显示，消费者对动物福利重视程度日趋加强，成为影响肉类消费的重要影响因素（Grunert，2018）。

8.1.3　国际肉鸡产业发展主要经验

肉鸡产业长期发展过程中，欧美发达国家以及巴西等发展中国家的肉鸡生产大国，在政策支持、科技研发推广、抗生素减量使用、疫病防控体系建设和市场消费管理等方面积累了有益经验。

8.1.3.1　政府给予大量显性和隐性支持，助力产业提高竞争力

从美国、巴西、欧盟等肉鸡生产大国（地区）的发展历程来看，政府给予大量显性和隐性政策支持，是肉鸡产业从初期的庭院养殖转变为工厂化生产，再到后期实现现代化发展的重要助力。例如，美国对肉鸡生产的支持政策具有显著的系统性、多样性特征，包括了间接的饲料补贴，以及直接的贷款补贴、灾害援助计划、收入保险计划、市场开发计划、出口加工援助计划等（彭超，2019；徐光耀等，2010）。其中，饲料补贴，是通过对玉米、大豆等粮食作物给予多种形式的保护政策和高额补贴，从而大幅降低了饲料粮市场价格（朱险峰和巫成方，2016）；由于饲料成本是肉鸡养殖的最主

要成本构成，约占70%，饲料成本的大幅下降形成了对肉鸡等畜禽养殖业的高额隐性补贴。一系列支持政策的实施，为美国肉鸡产业应对自然风险、疫病风险和市场风险提供了重要保障，大幅降低了生产成本，提升了产业竞争力，推动美国肉鸡产业在本土发展壮大，成为全球肉鸡生产规模最大的国家，也在全球肉鸡贸易中占据绝对优势，美国是全球鸡肉出口大国，仅次于巴西。

8.1.3.2 积极推动产业化发展，激活产业链高效协同发展与整体提升

肉鸡产业是第一个实现产业化发展的畜禽部门，产业化是肉鸡产业快速发展的重要驱动因素。发展模式主要有两种，一种是肉鸡龙头企业带动的"公司+农户"等合同制生产，企业提供雏鸡、饲料、技术支持及其他必要投入，而农户负责提供养殖场地和日常饲养管理；另一种是大型肉鸡企业独自运营的垂直一体化生产，企业控制从孵化、养殖、饲料供应到屠宰、加工和分销整个过程，这一模式能够更有效地控制质量、降低成本，提高整个产业链的效率，但受资金、土地等因素制约，进入门槛高。全球第一大肉鸡生产国美国，有30多家肉鸡龙头企业以及约2.5万个肉鸡养殖户通过签订生产合同共同开展肉鸡养殖，其肉鸡产量约占全国肉鸡总产量的95%，其余约5%的份额由垂直一体化公司和独立经营养殖户生产（NCC，2024）。巴西和欧盟绝大多数的肉鸡也是通过产业化模式生产，且以合同制为主；合作社很大程度上参与了在上述两地的农业生产，即合作社承担了龙头企业的角色，"合作社+农户"与"公司+农户"共同成为合同制生产的主要模式。从全球肉鸡产业发展历程来看，产业化发展实现了产业链各环节的高效协同，促进了农业、工业、服务业的有效融合，推动了产业规模和效益的整体提升。

8.1.3.3 高度重视发展先进生产力，强化科技驱动

发达国家强化科技驱动，高度重视通过科技创新和技术推广充分发挥先进生产力对产业的支撑和引领作用。肉鸡种业方面，白羽肉鸡在全球肉鸡生产中占据绝对主导地位，国际白羽肉鸡育种从最初的个人和农场育种转向公司化育种，肉鸡育种公司通过持续强化科技创新不断发展壮大。一是虽然国际育种公司经历过多次兼并重组，但育种工作保持着长期的稳定性，并相继建立了较为完善的白羽肉鸡育种和繁育体系。目前在全球占绝对主导地位的两家白羽肉鸡育种巨头均具有百年的育种历史，均具备优异的育种综合创新能力，育种研发投入占销售总收入的比重通常在10%左右。二是持续完善杂交育种理论和技术，通过应用分子标记辅助选择、全基因选择等新的育种技术，实现了从经验育种向精准育种的转变，并通过与信息技术的结合引领肉鸡育种向更高层面发展。肉鸡养殖方面，重视全产业链一体化的技术体系。不同于传统的依靠商业型饲料厂主导的肉鸡生产链条，技术体系往往侧重于饲料配方和营养，技术服务仅仅依附于饲料企业的饲料销售环节，发达国家肉鸡养殖重视一体化的技术体系来支撑一体化的生产，包含

8 白羽肉鸡产业经济

了种禽生产、孵化管理、饲料生产、养殖管理、硬件建设、疫病防控、环保控制、产品加工等诸多环节，大大提高了产业链整体生产效率。

8.1.3.4 着力强化生物安全体系建设，提升疫病防控能力

疫病风险是畜禽养殖业面临的主要风险之一，尤其随着集约化养殖的持续推进，以及家畜、野生动物的跨地区流通，禽流感等动物疫病风险加大，对产业的安全发展造成严重威胁。全球层面，为有效应对全球人畜环境健康面临的挑战，FAO、WOAH和WHO联合倡导提出了"同一健康（One Health）"理念，重视人类健康、动物健康和环境卫生之间的紧密关联、协同共进，提倡共同的卫生健康概念，强调跨学科、跨部门、跨地区合作。此外，为应对突发动物疫情，提升疫病防控能力，发达国家普遍建立了完善的畜禽养殖生物安全体系。一是制定相关法律法规。如美国制定《动物卫生保护法》《国家兽医服务法》等，英国制定《农场生物安全法》等，澳大利亚制定《农业生物安全法案》等，欧盟制定《动物卫生法》等，相关法律法规规定了养殖场应采取的各项生物安全措施，旨在预防和控制包括禽流感等动物疫病的传播。二是注重养殖场生物安全体系建设。养殖场生物安全体系建设是一个国家或者地区动物疫病风险管理的重要组成部分，发达国家在长期实践中形成了较为成熟的生产安全体系建设理念、规章制度和行为规范，涉及养殖场选址、布局、隔离、运输等养殖场外部的生物安全，有害生物防控、饲料管理、人员卫生、车辆消毒、动物健康、兽药使用等养殖场内部的生物安全等。

8.1.3.5 持续加强消费管理，重视消费市场培育

美国、巴西和欧盟等既是肉鸡生产大国（地区），也是肉鸡消费大国（地区），且人均鸡肉消费处于较高水平，高度重视消费管理、持续加强消费市场培育是自20世纪50年代以来肉鸡生产大国陆续开展并长期坚持的工作。一是重视消费者偏好变化。面对消费者偏好的变化，美国食品公司充分利用物联网及大数据普及的优势，借助大学食品学院的感官评定实验室，对肉鸡消费市场进行数据统计与信息挖掘，进而获得正确的产品感官评定及市场调研数据，助力肉鸡新产品的精准研发及投放。二是重视产品宣传和科普。美国是现代肉鸡产业的发源地，其为应对20世纪50年代美国肉鸡产业发展的衰退期，美国国家肉鸡委员会（National Broiler Council，美国国家鸡肉委员会的前身）成立并及时推出全国性肉鸡产品消费推广计划以提振产业景气度，包括西部牧场晚餐（Western Ranch Dinner）、"鸡肉：未来的食物"（Chicken：The Food of the Future）和"鸡肉是明智的选择"等；进入20世纪60年代，大公司开始利用电视和印刷媒体以品牌名称推销鸡肉产品。直至当前，美国国家鸡肉委员会（National Chicken Council，NCC）、巴西动物蛋白协会（Brazilian Animal Protein Association，ABPA）

· 531 ·

等国家层面的行业协会以及大型鸡肉产品生产商等都通过网站对鸡肉产品的营养、健康、安全,以及生产过程的环保、可持续、现代化等优势特征进行大篇幅的宣传,突出鸡肉作为白肉比红肉更健康,突出鸡肉生产比其他肉类生产更有益于水资源保护和减少碳足迹,突出鸡肉生产中通过先进自动化设施更有助于保障产品安全,提升肉鸡产业和产品的公众形象,刺激行业的整体增长。

8.2 我国白羽肉鸡产业发展阶段

我国肉鸡饲养历史悠久,最早可以追溯到新石器时代早期(王铭农,1991;Abdulwahid and Zhao,2022),已有几千年的生产实践,与牛、马、羊、猪、狗并列为"六畜"。在20世纪80年代白羽肉鸡引入我国之前,国内一直养殖本土品种黄羽肉鸡。20世纪80年代白羽肉鸡自国外引入我国,在短期内即进入快速发展轨道。经过四十余年的持续发展,肉鸡产业在生产"数量"上实现大幅增长的同时,发展"质量"亦得到显著提升。总体来看,我国白羽肉鸡产业大致经历了起步及快速发展、转型升级、提质增效三个较为明显的发展阶段。

8.2.1 起步及快速发展阶段(1980—1996年)

改革开放后,随着家庭联产承包责任制的确立实施,以及独立自主市场主体的开始形成,畜禽养殖业的经营体制也开始发生变化,形成了包括国营、集体、个体等多种经济成分共同推动发展的新格局,全国肉鸡产业起步发展。在此背景下,1980年,广东食品公司(现广东食品集团公司)先后引进第一批爱拔益加(AA)父母代种鸡和第一批爱拔益加祖代种鸡,然后从南往北开始销售父母代。广东食品公司是改革开放后国内最早开启白羽肉鸡引种繁育的企业,此后,广东、上海、山东、福建等地纷纷建立白羽肉种鸡场,一些企业也开始引进白羽肉种鸡(韩枫,2019)。同时,改革开放伊始,外资企业进入我国,将国际先进的白羽肉鸡生产技术和管理经验带入我国,极大地推动了我国白羽肉鸡产业的发展步伐。1985年,畜产品经营体制和价格双放开,畜牧业步入市场经济轨道,畜牧业生产潜力得到极大释放,满足城乡居民"菜篮子"产品需求是这一阶段畜牧业发展的重要使命,白羽肉鸡产业经过了短暂的起步发展阶段后进入快速发展阶段,产业总量规模不断扩大,成为我国农村经济的新增长点。

这一阶段,出口创汇是白羽肉鸡产业发展的重要目标之一。在我国外贸体制改革过程中,鉴于当时外汇对国家经济发展的重要性,增加出口创汇是重要目标之一。进入20世纪80年代后,日本等国对鸡肉产品需求迅速增长,但当时国内本土的黄羽肉鸡不能满足出口要求,白羽肉鸡承担了出口创汇的重要使命。可以说,白羽肉鸡自国外引进一直到之后的20年时间里,均是以出口创汇为主导。到20世纪90年代末,我国肉鸡产业已经具备了外贸体制、民营体制、外资体制、国有体制的"四驾马车",其中有代表性的外贸出口型企业有诸城外贸、青岛九联等,国有企业有北京华都集团等,民营企业有福建圣农、山东仙坛、山东民和等,外资企业有正大集团、大成集团、吉林德大、上海大江等。

这一阶段,产业化发展是肉鸡产业迅速发展壮大的重要推动力量。第一家肉鸡外资企业泰国正大集团在1979年进入我国,并在20世纪80年代初在深圳合资建立我国第一家现代化饲料厂,并围绕饲料的生产和销售,建立了配套种鸡场以及多级技术服务体系,采取由中方联营公司与农户签约,向农户提供鸡苗、饲料、防疫药品和饲养技术,按合同价格回收出栏毛鸡,推动各地养鸡业的发展和带动饲料销售。通过外资企业将国际先进的肉鸡生产技术和管理经验直接引入国内,国际上相对成熟的白羽肉鸡产业化经营的"公司+农户"模式也迅速在国内得到复制推广。虽然小规模养殖场(户)为这一阶段最主要的产业经营主体,但在产业化模式推动下,白羽肉鸡产业发展势头迅猛,产业总量规模不断扩大,成为我国农村经济的新增长点。可以说,我国整个肉鸡产业化进程的推进,得益于白羽肉鸡产业在国内的起步及快速发展。

8.2.2 转型发展阶段(1997—2012年)

随着改革开放以来整个畜牧业的快速发展,在20世纪90年代后期我国畜禽产品供给呈现出了阶段性、结构性过剩的问题;同时,随着国际市场的逐步开放,畜产品国际市场竞争的压力越来越大。我国肉鸡产业也在经历了前面1986—1996年的10年超高速增长期后,呈现出肉鸡生产相对过剩、市场供给相对饱和的局面。在此背景下,肉鸡生产减速,提升产业化、规模化发展水平成为本阶段肉鸡的主要发展方向。在此阶段中,"公司+农户"等产业化经营模式不断完善,并带动了规模化养殖水平不断提升,白羽肉鸡产业也经历了从高速发展到回落趋稳的阶段特征变化。

这一阶段,禽流感使得白羽肉鸡产业发展方向发生重大转变,从"出口导向"型转向"内需主导"型。由于1997年我国香港地区发现首例H5N1禽流感,导致各国纷纷暂停我国肉鸡产品的进口,这严重冲击了当时以外贸出口肉鸡产品为主要导向的内地白羽肉鸡产业的发展。在1997—2003年阶段,禽流感不仅在我国香港地区出现,也在内地发生,每次禽流感疫情暴发都会导致我国鸡肉产品主要出口国对我国暂停进口,并在之后疫情减缓后再重新开放,上述状况多次反复直至2003年辽宁出现H5N1高致病禽流感疫情,我国鸡肉产品主要出口国日本及其他西方国家彻底终止了对我国生鲜冷冻鸡肉产品的进口(李景辉,2023)。由此,2003年以后我国肉鸡生鲜冷冻品的出口成为历史,我国肉鸡外贸导向出口便不再存在,倒逼行业转型升级走向国内市场。

这一阶段,鸡肉快餐进入我国促进了白羽肉鸡产品消费市场的拓展。20世纪80年代、90年代肯德基、麦当劳等洋快餐先后进入我国,并在20世纪90年代末在我国快速发展，成为国内肉鸡市场发育的一个新信号。一方面，直接促进了鸡肉消费的增长，并且在很大程度上为国内快餐业打开了国际视野，促进了我国肉鸡产品在熟食化、深加工为导向的发展中快速提升，进一步推动了白羽肉鸡产品消费市场的拓展。另一方面，由于国际快餐品牌对食品质量安全的高标准要求，倒逼白羽肉鸡企业提升管理水平和养殖水平，推动了肉鸡标准化规模养殖水平的提升，也推动了一批经营范围涵盖种鸡、商品鸡、屠宰加工等全产业链的肉鸡企业成为产业发展的重要经营主体，并通过实施产品可追溯体系，确保产品质量安全达到国际先进水平。

8.2.3 提质增效阶段（2013年以来）

2013年以来，在我国宏观经济进入GDP增速减挡的大背景下，我国肉鸡产业遭遇产能过剩、消费低迷的困境，同时受疫病疫情、环保政策，以及养殖成本增加等多重因素叠加影响，国内肉鸡产业发展已经由过去单一的资源制约逐步转变为市场、资源、生态和疫病四重制约。在此局势下，以质量兴农、品牌强农、绿色发展为导向，大力推进产业发展供给侧结构性改革的任务既必要又紧迫，白羽肉鸡产业进入提质增效发展阶段。

这一阶段，在多方面因素影响下我国白羽肉鸡生产反复波动。其一，在我国宏观经济增速放缓的大背景下，包括鸡肉在内的畜产品消费整体下降。其二，2013年以来我国断断续续发生多次H7N9流感疫情，给肉鸡产业造成重创。其三，鸡肉质量安全冲击产业健康发展秩序，例如2012年开始有媒体报道"速生鸡""药残鸡"事件，2014年媒体关于麦当劳、肯德基等快餐的肉类供应商上海福喜使用过期变质肉类原料的问题曝光，进一步打击了肉鸡产业发展。其四，经历了前期的持续快速发展，肉鸡市场供应快速增加，产能过剩问题凸显，尤其是面对当时低迷的消费市场，产能过剩问题愈加突出，产业发展受阻，进入低谷期。值得一提的是，2014年初，以通过行业自律压缩产能为目的，白羽肉鸡联盟（现为中国畜牧业协会白羽肉鸡分会）成立，为当时情况下控制产能、削减产能发挥了突出作用。其五，2014年以来环保力度不断增强，国务院发布的《畜禽规模养殖污染防治条例》《中华人民共和国环保法》《水污染的防治行动计划》（简称"水十条"）《土壤污染防治行动计划》（简称"土十条"）和《"十三五"生态环境保护规划》相继出台，各地禁养区划定及禁养区内养殖场拆迁，多因素叠加，养殖场（户）持续大量退出，畜禽养殖的环保成本显著增加。

这一阶段，国家密集出台多项政策旨在推动畜牧业提质增效、绿色发展。2015年的中央经济工作会议提出，推动农业供给侧结构性改革，加快各农业产业提质增效，转变生产方式。原农业部的《2016年畜牧业工作要点》指出，我国畜产品消费快速增长的消费阶段已经过去，现阶段的主要矛盾是畜产品增产与增收。提升发展质量和生产效率，实现高效、高质、绿色发展成为这一阶段白羽肉鸡产业发展的主要任务。与此同时，中央及地方各项环保政策的出台和落实，为畜禽养殖绿色发展指明了方向，提出了要求。2017年下半年，在农业部的组织下H7N9实行全国性免疫，我国肉鸡产业逐步摆脱H7N9的影响，产业逐步恢复正轨。2018年8月以后非洲猪瘟在全国范围内暴发，使得消费者更多地选择鸡肉作为替代猪肉的动物蛋白来源。伴随着鸡肉消费市场的企稳回升，白羽肉鸡生产再次进入快速增长轨道。

8.3 我国白羽肉鸡供需主要特征

8.3.1 白羽肉鸡种源供给保障能力取得重大突破，产能供给水平居历史高位

随着白羽肉鸡产业的不断发展，大企业集团在产业中的份额持续加大，集团化趋势愈发明显。各企业在缺乏全行业系统研究和协调的背景下不断扩大自身产能规模，白羽祖代肉种鸡更新规模和存栏规模在2013年达到历史最高峰值。2000—2013年白羽祖代种鸡更新数量从55万套迅速增至150余万套（图8-1），导致供给端的产能增幅大大快于需求端的消费增幅。2014年1月，以通过行业自律压缩产能为目的的白羽肉鸡联盟成立，为当时控制、削减产能发挥了突出作用。在白羽肉鸡联盟的积极推动下，加之2013年国内出现H7N9疫情导致消费市场低迷，以及2014年11月以来国际禽流感持续暴发，引种严重受阻，产能过剩问题有所缓解。2019年，因非洲猪瘟暴发导致猪肉产量大幅下降、鸡肉需求量大幅上升，肉鸡生产规模迅速扩张，白羽祖代种鸡更新数量大幅提高，达到122.4万套，较上年增加64.1%。2020年以来，受全球范围内新冠疫情的持续蔓延和禽流感疫情的多地暴发影响，白羽肉鸡引种受阻，从国外引进的白羽祖代种鸡数量大幅下降。到2022年，我国白羽肉鸡祖代种鸡的更新结构发生了显著变化，由国外引进祖代、曾祖代种源国内自繁和国内自有品种繁育的三部分构成。一方面，2020年以来国内自繁白羽祖代肉种鸡对保障种源起到积极作用，另一方面，2021年12月国家畜禽遗传资源委员会审定通过的3个国内自主知识产权白羽肉鸡品种"圣泽901""广明2号""沃德188"，为近年来我国应对白羽祖代种鸡引进受阻提供了重大支撑，2022年3个自主培育白羽肉鸡新品种提供祖代数量约31.3万套（表8-2），确保了国内肉鸡产业的稳定发展。

从白羽祖代种鸡存栏数量来看，根据中国畜牧业协会监测数据，变动趋势与白羽祖代种鸡更新数量类似，大致可以划分为三个阶段：

第一阶段为2013—2016年。受突发事件及产能过剩影响，产业低迷，在引种调控及封关双重影响下，白羽祖代种鸡规模缩减，2013年6月全国白羽祖代种鸡存栏量达到"峰值"206.95万套，2016年5月全国白羽祖代种鸡存栏量降至"谷底"105.30万套，累计降幅约为50%。至此，祖代积累的过剩产能基本出清。

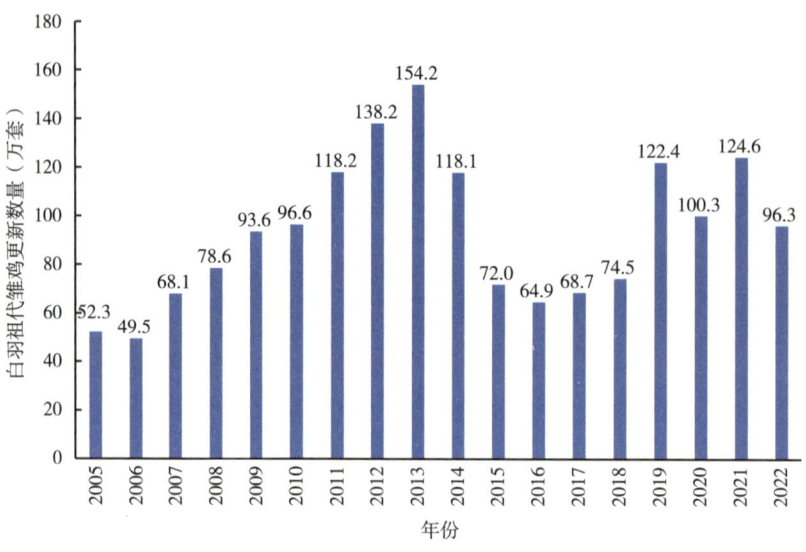

图8-1 2005—2022年我国白羽祖代雏鸡更新数量

（数据来源：《中国禽业发展报告》）

表8-2 2022年我国白羽祖代肉种鸡更新数量

品种	数量（套）	占比（%）
科宝	364 090	37.80
圣泽901	193 991	20.14
AA+	144 423	14.99
哈伯德	87 963	9.13
广明2号	62 650	6.50
沃德188	55 900	5.80
罗斯	54 300	5.64
合计	963 317	100.00

数据来源：中国畜牧业协会。

第二阶段为2016—2018年。白羽种鸡总体存栏变动幅度明显收窄，变动方向主要受后备存栏增减影响。2018年，全国白羽祖代种鸡年平均存栏量115.53万套，其中，后备36.78万套，在产78.75万套。根据中国畜牧业协会在新常态下重新测算的供求均衡水平而言，80万套左右的在产祖代存栏规模较为合适。整体而言，产业在2016年达到了"供求平衡"的状态，2017年继续保持。2018年，受多年"封关"及祖代强制换羽减少影响，总存栏量、后备存栏量、在产存栏量低于2017年，在产祖代肉种鸡存栏量处于低位，祖代企业生产经营情况正常，在产祖代规模能够保证种源供应。2018年全国白羽父母代肉种鸡在产种鸡年均存栏量4 304.85万套，较2017年下降4.61%。

第三阶段为2018—2022年。白羽祖代种鸡存栏量大幅上升，产能居历史高位。受白羽祖代种鸡存栏量自2017年低位恢复、2018年种鸡强制换羽数量增加、2018年初后备种鸡占比较高等因素，2018年年内白羽祖代种鸡存栏量总体呈明显增加趋势，2018年12月白羽在产父母代种鸡存栏量6 676.2万套，较上年同期（2017年同期为低谷）增加25%。2019—2022年，白羽肉鸡存栏量均延续了持续增加趋势，白羽祖代种鸡平均存栏量不断上升，2019年139.3万套，较上年增加20.6%；2020年163.3万套，较上年增加17.16%；2021年171.3万套，较上年增长4.9%；2022年178.5万套，在上年的历史高位上进一步实现了3.8%的增幅。2022年，白羽父母代种鸡平均存栏量6 941.2万套，由于连续高位补栏，后备父母代种鸡存栏量不断增加，越发接近在产父母代种鸡存栏量，在产父母代种鸡平均存栏量3 853.1万套，后备父母代种鸡平均存栏量3 088.1万套，分别比上年降低8.5%和增长6.5%。

8.3.2 白羽肉鸡产量显著增长，在肉鸡生产中占比持续上升

1980—2012年，我国白羽肉鸡生产一直呈现较为稳定的持续上升趋势，但2013—2017年在宏观经济进入GDP增速减挡的大背景下，受疫情、环保政策，以及养殖成本增加等多重因素叠加影响，肉鸡等家禽生产反复受挫，2013—2017年禽肉产量和出栏量反复波动。2018年以来肉鸡等家禽生产再次进入增长轨道。2018年得益于H7N9流感疫苗免疫的全面普及使得肉鸡产业基本摆脱H7N9流感疫情的影响，此外，2018年8月以来国内非洲猪瘟疫情暴发导致猪肉供需受到巨大冲击，上述两方面因素综合作用，国内禽肉消费市场景气度显著提升。2018年和2019年分别实现了12.62%和13.94%的大幅增长，其中，白羽肉鸡增幅分别达到20.24%和11.42%。2020—2021年受种鸡高位产能的持续释放及消费持续增长拉动供需两方面因素影响，鸡肉产量均实现了增幅为9.58%和4.06%的较大增长，值得注意的是，这一阶段我国鸡肉产量的大幅增长主要是由白羽肉鸡增产驱动，而受"活禽管制"等因素影响黄羽肉鸡产量未增反降，2020年和2021年白羽肉鸡产量分别达到1 195.17万t和1 301.57万t，分别较上年实现了17.24%和8.90%的较大增长。2022年，随着生猪产能逐渐回归到常态水平，猪肉价格从高点回落，加之新冠疫情大范围的多次反复对经济复苏造成压力，鸡肉消费市场低迷。同时，由于饲料价格出现较大幅度上涨，进一步挤压了养殖利润，养殖户对后市预期不乐观，补栏意愿谨慎。2022年肉鸡产量较上年下降6.44%，为2 007.18万t；其中，白羽肉鸡产量较上年下降8.49%，为1 191.03万t，小型白羽肉鸡产量较上年增长25.35%，为249.50万t。

随着白羽肉鸡产业的快速发展，我国肉鸡生产品种结构发生显著变化，白羽肉鸡超过黄羽肉鸡成为我国肉鸡产业发展的主导品种。在20世纪90年代中期以前，黄羽肉鸡出栏量一直高于白羽肉鸡；20世纪90年代中期之后，白羽肉鸡出栏量略高于黄羽

肉鸡；但2013年H7N9流感疫情暴发以来，产业结构又有进一步调整。2013年白羽肉鸡、黄羽肉鸡出栏量分别为45.1亿只、38.6亿只，占专用型肉鸡出栏量的比例分别为49.96%、42.77%（图8-2）。由于黄羽肉鸡单体重量低于白羽，因此从鸡肉产量上来看，黄羽肉鸡肉产量明显低于白羽，2013年白羽肉鸡、黄羽肉鸡鸡肉产量分别为784.3万t和464.9万t，占专用型肉鸡鸡肉产量的比例分别为59.50%和35.27%（图8-3）。除了受到消费端市场低迷、养殖端饲料价格上涨等产业发展面对的共性因素影响外，"活禽管制"对黄羽肉鸡消费产生进一步的抑制作用，黄羽肉鸡出栏量和鸡肉产量在肉鸡总量中的份额不断降低。2022年白羽肉鸡出栏量为60.90亿只，黄羽肉鸡出栏量为37.26亿只，占比分别为51.38%和31.43%（图8-2）；白羽肉鸡、黄羽肉鸡产量分别为1 191.03万t和471.14万t，占比分别为62.30%和24.65%（图8-3）。此外，2022年小型白羽肉鸡出栏量为20.42亿只，鸡肉产量为249.50万t，占比13.05%。

图8-2　2013—2022年我国肉鸡出栏结构

（数据来源：农业农村部及中国畜牧业协会监测数据。肉鸡出栏数量为专用型肉鸡出栏数量，未包括淘汰蛋鸡）

图8-3　2013—2022年我国肉鸡产量结构

（数据来源：农业农村部及中国畜牧业协会监测数据。肉鸡产量为专用型肉鸡产量，未包括淘汰蛋鸡）

8.3.3 白羽肉鸡规模化养殖程度不断提高,产业化发展进程持续推进

肉鸡产业化经营模式的逐步推行带动了规模化养殖的发展。尤其是进入21世纪后,肉鸡规模化养殖的步伐明显加快。其一,2014年以来环保政策力度不断加大,部分养殖场(户),尤其是南方水网地区养殖场(户)退出行业或改址新建养殖场,新建养殖场规模普遍较大。其二,肉鸡养殖从网上平养或地面平养转向三层或四层立体笼养,极大推动了单体养殖场规模的扩大。根据国家肉鸡产业技术体系统计,目前全国85%的白羽肉鸡养殖已经实现了单层平养模式向多层笼养模式的转变。总体来看,我国规模化肉鸡养殖出栏份额持续上升,并呈现出向中大规模集中的明显趋势。按照农业农村部的统计标准,将年出栏肉鸡1万只及以上的养殖场作为规模养殖场,2022年肉鸡养殖规模化率上升到86.4%,较2020年24.6%的规模化率水平增加了近60个百分点(图8-4)。

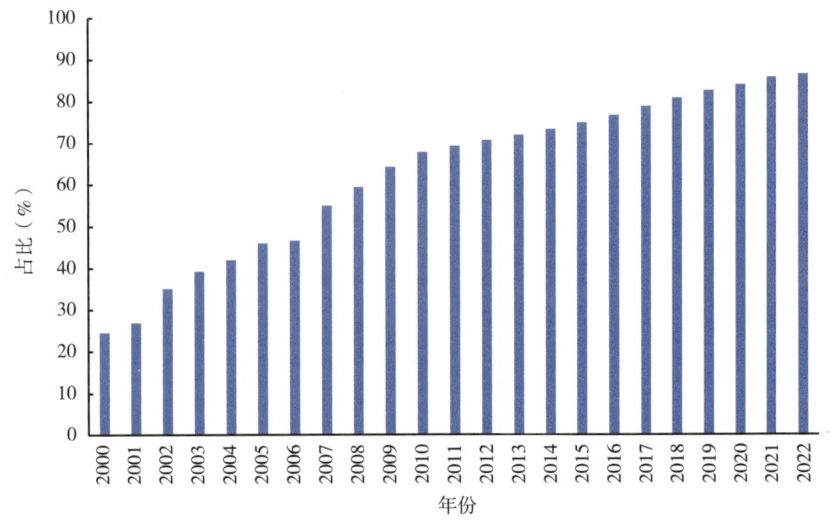

图8-4 2000—2022年规模肉鸡养殖场年出栏数量占全部出栏数量比重

[注:出栏数量1万及以上作为规模养殖。

数据来源:《中国畜牧兽医统计》(历年)]

随着20世纪80年代白羽肉鸡引入国内,国际先进的肉鸡生产技术和管理经验也同时被引入国内进行"高位嫁接",推动了"公司+农户"等产业化经营模式在国内落地。在肉鸡产业化发展过程中,形成了公司垂直一体化、"公司+农户"以及"公司+中介组织+农户"等多种经营模式。其中,"公司+农户"是我国白羽肉鸡养殖最主要的经营模式,作为龙头企业的"公司"为合同养殖户统一提供生产要素及技术服务,并统一回收养成出栏毛鸡,龙头企业与养殖户双方共建"利益共享、风险共担"的利益共同体。"公司+中介组织+农户"模式中的中介组织在这一模式运行中扮演重要角色,

其包括合作社以及经纪人等多类主体。在我国肉鸡规模化养殖的起步及快速发展阶段，"公司+经纪人+农户"模式占据较高份额。由于当时养殖场（户）规模相对较小，公司因直接对接农户成本较高，更倾向于对接经纪人，经纪人为养殖户提供生产要素及技术服务，与养殖户共同分享养殖利润；随着产业的发展，养殖户经营规模扩大，一方面，公司直接对接农户的成本降低，公司产生与养殖户进行直接对接的意愿和需求，另一方面，鸡苗、饲料等生产投入要素的市场价格逐步透明，有了一定的资本积累的养殖户具备了与上下游环节直接对接的基础和能力，在上述两方面因素的作用下，作为"中介"角色的经纪人逐步退出产业链，养殖户或转为独立经营模式，或转入"公司+农户"模式。根据中国畜牧业协会白羽肉鸡分会统计数据，目前产业化经营模式下的养殖场（户）生产了占70%份额的白羽肉鸡。

8.3.4 白羽肉鸡产品人均消费水平显著增长，在肉类消费中占比大幅提升

鸡肉等禽肉产品是我国消费人群最广的肉类食品。改革开放前，受供给不足等因素约束，我国肉类消费处于较低水平，1978年全国人均鸡肉消费量仅为1.00 kg/人。随着改革开放以来肉鸡产业快速发展，鸡肉消费水平大幅提升。其中，2012年，人均鸡肉消费量达到阶段最高点13.88 kg/人。2013年以来，受H7N9流感疫情、食品安全事件，以及GDP增速减挡等因素影响，2013—2017年我国肉鸡消费增长几近停滞，甚至负增长，人均鸡肉消费量基本维持在10~11 kg。2018年8月以来国内大面积暴发了非洲猪瘟疫情，疫情暴发初始，消费者对猪肉产品有所排斥，猪肉消费下降，肉鸡产品消费上升；后期，随着非洲猪瘟疫得以缓解，消费者也逐渐接受了市场上猪肉产品是安全的这一观点，消费需求恢复，但由于非洲猪瘟导致国内猪肉供给严重不足，猪肉价格大幅上涨。在我国肉类消费中，肉鸡等禽肉没有宗教禁忌，是消费最为广泛的肉类，且具有显著的低价格优势。在猪肉供给短缺、猪肉价格高位的市场形势下，国内鸡肉等禽肉消费明显增加，后期随着猪肉产能的恢复以及猪肉市场价格的回落，肉鸡对猪肉的替代作用有所减弱，2022年鸡肉消费量较上年有所下降。2022年全国鸡肉消费量2 145.76万t，人均鸡肉消费量达到15.20 kg/人，其中来自白羽肉鸡的人均鸡肉消费量为8.98 kg/人。

我国肉类消费总量迅速增长的同时，肉类消费结构也发生了明显变化，最为显著的趋势特征是：猪肉消费比重持续下降，鸡肉等禽肉消费比重大幅提升。1978年我国居民猪肉消费占绝对优势，猪肉消费占肉类消费量的81.69%；禽肉消费次之，占居民肉类消费量的13.19%，其中鸡肉占比10.35%；牛肉和羊肉消费较少，分别占到肉类消费量的1.91%、3.15%。2000—2007年，我国禽肉消费占比逐步提升至20%左右，其中鸡肉消费占比达到16.15%；牛肉和羊肉消费规模逐渐扩大，消费占比分别提升至

8.90%、5.57%；猪肉消费占比进一步被压缩，由1978年的80%以上逐步降至62.04%。2000—2018年，我国肉类消费比重相对稳定。2018年以来，受非洲猪瘟影响，肉类消费结构又有所调整，猪肉消费占比从62.51%下降至53.83%；禽肉消费占比从22.23%提升至28.45%，其中鸡肉消费占比从18.42%提升至25.05%，替代效应明显。随着国内非洲猪瘟疫情逐渐得到控制，2021年起生猪产能逐渐恢复，对禽肉消费存在一定挤压作用，2022年猪肉消费占比恢复至58.23%，禽肉消费占比下降至25.14%，鸡肉消费占比下降至20.86%，其中白羽肉鸡消费占比12.32%。

8.3.5　白羽肉鸡加工业迅速发展，预制菜市场备受关注

白羽肉鸡主要是经过屠宰加工后进入市场销售，白羽肉鸡屠宰加工端发展较为成熟，近年来一直保持了较快发展速度。2023年18家集团企业白羽肉鸡屠宰总量为50.6亿只（表8-3），占全国白羽肉鸡屠宰量61.3%。禾丰集团、圣农集团、正大（中国）始终位于近3年的前3位，2023年白羽肉鸡屠宰量分别为8.5亿只、6.8亿只、4.6亿只，较2022年增长率分别为13.3%、11.5%、0%。2023年白羽肉鸡屠宰量2亿~3.5亿只的集团有9家，为山东新盛集团、新希望六和、山东太和集团、江苏益客集团、沈阳耘垦集团、山东超合集团、山东仙坛集团、山西大象、河南双汇，总量为23.1亿只。2023年白羽肉鸡屠宰量1亿~2亿只的集团有6家，为山东凤祥集团、山东博大集团、山东中天集团、青岛九联集团、山东利华集团、唐山中红集团，总量为7.7亿只。

表8-3　2023年全国前18家集团企业白羽肉鸡屠宰量量

排名	企业	2023年屠宰量（亿只）
1	禾丰集团	8.5
2	圣农集团	6.8
3	正大（中国）	4.6
4	山东新盛集团、新希望六和、山东太和集团、江苏益客集团、沈阳耘垦集团、山东超合集团、山东仙坛集团、山西大象、河南双汇	23.1
5	山东凤翔集团、山东博大集团、山东中天集团、青岛九联集团、山东利华集团、唐山中红集团	7.7
合计	—	50.7

数据来源：中国畜牧业协会。

随着人们生活工作节奏的变化，消费者尤其是年轻消费群体对食物的便利化需求明显上升，给预制菜市场带来了重大发展契机。同时，户外堂食就餐拉动了中央厨房系统餐饮端消费的增长，电商、便利店、餐饮等流通销售渠道的扩展提升了终端消费者对预制菜的可及性。2023年中央一号文件提出"培育发展预制菜产业"，此外，2023

年国家发展改革委发布《关于恢复和扩大消费的若干措施》，以及工业和信息化部、国家发展改革委、商务部等多部门联合发布《轻工业稳增长工作方案（2023—2024年）》，均对预制食品的发展做出明确部署。鸡肉因高营养价值、市场价格低以及成熟的生产技术和菜品研发，在预制菜市场中具有重要地位。

8.3.6 白羽肉鸡产品在我国鸡肉贸易中占绝对主导地位，鸡肉进口量显著增加

来自白羽肉鸡的鸡肉产品是我国鸡肉产品贸易的主要构成，其中，进口鸡肉产品全部为白羽肉鸡的鸡肉产品；出口产品中，早期有部分黄羽肉鸡活鸡产品供中国香港和中国澳门地区等，后期随着禽流感影响，黄羽肉鸡活鸡产品不再有贸易流通，目前有部分黄羽肉鸡整鸡产品供给中国香港和中国澳门地区，其他绝大部分出口鸡肉产品也均为来自白羽肉鸡。从进口贸易来看，自改革开放以来我国鸡肉产品进口量增长明显，但受国内外市场影响，进口量波动较大，尤其受2018年8月以来国内非洲猪瘟暴发导致的肉类供需关系趋紧影响，2019年以来鸡肉产品进口大幅增加，2020年鸡肉产品进口量达到历史最高峰153.50万t，后虽有回调，但仍持续居历史相对高位，2022年鸡肉产品进口130.38万t，进口量在全球各国（地区）中位居第二；鸡肉出口量虽有波动，但总体上呈现增长趋势，出口量在全球长期居第10位前后。2022年鸡肉进口量占禽肉进口总量的98.62%，占肉类进口总量比例为17.66%；鸡肉出口量达到53.24万t，占我国禽肉出口总量的84.62%，占肉类出口总量比例为70.71%（图8-5）。

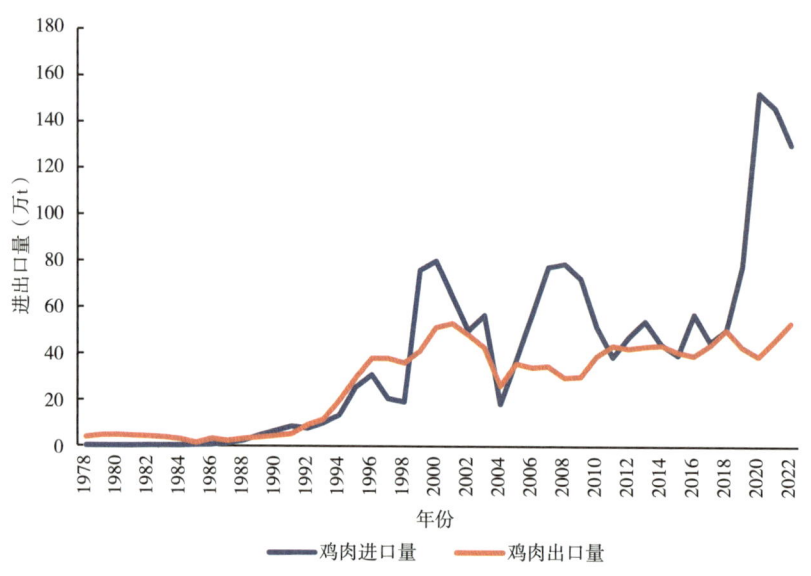

图8-5 1978—2022年我国鸡肉进口量与出口量

（数据来源：FAOSTAT和中国海关统计数据）

我国鸡肉进口来源国（地区）相对集中，出口去向国（地区）相对分散。进口来

源国为10~15个国家,其中巴西、美国和俄罗斯为我国鸡肉进口的三大主要来源国,2022年来自上述三地的鸡肉进口量占我国鸡肉进口总量的78.68%(表8-4)。出口去向国多达70多个国家(地区),但最主要的份额集中在日本和中国香港地区,2022年出口到上述两地的鸡肉数量占比分别为36.27%和31.75%(表8-5)。

表8-4 2022年我国鸡肉产品主要进口来源国

国家	进口数量(t)	进口占比(%)
巴西	553 286.98	42.44
美国	344 324.30	26.41
俄罗斯	128 148.46	9.83
泰国	86 894.86	6.66
阿根廷	74 683.72	5.73

数据来源:中国海关统计数据。

表8-5 2022年我国鸡肉产品主要出口市场

国家(地区)	出口数量(t)	出口占比(%)
日本	193 109.18	36.27
中国香港	169 017.25	31.75
马来西亚	22 534.69	4.23
蒙古国	19 252.44	3.62
英国	18 442.14	3.46
荷兰	18 394.54	3.45
中国澳门	13 505.54	2.54
菲律宾	11 908.53	2.24
巴林	7 516.36	1.41
阿富汗	6 870.17	1.29

数据来源:中国海关统计数据。

我国鸡肉产品的进出口结构均发生了较大变化。进口方面,在2005年以前,主要以冻鸡块、鸡杂碎为主,从2005年起,冻鸡块、鸡杂碎份额明显下降。2022年,鸡肉产品进口量较大的是冻鸡翅(不包括翼尖)32.75万t、冻鸡爪66.47万t,二者占鸡肉产品进口总量的76.10%(表8-6)。出口方面,在2003年以前,主要以冻鸡块、鸡杂碎为主,从2003年起,以鸡肉熟制品为主的产品出口占比提升,其中冷鲜肉和活鸡主要销往中国香港和澳门。2022年我国鸡肉产品出口量较多的是熟制品29.83万t,占比57.74%,包括其他制作或保藏的鸡腿肉、其他制作或保藏的鸡胸肉、其他制作或保藏的鸡肉及食用杂碎等；其他冻鸡块11.53万t，占比21.66%；整只鸡7.5万t，占比14.21%（表8-7）。

表8-6 2022年我国肉鸡产品进口结构

类别	进口数量（t）	进口占比（%）
冻鸡爪	664 692.88	50.98
冻鸡翼（不包括翼尖）	327 499.27	25.12
带骨的冻鸡块	230 652.79	17.69
其他冻鸡杂碎	67 649.24	5.19
整只鸡，冻的	6 514.63	0.50
冷、冻的鸡肫	6 031.27	0.46
其他冻鸡块	703.52	0.05
鸡罐头	15.12	0.001 2
其他制作或保藏的鸡胸肉	3.57	0.000 3
其他制作或保藏的鸡肉及食用杂碎	0.04	0.000 003

数据来源：中国海关统计数据。

表8-7 2022年我国肉鸡产品出口结构

类别	出口数量（t）	出口占比（%）
其他制作或保藏的鸡腿肉	128 900	24.21
其他冻鸡块	115 302	21.66
其他制作或保藏的鸡胸肉	96 195	18.07
整只鸡，鲜或冷的	75 677	14.21
其他制作或保藏的鸡肉及食用杂碎	63 206	11.87
带骨的冻鸡块	22 719	4.27
鸡罐头	17 073	3.21
其他冻鸡杂碎	4 193	0.79
冻鸡翼（不包括翼尖）	3 597	0.68
整只鸡，冻的	3 207	0.60
鲜或冷的带骨鸡块	1 805	0.34
鲜或冷的其他鸡杂碎	175	0.03
其他鸡，改良种用除外，重量≤185 g	139	0.03
鲜或冷的其他鸡块	133	0.03
冻鸡爪	72	0.01
鲜或冷的鸡翼（不包括翼尖）	12	0.00

数据来源：中国海关统计数据。

随着鸡肉进口量的显著增加，我国成为鸡肉进口大国。从历史演变趋势来看，我国鸡肉进口量占世界鸡肉进口总量的比例多数年份在2%～6%区间，部分年份存在较大波动。其中，受加入WTO影响，1999年我国鸡肉进口大幅增加，进口量达到76.01万t，占到世界鸡肉进口贸易总量的12.71%，是占比最高的一年。进入21世纪，我国鸡肉进口量逐年提升，但由于世界鸡肉贸易规模不断扩大，我国鸡肉占世界鸡肉进口量比重总体下滑，2012—2019年我国鸡肉进口量由47.33万t增长至77.97万t，但进口占世界鸡肉进口量的比例稳定在3.5%左右。2020年国内非洲猪瘟背景下，我国鸡肉进口量增长至152.72万t，占世界鸡肉进口量的比例提升至9.97%。2021—2022年随着我国鸡肉进口量的缩减，我国鸡肉进口量占世界鸡肉进口量的比例同步下降，2022年为7.64%（图8-6）。

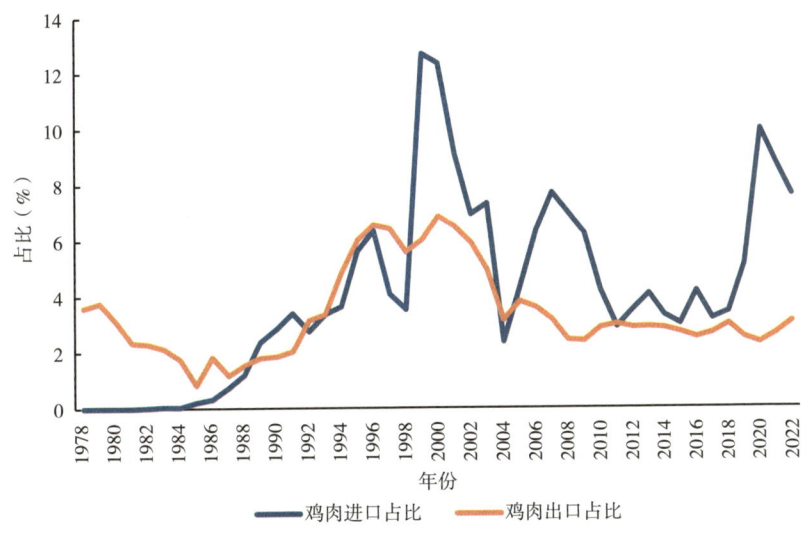

图8-6　1978—2022年我国鸡肉进出口量占全球比重

（数据来源：FAOSTAT和中国海关统计数据）

8.4　我国白羽肉鸡价格波动主要特征

8.4.1　白羽肉鸡价格波动影响因素

价格是反映行业市场状况的晴雨表，由市场供需状况决定。供给需求不平衡导致鸡肉价格波动。由于畜产品的生产不是即时的，通常需要一定的时间阶段，也正是由于供给端因无法及时改变生产数量，所以供应数量相对于市场价格的调整会出现延迟。正因如此，畜产品生产和价格的周期性变动是客观存在的。影响肉鸡价格波动的因素主要包括肉鸡生产的内在机制和外部冲击，其中外部冲击包括周期性外部因素和随机性外部冲击。周期性外部因素和肉鸡生产的内在机制共同决定了肉鸡生产和鸡肉价格波动周期，随机性外部冲击则打乱了原有周期的长度和振幅。理论上，鸡肉价格波动的循环轨迹一般是：鸡肉价格上涨—肉鸡存栏数量大幅增加—肉鸡出栏增加—鸡肉供给大于需求—鸡肉价格下跌—肉鸡存栏数量下降—肉鸡出栏减少—鸡肉供给小于需求—鸡肉价格上涨。鸡肉价格的上涨会刺激养殖端的生产积极性，使得鸡肉供给增加；随着鸡肉供给的增加，鸡肉价格会随之下跌；鸡肉价格的下跌会负面影响养殖端的生产积极性，引致鸡肉供给出现短缺；鸡肉供给的不足又反过来使得鸡肉价格再次上涨，循环往复，即形成"鸡周期"。实践中，由于肉鸡生产周期较短，供给端调节能力较强，"鸡周期"表现得并不十分明显；在畜产品中，生猪、肉牛等生长周期较长，其对应生产和价格周期性波动较为明显，例如一轮猪周期的时间通常为4年。

8.4.1.1 影响价格波动的内在机制

肉鸡生产内在机制包括肉鸡繁育生长的生物学机制和供需变动的经济学机制两大方面（图8-7）。

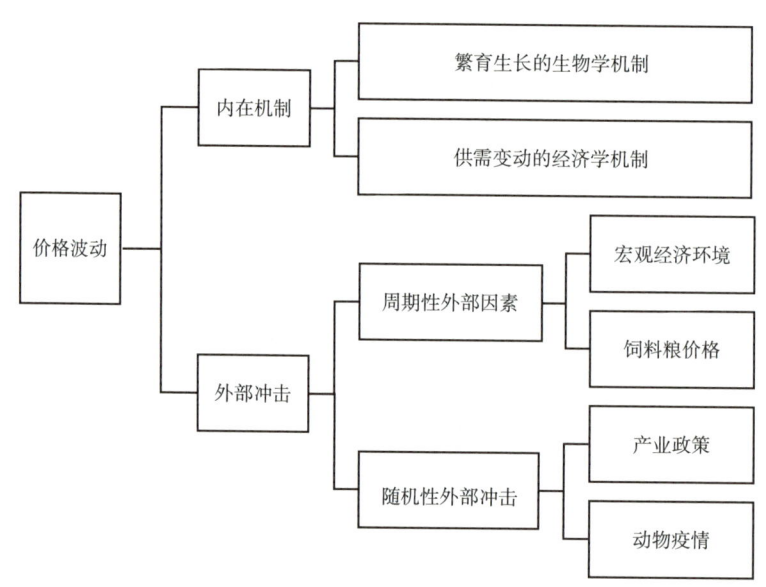

图8-7 鸡肉产品价格波动影响因素

肉鸡繁育生长的生物学机制。畜禽生产首先受到生物机制的制约。商品代雏鸡的供应受祖代和父母代种鸡供给的约束。国内白羽肉鸡繁育包含三个代际，第一代是祖代种鸡，用于孵化繁育父母代种鸡；第二代是父母代种鸡，用于孵化繁育商品鸡；第三代是商品代肉鸡，是指经屠宰提供鸡肉的商品鸡。从祖代种源引进或者更新，到商品代肉鸡出栏，大约需要60周（14个月）的时间。但长期以来，我国种鸡产能整体供给相对充裕或者过剩，在少数白羽肉鸡种鸡产能供给处于低位的年份，也能够通过强制换羽的方式加以缓解，加之我国肉鸡品种为白羽肉鸡、黄羽肉鸡和小型白羽肉鸡三元结构，不同品种之间具有一定的互补性和替代性，由于肉鸡生产周期较短，供给端调节能力较强，肉鸡繁育生长的生物学机制对肉鸡供给的约束性特征表现得并不非常显著。

鸡肉供需变动的经济学机制。鸡肉价格围绕鸡肉的价值规律以"均衡价格"为中心上下波动，肉鸡生产对需求的反应，以及供给对价格的反应存在时间差，在市场机制自发调节的状况下，鸡肉产品市场会发生周期性波动。

8.4.1.2　影响价格波动的外部冲击

肉鸡生产外部冲击因素包括宏观经济环境、饲料粮价格等周期性外部因素，也包括产业政策、动物疫情等随机性外部冲击（图8-7）。

（1）国民经济状况。通常来讲，宏观经济对畜禽生产波动的影响主要表现在两个方面：在国内生产总值（GDP）快速增长阶段，在市场机制的作用下，劳动力、资金等要素资源向非农产业和城市流动，使得畜禽养殖的比较效益偏低，抑制了肉鸡生产增速；同时，居民收入的快速增加和农村农业劳动力的大量进城，拉动对包括畜禽产品在内的农产品需求快速上升。上述市场供需两端一增一减的同期变化导致畜禽产品价格上升，进而刺激畜禽生产增加。反之，在国内经济不景气阶段，由于供需两端一增一减的同期变化共同作用导致畜禽产品价格下降，畜禽产品市场进入低迷阶段，导致畜禽养殖陷入低谷。除了上述宏观经济对畜禽生产的普遍意义上的作用外，不能忽视的是，鸡肉属于肉类产品中的低价产品，在经济景气度不高、消费者收入增长缓慢的阶段，肉类消费更容易向鸡肉这一类低价产品上倾斜。

（2）饲料粮价格。饲料成本上涨，会使得肉鸡养殖成本提高，利润减少，养殖端生产积极性下降，则打破了原有的肉鸡供给状况。饲料成本是肉鸡养殖成本中最为主要的组成部分，占70%左右，饲料粮产量直接决定了包括肉鸡在内的食粮型畜禽品种饲料的可供应量和市场价格，从而影响肉鸡养殖的利润水平和养殖户的生产决策，会造成肉鸡生产波动。肉鸡饲料以玉米和豆粕为主，其中占比最大的是玉米。鸡粮比价是反映肉鸡养殖效益水平高低的传统指标，是指肉鸡价格与玉米价格的比值。通常，较高的鸡粮比价，意味着肉鸡养殖利润越高，反之，较低的鸡粮比意味着肉鸡养殖利润偏低。作为理性人的生产主体追求利润最大化，鸡粮比价影响肉鸡养殖主体的生产决策，从而直接影响鸡肉的供给。

（3）养殖方式。历史上，中国畜禽生产以小规模分散饲养为主，这一模式是导致畜禽产品生产波动的重要因素。在畜禽养殖规模化程度整体偏低的历史阶段，大部分散养户因多种原因同时进入或同时退出畜禽养殖业，形成聚合效应，从而引致生产上的大幅震荡。其一，由于养殖规模小、设施设备简陋，固定资产投资少，进入和退出成本低，当市场价格处于高位时，扩大生产，反之，则缩减生产或退出养殖，不会产生重大损失。其二，由于散养模式相对粗放，农户缺乏防疫意识，基层动物疫病体系不完善，一旦暴发动物疫病，会导致出现较大面积的疫病传染死亡，令养殖户产生恐慌从而放弃养殖，导致生产短时大幅下降。其三，散养户的信息获取渠道相对单一，不容易获取到及时客观的市场信息，缺乏对市场行情的有效判断和预测能力，易受从众心理影响，容易出现"一哄而上"或"一哄而下"。随着产业的持续发展和环保约束的持续加大，小规模散养户越来越多地退出养殖业，规模化养殖比重持续提升，且养殖规模不断扩大，规模化养殖则能克服散户生产的弊端，有利于生产的稳定。

（4）动物疫病。动物疫病是畜禽养殖业面临的最大风险。2004年暴发的H5N1流感疫情，以及2013—2017年多次反复的H7N9流感疫情，都给家禽养殖业造成巨大的经济损失。动物疫情冲击对鸡肉供需的影响体现在：一是养殖端的巨大生产损失导致即时的供给下降，以及因恐慌心理弃养导致的产业链运转受到较大干扰；二是消费端因恐慌心理弃购导致的市场需求在短期内大幅下降。

（5）产业政策。政策对鸡肉价格的影响是多方面的，可能通过影响鸡肉的供给和需求来影响肉鸡价格，也可能通过影响猪肉等替代品的供需来影响鸡肉价格。例如，一系列环保政策的出台，一方面大力推动了肉鸡养殖绿色化发展进程，但另一方面也明显增加了养殖场经营成本，减少了养殖利润。例如，非洲猪瘟疫情后系列扶持生猪政策的出台，一方面大力推动了生猪产能的恢复，促进了猪肉价格的高位回落，另一方面也间接影响了作为直接替代品的鸡肉市场的消费量的下降。

8.4.2 白羽肉鸡价格波动主要特征

农业农村部对全国500个县集贸市场定点监测，并发布了2000年以来月度综合鸡肉价格数据，可以看到鸡肉价格呈现出在波动中显著增长的总体趋势（图8-8）。

经济时间序列的变化是由长期趋势和短期变动共同影响形成的，其中短期变动包括循环变动、季节性变动和不规则变动。对于以月份作为观测单位的时间序列来讲，其季节性波动通常较为明显，可以通过X12季节调整法来剔除时间序列中的季节性变动和不规则变动成分，再使用H-P滤波法（Hodrick-Prescott Filter）对剩余的长期趋势成分和循环变动成分进行进一步分离，以更好地观察把握时间序列的波动特征。

基于2000—2023年鸡肉价格变动趋势，并利用X12季节调整法和H-P滤波法对其季节特征、长期趋势和周期波动三个方面进行分解分析，可以看到鸡肉价格呈现明显的季节性特征、稳定的长期增长趋势，以及明显的周期波动特征。

8 白羽肉鸡产业经济

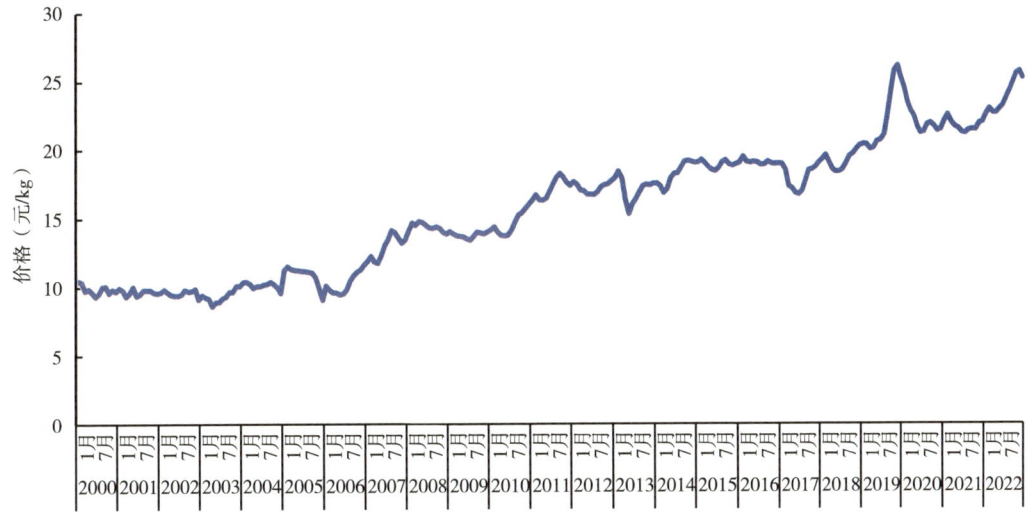

图8-8 2000—2022年鸡肉价格变化趋势图

（数据来源：农业农村部对全国500个县集贸市场定点监测数据）

8.4.2.1 鸡肉价格呈现明显的季节性特征

根据鸡肉价格季节因子时间序列图（图8-9），各年度肉鸡价格呈现高度相似的、明显的季节性波动规律：每年10月开始，受节日带动影响，鸡肉消费量增加，市场价格维持在当年较高水平，并延续至翌年春节；春节过后，节日效应减弱，肉鸡价格逐步下降，3—9月呈"V"形波动。

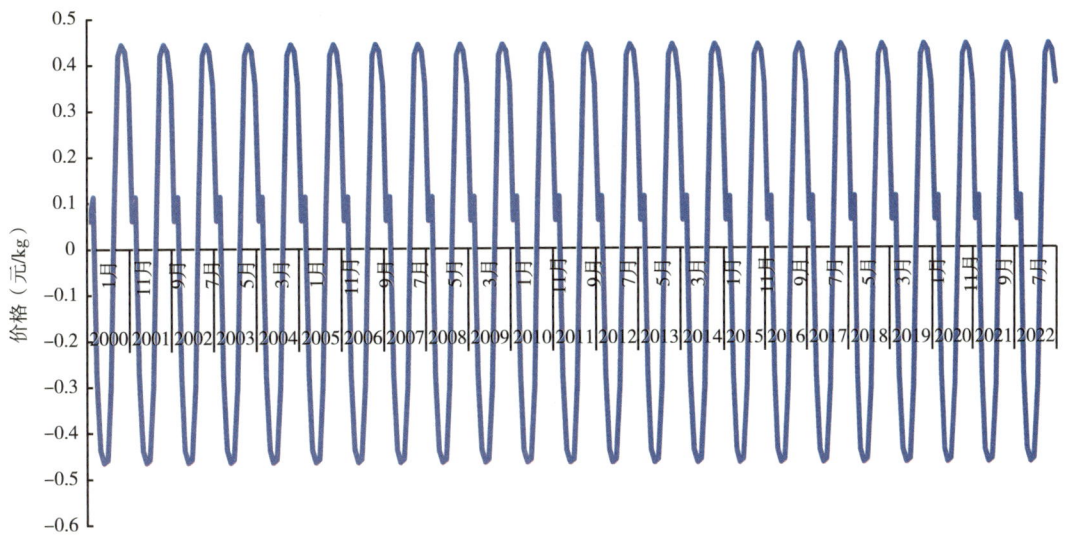

图8-9 2000—2022年鸡肉价格季节调整序列图

（数据来源：基于X12季节调整）

8.4.2.2 鸡肉价格呈现稳定的长期增长趋势

鸡肉价格原始数据显示,鸡肉价格在波动中呈现大幅增长趋势。从月度价格来看,2000年初鸡肉价格为10.47元/kg,2022年末鸡肉价格增长至25.23元/kg;从年度价格来看,2000年年均价格为9.84元/kg,2022年年均价格增长至23.88元/kg,累计增幅达到142.59%,年均增幅达到4.11%。利用H-P滤波法,将已经剔除季节波动成分的鸡肉价格时间序列进一步分解,提取长期趋势成分,从而得到鸡肉价格变动的长期趋势线。基于鸡肉价格波动的长期趋势图(图8-10)来看,鸡肉价格的长期上升趋势更为明显。基于长期趋势数据,鸡肉价格的年均增速达到6.38%。

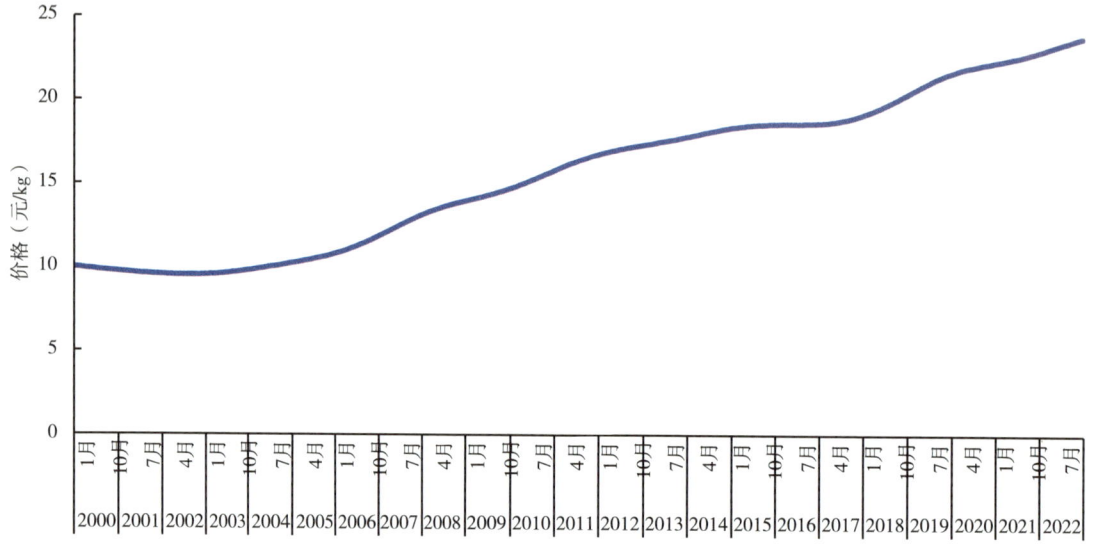

图8-10 2000—2022年鸡肉价格长期趋势图

(数据来源:基于H-P滤波分解结果)

8.4.2.3 鸡肉价格呈现明显的周期波动特征

价格波动更加频繁。基于H-P滤波分析法得到的鸡肉价格周期波动趋势图(图8-11),采用"波峰—波谷—波峰"的划分方式,在2000—2022年月度价格样本区间内,鸡肉价格波动周期共有13个,平均每个周期为21.23个月,价格波动频繁。

价格波动幅度加大。2003年以来,波动幅度也明显变大。其中,有7轮价格波动周期的"波谷—波峰"落差较大。第一轮异常波动周期:2005年5月至2007年8月。始发于2003年底,又在2004—2005年反复的H7N9流感疫情对产业造成沉重冲击,鸡肉价格大幅下跌至历史最低点。此后,受多方面因素影响,2006下半年至2007年鸡肉价格又出现大幅上涨:一是产业摆脱H7N9流感影响,鸡肉消费呈现恢复性增长;二是猪蓝耳病(猪繁殖与呼吸综合征)疫情导致生猪供给下降、猪肉价格上涨,作为猪肉替代品的

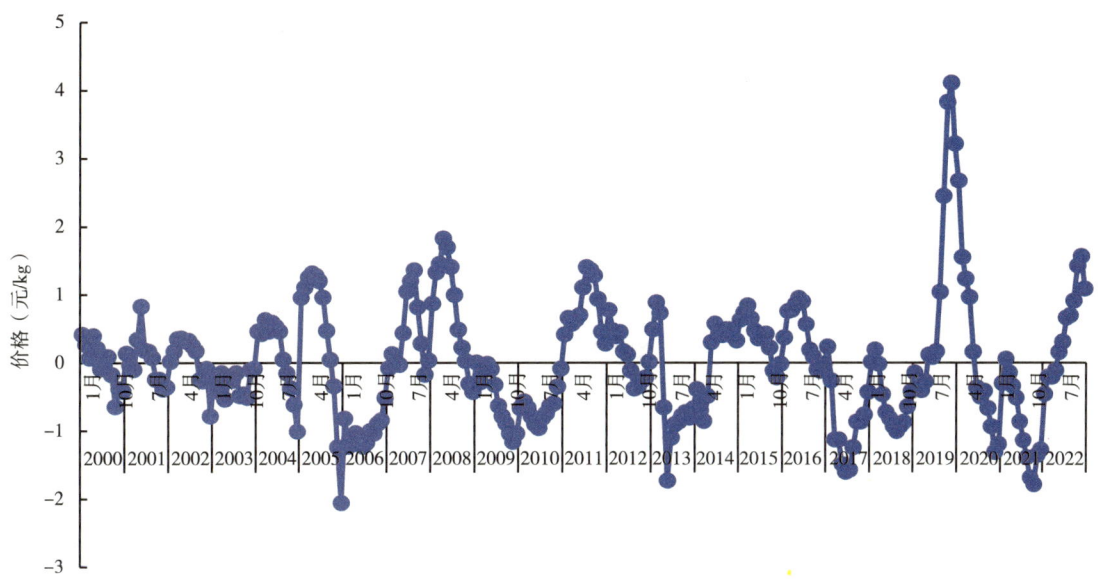

图8-11 2000—2022年鸡肉价格周期波动图

（数据来源：基于H-P滤波分析结果）

鸡肉需求上升；三是种鸡产能下降，鸡肉供给增速滞后于鸡肉消费增速。第二轮异常波动周期：2007年9月—2011年8月。受2008年国际金融危机影响，经济增速乏力，消费市场低迷，鸡肉价格持续下滑至本轮周期谷底。2010—2011年，经济复苏，加之禽流感得到有效控制，消费市场景气度逐步恢复拉动鸡肉价格显著回升。第三轮异常波动周期：2013年3月—2014年6月。2013年发生人感染H7N9流感病例，给整个肉鸡产业造成了空前重击，直到2014年底产业摆脱疫情影响，鸡肉价格逐步回升。第四轮异常波动周期：2016年5月—2018年12月。2017年H7N9流感疫情再度发生，此外，2017年是落实环保要求划定禁养区以及禁养区内养殖场搬离的截止年，H7N9流感疫情冲击和环保压力增强导致鸡肉价格下降。2017年末至2018年末肉鸡价格在摆脱疫情影响后，鸡肉价格持续回升。第五轮异常波动周期：2019年1月—2019年10月。该周期内主要由于2018年8月以来非洲猪瘟疫情影响，猪肉产量下跌价格上涨，使得鸡肉需求量大幅提升，鸡肉价格大幅上涨，创历史新高。第六轮异常波动周期：2019年11月—2021年2月。受市场供给大于需求影响，自2019年末起至2020年上半年肉鸡价格呈下降趋势，2020年初新冠疫情在国内大范围暴发加剧了消费市场低迷，导致了较长时间的价格下降过程，2020年下半年之后，鸡肉价格有微幅增长后又震荡回落，呈现出波动中微幅上升趋势。第七轮异常波动周期：2021年3月—2022年12月。受新冠疫情影响，消费市场低迷，鸡肉价格经历了上一轮的小幅上升后，再度呈现明显下降趋势，2021年10月降至谷底，随着消费的逐渐回暖，价格在2021年之后进入上升区间。综上，导致鸡肉价格的大幅波动的共性因素主要是外部冲击。

8.5 我国白羽肉鸡产业发展面临的问题与挑战

8.5.1 自主种源性能优化和产业化应用任重道远

白羽肉鸡于20世纪80年代引入国内，在之后的40年间我国白羽肉鸡种源严重依赖进口。相比于植物育种，畜禽育种周期更长、成本更高，且白羽肉鸡育种因不同品系、不同代次间育种目标差异大，其在整个家禽产业中育种难度最大。从短期来看，进口种源比自主育种更经济，然而，目前国际上生产性能领先、市场占有率高的畜禽品种都主要由少数几家大型国际化集团公司掌控（王以中等，2022），其中白羽肉鸡主要集中于安伟捷集团（Aviagen）和科宝公司（Cobb），我国作为引种方一直处于弱势。从长期来看，百分之百依赖进口种源在安全性和质量上得不到充分保障，且易因禽流感、新冠疫情等突发事件影响导致引种受阻，"卡脖子"问题突出。

2021年12月我国白羽肉鸡育种取得突破性进展，三个具有自主知识产权的白羽肉鸡品种通过国家畜禽遗传资源委员会审定，我国白羽肉鸡自主种源"有没有"这一关键问题得以解决。然而，与国际上已有上百年历史积累的白羽肉鸡育种技术和经验相比，我国自主育成新品种尚有较大提升空间，需要在持续提升生产性能、净化疾病和加快产业化等方面做出巨大努力。一是受限于我国自主育种起步晚、培育基础薄弱等因素，分子育种等高新技术应用不够（文杰，2021），自主品种在生产性能上需进一步优化。二是我国种源疫病净化技术和产品检测技术相对落后，自主品种在种源疫病净化上有待进一步加强。三是虽然近年来我国自主品种的市场占有率持续提升，但国内肉鸡养殖主体对其接受度和认可度整体不高，自主品种的技术和经济等关键指标仍待在实际应用中进一步检验。

8.5.2 生产效率有待进一步提升

养殖成本的大幅上涨严重挤压肉鸡养殖盈利空间。根据《全国农产品成本收益资料汇编》统计数据，我国肉鸡养殖规模场（户）肉鸡平均养殖成本由2004年的14.89元/只增至2023年的36.01元/只，增长了141.84%。肉鸡养殖总成本中，饲料成本约占七成份额，饲料粮价格的不断上涨推动了肉鸡养殖成本的持续攀升。过去10年中，粮食主产国受灾减产、石油价格上升、国际环境动荡以及汇率波动等多种因素导致了不同阶段的国内外粮食价格上涨。未来，受俄乌冲突的不确定性、国际贸易环境的不稳定性以及极端气候导致粮食减产的可能性等多方面因素影响，国际粮价保持相对高位震荡运行的可能性仍然较大。

在生产资料价格不断攀升的背景下，提高生产效率成为提升养殖效益和竞争力的有效路径。尽管经过长期发展，我国肉鸡标准化养殖水平明显提升，且走在国内畜牧业的最前列，但与欧美国家相比仍存在一定差距。我国肉鸡标准化养殖设施不配套、养殖技术凭经验的情况普遍存在于中小规模养殖户，部分养殖场的鸡舍尺寸和通风技术等没有经过严谨有效的试验检验，也直接影响养殖效率的提升。尤其对于黄羽肉鸡而言，养殖场设施设备普遍简陋，生产效率明显偏低。

8.5.3 国内肉鸡产业疫病防控面临较大压力

动物疫情的不可预测、不可确定性，为整个畜禽业带来较大风险。根据WHO发布信息显示，2020年以来高致病性禽流感疫情在全球多地传播，其中，2022年全球60多个国家暴发H5N1禽流感，导致超过1.31亿只家禽死亡或被扑杀。全球多国禽流感疫情大肆蔓延，尤其是日本、韩国等我国周边国家的高致病性禽流感报告病例数量增加，加大了国内禽流感疫情防控压力。根据农业农村部疫情发布信息，2020年以来我国发生了多起野禽H5N1病例，其中，2023年共报告于7月28日在西藏、12月11日在福建的2起野禽高致病性禽流感病例。

动物疫情冲击对鸡肉供需的影响体现在多个层面：其一，动物疫情会直接导致肉鸡养殖成活率大幅下降，也会对料重比等关键技术参数产生较大负向影响，造成已经发生的鸡苗、饲料投入等遭受损失，前期的高额养殖成本无法得到预期回报，直接导致鸡肉供给的大幅下降和养殖的严重亏损。其二，对疫病的恐慌心理会导致部分养殖户暂停或者退出肉鸡养殖，不仅会直接造成养殖户收入降低，也会直接干扰整个肉鸡产业链的正常运转，增加了整个肉类产品供给压力。其三，消费者因对动物疫情产生心理恐慌而不再购买鸡肉产品，使得鸡肉市场需求在短期内大幅下降，正常的市场运行秩序遭受较大冲击。

8.5.4 产业链建设有待进一步加强

产业化经营涉及产业链各经营主体之间在利益生产和分配上的合作与博弈，利益分配机制的合理性是产业链稳定运行的关键影响因素。随着产业化模式的逐步完善，产业链利益联结机制也在不断完善。作为带动广大养殖户融入大产业、对接大市场的重要方式，肉鸡产业通过"公司+农户"等产业化经营模式加强了龙头企业与养殖户、现代化产业与养殖户之间的联系。尽管肉鸡产业化经营的利益联结机制在不断得到优化，但在市场波动、疫病冲击等外部因素影响下，利益分配机制等问题仍然是"公司+农户"等产业化经营模式运行中最突出的矛盾。

尽管我国肉鸡产业已经形成了较为完善的产业链发展布局，但由于缺乏明确的品牌战略和科普宣传，导致公众的消费信心不足。品牌不仅是产品或者企业的标识，还必须有其明确的品牌战略。国内肉鸡企业在上述方面普遍存在不足，通常是将有限的资源优先用于企业规模的扩张，忽视了品牌投入和经营。此外，行业品牌效应的打造需要全行业拥有良好的声誉，但肉鸡产业由于整体上宣传工作不到位，导致公众认知的偏差得不到有效校正。例如，肉鸡养殖水平快速发展与消费者传统认知之间存在矛盾，"速生鸡""激素鸡"等非专业、非科学术语是该矛盾的集中体现。此外，肉鸡快速养殖企业与消费者之间存在不信任问题，有不合格产品进入市场加重了整个行业的困境。不负责任的公众媒体通过夸大或者不实的报道来博取流量，诸如类似"六个翅膀鸡"等言论给产业带来了极大的负面影响。

8.5.5 绿色发展亟待扎实推进

绿色发展是实现畜牧业高质量的必然路径，养殖粪污资源化利用和兽药减量使用是肉鸡等畜禽养殖业实现绿色发展的关键。相较于欧美等发达国家有50~70年时间实现从碳达峰到碳中和的过渡，我国仅有30年，时间紧迫、任务艰巨给农业减排带来更大挑战。近年来，我国在畜禽养殖粪污资源化利用方面取得了显著进展，2022年畜禽粪污综合利用率达到78%。然而，随着国内肉类消费的持续增加，畜禽养殖规模预计将进一步扩大，这必然导致养殖粪便污染治理压力长期存在，愈加严格的环保规制将是畜禽养殖发展面临的常态约束。在当前规模化、集约化养殖的现实情境下，畜禽养殖粪便就近消纳土地不足，各类养殖场缺乏粪便资源化处理的科学指导，粪肥还田等资源化利用关键设施研发与推广不足等一系列基础问题制约着养殖粪便资源化利用率的提升。

兽药研发和使用极大地推动了现代畜牧业的快速发展，然而兽药的不合理使用造成的环境污染及食品质量安全风险等问题在全球范围内日益凸显。随着国际上减抗、禁抗呼声的日渐高涨，以及国内消费者对畜产品质量安全问题的关注增加，兽药减量成为畜禽养殖的重中之重。兽药减量是保障产品质量安全的关键举措，也是促进产业绿色化发展的重要保障。兽药减量的关键在于探索合适的减药路径。数十年的国内外的兽药减量实践表明，尽管依靠高强度的政府规制能取得较为明显的减药效果，但会对畜禽生长性能产生负面影响。目前，通过科学用药、生物安全和动物福利等多方位的综合措施制定针对性的兽药减量方案，以实现养殖技术和经济的双赢目标，仍缺乏足够的理论和实践支撑。

8.6 我国白羽肉鸡产业发展前景研判

8.6.1 鸡肉生产消费增长潜力大

未来随着国民经济的持续发展，城镇化水平的持续推进，人民生活水平的持续提升，动物蛋白需求仍将进一步增长，我国鸡肉消费水平仍具有明显提升空间。从国内肉类生产和消费的增速来看，改革开放以来，我国肉类产量与消费量在持续增长的同时，增速逐渐减缓，增长空间逐渐缩窄，我国肉类整体及各品种产量年均增速均持续下降，但从肉类各品种来看，鸡肉增速在各阶段均保持在领跑位置。2010—2022年阶段下降至1.30%，猪肉更是下降至0.63%，而鸡肉产量仍保持了3.57%的较高增长水平。从消费量增速来看，也大致呈现类似的特点，2010—2022年鸡肉消费量年均增速为3.98%，同期肉类整体消费量年均增速为1.79%，猪肉为0.93%（表8-8）。此外，从上文关于国际肉鸡产业发展历史演变特征分析来看，我国人均鸡肉消费量相对较低，明显低于欧美发达国家，明显低于同为世界主要生产国和消费国之一的发展中国家巴西，也明显低于与我国具有相似消费结构的新加坡、韩国等亚洲国家。在国内肉类消费对比中鸡肉增速相对较快，以及在国际鸡肉消费对比中我国鸡肉消费水平偏低的基本形势下，未来我国肉类需求的增长将更多侧重于鸡肉消费的增长。从中长期来看，随着国内消费者对肉类营养健康指标关注程度的提升，随着白羽肉鸡良好的生长性能来源于遗传性能改良、饲料营养改进、养殖技术提升等信息的科普，在消费需求的积极牵引以及在种源供给的有效保障支撑下，白羽肉鸡的生产消费均具有较大增长潜力。

表8-8　1980—2022年我国肉蛋奶生产和消费增长率　　　　　　　　　单位：%

类别	阶段（年）	肉类	猪肉	牛肉	羊肉	鸡肉
产量	1980—1990	7.86	7.24	16.67	9.15	8.88
	1990—2000	7.73	5.69	15.11	9.48	14.29
	2000—2010	2.89	2.62	2.06	4.39	3.32
	2010—2022	1.30	0.63	1.11	2.16	3.57
消费量	1980—1990	7.86	7.26	15.17	9.18	9.43
	1990—2000	7.97	5.83	16.89	9.56	14.53
	2000—2010	2.91	2.72	2.05	4.45	3.11
	2010—2022	1.79	0.93	3.83	2.63	3.98

注：1980—2022年以10年为一阶段进行划分，2021—2022年划分至上一阶段，将2010—2022年作为一个阶段。表中增长率为该阶段的年均增长率。消费量为表观消费量，即消费量=产量+进口量-出口量。

数据来源：肉类、猪肉、牛肉和羊肉产量数据来源于《中国统计年鉴》（历年）；肉鸡产量数据，由于国家统计局未发布，采用FAOSTAT数据。此外，由于FAOSTAT的鸡肉产量采用即食重量指标，为了能够与其他肉类数据可比，根据其确定的胴体重与即食重的转换系数0.88换算得到胴体重数据，其中2011年以来的肉鸡产量数据根据中国畜牧业协会和国家肉鸡产业技术体系监测数据进行修正。肉类、猪肉、牛肉、羊肉和鸡肉进出口数据来源FAOSTAT数据和中国海关统计数据。

8.6.2　市场竞争加剧

随着收入水平的提高，消费者需求已经从"吃饱、吃好"逐渐转向"营养、健康"，鸡肉低脂肪、低热量、高蛋白的高营养优势，加之显著的低价格优势，使其在优化健康饮食结构、满足低收入人群优质蛋白质摄入等方面更能发挥作用。2019—2021年，由于非洲猪瘟影响猪肉供需，以及新冠疫情影响经济景气度，鸡肉等禽肉凭借上述多方面优势抢夺猪肉市场份额的10个百分点；然而，2022年随着国内生猪供给回调至2018年非洲猪瘟前的常年产量，猪肉价格逐渐回归至非洲猪瘟疫情前常态，鸡肉与猪肉的市场竞争愈加激烈。此外，国内产品与进口产品之间市场份额的竞争压力长期存在。白羽肉鸡产品是全球肉鸡产品贸易的最主要组成部分。在全球鸡肉四大主产国（地区）中，除中国外，其他三国（地区）美国、巴西和欧盟均为鸡肉产品主要出口国（地区）。由于我国国内玉米市场价格高于国际市场一倍，仅此一项便导致国内鸡肉生产成本较美国、巴西和欧盟等主要出口国（地区）高15%左右（李景辉，2023）。随着国际农产品贸易流通的扩大，进口白羽肉鸡产品的低成本优势在相当长时期内将对国内白羽肉鸡产业造成较大竞争压力。

8.6.3 科技创新及应用加速推进

日益加剧的国际竞争压力以及畜牧业高质量发展的必然要求，对白羽肉鸡育种攻关、饲料技术、养殖提升、疫病防控，以及粪便资源化利用等方面均提出了更高要求，这必然促使高科技创新和应用在产业发展中的作用发挥和支撑力度不断加强。在育种方面，国际种业强国已进入"常规育种+生物技术+信息技术"的4.0时代，充分发挥生物技术和信息技术的科技支撑作用，突破基因组技术、生物技术、信息技术和人工智能等技术交叉融合的瓶颈，创建智能化的品种高效培育技术体系（文杰，2022），是我国肉鸡种业努力的方向和核心竞争力提升的关键。在养殖方面，智能化已成为必然发展趋势。白羽肉鸡一直是我国畜禽养殖中机械化、标准化发展的领跑者，随着产业发展基础的不断强化，向智能化养殖转型已成必然，且正驶入高速发展的快车道，并成为畜牧业智能化发展的先锋。相比于传统养殖，智能化养殖设施设备能够将养殖环境和畜禽生长状况数据化，并进行及时反馈和调整，实现精细化管理，从而显著提升养殖效率和效益。

8.6.4 健康营养和质量安全成为消费主要影响因素

随着经济社会的持续发展和人们生活品质的不断提高，健康营养和质量安全已经成为消费者关注的重点。根据2022年麦肯锡消费调查数据，我国消费者在选择肉类时最先考虑的因素是营养健康和产品安全，其次是品质和口味，之后分别是价格、便捷性和可获得性；而欧美发达国家消费者将品质、口味和价格放在更为重要的位置，因其普遍对肉类产品的健康营养和质量安全有较高的评价，健康营养和质量安全不再是首要考虑因素（图8-12）。未来，肉鸡产业供给端需更好匹配消费端的实际需求，重点在营养健康、质量安全和风味特点等方面发力。在宏观决策者层面，食物安全保障以及膳食营养健康是国之大者。习近平总书记在2022年12月中央农村工作会议上指出，保障粮食安全，要在增产和减损两端同时发力。消费环节大有文章可做，不仅要制止"舌尖上的浪费"，深入开展"光盘行动"，还要提倡健康饮食。目前我国居民食用油和"红肉"人均消费量，分别超过膳食指南推荐标准约1倍和2倍。

受传统消费习惯影响，我国肉类消费以猪肉等"红肉"为主。猪肉是红肉中脂肪含量最高的肉类，以猪肉为主的肉类消费结构是目前我国成年居民超重或肥胖超过一半的重要影响因素之一。鸡肉由于具有高蛋白、低热量、低脂肪的显著营养优势以及低价格优势，在优化城乡居民膳食结构，推进健康中国建设方面能够发挥显著作用，且有广阔发展空间。

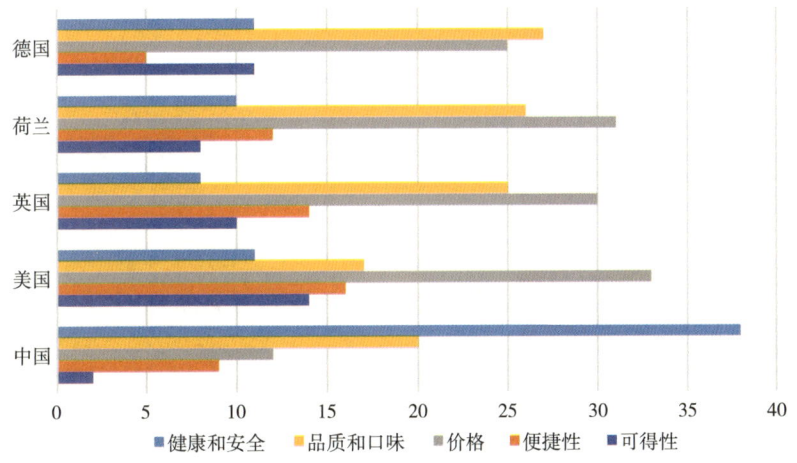

图8-12　中国及部分国家肉类消费的主要影响因素

（资料来源：2022年麦肯锡全球蛋白质调查，2022年麦肯锡中国蛋白质调查）

8.7　我国白羽肉鸡产业发展政策建议

8.7.1　充分认识肉鸡产业发展的战略意义，大力推动白羽肉鸡产业"质""量"共进

肉鸡产业持续上升是过去半个多世纪以来国际畜牧业发展的共性趋势。2016年全球禽肉消费量超过猪肉，2019年全球鸡肉消费量再次超过猪肉，成为第一大消费肉类。肉鸡是低耗粮、低污染、高产出的重要畜禽品种，鸡肉作为白肉具有高蛋白、低脂肪、低热量的健康营养优势，也具有低价格、无宗教禁忌的广泛受众优势，大力发展肉

鸡产业，既符合国际畜牧业发展规律，也契合我国国情（辛翔飞等，2024），尤其白羽肉鸡在节约饲料资源、提供低价格蛋白方面优势更为突出，根据2023年相关统计数据计算（表8-9），每生产1 kg蛋白质的饲料消耗量，白羽肉鸡分别较生猪、肉牛、肉羊、蛋鸡和奶牛低15.96 kg、42.62 kg、43.47 kg、10.36 kg、7.27 kg；每生产1 kg蛋白质的生产成本，白羽肉鸡分别较生猪、肉牛、肉羊、蛋鸡、奶牛低58.24元、65.86元、100.46元、15.79元、46.14元。应全面充分认识肉鸡产业在保障国家粮食安全、推动健康中国建设以及促进畜牧业绿色发展等多方面的重大战略意义，强化对肉鸡产业发展的顶层规划设计，推动肉鸡产业"质""量"共进。同时，启动实施"禽肉翻番计划"，在稳定目前人均猪肉消费水平的基础上，大力提升鸡肉等禽肉在肉类消费中的比重，通过人均禽肉消费水平的提升来满足未来人均肉类消费的增长需求，让禽肉成为我国第一大肉类，在助力国家粮食安全保障、肉类有效供给、居民健康饮食以及畜牧业绿色发展等方面作出更大贡献。

表8-9 各畜禽产品单位蛋白当量饲料消耗量和生产成本比较

类别	蛋白质含量（g/kg）	生产成本（元/kg）	饲料报酬参数	单位蛋白当量生产成本（元/kg）	单位蛋白当量饲料消耗量（kg/kg）
猪肉	151	17.26	3.6	114.28	23.84
牛肉	200	24.38	10.1	121.90	50.50
羊肉	185	28.95	9.5	156.50	51.35
鸡肉（整体平均）	203	14.16	2.5	69.75	12.12
鸡肉（白羽肉鸡）	203	11.38	1.6	56.04	7.88
鸡蛋	131	9.41	2.4	71.83	18.24
牛奶	33	3.37	0.5	102.18	15.15

注：蛋白质含量数据来源于《中国食物成分表》（第6版）。饲料报酬参数数据来源于黄庆生（2023）。生产成本数据来源于《全国农产品成本收益资料汇编2024》，其中白羽肉鸡生产成本数据根据养殖周期筛选样本省份进行统计计算。

8.7.2 不断加强科技支撑，率先实现现代化

以科技创新驱动产业革新，促进生产力实现新跃升，是全球肉鸡产业规模迅速发展，现代化水平显著提升的重要动力。我国肉鸡产业规模化、标准化、设施化发展水平一直走在畜牧业的前列，并引领畜牧业现代化建设的持续推进，最有基础和潜力率先实现现代化。在看到国内肉鸡产业发展取得显著成就的同时，还需要看到国内与国际肉鸡产业发展的先进生产力相比存在着较大差距，需要不断强化科技支撑的重要作用，推动实现肉鸡产业大国向肉鸡产业强国的转变。其一，肉鸡种业处于产业链的最前端，肉鸡

8 白羽肉鸡产业经济

种业科技创新是推动肉鸡产业高质量发展的重要动力,要进一步加大肉鸡育种研发投入和政策支持,着力加强肉鸡种业科技创新和自主品种产业化应用,充分发挥种业科技创新对肉鸡产业高质量发展的重要引领和推动作用。其二,肉鸡养殖是产业链中承上启下的关键枢纽,是实现节本增效、绿色低碳和质量安全的重要环节,要充分发挥产业化发展对肉鸡养殖环节的带动提升作用,加大现代养殖场建设政策扶持力度,提高肉鸡养殖标准化、设施化、智能化水平,推进饲料产业核心技术研发和推广应用,扩大科学养殖理念和技术普及范围,实现肉鸡养殖从传统的要素投入驱动型向依靠全要素生产力提升的转变。

8.7.3 持续推动"减抗"行动,严把产品质量关

随着消费者食物质量属性偏好的变化,即食物质量属性对消费者重要程度的变化,抗生素等化学药物残留问题在全球范围内备受关注,无论从满足国内消费需求的角度,还是从增强国际贸易竞争力的角度,产品质量保障都是产业高质量发展的必然要求。农业农村部2018年初启动兽用抗菌药使用减量化行动试点,2019年发布194号公告要求2020年全面禁止在饲料中添加抗生素,2021年发布《全国兽用抗菌药使用减量化行动方案(2021—2025年)》,在一系列的政策规制下,我国兽用抗菌药减量化工作持续推进并取得显著成效,全国兽用抗菌药使用总量折合纯量由2017年4.19万t降至2022年3万t以下。但由于集约化高密度养殖加大了疫病防控难度,部分养殖场(户)在饲养过程中不合理使用抗生素,未能按要求严格执行出栏前停药期规定,使得药物残留问题成为影响我国鸡肉产品质量安全和国际竞争力的最主要因素。一是要持续推动肉鸡养殖"减抗"行动。政府管理部门、行业协会要加强宣传和引导,转变养殖场(户)长期以来过度依赖药物的行为,树立防重于治的科学养殖理念。基层兽医和龙头企业要加强对养殖场(户)科学用药的技术指导和实践监督作用,注重引导养殖场(户)通过养殖管理上的升级和改善,改善肉鸡养殖环境,减少疫病发生,从根本上减少兽药使用。二是严格把好产品质量关。推行产品追溯管理制度,加大药残第三方检验和社会监督力度,构筑严格的质量安全问责制度。

8.7.4 高度重视疫病防控体系建设,筑牢产业安全屏障

2020年以来,高致病性禽流感在全球多地暴发,并持续蔓延。虽然中国通过禽流感疫苗强制免疫政策和综合防控措施的执行,确保了国内高致病性禽流感疫情整体平稳,仅在家禽主产区有零星散发,但必须警惕我国家禽养殖点多、面广、量大的典型特征下高致病性禽流感等烈性疫病极容易对产业造成毁灭性打击(贾伟新和廖明,2022)。要始终将强化肉鸡养殖疫病防控体系建设作为保障产业安全的重中之重。一

是强化经营主体责任意识，尤其要防止近几年较长时期的低迷行情下养殖场对生物安全体系建设的懈怠，要重视通过有效的生物安全体系和科学的疫苗免疫共同构筑牢固的疫病防控屏障。二是完善兽医社会化服务体系，合理配置基层兽医人员，提升服务组织的管理能力和业务技能，确保所有应进行的免疫接种均有效实施。三是强化动物疫情监测和报告系统，重视"从下到上"报告机制以及"从上到下"的检查机制相结合，完善动物疫情监测预警网络。

8.7.5　进一步强化市场信息监测预警，构建市场风险防控体系

面对日益激烈的市场竞争、阶段性的供需失衡和频繁波动的市场价格，及时准确的产业发展和市场运行信息是产业有序发展和稳健运行的重要支撑。鉴于我国肉鸡产业长期缺少国家层面权威统计数据，建议将肉鸡产业列入专项数据统计范畴，针对肉鸡生产消费等开展专项统计。同时，建立健全鸡肉供需监测预警系统，就生产、价格及供需变化进行科学研判和及时预警。此外，探索研发鸡肉期货上市，帮助产业合理利用期货套期保值功能降低现货市场价格风险，保障养殖收益，稳定市场运行，同时也为国家宏观调控提供前瞻信号。特别是在目前玉米、豆粕、菜粕等饲料原料期货已上市运行的背景下，推出鸡肉期货上市有利于构建从原料端到产品端的完整的风险管理链条（辛翔飞等，2024）。

8.7.6　积极开展消费端科普宣传，充分挖掘消费潜力

开展消费宣传和产品科普是肉鸡生产大国促进鸡肉产品市场规模扩大的重要手段。我国虽然是鸡肉消费大国，但从国际比较来看，人均鸡肉消费水平明显偏低，这既与具有猪肉偏好的传统消费习惯有关，也与肉鸡产业链条上消费管理长期短缺有关。包括高品质鸡肉产品在北京等一线城市消费不及预期，主要原因不在养殖端，也不在产品本身，主要还是在于宣传推广明显不足。政府部门、行业协会、科研单位和龙头企业等应共同发力，加大对现代肉鸡产业高科技属性以及鸡肉产品营养健康、环境友好等优秀特性的教育和科普，激发消费潜力，创造鸡肉产品消费增长新机遇。借助传统媒体、电商平台和线下活动等多种途径，使消费者对不同品种、不同产地以及不同特色的鸡肉产品有充分了解，打消消费者对鸡肉产品的不信任。应充分发挥具有高公信力的科教单位及专家学者的科普宣传作用，引导国民科学优化肉类膳食结构，大力提升对鸡肉产品安全的消费信心。同时，要关注和顺应消费者需求变化，创新生产方式和营销方式，开拓鸡肉产品消费市场空间。

本章主要编写人员：辛翔飞　王　潇　张　祎

主要参考文献

黄庆生，2023. 我国粮食安全战略下饲料粮保供策略思考. 中国饲料（22）：15-25.

韩枫，2019. 白羽肉鸡引种与肯德基中国落地始末. 国际畜牧网. http://www.guojixumu.com.

贾伟新，廖明，2022. 当前H5N1禽流感疫情形势及对国内家禽产业的影响. 养禽与禽病防治（6）：2-4.

李景辉，2019. 我国白羽肉鸡行业将迎来快速发展期. 北方牧业（18）：13-14.

李景辉，2023. 中国肉鸡产业格局与发展. 2023年中国白羽肉鸡产业论坛（辽宁站）. 上海钢联电子商务股份有限公司.

马文瑾，徐向月，安博宇，2020. 兽药环境风险评估研究进展. 中国畜牧兽医，47（5）：1628-1636.

彭超，2019. 美国新农业法案的主要内容、国内争议与借鉴意义. 世界农业（1）：4-16.

王铭农，1991. 中国家鸡的起源与传播. 中国农史（4）：43-49.

王以中，辛翔飞，林青宁，等，2022. 我国畜禽种业发展形势及对策. 农业经济问题（7）：52-63.

文杰，2022. 我国肉鸡种业概况与政策建议. 中国禽业导刊，39（6）：2-4.

文杰，2021. 肉鸡种业的昨天、今天和明天. 中国畜牧业（17）：27-30.

辛翔飞，王潇，王济民，2024. 肉鸡产业高质量发展：问题挑战、趋势研判及政策建议. 中国家禽，46（1）：1-10.

辛翔飞，郑麦青，文杰，等，2024. 2023年我国肉鸡产业形势分析、未来展望与对策建议. 中国畜牧杂志，60（3）：312-317.

徐光耀，王济民，周海波，2010. 美国肉鸡产业支持政策. 中国家禽，32（10）：61-62.

朱险峰，巫成方，2016. 中美粮食种植成本比较及中国粮食政策取向. 农业展望，12（10）：35-39.

ABDULWAHID A M, ZHAO J B, 2022. China as a center of origin and domestication of chicken: A review. Agricultural Reviews, 43（2）：170-177.

AIDARA-KANE A, ANGULO F J, CONLY J M, et al., 2018. World Health Organization (WHO) guidelines on use of medically important antimicrobials in food-producing animals. Antimicrobial Resistance & Infection Control, 7：1-8.

BERNUÉS A, OLAIZOLA A, CORCORAN K, 2003. Extrinsic attributes of red meat as indicators of quality in Europe: an application for market segmentation. Food Quality and

Preference, 14 (4): 265-276.

DENVER S, SANDØE P, CHRISTENSEN T, 2017. Consumer preferences for pig welfare-Can the market accommodate more than one level of welfare pork. Meat Science, 129: 140-146.

FINLAY M R, 2004. Hogs, antibiotics, and the industrial environments of postwar agriculture. Industrializing Organisms: Introducing Evolutionary History: 237-260.

GRUNERT K G, SONNTAG W I, GLANZ-CHANOS V, et al., 2018. Consumer interest in environmental impact, safety, health and animal welfare aspects of modern pig production: Results of a cross-national choice experiment. Meat Science, 137: 123-129.

HIRSCH R, TERNES T, HABERER K, et al., 1999. Occurrence of antibiotics in the aquatic environment. Science of the Total Environment, 225 (1-2): 109-118.

KEY N, MCBRIDE W D, 2014. Sub-therapeutic antibiotics and the efficiency of US hog farms. American Journal of Agricultural Economics, 96 (3): 831-850.

MACDONALD J M, WANG S L, 2011. Foregoing sub-therapeutic antibiotics: the impact on broiler grow-out operations. Applied Economic Perspectives and Policy, 33 (1): 79-98.

MATHEWS J K H, 2001. Antimicrobial drug use and veterinary costs in US livestock production. Agricultural Information Bulletins.

Electronic Report to the Economic Research Service, USDA, Agriculture Information Bulletin.

NCC, 2024. Industry Stats and Facts. https://www.nationalchickencouncil.org.

USDA, 2024. Livestock and poultry: market and trade. https://apps.fas.usda.gov/psdonline/app/index.html#/app/downloads.

VERBEKE W, VIAENE J, 1999. Consumer attitude to beef quality labeling and associations with beef quality labels. Journal of International Food & Agribusiness Marketing, 10 (3): 45-65.